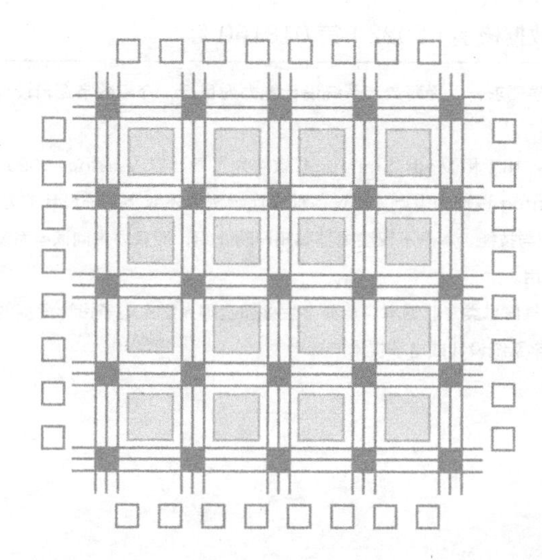

Quartus Prime

Verilog HDL与FPGA
数字系统设计

（第2版）

主编　罗杰

参编　王贞炎　陈军波　杨志芳

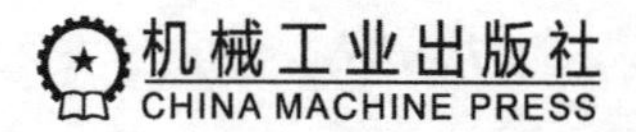

图书在版编目（CIP）数据

Verilog HDL 与 FPGA 数字系统设计 / 罗杰主编．--2 版．-- 北京：机械工业出版社，2022.2（2023.4 重印）
（电子与嵌入式系统设计丛书）
ISBN 978-7-111-57575-7

I. ①V…　II. ①罗…　III. ①硬件描述语言 – 程序设计　②可编程序逻辑器件 – 系统设计　IV. ①TP312 ② TP332.1

中国版本图书馆 CIP 数据核字（2022）第 018160 号

本书根据 EDA 课程教学要求，以提高数字系统设计能力为目标，介绍数字逻辑设计和 Verilog HDL 建模的基础知识。

全书以 Quartus Prime 18.1 和 ModelSim 10.5b 软件为工具，以 Verilog-1995 和 Verilog-2001 语言标准为依据，以可综合的 Verilog 设计为重点，通过各种设计示例阐述数字系统设计的方法与技术，由浅入深地介绍 Verilog 工程开发的知识与技能。本书不仅注重基础知识的介绍，而且力求向读者系统地讲解 Verilog HDL 在数字系统设计方面的实际应用。

本书可用作高等学校电气信息类专业的本、专科学生参加全国大学生电子设计竞赛的教材或教学参考书，也可以作为学习 EDA 技术、数字系统设计或电子技术的参考书。

出版发行：机械工业出版社（北京市西城区百万庄大街 22 号　邮政编码：100037）
责任编辑：赵亮宇　　　责任校对：殷　虹
印　　刷：北京捷迅佳彩印刷有限公司　　　版　　次：2023 年 4 月第 2 版第 2 次印刷
开　　本：186mm×240mm　1/16　　　印　　张：28.75
书　　号：ISBN 978-7-111-57575-7　　　定　　价：99.00 元

客服电话：(010) 88361066　68326294

前　言

《Verilog HDL 与 FPGA 数字系统设计》一书自2015年出版以来，得到了广大读者的关心与支持，已经重印9次。但是，随着FPGA/CPLD数字系统设计技术的飞速发展，原书中有些内容已显得陈旧。因此，这一版本在初版的基础上主要进行了如下修订：

1）更新了部分FPGA器件内容，新增可编程片上系统（System On Programmable Chip，SOPC）技术的硬件及软件开发。为压缩篇幅，删除了第1版第10章“异步串口通信及UART实现”。

2）全面梳理，更正错误和疏漏，完善内容；改写了部分示例代码，使之更规范，增加了若干示例。本书所有Verilog代码均经过实际的下载和验证，FPGA开发平台为DE2-115和DE1-SOC。

3）本书以Quartus Prime 18.1和ModelSim 10.5b等设计软件为工具。

目前，硬件描述语言和FPGA设计技术在教学、科研和大学生电子设计竞赛等各种赛事活动中起着重要作用，很多学校单独开设“EDA技术”课程，以便学生能够掌握这些技术。本书可作为EDA技术、FPGA开发或数字系统设计方面的入门教材，并且不要求读者掌握数字电路基础知识。

参加本版修订工作的有华中科技大学的罗杰（第1～5章，第7、8章及附录）和王贞炎（第10章），武汉工程大学的杨志芳（第6、9章），中南民族大学的陈军波（第11、12章）。罗杰为主编，负责全书的策划、组织和定稿。

本书在修订过程中，得到华中科技大学教务处的立项支持，还得到Intel FPGA大学计划部经理袁亚东先生的帮助，在此表示衷心的感谢。由于EDA技术发展速度快，各种FPGA器件不断更新换代，加之编者水平有限，书中一定会有疏漏和不妥之处，欢迎广大读者批评指正，并帮助我们不断改进。您可以发送邮件到1210286415@qq.com，我们会阅读所有来信，并尽快给予回复。

编者

2021年8月

第1版前言

随着数字技术的高速发展，人们已经不再采用各种功能固定的通用中、小规模集成电路和电路图输入方法设计数字系统，而是广泛地采用硬件描述语言对数字电路的行为进行建模，并使用电子设计自动化（Electronic Design Automation，EDA）软件自动地对所设计的电路进行优化和仿真，然后使用逻辑综合工具将设计转化成物理实现的网表文件，最后用可编程逻辑器件或者专用集成电路（Application Specific Integrated Circuit，ASIC）完成数字系统。因此，掌握硬件描述语言、EDA技术和可编程逻辑器件已成为当今数字系统设计者的重要任务。

目前，符合IEEE标准的硬件描述语言（Hardware Description Language，HDL）有VHDL和Verilog HDL。两者的应用广泛，都能够通过程序描述电路的功能，从而进行数字电路的设计。由于Verilog HDL在ASIC设计领域占有重要的地位，并且它是在C语言的基础上发展起来的，语法较自由，易学易用，因此本书选取Verilog HDL进行电路设计。同时，本书还介绍了ModelSim软件和Quartus II软件的使用方法，读者可以使用它们仿真和综合Verilog HDL代码。

本书是作者根据多年的教学科研经验以及指导学生参加全国电子设计竞赛的经验编写而成的。在内容上，将数字逻辑设计和Verilog HDL有机结合在一起，方便读者快速进入现代数字逻辑设计领域。按照“数字逻辑设计基础、Verilog HDL建模技术、可编程逻辑器件的结构原理、EDA设计工具软件、数字电路系统设计实践”的体系结构编写。为了让读者更容易掌握Verilog HDL知识，本书在介绍数字电路设计的过程中列举了Verilog HDL的很多例程，并假定读者没有任何数字逻辑基础知识。

全书共11章。首先介绍数字逻辑运算、逻辑门、组合电路设计等基础知识，接着重点介绍Verilog HDL基础知识与建模方法，对状态机的建模方法进行深入讨论；然后讨论各种可编程逻辑器件的组成、结构特点和开发流程，以及Quartus II软件的使用方法和静态时序分析方法；最后通过大量的例程介绍Verilog HDL在数字系统设计方面的应用，有助于读者理解书中的基本概念并掌握从简单电路到复杂模块的设计技术。

本书力求做到通俗易懂，适教适学。为方便读者学习，每章开头均有“本章目的”，介绍该章将要学习的主要内容，每章后面均配有小结，部分章节后面配有习题。理论学习要和上机实验相结合，从第7章开始通过精选的例程进行引导，读者可以按照这些例程进行实际操作，将HDL代码“写入”FPGA芯片，对设计的电路进行实际测试，从而掌握FPGA开发的整个流程。

参加本书编写工作的有华中科技大学的罗杰（第1～5章）、张大卫（第6、7章，附录C）、谭力（第8、10章）、王贞炎（第9章）和湖北大学的刘文超（第11章，附录A、B）等，罗杰担任主编，负责全书的策划、组织整理和定稿工作。

本书在编写过程中，得到了华中科技大学电工电子科技创新基地的大力支持，得到了华中科技大学“教学改革工程”教材建设基金资助，还得到了康华光教授的热情支持和鼓励，在此表示衷心的感谢。

由于作者知识水平有限，书中难免有疏漏、不妥或错误之处，敬请各位专家、同行和读者批评指正。您可以通过Luojiewh@gmail.com给作者发送邮件，我们会阅读所有来信，并尽快回复。

编者

2014年11月

教学建议

教学章节	教学要求	学时	
		理论	实验
第 1 章 数字逻辑设计基础	掌握十进制数、二进制数、十六进制数之间的相互转换 掌握常见的逻辑运算规则，了解逻辑门的图形符号 掌握逻辑代数的原理和逻辑函数化简方法 掌握组合逻辑电路的分析与设计方法	6	0
第 2 章 Verilog HDL 入门与功能仿真	了解 Verilog HDL 模块程序的基本组成 了解用 Verilog HDL 描述数字逻辑电路的几种不同风格 掌握逻辑功能仿真过程以及测试平台的写法 掌握 Verilog HDL 的基础语法	4	2
第 3 章 组合逻辑电路建模	掌握逻辑门原语及门级建模方法 掌握运算符、表达式及数据流建模方法 掌握组合电路的行为级建模方法 掌握分模块、分层次的电路设计方法 掌握常用组合电路及其设计	4	4
第 4 章 时序逻辑电路建模	掌握锁存器、触发器、计数器的逻辑功能 掌握同步时序电路的设计方法 掌握用 Verilog HDL 描述时序逻辑电路的方法	6	4
第 5 章 有限状态机设计	掌握状态机的基本结构及其表示方法 掌握用 Verilog HDL 描述状态图的方法	4	2
第 6 章 可编程逻辑器件	了解可编程逻辑器件类型及其简化符号 了解 CPLD 和 FPGA 的组成及结构特点 掌握 PLD 器件的开发流程 了解用与 / 或阵列和 LUT 实现逻辑函数的原理	4	0
第 7 章 FPGA 开发工具的使用 （自学与实验）	掌握 Quartus 软件的使用方法 掌握嵌入式逻辑分析仪的使用方法 掌握基于 IP 模块的电路设计方法	2	4
第 8 章 数字电路与系统的设计实践 （自学与实验）	掌握变模计数器、分频器、定时器、数字钟、频率计、信号发生器等的电路设计与实现	0	24
第 9 章 VGA 接口控制器的设计 （选讲）	了解 VGA 接口原理、工作时序和接口电路 掌握 VGA 彩条信号发生器和 24 位位图显示的设计与实现	2	8

（续）

教学章节	教学要求	学时	
		理论	实验
第10章 静态时序分析工具 TimeQuest 的使用 （讲解与实验）	了解静态时序分析的基础知识 掌握 TimeQuest Timing Analyzer 的使用 掌握对时序报告进行分析的方法	2	8
第11章 可编程片上系统入门 （选讲）	了解可编程片上系统的组成，掌握其开发流程 掌握 SOPC 硬件系统的生成方法 掌握 SOPC 软件开发方法	4	8
第12章 自定义 IP 组件设计 （选讲）	了解 Avalon 总线的基础知识 掌握自定义 IP 组件的 HDL 设计方法 掌握自定义 IP 组件的应用设计方法	2	8
总课时	第1～8章及第10章建议课时	32	48
	综合实训（第9、11、12章）建议课时	8	24

说明：

1. 建议课堂教学全部在有多媒体设备的实验室内完成，实现“讲－练”结合。
2. 建议教学分为核心知识技能模块（第1～8章及第10章的内容）和技能提高模块（第9、11、12章的内容），其中核心知识技能模块建议教学学时为32（理论）+48（实验），技能提高模块建议学时为8（理论）+24（实验），不同学校可以根据各自的教学要求和计划学时数对教学内容进行取舍。

目录

第一篇

数字系统基础

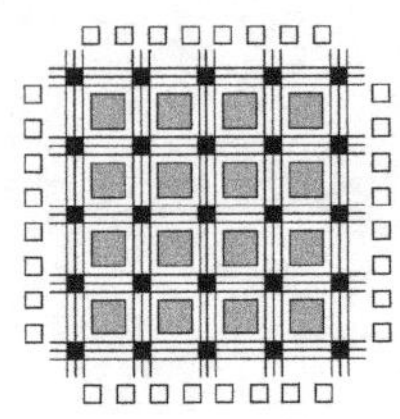

第 1 章 数字逻辑设计基础

本章目的

本章介绍数制、二进制代码、逻辑门、逻辑代数以及组合逻辑电路设计的基本知识，为后续学习做准备。具体内容如下：

- 介绍数制与码制。
- 说明**与**、**或**、**非**三种基本逻辑运算和常用的复合逻辑运算。
- 介绍布尔代数的基本公式和规则。
- 说明逻辑函数的化简方法——代数化简法和卡诺图化简法。
- 阐述使用逻辑门设计组合逻辑电路的方法。

1.1 数制及其相互转换

1.1.1 数制

人们在日常生活中已经习惯使用十进制数。而在数字系统中，为了便于电路实现，通常采用二进制数，但位数较多的二进制数，不便于书写和阅读，于是人们又引入了十六进制数等计数方式。我们将多位数码中每一位的构成方式以及从低位到高位的进位规则称为**进位计数制**，简称**数制**。

1. 十进制数

十进制数是以 10 为基数的计数体制。任何一个 N 位的十进制数都可以用 0、1、2、3、4、5、6、7、8、9 十个数码中的一个或几个按一定的规律排列起来表示，其计数规律是“逢十进一”。

每一数码处于不同的位置时，它所代表的数值是不同的。例如，十进制数 565.29 可以表示为

$$565.29=5\times10^2+6\times10^1+5\times10^0+2\times10^{-1}+9\times10^{-2}$$

其中，10^2、10^1 和 10^0 分别为百位、十位和个位数码的权，而小数点右边数码的权值是 10 的负幂。

一般来说，任意十进制数可表示为

$$(N)_\mathrm{D}=\sum_{i=-\infty}^{\infty}(K_i\times10^i) \tag{1.1.1}$$

等式左边的下标 D 系 Decimal 的缩写，表示十进制数；系数 K_i 的取值为 0～9 中任何一个数字，

下标 i 表示该系数的位置，其权重为 10^i。

如果将式（1.1.1）中的 10 用字母 R 来代替，就可以得到任意进制数的表达式

$$(N)_{\mathrm{R}} = \sum_{i=-\infty}^{\infty} (K_i \times R^i) \qquad (1.1.2)$$

式中，K_i 是第 i 次幂的系数，根据基数 R 的不同，它的取值为 $0 \sim R-1$ 个不同的数码。

用数字电路来存储或处理十进制数很不方便，因为构成数字电路的基本思路是把电路的状态与数码对应起来。而十进制的十个数码要求电路有十个完全不同的状态，这使得电路很复杂，因此在数字电路中不直接处理十进制数。

2. 二进制数

二进制数是以 2 为基数的计数体制。在二进制数中，只有 **0** 和 **1** 两个数码，并且计数规律是“逢二进一”，即 **1+1=10**（读为“壹零”）。注意，这里的“**10**”与十进制数的“10”是完全不同的，它并不代表数“拾”。

根据式（1.1.2），任意二进制数可表示为

$$(N)_{\mathrm{B}} = \sum_{i=-\infty}^{\infty} (K_i \times 2^i) \qquad (1.1.3)$$

等式左边的下标 B 系 Binary 的缩写，表示二进制数，也可以用数字 2 作为下标，还可以在一个数的后面增加字母 B 来表示二进制数。系数 K_i 的取值为 **0** 或者 **1**，下标 i 表示该系数的位置（从右往左给每一位数码编上序号），其权重为 2^i。

图 1.1.1 是二进制数 $\mathbf{(11010.11)_B}$ 的位权示意图，二进制数中的每一个数码称为 1 位（bit），也称为 1 比特。最左边的一位是最高有效位（Most Significant Bit，MSB），最右边的一位是最低有效位（Least Significant Bit，LSB）。图中 MSB 的位权是 2^4，LSB 的位权是 2^{-2}。可见二进制数从右向左每增加一位，其位权值就会加倍。

在计算机中，常常将 8 位二进制数称为**字节**（byte），内存容量经常用字节做单位。

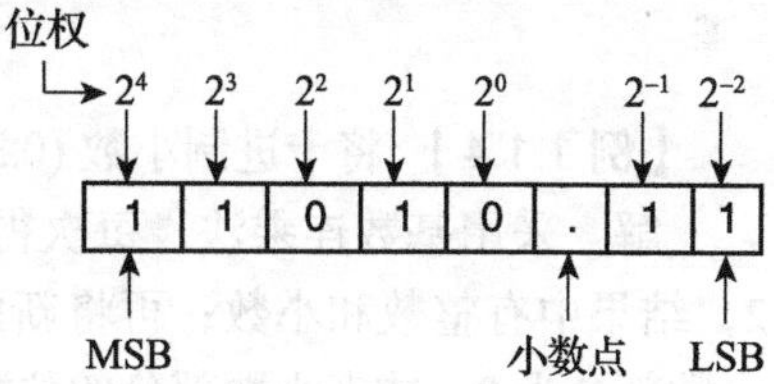

位权

2^4　2^3　2^2　2^1　2^0　2^{-1}　2^{-2}

1	1	0	1	0	.	1	1

MSB　小数点　LSB

图 1.1.1　位权用 2 的幂表示

3. 十六进制数

十六进制数是以 16 为基数的计数体制。在十六进制中，每一位由 0、1、2、3、4、5、6、7、8、9、A（代表 10_D）、B（代表 11_D）、C（代表 12_D）、D（代表 13_D）、E（代表 14_D）、F（代表 15_D）十六个不同的数码组成，其进位规则是“逢十六进一”。

任意十六进制数的按权展开式为

$$(N)_{\mathrm{H}} = \sum_{i=-\infty}^{\infty} (K_i \times 16^i) \qquad (1.1.4)$$

等式左边的下标 H 系 Hexadecimal 的缩写，表示十六进制数，也可以用数字 16 作为下标。还可以在一个数的后面跟一个字母 H 来表示十六进制数。在 C 语言中，则在一个数的前面加上 0x 表示十六进制数。系数 K_i 的取值为 0～F，下标 i 表示该系数的位置，其权重为 16^i。

1.1.2　不同进制数的相互转换

1. 非十进制数转换成十进制数

把非十进制数转换成十进制数采用按权展开相加法。具体步骤是，首先把非十进制数写成按权展开的多项式，然后按十进制数的计数规则求其和。

【例 1.1.1】将二进制数 $(\mathbf{1101.11})_B$ 转换为十进制数。

解　根据式（1.1.3），得到

$$\begin{aligned}(\mathbf{1101.11})_B &= \mathbf{1}\times 2^3+\mathbf{1}\times 2^2+\mathbf{0}\times 2^1+\mathbf{1}\times 2^0+\mathbf{1}\times 2^{-1}+\mathbf{1}\times 2^{-2}\\ &=8+4+0+1+0.5+0.25=(13.75)_D\end{aligned}$$

【例 1.1.2】将十六进制数 $(1AB.EF)_H$ 转换为十进制数。

解　根据式（1.1.4），得到

$$\begin{aligned}(1AB.EF)_H &= 1\times 16^2+10\times 16^1+11\times 16^0+14\times 16^{-1}+15\times 16^{-2}\\ &=256+160+11+0.875+0.058\,593\,75=(427.933\,593\,75)_D\end{aligned}$$

2. 十进制数转换成二进制数

把十进制数转换成二进制数时，整数部分和小数部分需要分别进行转换，再把两者的结果相加。下面举例说明。

【例 1.1.3】将十进制数 $(325)_D$ 转换成二进制数。

解　为了将十进制数转换为二进制数，可以将十进制数分解成为 2^i 之和。

$$(325)_D = 2^8+2^6+2^2+2^0$$

因此，其等效二进制数在位置 0、2、6 和 8 处分别为 **1**，于是

$$(325)_D = (\mathbf{101000101})_B$$

【例 1.1.4】将十进制小数 $(0.312\,5)_D$ 转换为二进制数。

解　采用基数连乘法，每次得到的整数构成转换结果的对应位数码。将 0.312 5 乘以基数 2，结果中有整数和小数；再将新的小数与 2 相乘，又得到新的整数和小数，如此重复，直到小数部分为 0，或者小数部分的位数满足误差要求进行“四舍五入”为止。具体过程如下：

0.312 5×2 = 0.625	整数= 0	最高有效位
0.625×2 =1.25	= 1	↓
0.25×2 = 0. 50	= 0	↓
0.50×2 = 1. 00	= 1	最低有效位

因此，最后的结果为：$(0.312\,5)_D = (\mathbf{0.0101})_B$。

3. 二进制数与十六进制数之间的转换

由于 4 位一组的二进制数可以表示 2^4=16 个数，所以每个十六进制数码可以用 4 位二进制数来表示。

【例 1.1.5】将十六进制数 $(4E6.97C)_H$ 转换为二进制数。

解　由于十六进制数的基数 $16=2^4$，因此，将每位十六进制数用 4 位二进制数表示：

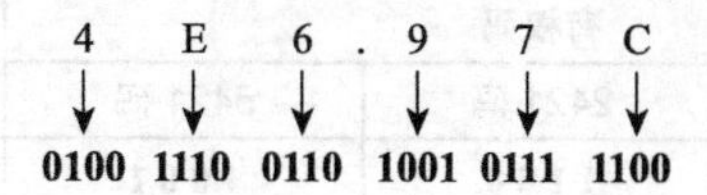

所以

$$(4E6.97C)_H = (0100\ 1110\ 0110.\ 1001\ 0111\ 1100)_B$$

将二进制数转换成十六进制数时，可以采用分组转换方法：以二进制数的小数点为基准，将小数点左边的整数每 4 位分成一组；同样，将小数点右边的小数也每 4 位分成一组；左、右两边不足 4 位的以 **0** 补足 4 位数，每组数就代表十六进制数中的一位数。

【例 1.1.6】 将二进制数 $N_B=(1101100110110011.01)_B$ 转换为十六进制数。

解　采用分组转换法，有

$$N_B\quad 1101\ 1001\ 1011\ 0011\ .\ 0100$$
$$N_H\quad D\quad 9\quad B\quad 3\ .\ 4$$

即

$$N_B=(D9B3.4)_H$$

可见，十六进制数是一种更紧凑的表示数的方式，同时又与二进制数保持紧密的对应关系。

1.2　二进制代码

数字系统中的信息分为两类，一类是数值，另一类是文字符号（包括控制符）。为了表示文字符号信息，往往将若干个二进制数码（**0** 和 **1**）按一定规则排列起来表示某种特定的信息，称为**二进制代码**，或简称**二进制码**。

用 n 位二进制数可以表示 2^n 个不同的信息，给每个信息规定一个具体的二进制代码，这种过程也叫作**编码**（encoding）。编码在计算机、电视、遥控和通信等方面应用广泛。

1.2.1　二－十进制编码

这是一种用 4 位二进制数码表示 1 位十进制数（0～9）的方法，称为二进制编码的十进制（Binary-Coded-Decimal），简称二－十进制编码或 BCD 码。

由于 4 位二进制数码有 16 种组合，而一位十进制数只需用到其中的 10 种组合，因此，BCD 码有多种方案。表 1.2.1 给出了几种常用的 BCD 码。

表 1.2.1　几种常用的 BCD 码

十进制数	有权码			无权码	
	8421 码	2421 码	5421 码	余 3 码	余 3 循环码
0	0000	0000	0000	0011	0010
1	0001	0001	0001	0100	0110
2	0010	0010	0010	0101	0111
3	0011	0011	0011	0110	0101
4	0100	0100	0100	0111	0100
5	0101	1011	1000	1000	1100

（续）

十进制数	有权码			无权码	
	8421码	2421码	5421码	余3码	余3循环码
6	0110	1100	1001	1001	1101
7	0111	1101	1010	1010	1111
8	1000	1110	1011	1011	1110
9	1001	1111	1100	1100	1010

1. 8421码

8421码是最常用的一种BCD码。它取了4位自然二进制数的前10种组合，即**0000～1001**，代码中从高位到低位的“权”值是固定的，即b_3位的权为2^3=8，b_2位的权为2^2=4，b_1位的权为2^1=2，b_0位的权为2^0=1，因此称为8421码。它属于**有权码**。

2. 2421码和5421码

2421码也是**有权码**。对应的b_3、b_2、b_1和b_0位的权分别是2、4、2、1。最高位b_3只改变一次；若以b_3位**0**和**1**之间的交界为轴，则0和9、1和8、2和7、3和6、4和5分别互为反码，这种特性称为**自补性**。具有自补特性的代码称为**自补码**。

5421码也是**有权码**，代码中从高位到低位的权依次为5、4、2、1。

3. 余3码

余3码是**无权码**，它的每一位没有固定的权值。它的编码可以由8421码加上十进制数3得到，且最高位b_3只改变一次；0和9、1和8、2和7、3和6、4和5这5对代码互为反码。余3码也是**自补码**。

4. 余3循环码

余3循环码也是一种**无权码**，它的特点是具有相邻性，任意两个相邻代码之间仅有一位取值不同，例如3和4两个代码**0101**和**0100**仅b_0位不同。余3循环码可以看成将格雷码首尾各3种状态去掉后得到的。而表1.2.1中所列其余BCD码，相邻两个代码间有可能出现两位或两位以上状态不同的情况。因此按余3循环码接成计数器时，每次状态转换中只有一个触发器翻转，译码时不会发生竞争冒险现象。此外，用余3循环码进行数值传递时，如果有一位传送错误，则传递的数值与原值相比只差1，不会出现更大的误差。

【例1.2.1】 将$(937.25)_D$分别转换为8421码、5421码和余3码。

解 在BCD码中，一位十进制数要用4位二进制代码来表示。当需要表示多位十进制数时，则需要对每一位十进制数进行编码。

$(937.25)_D=\mathbf{(1001\ 0011\ 0111.0010\ 0101)}_{8421码}$

$(937.25)_D=\mathbf{(1100\ 0011\ 1010.0010\ 1000)}_{5421码}$

$(937.25)_D=\mathbf{(1100\ 0110\ 1010.0101\ 1000)}_{余3码}$

1.2.2 格雷码

代码在产生和传输过程中有可能发生错误。为了减少错误的发生，或者在发生错误时能迅速发现或纠正，常常采用可靠性编码，其中格雷码（Gray code）就是一种常用的可靠性代码。

格雷码是无权码，其特点是：相邻的两个代码（包括首、尾两个代码）之间仅有一个码元不同。典型的 4 位格雷码如表 1.2.2 所示，表中同时给出了 4 位自然二进制码。

表 1.2.2　四位格雷码

十进制数	二进制码				格雷码				
	b_3	b_2	b_1	b_0	G_3	G_2	G_1	G_0	
0	0	0	0	0	0	0	0	0	
1	0	0	0	1	0	0	0	1	
2	0	0	1	0	0	0	1	1	
3	0	0	1	1	0	0	1	0	
4	0	1	0	0	0	1	1	0	
5	0	1	0	1	0	1	1	1	
6	0	1	1	0	0	1	0	1	
7	0	1	1	1	0	1	0	0	
									反射对称轴
8	1	0	0	0	1	1	0	0	
9	1	0	0	1	1	1	0	1	
10	1	0	1	0	1	1	1	1	
11	1	0	1	1	1	1	1	0	
12	1	1	0	0	1	0	1	0	
13	1	1	0	1	1	0	1	1	
14	1	1	1	0	1	0	0	1	
15	1	1	1	1	1	0	0	0	

例如，十进制数 3 和 4 的格雷码是 **0010** 和 **0110**，只有 b_2 位不同，其余 3 位相同，而十进制数 0 和 15 的格雷码是 **0000** 和 **1000**，只有 b_3 位不同。另外，格雷码还具有反射特性，即以表中最高位（G_3）的 0 和 1 为分界线，其余低位码元（$G_2G_1G_0$）以反射对称轴为分界线时，上、下对称位置的码元是相同的。利用这一特性，可以方便地构成位数不同的格雷码。

在编码技术中，把两个代码中不同码元的个数叫作这两个代码之间的距离，简称**码距**。由于格雷码的任意两个相邻代码的距离为 1，故又称之为**单位距离码**。另外，由于首、尾两个代码也具有单位距离码特性，因此格雷码也叫作**循环码**。

格雷码的单位距离码特性非常重要，使它在传输时引起的误差较小。格雷码的缺点是不能直接进行算术运算。这是因为格雷码是无权码，其每一位的权值不是固定的。

格雷码和二进制码之间经常需要转换，具体转换方法如下。

1. 二进制码到格雷码的转换

1）格雷码的最高位（最左边）与二进制码的最高位相同。

2）从左到右，逐一将二进制码相邻的两位相加（舍去进位），作为格雷码的下一位。

【例 1.2.2】 将二进制码 **10110** 转换成格雷码。

解　转换过程如下：

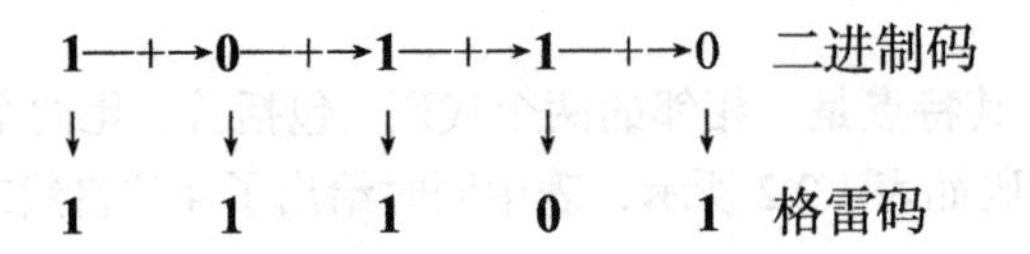

所以，格雷码为**11101**。

2. 格雷码到二进制码的转换

1）二进制码的最高位（最左边）与格雷码的最高位相同。

2）将得到的每一位二进制码与相邻的下一位格雷码相加（舍去进位），作为二进制码的下一位。

【例 1.2.3】 将格雷码**1101**转换成二进制码。

解　转换过程如下：

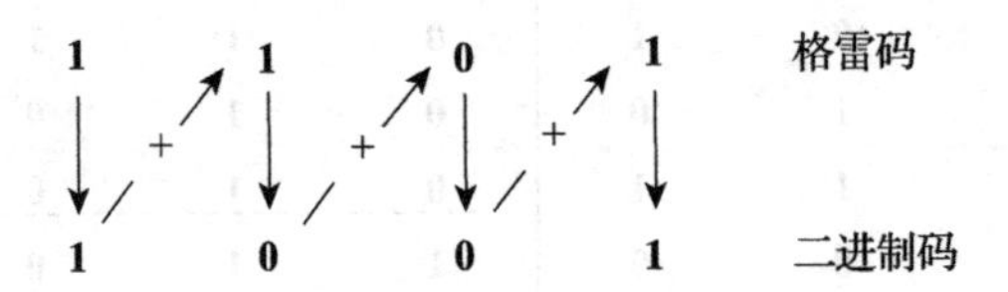

所以，二进制码为**1001**。

1.2.3　奇偶校验码

奇偶校验码（parity check code）也是一种可靠性代码，它可以检测代码在传送过程中是否出现错误。二进制信息在传送时，可能由于外界干扰或其他原因而发生错误，即可能有的**1**错为**0**，或者有的**0**错为**1**。奇偶检验码是一种能够检验出这类错误的代码。

奇偶检验码由两部分组成：一部分是信息位，即需要传递的信息本身，可以是位数不限的任何一种二进制形式的数据代码，例如二进制码、BCD码、ASCII码等；另一部分是奇偶校验位，仅有一位，可以添加在信息位的前面或者后面。在编码时，根据信息位中1的个数决定添加的校验位是**1**还是**0**，有下列两种方式：

1）使每一个码组中信息位和校验位的“**1**”的个数之和为奇数，称为**奇检验**。

2）使每一个码组中信息位和校验位的“**1**”的个数之和为偶数，称为**偶检验**。

表1.2.3列出了由4位信息位及1位校验位组成的十进制数码对应的奇偶校验码。

表 1.2.3　带奇偶校验的 8421 码

十进制数	8421码奇校验		8421码偶校验	
	信息位	校验位	信息位	校验位
0	0000	1	0000	0
1	0001	0	0001	1
2	0010	0	0010	1
3	0011	1	0011	0
4	0100	0	0100	1
5	0101	1	0101	0

（续）

十进制数	8421 码奇校验		8421 码偶校验	
	信息位	校验位	信息位	校验位
6	0110	1	0110	0
7	0111	0	0111	1
8	1000	0	1000	1
9	1001	1	1001	0

奇偶检验码的数据传送原理如图 1.2.1 所示。在发送端由编码器根据信息位编码产生奇偶校验位，形成奇偶检验码发往接收端；在接收端，则通过检测器检查代码中含“**1**”的个数为奇数还是偶数，判断信息是否出错。例如，当采用偶校验时，若收到的代码中含有奇数个“**1**”，则说明发生了错误。但判断出错后，并不能确定是哪一位出错，也就无法纠正。因此，奇偶检验码只有检错能力，没有纠错能力。

此外，这种码只能发现单个错误，不能发现双错（即两位同时出错的情况），但由于数据传送中出现单错的概率远远大于双错，所以这种编码还是很有实用价值的。加之它编码简单、容易实现，因此在数字系统中被广泛采用。

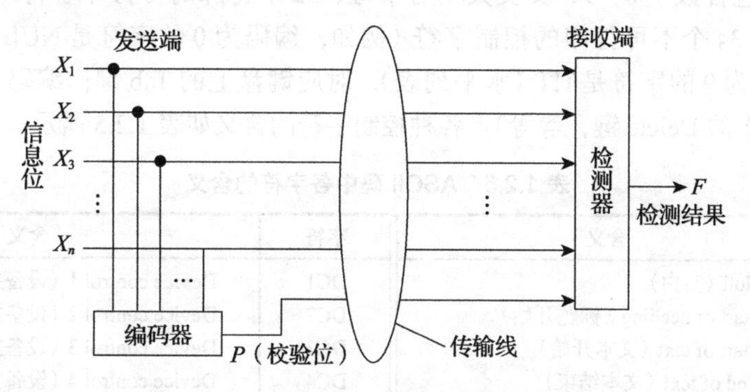

图 1.2.1　奇偶检验码的数据传送原理图

1.2.4　ASCII 字符编码

字符编码是指能够表示字母、数字、标点符号以及其他特殊符号的代码。目前，在计算机和通信系统中广泛采用 ASCII 码（American Standard Code for Information Interchange，美国标准信息交换码），它是由美国国家标准化协会制定的一种代码。

ASCII 码如表 1.2.4 所示。它采用 7 位二进制编码，可以表示 128 字符。7 位二进制码的高 3 位（$b_6\,b_5\,b_4$）构成表中的列，低 4 位（$b_3\,b_2\,b_1\,b_0$）构成表中的行。

表 1.2.4　ASCII 码

低 4 位代码	高 3 位代码（$b_6b_5b_4$）							
（$b_3b_2b_1b_0$）	000	001	010	011	100	101	110	111
0000	NUL	DLE	SP	0	@	P	`	p
0001	SOH	DC1	!	1	A	Q	a	q

（续）

低4位代码	高3位代码（$b_6b_5b_4$）							
（$b_3b_2b_1b_0$）	000	001	010	011	100	101	110	111
0010	STX	DC2	"	2	B	R	b	r
0011	ETX	DC3	#	3	C	S	c	s
0100	EOT	DC4	$	4	D	T	d	t
0101	ENQ	NAK	%	5	E	U	e	u
0110	ACK	SYN	&	6	F	V	f	v
0111	BEL	ETB	'	7	G	W	g	w
1000	BS	CAN	(	8	H	X	h	x
1001	HT	EM	)	9	I	Y	i	y
1010	LF	SUB	*	:	J	Z	j	z
1011	VT	ESC	+	;	K	[	k	{
1100	FF	FS	,	<	L	\	l	|
1101	CR	GS	−	=	M	]	m	}
1110	SO	RS	.	>	N	∧	n	~
1111	SI	US	/	?	O	—	o	DEL

ASCII码中包含数字0～9、英文大小写字母、32个特殊的可打印字符（如%、@、$等）和用缩写表示的34个不可打印的控制字符（例如，编码为0的字符是NUL，用来作为字符串的结尾；编码为9的字符是HT（水平列表），对应键盘上的Tab键；编码为7FH的字符是DEL，对应键盘上的Delete键，等等）。各种控制字符的含义如表1.2.5所示。

表1.2.5　ASCII码中各字符的含义

字符	含义	字符	含义
NUL	Null（空白）	DC1	Device control 1（设备控制1）
SOH	Start of heading（标题开始）	DC2	Device control 2（设备控制2）
STX	Start of text（文本开始）	DC3	Device control 3（设备控制3）
ETX	End of text（文本结束）	DC4	Device control 4（设备控制4）
EOT	End of transmission（传输结束）	NAK	Negative acknowledge（否认）
ENQ	Enquiry（询问）	SYN	Synchronous idle（同步空转）
ACK	Acknowledge（确认）	ETB	End of transmission block（块传输结束）
BEL	Bell（报警）	CAN	Cancel（取消）
BS	Backspace（退一格）	EM	End of medium（纸尽）
HT	Horizontal tab（水平列表）	SUB	Substitute（替换）
LF	Line feed（换行）	ESC	Escape（脱离）
VT	Vertical tab（垂直列表）	FS	File separator（文件分隔符）
FF	Form feed（走纸）	GS	Group separator（组分隔符）
CR	Carriage return（回车）	RS	Record separator（记录分隔符）
SO	Shift out（移出）	US	Unit separator（单元分隔符）
SI	Shift in（移入）	SP	Space（空格）
DLE	Data link escape（数据链路换码）	DEL	Delete（删除）

计算机之间、计算机与打印机等外部设备之间的字符、数字等信息传输使用ASCII码，由计算机键盘输入的信息在计算机内部的存储也使用ASCII码。

【例1.2.4】 一组信息的ASCII码如下，它们代表的字符信息是什么？

1001000 1000101 1001100 1001100 1001111

解 查表 1.2.4 可以确定 ASCII 码所表示的字符为 HELLO。

1.3 逻辑运算及逻辑门

逻辑是指事物因果之间所遵循的规律。为了避免用冗繁的文字来描述逻辑问题，逻辑代数采用逻辑函数表达式来描述事物的因果关系。

逻辑代数是英国数学家乔治·布尔（George Boole，1815—1864）在 19 世纪中叶创立的，所以又称**布尔代数**。直到 20 世纪 30 年代，美国数学家、信息论的创始人克劳德·E. 香农（Claude E. Shannon，1916—2001）才在开关电路中找到了它的用途，这使得它很快成为分析和综合开关电路的数学工具，因此又常常称为**开关代数**。

和普通代数一样，在逻辑代数中，也用英文字母（如 A、B、C、X、Y、Z…）来表示变量，这种变量称为**逻辑变量**，取值只有 **0** 和 **1** 两种可能，**0** 和 **1** 称为**逻辑常量**。注意，这里的逻辑 **0** 和 **1** 本身并没有数值意义，它们并不代表数量的大小，而仅仅是作为一种符号，代表事物的两种不同逻辑状态。

数字电路的输出与输入之间的关系是一种因果关系，因此可以用逻辑函数来描述。对于一个逻辑电路，若输入逻辑变量 A、B、C…的取值确定后，其输出逻辑变量 L 的值也唯一地确定了，则可以称 L 是 A、B、C…的逻辑函数，并记为

$$L=f(A, B, C\cdots)$$

在逻辑代数中，有**与**、**或**、**非**三种基本的逻辑运算，还有**与非**、**或非**、**同或**、**异或**等常用的复合逻辑运算。下面分别进行讨论。

1.3.1 基本逻辑运算

1. 基本逻辑关系举例

（1）电路图

反映**与**、**或**、**非**三种基本逻辑关系的电路如图 1.3.1 所示。根据电路中的有关定理，可以列出表 1.3.1 所示的电路功能表。

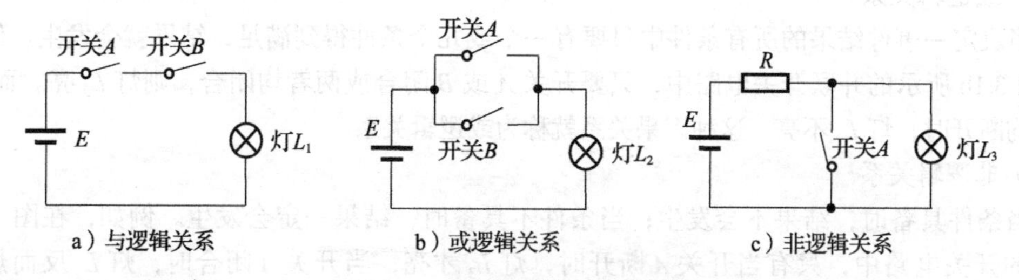

图 1.3.1 基本逻辑关系电路举例

表 1.3.1　图 1.3.1 所示电路的功能表

开关 A	开关 B	灯 L_1	灯 L_2	灯 L_3
断开	断开	灭	灭	亮
断开	闭合	灭	亮	亮
闭合	断开	灭	亮	灭
闭合	闭合	亮	亮	灭

（2）真值表

在图 1.3.1 中，经过设定变量和状态赋值后，便可以得到反映开关状态和电灯亮、灭之间因果关系的**逻辑真值表**，简称**真值表**。

用英文字母表示开关和电灯的过程，称为**设定变量**。现在用 A、B、L_1、L_2、L_3 分别表示开关 A、B 和电灯 L_1、L_2、L_3。

用二值逻辑常量 **0** 和 **1** 分别表示开关和电灯有关状态的过程称为**状态赋值**。现在假设开关 A、B 闭合为 **1**，断开为 **0**；假设电灯亮为 **1**，灭为 **0**，这也称为**变量取值**。

将设定变量和状态赋值代入表 1.3.1 中，得到表 1.3.2 所示的表格。该表格将输入变量的各种可能取值组合与其对应的函数值一一列了出来，能够直观地表示输出函数与输入变量之间的逻辑关系，且具有唯一性，习惯上称为**真值表**。

表 1.3.2　反映基本逻辑关系的真值表

A	B	L_1	L_2	L_3
0	0	0	0	1
0	1	0	1	1
1	0	0	1	0
1	1	1	1	0

（3）三种基本逻辑关系

● **与逻辑关系**

只有当决定一事件结果的所有条件同时满足时，结果才发生。例如，在图 1.3.1a 所示的串联开关电路中，只有在开关 A 和 B 都闭合的条件下，灯 L_1 才亮。这种灯亮（结果）与开关闭合（条件）之间的关系就称为**与逻辑关系**。

● **或逻辑关系**

当决定一事件结果的所有条件中只要有一个或几个条件得到满足，结果就会发生。例如，在图 1.3.1b 所示的并联开关电路中，只要开关 A 或 B 闭合或两者均闭合，则灯 L_2 亮。而当 A 和 B 均断开时，灯 L_2 不亮。这种因果关系就称为**或逻辑关系**。

● **非逻辑关系**

当条件具备时，结果不会发生；当条件不具备时，结果一定会发生。例如，在图 1.3.1c 所示的开关电路中，只有当开关 A 断开时，灯 L_3 才亮，当开关 A 闭合时，灯 L_3 反而熄灭。灯 L_3 的状态总是与开关 A 的状态相反，这种结果总是与条件相反的逻辑关系称为**非逻辑关系**。

2. 基本逻辑运算

（1）与运算及与门

与逻辑关系可以借助逻辑函数表示，写为

$$L_1=A\cdot B \tag{1.3.1}$$

此式也称为**逻辑表达式**，式中小圆点“·”是**与**运算符，表示变量 A、B 的**与**运算，也称为**逻辑乘**。在不至于引起混淆的前提下，乘号“·”可以省略。在某些文献中，也用符号∧、∩、& 表示**与**运算。

实现**与**逻辑运算（即满足**与**逻辑真值表）的电子电路称为与门电路（简称**与**门），其图形符号[㊀]如图 1.3.2 所示。图 1.3.2a 为特定外形符号，图 1.3.2b 为矩形符号。

（2）或运算及或门

或逻辑关系可以用下面的逻辑函数来描述，写为

$$L_2=A+B \tag{1.3.2}$$

式中，符号“+”是**或**运算符，表示变量 A、B 的**或**运算，也称为**逻辑加**。在某些文献中，也用符号∨、∪、| 来表示**或**运算。

实现**或**逻辑运算（即满足**或**逻辑真值表）的电子电路称为**或**门电路（简称**或**门），其逻辑符号如图 1.3.3 所示。图 1.3.3a 为特定外形符号，图 1.3.3b 为矩形符号。

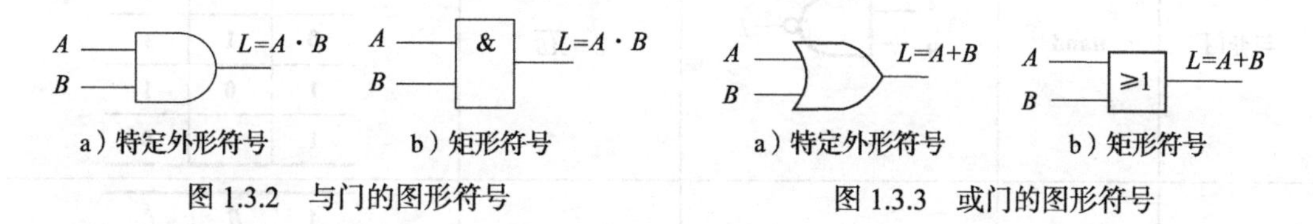

图 1.3.2　与门的图形符号　　图 1.3.3　或门的图形符号

（3）非运算及非门

非逻辑关系可以用下面的逻辑函数来描述，写为

$$L_3=\overline{A} \tag{1.3.3}$$

式中，字母 A 上方的短划线“-”表示**非**运算。通常称 A 为原变量，称 $\overline{A}$ 为**非**（或者反）变量。

实现**非**逻辑运算（即满足**非**逻辑关系真值表）的电子电路称为**非**门电路（简称**非**门），**非**门也称为反相器。其图形符号如图 1.3.4 所示，其中用小圆圈表示**非**运算。小圆圈可以加在输入端，也可以加在输出端。图 1.3.4a 和图 1.3.4c、图 1.3.4b 和图 1.3.4d 中符号表示的运算功能是完全等效的，但将小圆圈加在输入端强调的是“输入信号为低电平有效”。

如果将两个**非**门串联起来，如图 1.3.5a 所示，就构成了另一种称为缓冲器的门电路。在实际工作中，通常用缓冲器来增加输入信号的驱动能力。图 1.3.5b 是缓冲器的图形符号。它的逻辑表达式为

$$L=A \tag{1.3.4}$$

㊀ 电气和电子工程师协会（Institute of Electrical and Electronics Engineers，IEEE）标准中，门电路的图形符号有两种：矩形符号（Rectangle Shape Symbols）和特定外形符号（Distinctive Shape Symbols）。中国国标（GB4728.12—96）采用矩形符号。本书使用特定外形符号。

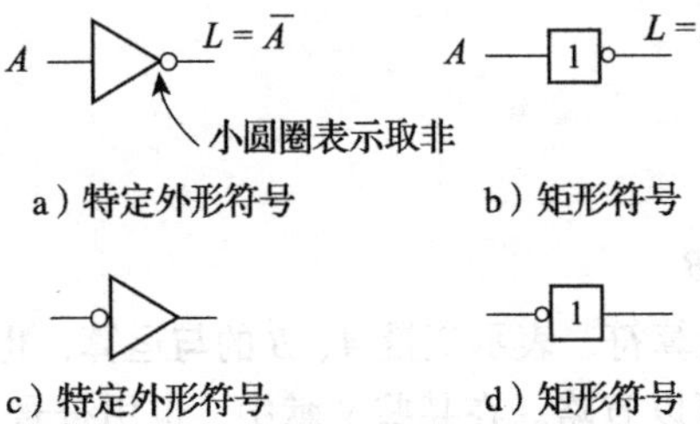

$L=\overline{A}$　小圆圈表示取非

a）特定外形符号　b）矩形符号　c）特定外形符号　d）矩形符号

图 1.3.4　非门的图形符号

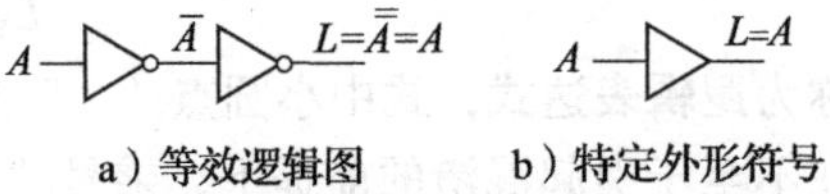

$L=\overline{\overline{A}}=A$　$L=A$

a）等效逻辑图　b）特定外形符号

图 1.3.5　缓冲器的图形符号

1.3.2　常用复合逻辑运算

除了基本的与、或、非运算之外，还有与非、或非、同或、异或等常用的复合逻辑运算，这些逻辑门的名称、图形符号、逻辑表达式和真值表列于表 1.3.3 中，以方便查阅。

表 1.3.3　常用逻辑门列表

<table>
<tr><th rowspan="2">门的名称</th><th rowspan="2">缩写符</th><th rowspan="2">图形符号</th><th rowspan="2">逻辑表达式</th><th colspan="3">真值表</th></tr>
<tr><th>A</th><th>B</th><th>L</th></tr>
<tr><td rowspan="4">与非门</td><td rowspan="4">nand</td><td rowspan="4"> 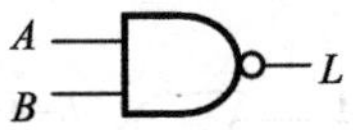</td><td rowspan="4">$L=\overline{AB}$</td><td>0</td><td>0</td><td>1</td></tr>
<tr><td>0</td><td>1</td><td>1</td></tr>
<tr><td>1</td><td>0</td><td>1</td></tr>
<tr><td>1</td><td>1</td><td>0</td></tr>
<tr><td rowspan="5">或非门</td><td rowspan="5">nor</td><td rowspan="5"> 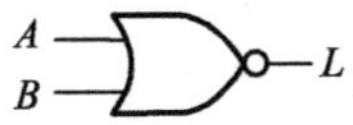</td><td rowspan="5">$L=\overline{A+B}$</td><td>A</td><td>B</td><td>L</td></tr>
<tr><td>0</td><td>0</td><td>1</td></tr>
<tr><td>0</td><td>1</td><td>0</td></tr>
<tr><td>1</td><td>0</td><td>0</td></tr>
<tr><td>1</td><td>1</td><td>0</td></tr>
<tr><td rowspan="5">异或门</td><td rowspan="5">xor</td><td rowspan="5"> 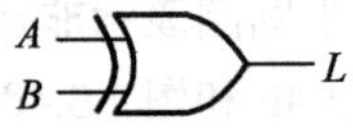</td><td rowspan="5">$L=\overline{A}B+A\overline{B}$
$=A\oplus B$</td><td>A</td><td>B</td><td>L</td></tr>
<tr><td>0</td><td>0</td><td>0</td></tr>
<tr><td>0</td><td>1</td><td>1</td></tr>
<tr><td>1</td><td>0</td><td>1</td></tr>
<tr><td>1</td><td>1</td><td>0</td></tr>
<tr><td rowspan="5">同或门</td><td rowspan="5">xnor</td><td rowspan="5"> 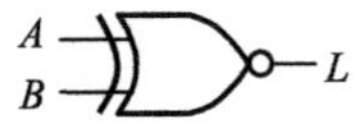</td><td rowspan="5">$L=\overline{A}\,\overline{B}+AB$
$=\overline{A\oplus B}$
$=A\odot B$</td><td>A</td><td>B</td><td>L</td></tr>
<tr><td>0</td><td>0</td><td>1</td></tr>
<tr><td>0</td><td>1</td><td>0</td></tr>
<tr><td>1</td><td>0</td><td>0</td></tr>
<tr><td>1</td><td>1</td><td>1</td></tr>
</table>

1.3.3 集成逻辑门电路简介

1. 数字集成电路简介

前面介绍的逻辑运算关系都可以用集成电路实现。**集成电路**（Integrated Circuit，IC）是指把晶体管、电阻、电容等元器件及它们之间的连线全部集成在一小块硅片上构成的具有一定功能的电路，该电路焊接封装在一个管壳内，其封装外壳有圆壳式、双列直插式、扁平式或球形栅格阵列式等多种形式。所以，集成电路是指带有封装的、具有一定功能的电路模块。

图 1.3.6 是带有塑料封装外壳的 IC 的截面图，这种封装形式称为双列直插封装（Dual-Inline Package，DIP）。所有电路都集成在内部的芯片上，芯片通过细导线与外部引脚相连接。有时也称集成电路为芯片。由于集成电路具有可靠性高、功耗低、体积小和重量轻等优点，因此，现在数字系统的主流形式是数字集成电路。例如，平板电脑、个人计算机、音乐播放器等。

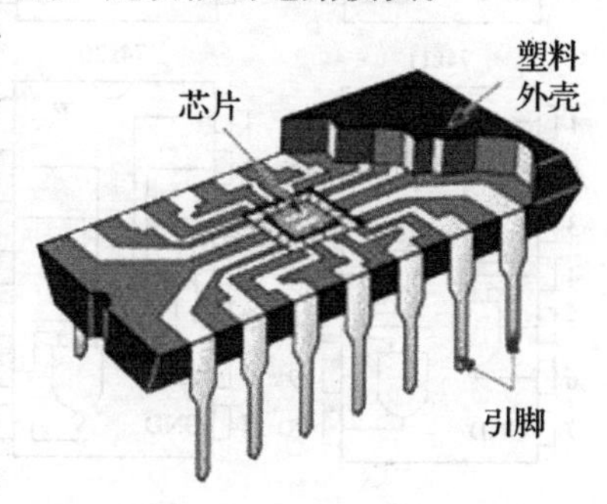

图 1.3.6 IC 封装示意图

集成电路最早出现在 1958 年，是美国德州仪器（Texas Instruments，TI）公司的 Jack Kilby[⊖]发明的，经过 60 多年的发展，出现了大量的集成电路。

根据电路结构和所采用的工艺的不同，数字集成电路可以分成 TTL（Transistor-Transistor Logic，晶体管 - 晶体管逻辑）、ECL（Emitter Coupled Logic，发射极耦合逻辑）、MOS（Metal-Oxide-Semiconductor，金属 - 氧化物 - 半导体逻辑）、CMOS（Complementary MOS，互补 MOS）等不同逻辑系列。

逻辑系列是一些功能不同的 IC 的集合，这些 IC 是用相同工艺制造的，且有类似的输入、输出特性。同一系列的 IC 可以通过外部的相互连线实现任意逻辑功能，而不同系列的 IC 可能采用不同的电源电压，或具有不同的输入、输出逻辑电平值，需要使用接口电路才能相互连接。

TTL 系列是集成电路发明之后出现的第一个逻辑系列之一，其特点是工作速度快，但功耗大。TTL 曾经得到广泛应用，在 20 世纪 60 年代人们用 TTL 构建了第一台集成电路计算机。ECL 系列主要用在高速或超高速数字系统中。MOS 系列电路具有集成度高、功耗低的优势，在设计低功耗系统（如笔记本电脑、数码相机、智能手机等）时，首选 CMOS 系列。随着技术的进步，CMOS 系列在市场中占据了主导地位，而 TTL 和 ECL 系列的应用日渐衰落，但许多 CMOS 器件的编号和封装引脚与 TTL 的相同。

2. 几种常用的集成逻辑门

图 1.3.7 是部分常用集成逻辑门电路的引脚图。它们均采用 14 引脚 DIP 封装，其中 14 号引脚 V_{CC} 接电源，7 号引脚 GND 接地。

⊖ 实际上，仙童半导体（Fairchild Semiconductor）公司的 Noyce（诺伊斯）和 Moore（摩尔）在同一时期也发明了集成电路。2016 年 6 月，仙童被安森美半导体（ON Semiconductor）公司收购。

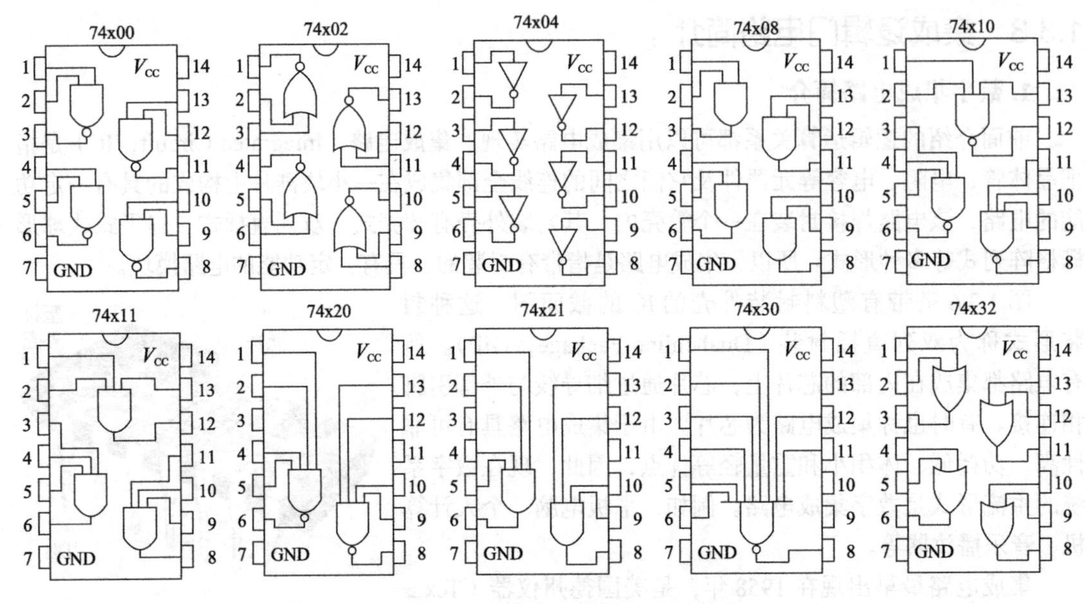

图 1.3.7 几种芯片的引脚图（顶视图）

74x 系列 IC 芯片的名称以 74 开始，后面加不同系列缩写字母及数字表示，如 74LS00、74HC00、74LVC00。中间字母表示不同系列，如 LS 系列、HC 系列、LVC 系列等。最后的几位数字表示不同逻辑功能芯片的编号，如 00 表示 4 个二输入**与非**门，即一个芯片中封装了 4 个**与非**门；而 02 则表示 4 个二输入**或非**门；04 则表示 6 个**非**门。其中 74x30 **与非**门的输入端数目多达 8 个，型号中的 x 代表不同的逻辑系列（通常，编号相同的不同系列芯片的逻辑功能相同，但性能指标不同，不一定能互换使用）。

在 20 世纪 90 年代前，曾广泛使用中、小规模 IC 来设计数字系统，即把多个芯片连接起来实现一个具有一定功能的电路，但随着技术的进步，目前应用范围已大为缩小。这里重点关注这些 IC 所实现的逻辑功能，熟悉这些 IC 的引脚图和外部特性后，你就可以使用它们在面包板上搭建一些简单电路，从而掌握数字电路的工作原理，这是使用现代设计方法进行数字电路和系统设计的基础。关于某一具体型号 IC 的技术参数，可以查看生产厂家提供的数据手册。

3. 集成逻辑门的主要参数

任何数字逻辑电路都可以由逻辑门构成。也就是说，将功能不同的集成逻辑门在外部用导线连接起来，就可以组成数字系统。图 1.3.8 是一个简单的数字系统模型。发送电路和接收电路可以由单个逻辑门构成，也可以由多个逻辑门构成。注意，每一个数字电路都包含输入端口和输出端口，简单起见，图中未全部画出。

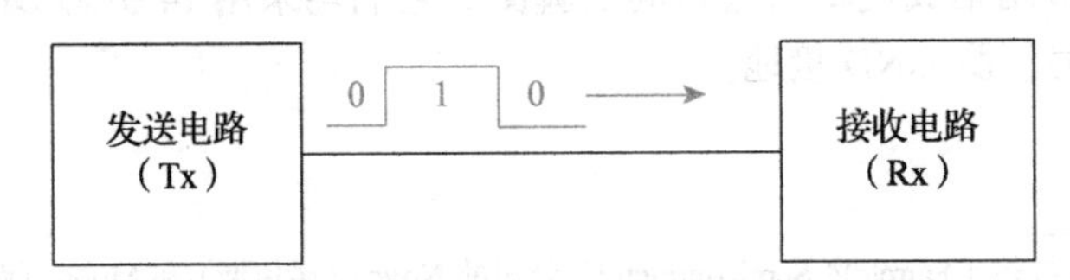

图 1.3.8 通用的数字信号发送 / 接收电路

在该系统中，发送电路（Tx）也称为驱动器，它输出用 **0**、**1** 表示的二进制代码（即数字信号），接收电路（Rx）得到该数字信号后，要求能够正确地识别收到的二进制代码。要使这两个电路能够相互通信，电路的输入、输出信号必须符合规定的技术参数规范。常用的技术参数介绍如下。

（1）电源电压

所有数字电路都需要电源电压和接地。通常，电源正端用 V_{CC} 或 V_{DD} 表示，接地端用 GND 表示。不同系列的器件对电源电压要求不一样，表 1.3.4 中列出了几种 CMOS 集成电路的电源电压范围和所允许的最大电源电压。

表 1.3.4　几种 CMOS 电路的电源电压值

参　数	类　型				
	4000B	74HC	74HCT	74LVC	74AUC
电源电压范围 /V	3～18	2～6	2～6	1.2～3.6	0.8～2.7
电源最大额定值 /V	20	7	7	6.5	3.6

（2）输出直流技术参数

我们用图 1.3.9 中的发送电路来说明输出直流参数的规定。通常有四个参数用来说明输出直流电压的范围，即 $V_{OH\text{-}max}$、$V_{OH\text{-}min}$、$V_{OL\text{-}max}$ 和 $V_{OL\text{-}min}$，这些参数称为**直流输出技术参数**。当输出逻辑 **1** 或 **0** 时，发送电路必须确保输出电压（V_O）的值在规定的范围之内。

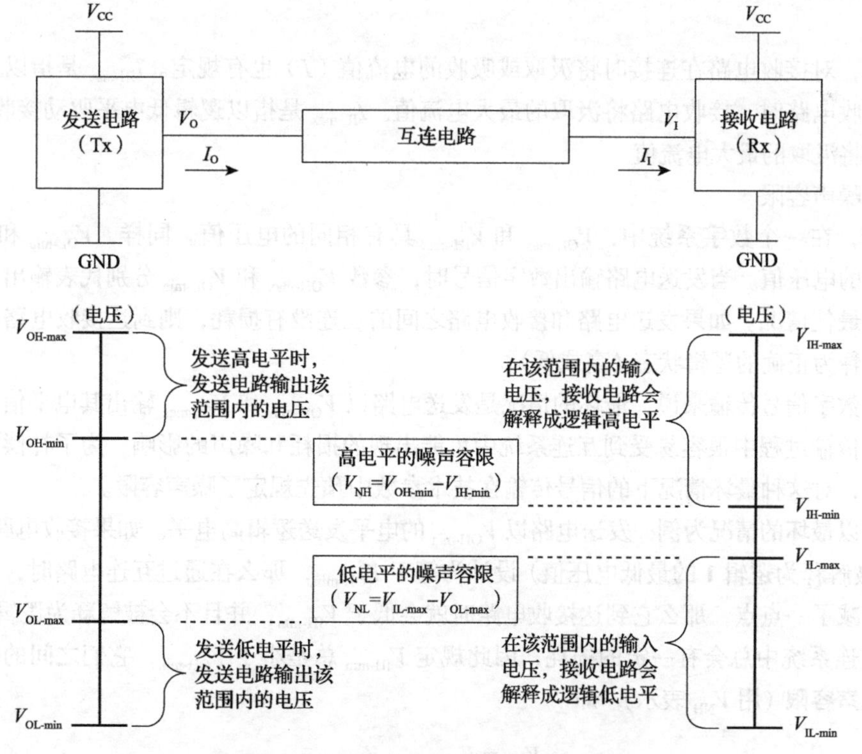

图 1.3.9　数字电路直流技术参数的示意图

$V_{OH\text{-}max}$ 和 $V_{OH\text{-}min}$ 分别是输出高电平电压的上、下限值，发送电路输出的逻辑高电平（使用正逻辑时，为逻辑 **1**）电压必须在该范围内。$V_{OL\text{-}max}$ 和 $V_{OL\text{-}min}$ 分别是输出低电平的电压上、下限值，发送电路必须确保输出的逻辑低电平（使用正逻辑时，为逻辑 **0**）电压在该范围内。

同样，对发送电路输出的电流值（I_O）也有规定。当发送电路输出逻辑高电平时，流经输出端的最大电流值由 $I_{OH\text{-}max}$ 限定；当发送电路输出逻辑低电平时，流经输出端的最大电流值由 $I_{OL\text{-}max}$ 限定。超过最大输出电流值时，往往会损坏器件。通常，生产厂家还提供推荐的电流值 I_O，以保证器件在整个使用期间具有指定的工作参数。

当发送电路通过输出端向接收电路（又称负载）提供电流时，称为**拉电流**（sourcing current）。当发送电路通过输出端从接收电路汲取电流时，则称其为**灌电流**（sinking current）。通常，发送电路输出逻辑高电平时提供电流，而输出逻辑低电平时汲取电流。

（3）输入直流技术参数

我们用图 1.3.9 中的接收电路来说明输入直流参数的规定。通常有四个参数用来说明输入直流电压的范围，即 $V_{IH\text{-}max}$、$V_{IH\text{-}min}$、$V_{IL\text{-}max}$ 和 $V_{IL\text{-}min}$，这些参数被称为**直流输入技术参数**，为接收电路解释输入信号是逻辑高电平还是低电平提供了依据。

$V_{IH\text{-}max}$ 和 $V_{IH\text{-}min}$ 分别是输入高电平电压的上、下限值，当输入电压在该范围内时，接收电路将解释为逻辑高电平（或使用正逻辑时为逻辑 **1**）。$V_{IL\text{-}max}$ 和 $V_{IL\text{-}min}$ 分别是输入低电平电压的上、下限值，当输入电压在该范围内时，接收电路将解释为逻辑低电平（或使用正逻辑时为逻辑 **0**）。

同样，对接收电路在连接时将汲取或吸收的电流值（I_I）也有规定。$I_{IH\text{-}max}$ 是指以逻辑高电平驱动接收电路时，接收电路将汲取的最大电流值。$I_{IL\text{-}max}$ 是指以逻辑低电平驱动接收电路时，接收电路将汲取的最大电流值。

（4）噪声容限

通常，在一个数字系统中，$V_{OH\text{-}max}$ 和 $V_{IH\text{-}max}$ 具有相同的电压值。同样，$V_{OL\text{-}min}$ 和 $V_{IL\text{-}min}$ 也具有相同的电压值。当发送电路输出数字信号时，参数 $V_{OH\text{-}max}$ 和 $V_{OL\text{-}min}$ 分别代表输出高、低电平信号的最佳情况。如果发送电路和接收电路之间的互连没有损耗，则到达接收电路的电压值将会被解释为正确的逻辑状态（高或低）。

对于数字信号传输来说，最坏的情况是发送电路以 $V_{OH\text{-}min}$ 和 $V_{OL\text{-}max}$ 输出其电平信号。这些电平值在传输过程中很容易受到互连系统中可能出现的损耗和噪声的影响，为了补偿潜在的损耗或噪声，对这种最坏情况下的信号传输在技术参数中预先规定了噪声容限。

我们以最坏的情况为例，发送电路以 $V_{OH\text{-}min}$ 的电平发送逻辑高电平。如果接收电路的 $V_{IH\text{-}min}$（即仍将被解释为逻辑 **1** 的最低电压值）设计为等于 $V_{OH\text{-}min}$，那么在通过互连电路时，如果输出信号被衰减了一点点，那么它到达接收电路时就会低于 $V_{IH\text{-}min}$，并且不会被解释为逻辑 **1**。由于在任何互连系统中总会有一定的损耗，因此规定 $V_{IH\text{-}min}$ 总是小于 $V_{OH\text{-}min}$，它们之间的差值称为**高电平噪声容限**（用 V_{NH} 表示），即

$$V_{NH} = V_{OH\text{-}min} - V_{IH\text{-}min} \tag{1.3.5}$$

它表示 Tx/Rx 电路在传送逻辑 **1** 时容许叠加在 $V_{OH\text{-}min}$ 上的负向噪声电压的最大值。

类似地，$V_{IL\text{-}max}$ 的值始终大于 $V_{OL\text{-}max}$，它们之间的差称为**低电平噪声容限**（用 V_{NL} 表示），即

$$V_{NL} = V_{IL\text{-}max} - V_{OL\text{-}max} \tag{1.3.6}$$

它表示 Tx/Rx 电路在传送逻辑 **0** 时容许叠加在 $V_{OL\text{-}max}$ 上的正向噪声电压的最大值。

在图 1.3.9 中有噪声容限的图形描述。注意，对位于图中 $V_{IH\text{-}min}$ 和 $V_{IL\text{-}max}$ 之间的这个电压区域，接收电路既不会解释为"高"，也不会解释为"低"，这是一个不确定区域，应避免使用。

表 1.3.5 列出了几种 CMOS 集成电路在典型工作电压时的输入高、低电压值以及在规定输出电流 I_O 条件下的输出电压值。4000、74HC 和 74HCT 系列工作电压为 5V，低电压 74LVC 系列典型工作电压为 3.3V，超低电压 74AUC 系列典型工作电压为 1.8V。

表 1.3.5　几种 CMOS 系列电路的输入和输出电压值及输入噪声容限

参数（单位：V）	类型				
	4000 ($V_{DD}=5V$, $I_O=1mA$)	**74HC** ($V_{DD}=5V$, $I_O=0.02mA$)	**74HCT** ($V_{DD}=5V$, $I_O=0.02mA$)	**74LVC** ($V_{DD}=3.3V$, $I_O=0.1mA$)	**74AUC** ($V_{DD}=1.8V$, $I_O=0.1mA$)
$V_{IL\text{-}max}$	1.0	1.5	0.8	0.8	0.6
$V_{OL\text{-}max}$	0.05	0.1	0.1	0.2	0.2
$V_{IH\text{-}min}$	4.0	3.5	2.0	2.0	1.2
$V_{OH\text{-}min}$	4.95	4.9	4.9	3.1	1.7
高电平噪声容限（V_{NH}）	0.95	1.4	2.9	1.1	0.5
低电平噪声容限（V_{NL}）	0.95	1.4	0.7	0.6	0.4

（5）开关特性

开关特性是指逻辑电路的瞬态行为，在器件手册中通常用**传输延迟**和**过渡时间**来描述，如图 1.3.10 所示。其中，输入幅值的最小值和最大值分别定义为 0V 和 V_{CC}，而输出幅值的最小值和最大值分别定义为 V_{OL} 和 V_{OH}。

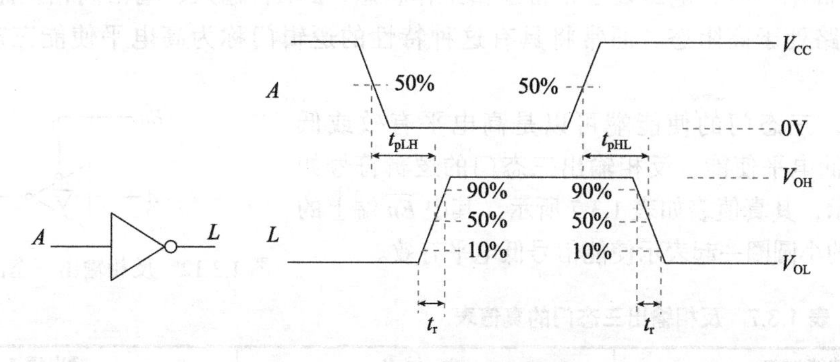

图 1.3.10　数字电路的开关特性

传输延迟是指输出响应滞后于输入变化的时间。任何一个实际的逻辑电路都会存在传输延迟。**传输延迟**的定义是从输入幅值的 50% 到输出转变为最终值的 50% 所花费的时间。当输出

从高电平变为低电平时，输入与输出信号间的延迟记作 t_{pHL}；当输出从低电平变为高电平时，输入与输出信号间的延迟记作 t_{pLH}。当 $t_{pLH}=t_{pHL}$ 时，则用 t_{pd} 来表示传输延迟时间。

过渡时间描述了输出状态转换的快慢。其定义为输出信号从幅值范围的 10% 过渡到 90% 所花费的时间。**上升时间**（t_r）是指输出从低电平过渡到高电平时所花费的时间，**下降时间**（t_f）是指输出从高电平过渡到低电平所花费的时间。当 $t_r=t_f$ 时，则用 t_t 来表示过渡时间。

由于制造工艺存在一定的误差，同一型号的产品其传输延迟也不会完全相同，于是生产厂家会给出传输延迟的最小值、典型值和最大值，实际设计产品时，只要保证产品在最大延迟时仍能正常工作即可。

1.3.4　三态门

在实际数字电路中，还有一种三态输出逻辑（Tristate logic，TSL）门，简称三态门。这种门电路的输出有三种状态，即高电平、低电平和高输出阻抗状态（简称高阻态）。

图 1.3.11 所示为同相输出三态门的一种逻辑符号。其中 *A* 是输入端，*L* 为输出端，*En*（Enable）是控制信号输入端，也称为使能端，*En* 输入端没有小圆圈，表示高电平有效，其真值表如表 1.3.6 所示，其中，× 表示 *A* 可以是 **0** 或 **1**。

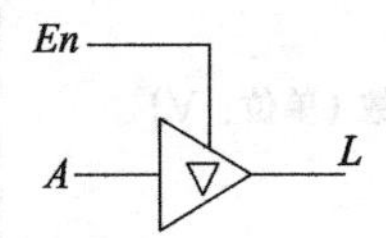

图 1.3.11　同相输出三态门的逻辑符号

表 1.3.6　同相输出三态门的真值表

使能端 *En*	输入端 *A*	输出端 *L*
1	**0**	**0**
1	**1**	**1**
0	×	高阻态

当使能端 *En*=**1** 时，如果 *A*=**0**，则输出端 *L*=**0**；如果 *A*=**1**，则输出端 *L*=**1**。当使能端 *En*=**0** 时，不论 *A* 的取值为何，电路的输出端既不是低电平，也不是高电平，输出端 *L* 与输入端 *A* 之间呈现很大的电阻（类似于“断开”），这就是三态门的高阻态，通常用 z 表示。可见，当 *En* 为有效的高电平时，电路处于正常逻辑工作状态，*L*=*A*，输入、输出同相。而当 *En* 为低电平时，电路处于高阻态。通常将具有这种特性的逻辑门称为高电平使能三态输出同相门电路。

实际上，三态门的使能端可以是高电平有效或低电平有效。低电平使能、反相输出三态门的逻辑符号如图 1.3.12 所示，其真值表如表 1.3.7 所示。其中 $\overline{En}$ 端上的横线和图中的小圆圈一起表示使能信号低电平有效。

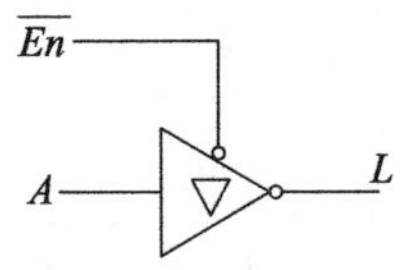

图 1.3.12　反相输出三态门的逻辑符号

表 1.3.7　反相输出三态门的真值表

使能端 *En*	输入端 *A*	输出端 *L*
0	**0**	**1**
0	**1**	**0**
1	×	高阻态

1.4　逻辑代数的基本公式和规则

逻辑代数有一系列的定律、定理和规则，用它们对数学表达式进行处理，可以完成对逻辑电路的化简、变换、分析和设计。

1.4.1　逻辑代数的基本定律和恒等式

逻辑代数常用的基本定律和恒等式如表 1.4.1 所示。等式中的字母（例如 A、B、C）为逻辑变量，其值可以取 **0** 或 **1**，代表逻辑信号的两种可能状态之一。有些定律与普通代数相似，有的与普通代数不同，使用时一定要注意它们的差别，切勿混淆。

表 1.4.1　逻辑代数定律、定理和恒等式

序号	公式 a	公式 b	名称
1	$A\cdot\mathbf{0}=\mathbf{0}$	$A+\mathbf{1}=\mathbf{1}$	
2	$A\cdot\mathbf{1}=A$	$A+\mathbf{0}=A$	同一律
3	$A\cdot A=A$	$A+A=A$	重叠律
4	$A\cdot\overline{A}=\mathbf{0}$	$A+\overline{A}=\mathbf{1}$	互补律
5	$AB=BA$	$A+B=B+A$	交换律
6	$A(BC)=(AB)C$	$A+(B+C)=(A+B)+C$	结合律
7	$A(B+C)=AB+AC$	$A+BC=(A+B)(A+C)$	分配律
8	$\overline{A\cdot B\cdot C\cdots}=\overline{A}+\overline{B}+\overline{C}+\cdots$	$\overline{A+B+C\cdots}=\overline{A}\cdot\overline{B}\cdot\overline{C}\cdots$	反演律
9	$\overline{\overline{A}}=A$		还原律
10	$A+\overline{A}B=A+B$ $AB+\overline{A}C+BC=AB+\overline{A}C$ $AB+\overline{A}C+BCD=AB+\overline{A}C$	$A(\overline{A}+B)=AB$ $(A+B)(\overline{A}+C)(B+C)=(A+B)(\overline{A}+C)$ $(A+B)(\overline{A}+C)(B+C+D)=(A+B)(\overline{A}+C)$	其他常用恒等式

在所有定律中，数学家摩根提出的反演律（公式 8a[㊀]和 8b）具有重要的意义。反演律又称为**德 · 摩根**（De Morgan）**定理**，它经常用于求一个原函数的非函数或者对逻辑函数进行变换。

验证这些定律和恒等式是否成立的最直接办法是列真值表。如果等式左边函数和右边函数的真值表相同，则等式成立。

【例 1.4.1】 用真值表证明两变量摩根定理的正确性，即证明下列两式成立。

$$\overline{A\cdot B}=\overline{A}+\overline{B}$$

$$\overline{A+B}=\overline{A}\cdot\overline{B}$$

解　将 A、B 所有可能的取值情况列出，并求出相应表达式的结果，得到表 1.4.2 所示的真值表。分别将表中第 3 列和第 4 列、第 5 列和第 6 列进行比较，可见上面每个等式两边的真值表相同，故等式成立。

㊀ 公式 8a 是指表 1.4.1 中排序为 8 的反演律公式 a，公式 8b 同理。

表 1.4.2 摩根定理的证明

$A\quad B$	$\overline{A}\quad\overline{B}$	$\overline{A\cdot B}$	$\overline{A}+\overline{B}$	$\overline{A+B}$	$\overline{A}\cdot\overline{B}$
0 0	1 1	$\overline{0\cdot 0}=1$	1	$\overline{0+0}=1$	1
0 1	1 0	$\overline{0\cdot 1}=1$	1	$\overline{0+1}=0$	0
1 0	0 1	$\overline{1\cdot 0}=1$	1	$\overline{1+0}=0$	0
1 1	0 0	$\overline{1\cdot 1}=0$	0	$\overline{1+1}=0$	0

【例 1.4.2】 用基本定律证明下列等式的正确性。

1）$\overline{\overline{A}B+A\overline{B}}=\overline{A}\overline{B}+AB$　　2）$A+\overline{A}B=A+B$

证明：

1）

$\overline{\overline{A}B+A\overline{B}}$　　反演律（8b）

$=\overline{\overline{A}B}\cdot\overline{A\overline{B}}$

$=(A+\overline{B})(\overline{A}+B)$　　反演律（8a）

$=A\overline{A}+AB+\overline{A}\overline{B}+\overline{B}B$　　分配律（7a）

$=\mathbf{0}+AB+\overline{A}\overline{B}+\mathbf{0}$　　互补律（4a）

$=\overline{A}\overline{B}+AB$　　交换律（5b）

2）

$A+\overline{A}B$　　分配律（7b）

$=(A+\overline{A})(A+B)$

$=A+B$

1.4.2 逻辑代数的基本规则

1. 代入规则

在任何一个逻辑等式中，如果将等式两边出现的某变量 A 都代之以一个逻辑函数，则等式仍然成立，这就是代入规则。

代入规则可以扩展所有公式到更多变量的形式。例如，可以把反演律 $\overline{A\cdot B}=\overline{A}+\overline{B}$ 扩展到任意变量形式，用 $B\cdot C$ 代替 B，于是

$$\overline{A\cdot(B\cdot C)}=\overline{A}+\overline{B\cdot C}=\overline{A}+\overline{B}+\overline{C}$$

以此类推，该式还可继续扩展到 4 变量、5 变量、6 变量……

2. 反演规则

对任意一个逻辑函数式 L，若将其中所有的与（·）换成或（+），或（+）换成与（·），原变量换成非变量，非变量换成原变量，0 换成 1，1 换成 0，那么所得逻辑函数式为 $\overline{L}$，这个规

则称为反演规则。

利用反演规则，可以容易地求出已知逻辑函数的非函数。运用反演规则时必须注意遵守以下两个原则：

1）保持原来的运算优先顺序。原式中若先“·”后“+”，替换后则须先“+”后“·”。必要时要根据原式的计算顺序，增加括号来保持运算的优先顺序。

2）不属于单个变量的非运算号应保持不变。

【例 1.4.3】 试求 $L=\bar{A}\cdot\bar{B}+C\cdot D+\mathbf{0}$ 的非函数 $\bar{L}$。

解 按照反演规则，得

$$\bar{L}=(A+B)\cdot(\bar{C}+\bar{D})\cdot\mathbf{1}=(A+B)\cdot(\bar{C}+\bar{D})$$

【例 1.4.4】 试求 $L=A+\overline{B\cdot\bar{C}+\overline{D+\bar{E}}}$ 的非函数 $\bar{L}$。

解 按照反演规则，并保留反变量以外的非号不变，得

$$\bar{L}=\bar{A}\cdot\overline{(\bar{B}+C)\cdot\overline{\bar{D}\cdot E}}$$

3. 对偶规则

对任意一个逻辑函数式 L，若把 L 中的**与**、**或**互换，**0**、**1** 互换，那么就得到一个新的逻辑函数式，这就是 L 的对偶式，记作 L'，或者说 L 和 L' 互为对偶式。

与、**或**互换就是把**与**（·）换成**或**（+），**或**（+）换成**与**（·）；**0**、**1** 互换就是把 **1** 换成 **0**，**0** 换成 **1**。变换时需要注意保持原式中“先括号，然后与，最后或”的运算顺序。

对偶定理：若两逻辑式相等，则它们的对偶式也相等。

例如，$\overline{A\cdot B}=\bar{A}+\bar{B}$ 成立，则 $\overline{A+B}=\bar{A}\cdot\bar{B}$ 也成立。

对偶性意味着逻辑代数中每个逻辑恒等式可以用两种不同的表达式进行表示。即任何一个定理的对偶表达式都是正确的。观察表 1.4.1，可以发现表中每行左边的公式和右边的公式均互为对偶式。

1.4.3 逻辑函数表达式的形式

一个逻辑问题可以用多种不同的逻辑表达式来表示其函数关系，**与－或**表达式、**或－与**表达式是两种基本形式。

与－或表达式是指由若干与项进行或逻辑运算构成的表达式。例如有一个逻辑函数式为

$$L=A\cdot C+\bar{C}\cdot D$$

式中，$A\cdot C$ 和 $\bar{C}\cdot D$ 两项都是由**与**（逻辑乘）运算把变量连接起来的，故称为**与**项（或乘积项），然后将这两个**与**项用**或**运算符连接起来，称这种类型的表达式为**与－或**式或“积之和（Sum of Products，SoP）”表达式。

或－与表达式是指由若干**或**项进行**与**逻辑运算构成的表达式。例如有一个逻辑函数式为

$$L=(A+C)\cdot(B+\bar{C})\cdot D$$

式中，（$A+C$）和（$B+\bar{C}$）两项是由**或**（逻辑加）运算符把变量连接起来的，故称为**或**项，D 是单个变量，可以认为是（$D+\mathbf{0}$），然后将这 3 个**或**项用**与**运算符连接起来，称这种类型的表达式为**或－与**式或“**和之积**（Products of Sum，PoS）”表达式。

除了上面介绍两种形式外，常见的逻辑函数表达式还有**与非－与非**表达式、**或非－或非**表达式以及**与－或－非**表达式等。每一种函数表达式对应一种逻辑电路，各种不同的表达式之间是可以相互转换的。下面通过例题说明。

【例 1.4.5】将函数的与－或表达式 $L=AC+\bar{C}D$ 转换为其他形式。

解　1）与非－与非表达式。

将与－或表达式两次取反，利用摩根定理可得

$$L=\overline{\overline{AC+\bar{C}D}}=\overline{\overline{AC}\ \overline{\bar{C}D}}$$

2）或－与表达式。

$$L=AC+\bar{C}D=(AC+\bar{C})(AC+D) \quad \text{（应用分配律 } A+BC=(A+B)(A+C)\text{）}$$

$$=(A+\bar{C})(C+D)(A+D) \quad \text{（应用公式 } A+\bar{A}B=A+B\text{）}$$

$$=(A+\bar{C})(C+D) \quad \text{（应用公式 } (A+B)(\bar{A}+C)(B+C)=(A+B)(\bar{A}+C)\text{）}$$

3）或非－或非表达式。

将或－与式两次取反，再应用摩根定理和基本公式，得到

$$L=\overline{\overline{(A+\bar{C})(C+D)}}=\overline{\overline{(A+\bar{C})}+\overline{(C+D)}}$$

4）与－或－非表达式。

对或非－或非式应用摩根定理，得到

$$L=\overline{\overline{(A+\bar{C})}+\overline{(C+D)}}=\overline{\bar{A}C+\bar{C}\bar{D}}$$

原与－或式与上式转换后得到的四种形式对应的逻辑图如图 1.4.1 所示。

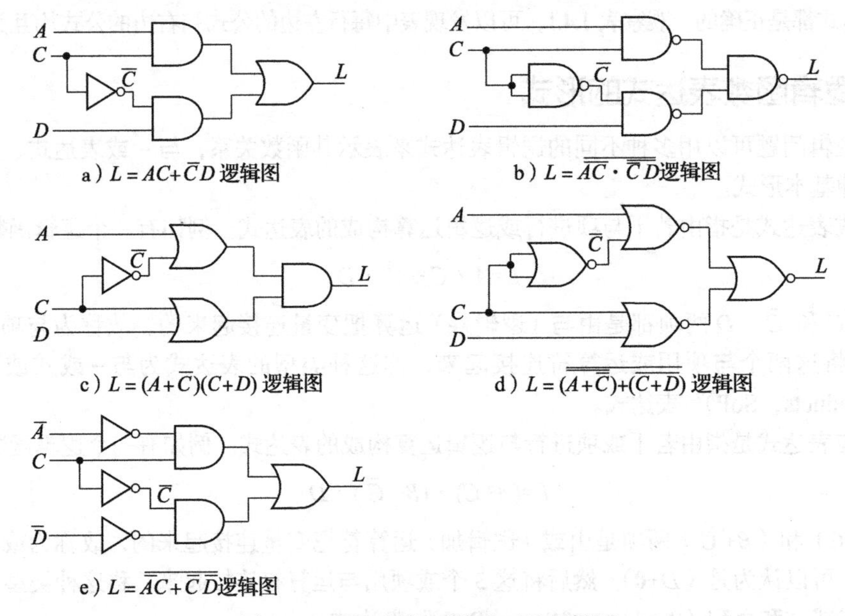

a）$L=AC+\bar{C}D$ 逻辑图　b）$L=\overline{\overline{AC}\cdot\overline{\bar{C}D}}$逻辑图

c）$L=(A+\bar{C})(C+D)$ 逻辑图　d）$L=\overline{\overline{(A+\bar{C})}+\overline{(C+D)}}$ 逻辑图

e）$L=\overline{\bar{A}C+\bar{C}\bar{D}}$逻辑图

图 1.4.1　同一逻辑函数的五种逻辑图

从这五种逻辑图可知，在用 IC 实现逻辑函数时，图 1.4.1a、图 1.4.1c、图 1.4.1e 需要用到**与**门、**或**门和**非**门三种不同类型的 IC，而图 1.4.1b 只需要用到两输入**与非**门芯片 74x00，图 1.4.1d 只需要用到两输入**或非**门芯片 74x02（参考图 1.3.2），可见，图 1.4.1b、图 1.4.1d 的实现成本较低。通常在一片 IC 中含有多个功能相同的门电路，为了达到节约成本的目的，需要对逻辑函数表达式进行化简和变换，以减少门电路的种类。

总之，不管是以何种形式给出的逻辑函数，总可以转换成我们所需要的形式，用相应的逻辑门实现。由于**与 - 或**表达式与真值表相对应，且易于转换为其他形式，所以一般情况下，逻辑函数均以**与 - 或**表达式的形式给出。

1.5　逻辑函数的代数化简法

逻辑函数化简就是要消去**与 - 或**表达式中多余的乘积项和每个乘积项中多余的变量，以得到逻辑函数的最简**与 - 或**表达式。也就是说，在若干个具有相同逻辑关系的**与 - 或**表达式中，将其中包含的乘积项个数最少，且每个乘积项中变量数最少的表达式称为最简**与 - 或**表达式。

有了最简**与 - 或**表达式以后，再用公式变换就可以得到其他形式的函数式，从而可以找到实现成本最低的电路。

化简逻辑函数的方法，常用的有代数法和卡诺图法等，本节讨论代数法。它是运用逻辑代数中的基本定律和恒等式进行化简，常用的有下列方法：

1. 并项法

利用公式 $A+\overline{A}=1$，将两项合并成一项，并消去一个变量。

【例 1.5.1】 试用并项法化简逻辑函数表达式 $L=A\cdot(B\cdot C+\overline{B}\cdot\overline{C})+A\cdot(B\cdot\overline{C}+\overline{B}\cdot C)$。

解 $L=A\cdot(B\cdot C+\overline{B}\cdot\overline{C})+A\cdot(B\cdot\overline{C}+\overline{B}\cdot C)$

$=A\cdot B\cdot C+A\cdot\overline{B}\cdot\overline{C}+A\cdot B\cdot\overline{C}+A\cdot\overline{B}\cdot C$　　（分配律）

$=A\cdot B\cdot(C+\overline{C})+A\cdot\overline{B}\cdot(C+\overline{C})$　　（结合律）

$=A\cdot(B+\overline{B})$　　（互补律）

$=A$

2. 吸收法

利用公式 $A+A\cdot B=A$ 消去多余的项 $A\cdot B$。根据代入规则，A、B 可以是任何一个复杂的逻辑式。

【例 1.5.2】 试用吸收法化简逻辑函数表达式 $L=\overline{A}\cdot B+\overline{A}\cdot B\cdot C\cdot D\cdot E+\overline{A}\cdot B\cdot C\cdot D\cdot F$。

解 $L=\overline{A}\cdot B+\overline{A}\cdot B\cdot C\cdot D\cdot E+\overline{A}\cdot B\cdot C\cdot D\cdot F$

$=\overline{A}\cdot B+\overline{A}\cdot B\cdot C\cdot D\cdot(E+F)$　　（分配律）

$=\overline{A}\cdot B$

3. 消去法

利用 $A+\overline{A}\cdot B=A+B$ 消去多余的因子。

【例 1.5.3】 试用消去法化简逻辑函数表达式 $L=A\cdot B+\overline{A}\cdot C+\overline{B}\cdot C$。

解 $L=A\cdot B+\overline{A}\cdot C+\overline{B}\cdot C$

$=A\cdot B+(\overline{A}+\overline{B})\cdot C$ （分配律）

$=A\cdot B+\overline{A\cdot B}\cdot C$ （反演律）

$=A\cdot B+C$

4. 配项法

先利用 $A=A\cdot(B+\overline{B})$ 增加必要的乘积项，再用并项或吸收的办法使项数减少。

【例 1.5.4】 试用配项法化简逻辑函数表达式 $L=A\cdot B+\overline{A}\cdot\overline{C}+B\cdot\overline{C}$。

解 $L=A\cdot B+\overline{A}\cdot\overline{C}+B\cdot\overline{C}$

$=A\cdot B+\overline{A}\cdot\overline{C}+(A+\overline{A})\cdot B\cdot\overline{C}$ （利用 $A+\overline{A}=1$）

$=A\cdot B+\overline{A}\cdot\overline{C}+A\cdot B\cdot\overline{C}+\overline{A}\cdot B\cdot\overline{C}$ （分配律）

$=(A\cdot B+A\cdot B\cdot\overline{C})+(\overline{A}\cdot\overline{C}+\overline{A}\cdot\overline{C}\cdot B)$ （分配律）

$=A\cdot B+\overline{A}\cdot\overline{C}$

尽管化简逻辑函数的这些手工方法可以被当今的自动化设计技术所取代，但掌握这些方法对于选择计算机辅助设计工具中的一些控制选项，并理解计算机所做的处理是有帮助的。

1.6 逻辑函数的卡诺图化简法

1.6.1 逻辑函数的最小项及其性质

对于有 n 个变量的逻辑函数，若有一个乘积项包含了全部的 n 个变量，每个变量都以它的原变量或非变量的形式在乘积项中出现，且仅出现一次，则称该乘积项为最小项。例如，三个变量 A、B、C 的最小项有 $\overline{A}\cdot\overline{B}\cdot\overline{C}$、$A\cdot B\cdot\overline{C}$、$A\cdot B\cdot C$ 等，而 $\overline{A}\cdot B$、$A\cdot\overline{B}\cdot C\cdot\overline{A}$、$A\cdot(B+C)$ 等则不是最小项。

一般 n 个变量的最小项应有 2^n 个，最小项通常用 m_i 表示，下标 i 即最小项编号，用十进制数表示。将最小项中的原变量用 **1** 表示，非变量用 **0** 表示，可以得到最小项的编号。例如，以三个变量的乘积项 $\overline{A}\cdot B\cdot C$ 为例，它的二进制取值为 **011**，对应十进制数 3，所以把最小项 $\overline{A}\cdot B\cdot C$ 记作 m_3。三个变量 A、B、C 的全部 8 个最小项及其最小项的代表符号如表 1.6.1 所示。

表 1.6.1 三个变量最小项编号表

行号	变量取值			最小项
	A	B	C	
0	**0**	**0**	**0**	$m_0=\overline{A}\cdot\overline{B}\cdot\overline{C}$
1	**0**	**0**	**1**	$m_1=\overline{A}\cdot\overline{B}\cdot C$
2	**0**	**1**	**0**	$m_2=\overline{A}\cdot B\cdot\overline{C}$

（续）

行号	变量取值			最小项
	A	B	C	
3	0	1	1	$m_3=\overline{A}\cdot B\cdot C$
4	1	0	0	$m_4=A\cdot\overline{B}\cdot\overline{C}$
5	1	0	1	$m_5=A\cdot\overline{B}\cdot C$
6	1	1	0	$m_6=A\cdot B\cdot\overline{C}$
7	1	1	1	$m_7=A\cdot B\cdot C$

最小项具有下列性质：

1）对于任意一个最小项，输入变量只有一组取值使其值为 **1**，而其他各组取值均使其为 **0**。最小项不同，使其值为 **1** 的输入变量取值也不同。以 $A\cdot B\cdot\overline{C}$ 为例，只有当 $A\cdot B\cdot C$ 取 **110** 时，最小项 $m_6=A\cdot B\cdot\overline{C}=\mathbf{1}$，取其他值时，$m_6$ 均为 **0**。

2）任意两个不同的最小项之积为 **0**。

3）所有最小项之和为 **1**。

1.6.2　逻辑函数的最小项表达式

由若干最小项相或构成的逻辑表达式称为最小项表达式，也称为标准“与－或”表达式。

【例 1.6.1】 将逻辑函数 $L(A, B, C)=A\cdot B+\overline{A}\cdot C$ 变换成最小项表达式。

解　利用公式 $A+\overline{A}=\mathbf{1}$，将逻辑函数中的每一个乘积项都化成包含所有变量 A、B、C 的项，即

$$L(A, B, C) = AB+\overline{A}C = AB(C+\overline{C})+\overline{A}(B+\overline{B})C$$
$$= ABC+AB\overline{C}+\overline{A}BC+\overline{A}\overline{B}C$$

此式为四个最小项之和，是一个标准与－或表达式。为了简便，在表达式中常用最小项的编号表示，上式又可写为

$$L(A, B, C)=m_7+m_6+m_3+m_1$$
$$=\sum m(1, 3, 6, 7)$$

由此可见，任意一个逻辑函数都能变换成唯一的最小项表达式。

【例 1.6.2】 一个逻辑电路有三个输入逻辑变量 A、B、C，它的真值表如表 1.6.2 所示，试写出该逻辑函数的最小项表达式。

表 1.6.2　例 1.6.2 的真值表

行号	输入变量			输出
	A	B	C	L
0	0	0	0	0
1	0	0	1	0
2	0	1	0	0

（续）

行号	输入变量			输出
	A	B	C	L
3	0	1	1	$1\rightarrow m_3$
4	1	0	0	0
5	1	0	1	$1\rightarrow m_5$
6	1	1	0	$1\rightarrow m_6$
7	1	1	1	0

解 根据真值表求最小项表达式的一般方法是：

1）在函数 L=1 的各行中，取输入变量的与项，即为最小项。

2）将这些最小项相加，即得到最小项表达式：

$$
\begin{aligned}
L(A,B,C) &= m_3+m_5+m_6\\
&= \sum m(3,5,6)\\
&= \overline{A}\cdot B\cdot C+A\cdot\overline{B}\cdot C+A\cdot B\cdot\overline{C}
\end{aligned}
$$

1.6.3 用卡诺图表示逻辑函数

1. 相邻最小项

在两个最小项中，如果仅有一个变量互为反变量，其余变量都相同，则称这两个最小项为逻辑上相邻的最小项，简称相邻项。例如，三变量最小项 $\overline{A}\cdot\overline{B}\cdot\overline{C}$ 和 $\overline{A}\cdot\overline{B}\cdot C$ 中只有 $\overline{C}$ 和 C 不同，其余变量都相同，所以 $\overline{A}\cdot\overline{B}\cdot\overline{C}$ 和 $\overline{A}\cdot\overline{B}\cdot C$ 是相邻项。两个相邻项可以合并，如 $\overline{A}\cdot\overline{B}\cdot\overline{C}+\overline{A}\cdot\overline{B}\cdot C=\overline{A}\cdot\overline{B}\cdot(\overline{C}+C)=\overline{A}\cdot\overline{B}$，因此，两个相邻项可以合并成一项，合并后的乘积项中保留两个相邻项中共有的变量。

2. 卡诺图的组成

卡诺图就是将逻辑上相邻的最小项变为几何位置上相邻的方格图，做到逻辑相邻和几何相邻的一致。对于 n 个变量，共有 2^n 个最小项，需要用 2^n 个相邻方格来表示这些最小项。将 n 变量函数的每个最小项都用一个小方格表示，并将全部最小项的小方格按在几何位置相邻，在逻辑上也相邻的规则排列成一张矩形图，这张矩形图就称为 n 变量卡诺图。下面分别介绍二到四变量最小项卡诺图的画法。

（1）二变量卡诺图

两个变量 A、B 共有 2^2=4 个最小项：$m_0=\overline{A}\cdot\overline{B}$、$m_1=\overline{A}\cdot B$、$m_2=A\cdot\overline{B}$、$m_3=A\cdot B$，根据相邻特性可以画出图 1.6.1 所示的卡诺图。

图 1.6.1a 标出了 4 个最小项之间的相邻关系，由该图可知，横向变量和纵向变量相交方格表示的最小项为这些变量的与项，而且上下、左右方格中的最小项均为相邻项。如果将原变量用 1 表示，反变量用 0 表示，则图 1.6.1a 可用图 1.6.1b 表示。如果用最小项编号表示，则又可用图 1.6.1c 表示。

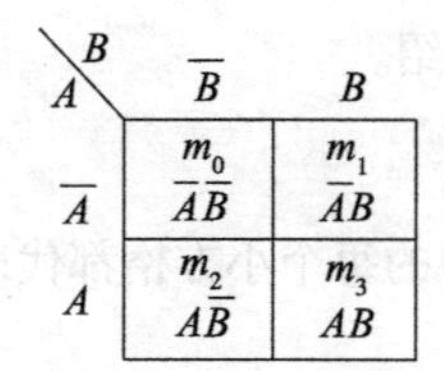

a）方格内标最小项

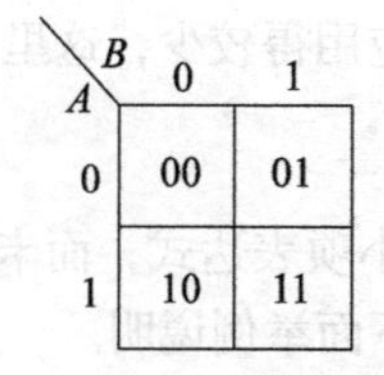

b）方格内标最小项取值

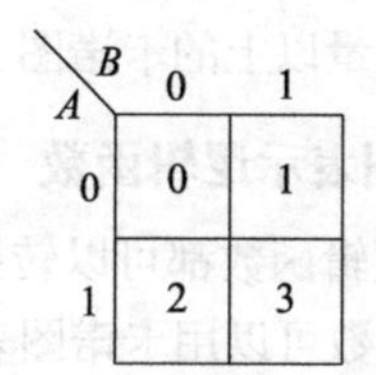

c）方格内标最小项编号

图 1.6.1　二变量卡诺图

（2）三变量卡诺图

三个变量 A、B、C 共有 $2^3=8$ 个最小项，卡诺图由 8 个方格组成。根据相邻特性可以画出图 1.6.2a 所示的卡诺图。其中，变量 B、C 的取值组合不是按照自然二进制数的顺序（00、01、10、11）排列，而是按照格雷码的顺序（00、01、11、10）排列的，这样才能保证每个最小项的相邻性。

A \ BC	$\bar B\bar C$	$\bar BC$	BC	$B\bar C$
$\bar A$	m_0 $\bar A\bar B\bar C$	m_1 $\bar A\bar BC$	m_3 $\bar ABC$	m_2 $\bar AB\bar C$
A	m_4 $A\bar B\bar C$	m_5 $A\bar BC$	m_7 ABC	m_6 $AB\bar C$

a）方格内标最小项

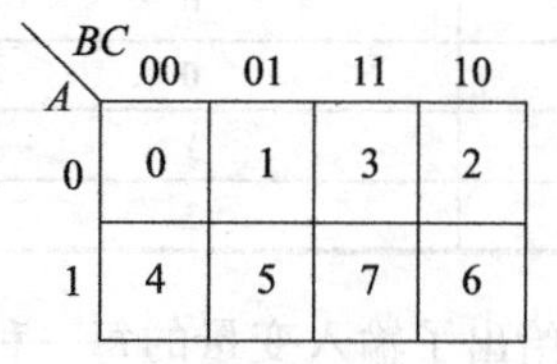

b）方格内标最小项编号

图 1.6.2　三变量卡诺图

即同一行左、右和同一列上、下相邻，而且同一行左、右两端或同一列上、下两端的最小项也是逻辑相邻的，因此，卡诺图中的最小项具有循环相邻性。例如，$\bar A\cdot\bar B\cdot\bar C$ 和 $\bar A\cdot B\cdot\bar C$，以及 $A\cdot\bar B\cdot\bar C$ 和 $A\cdot B\cdot\bar C$ 就是相邻项。图 1.6.2a 还可以用图 1.6.2b 表示。

（3）四变量卡诺图

四个变量 A、B、C、D 共有 $2^4=16$ 个最小项，卡诺图由 16 个方格组成。根据相邻特性可以画出图 1.6.3a 所示的卡诺图，其中，横向变量（A、B）和纵向变量（C、D）组合取值都按格雷码顺序排列，它保证了同一行左、右和同一列上、下相邻，而且同一行左、右两端或同一列上、下两端的最小项也是逻辑相邻的。

AB \ CD	$\bar C\bar D$	$\bar CD$	CD	$C\bar D$
$\bar A\bar B$	m_0 $\bar A\bar B\bar C\bar D$	m_1 $\bar A\bar B\bar CD$	m_3 $\bar A\bar BCD$	m_2 $\bar A\bar BC\bar D$
$\bar AB$	m_4 $\bar AB\bar C\bar D$	m_5 $\bar AB\bar CD$	m_7 $\bar ABCD$	m_6 $\bar ABC\bar D$
AB	m_{12} $AB\bar C\bar D$	m_{13} $AB\bar CD$	m_{15} $ABCD$	m_{14} $ABC\bar D$
$A\bar B$	m_8 $A\bar B\bar C\bar D$	m_9 $A\bar B\bar CD$	m_{11} $A\bar BCD$	m_{10} $A\bar BC\bar D$

a）方格内标最小项

AB \ CD	00	01	11	10
00	0	1	3	2
01	4	5	7	6
11	12	13	15	14
10	8	9	11	10

b）方格内标最小项编号

图 1.6.3　四变量卡诺图

对于5个变量以上的卡诺图，由于应用得较少，这里不做介绍。

3. 用卡诺图表示逻辑函数

既然任何逻辑函数都可以转换为最小项表达式，而卡诺图中的每个小方格都代表一个最小项，那么逻辑函数可以用卡诺图表示。下面举例说明。

【例 1.6.3】 已知某逻辑函数 L 的真值表如表1.6.3所示，试画出其卡诺图。

表1.6.3　一个三变量函数的真值表

A	B	C	L
0	0	0	0
0	0	1	0
0	1	0	1
0	1	1	1
1	0	0	0
1	0	1	1
1	1	0	1
1	1	1	0

解　真值表中给出了输入变量的每一种取值与其对应的输出函数值，而卡诺图则以不同的形式给出了相同的信息。将表1.6.3中各行 L 的值对应填入三变量卡诺图对应的小方格中，得到图1.6.4所示的卡诺图。可见真值表与卡诺图有一一对应关系，所以卡诺图有时也称为真值图。

A \ BC	00	01	11	10
0	0	0	1	1
1	0	1	0	1

图1.6.4　例1.6.3的卡诺图

【例 1.6.4】 用卡诺图表示逻辑函数

$$L=\overline{A}\cdot B+\overline{A}\cdot\overline{B}\cdot\overline{C}+A\cdot\overline{C}$$

解　1）将逻辑函数表达式化为最小项表达式：

$$\begin{aligned}L&=\overline{A}\cdot B+\overline{A}\cdot\overline{B}\cdot\overline{C}+A\cdot\overline{C}\\&=\overline{A}\cdot B\cdot(C+\overline{C})+\overline{A}\cdot\overline{B}\cdot\overline{C}+A\cdot\overline{C}\cdot(B+\overline{B})\\&=\overline{A}\cdot B\cdot C+\overline{A}\cdot B\cdot\overline{C}+\overline{A}\cdot\overline{B}\cdot\overline{C}+A\cdot B\cdot\overline{C}+A\cdot\overline{B}\cdot\overline{C}\\&=m_3+m_2+m_0+m_6+m_4\\&=\sum m(0,2,3,4,6)\end{aligned}$$

2）填写卡诺图。在三变量卡诺图中，对应于最小项表达式中有的最小项 m_0、m_2、m_3、m_4 和 m_6，在对应的小方格中填 **1**，其余所有的小方格中填 **0**，即得到函数 L 的卡诺图，如图1.6.5所示。

A \ BC	00	01	11	10
0	1	0	1	1
1	1	0	0	1

图1.6.5　例1.6.4的卡诺图

可见根据函数逻辑表达式画出卡诺图的方法是：首先把逻辑函数转换为最小项表达式，然后根据最小项表达式填写卡诺图，对于表达式中存在的最小项，在卡诺图相应方格内填入 **1**，对于表达式中不存在的最小项，在卡诺图相应的方格内填入 **0**，这样就能得到函数的卡诺图。

1.6.4　用卡诺图化简逻辑函数

1. 化简的依据

在卡诺图中，几何位置相邻的最小项必然是逻辑上相邻的。即对于相邻的两个小方格，只有一个变量互为反变量。在卡诺图中，若对两个为 **1** 的相邻方格画包围圈，表示将这两个最小项进行逻辑加，利用公式 $A+\bar{A}=1$ 可将这两个最小项合并为一项，合并结果中只保留两乘积项中相同变量，消去一个互非的变量。如图 1.6.3a 中的 $m_8+m_9=A\cdot\bar{B}\cdot\bar{C}\cdot\bar{D}+A\cdot\bar{B}\cdot\bar{C}\cdot D=A\cdot\bar{B}\cdot\bar{C}\cdot(\bar{D}+D)=A\cdot\bar{B}\cdot\bar{C}$，消去了变量 D。

若四个相邻的方格为 **1**，则这四个最小项之和有两个变量可以消去，如图 1.6.3a 所示，四变量卡诺图中的方格 2、3、7、6 的最小项之和为

$$\begin{aligned}&\bar{A}\cdot\bar{B}\cdot C\cdot\bar{D}+\bar{A}\cdot\bar{B}\cdot C\cdot D+\bar{A}\cdot B\cdot C\cdot D+\bar{A}\cdot B\cdot C\cdot\bar{D}\\&=\bar{A}\cdot\bar{B}\cdot C(D+\bar{D})+\bar{A}\cdot B\cdot C(D+\bar{D})\\&=\bar{A}\cdot\bar{B}\cdot C+\bar{A}\cdot B\cdot C\\&=\bar{A}\cdot C\end{aligned}$$

消去了四个方格中不相同的两个变量（B、D），保留了相同的两个变量。这样使逻辑表达式得到简化，这就是卡诺图法化简逻辑函数的基本原理。

依次类推，如果将 8 个为 **1** 的小方格合并，合并后可消去 3 个变量。可见，合并最小项的一般规则是：如果有 2^n 个排成矩形的最小项相邻（n=1，2，4，8…），则可将它们合并为一项，并消去 n 个变量，保留各个相邻最小项中的共有变量。

可见，包围的小方格越多，消去的变量也越多。

2. 化简步骤

使用卡诺图化简逻辑函数的步骤如下：

1）将逻辑函数写成最小项表达式。

2）按最小项表达式填写卡诺图，凡式中存在的最小项，其对应方格填 **1**，其余方格填 **0**。

3）找出为 **1** 的相邻最小项，用虚线（或者细实线）画一个包围圈，每个包围圈含 2^n 个方格，写出每个包围圈的乘积项。

4）将所有包围圈对应的乘积项相加。

有时也可以根据真值表直接填写卡诺图，这样以上的第 1、2 步就合为一步。

画包围圈的原则：

1）包围圈内的方格数必定是 2^n 个，n=0，1，2，3…。

2）相邻方格包括上下底相邻、左右边相邻和四个角两两相邻。

3）同一方格可以被不同的包围圈重复包围，但新增包围圈中一定要有新的方格，否则该包围圈为多余的。

4）包围圈内的方格数要尽可能多，包围圈的数目要尽可能少。

化简逻辑函数后，一个包围圈对应一个乘积项，包围圈越大，所得乘积项中的变量越少。包围圈个数越少，乘积项个数也越少，得到的**与－或**表达式最简。

【例 1.6.5】 真值表如表 1.6.4 所示，试用卡诺图化简该逻辑函数，并画出逻辑图。

表 1.6.4　例 1.6.5 的真值表

A	*B*	*C*	*L*	*A*	*B*	*C*	*L*
0	0	0	0	1	0	0	0
0	0	1	0	1	0	1	1
0	1	0	0	1	1	0	1
0	1	1	1	1	1	1	1

解　根据真值表画出卡诺图，如图 1.6.6 所示。用包围 **1** 的方法，得到

$$L = A\cdot B + A\cdot C + B\cdot C$$

画出逻辑电路图，如图 1.6.7 所示。

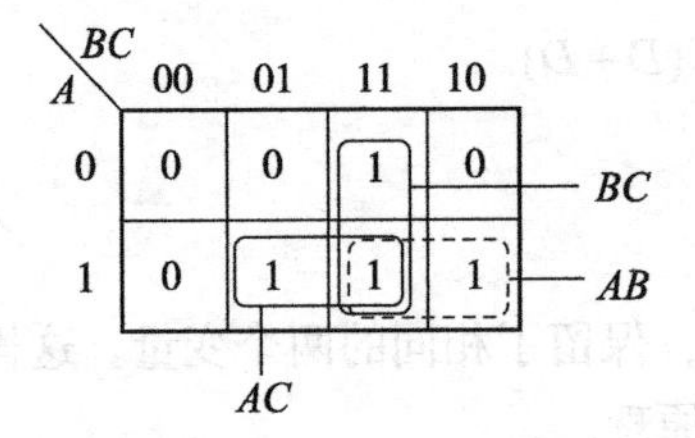

图 1.6.6　例 1.6.5 的卡诺图

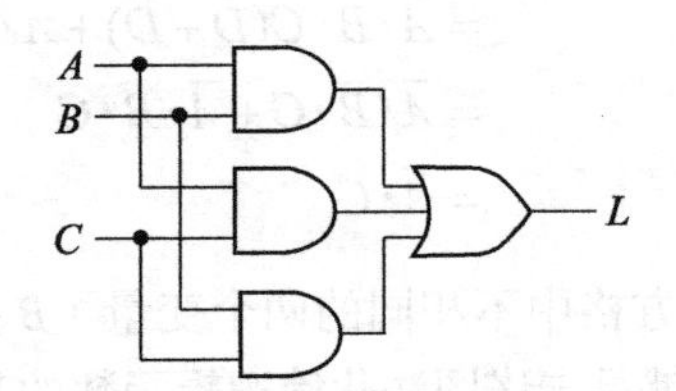

图 1.6.7　例 1.6.5 的逻辑电路图之一

也可以用包围 **0** 的方法（见图 1.6.8），得到

$$\overline{L} = \overline{A}\cdot\overline{B} + \overline{A}\cdot\overline{C} + \overline{B}\cdot\overline{C}$$

$$L = \overline{\overline{A}\cdot\overline{B} + \overline{A}\cdot\overline{C} + \overline{B}\cdot\overline{C}}$$

$$= \overline{\overline{A}\cdot\overline{B}}\cdot\overline{\overline{A}\cdot\overline{C}}\cdot\overline{\overline{B}\cdot\overline{C}}$$

$$= (A+B)(A+C)(B+C)$$

画出逻辑电路图，如图 1.6.9 所示。

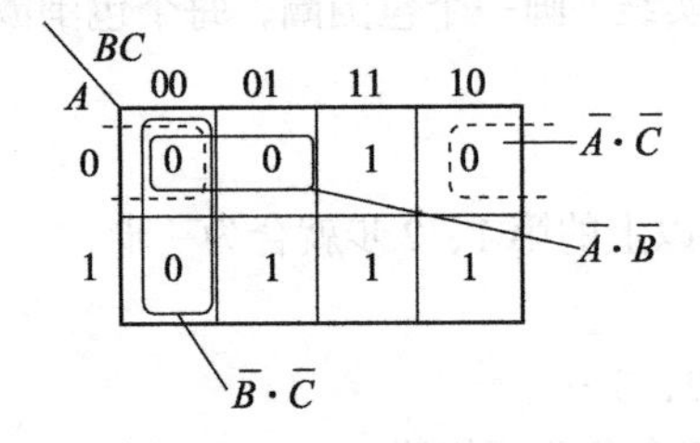

图 1.6.8　圈卡诺图中的 0

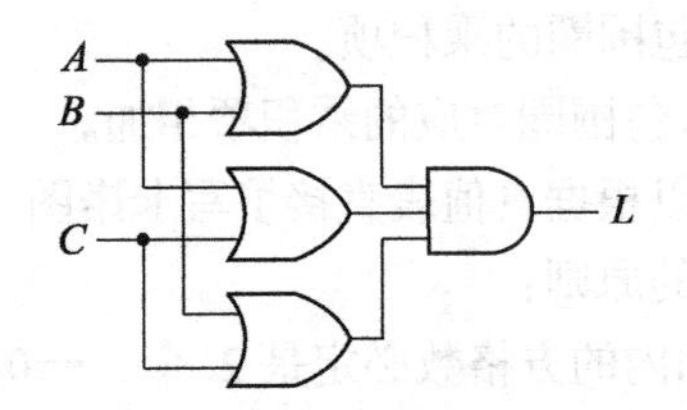

图 1.6.9　例 1.6.5 的逻辑电路图之二

从例 1.6.5 可以看出，用卡诺图化简逻辑函数可以用包围 **1** 的方法，得到**与 – 或**表达式，也可以用包围 **0** 的方法，然后稍加变换得**或 – 与**表达式。如果要用**与非**门实现化简的逻辑电路，包围 **1** 取得**与 – 或**表达式，然后变换为**与非 – 与非**表达式比较方便。如果要用**或非**门实现，那么先圈 **0**，取得**或 – 与**表达式，然后变换为**或非 – 或非**表达式更方便。

【例 1.6.6】 用卡诺图法化简下列逻辑函数，求 L 的最简与－或表达式：

$$L=\overline{A}\cdot\overline{B}\cdot\overline{C}+A\cdot\overline{C}\cdot\overline{D}+A\cdot\overline{B}+A\cdot B\cdot C\cdot\overline{D}+\overline{A}\cdot\overline{B}\cdot C$$

解 如果对卡诺图比较熟悉，可以省去将原函数变换为最小项表达式这一步。直接根据逻辑表达式填写卡诺图。例如，可将式中第一项 $\overline{A}\cdot\overline{B}\cdot\overline{C}$ 理解为 $\overline{A}\cdot\overline{B}\cdot\overline{C}\cdot\overline{D}$ 和 $\overline{A}\cdot\overline{B}\cdot\overline{C}\cdot D$ 两个最小项的结果，把 **1** 填入所有对应 A=**0**、B=**0**、C=**0** 的方格内。按这种方法可直接画出逻辑函数的卡诺图，如图 1.6.10 所示。用卡诺图化简逻辑函数如图 1.6.11 所示。于是得到

$$L=\overline{B}+A\cdot\overline{D}$$

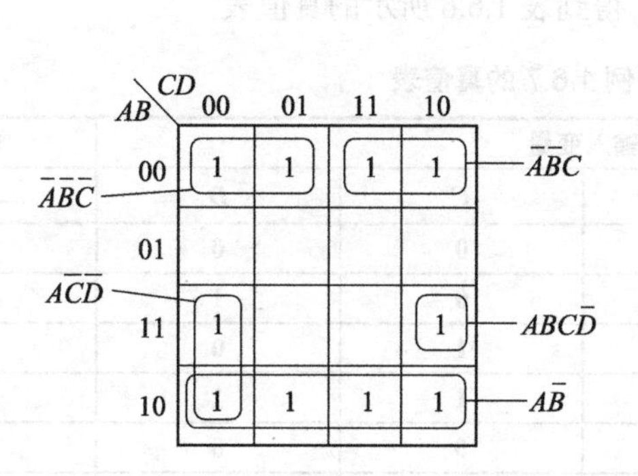

图 1.6.10　例 1.6.6 中直接根据表达式画出的卡诺图

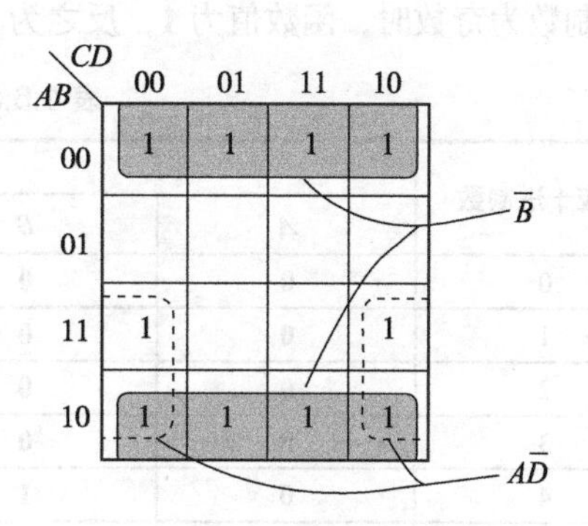

图 1.6.11　用卡诺图化简逻辑函数

1.6.5　用卡诺图化简含无关项的逻辑函数

在实际工作中，当逻辑变量被赋予特定含义时，有一些变量的取值组合根本就不会出现，或者对应于变量的某些取值，其函数值可以是任意的（它的值可以取 **0** 或取 **1**），我们将变量取这些值时所对应的最小项称为无关项。例如，具有制冷、制热功能的双制式空调机对压缩机风扇控制逻辑的真值表如表 1.6.5 所示。

表 1.6.5　空调压缩机风扇控制逻辑真值表

制冷 A	制热 B	压缩机工作 C	风扇工作 L
0	0	0	0
0	0	1	×
0	1	0	0
0	1	1	1
1	0	0	0
1	0	1	1
1	1	0	×
1	1	1	×

其中，A=**1** 表示制冷，B=**1** 表示制热，C=**1** 表示压缩机工作，L=**1** 表示压缩机风扇工作。从表 1.6.5 中可以看出，$\overline{A}\cdot\overline{B}\cdot C$、$A\cdot B\cdot\overline{C}$ 和 $A\cdot B\cdot C$ 三种工作状态在实际中并不存在，它们的

值等于 **1** 或 **0**，不影响逻辑电路的功能，这三个最小项就是无关项。

由于无关项可以加入逻辑函数式中，也可以不加入逻辑函数式中，它们并不影响函数实际的逻辑功能，因此无关项对应的函数值可以取 **0** 或取 **1**，具体取值可以根据使函数尽量得到简化的原则而定。在卡诺图或者真值表中，无关项以 × （或 ϕ）表示，而在逻辑表达式中则用 d 表示。下面举例说明含有无关项的逻辑函数的化简方法。

【例 1.6.7】 要求设计一个逻辑电路，能够判断一位十进制数是奇数还是偶数，当十进制数为奇数时，电路输出为 **1**，当十进制数为偶数时，电路输出为 **0**。

解　1）列写真值表。用 8421 码表示十进制数，输入变量用 A、B、C、D 表示，当对应的十进制数为奇数时，函数值为 **1**，反之为 **0**，得到表 1.6.6 所示的真值表。

表 1.6.6　例 1.6.7 的真值表

对应十进制数	输入变量				输出
	A	B	C	D	L
0	0	0	0	0	0
1	0	0	0	1	1
2	0	0	1	0	0
3	0	0	1	1	1
4	0	1	0	0	0
5	0	1	0	1	1
6	0	1	1	0	0
7	0	1	1	1	1
8	1	0	0	0	0
9	1	0	0	1	1
无关项	1	0	1	0	×
	1	0	1	1	×
	1	1	0	0	×
	1	1	0	1	×
	1	1	1	0	×
	1	1	1	1	×

注意，8421 码只有十个数，表 1.6.6 中四位二进制码的后六种组合是无关的，一位十进制数不包括 10～15，这些无关状态根本不会出现，输入变量的这后六种组合所对应的最小项就是无关项，它们对应的函数值可以任意假设，为 **0** 为 **1** 都可以。

2）根据真值表的内容，填写四变量卡诺图，如图 1.6.12 所示。

3）画包围圈，此时应利用无关项。显然，将最小项 m_{13}、m_{15}、m_{11} 对应的方格视为 **1**，可以得到最大的包围圈，由此得到逻辑表达式

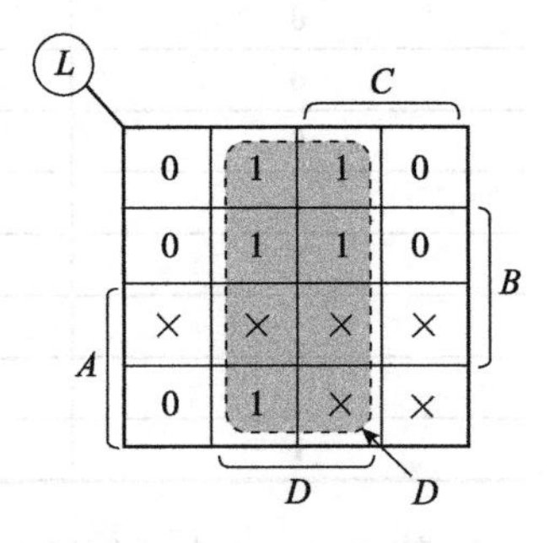

图 1.6.12　例 1.6.7 的卡诺图

$$L=D$$

若不利用无关项，$L=\overline{A}\cdot D+\overline{B}\cdot\overline{C}\cdot D$，结果复杂得多。

1.7 组合逻辑电路设计

逻辑电路有两种类型：组合电路（Combinational Logic Circuit）和时序电路（Sequential Logic Circuit）。组合电路的输出只与当前的输入有关，时序电路的输出不仅与当前的输入有关，还与过去的输入（历史）有关。有关时序电路的设计将在第 4 章讨论，本节先介绍组合电路的设计方法。

1.7.1 设计组合逻辑电路的一般步骤

对于提出的实际逻辑问题，得出满足这一逻辑问题的逻辑电路，就称为逻辑设计，在计算机辅助设计软件中，也称为逻辑综合。电路设计的首要任务是满足功能要求，其次是优化，即用指定的器件实现逻辑函数时，力求成本低并且工作速度快。前面介绍的用代数法和卡诺图法来化简逻辑函数，是为了获得最简的逻辑表达式。根据最简表达式获得最低成本电路。电路的实现可以采用各种门电路，也可以利用数据选择器等基本模块，或者可编程逻辑器件。因此，逻辑函数的化简也要结合所选用的器件进行，有时还需要进行一定的变换，以便满足优化实现的要求。

本节主要介绍用门电路实现的手工设计电路的方法，而用计算机辅助设计软件电路时，只需要手工完成下述第 1 步，余下的步骤由设计软件自动完成。组合逻辑电路设计的一般步骤如图 1.7.1 所示，具体说明如下：

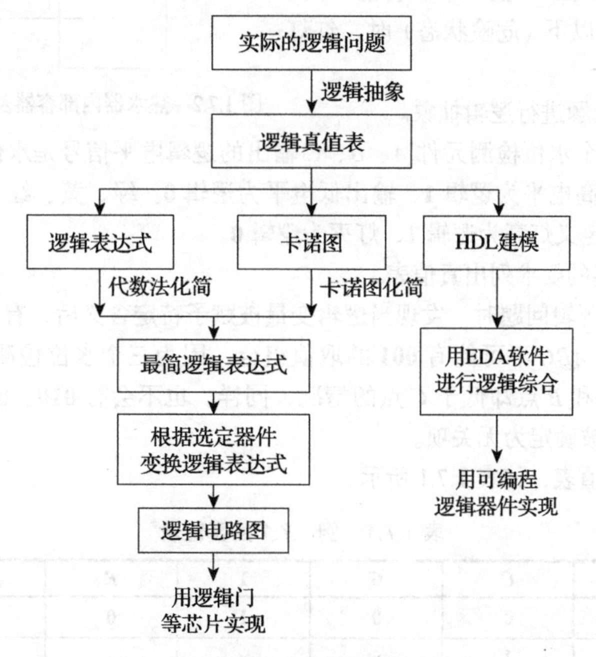

图 1.7.1　组合逻辑电路的设计过程

1）对实际问题进行逻辑抽象。

由于设计要求往往是用文字描述的，因此需要通过逻辑抽象建立逻辑函数的描述方式。逻辑抽象包括：

①根据逻辑问题的因果关系确定输入、输出变量。一般总是把事件产生的原因定为输入变量，而将事件的结果定为输出变量。

②定义输入和输出变量逻辑状态的含义。定义逻辑状态也叫作逻辑赋值，也就是将输入变量和输出变量的两种状态分别用 **0** 和 **1** 表示，并确定 **0** 和 **1** 的具体含义。

2）根据逻辑功能要求列出真值表。

3）依据真值表写出逻辑表达式，并根据所用器件的情况变换、化简逻辑表达式。

4）根据逻辑表达式画出逻辑电路。

5）对电路图进行仿真，以检查电路的逻辑是否符合要求。

下面举例说明组合逻辑电路的设计方法和步骤。

1.7.2　组合逻辑电路设计举例

【例 1.7.1】 电热水器内部容器示意图如图 1.7.2 所示，图中 *A*、*B*、*C* 为三个水位检测元件。当水面低于检测元件时，检测元件输出高电平；水面高于检测元件时，检测元件输出低电平。试用与非门设计一个热水器水位状态显示电路，要求当水面在 *A*、*B* 之间（正常状态）时，绿灯 *G* 亮；水面在 *B*、*C* 间或 *A* 以上（异常状态）时，黄灯 *Y* 亮；水面在 *C* 以下（危险状态）时，红灯 *R* 亮。

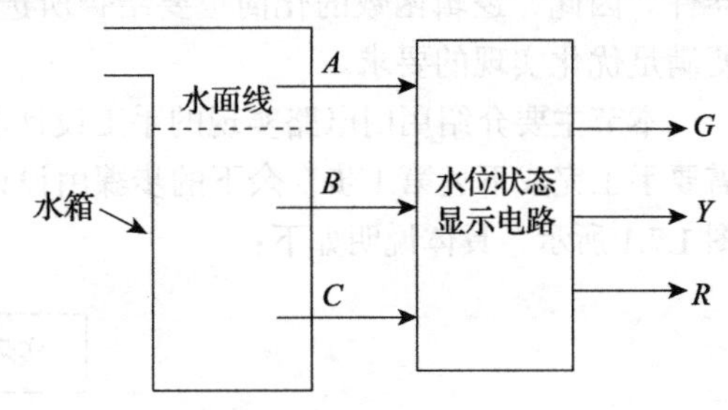

图 1.7.2　热水器内部容器及水位状态显示电路框图

解　1）对实际问题进行逻辑抽象。

由题意可知，三个水位检测元件 *A*、*B*、*C* 输出的逻辑电平信号是水位状态显示电路的输入；我们定义其输出高电平为逻辑 **1**，输出低电平为逻辑 **0**。绿、黄、红三个指示灯 *G*、*Y*、*R* 是电路的输出，我们定义灯亮为逻辑 **1**，灯灭为逻辑 **0**。

2）根据逻辑功能的要求列出真值表。

在具体分析这一逻辑问题时，发现当逻辑变量被赋予特定含义后，有一些变量的取值组合根本就不会出现，如 *ABC* 不可能有 **001** 的取值组合，因为三个水位检测元件 *A*、*B*、*C* 不可能检得水位高于 *A* 点和 *B* 点却低于 *C* 点的情况，同样，也不会有 **010**、**011**、**101** 几组变量取组合，这些最小项应被确定为无关项。

依题意可列出真值表，如表 1.7.1 所示。

表 1.7.1　例 1.7.1 的真值表

A	*B*	*C*	*G*	*Y*	*R*	说明
0	0	0	0	1	0	水位高于 *A* 点
0	0	1	×	×	×	
0	1	0	×	×	×	
0	1	1	×	×	×	

（续）

A	B	C	G	Y	R	说明
1	0	0	1	0	0	水位在 A、B 点之间
1	0	1	×	×	×	
1	1	0	0	1	0	水位在 B、C 点之间
1	1	1	0	0	1	水位低于 C 点

3）由真值表可画出卡诺图，如图 1.7.3 所示。

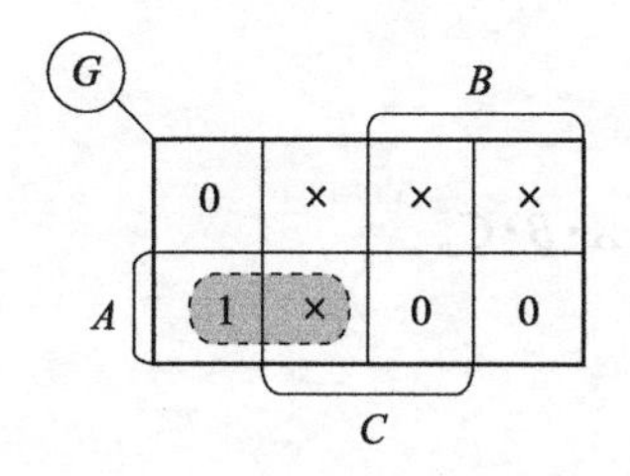

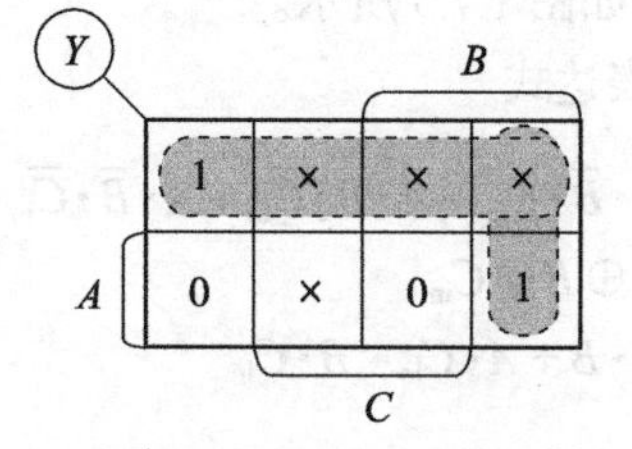

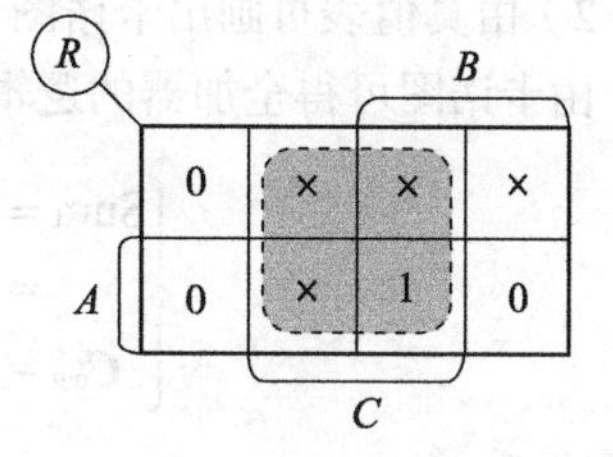

图 1.7.3　例 1.7.1 的卡诺图

由卡诺图可得简化逻辑表达式

$$G = A\cdot\overline{B}$$
$$Y = \overline{A} + B\cdot\overline{C}$$
$$R = C$$

根据器件要求，需要将逻辑表达式两次求反，变换为与非 – 与非式，即

$$G = A\cdot\overline{B} = \overline{\overline{A\cdot\overline{B}}}$$
$$Y = \overline{A} + B\cdot\overline{C} = \overline{\overline{\overline{A} + B\cdot\overline{C}}} = \overline{A\cdot\overline{B\cdot\overline{C}}}$$
$$R = C$$

4）依据逻辑函数式，可画出与非门构成的逻辑图，如图 1.7.4 所示。

5）仿真验证。关于仿真的具体方法和步骤将在第 2 章和第 7 章介绍。

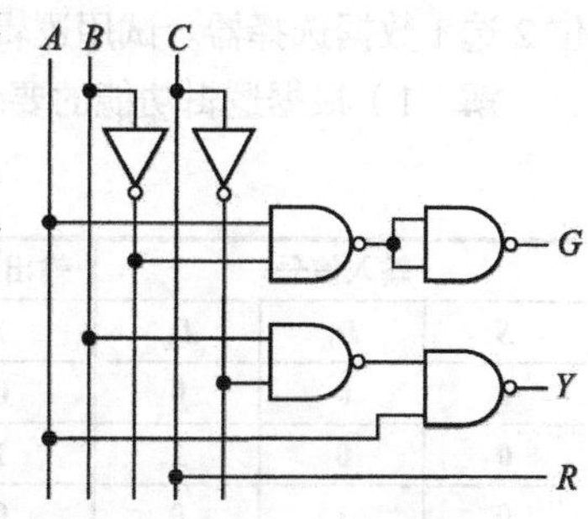

图 1.7.4　例 1.7.1 的逻辑图

【例 1.7.2】 全加器是一种算术运算电路。它能将被加数、加数和来自低位的进位信号相加，产生求和的结果，并同时给出进位信号。试用逻辑门设计一位二进制数全加器电路。

解　1）对实际问题进行逻辑抽象，列出真值表。

假设被加数、加数和来自低位的进位信号分别用变量 A、B、C_{in} 来表示，求和的结果用 Sum 表示，向高位的进位信号用变量 C_{out} 表示。根据二进制数的运算规则，得到表 1.7.2 所示真值表。

表 1.7.2　全加器真值表

输入			输出		输入			输出	
A	B	C_{in}	Sum	C_{out}	A	B	C_{in}	Sum	C_{out}
0	0	0	0	0	1	0	0	1	0
0	0	1	1	0	1	0	1	0	1
0	1	0	1	0	1	1	0	0	1
0	1	1	0	1	1	1	1	1	1

2）由真值表可画出卡诺图，如图 1.7.5 所示。

由卡诺图可得全加器的逻辑表达式

$$\begin{cases} \mathrm{Sum} = \overline{A}\cdot\overline{B}\cdot C_{in} + \overline{A}\cdot B\cdot\overline{C}_{in} + A\cdot\overline{B}\cdot\overline{C}_{in} + A\cdot B\cdot C_{in} \\ \quad = A\oplus B\oplus C_{in} \\ C_{out} = A\cdot B + A\cdot C_{in} + B\cdot C_{in} \end{cases}$$

3）依据逻辑表达式，可画出 1 位全加器的逻辑图，如图 1.7.6a 所示，它的逻辑符号如图 1.7.6b 所示。

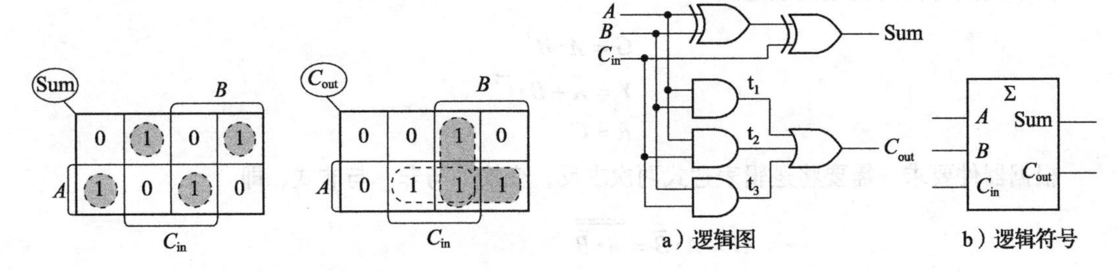

图 1.7.5　全加器卡诺图　　　　图 1.7.6　1 位全加器逻辑图

【例 1.7.3】 假设我们要设计的电路有一个输出信号 Y 和 3 个输入信号 A、B 和 S。电路要完成的功能是：当 S 为低电平时，Y 与 D_0 相同；否则，Y 与 D_1 相同。这个电路通常被称为一位 2 选 1 数据选择器。试用逻辑门设计该电路。

解　1）根据逻辑功能的要求列出真值表，如表 1.7.3 所示。

表 1.7.3　2 选 1 数据选择器真值表

输入信号			输出信号	说明	输入信号			输出信号	说明
S	D_1	D_0	Y		S	D_1	D_0	Y	
0	0	0	0	Y 与 D_0 相同	1	0	0	0	Y 与 D_1 相同
0	0	1	1		1	0	1	0	
0	1	0	0		1	1	0	1	
0	1	1	1		1	1	1	1	

2）由真值表画出卡诺图，如图 1.7.7 所示。输出信号 Y 的逻辑表达式为

$$Y = \overline{S}\cdot D_0 + S\cdot D_1$$

3）依据逻辑表达式，可画出 2 选 1 数据选择器的逻辑图，如图 1.7.8a 所示，它的逻辑符号如图 1.7.8b 所示。2 选 1 数据选择器是从两路输入中选取一路输出，其真值表的简化形式如表 1.7.4 所示。

2 选 1 数据选择器常常作为基本模块构成更大规模的电路。同样的概念可以扩展到规模更大的电路，例如 4 选 1 数据选择器有四个输入一个输出，这样就需要两个控制信号来挑选四个输入信号中的一个作为输出。同理，8 选 1 数据选择器有八个输入、一个输出和三个控制输入信号。16 选 1 数据选择器有十六个输入、一个输出和四个控制输入信号。

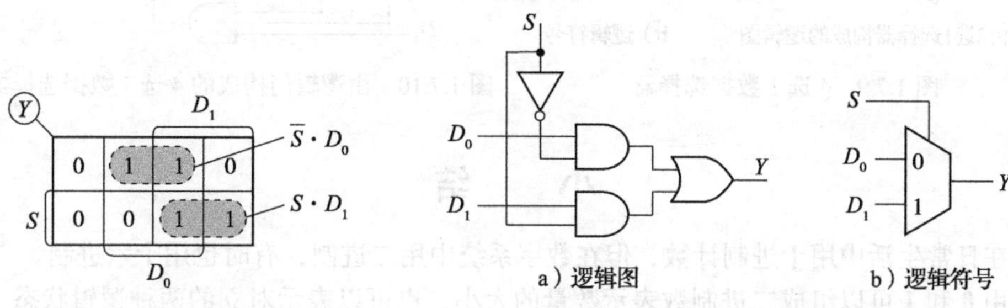

图 1.7.7　2 选 1 选择器卡诺图

图 1.7.8　2 选 1 数据选择器

4 选 1 数据选择器的功能可以用 3 个 2 选 1 数据选择器构成两级电路来实现，如图 1.7.9a 所示，它是一个树形结构。第 1 级两个数据选择器分别实现 $Y_0=\overline{S}_0 \cdot D_0+S_0 \cdot D_1$ 和 $Y_1=\overline{S}_0 \cdot D_2+S_0 \cdot D_3$。第 2 级实现 $Y=\overline{S}_1 \cdot Y_0+S_1 \cdot Y_1$，其逻辑符号如图 1.7.9b 所示，它的真值表如表 1.7.5 所示。

如果从真值表直接写出逻辑表达式

$$Y=D_0 \cdot \overline{A} \cdot \overline{B}+D_1 \cdot \overline{A} \cdot B+D_2 \cdot A \cdot \overline{B}+D_3 \cdot A \cdot B$$

用逻辑门来实现 4 选 1 数据选择器，则可以得到图 1.7.10 所示的逻辑图。

表 1.7.4　2 选 1 选择器的简化真值表

选择输入	输出
S	Y
0	D_0
1	D_1

表 1.7.5　4 选 1 数据选择器真值表

选择输入	输出
$S_1 S_0$	Y
0 0	D_0
0 1	D_1
1 0	D_2
1 1	D_3

继续扩展图 1.7.9a 所示的树形结构可以实现 8 选 1 数据选择器和 16 选 1 数据选择器（见习题 1.10 和习题 1.11）。

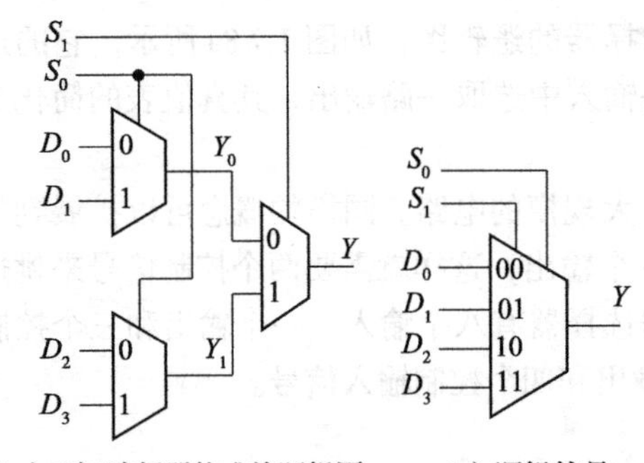

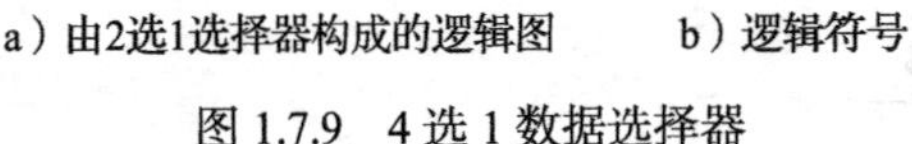
a）由2选1选择器构成的逻辑图　　b）逻辑符号

图 1.7.9 4 选 1 数据选择器

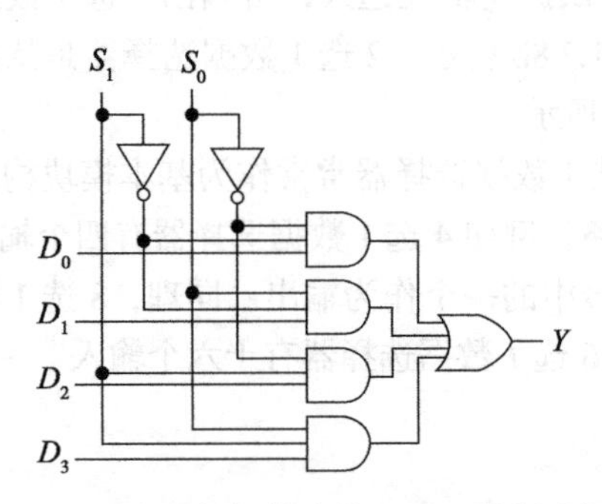

图 1.7.10 由逻辑门构成的 4 选 1 数据选择器

小　　结

- 在日常生活中用十进制计数，但在数字系统中用二进制，有时也用十六进制。
- 用 **0** 和 **1** 可以组成二进制数表示数量的大小，也可以表示对立的两种逻辑状态。二进制代码可以表示符号或者文字，使信息交换灵活方便。
- **与**、**或**、**非**是逻辑运算中的三种基本运算，其他的逻辑运算可以由这三种基本运算构成。
- 逻辑代数是分析和设计逻辑电路的数学工具，它有一系列基本公式、常用公式和基本规则，它们可以用于对逻辑函数进行变换和化简。
- 逻辑函数可以用真值表、逻辑函数表达式、逻辑图和波形图等方式表示。
- 逻辑函数的**与 - 或**表达式和**或 - 与**表达式是两种常见的形式，但其表达式的形式不是唯一的。任意一个逻辑函数经过变换，都能得到唯一的最小项表达式。
- 逻辑函数的变换与化简方法有代数法和卡诺图法等。
- 组合逻辑电路设计是根据实际问题设计出符合要求的逻辑电路。用门电路设计组合逻辑电路的步骤是：逻辑抽象→列出真值表→写出逻辑表达式→根据器件要求变换和化简逻辑式→画出逻辑图。
- 组合逻辑电路在任何时刻的输出状态只取决于同一时刻的输入状态，而与电路原来的状态无关。它一般由逻辑门电路或可编程逻辑器件等组成。

习　　题

1.1 把下列十进制数转换成等值的二进制数：

1）168　　2）143　　3）2.718

1.2 把下列二进制数转换成等值的十进制数：

1）**1110111**　　2）**101011101001011**　　3）**1011111.01101**

1.3 将十进制数 3.141 6 转换成二进制码及 8421 码。

1.4 有一个数 **10010111**，将它作为自然二进制数时，其十进制数是多少？将它作为 8421 码时，其十进制数又是多少？

1.5 将下列二进制数转换成格雷码。

1）**1101**　　　　　　　　　2）**101011101001011**

1.6 列出三输入端与门的真值表。

1.7 对于八输入端的与非门，其输入取值共有多少不同的组合？

1.8 如果输入逻辑变量为 A、B、C、D，输出逻辑变量为 L，写出下列门电路的逻辑表达式：

1）三输入端或门　　　2）四输入端或非门

1.9 在图题 1.9 中，已知输入信号 A、B 的波形，画出各逻辑门输出 L 的波形。

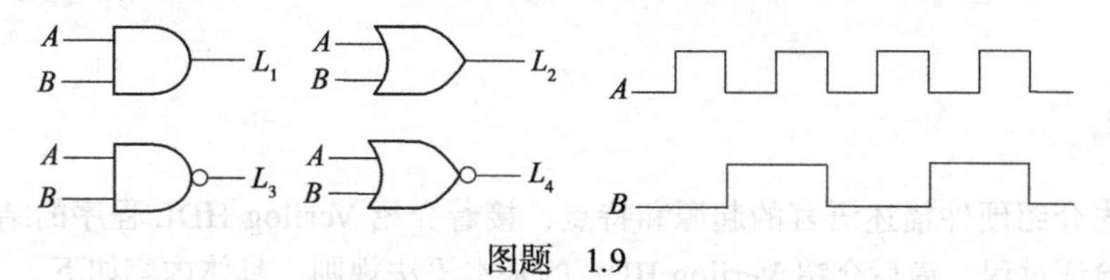

图题　1.9

1.10 在图题 1.10 中，已知输入信号 A、B 的波形，画出各逻辑门输出 L 的波形。

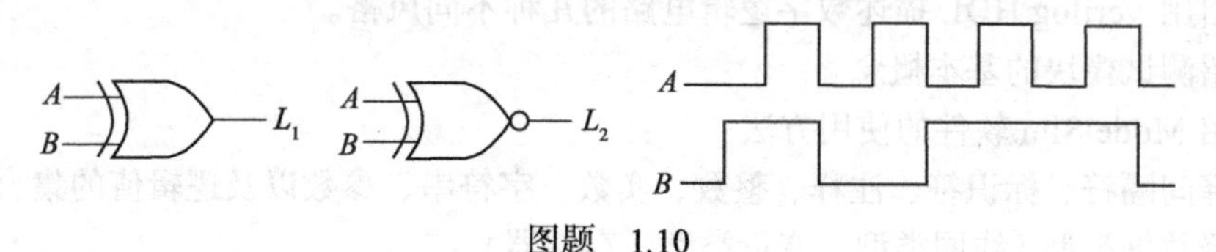

图题　1.10

1.11 试用真值表证明下列**异或**运算公式：

1）$A\oplus \mathbf{0}=A$　　　　2）$A\oplus \mathbf{1}=\overline{A}$

3）$A\oplus A=\mathbf{0}$　　　　4）$A\oplus \overline{A}=\mathbf{1}$

5）$(A\oplus B)\oplus C=A\oplus (B\oplus C)$　　　　6）$\overline{A\oplus B}=\overline{AB}+AB$

1.12 用逻辑代数定律证明下列等式：

1）$AB+BCD+\overline{A}C+\overline{B}C=AB+C$　　　　2）$AB+BC+AC=(A+B)(B+C)(A+C)$

3）$A\overline{B}+B\overline{C}+C\overline{A}=\overline{A}B+\overline{B}C+\overline{C}A$　　　　4）$(A+B)(A+\overline{B})=A$

1.13 用代数法将下列各式化简成最简的**与 - 或**表达式：

1）$L=\overline{B}+ABC+\overline{AC}+\overline{AB}$　　　　2）$L=\overline{\overline{AC+\overline{A}BC}+\overline{B}C+AB\overline{C}}$

1.14 用卡诺图法化简下列各式：

1）$A\overline{B}CD+AB\overline{C}D+A\overline{B}+A\overline{D}+A\overline{B}C$　　　　2）$\overline{AB}C+A\overline{BCD}+AB\overline{C}D+ABC$

3）$A\overline{B}CD+D(\overline{BCD})+(A+C)B\overline{D}+\overline{A}\ \overline{(\overline{B}+C)}$　　　　4）$L(A, B, C, D)=\sum m(0, 2, 4, 8, 10, 12)$

5）$L(A, B, C, D)=\sum m(0, 1, 2, 5, 6, 8, 9, 13, 14)$

1.15 用图 1.7.9a 所示的树形结构 2 选 1 数据选择器设计一个 8 选 1 数据选择器，需要多少根控制线？要求画出逻辑图，列出真值表。

1.16 用图 1.7.9a 所示的树形结构 2 选 1 数据选择器设计一个 16 选 1 数据选择器，需要多少根控制线？

1.17 试用 2 输入与非门设计一个 3 输入的组合逻辑电路。当输入二进制码所对应的十进制数小于 3 时，输出为 0；大于等于 3 时，输出为 1。

1.18 某足球评委会由一位教练和三位球迷组成，对裁判员的判罚进行表决。当满足以下条件时表示同意裁判员的判罚：有三人或三人以上同意，或者有两人同意，但其中一人必须是教练。试用 2 输入与非门设计该表决电路。

1.19 上网下载 SN74HC00 数据手册，写出 SN74HC00 直流技术参数、交流技术参数和开关特性参数。

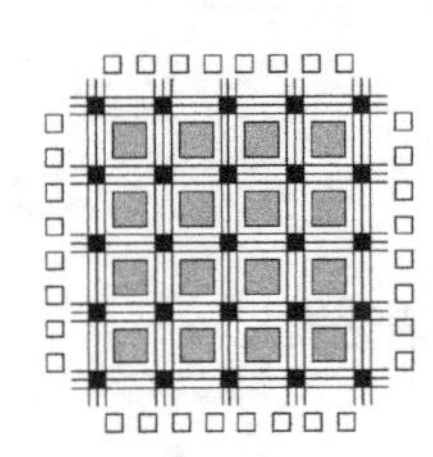

第 2 章 Verilog HDL 入门与功能仿真

本章目的

本章首先介绍硬件描述语言的起源和特点，接着介绍 Verilog HDL 程序的结构、描述风格以及仿真验证过程，最后介绍 Verilog HDL 的基本语法规则。具体内容如下：

- 说明 Verilog HDL 模块程序的基本组成。
- 介绍用 Verilog HDL 描述数字逻辑电路的几种不同风格。
- 介绍测试模块的基本概念。
- 介绍 ModelSim 软件的使用方法。
- 解释间隔符、标识符、注释、整数、实数、字符串、参数以及逻辑值的集合。
- 解释数据类型（线网类型、变量类型、存储器）。
- 说明常用编译指令、系统任务和系统函数。

2.1 硬件描述语言简介

2.1.1 硬件描述语言的起源

目前，Verilog HDL 和 VHDL 在数字设计领域的使用非常广泛，它们都已经被 IEEE 认可为工业标准。

VHDL 是在 20 世纪 80 年代中期由美国国防部支持开发的。早在 1980 年，美国国防部为方便管理有关武器承包商的电子电路技术文件，使其遵循统一的设计描述界面，以便在将来有新技术推出时仍能重复使用原设计，发展了名为 VHSIC（Very High Speed Integrated Circuit，超高速集成电路）的计划。目的是希望创造出下一代高速集成电路的设计界面，以期能突破各种大型集成电路在设计上的不便。

1983 年，IBM 公司、TI 公司、Intermetric 公司成立了 VHDL（VHSIC Hardware Description Language，超高速集成电路硬件描述语言）开发小组。1986 年电气和电子工程师协会（Institute of Electrical and Electronics Engineers，IEEE）标准化组织开始讨论 VHDL 语言标准。1987 年 IEEE 接受 VHDL 为标准 HDL，即 IEEE STD 1076—1987 标准。1993 年修订，定为 ANSI/IEEE STD 1076-1993 标准。2008 年又进行了进一步的修订。

约在同一时期，一家专门提供计算机辅助设计工具的公司 Gateway Design Automation（GDA）开发出一种相似的硬件描述语言 Verilog HDL 以及仿真器 Verilog_XL，并得到广泛应用。实际上，Verilog HDL 是集成在仿真工具内部的、没有对外公开的一种专有语言。1989 年，

Cadence 公司收购了 GDA 公司，并于 1990 年对外公开发布，Verilog HDL 成为最流行的描述数字电路的语言；1995 年正式成为 IEEE 标准（IEEE 1364—1995），简称 Verilog-1995。2001 年对这一版本做了重大改进，发布了 IEEE 1364—2001（Verilog-2001）。2005 年又一次做了一些小改进，发布标准 IEEE 1364—2005，也叫作 Verilog-2005。

随后，在 Verilog-2005 中又引入了 Accellera 协会（EDA 行业的一个致力于标准化的组织）批准的 SystemVerilog 标准。最终，Verilog HDL 原来的 1364 版本与 SystemVerilog 合并，创建了 IEEE 1800—2005 统一标准，即 SystemVerilog。它实际上是 Verilog HDL 的超集，对 Verilog HDL 的验证能力进行了重大改进，有许多语言结构主要用于验证设计是否正确，并不是用于电路综合的，所以 SystemVerilog 有时被称为硬件设计和验证语言（Hardware Design and Verification Language，HDVL）。后来，SystemVerilog 标准又经历过几次更新和扩展，目前，SystemVerilog 最新标准是 IEEE 1800—2012。

尽管 Verilog HDL 和 SystemVerilog 已集成到一个 IEEE 标准中，但仍然有许多正在使用的设计自动化工具，仅支持旧版 IEEE 标准 1364 中传统的 Verilog HDL，而且传统 Verilog HDL 标准中的语法及其规定在 SystemVerilog 中也同样适用。所以，本书的重点是 Verilog-2001 标准及之后的可综合子集，同时也包括一些不可综合的结构，因为它们对于验证可综合的设计是有用的。

2.1.2 硬件描述语言的特点

硬件描述语言是为描述数字系统的功能（行为）而设计且经过优化的一种编程语言。它是硬件电路设计人员与 EDA 软件工具之间沟通的桥梁，其主要目的是用来编写设计文件、建立电子系统行为级的仿真模型，再对模型进行逻辑仿真，然后利用逻辑综合工具进行综合，自动生成符合要求且在电路结构上可以实现的数字电路网表（Netlist）。根据网表可以制造 ASIC 芯片或者对可编程逻辑器件进行配置。

“逻辑仿真”是指用计算机仿真软件对数字逻辑电路的结构和功能进行预测。在电路被实现之前，设计人员根据仿真结果可以初步判断电路的逻辑功能是否正确。在仿真期间，如果发现设计中存在的错误，则可以对 HDL 描述进行修改，直至满足设计要求为止。

“逻辑综合”（Logic Synthesis）是指将 HDL 描述的电路的逻辑关系转换为逻辑门、触发器等元件及其相互之间的连接关系表（常称为门级网表）的过程，即将 HDL 代码转换成真实的硬件电路。它类似于高级程序设计语言中对一个程序进行编译，得到目标代码的过程。所不同的是，逻辑综合不会产生目标代码，而是产生门级元件及其连接关系的数据库，根据这个数据库可以制作出集成电路或印制电路板（Printed Circuit Board，PCB）。

在 HDL 中，有一部分语句描述的电路通过逻辑综合，可以得到具体的硬件电路，我们将这样的语句称为**可综合的语句**。另一部分语句则专门用于仿真分析，不能进行逻辑综合。

HDL 的主要特点如下：

1）HDL 支持数字电路的设计、验证、综合和测试，但不支持模拟电路的描述。

2）HDL 既包含一些高级程序设计语言的结构形式，也兼顾描述硬件电路连接的具体组件。

3）HDL 是并发的，即具有在同一时刻执行多任务的能力。一般来讲，程序设计语言是串行的，但在实际硬件中许多操作都是在同一时刻发生的，所以 HDL 语言具有并发的特征。

4）HDL有时序概念。一般来说，程序设计语言是没有时序概念的，但在硬件电路中，从输入到输出总是有延时存在的。为描述这些特征，HDL需要建立时序的概念，因此使用HDL除了可以描述硬件电路的功能外，还可以描述其时序关系。

2.2 Verilog HDL 程序的基本结构

2.2.1 Verilog HDL 模块组成

模块（**module**）是Verilog描述电路的基本单元，它可以表示一个简单的门电路，也可以表示功能复杂的数字电路。通常逻辑电路的功能可以使用Verilog的一个或多个模块进行描述（也称为建模），不同的模块之间通过端口进行连接。

用Verilog HDL描述的数字逻辑电路也称为**HDL建模**。模块是Verilog HDL的基本描述单位，用于描述某个设计的功能或结构以及与其他模块通信的外部接口。在Verilog HDL中大约使用100个预定义的关键词定义该语言的结构，Verilog HDL使用一个或多个模块对数字电路建模，模块代表硬件上的逻辑实体，其范围可以从简单的门到整个大的系统，比如一个计数器、一个存储子系统、一个微处理器等。一个模块可以包括整个设计模型或者设计模型的一部分。

定义模块时总是以关键词[⊖]**module**开始，并以关键词**endmodule**结束。模块的组成如图2.2.1所示。

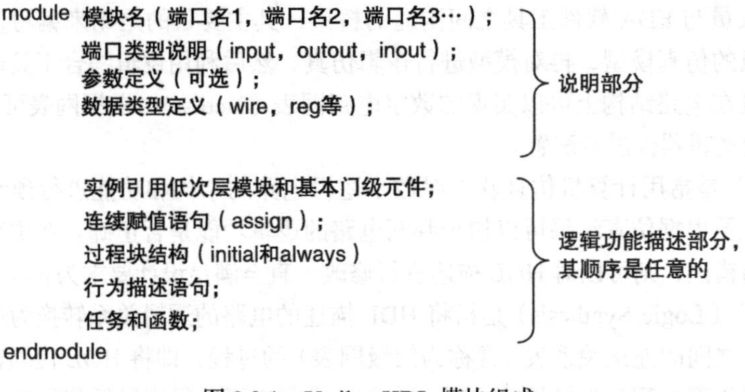

```
module 模块名（端口名1，端口名2，端口名3…）；      ┐
       端口类型说明（input，outout，inout）；       │
       参数定义（可选）；                           ├ 说明部分
       数据类型定义（wire，reg等）；                │
                                                    ┘
       实例引用低次层模块和基本门级元件；           ┐
       连续赋值语句（assign）；                     │
       过程块结构（initial和always）                ├ 逻辑功能描述部分，
       行为描述语句；                               │ 其顺序是任意的
       任务和函数；                                 │
endmodule                                           ┘
```

图2.2.1 Verilog HDL 模块组成

module后面紧跟着“模块名”，模块名是模块唯一的标识符；在模块名后面的圆括号中列出该模块的输入、输出端口名称，各个端口名称之间以逗号分隔；“端口类型说明”为**input**（输入）、**output**（输出）、**inout**（双向端口）三者之一，凡是在模块名后面圆括号中出现的端口名都必须明确地说明其端口类型。“参数定义”是将数值常量用符号常量代替，以增加程序的可读性和可修改性，它是一个可选择的语句。“数据类型定义”部分用来指定模块内所用的数据对象为连线（**wire**）类型还是寄存器（**reg**）变量类型。

接着，描述模块将要实现的逻辑功能。通常有三种不同的描述风格：一是实例引用低层次

⊖ 关键词是Verilog本身规定的特殊字符串，用于表示特定的含义。本书为清晰起见，将关键词以粗体字印刷。

模块的方法，即调用其他已定义过的层次较低的子模块对整个电路的结构进行描述，或者直接调用 Verilog 内部预先定义的基本门级元件描述电路的结构，通常将这种方法称为**结构描述方式**（对仅使用基本门级元件描述电路功能的方式，也称为**门级描述方式**）；二是使用连续赋值语句（**assign**）对电路的逻辑功能进行描述，通常称之为**数据流描述方式**，该方式特别便于对组合逻辑电路建模；三是使用过程块语句结构（包括 **initial** 结构和 **always** 结构两种）和比较抽象的高级程序语句对电路的逻辑功能进行描述，通常称之为**行为描述方式**。

设计人员可以选用这几种方式中的任意一种或混合使用几种方式描述电路的逻辑功能，也就是说，在一个模块中可以包含连续赋值语句、**always** 语句、**initial** 语句和结构型描述方式，并且这些描述方式在程序中排列的先后顺序是任意的。其中行为级描述方式侧重于描述模块的逻辑功能（行为），不涉及实现该模块逻辑功能的详细硬件电路结构，是我们学习的重点。下面举例说明这几种描述方式。

2.2.2　Verilog HDL 模块举例

【例 2.2.1】 图 2.2.2 是我们在例 1.7.3 中设计的 2 选 1 数据选择器电路。该电路的输出逻辑表达式为

$$Y=\overline{S}\cdot D_0+S\cdot D_1$$

现在，用 Verilog HDL 三种不同的描述方式对该电路进行描述。

解　下面介绍三种不同的描述方式。

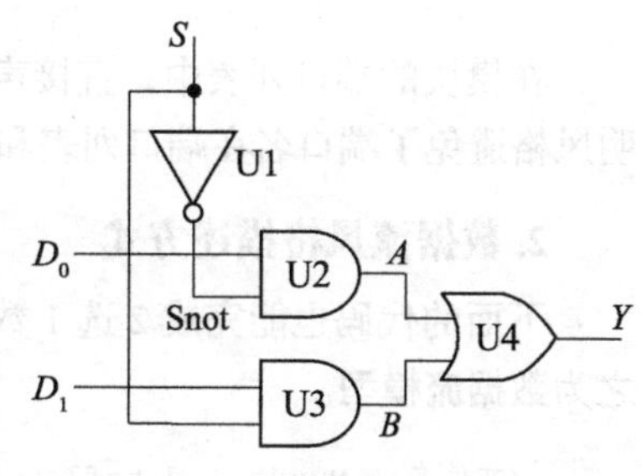

图 2.2.2　2 选 1 数据选择器逻辑图

1. 结构风格或者门级的描述方式

下面的代码能够完成 2 选 1 数据选择器的功能，它是使用 Verilog HDL 内部预先定义的逻辑门元件[⊖]来描述的，故称之为**门级模型**。代码的文件名为 Mux2to1_structural.v，与模块名相同[⊜]，只是加了扩展名 .v。

```
//文件名： Mux2to1_structural.v
module Mux2to1_structural(          // Verilog-2001 语法
    input  D0, D1, S,               // 输入端口声明
    output Y                        // 输出端口声明
);
    wire   Snot, A, B;              // 内部节点声明
   //下面对电路的逻辑功能进行描述
    not    U1(Snot, S);             // 调用名 U1 可以省略
    and    U2(A, D0, Snot);         // and 为 Verilog 内置与门，表示与运算
    and    U3(B, D1, S);
    or     U4(Y, A, B);             // or 为 Verilog 内置或门，表示或运算
endmodule
```

其中第 1 行以双斜线（//）开始到本行结尾之间的文本是一个注释。第 2 行以关键词

⊖ Verilog HDL 内部的逻辑门元件将在 3.2 节介绍。

⊜ 本书中每个模块的文件名均采用该方式命名。

module 开始声明了一个模块，**module** 后面跟有模块名（Mux2to1_structural）和端口名（D0、D1、S、Y）列表。每一条语句以分号结尾。

接着，以关键词 **input** 和 **output** 定义了该模块的输入端口、输出端口。端口的数据类型默认为 **wire** 类型，此处将电路内部的结点信号（Snot、A、B）定义为 **wire** 类型。

电路的结构（即逻辑功能）由基本门级元件（**not**、**and**、**or**）进行描述，每个门级元件后面包含一个调用名（U1、U2 等）和由圆括号括起来、以逗号分隔的端口列表，调用名类似于原理图中的元件标号，不需要预先定义直接使用，并且调用基本门级元件时，可以省略调用名。调用基本门级元件时，Verilog HDL 规定输出端口总是位于圆括号中左边的第 1 个位置，输入端口跟在后面。例如，调用名为 U4 的或门输出端口是 Y、输入端口是 A 和 B。

最后模块以 **endmodule** 结尾（注意后面没有分号）。由于这个模块描述了电路的逻辑功能，故将该模块称为**设计块**。

可见，门级描述就是调用 Verilog HDL 内部预先定义的门级元件描述逻辑图中的元件以及元件之间的连线关系。

在修订后的 Verilog HDL 标准中，定义模块端口时可以按照如下方式书写：

```
module Mux2to1_structural (
    input    D0, D1, S,           //输入端口声明，注意后面是逗号
    output   Y                    //输出端口声明，注意后面没有逗号
);
```

在模块的端口列表中，直接声明端口模式，不再需要独立的 **input** 和 **output** 语句，这种声明风格避免了端口名在端口列表和端口声明语句中的重复，使代码变得更加紧凑。

2. 数据流风格描述方式

下面的代码也能完成 2 选 1 数据选择器的功能，但这里的代码使用了逻辑表达式，通常称之为**数据流模型**。

```
//文件名： Mux2to1_dataflow.v
module Mux2to1_dataflow (           //Verilog-2001语法
    input          D0, D1, S,       //输入端口声明
    output wire    Y                //输出端口及数据类型声明
    );
    //电路功能描述。Y的数据类型必须是wire型
    assign Y=(~S & D0)|(S & D1);  //当S=1时，输出Y=D1；否则Y=D0
        /*此句也可写成 assign Y=S?D1:D0;  */
endmodule
```

assign 是关键词，是对信号赋值的意思。为了区分算术运算和逻辑运算，Verilog HDL 用符号 &、|、~ 分别表示逻辑运算的**与**、**或**、**非**[⊖]。

连续赋值语句的特点是：方程式右边的输入信号受到持续监控，任何一个信号发生变化，整个表达式将被重新计算，并将变化值赋给左边的线网信号。对组合逻辑电路建模使用该方式特别方便。

可见使用逻辑表达式编写 Verilog HDL 代码更加简明、易懂。通过逻辑综合软件，能够自

⊖ Verilog HDL 运算符将在 3.2 节介绍。

动地将数据流描述转换成门级电路。

3. 行为风格的描述方式

对于功能复杂的逻辑电路，使用门级描述或者数据流描述电路的功能，工作效率较低。另一种方法就是使用更抽象的结构来描述电路的逻辑功能和算法。

下面是 2 选 1 数据选择器两个版本的程序代码。带有“ :mux”的 **begin…end** 块完成了 2 选 1 数据选择器功能，这种带有名称的 **begin…end** 语句块称为**有名块**。在描述一个较为复杂的电路时，这是一种值得推荐的代码描述风格。

```
//版本1，文件名：Mux2to1_bh1.v
module Mux2to1_bh1 (
      input  D0, D1, S,
      output reg Y
      );
   always @(S or D0 or D1)
   begin:mux
         if(S==1)
             Y=D1;
         else  Y=D0;
   end
endmodule
```

```
//版本2，文件名：Mux2to1_bh2.v
module Mux2to1_bh2 (
     input      D0, D1, S,
     output reg Y
     );
   always @(S, D0, D1)  begin:mux
     case(S)
         1'b0:Y=D0;
         1'b1:Y=D1;
     endcase
   end
endmodule
```

上述代码使用 **always**、**if-else** 和 **case-endcase** 语句对数据选择器的行为特征进行描述，它没有涉及实现选择器的具体电路结构。如果没有 **always** 而直接使用 **if-else** 和 **case-endcase** 语句，就会出现语法错误。**if-else** 和 **case-endcase** 是 Verilog HDL 中的一种过程性语句，将在下一章介绍。

行为描述的标识是 **always** 语句，**always** 是一条循环语句，它后面的 @（S or D0 or D1）是执行循环体语句的条件，它表示圆括号内的任一个输入信号发生变化时，后面的过程赋值语句就会被执行一次，执行完最后一条语句后，暂停，**always** 等待信号再次发生变化，因此将圆括号内列出的信号称为**敏感信号**。对组合逻辑电路来说，所有的输入信号都是敏感信号，应该被写在圆括号内。注意，在 **always** 内部被赋值的信号都要声明为 **reg** 类型，如果声明为 **wire** 类型，编译就会报错。

修订后的 Verilog HDL 标准在敏感信号列表中，可以用逗号代替 **or**，也可以用星号（*）来代替敏感信号列表中的所有输入信号。

2.3　编写测试模块

模块代码写好后，接着要对它进行编译，确定它是否符合 Verilog HDL 的语法规则。因此，需要一个 Verilog HDL“编译器”。刚开始接触 Verilog HDL 时，难免会出现许多语法错误，熟练之后，语法错误就慢慢变少了。

即便语法正确，也不能代表电路能够正常工作，为了确认代码能够完成我们所期望的任务，必须对它进行测试。测试的方法是：对模块的输入端口施加激励信号，该激励信号应该包含所有可能的输入组合，让模块计算出相应的输出，然后将计算得到的输出与我们所期望的输出进行比较，检查它们是否正确。因此，设计者必须知道电路的输出应该是什么。如果不知道，即使电路错了也查不出来。

计算代码输出的任务是由 Verilog HDL“仿真器”完成的，因此，我们需要一个集 Verilog HDL 编译器和仿真器于一身的软件。这样的软件大多由著名的公司开发，例如 Cadence、Synopsys、Mentor Graphics 等，也有一些公司提供免费软件，例如 Intel 和 Xilinx 等。本书的编译和仿真大部分将使用 ModelSim-Intel FPGA Starter Edition 10.5b[⊖]，这是 Mentor Graphics 公司专门为 Intel FPGA（前生为 Altera）定制的，由 Intel 公司免费提供。也有部分仿真波形使用 Quartus Prime 软件本身自带的仿真器得到。

在对一个设计模块进行仿真时，我们需要准备一个供测试用的激励模块，该模块同样用 Verilog HDL 来描述。激励模块大致由三部分组成：第一部分调用被测试的模块，即设计块，第二部分是给输入变量赋各种不同的组合值，即激励信号；第三部分指定测试结果的显示格式，并指定输出文件名。由于测试模块的主要任务是给设计块提供激励信号，故称之为**激励块**。

将激励块和设计块分开设计是一种良好的设计风格，激励块一般被称为**测试平台**（Test Bench）。在实际工作中，常常使用不同的测试平台对设计块进行全面的测试。

激励模块通常是顶层模块，它也是以 **module** 开始和 **endmodule** 语句作为结尾的，内部包括模块名、线网 / 变量声明、对设计块的实例引用和行为语句块（**initial** 或者 **always**），但是不需要端口列表和端口声明。

下面是 2 选 1 数据选择器激励块代码，文件名为 test_Mux2to1.v。以 `（反撇号）开始的第 1 条语句是编译器指令，该指令将激励块中所有延迟的时间单位设置成 1ns，时间精度（指延时值的最小分辨度）设置为 1ns，例如，下面模块中的 #1 代表延迟 1ns。

```
//文件名：test_ Mux2to1.v
`timescale 1ns/1ns                               //时间单位为1ns，精确度为1ns
module test_Mux2to1;                             //激励模块（顶层模块）没有端口列表
    reg PD0,  PD1,  PS;                          //声明输入变量
    wire PY;                                     //声明输出变量
    //调用设计块
    Mux2to1_bh1 t_Mux(PD0,  PD1,  PS,  PY);      //按照端口位置进行连接

    initial begin                                //激励信号
        PS=0; PD1=0; PD0=0;                      //语句1
    #1  PS=0; PD1=0; PD0=1;                      //语句2
    #1  PS=0; PD1=1; PD0=0;                      //语句3
    #1  PS=0; PD1=1; PD0=1;                      //语句4
    #1  PS=1; PD1=0; PD0=0;                      //语句5
    #1  PS=1; PD1=0; PD0=1;                      //语句6
    #1  PS=1; PD1=1; PD0=0;                      //语句7
    #1  PS=1; PD1=1; PD0=1;                      //语句8
    #1  PS=0; PD1=0; PD0=0;                      //语句9
    #1  $stop;                                   //语句10
        end
    initial begin                                //输出部分
            $monitor($time, ":\tS=%b\tD1=%b\tD0=%b\tY=%b", PS, PD1, PD0, PY);
            $dumpfile("Mux2to1.vcd");
```

⊖ Quartus II 10.0 及其之后的新版本中去掉了以前的仿真器，但提供 ModelSim-Altera 仿真器，以下简称 ModelSim。

```
        $dumpvars;
    end
endmodule
```

在激励块中，可以使用一套新的信号名称，也可以与设计块使用相同的名称，但声明信号时，激励信号的数据类型要求为 **reg**，以便保持激励值不变，直至执行到下一条激励语句为止。输出信号的数据类型要求为 **wire**，以便能随时跟踪激励信号的变化。

接着，调用（也称为实例化引用）设计块，按照端口排列顺序一一对应地将激励模块中的信号与被测试模块中的端口相连接，在本例中，将 PD0 连接到设计块 Mux2to1_bh1 中的端口 D0，PD1 连接到端口 D1……其余依次类推。

第一个 **initial** 语句块给出了激励信号的输入值。仿真时，刚进入 **initial** 语句的时刻为 **0**，此时执行语句 1，将 PS、PD1 和 PD0 的值初始化为 **0**，隔 1ns 后，执行语句 2，将 PD0 的值设置为 **1**，PS、PD1 的值仍保持 **0** 不变；再隔 1ns 执行语句 3，将 PD0 的值设置为 **0**，将 PD1 的值设置为 **1**，PS 的值仍保持 **0** 不变；依次类推，语句 10 执行后，仿真暂停。

第二个 **initial** 语句块描述了要监视的输出信号，同时还指定了输出文件名。它和前面的 **initial** 语句是同时并行执行的。代码中的 **$monitor**、**$time** 和 **$stop** 为 Verilog HDL 的系统任务，**$monitor** 将信息以指定的格式输出到屏幕上（双引号括起来的是要显示的内容，**%b** 代表它后面的信号用二进制格式显示），**$time** 将返回当前的仿真时间，**$stop** 为停止仿真，但不退出仿真环境。常用的系统任务和编译器指令将在 2.6 节进行介绍。

另外，代码中的 **$dumpfile** 和 **$dumpvars** 用来记录仿真结果，供其他的波形编辑软件（比如 gtkwave）使用，仿真结果的文件名为 Mux2to1.vcd，vcd 是 Value Change Dump 的缩写，它是 ASCII 码文本型文件，用来记录各信号值的变化情况。如果不想用其他的波形编辑软件，这段代码可以删除。ModelSim 软件自己带有波形编辑软件 wave，不需要使用数据文件 Mux2to1.vcd，故以后的激励块不再使用这两条语句。

2.4 ModelSim 仿真软件的使用

在进行仿真之前，先创建一个工作目录，用来存放与设计相关的文件，并将设计块和激励块源文件存放到该目录中，源文件可以使用任何文本编辑器进行编辑。

不同的仿真器其操作过程是不同的。在 ModelSim 软件中有两种仿真流程，如图 2.4.1 和图 2.4.2 所示。

图 2.4.1 是最简单的一种方法，不用建立工程。图 2.4.2 是基于工程项目仿真的流程。如果设计者要对一个实际的工程项目进行仿真，用这种方法更便于管理所有的文件。它和第一种方法的区别主要有两点：

1）在创建工程项目的流程中，会自动创建工作库，不必手工创建。

2）在退出时，如果没有关闭工程项目，则每次打开 ModelSim 时都会自动打开退出前的工程项目。

限于篇幅，本书只介绍第一种仿真方法。读者可以参考该软件的帮助文档，选择菜单 Help→PDF Documentation→Tutorial 命令，打开 ModelSim Tutorial 文档，获得更多使用信息。

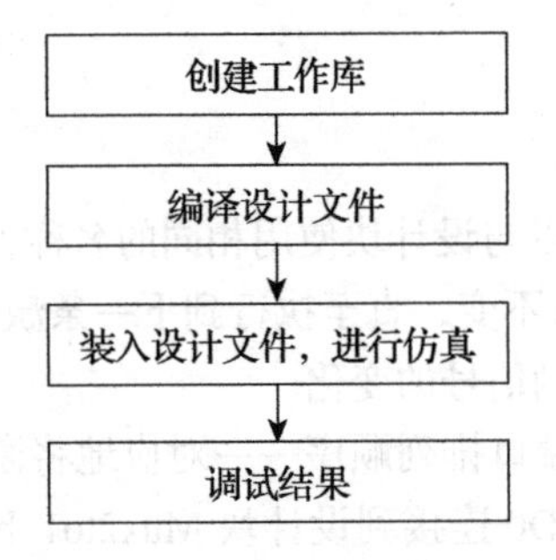

图 2.4.1　基于工作库仿真的基本流程

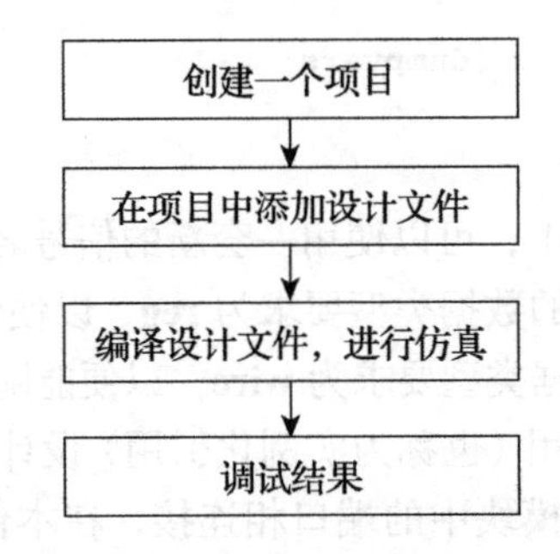

图 2.4.2　基于工程项目仿真的基本流程

下面以数据选择器为例，基于图 2.3.1 的流程，介绍使用 ModelSim 软件进行仿真验证的具体步骤。

2.4.1　创建工作目录

首先，在 Windows 资源管理器中新建一个子目录（例如 D:\modelsim_example），用来存放与设计相关的文件。注意，路径中不能出现中文字符。

2.4.2　输入源文件

打开任意一个文本编辑器（例如，Notepad++ 或者使用 ModelSim 自带的编辑器），输入设计块和激励块源代码，并保存到上面新建的子目录中。这里，输入 Mux2to1_bh1.v 和 test_Mux2to1.v 代码，并将它们存放到 D:\modelsim_example 子目录中。

2.4.3　建立工作库

建立工作库的具体步骤如下：

1）启动 ModelSim 软件，进入主界面。选择主菜单 File→Change Directory，切换至上面已创建的工作子目录。

2）选择主菜单 File→Change Directory 切换至上面创建的工作目录，如图 2.4.3 所示。

3）依次选择 File→New→Library 命令，弹出创建新工作库的对话框，如图 2.4.4 所示。这里选中 a new library and a logical mapping to it 单选按钮。在库名输入框中输入 work（或者其他名字），单击 OK 按钮，完成库的创建。

工作库创建完成后，在 Library 窗口中将看到刚创建的 work 库。

注意，在 ModelSim 中，所有设计都被编译到一个库中，一个库可以对应一个仿真文件。在创建新库之前，如果 Library 窗口中已经包含名称为 work 的库，则可以使用其他名称（如 work_1）创建新库，也可以删除原有的 work 库后再创建。

2.4.4　编译设计文件

创建工作库后，将设计块和激励块的源文件编译到工作库中。其步骤如下：

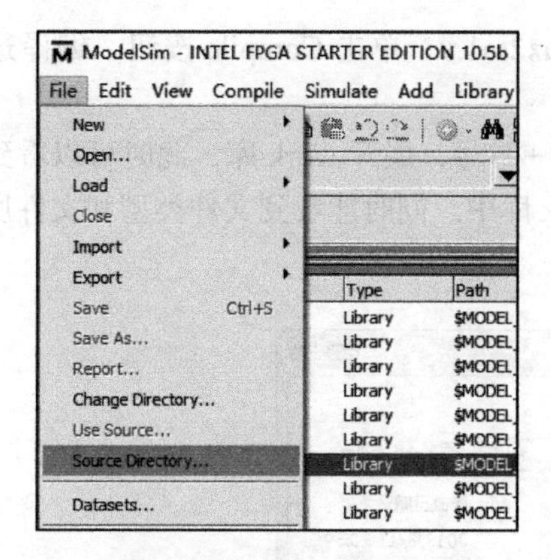

图 2.4.3　切换工作目录

图 2.4.4　创建工作库

1）选择主菜单中 Compile→Compile Options 命令，弹出如图 2.4.5 所示对话框。对编译选项进行设置，这里使用默认设置。

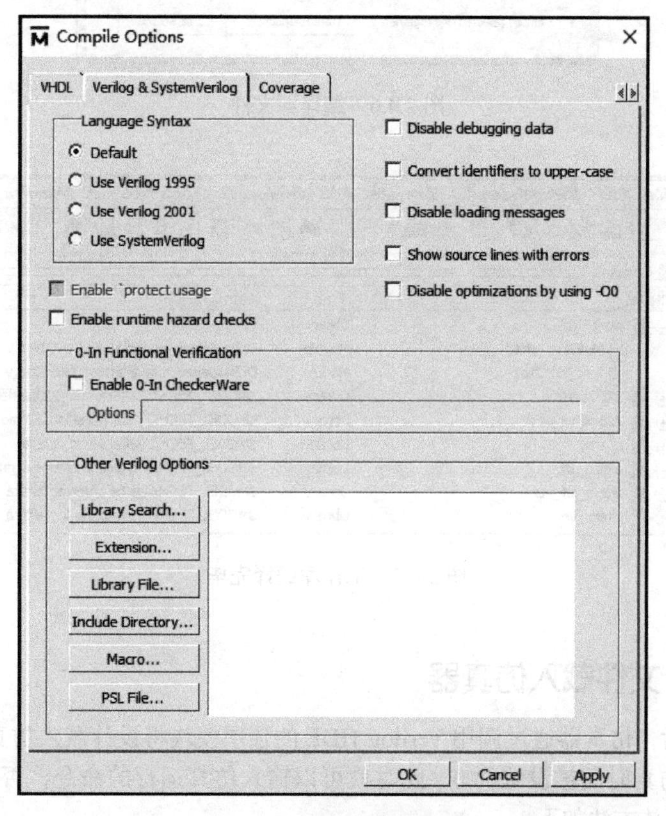

图 2.4.5　编译选项设置

2）选择主菜单中 Compile→Compile 命令，弹出用于选择要编译的源文件的 Compile Source Files 对话框，如图 2.4.6 所示。选择最上面的 work 库或者其他库，再按住键盘上的

Shift 键，依次选中源文件 Mux2to1_bh1.v 和 test_Mux2to1.v，单击 Compile 按钮，编译这两个文件，单击 Done 按钮，完成编译。

3）单击 Library 窗口中的 work 库图标左边的“+”号，展开 work 库，此时可以看到源文件 Mux2to1_bh1.v 和 test_Mux2to1.v 已经添加到 work 库中。同时能看到文件类型和文件所在路径，如图 2.4.7 所示。

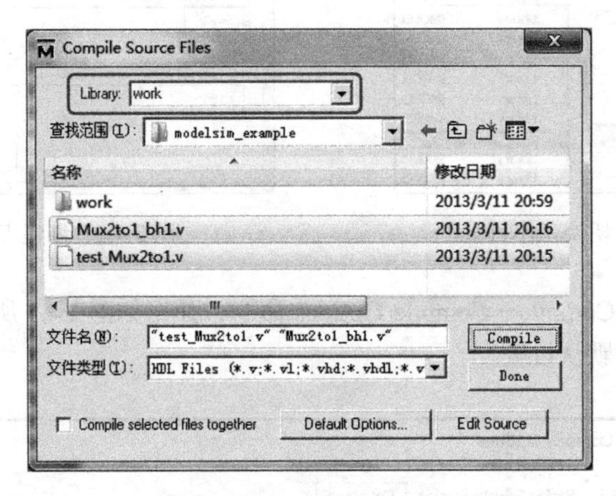

图 2.4.6 编译源文件

File Edit View Compile Simulate Add Transcript Tools Layout Window

Library

Name	Type	Path
work	Library	work
Mux2to1_bh1	Module	D:/modelsim_example/Mux2to1_bh1.v
test_Mux2to1	Module	D:/modelsim_example/test_Mux2to1.v
220model	Library	$MODEL_TECH/../altera/vhdl/220model
220model_ver	Library	$MODEL_TECH/../altera/verilog/220mod
altera	Library	$MODEL_TECH/../altera/vhdl/altera
altera_mf	Library	$MODEL_TECH/../altera/vhdl/altera_mf
altera_mf_ver	Library	$MODEL_TECH/../altera/verilog/altera_m
altera_ver	Library	$MODEL_TECH/../altera/verilog/altera

图 2.4.7 工作库编译完毕

2.4.5 将设计文件载入仿真器

编译成功之后，仿真器通过调用 Verilog HDL 的顶层模块将设计载入仿真器中。如果设计载入成功的话，仿真时间被设置为 0，此时就可以输入仿真运行的命令，否则需要修改错误，重新载入设计。具体方法如下：

双击 work 库中的 test_Mux2to1 模块，将其载入仿真器。

另一种方法是，选择主菜单中 Simulate→Start Simulation 命令，弹出一个仿真对话框，选择 work 库中的 test_Mux2to1 模块，再单击 OK 按钮。

当设计文件载入仿真器中，将弹出 sim 窗口，该窗口会显示设计文件的层次结构。单击“+”（展开）或“-”（折叠）以便选择子设计单元。同时，还会弹出 Objects 窗口和 Processes 窗口，如图 2.4.8 所示。

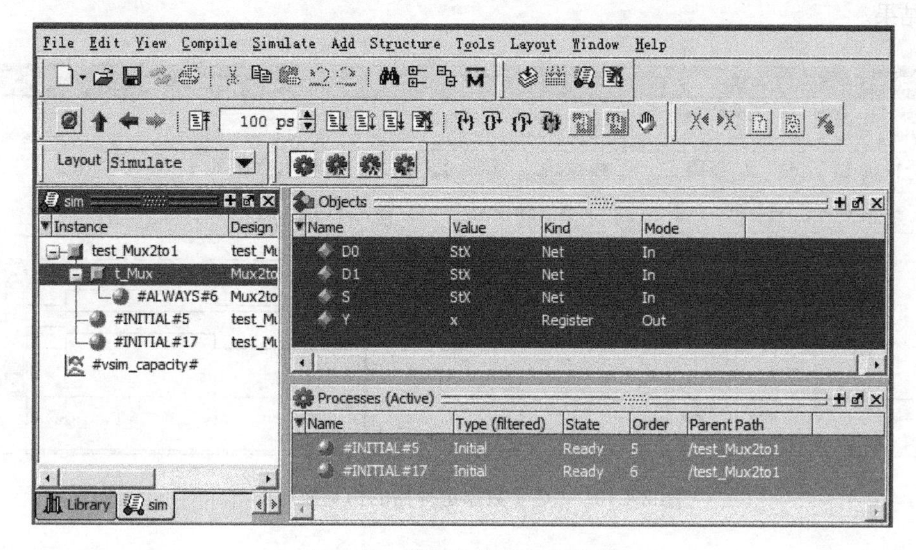

图 2.4.8 设计文件载入仿真器

2.4.6 运行仿真

在运行仿真器之前，要先打开 Wave 窗口，并将需要观察的信号添加到该窗口中。具体操作如下：

1）选择主菜单中 View→Wave 命令，打开 Wave 波形窗口。

2）选择主菜单中 Add→To Wave→All items in region 命令，添加信号到 Wave 窗口，如图 2.4.9 所示。

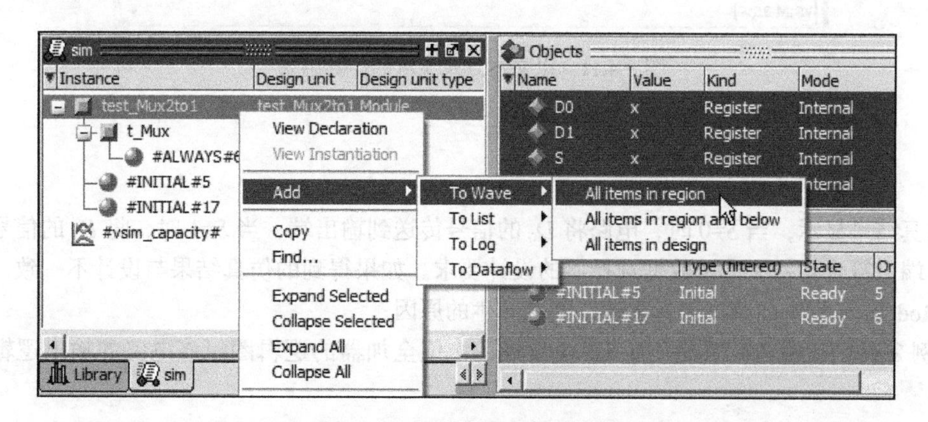

图 2.4.9 添加信号到波形窗口

3）选择主菜单中 Simulate→Run→Run-All 命令，或者在 Transcript 窗口中输入 run-all 命

令，将在 Wave 窗口中得到如图 2.4.10 所示的波形。同时，在 Transcript 窗口得到如图 2.4.11 所示的以文本方式显示的结果。

注意，如果激励块中没有 **$monitor** 语句，仿真结果就只有波形图，而不会出现图 2.4.11 所示的结果。

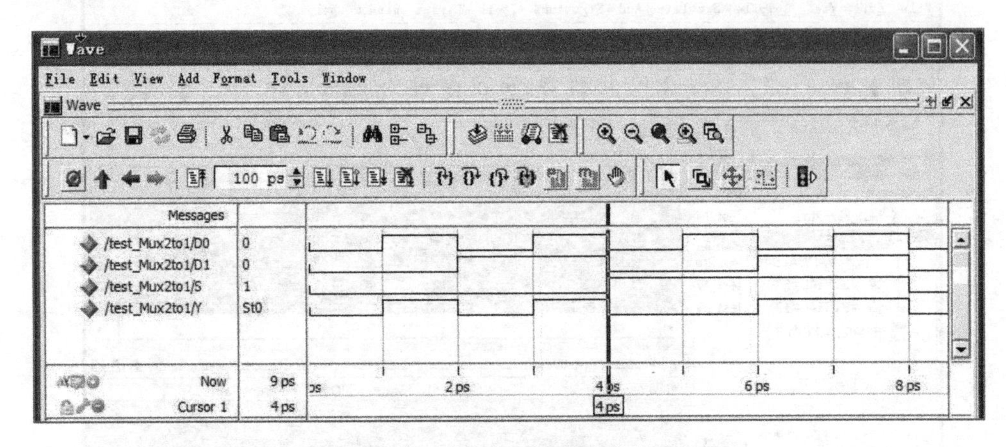

图 2.4.10　2 选 1 数据选择器的仿真波形图

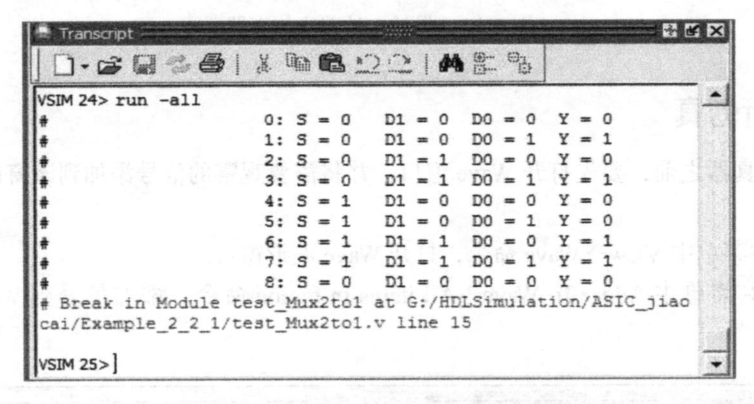

图 2.4.11　以文本方式显示的仿真结果

2.4.7　调试结果

仿真结果显示，当 S=0 时，电路将 D_0 的信号传送到输出端，当 S=1 时，将 D_1 的信号传送到输出端，符合当初 2 选 1 数据选择器的设计要求。如果得到的仿真结果与设计不一致，可以使用 ModelSim 提供的调试工具去追踪问题产生的原因。

【例 2.4.1】 图 2.4.12 是例 1.7.2 中设计的 1 位全加器的逻辑图。该电路的输出逻辑表达式为

$$\begin{cases} \text{Sum} = A \oplus B \oplus C_{\text{in}} \\ C_{\text{out}} = A \cdot B + A \cdot C_{\text{in}} + B \cdot C_{\text{in}} \end{cases}$$

现在，要求用 Verilog HDL 对该电路进行描述，并给出仿真结果。

解　（1）设计块

下面给出全加器三种风格的 Verilog HDL 代码。第一种是门级风格的代码，它与逻辑图基本相同。模块中声明了 3 个输入和 2 个输出信号，还声明了 4 个 **wire** 类型信号 t1、t2、t3 和 t4 作为中间节点，接着用基本逻辑门元件（**and**、**or**、**xor**）描述了电路的功能，在代码中可以使用 3 输入的**异或**门。

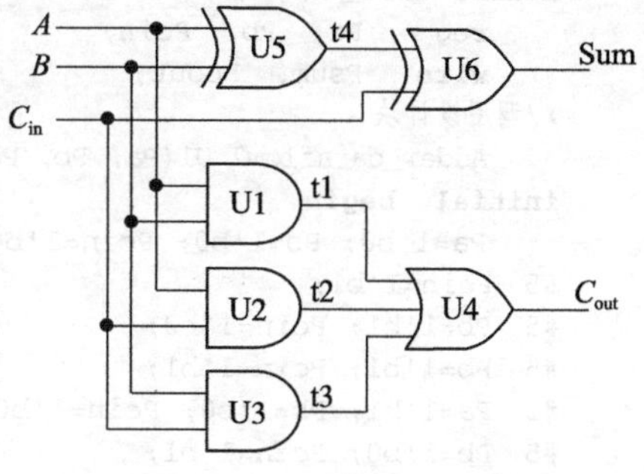

图 2.4.12　1 位全加器逻辑图

```
module Adder_structural(A, B, Cin, Sum, Cout);
    input     A, B, Cin;                 //输入端口声明
    output    Sum, Cout;                 //输出端口声明
    wire t1,  t2,  t3,  t4;              //内部节点声明
    //下面描述电路的逻辑功能
    and U1(t1, A, B);                    //调用名U1可以省略
    and U2(t2, A, Cin);                  //and为Verilog内置与门，表示与运算
    and U3(t3, B, Cin);
    or U4(Cout, t1, t2, t3);             //or为Verilog内置或门，表示或运算
    xor U5(t4, A, B);                    //xor为Verilog内置异或门，表示异或运算
    xor U6(Sum, t4, Cin);                //后面两句可以写成xor U5(Sum, A, B, Cin);
endmodule
```

第二种逻辑表达式风格的代码如下所示。

```
module Adder_dataflow1 (                 //Verilog-2001语法
    input     A, B, Cin;
    output    Sum,  Cout
);
    wire t1, t2, t3;
    //电路功能描述
    assign Sum=A^B^Cin;                  //表达式中的“^”为异或运算符
    assign t1=A & B,                     //表达式中的“&”为与运算符
           t2=A & Cin,
           t3=B & Cin;
    assign Cout=t1|t2|t3;                //表达式中的"|"为或运算符
endmodule
```

实际上，最后两条 **assign** 语句可以用下面的一条语句来代替，看起来更简洁。

```
assign Cout=(A & B)|(A & Cin)|(B & Cin);
```

第三种逻辑表达式风格的代码如下所示，这种描述风格受到更多人的青睐。

```
module Adder_dataflow2 (
    input      A, B, Cin,
    output     Sum, Cout
    );
    assign {Cout,Sum}=A+B+Cin;     //电路功能描述
endmodule
```

（2）激励块

下面是 1 位全加器的激励块代码，通过它来检查 1 位全加器的功能是否正确。

```
`timescale 1ns/1ns                                   //时间单位为1ns，精确度为1ns
module test_Adder;                                   //激励模块（顶层模块）没有端口列表
    reg    Pa,  Pb,  Pcin;                           //声明输入信号
    wire   Psum,  Pcout;                             //声明输出信号
//调用设计块
    Adder_dataflow2 U1(Pa, Pb, Pcin, Psum, Pcout); //按照端口位置进行连接
initial  begin                            //顺序语句块begin…end之间的语句仅执行一次
    Pa=1'b0; Pb=1'b0; Pcin=1'b0;
#5  Pcin=1'b1;                                       //Pa、Pb的值没有改变，只改变Pcin的值
#5  Pb=1'b1; Pcin=1'b0;
#5  Pb=1'b1; Pcin=1'b1;
#5  Pa=1'b1; Pb=1'b0; Pcin=1'b0;
#5  Pb=1'b0; Pcin=1'b1;
#5  Pb=1'b1; Pcin=1'b0;
#5  Pb=1'b1; Pcin=1'b1;
end
//设置要持续监视的信号值
initial begin
    $monitor($time, "::Pa, Pb, Pcin=%b%b%b",  Pa, Pb, Pcin,
                     ":::Pcout,  Psum=%b%b",  Pcout, Psum);
end
endmodule
```

（3）仿真结果

下面是测试模块产生的输出结果。文本形式的仿真结果如下所示。在文本形式的结果中，最左边 1 列是系统任务 **$time** 返回的仿真时间值，双冒号及其右边部分是 **$monitor** 语句输出的结果。

```
 0  :: Pa, Pb, Pcin=000 ::: Pcout, Psum=00
 5  :: Pa, Pb, Pcin=001 ::: Pcout, Psum=01
10  :: Pa, Pb, Pcin=010 ::: Pcout, Psum=01
15  :: Pa, Pb, Pcin=011 ::: Pcout, Psum=10
20  :: Pa, Pb, Pcin=100 ::: Pcout, Psum=01
25  :: Pa, Pb, Pcin=101 ::: Pcout, Psum=10
30  :: Pa, Pb, Pcin=110 ::: Pcout, Psum=10
35  :: Pa, Pb, Pcin=111 ::: Pcout, Psum=11
```

仿真波形图如图 2.4.13 所示。结果显示，加法器的运算正确。

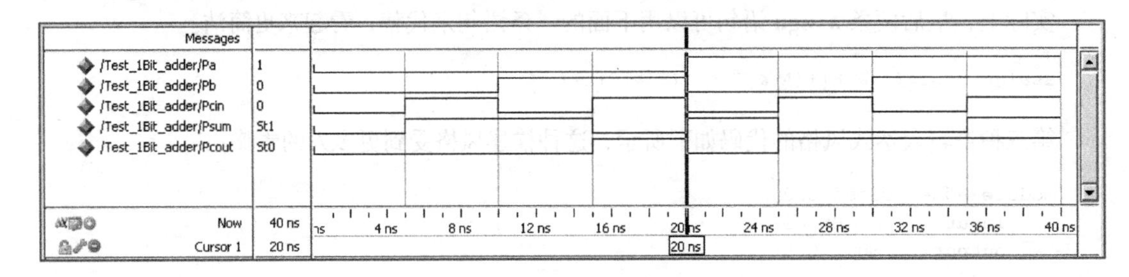

图 2.4.13 1 位全加器的仿真波形

综上所述，仿真时激励块为顶层模块，由它产生 Pa、Pb 和 Pcin 信号，检查并显示输出信号 Pcout 和 Psum。在激励块中需要调用并直接驱动设计块，激励块和设计块之间通过端口进行

信息交互，如果用一个大方框表示激励块，用一个小方框来表示设计块，则激励块与设计块之间的关系可以用图 2.4.14 所示的形式表示出来。

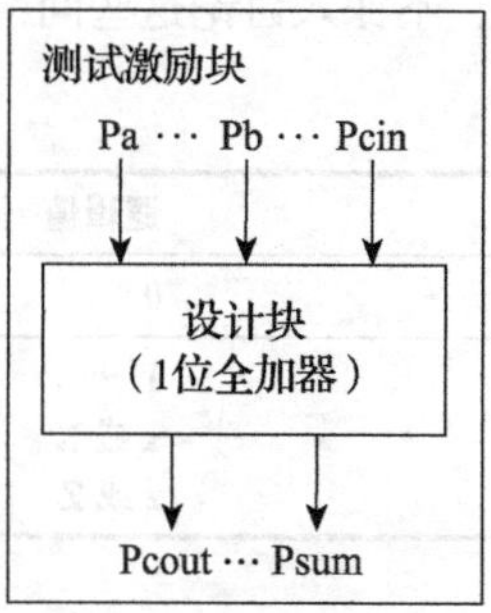

测试激励块
Pa … Pb … Pcin
设计块
（1位全加器）
Pcout … Psum

图 2.4.14　激励块调用设计块

2.5　Verilog HDL 基本语法规则

在了解了 Verilog HDL 模块的组成及仿真过程后，现在来学习该语言的一些基本语法规则，以便能够对数字逻辑电路进行建模和仿真。

2.5.1　词法规定

1. 间隔符

Verilog HDL 的间隔符包括空格符（\b）、Tab 键（\t）、换行符（\n）及换页符。如果间隔符并非出现在字符串中，则该间隔符被忽略。所以在编写程序时，可以跨越多行书写，也可以在一行内书写。

间隔符主要起分隔文本的作用，在必要的地方插入适当的空格或换行符可以使文本错落有致，便于阅读与修改。

2. 标识符和关键词

标识符（identifier）是给对象（如模块名、电路输入与输出端口、信号等）取名所用的字符串，通常由英文字母、数字、$ 符和下划线组成，并且规定标识符必须以英文字母或下划线开始，不能以数字或 $ 符开头。标识符是区分大小写的。例如，A 和 a 是两个不同的标识符，CP、Cnt8、_1kHz、_DDR1_T1、o$231 等都是合法的标识符，2cp、$latch、a*b、_CLK*T_NET 则是非法的标识符。

转义标识符（escaped identifier）以反斜杠“\”开始，以空白结束（空白可以是一个空格、一个制表符或者换行符），其作用是在一条标识符中包含任何可打印字符。反斜杠和空白不属于名称的一部分，以下是几个转义标识符的例子：

```
\{A,B,C}
\~!@#
\OutputData（与OutputData相同，这说明反斜线和结束空格不是转义标识符的一部分）
```

关键词是 Verilog HDL 本身规定的特殊字符串，用来定义语言的结构，通常为小写的英文字符串。例如，module、endmodule、input、output、wire、reg、and 等都是关键词。关键词不能作为标识符使用。本书为清晰起见，将关键词以粗体字印刷，但语言本身并没有这个要求。

2.5.2　逻辑值集合

为了表示数字逻辑电路中信号的逻辑状态，Verilog 使用 4 值逻辑值系统，如表 2.5.1 所示。值 **0** 代表逻辑 **0**，在大多数情况下代表逻辑接“地”（GND）。值 **1** 为逻辑 **1**，它表示接到电源（V_{dd}）。值 **z** 表示高阻抗（连线是浮空的）；而 **x** 表示连线信号没有初始化、未定义或信号值未知。注意，**x** 值和 **z** 值都是不区分大小写的。在实际的数字电路中只存在 **0**、**1** 和 **z** 三种状态，并没有 x 值，这里定义的 4 种状态主要用于软件模拟（仿真）环境。

除了逻辑值以外，为了提高逻辑值表示的精确性，Verilog HDL 还使用强度等级来解决数字电路中不同强度驱动源之间的赋值冲突[2,4]。本书讨论 Verilog HDL 的目的是进行设计和综合，不深入讨论这些问题。

表 2.5.1 4 种逻辑状态的表示

逻辑值	电路的逻辑状态
0	逻辑 0、逻辑假
1	逻辑 1、逻辑真
x 或 X	不确定的值（未知状态）
z 或 Z	高阻态

2.5.3 常量及其表示

Verilog HDL 中有三种类型的常量：整数型常量、实数型常量和字符串型常量。

1. 整数型常量

整数型常量有以下两种不同的表示方法。

（1）简单的十进制数的格式

用这种方法表示的常量被认为是有符号的常量，在数值的前面带有一元运算符正号（+）或者负号（–），其中 + 号可以省略。负数用二进制补码表示。

（2）带基数格式的表示法

这种形式的整数格式为

<+/–><size>'<**signed**><base format><number>

其中 <+/–> 表示常量是正整数还是负整数，当常量为正整数时，前面的正号可以省略；<size> 用十进制数定义了常量对应的二进制数的宽度，符号“|”为基数格式的固有字符，该字符不能省略，否则为非法表示方式。<**signed**> 为有符号数标志，用小写 s 或者大写 S 表示。基数符号 <base format> 定义了后面数值 <number> 的进制格式，在数值表示中，最左边是最高有效位，最右边为最低有效位。整数可以用二进制数（基数符号为 b 或 B）的形式表示，还可以用十进制数（基数符号为 d 或 D）、十六进制数（基数符号为 h 或 H）和八进制数（基数符号为 o 或 O）的形式表示。值 **x**、**z** 以及十六进制中的 a～f 不区分大小写。

下面是一些整数型常量的例子。

```
127             //有符号数，用8位二进制向量表示为0111_1111
-1              //有符号数，用8位二进制向量表示为1111_1111
-128            //有符号数，用8位二进制向量表示为1000_0000
8'b0011_1010    //二进制基数表示，其值为无符号十进制数58
16'h1a3c        //十六进制基数表示，其值为无符号十进制数6716
4'b1x0x         //4位二进制数1x0x
12'h13x         //整数的位宽为12位，用十六进制数表示，其中最低4位为未知数x
4'bz            //是一个4位的高阻值，即zzzz
4'shf           //4位有符号数1111，它将被解释成补码，与-4'h1表示的数相同（即-1）
```

```
-4'sd15          //这个数与-(-4'd1)表示的数相同，即0001
4'd-8            //非法表示，数值不能为负，应写成-4'd8
3' b101          //非法表示，'和基数符b之间不允许出现空格
(3+2)'b11010     //非法表示，位宽不能为表达式
4af              //非法表示，十六进制数格式需要'h
```

在整数的表示中，要注意以下几点：

1）为了增加数值的可读性，可以在数字之间增加下划线，例如，**8'b1001_0011** 是位宽为 8 位的二进制数 **10010011**。下划线“ _ ”可以随意使用在整数或实数中，对数量本身来说它们没有意义，但不能作为首字符。

2）在二进制表示中，**x**、**z** 只代表相应位的逻辑状态；在八进制表示中，**x** 或 **z** 代表 3 个二进制位都处于 **x** 或 **z** 状态；在十六进制表示中，**x** 或 **z** 代表 4 个二进制位都处于 **x** 或 **z** 状态。

3）当没有说明位宽 <size> 时，整数的位宽为机器的字长（至少为 32 位）。当位宽比数值的实际二进制位数少时，高位部分被舍去；当位宽比数值的实际二进制位数多时，对于无符号数则在数的左边填 **0** 补齐，而对有符号数则在左边填符号位补齐；但是如果最左边一位为 **x** 或 **z** 时，则高位相应由 **x** 或 **z** 填充。下面是几个例子：

```
27_195_000       //有符号的十进制数，用下划线分隔
'hc3             //无符号数，整数的位宽为32位，用十六进制数表示为c3
'o7460           //无符号数，是一个八进制数，位宽为32位
```

2. 实数型常量

实数型常量也有两种表示方法：一是使用简单的十进制数表示法，例如 0.1、2.0、5.67 等都是十进制表示的实数型常量。注意，小数点两边必须都有数字，否则为非法的表示形式。例如“.3”“5.”等均为非法表示。

二是使用科学计数法，23_5.1e2、3.6E2、5E-4 等都是使用科学计数法表示的实数型常量，它们以十进制记数法表示分别为 23 510.0、360.0 和 0.000 5。注意，e 与 E 相同。

3. 字符串常量

字符串是用双撇号括起来的字符序列，它必须包含在同一行中，不能分成多行书写。例如：

```
"this is a string"
"hello world!"
```

如果字符串被用作 Verilog HDL 中表达式或者赋值语句中的操作数，则每个字符串（包括空格）被看作 8 位的 ASCII 值序列，即一个字符对应 8 位的 ASCII 值，是一个无符号整数。比如为了存储字符串 "hello world!"，就需要定义一个 8 × 12 位的变量：

```
reg [1:8*12]  message;
initial begin
          message="hello world!";
end
```

另外，在字符串中为了表示一些特殊的字符（又称转义符），用“ \ ”来说明，表 2.5.2 给出了特殊字符的表示及其含义。

表 2.5.2　特殊字符的表示及其含义

特殊字符表示	含义
\n	表示换行符
\t	表示制表符（Tab 键）
\\	表示反斜杠字符（\）本身
\"	表示双撇号字符（"）
\ddd	3 位八进制数表示的 ASCII 值

4. 参数

Verilog HDL 允许用参数语句声明一个标识符来代表一个常量，并称其为**符号常量**。参数（parameter）声明语句的格式为：

```
parameter<signed> <[msb:lsb]> param1=const_expr1, param2=const_expr2,……;
```
[1]

下面举例进行说明：

```
parameter LENGTH=132,ALL_X_S=16'bx;     // LENGTH的范围是[31:0], ALL_X_S的范围是[15:0]
parameter BIT=1, BYTE=8, PI=3.14;       // BIT和BYTE的范围是[31:0], 而PI是实数
parameter DELAY=(BYTE+BIT)/2;
parameter TQ_FILE="/home/test/add.tq";
parameter signed [3:0] MEM_DR=-5, CPU_SPI=6;  // MEM_DR和CPU_SPI是有符号的4位数值
```

参数常用于指定延迟、变量的位宽和状态机的状态值等。用 **parameter** 声明的符号常量通常出现在 **module** 内部，且只能对参数赋一次值。

另外，在 Verilog HDL 中，编译指令 `define 是一个宏定义，也可以用来指定常量，通常放在 **module** 外部，该常量是一个全局常量，其作用范围为从定义点开始到整个程序结束，即对同时编译的多个文件起作用。

5. 局部参数语句

局部参数（**localparam**）是模块内部的参数。在实例引用该模块时，不能通过参数传递或者重新定义参数值（**defparam**）语句对局部参数进行修改。与 **parameter** 相比，除了所用的关键词不同外，局部参数的声明与 **parameter** 的声明完全相同。例如：

```
localparam IDLE=2'b00;
localparam [3:0] INC=12;
localparam signed [7:0] MAX=56;
localparam real TWO_PI=2*3.14;
```

2.5.4　数据类型

Verilog HDL 有两大类数据类型：一类是线网类型，另一类是变量型[2]。

1. 线网类型

线网类型（net type）表示硬件电路中元件之间实际存在的物理连线。表 2.5.3 列出了不同

[1] 参数名用大写字母表示。
[2] 在 IEEE 1364—2001 标准公布之前，该类型被称为寄存器类型。

种类的线网及其所表示的含义。

表 2.5.3　线网类型变量及其说明

线网类型	功能说明
wire、**tri**	用于表示单元（元件）之间的连线，**wire** 为一般连线；**tri** 用于描述由多个信号源驱动的线网，并没有其他特殊意义，两者的功能完全相同
wor、**trior**	具有**线或**特性的线网，用于一个线网被多个信号驱动的情况
wand、**triand**	具有**线与**特性的线网，用于一个线网被多个信号驱动的情况
trireg	具有电荷保持特性的线网类型，用于开关级建模
tri1	上拉电阻，用于开关级建模
tri0	下拉电阻，用于开关级建模
supply1	用于对电源建模，高电平 **1**
supply0	用于对地建模，低电平 **0**

声明线网的语法格式如下：

线网类型 <**signed**> <[msb: lsb]> 信号名 1，信号名 2，…，信号名 n[⊖]；

其中，“线网类型”用表 2.5.3 中给出的关键词进行说明，**wire** 是最常用的线网类型。关键词 **signed** 是可选的，用 **signed** 声明的线网信号是有符号数；在默认情况下，线网的值是无符号数。[msb: lsb] 定义信号位宽，它们之间以冒号分隔，并且均为常数表达式。位宽是可选的，如果没有指定位宽，默认线网信号的位宽为 1 位。大于 1 位的线网信号称为**向量**。

在模块中如果没有明确地说明输入、输出信号的数据类型，则其默认值是位宽为 1 位的 **wire** 型。

下面是声明线网的一些例子：

```
wire A, B;                                  //两个1位wire类型的信号
wire [7:0] Databus;                         // Databus为wire型信号，是一个8位向量
wand [2:0] Haddr;                           //Haddr是一个3位向量，是线与（wand）类型的线网
parameter DATA_W=16;
wire signed [DATA_W-1 : 0] PWdata, PRdata;  //声明了两个线网，均为16位向量
supply0 Logic_0, VSS;                       //用于对“地”建模，即低电平
supply1 Logic_1, VDD;                       //用于对“正电源线”建模，即高电平
```

当线网型信号被声明以后，线网的值由驱动元件的值决定。如果没有驱动元件连接到线网，则线网的默认值为 **z**（线网 **trireg** 除外，它的默认值为 **x**）。例如，图 2.5.1 中线网 *L* 和与门 G1 的输出相连，线网 *L* 的值由与门的驱动信号 *A* 和 *B* 所决定，即 *L=A&B*。当驱动信号 *A*、*B* 的值发生变化，线网 *L* 的值会立即跟着变化。通常驱动输出型线网有两种方式：一是在结构化描述中将其连接到一个门或模块的输出端口；二是用连续赋值语句 **assign** 对其进行赋值。

当一个线网被多个信号驱动时，不同类型的线网其行为是不同的。例如，图 2.5.2 所示电路中 *A*、*B*、*C* 三个内部信号同时驱动一个输出端 *L*，或者说输出 *L* 同时被三个内部信号所驱动。此时 *L* 的逻辑值可能无法确定。

⊖ 尖括号（<>）中的条目是可选的。

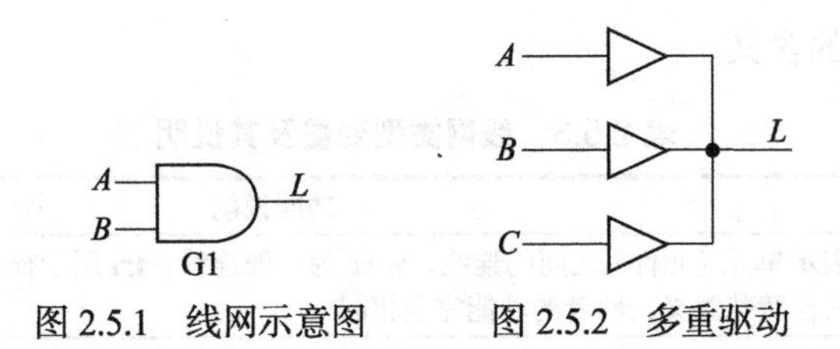

图 2.5.1　线网示意图　　图 2.5.2　多重驱动

为了避免出现上述情况，Verilog HDL 规定了一套仲裁机制。当一个线网同时被多个驱动源驱动时，线网的逻辑值与其类型有关，表 2.5.4 给出了两个驱动源驱动不同类型的线网时线网最终的取值情况，以供参考。每一个表的第 1 行为一个驱动源，第 1 列为另一个驱动源，线网最终的取值列在表格的中间位置。

在写可综合的 Verilog HDL 代码时，建议不要对同一个变量进行多次赋值，以避免出现多重驱动的情况。

表 2.5.4　2 个驱动源同时驱动时 4 种线网型变量的取值

wire（或 tri）		**驱动源 1**				**wand（或 triand）**		**驱动源 1**			
		0	**1**	**x**	**z**			**0**	**1**	**x**	**z**
驱动源 2	**0**	**0**	**x**	**x**	**0**	**驱动源 2**	**0**	**0**	**0**	**0**	**0**
	1	**x**	**1**	**x**	**1**		**1**	**0**	**1**	**x**	**1**
	x	**x**	**x**	**x**	**x**		**x**	**0**	**x**	**x**	**x**
	z	**0**	**1**	**x**	**z**		**z**	**0**	**1**	**x**	**z**
wor（或 trior）		**驱动源 1**				**tri0（或 tri1）**		**驱动源 1**			
		0	**1**	**x**	**z**			**0**	**1**	**x**	**z**
驱动源 2	**0**	**0**	**1**	**x**	**0**	**驱动源 2**	**0**	**0**	**x**	**x**	**0**
	1	**1**	**1**	**1**	**1**		**1**	**x**	**1**	**x**	**1**
	x	**x**	**1**	**x**	**x**		**x**	**x**	**x**	**x**	**x**
	z	**0**	**1**	**x**	**z**		**z**	**0**	**1**	**x**	**0/1**

2. 变量类型

变量类型（variable type）表示一个抽象的数据存储单元，只能在 **initial** 或 **always** 内部被赋值，并且变量的值将从一条赋值语句保持到下一条赋值语句。

Verilog HDL 中有 5 种不同的变量类型，如表 2.5.5 所示。

表 2.5.5　寄存器变量类型及其说明

寄存器类型	说明	寄存器类型	说明
reg **integer**	寄存器型变量，默认值为 **x** 32 位带符号的整数型变量，默认值为 **x**	**time** **real/realtime**	64 位无符号的时间型变量，默认值为 **x** 64 位带符号的实数型变量，默认值为 **0**

（1）**reg** 变量类型

由关键词 **reg** 声明的数据变量是最常用的。声明格式如下：

reg<**signed**><[msb: lsb]> 变量名 1，变量名 2，…，变量名 n;

reg 变量的位宽范围由 [msb: lsb] 指定，它们均为常数值表达式。位宽是可选的，如果没有明确地指定位宽，则 **reg** 变量的位宽为 1 位。

reg 变量的值通常被解释为无符号数，当使用关键词 **signed** 后，**reg** 变量保存的数是有符号数。下面是声明 **reg** 型变量的一些例子：

```
reg clock, A;               //1位的reg型变量clock、A
reg [3:0] Cnt;              //4位reg型变量，等效于4个变量（Cnt[3]、Cnt[2]、Cnt[1]、Cnt[0]）
reg signed [4:1] Adata;     //4位的reg型变量Adata，该变量中保存有符号数
……
Adata=-2;                   //Adata的值为14(1110，即-2的补码)
```

（2）**integer** 变量类型

integer（整数）型变量保存的是整数值，可以作为普通变量使用。通常用于对整数进行存储和运算，在算术运算中 **integer** 型数据被视为有符号的数，用补码存储。**integer** 的典型应用是对循环控制变量进行说明。整数型变量声明语句的格式如下：

integer integer1, integer2，…，integerN <[msb:lsb]>;

其中，[msb:lsb] 是指定整数型数组范围的常量表达式，数组范围的定义是可选的。每个 **integer** 型变量存储一个至少 32 位的整数值。举例如下：

```
integer  A, B, C;           //3个整数型变量
integer  Hint[4:1];         //由4个整数变量组成的数组
integer counter;            //用作计数器的通用整数型变量的定义
initial
    counter=-1;             //-1被存储在整数型变量counter中
```

注意，**integer** 型变量不能使用位向量，例如“ **integer** [3:0] num;”的定义是错误的。但 **integer** 型变量能被当作位向量存取，**integer** 型变量被当作有符号的 **reg** 型变量，其最小位的索引为 **0**。下面举例说明：

```
reg [31:0] Sel_reg;         //32位的reg型变量
integer  Sel_int;           //1个整数型变量
    ……
// Sel_int[6]和Sel_int[20:10]是允许的
    ……
Sel_reg=Sel_int;            //将整型数转换为位向量
```

上面的例子通过简单赋值语句将整型数转换成位向量。类型的转换是自动完成的，不必使用专用函数。从位向量到整型数的转换可以通过一条赋值语句完成。

（3）**time** 变量类型

time 型变量主要用于存储和处理仿真的时间值，它只能存储无符号数。声明 **time** 型变量的格式如下：

time time_id1, time_id2, …, time_idN <[msb:lsb]>;

其中，msb 和 lsb 是常量表达式，指定数的位宽，是可选的。如果没有指定数的位宽，则每个标识符存储的时间值至少为 64 位。

为了得到当前的仿真时间，常调用系统函数 **$time**。例如：

```
time Current_time;          //声明一个时间变量current_time
initial
    Current_time=$time;     //保存当前的仿真时间
```

（4）**real/realtime** 变量类型

real（实型）和 **realtime**（实型时间）变量通常用于对实数型常量进行存储和运算，实数不能定义范围，其默认值为 **0**。两个变量的功能完全相同。声明格式如下：

```
real real_reg1, real_reg2, … , real_regN;                    //实型变量声明
realtime realtime_reg1, realtime_reg2, … , realtime_regN;    //实型时间变量声明
```

若将 **x** 或者 **z** 赋给实型变量，则这些位的值将被当作 **0** 处理。例如：

```
real Count;                          //声明real型变量
  ……
Count='b01x1z;                       //给变量赋值，赋值后Count的值为'b01010
```

当实数被赋给一个 **integer** 型变量时，只保留整数部分的值，小数点后面的值被截掉。例如：

```
real delta;                          //声明一个real型变量delta
initial
   begin
       delta=4e10;                   //delta被赋值
       delta=2.13;                   //delta再次被赋值
   end
       integer i;                    //声明一个integer型变量i
       initial
       i=delta;                      //i=2(小数部分被舍去)
```

real（实型）和 **realtime**（实型时间）变量是纯数学的抽象描述，典型应用是高层次行为建模与仿真，不能进行逻辑综合。

wire 和 **reg** 的区别：一是硬件模型的区别，**wire** 可以理解为数字电路中元件之间的连线，而 **reg** 变量并不与触发器或锁存器等存储元件对应；二是仿真过程的区别，用软件仿真时 **reg** 变量是占用仿真环境中的物理内存的，**reg** 变量在被赋值之后，便一直保存在内存中，直到再次对该变量进行赋值，而 **wire** 信号是不占用仿真内存的，它的值由当前驱动它的所有信号决定。

3. 存储器

存储器是由 **reg** 变量组成的数组。数组中的每个元素被称为一个字，每个字可以是 1 位或多位。声明存储器的格式如下：

reg [msb:lsb] memory1[upper1:lower1],memory2[upper2:lower2], … ;

其中，memory1、memory2 等为存储器的名称，[upper1:lower1] 定义存储器 memory1 的地址空间的大小，高位地址写在左边，低位地址写在右边；[msb:lsb] 定义了存储器中每个单元（字）的位宽。

下面是声明存储器的例子：

```
reg Mem_1bit[1023:0];                //由1024个1位reg变量组成的数组（存储器）
reg [7:0] Mem_1byte[1023:0];         //由1024个8位reg变量组成的数组（存储器）
```

其中，Mem_1bit 为 1024 个字的存储器，每个字是 1 位；Mem_byte 也是 1024 个字的存储器，但每个字是 8 位。图 2.5.3 是这两个存储器的示意图。

在实际应用中，常以字数和字长的乘积表示存储器的容量，因此存储器 Mem_1bit 的容量可以表示为 1024×1 位，存储器 Mem_1byte 的容量可以表示为 1024×8 位。

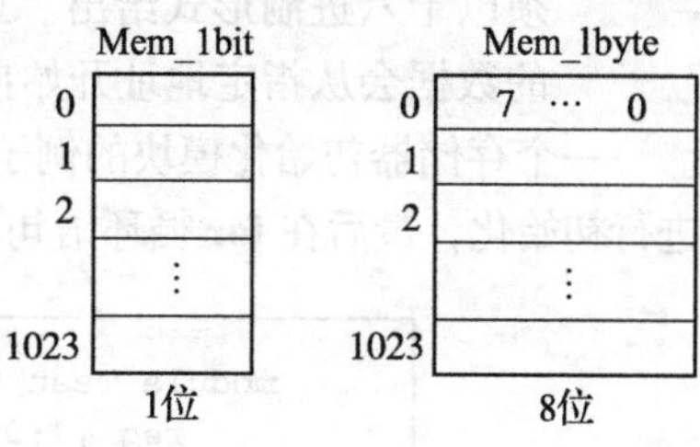

图 2.5.3 存储器示意图

下面介绍对存储器进行赋值的两种方法：

1）对存储器中的一个单元（字）进行赋值。

对存储器赋值时，只能对存储器中的每个单元（字）进行赋值，不能将存储器作为一个整体在一条语句中对它赋值，也不能对存储器一个单元中的某几位进行操作。如果要判断存储器的一个单元中某几位的状态，可以先将该单元的内容赋给 **reg** 型变量，然后对 **reg** 型变量中的相应位进行判断。下面是对存储器赋值的例子：

```
/*对存储器赋值正确的例子*/
reg [3:0] Reg_A;                    //4位寄存器变量Reg_A
reg [3:0] RomA [3:1];               //3个存储器RomA，每个单元为4位
initial begin
        RomA[3]=4'h8;               //正确，对存储器中的1个单元赋值
        RomA[2]=4'hF;
        RomA[1]=4'h2;
        Reg_A=RomA[2];              //正确，允许将存储器中某单元的内容赋给寄存器型变量
    end

/*对存储器赋值错误的例子*/
reg Datamem [5:1];                  //5个存储器Datamem，每个单元为1位
initial
        Datamem=5'b11001;           //非法，不能将存储器作为一个整体对所有单元同时赋值
```

2）使用系统任务 **$readmemb** 和 **$readmemh** 对存储器赋值。

这两个系统任务能够从指定的文本文件中读取数据，并将数据加载到存储器中。它们的用法相同，只是文本文件中数据的格式有区别。**$readmemb** 要求文件中的数据以二进制格式存放，而 **$readmemh** 则要求文件中的数据以十六进制格式存放。

$readmemb 的用法如下：

$readmemb(" 文件名 ", 存储器名);

$readmemb(" 文件名 ", 存储器名 , < 起始地址 >);

$readmemb(" 文件名 ", 存储器名 , < 起始地址，结束地址 >);

这里，文件名和存储器名是必需的。文件名可以包含相应的路径，必须使用双引号，其内容为初始化存储器的数据。存储器名用来指定一个存储器，用文件中读出的数据对存储器进行初始化。

起始地址和结束地址是可选的。它们用来表明读出的数据存放在存储器的什么地方。缺省起始地址时，表明从存储器的第一个地址开始存放；缺省结束地址时，表明一直存放到存储器的最后一个地址为止。

关于文件中存放的数据，有两点注意事项：

- 各个数据之间要求用空格隔开，每个数据位允许出现逻辑值的四种状态（**0**、**1**、**x**、**z**），也允许包含下划线。

- 文本文件中允许包含地址说明，形式为 @hhhh，@ 为地址说明标识符，h 表示地址必须以十六进制形式给出。这样，系统任务将数据读出来后，会存入指定的地址，后面的数据会从指定地址开始向后存放。

一个存储器初始化模块的例子如图 2.5.4 所示。首先，调用系统任务 **$readmemb** 对存储器进行初始化，最后在 **for** 循环语句中调用显示系统任务，将初始化后存储器中的值显示出来。

```
module Test_Memory;
    reg [3:0] mem [0:7];     //声明一个8×4位的存储器
    integer i;               //声明循环变量
        initial begin
            //从init.dat读取数据，并存放到存储器中
            $readmemb("init.dat",mem);
            //显示初始化后的存储器内容
            for(i=0;i<8;i=i+1)
                $display("Mem[%0d] = %b",i,mem[i]);
        end
endmodule
```

图 2.5.4 存储器初始化模块

假设文本文件 init.dat 的内容如图 2.5.5 所示。文件中的 @002、@006 是用十六进制格式表示的存储器的地址。存储器中未初始化位置的默认值为 **x**。

对这个模块进行仿真时，得到如图 2.5.6 所示的结果。从文件中规定的 2 号地址开始，对存储器进行初始化。刚开始的两个存储单元没有初始化，所以它的值为 **x**。

```
@002
1111 0101
0000 1010
@006
11zz 0011
```

图 2.5.5 init.dat 的内容

```
# Mem[0] = xxxx
# Mem[1] = xxxx
# Mem[2] = 1111
# Mem[3] = 0101
# Mem[4] = 0000
# Mem[5] = 1010
# Mem[6] = 11zz
# Mem[7] = 0011
```

图 2.5.6 图 2.5.4 的仿真结果

另外，Verilog HDL 中声明的存储器只是对存储器行为（功能）的抽象描述，并不涉及存储器的物理实现。如果将 Verilog HDL 中声明的存储器进行逻辑综合，它将会用触发器去实现。考虑到 RAM、ROM 的特殊性，在实际设计存储器时，总是通过直接调用厂家提供的存储器宏单元库的方式实现存储器。这里的定义仅用于行为描述与仿真。特别是对于 FPGA 设计而言，并不推荐直接使用 Verilog HDL 对 RAM 建模。因为一般 FPGA 内部都嵌有与底层逻辑单元结构密切相关的存储器资源（如双口 RAM、单口 RAM、ROM、FIFO 等），所以推荐使用器件厂商开发软件中内嵌的 IP 模块生成器，配置存储器参数，生成相应的 IP，然后在用户逻辑中直接调用该 IP。具体操作步骤可参考 7.6 节。

4. 数组

n（*n*>1）个具有相同数据类型的一组变量可以用数组表示。在 Verilog HDL 中，线网和

reg、**integer**、**time** 变量可以用数组表示，对数组的维数没有限制，即可以声明任意维数的数组。数组中的每个元素以同样的方式来使用，形如“数组名 <下标>”。对于多维数组来讲，用户需要说明其每维的索引。注意，一维的 **reg** 型变量数组称为存储器。**real** 和 **realtime** 型变量不允许用数组表示。举例如下：

```
wire A_bus [0:4];                        //由5个元素组成的数组，每个元素是1位wire型
wire [31:0]W_array[7:0][5:0];            //声明了一个二维线网型数组
reg [7:0] Data [0:63], Stack [0:63];     //由64个元素组成的数组，每个元素是8位reg型
reg Arrayb[7:0][0:255];                  //声明一个二维数组，其中每个元素是1位reg型
integer Run_stats[0:15][0:15];           //16×16的数组，其中每个元素都是整型变量
time Chk_point[1:100]                    //由100个时间变量组成的数组
```

对数组元素赋值时，只能对数组中的一个元素进行赋值操作，不能用一条赋值语句把某个数组的值赋给另一个数组，也不能把某个值赋给数组的一个范围。对数组中一个元素的某位或某几位进行存取或赋值操作是可行的。举例如下：

```
Stack [5]=26;                     //给数组的第5个元素赋值是可行的
Stack=Data;                       //非法，不能对整个数组赋值
A_bus [0:2]=1;                    //非法，不允许同时给数组中某个范围内的元素赋值
W_array[0][1]=32'h0001;           //可行，给数组的元素赋值，W_array中每个元素为32位
W_array[0][0][5:0]=6'b100011;     //可行，给数组中某个元素的部分位赋值
Chk_point [20]=$time;             //可行，将当前的仿真时间赋给数组的某个元素
```

2.6 编译指令、系统任务和系统函数

在编写测试代码时，经常会用到编译指令、系统任务和系统函数。这里做一个简要介绍。如果想先学习可综合逻辑电路建模方法，可以跳过本节，直接学习后面的内容。

2.6.1 Verilog HDL 编译器指令

在 Verilog HDL 中，有一些硬件建模要求是由编译指令（Compiler Directives）提供的，而不是包含在语言的主要语法中。

编译指令使用“`<关键词>”的结构进行定义。在 Verilog HDL 代码编译的整个过程中，编译指令始终有效（编译过程可能跨越多个文件），直至遇到其他不同的编译器指令为止。这里讨论几个最常用的编译器指令，其他编译指令可参考文献 [1-3]。

1. `timescale

该指令用于指定 Verilog HDL 模型中延迟的时间单位和时间精度。其格式为：

`timescale time_unit/time_precision

其中，time_unit 和 time_precision 由值 1、10、100 以及单位 s、ms、μs、ps、fs 组成。例如，**`timescale** 10ns/100ps 表示时间单位为 10ns，时间精度（即最小分辨度）为 100ps。

`timescale** 放在模块声明的外部，在编译过程中，它影响其后所有模块内部的延迟值，直到遇到另一个 **`timescale 指令或者 **`resetall** 指令。

2. `include

编译器指令 **`include** 用于在代码中包含其他文件的内容，这与 C 语言中的 #include 类似，以便在模块中包括参数定义文件或共享部分代码。被包含的文件既可以用相对路径名定义，也可以用全路径名定义，例如：

`include "../../header.v"

编译时，这一行由文件 "../../header.v" 的内容替换。

3. `define 和 `undef

为了提高代码的可读性，可以定义一个有意义的字符串（称为文本宏）来表示数字或表达式。**`define** 指令用于设置文本替换的宏[1]，这与 C 语言中的 #define 类似。

定义的字符串可以在 Verilog 代码文本中使用，方法是在定义的名称前加上 `（反撇号）。编译时，当编译器碰到 `< 宏名 >，使用预定义的宏文本进行替换。举例说明如下：

```
`define  WORD_SIZE  32              //定义文本宏
   ……
   reg [`WORD_SIZE-1:0]  Q;         //使用时，格式为`WORD_SIZE

`define S  $stop                    //定义别名，可以用`S来代替$stop

`define  WORD_REG  reg [31:0]       //定义经常用的字符串
                                    //可以用`WORD_REG来代替reg [31:0]
```

一旦 **`define** 指令被编译通过，则由其规定的宏定义在整个编译过程中都保持有效。例如，在某个文件中通过 **`define** 指令定义的宏 WORD_SIZE 可以在多个文件中使用[2]。

`undef 指令用来取消前面定义的宏。举例说明如下：

```
`define  WORD_SIZE  16              //定义文本宏
     ……
   reg [`WORD_SIZE-1:0]  Q;         //使用时，格式为`WORD_SIZE
     ……
`undef   WORD_SIZE                  //在该语句以后，宏定义WORD_SIZE不再有效
```

4. `ifdef、`ifndef、`else、`elseif 和 `endif

这些编译指令用于条件编译。**`ifdef** 用于检查定义的宏是否存在，而 **`ifndef** 用于检查定义的宏是否不存在。**`else** 指令是可选的（可有可无）。举例说明如下：

```
`ifdef WINDOWS                      //检查宏WINDOWS是否存在
   parameter WORD_SIZE=16;
`else
   parameter WORD_SIZE=32;
`endif                              //`ifdef语句结束
```

在编译过程中，如果已定义了名字为 WINDOWS 的宏文本，就选择第一种参数声明，否则选择第二种参数声明。

---

[1] 宏名，通常全部用大写字母表示。

[2] 建议：将多个 **`define** 指令放在一个独立的名为 <design>_defines.v 的文件中。用 **`include** 指令在设计文件中包含该文件。

`ifdef** 和 **`ifndef 指令可以出现在设计的任何地方。设计者可以有条件地编译语句、模块、语句块、声明以及其他编译指令。下面的例子说明，使用条件编译指令可以从两个模块中选择一个模块进行编译。

```
`ifdef TEST          //若设置了TEST标志，则编译test模块
   module test;
   ……
   endmodule
`else                //默认情况下，编译stimulus模块
   module stimulus;
   ……
   endmodule
`endif               //`ifdef语句结束
```

在 Verilog 文件中，条件编译标志可以用 `define 语句设置。在上例中，编译时可以通过用 **`define** 语句定义文本宏 TEST 的方式来设置标志。如果没有设置条件编译标志，那么 Verilog 编译器会简单地跳过该部分。`ifdef 语句中不允许使用布尔表达式，例如不允许使用 TEST && ADD_B2 来表示编译条件。

`ifndef** 的作用与 **`ifdef 正好相反，它的含义是"若没有定义该宏定义，则做某件事情"。**`elseif** 编译指令等价于 **`else** 后面再跟着 `ifdef 指令。

另外，还有 7 个编译器指令（**`default_**nettype、**`resetall**、**`unconnected_drive**、**`nounconnected_drive**、**`celldefine**、**`endcelldefine** 和 **`line**）使用较少，这里不做介绍。有兴趣的读者可以查阅参考文献 [1]。

2.6.2 Verilog HDL 系统任务

Verilog HDL 提供了很多系统任务（system task），用来完成仿真过程中的一些常规操作，例如显示任务、仿真控制任务、文件输入 / 输出任务等。

系统任务使用"$<关键词>"的结构进行定义。这里仅介绍几个常用的系统任务。

1. 显示任务（display task）

$display 是 Verilog 中最有用的任务之一，用于将指定信息（被引用的字符串、变量值或者表达式）以及结束符显示到标准输出设备上。其格式如下：

$display(format_specification1, argument_list1,
format_specification2, argument_list2,
……,);

其中，format_specification1 为显示格式说明，它与 C 语言中 printf() 的格式非常类似。argument_list1 为显示内容。默认情况下，**$display** 在信息显示完后会插入新的一行。

字符串的显示格式说明如表 2.6.1 所示。

表 2.6.1 字符串的显示格式说明

格式符	显示说明	格式符	显示说明
%d 或 %D	用十进制数显示信号值	%v 或 %V	显示信号强度

（续）

格式符	显示说明	格式符	显示说明
%b 或 %B	用二进制显示信号值	%o 或 %O	用八进制显示信号值
%s 或 %S	显示字符串	%t 或 %T	显示目前时间格式
%h 或 %H	用十六进制显示信号值	%e 或 %E	用科学计数方式显示实数（例如 3e10）
%c 或 %C	显示 ASCII 字符	%f 或 %F	用十进制方式显示实数（例如 2.13）
%m 或 %M	显示层次名（不需要参数）	%g 或 %G	选择科学计数和十进制方式中较短的来显示实数

下面举例说明其用法。

```
$display("Hello Verilog World!")//用新的一行显示引用的字符串
/*显示结果：Hello Verilog World!*/

reg [4:0] Port_id;                    //假设Port_id的值为00101
$display("ID of the port is %b", Port_id);
/*显示结果：ID of the port is 00101*/

reg [3:0] Bus;                        //假设Bus的值为10xx
$display("bus value is %b",Bus);
/*显示结果：bus value is 10xx*/
```

2. 监视任务（monitor task）

在仿真时，**$monitor** 用来持续监视一个或者多个信号值发生改变的情况。如果被监视的某个信号的值发生变化，仿真器就会打印这些指定值。但是它不能用来监控时间变量或者返回时间值的函数（如 **$time**）。

$monitor 任务的用法与 **$display** 的相同。但是在任何时刻只能有一个监控任务处于活动（active）状态。如果在仿真中有多条 **$monitor** 语句，那么只有最后一条语句处于活动状态，前面的 **$monitor** 语句将不起作用。

可以通过下面两个系统任务启动和关闭监控任务。

```
$monitoroff;                          //关闭激活的监控任务
$monitoron;                           //启动最近关闭的监控任务
```

3. 仿真的中止（stopping）和完成（finishing）任务

这两个任务的格式是：

```
$stop;                                //在仿真期间暂停执行，未退出仿真环境
$finish;                              //仿真完成，退出仿真环境，并将控制权返回给操作系统
```

系统任务 **$stop** 使得仿真进入交互模式，然后设计者可以进行调试。当设计者希望检查信号的值时，就可以使用 **$stop** 暂停仿真。然后可以发送交互命令给仿真器继续仿真。

下面举例说明其用法。

```
initial                               //进入仿真时，time=0
begin
        Clock = 0;
            Reset = 1;
```

```
    #100   $stop;                 //在time=100时，暂停仿真
    #900   $finish;               //在time=1000时，结束仿真，退出仿真器
end
```

2.6.3 Verilog HDL 系统函数

系统函数和系统任务一样，也使用“$< 关键词 >”的结构进行定义。两者的主要区别是：系统任务主要用来完成仿真过程中的一些常规操作。调用系统任务时，只完成某项任务，没有返回值。而系统函数（system function）是由系统内部提供的、能够完成某种功能的运算规则。调用系统函数时会返回一个值。这里仅介绍两个最常用的系统函数。

1. 仿真时间函数

以下 2 个系统函数都能返回从仿真开始执行到该函数被调用时刻的时间。具体区别如下：

- **$time**：按照所在模块的时间单位，返回的仿真时间是一个 64 位整数。
- **$realtime**：按照所在模块的时间单位，返回的仿真时间是一个实数。

2. 产生整型随机数的函数

有时为了生成一组随机的测试向量，就需要使用生成随机数的系统函数。随机测试非常重要，因为它常常能够发现设计中隐含的错误。

$random 是一个用来产生随机数的系统函数。一般用法如下：

$random;

$random(seed);

这里，seed 的值是可选的。seed 不同，产生的随机数的序列也不同。如果 seed 的初值是确定的，则仿真时产生的随机数序列也是确定的，这样就不能覆盖更多的情况。因此在仿真时，要改变 seed 的初值。

$random 函数的返回值是一个有符号的、32 位二进制整型数。可以使用这 32 位随机数的所有位，也可以只选择其中的部分位来使用。

注意：

1）seed 必须是 **reg** 型、**integer** 型或者 **time** 类型的变量。在调用 **$random**(seed) 之前，应该为这个变量赋值。

2）**$random** 函数使用的算法不是标准化的，不同的仿真器返回的随机数可能不一样。

例如，在测试 4 位二进制加法器时，为了随机地生成加数、被加数和进位数据，就可以用 **$random** 系统函数来产生测试数据。其测试模块如图 2.6.1 所示，代码中使用了 3 个种子，分别赋予了 3 个值，这样生成的 32 位二进制整数就是不同的。在 ModelSim 中的仿真波形如图 2.6.2 所示。

如果不指定种子变量的值，直接使用 **$random** 来生成数值，则 A、B 的数值都相同，就起不到随机测试的目的了。如果使用相同的种子，也会出现这个问题。所以一般要生成几个随机向量，就使用几个种子值。

```
module Test_Random ;
    reg [3:0] A,B;
    reg Cin;
    integer seed1,seed2,seed3;
    initial begin
          seed1 =1; seed2 =2; seed3 =3;//种子初始化
    end
    always begin   //每隔10个时间单位生成一组随机值
       #10  A=$random(seed1);
            B=$random(seed2);
            Cin=$random(seed3);
    end
endmodule
```

图 2.6.1　使用 $random 的测试模块

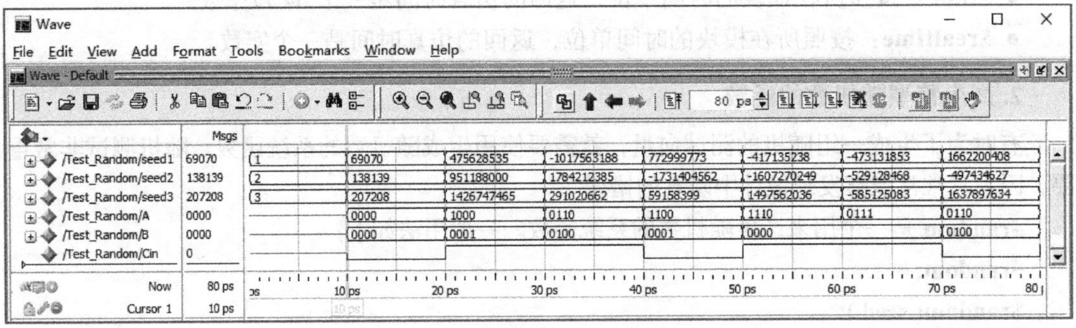

图 2.6.2　图 2.6.1 的仿真波形

小　结

- Verilog HDL 是一种以文本形式来描述数字系统硬件的结构和行为的语言，可以用来表示逻辑电路图、逻辑表达式，还可以表示更复杂的数字逻辑系统所完成的逻辑功能（即行为）。计算机对 HDL 的处理包括两个方面：逻辑仿真和逻辑综合。用 HDL 设计数字系统是当今的一种趋势。
- Verilog HDL 使用一个或多个模块对数字电路建模，模块是 Verilog HDL 的基本描述单位。
- 端口是模块与其他模块通信的渠道。模块可以具有一个端口列表，其中的每个端口必须在模块中声明为输入、输出或输入 / 输出三种类型之一。
- 设计块用于实现电路的逻辑功能，而激励块的作用则是用来测试设计块功能的。将激励块和设计块分开设计是一种良好的设计风格。
- Verilog HDL 中的间隔符、标识符、注释、常数、字符串以及各种数据类型（包括线网、变量、存储器、数组）等规定是描述模块的基础。

- Verilog HDL 为用户提供了诸如显示、监视、暂停和结束仿真等有用的系统任务。
- 编译指令用来控制代码编译的整个过程。

习　题

2.1　Verilog HDL 程序是由哪几部分构成的？

2.2　Verilog HDL 程序开始和结束的关键词是什么？

2.3　在 Verilog 语言中，下列标识符是否正确？

（1）_CLK*T_NET　（2）2reg　（3）FourBit_Adder　（4）$exec

（5）M$231　（6）$A123_　（7）_2to1mux　（8）and1

2.4　若声明 W 的数据类型为 **wire**，但没有给它赋值，则其默认值为多少？

2.5　在程序中如果没有明确地声明模块端口的数据类型，则其数据类型是什么？

2.6　试说明数据类型 **wire** 与 **reg** 的不同点。

2.7　"**integer** [1:3] Ripple;" 的整型变量声明语句错在哪里？

2.8　赋值后，存储在变量 Qout 中的二进制数是什么？

```
reg [1: 8*4]  Qout;
    ……
    Qout="HUST";
```

2.9　编译器指令 **`timescale** 的作用是什么？

2.10　下面的程序是用来测试 1 位全加器功能的激励块，它调用了例题 2.4.1 中的设计块，试在空格线上说明相应语句的作用，并画出激励信号 Pa、Pb 和 Pcin 的波形（或者给出 ModelSim 软件的仿真波形图）。

```
 `timescale 1ns/1ns          //____________
module Test_Adder;           //1位全加器的激励模块
    reg Pa, Pb, Pcin;
    wire Psum, Pcout;

//实例引用例2.4.1中1位全加器的设计块，端口按照排列位置进行连接
Adder_dataflow1  U1(Pa, Pb, Pcin, Psum, Pcout);

    initial                          //____________
    begin:Block_only_once            //顺序语句块的名字为Block_only_once
        reg [3:0] temp;
        for(temp=0; temp<8;temp=temp+1)   //____________
            begin
                {Pa, Pb, Pcin}<=temp;
                #5 $display($time,":: Pa, Pb, Pcin=%b%b%b", Pa,Pb,Pcin,
                                   "::: Pcout, Psum=%b%b", Pcout, Psum); //____________
            end
    end
endmodule
```

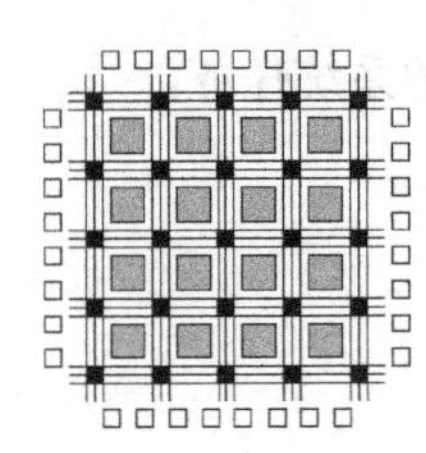

第 3 章 组合逻辑电路建模

本章目的

本章首先介绍门级建模、数据流建模和行为级建模，并给出了许多实例；接着，介绍分层次的电路设计方法；最后给出一些常用组合逻辑电路设计实例。具体内容如下：

- 说明逻辑门原语及其实例引用的方法。
- 介绍用数据流风格和行为描述风格对组合逻辑电路建模的方法。
- 说明分模块、分层次的电路设计方法。
- 解释模块的实例引用，说明实例引用时模块端口的连接方法和连接规则。

3.1 Verilog HDL 门级建模

Verilog HDL 内部预先定义了 12 个基本门级元件（Primitive，有的翻译为“原语”）模型，引用这些基本门级元件对逻辑图进行描述，称为**门级建模**。

Verilog HDL 规定门级元件的输出端口、输入端口必须为线网类型。每个门的输入可能为逻辑 **0**、逻辑 **1**、不确定态 **x** 和高阻态 **z** 四个值之一。当使用这些元件进行逻辑仿真时，仿真软件会根据程序的描述立即给每个门的输出赋值。在模拟仿真过程中，当输入或输出不确定时(例如，它没有被赋值为 **0** 或 **1**)，就赋一个不确定态 **x**；高阻态 **z** 的情况发生在三态门的输出，或者三态门的数据输入端口没有任何连接时。

下面分别介绍这些元件的名称、功能及其用法。

3.1.1 多输入门

Verilog HDL 内置的具有多个输入端的逻辑门为 **and**、**nand**、**or**、**nor**、**xor** 和 **xnor**。它们的共同特点是只允许有一个输出端，但可以有多个输入端。

如表 3.1.1 所示，以两个输入端为例，给出了这 6 个门的原语名称、图形符号和逻辑表达式（由 Verilog HDL 运算符和操作数组成）。

表 3.1.1　多输入门

原语名称	图形符号	逻辑表达式	原语名称	图形符号	逻辑表达式
and（与门）	A, B — L	L=A&B	**nor**（或非门）	A, B — L	L=~(A|B)

（续）

原语名称	图形符号	逻辑表达式	原语名称	图形符号	逻辑表达式
nand（与非门）	A, B — L	L=~(A&B)	xor（异或门）	A, B — L	L=A^B
or（或门）	A, B — L	L=A|B	xnor（同或门）	A, B — L	L=A~^B

表 3.1.2～表 3.1.4 是这些元件在两输入情况下的逻辑真值表，表中的第一行和第一列分别为门的两个不同输入端，其他项为门的输出。通过真值表可以确定输入与输出之间的逻辑关系。如果输入端口多于两个，则可以通过重复地使用两输入真值表来计算输出端口的值。在与门的真值表中，只有当两个输入都为 **1** 时，输出才等于 **1**，而任意一个输入为 **0** 时，输出就等于 **0**。另外，如果有一个输入为 **x** 或 **z**，则输出为 **x**。在或门的真值表中，只有当两个输入都为 **0** 时，输出才等于 **0**，而任意一个输入为 **1** 时，输出就等于 **1**，否则输出为 **x**。其他门的情况见真值表。

表 3.1.2　and、nand 真值表

and		输入 1			
		0	1	x	z
输入 2	0	0	0	0	0
	1	0	1	x	x
	x	0	x	x	x
	z	0	x	x	x

nand		输入 1			
		0	1	x	z
输入 2	0	1	1	1	1
	1	1	0	x	x
	x	1	x	x	x
	z	1	x	x	x

表 3.1.3　or、nor 真值表

or		输入 1			
		0	1	x	z
输入 2	0	0	1	x	x
	1	1	1	1	1
	x	x	1	x	x
	z	x	1	x	x

nor		输入 1			
		0	1	x	z
输入 2	0	1	0	x	x
	1	0	0	0	0
	x	x	0	x	x
	z	x	0	x	x

表 3.1.4　xor、xnor 真值表

xor		输入 1			
		0	1	x	z
输入 2	0	0	1	x	x
	1	1	0	x	x
	x	x	x	x	x
	z	x	x	x	x

xnor		输入 1			
		0	1	x	z
输入 2	0	1	0	x	x
	1	0	1	x	x
	x	x	x	x	x
	z	x	x	x	x

可见，出现在输入端的 **z** 值其处理方式与 **x** 值相同。此外，多输入门的输出不可能为 **z**。多输入门的一般引用格式为

```
Gate_name  <instance> (OutputA, Input1, Input2,…, InputN);
```

其中，Gate_name 为上面 6 种门之一，instance 为自己命名的实例引用名（不需要声明，直

接使用)，可以省略。在圆括号中列出了输入、输出端口，括号中左边的第一个端口必须为输出，其他端口均为输入。举例如下：

```
and U1(out,in1,in2);                    //实例引用2输入与门，U1可以省略
xnor U2(out,in1,in2,in3,in4);           //实例引用4输入同或门，U2可以省略
```

3.1.2　多输出门

buf（缓冲器）、**not**（反相器，非门）是具有多个输出端的逻辑门，如图 3.1.1 所示。它们的共同特点是允许有多个输出，但只有一个输入。实例引用的一般形式为：

```
buf B1(out1,out2,…,in);
not N1(out1,out2,…,in);
```

其中，实例引用名 B1、N1 可以省略。圆括号中最右边一个为输入端口，其他全为输出端口。

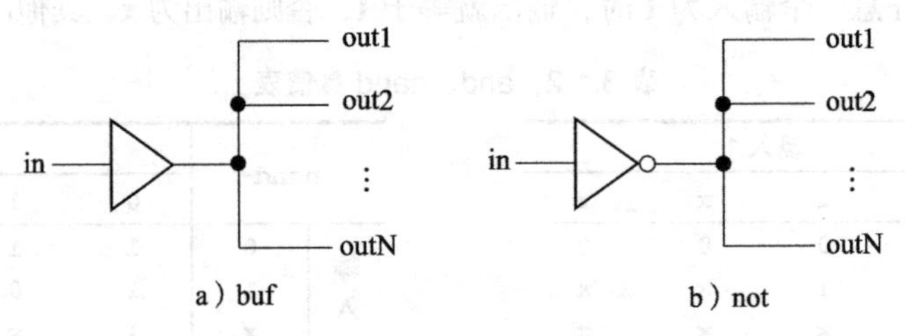

图 3.1.1　有多个输出端的门级元件模型

buf、**not** 的逻辑真值表如表 3.1.5 所示。

表 3.1.5　buf、not 真值表

buf	输入			
	0	1	x	z
输出	0	1	x	x

not	输入			
	0	1	x	z
输出	1	0	x	x

3.1.3　三态门

bufif1[⊖]、**bufif0**、**notif1** 和 **notif0** 是三态门元件模型，其功能说明如表 3.1.6 所示，它们逻辑符号如图 3.1.2 所示。

表 3.1.6　三态门功能说明

原语名称	功能说明
bufif1	控制信号为高电平时，输出与输入相同，否则输出为 z
bufif0	控制信号为低电平时，输出与输入相同，否则输出为 z
notif1	控制信号为高电平时，输出与输入相反，否则输出为 z
notif0	控制信号为低电平时，输出与输入相反，否则输出为 z

⊖ 该关键词可分两部分理解，buf 是 buffer 的缩写，表示该元件完成缓冲器的功能；后面的 if1 表示完成该功能所需的条件，即控制信号为逻辑 1。对其他 3 个关键词的理解与此类似。

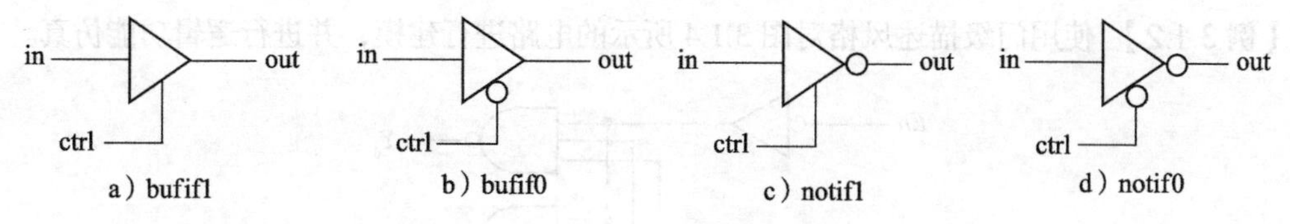

a）bufif1　b）bufif0　c）notif1　d）notif0

图 3.1.2　三态门元件模型

这些门实例引用的一般形式为

```
bufif1 B1(out,in,ctrl); bufif0 B0(out,in,ctrl);
notif1 N1(out,in,ctrl); notif0 N0(out,in,ctrl);
```

其中，实例引用名 B1、B0、N1、N0 可以省略。它们有一个输出、一个数据输入和一个控制输入。根据控制输入信号是否有效，三态门的输出可能为高阻态 **z**。

表 3.1.7 和表 3.1.8 是这些元件的逻辑真值表，其中，**0/z** 表明三态门的输出可能是 **0**，也可能是高阻态 **z**，主要由输入的数据信号和控制信号的强度决定。

表 3.1.7　bufif1、bufif0 真值表

bufif1		控制输入			
		0	1	x	z
数据输入	0	z	0	0/z	0/z
	1	z	1	1/z	1/z
	x	z	x	x	x
	z	z	x	x	x

bufif0		控制输入			
		0	1	x	z
数据输入	0	0	z	0/z	0/z
	1	1	z	1/z	1/z
	x	x	z	x	x
	z	x	z	x	x

表 3.1.8　notif1、notif0 真值表

notif1		控制输入			
		0	1	x	z
数据输入	0	z	1	1/z	1/z
	1	z	0	0/z	0/z
	x	z	x	x	x
	z	z	x	x	x

notif0		控制输入			
		0	1	x	z
数据输入	0	1	z	1/z	1/z
	1	0	z	0/z	0/z
	x	x	z	x	x
	z	x	z	x	x

三态门的输出可以连在一起构成输出总线。对于这种连接，使用关键词 **tri**（三态）表示输出有多个驱动源。

3.1.4　门级建模举例

【例 3.1.1】 使用门级描述风格对图 3.1.3 所示电路进行建模。

解　该电路是由两个三态门构成的 2 选 1 数据选择器，其 Verilog HDL 代码如下：

```
module Mux_2to1_tri (
    input S, D0, D1,
    output Y
    );
    tri  Y;  //声明数据类型
    bufif0  (Y,D0,S);
    bufif1  (Y,D1,S);
endmodule
```

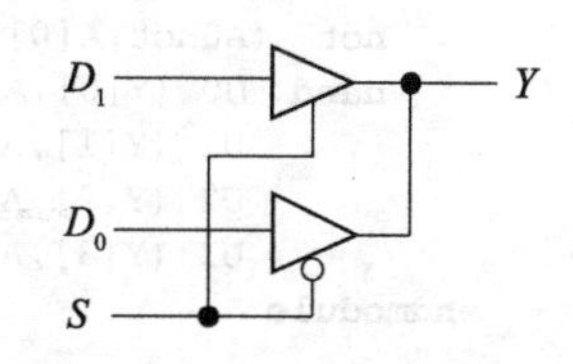

图 3.1.3　三态门构成选择器

【例 3.1.2】 使用门级描述风格对图 3.1.4 所示的电路进行建模，并进行逻辑功能仿真。

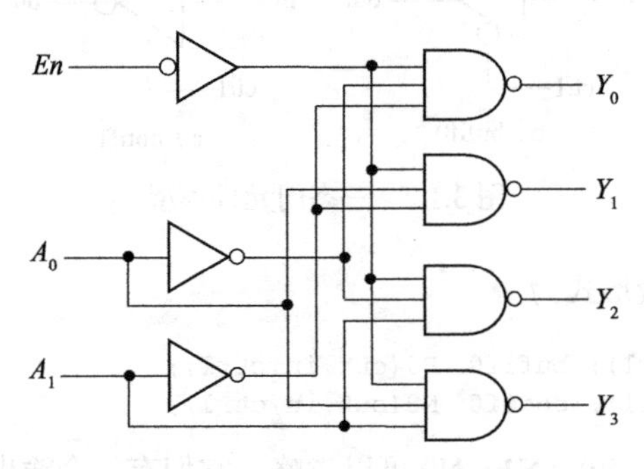

图 3.1.4 2 线 -4 线译码器逻辑图

解 该电路是由**与非门**和**反相器**构成的 2 线–4 线译码器。其功能是将输入端（A_1、A_0）送入的二进制码转换成与之一一对应的低电平信号输出，即通过 4 个不同输出端的低电平来识别输入的代码。

2 线 -4 线译码器的真值表如表 3.1.9 所示。*En* 为使能控制端，当 *En*=**1** 时，全部输出为高电平 **1**，电路处于非工作状态。当 *En*=**0** 时，电路才有译码功能，其输出由输入 A_1、A_0 的状态来决定。对应于 A_1、A_0 的一组取值，有一个输出端为 **0**，其余各输出端均为 **1**。

表 3.1.9 2 线 -4 线译码器真值表

输入			输出			
En	A_1	A_0	Y_0	Y_1	Y_2	Y_3
1	×	×	1	1	1	1
0	0	0	0	1	1	1
0	0	1	1	0	1	1
0	1	0	1	1	0	1
0	1	1	1	1	1	0

下面分别给出 2 线 -4 线译码器门级风格的 Verilog HDL 代码、激励文件和仿真波形。

（1）Verilog HDL 代码

Verilog HDL 门级代码如下，其文件名为 Decoder2x4_gates.v。

```
module Decoder2x4_gates (
    input En,
    input [1:0] A,
    output [3:0]Y
    );
    wire A1not, A0not; //声明电路内部节点
    not  (A1not,A[1]); //实例引用非门
    not  (A0not,A[0]);
    nand U0 (Y[0],A1not,A0not,En),
         U1 (Y[1],A1not,A[0],En),
         U2 (Y[2],A[1],A0not,En),
         U3 (Y[3],A[1],A[0],En);
endmodule
```

Verilog HDL 门级描述与逻辑图之间存在着一对一的对应关系。在这个描述中，我们用到

两个中间线网型信号 A1not 和 A0not，它们通过非门与输入 A_1 和 A_0 相连。另外，在实例引用非门 **not** 时，由于每个非门对应着一条语句，其引用名是可以省略的，而引用与非门时，关键词 **nand** 只写了一次，即一个 **nand** 与图中的 4 个与非门相对应，此时引用名 U0～U3 不能省略，且在每个门的末尾都要插入逗号，最后以分号结束。

可见，门级描述就是用逻辑门及其互连线来详细说明一个电路，它实际上是对原理图的文本描述。

（2）激励文件

测试激励文件的参考代码如下，其文件名为 Test_Decoder2x4.v。

```
`timescale 1us/1us
module Test_Decoder2x4;
    reg En;                 //输入信号
    reg [1:0] A;
    wire [3:0] Y;           //输出信号
    Decoder_2x4_gates U0(A, En,Y);
    initial begin
            En=1'b0;  A=2'b10;
        #4  En=1'b1;
        #15 $stop();        //到19μs时仿真
    end
    always begin
        #2  A=A+1'b1;
    end
endmodule
```

（3）仿真波形

仿真得到的波形如图 3.1.5 所示，由图可知，在 0～4.0μs 期间，由于 En=0，所以输出 Y 均为高电平 1；在 4.0～6.0μs 期间，由于 En=1、A=00，故输出 Y[0] 为 0，其他输出为 1。同理分析其他时间段的波形可知，上述设计块描述的逻辑功能是正确的。

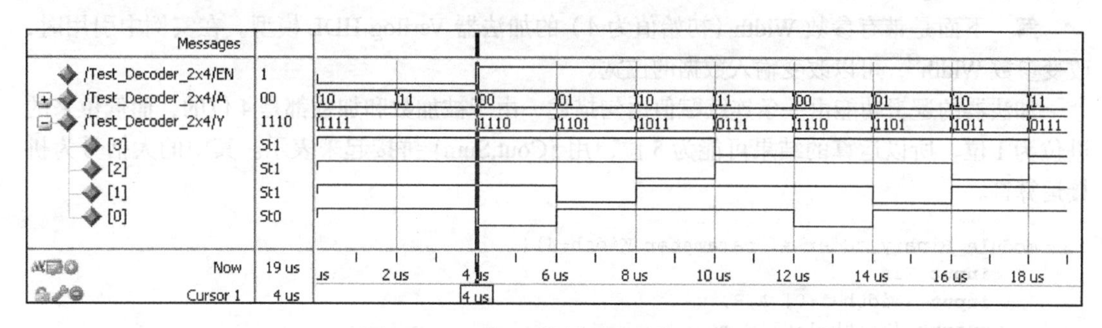

图 3.1.5　2 线 -4 线译码器的仿真波形

3.2 Verilog HDL 数据流建模

3.2.1 数据流建模

数据流建模使用的连续赋值语句由关键词 **assign** 开始，后面跟着由操作数和运算符等组成的逻辑表达式。一般用法如下：

wire [位宽说明] 信号名 1, 信号名 2,⋯, 信号名 n;

assign 目标信号名 = 表达式;

注意，连续赋值语句只能对线网（**wire**）信号进行赋值，所以等号左边的目标信号名必须是 **wire** 型。

连续赋值语句的执行过程是只要逻辑表达式右边信号的逻辑值发生变化，则等式右边表达式的值会立即被计算出来并赋给左边的目标。下面举例说明。

【例 3.2.1】 对例 3.1.2 中图 3.1.4 所示的 2 线 -4 线译码器，使用数据流描述风格进行建模。

解 根据图 3.1.4 或者真值表 3.1.9 可以写出译码器各输出端的逻辑表达式：

$$Y_0=\overline{\overline{En}\cdot\overline{A}_1\cdot\overline{A}_0},\quad Y_1=\overline{\overline{En}\cdot\overline{A}_1\cdot A_0}$$

$$Y_2=\overline{\overline{En}\cdot A_1\cdot\overline{A}_0},\quad Y_3=\overline{\overline{En}\cdot A_1\cdot A_0}$$

根据逻辑表达式，使用 4 条连续赋值语句进行描述，每一条语句与一个输出信号相对应。其代码如下，可用文件名 Decoder2x4_DF.v 进行保存。

```
module Decoder2x4_DF (
    input En,
    input [1:0] A,
    output [3:0] Y
    );
    //用连续赋值语句描述模块功能
    assign Y[0]=~(~A[1] & ~A[0]& En);
    assign Y[1]=~(~A[1] & A[0] & En);
    assign Y[2]=~(A[1] & ~A[0] & En);
    assign Y[3]=~(A[1] & A[0] & En);
endmodule
```

【例 3.2.2】 试用数据流描述风格对一个 4 位二进制数的加法器建模。

解 下面是带有参数 Width（初始值为 4）的加法器 Verilog HDL 模型。在实例中引用时，改变参数 Width㊀，可以改变输入数据的位宽。

加法器的逻辑功能由一条连续赋值语句描述，由于被加数和加数都是 4 位的，而低位来的进位为 1 位，所以运算的结果可能为 5 位，用 {Cout,Sum} 拼接起来表示。其中的大括号为拼接运算符。

```
module Binary_adder #( parameter Width=4)(
    input Cin,
    input [Width-1:0] A,B,
    output [Width-1:0] Sum,
    output Cout
    );
    assign {Cout,Sum}=A+B+Cin;
endmodule
```

【例 3.2.3】 比较器有两个 4 位的数据输入（A、B）和 3 个输出（ALTB、AGTB、AEQB），要求逻辑功能是：若 A>B，则 AGTB 输出逻辑 1，其他的输出为 0；若 A<B，则 ALTB=1；若

㊀ 在 3.4.2 节说明实例引用及修改参数的方法。

A=B，则 AEQB=1。试用数据流描述风格对一个 4 位二进制数比较器建模，并给出仿真结果。

解　使用关系运算符组成的表达式和连续赋值语句描述的比较器代码如下，参数 n 用来设置两个参与比较的二进制数位宽。注意，相等要用双等号（==）来表示，以便与赋值运算符(=) 相区别。

```
/*=====比较器的设计模块 =====*/
module Magcomp #(parameter n)(
    input [n-1:0] A,B,
    output AGTB,ALTB,AEQB
);
    assign AGTB=(A>B),       //用逗号分隔
           ALTB=(A<B),
           AEQB=(A==B);
endmodule

/*=====测试模块=====*/
module tb_Comparator;
    reg [3:0] a, b;
    wire agtb, altb, aeqb;
    initial
        $monitor ("a=%b, b=%b, gt=%d, lt=%d, eq=%d", a, b, agtb, altb, aeqb);
//产生输入向量信息
initial begin
    #0 a = 4'b0110;       b = 4'b1100;
    #5 a = 4'b0101;       b = 4'b0000;
    #5 a = 4'b1000;       b = 4'b1001;
    #5 a = 4'b0000;       b = 4'b0000;
    #5 a = 4'b1111;       b = 4'b1111;
    #5 $stop;
end

//通过实例引用设计子模块
    Magcomp #(4) inst1(
        .A(a),
        .B(b),
        .AGTB(agtb),
        .ALTB(altb),
        .AEQB(aeqb)
        );
endmodule
```

用 ModelSim 进行仿真，得到的波形如图 3.2.1 所示。经分析，比较器的结果正确。

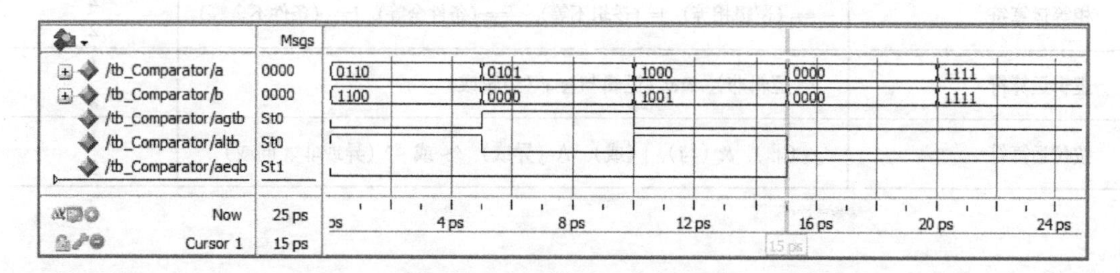

图 3.2.1　4 位比较器的仿真波形

可见数据流建模提供了用逻辑表达式描述电路的一种方式。不必考虑电路的组成以及元件之间的连接，是描述组合逻辑电路常用的一种方法。

在数据流描述中涉及运算符、操作数与表达式，下面将进一步介绍。

3.2.2　表达式与操作数

表达式由运算符和操作数（operand）构成，其目的是根据运算符的含义计算出一个结果值。下面是表达式的几个例子：

```
A~^B;                                   //同或（异或非）运算
Addr1[31:20] +Addr2[31:20];             //加法运算
```

注意，表达式与方程式是有区别的，表达式没有等号，带有等号的方程式实际上是一种赋值运算。

操作数可以是2.5.4节中定义的任何数据类型，但是有些语法结构对操作数的类型有特别的规定。操作数可以是常数、整数、实数、线网、变量、时间、位选择（向量线网或向量变量的一位）、部分位选择（从向量线网或向量变量中选定的部分位）、存储器（或者数组元素）以及函数调用（将在后续章节中学习）。举例如下：

```
integer count, final_counter;
    final_count=count+1;                //count是整型操作数

reg [15:0] reg_a, reg_b;
reg [3:0] reg_out;
    reg_out=reg_a[3:0] ^reg_b[3:0];     //reg_a[3:0]和reg_b[3:0]为部分位选择操作数
```

3.2.3　运算符

运算符也称为操作符（operator），用于对一个、两个或三个操作数进行运算。表3.2.1按类别列出了Verilog HDL中规定的9类运算符。

表3.2.1　运算符的类型及符号

运算符类型	运算符（功能）	操作数个数
算术运算符	+（一元加[⊖]和二元加）、-（一元减和二元减）、*（乘）、/（除）、%（取余数）、**（指数）	1或者2 2
关系运算符	<（小于）、>（大于）、<=（小于等于）、>=（大于等于）	2
相等运算符	==（逻辑相等）、!=（逻辑不等）、===（条件全等）、!==（条件不全等）	2 2
逻辑运算符	!（逻辑非）、&&（逻辑与）、||（逻辑或）	1 2
按位运算符	~（非）、&（与）、|（或）、∧（异或）、^~或~^（异或非、同或）	1 2

⊖ “一元加”表示正数。同理，后面的“一元减”表示负数。

（续）

<table>
<tr><th>运算符类型</th><th>运算符（功能）</th><th>操作数个数</th></tr>
<tr><td>缩位运算符</td><td>&（缩位与）、~&（缩位与非）、|（缩位或）、~|（缩位或非）、^（缩位异或）、^~or~^（缩位异或非、同或）</td><td>1
1
1</td></tr>
<tr><td>移位运算符</td><td><<（逻辑左移）、>>（逻辑右移）
<<<（算术左移）、>>>（算术右移）</td><td>2
2</td></tr>
<tr><td>条件运算符</td><td>? ：(条件运算符）</td><td>3</td></tr>
<tr><td>拼接运算符和重复运算符</td><td>{,}（拼接运算符）、{{,}}（复制运算符）</td><td>大于等于 2</td></tr>
</table>

表中大多数运算符的语义和句法与 C 语言中的类似，但也新增了一些运算符，另外需要注意，Verilog HDL 中没有自加（1++）和自减（1--）运算符。下面对运算符进行一些解释。

1. 算术运算符

算术运算符又称为二进制运算符。对于“+（加）”和“-（减）”来说，二元的“加”“减”是指两个操作数相加、相减运算，而一元的“加”“减”是指一个操作数的正、负，并且一元的“+”和“-”运算符比二元的运算符具有更高的优先级。

在进行算术运算时，如果某个操作数的某一位为 **x**（不确定态）或 **z**（高阻态），则整个表达式的运算结果也为 **x**。例如，**'b101x+'b0111** 的结果为 **'bxxxx**。

两个整数进行除法运算时，结果为整数，小数部分被截去。例如，6/4 结果为 1。

两个整数取余数（%）运算得到的结果为两数相除后的余数，余数的符号与第一个操作数的符号相同。例如，-7%2 的结果为 -1，7%-2 的结果为 +1，8%4 的结果为 0。

在进行算术运算和赋值时，需要注意哪些操作数为无符号数，哪些操作数为有符号数。一般来说，无符号数存储在线网、**reg** 型变量或者没有 **s** 标记的基数格式表示的整数中；有符号数存储在整型变量、有符号的 **reg** 型变量、有符号的线网、十进制形式的整数或者是用有 **s**（有符号）标记的基数格式表示的整数中。

2. 关系运算符

关系运算符包括 <（小于）、>（大于）、<=（小于等于）和 >=（大于等于）4 种。关系运算符的结果为真（值为 **1**）或者为假（值为 **0**）。如果操作数中有一位为 **x** 或 **z**，则结果为 **x**。这些运算符的功能和 C 语言中运算符的功能是相同的。

两个有符号的数进行比较时，若操作数的位宽不同，则用符号位将位数较小的操作数的位数补齐。如果表达式中有一个操作数为无符号数，则该表达式的其余操作数均被当作无符号数处理。

3. 相等运算符

“==”（logical equality，逻辑相等）和“!=”（logical inequality，逻辑不等）又称为逻辑等式运算符，其运算结果可能是逻辑值 **0**、**1** 或 **x**（不定值）。“==”与“!=”运算规则如表 3.2.2 所示。

表 3.2.2 “==”与“!=”运算规则

==		操作数 1			
		0	1	x	z
操作数2	0	1	0	x	x
	1	0	1	x	x
	x	x	x	x	x
	z	x	x	x	x

!=		操作数 1			
		0	1	x	z
操作数2	0	0	1	x	x
	1	1	0	x	x
	x	x	x	x	x
	z	x	x	x	x

相等运算符（==）逐位比较两个操作数相应位的值是否相等，如果相应位的值都相等，则相等关系成立，返回逻辑值 **1**，否则，返回逻辑值 **0**。但若任何一个操作数中的某一位为不确定态 **x** 或高阻态 **z**，则结果为 **x**。

当两个参与比较的操作数不相等时，则不等关系成立。

“===”（case equality，条件全等）和“!==”（case inequality，条件不全等）常用于 **case** 表达式的判别，所以又称为“**case** 等式运算符”，其运算结果是逻辑值 **0** 和 **1**。“===”与“!==”运算规则如表 3.2.3 所示。

表 3.2.3 “===”与“!==”运算规则

===		操作数 1			
		0	1	x	z
操作数2	0	1	0	0	0
	1	0	1	0	0
	x	0	0	1	0
	z	0	0	0	1

!==		操作数 1			
		0	1	x	z
操作数2	0	0	1	1	1
	1	1	0	1	1
	x	1	1	0	1
	z	1	1	1	0

全等运算符允许操作数的某些位为 **x** 或 **z**，只要参与比较的两个操作数对应位的值完全相同，则全等关系成立，返回逻辑值 **1**，否则，返回逻辑值 **0**。不全等就是两个操作数的对应位不完全一致，则不全等关系成立。

下面是相等与全等运算符的一些运算实例：

假设 A=4'b**1010**，B=4'b**1101**，M=4'b**1xxz**，N=4'b**1xxz**，Z=4'b**1xxx**，则

A==B	A!=B	A==M	A===M	M===N	M===Z	M!==Z
0	**1**	**x**	**0**	**1**	**0**	**1**

4. 逻辑运算符

逻辑运算符共有 !（非）、&&（与）、||（或）三种。! 为一元运算符，而 && 和 || 为二元运算符，其运算规则如下：

1）逻辑运算的结果为 1 位：**1** 代表逻辑真，**0** 代表逻辑假，**x** 表示不确定态。

2）如果操作数是 1 位数，则 **1** 表示逻辑真，**0** 表示逻辑假。如果操作数由多位组成，则将操作数作为一个整体看待，对非零的数作为逻辑真处理，对每位均为 **0** 的数作为逻辑假处理。注意，如果操作数中有一位为 **x** 或 **z**，则运算结果为 **x**，而仿真器一般将其作为逻辑假处理。

3）操作数可以是寄存器变量，也可以是表达式。下面是逻辑运算的一些实例：

假设 A=4'b**1010**（逻辑 1），B=4'b**1101**（逻辑 1），C=4'b**0000**，D=2'b**1x**，则

!A	A && B	A||B	A && C	A||C	A && D	!D
0	1	1	0	1	x	x

5. 按位运算符

按位运算符（bitwise operator）包括 ~（非，取反）、&（与）、|（或）、^（异或）、^~ 或 ~^（异或非，同或）5 种类型。按位取反符（~）只有一个操作数，它对操作数的每一位执行取反操作，其他运算符为二元的。

按位运算符的运算规则如表 3.2.4 所示。二元运算符完成的功能是对两个操作数中的每一位进行按位操作，原来的操作数为几位，则运算的结果仍为几位。如果两个操作数的位宽不相等，则仿真软件会自动将短操作数的左端高位部分以 **0** 补足（注意，如果短的操作数最高位是 **x**，则扩展得到的高位也是 **x**）。

表 3.2.4　按位运算符的运算规则

&（与）		操作数 1			
		0	1	x	z
操作数 2	0	0	0	0	0
	1	0	1	x	x
	x	0	x	x	x
	z	0	x	x	x

|（或）		操作数 1			
		0	1	x	z
操作数 2	0	1	1	x	x
	1	1	0	x	x
	x	x	x	x	x
	z	x	x	x	x

^（异或）		操作数 1			
		0	1	x	z
操作数 2	0	0	1	x	x
	1	1	0	x	x
	x	x	x	x	x
	z	x	x	x	x

^~（同或）		操作数 1			
		0	1	x	z
操作数 2	0	1	0	x	x
	1	0	1	x	x
	x	x	x	x	x
	z	x	x	x	x

~（求反）	操作数			
	0	1	x	z
结果	1	0	x	x

下面是位运算的一些实例：

假设 A=4'b**1010**，B=4'b**1101**，C=4'b**10x1**，则

A & B	A|B	A^B	A^~ B	A & C	~A	~C
4'b1000	4'b1111	4'b 0111	4'b1000	4'b10x0	4'b0101	4'b01x0

注意，按位运算符 ~、& 和 | 与逻辑运算符 !、&& 和 || 是完全不同的。逻辑运算符执行逻辑操作，运算结果是一位逻辑值 **0**、**1** 或 **x**，按位运算符产生一个与位宽较长操作数等宽的值，该值的每一位都是两个操作数按位运算的结果。举例如下：

```
// X=4'b1010,Y=4'b0000
X|Y                     //按位运算，结果为4'b1010
X||Y                    //逻辑运算，等价于1||0，结果为1
```

6. 缩位运算符

缩位运算符（reduction operator）也称为缩减运算符，包括 &（缩位与）、~&（缩位与非）、|（缩位或）、~|（缩位或非）、^（缩位异或）、^~ 或 ~^（缩位异或非，同或）共 6 种类型。

缩位运算仅对一个操作数进行运算，并产生一位的逻辑值。缩位运算的运算规则与表 3.2.4 所示的按位运算相似，不同的是缩位运算符的操作数只有一个，运算时，按照从右到左的顺序依次对所有位进行运算。

注意，带有非的缩位操作首先缩减所有的位，然后再将结果取反。缩位与非的结果跟缩位与运算的结果相反（即缩位与非运算跟与非门相同）；同样，缩位或非的结果跟缩位或运算的结果相反，缩位同或的结果跟缩位异或运算的结果相反。

如果操作数的某一位为 **x**，则缩位运算的结果为 1 位的不确定态 **x**。

下面是缩位运算的例子。假设 A=4'b**1010**，则模块 Reduction 中的运算执行后，将会得到 red_and=**0**，red_nand=**1**，red_or=**1**，red_nor=**0**，red_xor=**0**，red_xnor=**1**。

```
module Reduction (
    input [3:0] A,                   //A=4'b1010
    output red_and, red_nand, red_or, red_nor, red_xor, red_xnor
    );
    assign      red_and = &A,    //缩位与（AND）
        red_nand = ~&A,          //缩位与非（NAND）
        red_or = |A,             //缩位或（OR）
        red_nor = ~|A,           //缩位或（NOR）
        red_xor = ^A,            //缩位异或（XOR）
        red_xnor = ^~A;          //缩位同或（XNOR）
endmodule
```

7. 移位运算符

移位运算符包括逻辑左移（<<）、逻辑右移（>>）、算术左移（<<<）和算术右移（>>>）四种类型。移位运算符的功能是将移位运算符左侧的向量操作数向左或向右移动，移动的位数由右侧的操作数指定。若右侧操作数的值为 **x** 或 **z**，则移位运算的结果必定为 **x**。

对于逻辑移位运算符来说，当向量被移位之后，所产生的空余位总是使用 **0** 填充，而不是循环（首尾相连）移位。

对算术移位运算符来说，向左移动时，所产生的空余位总是使用 **0** 填充。向右移动时，若移位运算符左侧的操作数为无符号数，则产生的空位填 **0**，若操作数是有符号数，则产生的空位总是填符号位（即有符号数的最高位 MSB）。举例说明如下：

```
// X=4'b1100
Y=X >>1;            //右移1位，最高位填0，结果为Y=4'b0110
Y=X<<2;             //左移2位，最右边2位填0，结果为Y=4'b0000

integer a, b, c;  //有正、负号的数据类型
a=0;
b=-10;              //二进制数表示为1111 1111 1111 1111 1111 1111 1111 0110
c=a+(b>>>3);        //结果为c=-2。b算术右移3位后，b=1111 1111 1111 1111 1111 1111 1111 1110
```

8. 条件运算符

条件运算符（?:）带有三个操作数。其用法如下：

```
condition_expr ? true_expr:fa1se_expr;
```

执行过程为：首先计算 condition_expr（条件表达式）的值，如果为真（即值为 1），则选择 true_expr（真表达式）计算；如果为假（即值为 0），则选择 fa1se_expr（假表达式）计算；如果为 x 或者 z，则两个表达式都进行计算，然后对两个结果进行逐位比较。如果相等，则结果中该位的值为操作数中该位的值，如果不相等，则结果中该位的值取 x。

下面是带参数 *n* 的 2 选 1 数据选择器的数据流描述，其模块框图如图 3.2.2 所示。

```
module Mux2 #(parameter n = 1)
(input  [n-1:0] A, B, input sel,  output [n-1:0] Y);
   assign Y = (sel == 0)? A : B;
endmodule
```

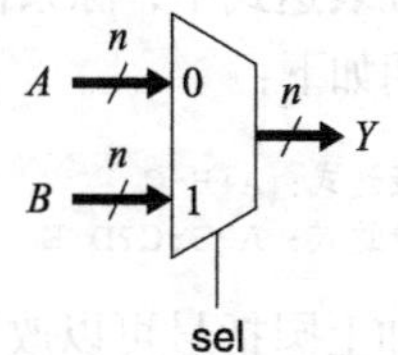

图 3.2.2　2 选 1 数据选择器框图

9. 拼接运算符和重复运算符

拼接运算符（concatenation operator）是一种比较特殊的运算符，其作用是把两个或多个信号中的某些位拼接在一起进行运算，用法如下：

{信号 1 的某几位，信号 2 的某几位，…，信号 *n* 的某几位}

即把几个信号的某些位详细地列出来，中间用逗号隔开，最后用大括号括起来表示一个整体信号。

注意，拼接运算符的每个操作数必须是有确定位宽的数。没有位宽的常数不能作为拼接的操作数。举例如下：

```
//A=1'b1;  B=2'b00;  C=2'b10;

Y={B,C};                        //结果Y=4'b0010
Y={A,B[0],C[1],1'b1};           //结果Y=4'b1011。注意，常数1的位宽不能缺省
Z={A,B,5};                      //非法，因为常数5的位宽不确定
```

如果需要多次拼接同一个操作数，则可以使用重复运算符（replication operator），其表示方式为 {*n*{A}}，这里 A 是被拼接的操作数，*n* 是重复的次数，表示将 A 重复拼接 *n* 次。重复拼接的次数 *n* 用常数来表示，该常数指定了其后大括号内信号的重复次数。举例如下：

```
//A=1'b1; B=2'b00; C=2'b10;
Y={4{A}};                              //结果Y=4'b1111
Y={2{A}, 2{B}, C};                     //结果Y=8'b1100_0010
parameter LENGTH=8;                    //将重复的次数定义为参数
Y={LENGTH {1'b0}};                     //结果Y=8'b0000_0000
```

3.2.4　运算符的优先级别

在学习了各类运算符的用法和功能之后，我们来讨论它们的优先级。如果不使用圆括号将表达式的各个部分分开，则 Verilog HDL 将根据运算符之间的优先级对表达式进行计算。在表 3.2.5 中，按照从高至低的顺序列出了运算符之间的优先级。

表 3.2.5　运算符的运算规则

<table>
<tr><th>运算符号</th><th>优先级别</th></tr>
<tr><td>+（正）、-（负）、!、~、**（指数）、*、/、%</td><td>最高</td></tr>
<tr><td>+（二元加）、-（二元减）、<<、>>、<<<、>>></td><td>↓</td></tr>
<tr><td><、<=、>、>=、==、!=、===、!==</td><td>↓</td></tr>
<tr><td>&、~&、^、^~、~^、|、~|、&&、||</td><td>↓</td></tr>
<tr><td>?:</td><td>最低</td></tr>
</table>

在表达式中，除条件运算符从右向左关联外，其余所有的运算符均为从左到右相关联。举例说明如下：

```
表达式: A+B-C                    //等价于 (A+B)-C
表达式: A?B:C?D:E                //等价于A?B:(C?D:E)
```

加上圆括号可以改变运算的优先级顺序。建议读者使用圆括号将各个表达式分开。例如(A?B:C)?D:E。

3.3　组合电路的行为级建模

在 Verilog HDL 中，从逻辑电路外部行为的角度对其功能和算法进行描述，称为行为建模。主要使用关键词为 **initial** 语句或 **always** 的两种过程化的结构来描述电路的行为。

在一个模块的内部可以包含多个 **initial** 或 **always**，仿真时这些语句并行执行，即与它们在模块内部排列的顺序无关，都从仿真的 0 时刻开始执行。**initial**（初始化）主要在测试模块中使用，通常用来描述激励信号，仿真时仅执行一次。**initial** 语句主要是面向仿真的过程语句，逻辑综合工具不支持 **initial** 语句。

在这两种结构内部，经常会用到条件语句（**if-else**）、多路分支语句（**case-endcase**）和循环语句等比较抽象的编程语句，这些语句也称为过程化语句。下面介绍这些语句的用法。

1. always 结构型说明语句

always 本身是一个无限循环语句，即不停地循环执行其内部的过程语句，直到仿真过程结束。但用它来描述硬件电路的逻辑功能时，通常在 **always** 后面紧跟着循环的控制条件，所以 **always** 语句的一般用法如下：

```
always @(敏感信号列表)
begin: 块名
    块内部局部变量的定义;
    过程赋值语句;
end
```

这里，“敏感信号列表”⊖是 Verilog-2001 中的说法，在 Verilog-1995 中称为“事件控制表达式”，即等待确定的事件发生（信号的变化）或某一特定的条件变为“真”，它是执行后面过程赋值语句的条件。“过程赋值语句”左边的变量必须被定义成 **reg** 数据类型，右边的变量可以

⊖ 是 sensitivity list 的中文翻译。

是任意数据类型。**begin** 和 **end** 将多条过程赋值语句包围起来，组成一个顺序语句块，块内的语句按照排列顺序依次执行，最后一条语句执行完后，执行暂停，然后 **always** 语句处于等待状态，等待下一个事件的发生。

注意 ①当 begin 和 end 之间只有一条语句，且没有定义局部变量时，关键词 begin 和 end 可以被省略。

②“块名”是给顺序语句块取的名字，可以使用任何合法的标识符，取名后的语句块称为有名块。

在 Verilog 中，将逻辑电路中的敏感信号分为两种类型：电平敏感信号和边沿触发信号。这里主要讨论组合电路中使用的电平敏感信号，即输入信号的任何变化都会导致输出信号的变化。下一章再讨论时序电路中使用的边沿触发信号。

2. 顺序语句块

顺序语句块就是由块标识符 **begin…end** 包围界定的一组行为描述语句，其作用相当于给块中这组行为描述语句进行打包处理，使之在形式上与一条语句相一致。**begin** 和 **end** 类似于 C 语言中的大括号 { }，但 { } 在 Verilog HDL 中被用作连接运算符。

begin…end 是顺序语句块的标识符，位于这个块内部的各条语句按照书写的先后顺序依次执行。因而，由 **begin…end** 界定的语句块称为**顺序语句块**（简称顺序块或串行块）。

顺序块的起始执行时间就是块中第一条语句开始被执行的时间，执行结束的时间就是块中最后一条语句执行完成的时间，即最后一条语句执行完后，程序流程控制就跳出该语句块。

3. 条件语句

条件语句就是根据判断条件是否成立，确定下一步的运算。一般用法如下：

```
if (condition_expr) true_statement;
```

或

```
if (condition_expr) true_statement;
else fale_statement;
```

或

```
if (condition_expr1) true_statement1;
else if (condition_expr2) true_statement2;
else if (condition_expr3) true_statement3;
  ……
else default_statement;
```

if 后面的条件表达式一般为逻辑表达式或关系表达式。执行 **if** 语句时，首先计算表达式的值，若结果为 **0**、**x** 或 **z**，按“假”处理；若结果为 **1**，按“真”处理，执行相应的语句。

注意 ①在写可综合 Verilog 代码时，建议用后面两种形式的 **if** 语句。

②在第三种形式中，从第一个条件表达式 condition_expr1 开始依次进行判断，直到最

后一个条件表达式被判断完毕，如果所有的表达式都不成立，才会执行 **else** 后面的语句。这种判断上的先后次序本身隐含着一种优先级关系，在使用时应注意。

【例 3.3.1】 使用行为描述风格对一个 *n* 位二进制数比较器建模。

解　比较器代码如下，参数 n（初始值为 4）用来设置二进制数的位宽。

```
module Comparator #(parameter n = 4)
    (input [n-1:0] A, B, output reg GT, EQ, LT);
always @(A, B)
begin
    if (A > B)
        {GT,EQ,LT}='b100;
    else if (A == B)
        {GT,EQ,LT}='b010;
    else
        {GT,EQ,LT}='b001;
end
endmodule
```

4. 多路分支语句

case 语句是一种多分支条件选择语句，一般形式如下：

```
case (case_expr)
    item_expr1: statement1;
    item_expr2: statement2;
        ……
    default: default_statement;
endcase
```

执行时，首先计算 case_expr 的值，然后依次与各分支项中表达式的值进行比较，如果 case_expr 的值与 item_expr1 的值相等，就执行语句"statement1;"，如果 case_expr 的值与 item_expr2 的值相等，就执行语句"statement2;……"，如果 case_expr 的值与所有列出来的分支项的值都不相等，就执行语句 default_statement。

注意　①每个分支项中的语句既可以是单条语句，也可以是多条语句。如果是多条语句，则必须在多条语句的最前面写上关键词 **begin**，在这些语句的最后写上关键词 **end**，这样多条语句就成了一个整体，称之为顺序语句块。

②每个分支项表达式的值必须各不相同，一旦判断到与某分支项的值相同并执行相应语句后，**case** 语句的执行便结束了。

③如果某几个连续排列的分支执行同一条语句，则这几个分支项表达式之间可以用逗号分隔，将语句写在这几个分支项表达式的最后一个中。

另外，**case** 语句还有两种变体，即 **casez** 和 **casex**。在 **casez** 语句中，将 **z** 视为无关值，如果比较的双方（case_expr 的值与 item_expr 的值）有一方的某一位的值是 **z**，那么该位的比较就不予考虑，即认为这一位的比较结果永远为"真"，因此只需关注其他位的比较结果。在 **casex**

语句中，将 **z** 和 **x** 都视为无关值，对比较双方（case_expr 的值与 item_expr 的值）出现 **z** 或 **x** 的相应位均不予考虑。注意，对无关值可以用“?”表示。除了用关键词 **casez** 或 **casex** 来代替 **case** 以外，**casez** 和 **casex** 的用法与 **case** 语句的用法相同。但由于综合器对这两个关键字的支持情况略有差异，因此建议初学者使用完整的 **case** 结构，而不使用 **casex** 或 **casez**。具体用法见例 3.5.1。

【例 3.3.2】 4 选 1 数据选择器的功能是从四路输入信号中挑选一路作为输出。试用 Verilog HDL 对 4 选 1 数据选择器进行建模。

解 4 选 1 数据选择器代码如下，参数 n（参数值为 1）用来设置数据的位宽，其框图如图 3.3.1 所示。

```
module Mux4 #(parameter n = 1)
    (input [n-1:0] A, B, C, D, input [1:0] sel,
    output reg [n-1:0] Y );
    always @(*)
    begin
        case (sel)
            2'b00:    Y = A;
            2'b01:    Y = B;
            2'b10:    Y = C;
            default: Y = D;
        endcase
    end
endmodule
```

【例 3.3.3】 数据分配是将公共数据线上的数据根据需要送到不同的通道上去，实现数据分配功能的逻辑电路称为**数据分配器**。它的作用相当于有多个输出的单刀多掷开关，其示意图如图 3.3.2 所示。

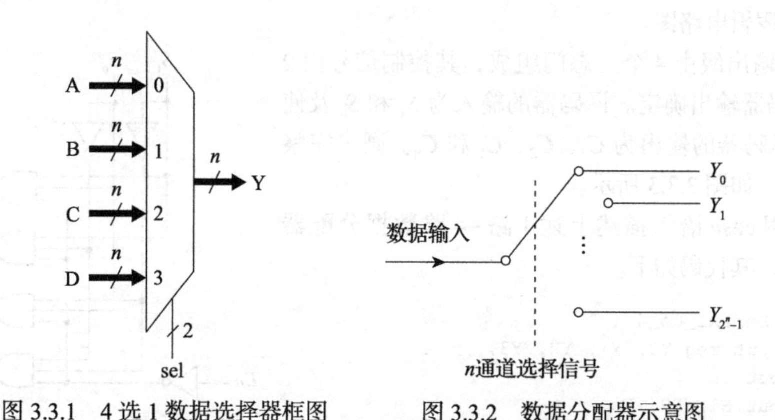

图 3.3.1　4 选 1 数据选择器框图　　图 3.3.2　数据分配器示意图

试用逻辑门和 Verilog HDL 分别设计一个 1 线 -4 线数据分配器，其功能如表 3.3.1 所示。当使能信号 En=1 时，电路所有的输出为高阻态。当 En=0 时，数据分配器正常工作，根据通道选择信号将输入信号送到其中 1 个输出端，其他输出端为高阻态。

表 3.3.1　1 线 -4 线数据分配器真值表

输入			输出			
En	S_1	S_0	Y_3	Y_2	Y_1	Y_0
0	0	0	z	z	z	*In*
0	0	1	z	z	*In*	z
0	1	0	z	*In*	z	z
0	1	1	*In*	z	z	z
1	x	x	z	z	z	z

解　1）使用逻辑门进行设计，其步骤如下：

①根据真值表写出逻辑表达式。

根据题意可知，电路有一个数据输入端 *In*，一个低有效的使能端 *En*，两个通道选择输入端 S_1、S_0，以及 4 个输出端 Y_3～Y_0。

电路的每个输出端有 3 种状态（**0**、**1**、**z**），因此电路的输出级必须由 4 个三态门 G_3、G_2、G_1、G_0 组成。三态门的工作状态由其控制信号决定。设 C_3、C_2、C_1、C_0 分别为 4 个三态门的控制信号。三态门的控制信号由使能端 *En*、通道选择输入端 S_1、S_0 共同作用产生。根据表 3.3.1 所示的输入与输出逻辑关系可以写出每个三态门控制端的表达式。例如，当 *En*=0、S_1=S_0=0 时，C_0=1，门 G_0 工作，使得输出 Y_0=*In*。控制端 C_0 的逻辑表达式为 $C_0=\overline{En}\cdot\overline{S_1}\cdot\overline{S_0}$。其他控制端 C_3=C_2=C_1=0，对应的三态门输出高阻态。

依次类推，写出其他三态门控制信号的逻辑表达式为

$$C_1=\overline{En}\cdot\overline{S_1}\cdot S_0$$
$$C_2=\overline{En}\cdot S_1\cdot\overline{S_0}$$
$$C_3=\overline{En}\cdot S_1\cdot S_0$$

②画出逻辑电路图。

电路的输出级由 4 个三态门组成，其控制信号由 2 线 -4 线译码器输出确定。译码器的输入为 S_1 和 S_0 及使能端 *En*，译码器的输出为 C_3、C_2、C_1 和 C_0。画出完整的逻辑电路，如图 3.3.3 所示。

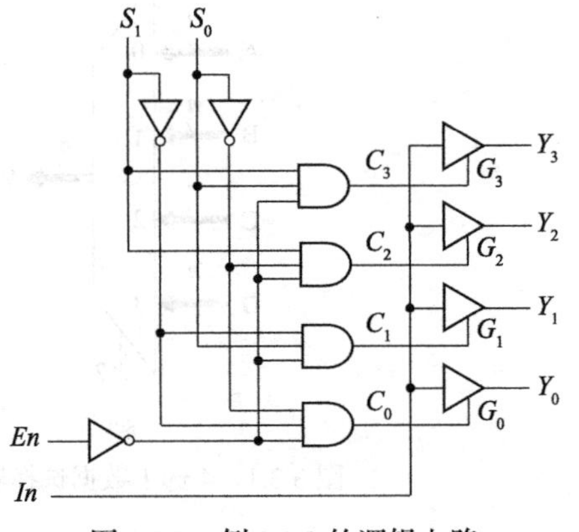

图 3.3.3　例 3.3.3 的逻辑电路

2）使用 **case** 语句描述上述 1 路 -4 路数据分配器的逻辑功能，其代码如下。

```
module Demux1_to_4 (
    output reg Y0, Y1, Y2, Y3,
    input In,
    input S1, S0, En
    );
    always @(S1,  S0,  In,  En)
    case(En)
        1'b1: case({S1,S0})
                2'b00: begin Y0=In; Y1=1'bz; Y2=1'bz; Y3=1'bz; end
                2'b01: begin Y0=1'bz; Y1=In; Y2=1'bz; Y3=1'bz; end
                2'b10: begin Y0=1'bz; Y1=1'bz; Y2=In; Y3=1'bz; end
```

```
                2'b11: begin Y0=1'bz; Y1=1'bz; Y2=1'bz; Y3=In; end
              endcase
          default: begin Y0=1'bz; Y1=1'bz; Y2=1'bz; Y3=1'bz; end
      endcase
  endmodule
```

该例给出了 **case** 语句的嵌套使用情况，在使能信号 En=1 的分支语句中，嵌入另一条 **case** 语句对选择条件（{S1, S0}）进行比较，从而确定电路的输出。

5. 循环语句

Verilog HDL 提供了 4 种类型的循环语句：**for**、**repeat**、**while** 和 **forever**。所有循环语句都只能在 **initial** 或 **always** 内部使用，循环语句内部可以包含延时控制。其中 **for** 语句能被大多数综合语句支持，其他 3 条语句在仿真时用得较多，不一定能被综合工具支持。

（1）**for** 循环语句

for 语句是一种条件循环语句，只有在指定的条件表达式成立时才进行循环。其用法如下：

for(表达式 1; 条件表达式 2; 表达式 3) 语句块

其中，"表达式 1" 用来对循环计数变量赋初值，只在第一次循环开始前计算一次。"条件表达式 2" 是循环执行时必须满足的条件，在循环开始后，先判断这个条件表达式的值，若为 "真"，则执行后面的语句块，接着计算 "表达式 3"，修改循环计数变量的值，即增加或减少循环次数。然后再次对 "条件表达式 2" 进行计算和判断，若 "条件表达式 2" 的值仍为 "真"，则继续执行上述循环过程；若 "条件表达式 2" 的值为 "假"，则结束循环，退出 **for** 循环语句的执行。

【例 3.3.4】 二进制数据在传送时，可能由于外界干扰或其他原因而发生错误，即可能有的 **0** 错为 **1** 或者有的 **1** 错为 **0**。用奇偶校验的方法就能检验出这类错误。

图 3.3.4 是数据通信中经常用到的奇偶校验示意图。在数据发送端，由编码器根据数据位产生奇偶校验位 P，与数据位一起发往接收端；接收端通过检测器检查代码中含 "1" 个数的奇偶，判断接收到的数据是否出错。当采用偶校验时，信息位与校验位合起来应该有偶数个 "1"，若收到的代码中含奇数个 "1"，则说明发生了错误。当采用奇校验时，信息位与校验位合起来应该有奇数个 "1"，若收到的代码中含偶数个 "1"，则说明发生了错误。出错后，可以要求发送端重传这些数据。这种方法对一位（或者奇数个位）信息出错的情况很有效，但对两位（或者偶数个位）同时出错的情况则无能为力。实际情况是一位信息出错的概率远远大于两位同时出错的概率，再加上这种方法编码简单、容易实现，因而得到广泛应用。

图 3.3.4 中传送的数据位为 $D_0D_1D_2$=**100**，由于 **1** 的个数为奇数，采用偶校验时，需要将校验位 P 设定为 **1**，以便 $D_0D_1D_2P$=**1001**。

在数据接收端，噪声的影响使传送数据由原来的 **1001** 变成 **1011**，这时，接收端的检测器会因为传送过来的是奇数个 **1**，而发现传送数据有误，所以接收端可以要求发送端重传这些数据。试设计数据发送端的偶校验产生器以及接收端的偶校验检测器电路。

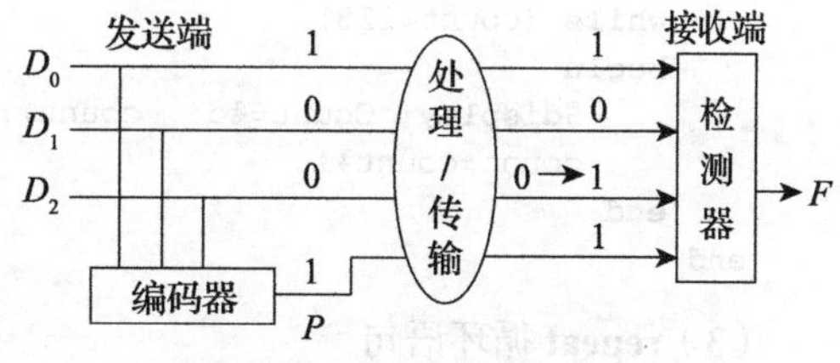

图 3.3.4　奇偶校验示意图

解　1）在数字电路中，可以使用异或门来实现偶校验产生器和偶校验检测器，如图 3.3.5 和图 3.3.6 所示。

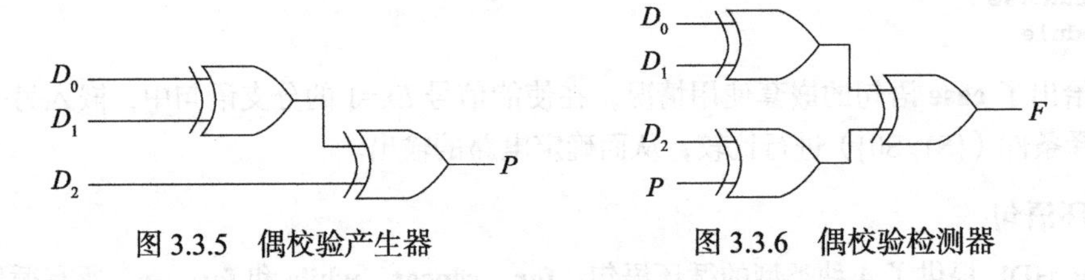

图 3.3.5　偶校验产生器　　　图 3.3.6　偶校验检测器

2）用 Verilog HDL 设计的偶校验产生器和偶校验检测器代码如下。

```
//偶校验产生器
module EvenParity_Generator(
        input [2:0] D,
        output [3:0] Y
);
        reg P;              //偶校验位
    always@(D)
    begin:B2
        integer i;
        P=0;
        for (i=0; i<3; i=i+1)
             P=P^D[i];  //循环3次
    end
    assign Y={P,D};     //发送数据
endmodule
```

```
//偶校验检测器
module EvenParity_Detector(
        input [3:0] D,
        output F
        );
        reg Temp;
    always @(D)
    begin
        integer i;
        Temp=0;
        for (i=0; i<4; i=i+1)
             Temp=Temp^D[i];  //循环4次
    end
    assign F=Temp;                    //指示接收到的数据是否出错
endmodule
```

（2）**while** 循环语句

while 是一种有条件的循环语句，其用法如下：

while（条件表达式）语句块

该语句只有在指定的条件表达式取值为"真"时，才会重复执行后面的过程语句，否则就不执行循环体。如果表达式在开始时为假，则过程语句永远不会被执行。如果条件表达式的值为 **x** 或 **z**，则按 **0**（假）处理。

下面的例子给出了 **while** 语句的用法。count 的值从 0 开始，每次增加 1，直至 127 时结束，主要用于仿真测试。

```
integer count;
initial  begin
    count=0;
    while (count<128)                    //执行循环，直到count=127
    begin
        $display("Count=%d", count); //显示count的值
        count=count+1;
    end
end
```

（3）**repeat** 循环语句

repeat 是一种预先指定循环次数的循环语句。其用法如下：

repeat (循环次数表达式) 语句块

其中，“循环次数表达式”用于指定循环次数，它可以是一个整数、变量或一个数值表达式。如果是变量或数值表达式，那么其取值只在第一次进入循环时得到计算，即事先确定循环次数。如果循环次数表达式的值不确定，即 **x** 或 **z**，则循环次数按 **0** 处理。

【例 3.3.5】 试用 **repeat** 循环语句产生一个周期为 20 个时间单位的时钟信号。

解 产生时钟信号 Clock 的代码如下，其文件名为 Clock.v。

```
module Clock;
    reg CP;
    initial  begin
        CP=1'b0;              //在0时刻，CP=0
        repeat(10)            //循环次数为10
            #10 CP=~CP;
    end
endmodule
```

这一例题产生时钟波形，由于没有规定时间单位，用仿真器默认的 ps 作为时间单位。首先，CP 在 0 时刻被初始化为 **0**，然后每隔 10 ps，CP 反相一次，重复 10 次，到 100ps 时结束。这主要用于仿真测试，不能进行逻辑综合，其时钟波形如图 3.3.7 所示。

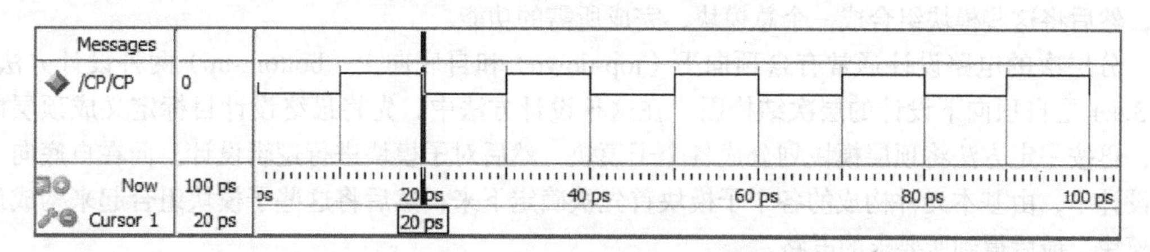

图 3.3.7　用 **repeat** 产生时钟信号

（4）**forever** 循环语句

forever 是一种无限循环语句，其用法如下：

forever 语句块

该语句不停地循环执行后面的过程语句块。一般在语句块内部要使用某种形式的时序控制结构，否则 Verilog HDL 仿真器将会无限循环下去，后面的语句将永远不会被执行。

【例 3.3.6】 试用 forever 循环语句产生时钟信号。

解 产生时钟信号的代码如下，其文件名为 CP_gen.v。

```
`timescale 1ns/1ns           //时间单位为ns，精度为1ns
module CP_gen();
    reg CP;
    initial begin
        CP=1'b1;             //在0时刻，CP=1
        #50 forever
        #25 CP=~CP;          //每隔25个ns，CP反相一次
    end
    initial
        #300 $stop;          //到300ns时，结束循环
endmodule
```

这一实例可产生时钟脉冲波形，最初用系统任务设定的时间单位为 ns，CP 在 0 时刻首先被初始化为 1，并一直保持到 50 个时间单位。此后每隔 25 个 ns，CP 反相一次，到 300ns 时，结束循环。该模块主要用于仿真测试，不能进行逻辑综合，其波形图如图 3.3.8 所示。

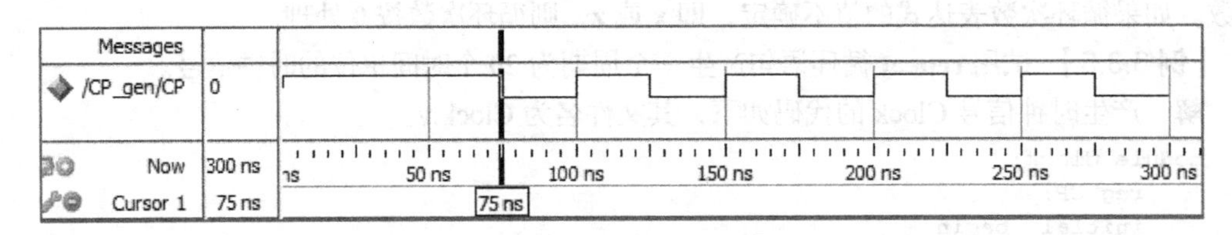

图 3.3.8 用 forever 产生时钟信号

3.4 分层次的电路设计方法

3.4.1 设计方法

分层次建模就是将一个比较复杂的数字电路划分为多个组成模块，再分别对每个模块建模，然后将这些模块组合成一个总模块，完成所需的功能。

分层次的电路设计通常有自顶向下（top-down）和自底向上（bottom-up）两种设计方法。图 3.4.1 是自顶向下设计的层次结构图，在这种设计方法中，先将最终设计目标定义成顶层模块，再按一定方法将顶层模块划分成各个子模块，然后对子模块进行逻辑设计。而在自底向上的设计中，由基本元件构成的各个子模块首先被确定下来，然后将这些子模块组合起来构成顶层模块，最后得到所要求的电路。

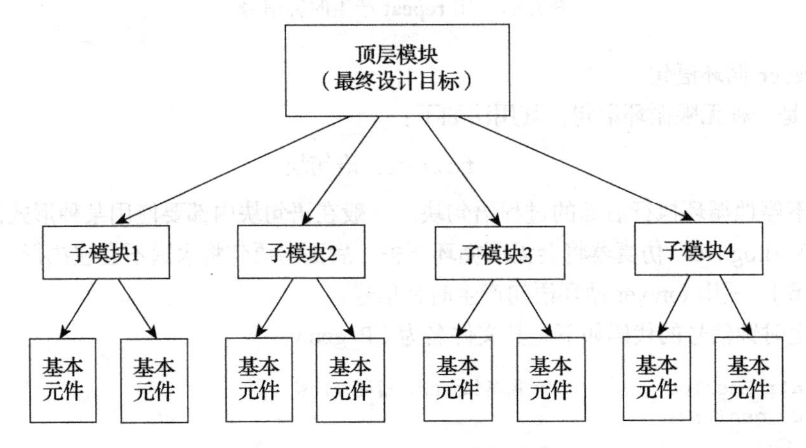

图 3.4.1 自顶向下层次结构图

下面通过一个 4 位串行进位加法器的设计来说明分层次的设计方法。在例 1.7.2 中，我们曾经使用逻辑门设计了一个 1 位全加器，它的功能是能够完成两个 1 位二进制数的加法运算。现在，有两个 4 位二进制数 $A_3A_2A_1A_0$ 和 $B_3B_2B_1B_0$ 要进行加法运算，那么又该如何设计这个电路呢？

图 3.4.2 给出了一种设计方案，右边为最低位，左边为最高位。它是采用并行相加串行进位的方式来完成的，图中将低位的进位输出信号接到高位的进位输入端。为此，任何 1 位的加法运算必须在低 1 位的运算完成之后才能进行，这种进位方式称为串行进位。

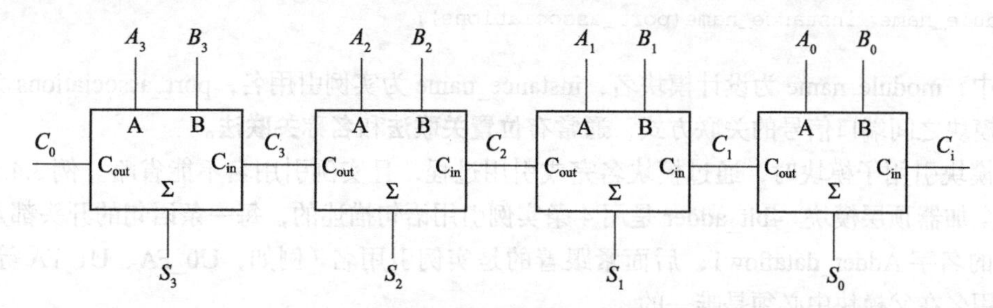

图 3.4.2　4 位串行进位全加器

图 3.4.3 是设计时使用的层次结构框图。4 位串行进位全加器可以被看作一个顶层电路模块，它由 4 个子模块构成，每个子模块为 1 位全加器。如果采用自顶向下的设计方法，则需要首先定义顶层的 4 位串行进位全加器模块，然后定义子模块（1 位全加器）。如果用自底向上的设计方法，则需要首先定义底层的 1 位全加器子模块，然后再通过实例引用 4 个子模块组合成顶层的 4 位全加器模块。

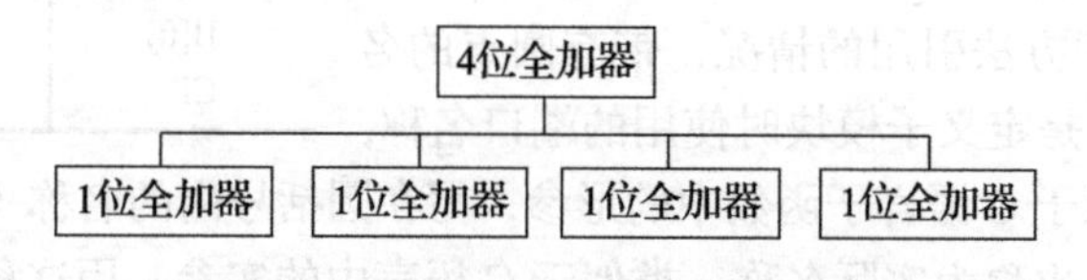

图 3.4.3　4 位全加器的层次结构框图

【例 3.4.1】 根据图 3.4.3 所示的层次结构框图，使用自底向上的方法描述 4 位全加器的逻辑功能。

解　4 位全加器可以通过实例引用 4 个 1 位的全加器子模块构成。其结构化描述代码如下：

```
/*====1位全加器（参考例2.4.1） ====*/
module Adder_dataflow1 (
    output Sum, Cout,
    input A, B, Cin
    );

    //电路功能描述
    assign Sum=A ^ B ^ Cin;
    assign Cout=(A & B)
                |(A & Cin)
                |(B & Cin);
endmodule
```

```
/*=====4位全加器=====*/
module_4bit_adder (
        output [3:0] S,    output Co,
        input [3:0] A,B,   input Ci
        );
        wire C1,C2,C3;          //内部节点
    //实例引用子模块，采用位置关联法
    Adder_dataflow1 U0_FA(S[0],C1,A[0],B[0],Ci);
    Adder_dataflow1 U1_FA(S[1],C2,A[1],B[1],C1);
    Adder_dataflow1 U2_FA(S[2],C3,A[2],B[2],C2);
    Adder_dataflow1 U3_FA(S[3],Co,A[3],B[3],C3);
endmodule
```

可见，当一个模块被其他模块实例引用时，就形成了层次化结构。这种层次表明了引用模块与被引用模块之间的关系，被引用的模块称为**子模块**，引用模块称为**父模块**，即包含有子模块的模块是父模块。如果一个模块是实例引用其他子模块构成的，则该模块的描述就称为**结构描述**。

3.4.2 模块实例引用语句

模块实例引用语句的格式如下：

```
module_name  instance_name(port_associations);
```

其中，module_name 为设计模块名，instance_name 为实例引用名，port_associations 为父模块与子模块之间端口信号的关联方式，通常有**位置关联法**和**名称关联法**。

父模块引用子模块时，通过模块名完成引用过程，且实例引用名不能省略。例 3.4.1 所示的 4 位全加器顶层模块 _4bit_adder 是用 4 条实例引用语句描述的，每一条语句的开头都是被引用模块的名字 Adder_dataflow1，后面紧跟着的是实例引用名（例如，U0_FA、U1_FA 等），且实例引用名在父模块中必须是唯一的。

父模块与子模块的端口信号是按照位置（端口排列次序）对应关联的。父模块引用子模块时可以使用一套新端口，也可以使用同名的旧端口，但必须注意端口的排列次序。例如，在下列引用语句中，端口信号的对应关系如表 3.4.1 所示。

```
Adder_dataflow1 U0_FA (S[0],C1,A[0],B[0],Ci);
```

表 3.4.1 端口信号对应关系

父模块端口		子模块端口
S[0]	←——→	Sum
C1	←——→	Cout
A[0]	←——→	A
B[0]	←——→	B
Ci	←——→	Cin

对于端口较少的模块，使用这种方法比较方便。当端口较多时，建议使用名称关联的方法。图 3.4.4 是上面这条语句按照名称关联方法引用的情况，带有圆点的名称（如 .Sum、.Cout 等）是定义子模块时使用的端口名称，也称为形式名称，类似于 C 语言子函数中的形参，写在圆括号内的名称（如 S[0]、C1 等）是父模块中使用的新名称，也称为实际名称，类似于 C 语言中的实参。用这种方法实例引用子模块时，直接通过名称建立模块端口的连接关系，不需要考虑端口的排列次序。

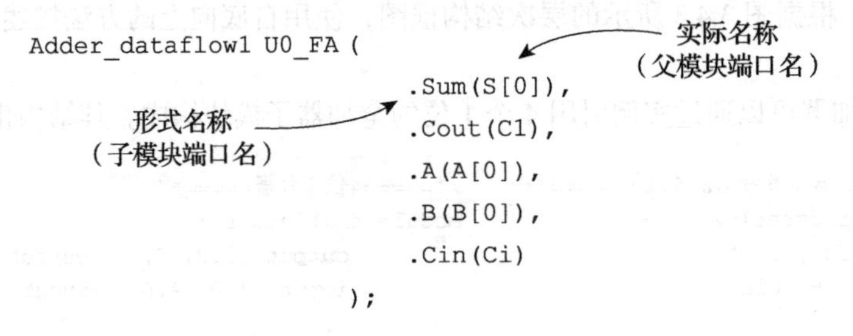

图 3.4.4 模块端口的名称关联的方法

另外，对于父模块中没有用到的一些端口，也允许空着不连接，方法是让不需要连接的端口位置为空白，但端口的逗号分隔符不能省略。在进行逻辑综合时，未连接输入端口的值被设置为高阻态（**z**），未连接的输出端口表示该端口没有被使用。

在顶层模块 _4bit_adder 中，每一个 Adder_dataflow1 后面的端口名称隐含地表示了这些子模块是如何相互连接在一起的。例如，子模块 U0_FA 中的进位输出 C1 被连接到子模块 U1_FA 中作为进位输入信号。

关于模块引用的几点注意事项：

1）模块只能以实例引用的方式嵌套在其他模块内，嵌套的层次是没有限制的。但不能在一个模块内部使用关键词 **module** 和 **endmodule** 去定义另一个模块，也不能以循环方式嵌套模块，即不能在 **always** 语句内部引用子模块。

2）实例引用的子模块可以是一个设计好的 Verilog HDL 设计文件（即一个设计模块），也可以是 FPGA 元件库中一个元件或嵌入式元件功能块，或者是用别的 HDL 语言（如 VHDL、AHDL 等）设计的元件，还可以是 IP（Intellectual Property，知识产权）核模块。

3）在一条实例引用子模块的语句中，不能一部分端口用位置关联，另一部分端口用名称关联，即不能混合使用这两种方式建立端口之间的连接。

4）在父模块与子模块中，声明端口变量的数据类型时必须遵守图 3.4.5 中的规定。其中，外面较大的方框代表父模块，里面较小的方框代表子模块。

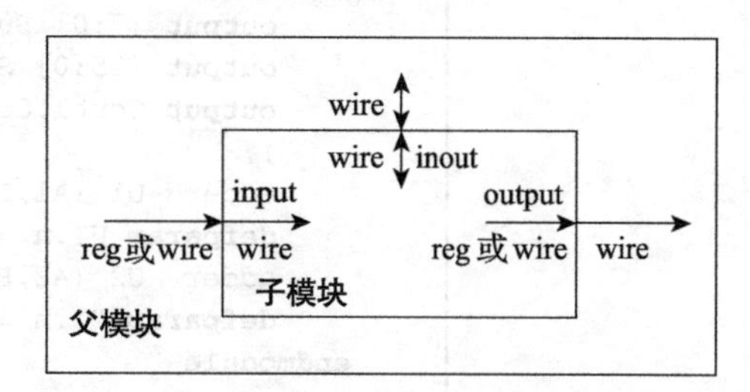

图 3.4.5　父模块与子模块中变量数据类型的规定

- 对于输入端口，在子模块中，输入端口的数据类型只能是线网型，父模块的端口由外部连到输入端口的信号则可以是 **reg** 或 **wire** 型。
- 对于输出端口，在子模块中，输出端口可以是 **reg** 或 **wire** 型，而父模块的端口只能是线网型，不能是 **reg** 型。
- 对于双向端口，不管是子模块还是父模块，其端口都必须是线网（net）型。另外，在 Verilog HDL 中允许父模块、子模块的端口宽度不同，但仿真器会给出警告信息，以便提醒用户注意。

【例 3.4.2】 试用 **parameter** 语句描述一个 4 位加法器子模块。然后在一个顶层模块中实例引用两次该模块，描述一个 8 位的加法器和一个 16 位的加法器。

解　带参数的 4 位加法器子模块代码如图 3.4.6 所示。用一条连续赋值语句描述其逻辑功能，“+”指明是二进制数的加法，由于 A 和 B 都是 4 位的，而 Ci 为 1 位，因此运算结果可能为 5 位，用 {Co,Sum} 拼接起来表示。

顶层模块的代码如图 3.4.7 所示。由于子模块 adder 中参数 n 的初值为 4，所以顶层模块 adder_hier 在实例引用子模块 adder 时，要将参数 n 定义成所需的 8 和 16。可以在顶层模块使用 **defparam** 语句。语句

```
defparam U1.n = 8;
```

将 adder 实例 U1 中 n 的值重新设置为 8。类似地，语句

```
defparam U2.n = 16;
```

将实例 U2 中 n 的值重新设置为 16。

```
//带参数的4位加法器子模块
module adder #(parameter n=4 )
    (
        input [n-1:0] A,B,
        input Ci,
        output [n-1:0] Sum,
        output Co
    );
        assign {Co,Sum} = A + B + Ci;

endmodule
```

图 3.4.6　带参数的 4 位加法器

另一种定义 n 的方式是在顶层模块中直接使

用 Verilog 运算符 #，方法是在子模块名后面的括号中写上新的参数值（这里用 #(8) 和 #(16)），其代码如图 3.4.8 所示。

```
module adder_hier (
    input [7:0] A1,B1,
    input [15:0] A2,B2,
    input Cin1,Cin2,
    output [7:0] Sum1,
    output [15:0] Sum2,
    output Cout1,Cout2
    );
    adder  U1 (A1,B1, Cin1, Sum1, Cout1);
    defparam U1.n = 8;
    adder  U2 (A2,B2, Cin2, Sum2, Cout2);
    defparam U2.n = 16;
endmodule
```

图 3.4.7 设置参数的一个例子

图 3.4.7 给出了图 3.4.8 中代码的另一种版本。这里仍然使用 # 运算符，但通过 #(.n(8)) 和 #(.n(16)) 明确地包含了参数名称 n，同时还使用名称关联方式明确地给出了子模块端口名称。虽然图 3.4.9 中的代码较长，但表述更清楚，是一种值得推荐的编写代码风格。

```
module adder_hier (
    input [7:0] A1,B1,
    input [15:0] A2,B2,
    input Cin1,Cin2,
    output [7:0] Sum1,
    output [15:0] Sum2,
    output Cout1,Cout2
);
    //按位置顺序关联端口
    adder #(8) U1 (A1,B1, Cin1,
        Sum1, Cout1);

    adder #(16) U2 (A2,B2, Cin2,
        Sum2, Cout2);

endmodule
```

图 3.4.8 采用运算符 # 定义参数

```
module adder_hier (
    input [7:0] A1,B1,    input [15:0] A2,B2,
    input Cin1,Cin2,      output [7:0] Sum1,
    output [15:0] Sum2,   output Cout1,Cout2
);
    adder #( .n(8)) U1 (
        .A(A1),
        .B(B1),
        .Ci(Cin1),
        .Sum(Sum1),
        .Co(Cout1)
        );
    adder #( .n(16) ) U2 (
        .A(A2),
        .B(B2),
        .Ci(Cin2),
        .Sum(Sum2),
        .Co(Cout2)
        );
endmodule
```

图 3.4.9 按名称关联端口及参数

3.4.3 迭代结构

在设计中，有时需要处理结构相同但参数不同的电路结构，例如，图 3.4.10 中的 4 位加法器就是由结构相同的 1 位全加器构成的。对于这种规则结构，可以使用 Verilog HDL 中提供的实例数组（array of instances）和 generate 语句来处理。

1. 实例数组

实例数组提供了一种在单个语句中实例化相似模块的简便方法。下面是例 3.4.1 中 4 位加法器的另一种写法，它将实例引用子模块的 4 条语句合并为 1 条语句，其中，所有信号都为 4 位向量，且实例名 FA[3:0] 也要使用向量。例如，向量 S 的位 3 到位 0 分别连接到实例 Adder_dataflow1 子模块 FA[3]、FA[2]、FA[1]、FA[0] 的 S[3]、S[2]、S[1]、S[0] 端口；对于无法使用直接向量连接的信号，可通过拼接操作来创建向量。例如，要将 C3、C2、C1 和 Ci 连接到实例子模块 FA[3]、FA[2]、FA[1]、FA[0] 的 Cin 端口，可通过 {C3, C2, C1,Ci} 的拼接来形成向量，以便此向量在 FA[3:0] 的端口连接表中能够连接到实例子模块的 4 个 Cin 端口。

```
module Add_4bit_vec (
    input [3:0] A, B, input Ci,
    output [3:0] S, output Co
    );
    wire C1, C2, C3;
    Adder_dataflow1 FA[3:0] (S, {Co, C3, C2, C1},
                              A, B, {C3, C2, C1, Ci} );
endmodule
```

图 3.4.10　使用实例数组的 4 位加法器

2. generate 语句

一个更灵活、更强大的 Verilog HDL 结构是 **generate** 语句，它用于生成多个类似的实例子模块。该结构是并发的，其主要功能是对 **module**、**assign**、**always**、**task**、**function** 等结构进行复制。

generate 有 **generate-for**、**generate-if** 和 **generate-case** 三种语句，由关键词 **generate-endgenerate** 指定生成的实例范围。使用时需要用关键词 **genvar** 声明一个正整数索引变量（如果将“**x**”或“**z**”或者“负值”赋给 **genvar** 变量将会出错）。**genvar** 是 **generate** 语句中的一种变量类型，**genvar** 变量可以声明在 **generate** 语句内，也可以声明在 **generate** 语句外。这里仅讨论一些简单的用法。

图 3.4.11 是例 3.4.1 中 4 位加法器的另一个版本，可以扩展为不同位宽的加法器。这里，端口和中间信号的声明是向量，其大小取决于参数 SIZE。

一个 *n* 位加法器具有规则的结构，但是其最右边和最左边的子模块例外。对于一个 *n* 位加法器，中间各个子模块的进位输入来自其右侧全加器的进位输出，但最右侧全加器的进位输入来自外部信号，而最左边那个全加器的进位输出则直接送到外部。

为了将这个不规则结构放入规则结构中，我们声明 carry 为 [SIZE:0] 的向量。此向量的最右边位由 *n* 位加法器的 ci 驱动，其最左边位就是加法器的 co。使用此向量，*n* 位加法器中的第 *i* 个全加器的进位输入来自 carry[i]，并将其进位输出放置到 carry[i+1]。这里使用 **generate-for** 语句描述了这种规则结构。

```
module Add_4bit_gen (a, b, ci, s, co);
    parameter SIZE = 4;
    input [SIZE-1:0] a, b;   input ci;
    output [SIZE-1:0] s;     output co;
    wire [SIZE:0] carry;
    genvar i;

    assign carry[0] = ci;
    assign co = carry[SIZE];
    generate
        for (i=0; i<SIZE; i=i+1) begin : full_adders
            Adder_dataflow1 fa (s[i], carry[i+1], a[i], b[i], carry[i]);
        end
    endgenerate
endmodule
```

图 3.4.11　使用 generate-for 语句的加法器

generate-for 结构会在 i 值为 0 到 3 时循环。在每次迭代中，它会生成并连接一个从位 0 到位 3 的全加器。在此例中，**for** 语句中 **begin** 后面的标识符为 full_adders。该标识符是必需的，用于引用单个全加器或其内部信号。例如，位置 3 中 Adder_dataflow1 子模块的输出 sum 由 full_adders[3].fa.sum 来索引。

也可以使用 **generate-if** 语句来描述加法器，其代码如图 3.4.12 所示。这里将子模块 Adder_dataflow1 的 0 和 SIZE−1 的实例引用分开了。

```
module Add_4bit_genif (a, b, ci, s, co);
    parameter SIZE = 4;
    input [SIZE-1:0] a, b;   input ci;
    output [SIZE-1:0] s;     output co;
    wire [3:0] carry;
    genvar i;

    generate
        for (i=0; i<SIZE; i=i+1) begin : full_adders
            if (i==0) Adder_dataflow1 fa (s[0], carry[0], a[0], b[0], ci );
            else if (i==SIZE-1)
                Adder_dataflow1 fa (s[i], co, a[i], b[i], carry[i-1] );
            else Adder_dataflow1 fa (s[i], carry[i], a[i], b[i], carry[i-1] );
        end
    endgenerate
endmodule
```

图 3.4.12　使用 generate-if 语句的加法器

3.5　常用组合电路及其设计

在学习了 Verilog HDL 的各种建模方式以及分层次的电路设计方法之后，下面应用这些知识对一些常用组合逻辑电路进行建模。

3.5.1　编码器

数字系统中存储或处理的信息常常是用二进制码表示的。用一个二进制代码表示特定含义的信息称为**编码**。具有编码功能的逻辑电路称为**编码器**。编码器有普通编码器和优先编码器之分。普通编码器任何时刻只允许一个输入信号有效，否则将产生错误输出。优先编码器允许多个输入信号同时有效，输出是对优先级别高的输入信号进行编码。

以图 3.5.1 所示的 8 线-3 线优先编码器[⊖]为例，它的功能如表 3.5.1 所示。该编码器有 8 个信号输入端，3 个二进制码输出端，输入和输出均以高电平作为有效电平，此外还设置了高电平有效的输入使能端 *En*，以及编码器工作状态标志 *GS*。

观察功能表可知，当 *En*=**1** 时，编码器工作；而当 *En*=**0** 时，禁止编码器工作，此时不论 8 个输入端为何种状态，3 个输出端均为低电平，且 *GS* 为低电平。另外，当电路所有的输入为 **0** 时，$Y_2Y_1Y_0$ 均为 **000**。当 I_0 为 **1** 时，$Y_2Y_1Y_0$ 也全为 **000**，即输入条件不同而输出代码相同。为了区分这两种情况，设置了输出端 *GS*，它的功能是：当 *En* 为 **1**，且至少有一个输入端输入高电平时，*GS* 为 **1**，表明编码器处于工作状态，否则 *GS* 为 **0**。

图 3.5.1　优先编码器的逻辑符号

当 *En*=**1** 时，只要 I_7 有效，无论其他 7 个输入是否有效，输出均为 **111**；而对于 I_0，只有当 I_1～I_7 均为 **0**，即均无有效电平输入，且 I_0 为 **1** 时，$Y_2Y_1Y_0$ 为 **000**。由此可知 I_7 的优先级别高于 I_0 的优先级别，即输入优先级别由高到低的次序依次为 I_7，I_6，…，I_0。

表 3.5.1　优先编码器的功能表

输入									输出			
En	I_7	I_6	I_5	I_4	I_3	I_2	I_1	I_0	Y_2	Y_1	Y_0	***GS***
0	×	×	×	×	×	×	×	×	0	0	0	0
1	0	0	0	0	0	0	0	0	0	0	0	0
1	1	×	×	×	×	×	×	×	1	1	1	1
1	0	1	×	×	×	×	×	×	1	1	0	1
1	0	0	1	×	×	×	×	×	1	0	1	1
1	0	0	0	1	×	×	×	×	1	0	0	1
1	0	0	0	0	1	×	×	×	0	1	1	1
1	0	0	0	0	0	1	×	×	0	1	0	1
1	0	0	0	0	0	0	1	×	0	0	1	1
1	0	0	0	0	0	0	0	1	0	0	0	1

根据功能表，可以得到各输出端的逻辑表达式如下所示。用逻辑门可以实现该优先编码器（电路图略）。

⊖　CMOS 中规模集成电路 CD4532 的功能与此类似。

$$\begin{cases}Y_2 = En\cdot(I_7+I_6+I_5+I_4)\\Y_1 = En\cdot(I_7+I_6+\overline{I}_5\overline{I}_4\overline{I}_3+\overline{I}_5\overline{I}_4\overline{I}_2)\\Y_0 = En\cdot(I_7+\overline{I}_6I_5+\overline{I}_6\overline{I}_4I_3+\overline{I}_6\overline{I}_4\overline{I}_2I_1)\\GS = En\cdot(I_7+I_6+I_5+I_4+I_3+I_2+I_1+I_0)\end{cases}$$

【例 3.5.1】 用 Verilog HDL 描述上述 8 线-3 线优先级编码器的功能（行为）。

解 下面使用 **casez** 语句描述，除此之外，还可以使用逻辑表达式等方式进行描述。

在 Verilog HDL 中，**case** 语句还有另外两种形式，用关键词 **casex** 和 **casez** 表示，以便处理表达式值中含有逻辑值 **x** 和 **z** 的情况。**casez** 将比较双方表达式（分支项表达式和 case_expr 控制表达式）中出现 **z** 的位当作不用关心的位来处理，在分支项表达式中所有为 **z** 的位也可以用“?”来表示。而 **casex** 则认为表达式中所有的 **z** 和 **x** 都为无关项。

```
module Encoder8x3a
    input En,
    input [7:0] I,
    output [2:0] Y,
    output reg GS
    );
    reg [2:0] Out_coding;         //中间信号
    assign Y=Out_coding;

    always @(I or En)
    begin
    if(~En)
        begin Out_coding=3'd0; GS=1'b0; end
    else begin
        GS=1'b1;
        casez(I)                   //出现“?”的相应位不予考虑
            8'b1???_????: Out_coding=3'd7;
            8'b01??_????: Out_coding=3'd6;
            8'b001?_????: Out_coding=3'd5;
            8'b0001_????: Out_coding=3'd4;
            8'b0000_1???: Out_coding=3'd3;
            8'b0000_01??: Out_coding=3'd2;
            8'b0000_001?: Out_coding=3'd1;
            8'b0000_0001: Out_coding=3'd0;
            8'b0000_0000: begin Out_coding=3'd0; GS=1'b0; end
            default: begin Out_coding=3'd0; GS=1'b0; end
        endcase
        end
    end
endmodule
```

3.5.2 二进制译码器

二进制译码器的功能是将一系列具有特定含义的二进制码转换成与之一一对应的有效电平信号输出，即译码器是通过输出端的逻辑电平来识别不同代码的。它常用于计算机中对存储器单元地址的译码，即将每一个地址代码转换成一个有效信号，从而选中对应的单元。

以 3 线-8 线译码器为例，表 3.5.2 是其功能表。A_2、A_1、A_0 为 3 位二进制代码输入端，因此会有 8 种（$2^3=8$）组合输出，即可译出 8 个输出信号 Y_0～Y_7，输出为低电平有效，对应每一组二进制输入代码，只有其中一个输出为低电平，其余输出均为高电平。此外，还设置了使能输入端 En，当 En=1 时，电路才有译码的功能，其输出由输入的二进制代码决定。当 En=0 时，全部输出皆为高电平。

表 3.5.2 3 线-8 线译码器功能表

输入				输出							
En	A_2	A_1	A_0	Y_0	Y_1	Y_2	Y_3	Y_4	Y_5	Y_6	Y_7
0	×	×	×	1	1	1	1	1	1	1	1
1	0	0	0	0	1	1	1	1	1	1	1
1	0	0	1	1	0	1	1	1	1	1	1
1	0	1	0	1	1	0	1	1	1	1	1
1	0	1	1	1	1	1	0	1	1	1	1
1	1	0	0	1	1	1	1	0	1	1	1
1	1	0	1	1	1	1	1	1	0	1	1
1	1	1	0	1	1	1	1	1	1	0	1
1	1	1	1	1	1	1	1	1	1	1	0

根据功能表可以得到各输出端的逻辑表达式。用逻辑门可以实现该译码器，其逻辑图如图 3.5.2 所示。

$$Y_0=\overline{En\cdot\overline{A}_2\cdot\overline{A}_1\cdot\overline{A}_0},\quad Y_1=\overline{En\cdot\overline{A}_2\cdot\overline{A}_1\cdot A_0}$$
$$Y_2=\overline{En\cdot\overline{A}_2\cdot A_1\cdot\overline{A}_0},\quad Y_3=\overline{En\cdot\overline{A}_2\cdot A_1\cdot A_0}$$
$$Y_4=\overline{En\cdot A_2\cdot\overline{A}_1\cdot\overline{A}_0},\quad Y_5=\overline{En\cdot A_2\cdot\overline{A}_1\cdot A_0}$$
$$Y_6=\overline{En\cdot A_2\cdot A_1\cdot\overline{A}_0},\quad Y_7=\overline{En\cdot A_2\cdot A_1\cdot A_0}$$

【例 3.5.2】 用 Verilog HDL 描述上述 3 线-8 线译码器的行为。

解 下面使用逻辑表达式和 **for** 循环语句两种方法来描述，除此之外，还可以使用 **case** 或 **if** 语句进行描述。

1）使用逻辑表达式的代码如下。

```
module Decoder3x8_dataflow( A, En, Y);
    input [2:0] A;
    input En;
    output [7:0]Y;
    assign  Y[0]=~( En & ~A[2] & ~A[1] & ~A[0] );
    assign  Y[1]=~( En & ~A[2] & ~A[1] &  A[0] );
    assign  Y[2]=~( En & ~A[2] &  A[1] & ~A[0] );
    assign  Y[3]=~( En & ~A[2] &  A[1] &  A[0] );
    assign  Y[4]=~( En &  A[2] & ~A[1] & ~A[0] );
    assign  Y[5]=~( En &  A[2] & ~A[1] &  A[0] );
    assign  Y[6]=~( En &  A[2] &  A[1] & ~A[0] );
    assign  Y[7]=~( En &  A[2] &  A[1] &  A[0] );
endmodule
```

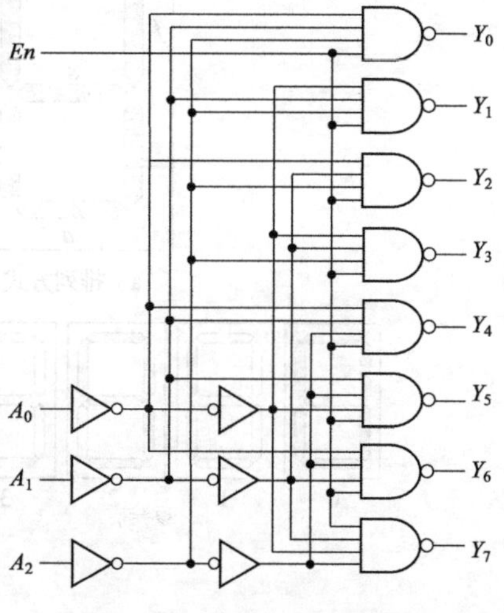

图 3.5.2 3 线-8 线译码器

2）使用 **for** 循环的代码如下。当使能信号 *En*=1 时，针对循环变量（*k*=0,1,…,7）的变化，重复执行 **if-else** 语句 8 次。每一次迭代实现一个不同的子电路，例如 A=**0** 时，设置 Y[0]=**0**；A=**1** 时，设置 Y[1]=**0**，其余依次类推。

```
module decoder3to8_bh(
    input [2:0] A,
    input En,
    output reg [7:0]Y
    );
    integer k;                          //声明整型变量k
    always @(A or En)
    begin
        Y=8'b1111_1111;                 //设置输出默认值
        for(k=0; k<=7; k=k+1)           //下面if-else语句循环8次
        if ((En==1) && (A==k))
            Y[k]=0;                     //当En=1时，根据输入A译码
        else
            Y[k]=1;                     //处理使能无效或输入无效的情况
    end
endmodule
```

3.5.3　七段显示译码器

数字系统的处理结果往往需要用数字直观地显示出来，数字显示电路通常由译码驱动器和数码显示器组成。七段式数字显示器是目前常用的显示方式，如图 3.5.3a 所示的七段显示器（seven-segment display device）是由 *a*、*b*、*c*、*d*、*e*、*f*、*g* 七段及小数点 dot 八个发光二极管（LED）组合而成，图 3.5.3b 是其引脚排列图。利用不同发光段的组合，可显示阿拉伯数字 0～9，如图 3.5.3c 所示（图中的实心黑色线段代表 LED 亮，白色空心线段代表不亮）。

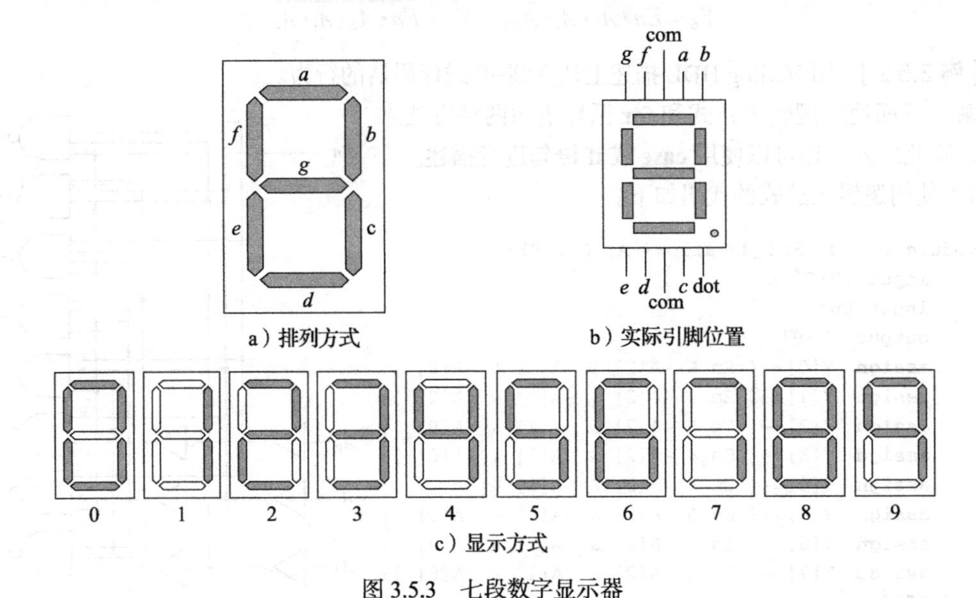

图 3.5.3　七段数字显示器

根据连接方式的不同，显示器分为共阳极（Common Anode，CA）和共阴极（Common Cathode，CC）两种，其等效电路如图 3.5.4 所示。共阳极显示器将所有 LED 的阳极连在一起，作为公共端（com），而共阴极显示器则将所有 LED 的阴极连在一起，作为公共端。

使用时，共阳极七段显示器必须将公共端 com 接到正电源 $+V_{CC}$，当 $a\sim g$ 的任意一段为低电平时，该段即会发亮。而共阴极七段显示器必须将公共端 com 接地，当 $a\sim g$ 的任意一段为高电平时，该段即会发亮。必须注意的是在使用七段显示器时，每一段 LED 都要串联一个限流电阻，以避免过大的电流烧毁 LED，使 LED 发光的典型电流值在 2～15mA，限流电阻大约使用 330Ω。共阳极显示器与译码器的电路连接如图 3.5.4 所示。

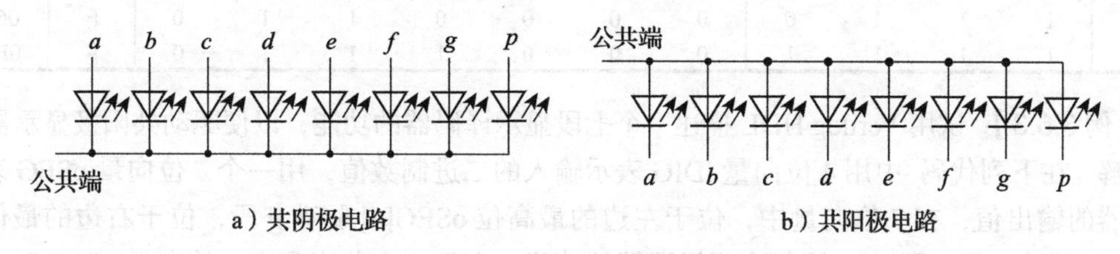

图 3.5.4　二极管显示器等效电路

为了使数码管能够显示十进制数，必须将十进制数的代码经译码器译出，然后经驱动器点亮对应的段。例如，如果译码器输入 8421 码 0000，则其输出应使显示器的 g 段不亮、其他各段均被点亮，此时将显示十进制数 0。如果译码器输入 0011，则其输出应使显示器的 a、b、c、d、g 各段点亮，即显示十进制数为 3。如果输入 1000，则译码器的输出应使 $a\sim g$ 各段均点亮，显示数字 8。可见显示译码器的功能是对应于某一组 4 位数码输入，相应输出端应该输出有效的高电平或者低电平信号。

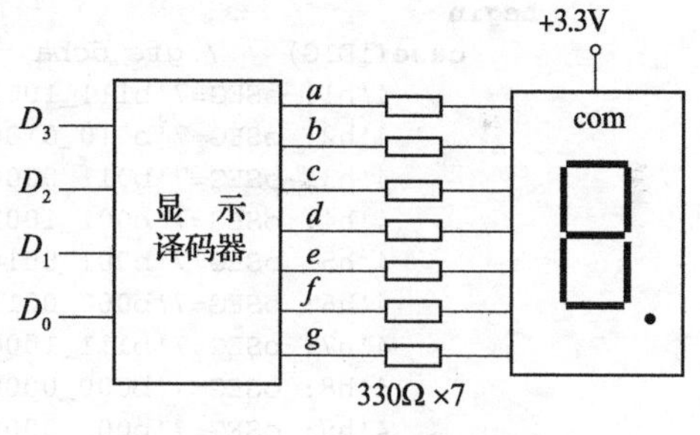

图 3.5.5　译码显示电路

常用的七段显示译码器有两类，一类译码器输出高电平有效信号（例如 74LS48、74HC4511 等），用来驱动共阴极显示器，另一类输出低电平有效信号（例如 74LS47 等），以驱动共阳极显示器。

七段共阳极显示译码器功能表如表 3.5.3 所示。当输入 $D_3D_2D_1D_0$ 接 4 位二进制数码时，输出低电平有效，用以驱动共阳极显示器。

表 3.5.3　七段共阳极显示译码器功能表

十进制	输入				输出							字形	十六进制输出
	D_3	D_2	D_1	D_0	g	f	e	d	c	b	a		
0	0	0	0	0	1	0	0	0	0	0	0	0	40H
1	0	0	0	1	1	1	1	1	0	0	1	1	79H
2	0	0	1	0	0	1	0	0	1	0	0	2	24H
3	0	0	1	1	0	1	1	0	0	0	0	3	30H
4	0	1	0	0	0	0	1	1	0	0	1	4	19H
5	0	1	0	1	0	0	1	0	0	1	0	5	12H
6	0	1	1	0	0	0	0	0	0	1	1	6	03H

（续）

十进制	输入				输出							字形	十六进制输出
	D_3	D_2	D_1	D_0	*g*	*f*	*e*	*d*	*c*	*b*	*a*		
7	0	1	1	1	1	1	1	1	0	0	0	7	78H
8	1	0	0	0	0	0	0	0	0	0	0	8	00H
9	1	0	0	1	0	0	1	0	0	0	0	9	10H
10	1	0	1	0	0	0	0	1	0	0	0	A	08H
11	1	0	1	1	0	0	0	0	0	1	1	b	03H
12	1	1	0	0	1	0	0	0	1	1	0	C	46H
13	1	1	0	1	0	1	0	0	0	0	1	d	21H
14	1	1	1	0	0	0	0	0	1	1	0	E	06H
15	1	1	1	1	0	0	0	1	1	1	0	F	0EH

【例 3.5.3】 试用 Verilog HDL 描述一个七段显示译码器的功能，以便驱动共阳极显示器。

解　在下列代码[⊖]中用 4 位向量 iDIG 表示输入的二进制数值，用一个 7 位向量 oSEG 表示译码器的输出值，在 7 位向量中，位于左边的最高位 oSEG[6] 驱动 *g* 段，位于右边的最低位 oSEG[0] 驱动 *a* 段。用 **case** 语句实现译码器的功能，在每一个分支项中，给向量 oSEG 赋一个 7 位值，以便驱动共阳极显示器。

```
module SEG7_LUT (oSEG,iDIG);
  input  [3:0] iDIG;                      //二进制或BCD输入
  output reg [6:0] oSEG;                  //七段码输出
  always @(iDIG)                          //BCD码输入→七段码输出
  begin                                   //用case语句实现真值表
      case(iDIG)    //gfe_dcba
        4'h1: oSEG=7'b111_1001;           //  ----a----
        4'h2: oSEG=7'b010_0100;           // |         |
        4'h3: oSEG=7'b011_0000;           // f         b
        4'h4: oSEG=7'b001_1001;           // |         |
        4'h5: oSEG=7'b001_0010;           //  ----g----
        4'h6: oSEG=7'b000_0011;           // |         |
        4'h7: oSEG=7'b111_1000;           // e         c
        4'h8: oSEG=7'b000_0000;           // |         |
        4'h9: oSEG=7'b001_0000;           //  ----d----
        4'ha: oSEG=7'b000_1000;
        4'hb: oSEG=7'b000_0011;
        4'hc: oSEG=7'b100_0110;
        4'hd: oSEG=7'b010_0001;
        4'he: oSEG=7'b000_0110;
        4'hf: oSEG=7'b000_1110;
        4'h0: oSEG=7'b100_0000;
      endcase
  end
endmodule
```

3.5.4　二进制数与 8421 码的转换

数字系统一般采用二进制或者十六进制，在日常生活中几乎都采用十进制，于是要进行数

⊖ 在一个数中增加下划线，可以改善可读性。

字类型之间的相互转换。

1. 四位二进制数转换成两个 BCD 码

二－十进制编码（Binary-Coded-Decimal，BCD 码）是把十进制数的 0～9 这十个数字用 4 位二进制数（0000～1001）表示的代码。例如，4 位二进制数 1111（相当于单个十六进制数 F）要用两个 BCD 码 0001 0101 来表示。表 3.5.4 是四位二进制数（即单个十六进制数）转换成两个 BCD 码的真值表。

表 3.5.4　四位二进制数转换成两个 BCD 码的真值表

二进制数					二进制编码的十进制数（BCD）					
HEX	b_3	b_2	b_1	b_0	p_4	p_3	p_2	p_1	p_0	BCD
0	0	0	0	0	0	0	0	0	0	00
1	0	0	0	1	0	0	0	0	1	01
2	0	0	1	0	0	0	0	1	0	02
3	0	0	1	1	0	0	0	1	1	03
4	0	1	0	0	0	0	1	0	0	04
5	0	1	0	1	0	0	1	0	1	05
6	0	1	1	0	0	0	1	1	0	06
7	0	1	1	1	0	0	1	1	1	07
8	1	0	0	0	0	1	0	0	0	08
9	1	0	0	1	0	1	0	0	1	09
A	1	0	1	0	1	0	0	0	0	10
B	1	0	1	1	1	0	0	0	1	11
C	1	1	0	0	1	0	0	1	0	12
D	1	1	0	1	1	0	0	1	1	13
E	1	1	1	0	1	0	1	0	0	14
F	1	1	1	1	1	0	1	0	1	15

根据真值表，我们可以推导出 p_4～p_0 的逻辑表达式，使用逻辑门来实现这样一个四位二进制数-BCD 码转换器（限于篇幅，这里从略）。也可以使用 HDL 来描述该电路的功能，然后使用 EDA 综合工具自动地化简逻辑，用 FPGA 或 ASIC 进行实现。

【例 3.5.4】 试用 Verilog HDL 设计一个能够将四位二进制数转换成两个 BCD 码的电路。

解　可以使用 **case** 语句描述上述真值表，也可以使用下面的算法进行描述。

```
module_4bitBIN2bcd(Bin, BCD1,BCD0);
    input [3:0] Bin;
    output reg [3:0] BCD1, BCD0;
always @(Bin)
begin
    {BCD1, BCD0}=8'h00;
    if(Bin<10) begin
        BCD1=4'h0;
        BCD0=Bin;
    end
    else begin
        BCD1=4'h1;                          //如果Bin≥10，则十位部分直接填入1
        BCD0=Bin-4'd10;                     //个位部分等于Bin-10
    end
```

```
end
endmodule
```

在 DE2-115 开发板上，4 位二进制数用 4 个拨动开关（SW3～SW0）输入，输出的两个 BCD 码可以送到 8 个发光二极管上显示出来。也可以将 BCD 码送到两个共阳极的数码显示器中进行显示，此时需要调用例 3.5.3 中的子模块 SEG7_LUT 两次，其代码如下：

```
module_4bitBIN2SEG7 (SW, HEX1, HEX0);
    input [3:0] SW;                          //拨动开关
    output [6:0] HEX0;                       //七段显示器0
    output [6:0] HEX1;                       //七段显示器1
    wire [3:0]BCD1,BCD0;                     //中间变量
    _4bitBIN2bcd B0(SW, BCD1,BCD0);          //用拨动开关输入二进制数
    SEG7_LUT  u0 (HEX0, BCD0);               //用显示器HEX0显示个位BCD数
    SEG7_LUT  u1 (HEX1, BCD1);               //用显示器HEX1显示十位BCD数
endmodule
```

2. 8 位二进制数转换成 3 个 BCD 码

如果要将 8 位二进制数（即 2 个十六进制数）转换成 BCD 码，用 HDL 将如何描述呢？如果用真值表将其表示出来，将会有 256 行，显然太麻烦了。下面先介绍一种将高 4 位和低 4 位分开转换，再进行求和的算法。后面将介绍另一种算法，即所谓的移位加 3 算法。

下面通过将 8 位二进制数 **1111_1100** 转换成 3 个 BCD 码 252 这个例子来说明该算法。转换步骤如下：

1）将低 4 位转换成 BCD 码，即二进制数 **1100** 的 BCD 码为 **0000_0001_0010**。

2）将高 4 位转换成 BCD 码，即二进制数 **1111_0000** 的 BCD 码为 **0010_0100_0000**。

3）对这两次转换得到的 BCD 码求和，即得到 8 位二进制数的真实 BCD 码。即

百位（BCD2）	十位（BCD1）	个位（BCD0）	
0 0 0 0	0 0 0 1	0 0 1 0	0 1 2
+0 0 1 0	0 1 0 0	0 0 0 0 ,	+2 4 0
0 0 1 0	0 1 0 1	0 0 1 0	2 5 2

4）BCD 码求和时，用二进制表示的两个 4 位 BCD 码数相加，其结果可能会超过 9，于是需要对超过 9 的数进行修正。方法是对和数大于 9 的数加上 6，就可以跳过在 BCD 码中出现的 A～F 这 6 个无效数。

按照这种算法，高 4 位、低 4 位二进制数与 BCD 码的对应关系如表 3.5.5 所示。

表 3.5.5 二进制数与 BCD 码的对应关系

十六进制数 HEX	二进制数 Bin	将高 4 位（$b_7 b_6 b_5 b_4$）二进制数转换成 BCD	将低 4 位（$b_3 b_2 b_1 b_0$）二进制数转换成 BCD
0	**0000**	000	000
1	**0001**	016	001
2	**0010**	032	002
3	**0011**	048	003
4	**0100**	064	004
5	**0101**	080	005
6	**0110**	096	006

（续）

十六进制数 HEX	二进制数 Bin	将高 4 位（$b_7 b_6 b_5 b_4$）二进制数转换成 BCD	将低 4 位（$b_3 b_2 b_1 b_0$）二进制数转换成 BCD
7	**0111**	112	007
8	**1000**	128	008
9	**1001**	144	009
A	**1010**	160	010
B	**1011**	176	011
C	**1100**	192	012
D	**1101**	208	013
E	**1110**	224	014
F	**1111**	240	015

【例 3.5.5】 试用 Verilog HDL 描述上述能够将 8 位二进制数转换成 3 个 BCD 码的算法。

解　对输入的 8 位二进制数，先用查表指令（**case** 语句）算出高 4 位、低 4 位的 BCD 码，然后对 BCD 码进行求和及修正。其代码如下：

```
module_8bitBin2BCDa (Bin, BCD2, BCD1, BCD0);
    input [7:0]Bin;                         //8位二进制数据输入
    output [3:0] BCD2, BCD1, BCD0;          //BCD输出
    reg [11:0] HB,LB;                       //中间变量，二进制数高4位转换BCD码后保存在HB中
    reg C30,C74,C118;                       //中间变量，分别表示个位、十位、百位BCD码加法的进位
    reg [11:0]Value;                        //中间变量，保存转换好的BCD码
    assign {BCD2, BCD1, BCD0}=Value;        //将转换好的BCD码赋给输出变量
always @(*)  begin
case(Bin[7:4])                              //数据高4-bit ==>BCD
        4'b1111: HB=12'b0010_0100_0000;  //240
        4'b1110: HB=12'b0010_0010_0100;  //224
        4'b1101: HB=12'b0010_0000_1000;  //208
        4'b1100: HB=12'b0001_1001_0010;  //192
        4'b1011: HB=12'b0001_0111_0110;  //176
        4'b1010: HB=12'b0001_0110_0000;  //160
        4'b1001: HB=12'b0001_0100_0100;  //144
        4'b1000: HB=12'b0001_0010_1000;  //128
        4'b0111: HB=12'b0001_0001_0010;  //112
        4'b0110: HB=12'b0000_1001_0110;  //96
        4'b0101: HB=12'b0000_1000_0000;  //80
        4'b0100: HB=12'b0000_0110_0100;  //64
        4'b0011: HB=12'b0000_0100_1000;  //48
        4'b0010: HB=12'b0000_0011_0010;  //32
        4'b0001: HB=12'b0000_0001_0110;  //16
        default: HB=12'b0000_0000_0000;  //0
endcase
case(Bin[3:0])      //数据低4-bit ==>BCD
        4'b1111: LB=12'b0000_0001_0101 ; //15
        4'b1110: LB=12'b0000_0001_0100 ; //14
        4'b1101: LB=12'b0000_0001_0011 ; //13
        4'b1100: LB=12'b0000_0001_0010 ; //12
        4'b1011: LB=12'b0000_0001_0001 ; //11
        4'b1010: LB=12'b0000_0001_0000 ; //10
        4'b1001: LB=12'b0000_0000_1001 ; //9
```

```
        4'b1000: LB=12'b0000_0000_1000 ; //8
        4'b0111: LB=12'b0000_0000_0111 ; //7
        4'b0110: LB=12'b0000_0000_0110 ; //6
        4'b0101: LB=12'b0000_0000_0101 ; //5
        4'b0100: LB=12'b0000_0000_0100 ; //4
        4'b0011: LB=12'b0000_0000_0011 ; //3
        4'b0010: LB=12'b0000_0000_0010 ; //2
        4'b0001: LB=12'b0000_0000_0001 ; //1
        default: LB=12'b0000_0000_0000;  //0
endcase

//================检查BCD加法的进位===================
if (HB[3:0]+LB[3:0]>4'd9)
           C30=1;                        //个位BCD数需要调整时，置标志C30=1
else       C30=0;
if ((HB[7:4]+LB[7:4]>4'd9)|(HB[7:4]+LB[7:4]==4'd9)&(C30==1))
           C74=1;                        //参考后面的补充说明1
else
           C74=0;
//因为Value[11:8]的值只能是0,1,2，实际上不会出现C118=1的情况
if ((HB[11:8]+LB[11:8]>4'd9)|(HB[11:8]+LB[11:8]==4'd9)&(C74==1))
           C118=1;                       //参考后面的补充说明2
else
           C118=0;
//================BCD加法运算===================
if (C30==1)                              //BCD加法（3~0），调整个位BCD
Value[3:0]=HB[3:0]+LB[3:0]+4'b0110;
else
    Value[3:0]=HB[3:0]+LB[3:0];
case({C74,C30})                          //BCD加法（7~4），参考后面的补充说明3
    2'b11: Value[7:4] =HB[7:4]+LB[7:4]+4'b0111;
    2'b10: Value[7:4] =HB[7:4]+LB[7:4]+4'b0110;
    2'b01: Value[7:4] =HB[7:4]+LB[7:4]+4'b0001;
    default:Value[7:4] =HB[7:4] + LB[7:4] ;
endcase
case({C118,C74})                         //BCD加法（11~8）
    2'b11: Value[11:8] =HB[11:8]+LB[11:8]+4'b0111;
    2'b10: Value[11:8] =HB[11:8]+LB[11:8]+4'b0110;
    2'b01: Value[11:8] =HB[11:8]+LB[11:8]+4'b0001;
    default:Value[11:8]=HB[11:8]+LB[11:8];
endcase
end
endmodule
```

对上述程序再做几点补充说明：

1）当十位 BCD 数为 9，即 Value[7:4]=4'h9 时，如果 HB[3:0]+LB[3:0]+4'b0110 产生进位，会出现 Value[7:4]=4'hA 的错误结果。此时需要置标志 C74=1，以便调整十位的 BCD 数。

2）由于最大的 8 位二进制数为 1111_1111，转换成 BCD 十进制数时，其值为 255，所以对于本例，将 C118 置 1 的代码及后面对百位 BCD 数进行修正的代码可以省略。

3）当 C74=1 且 C30=1 时，说明十位 BCD 数需要加 6 进行修正，且个位 BCD 数又有进位

信号，于是十位 BCD 数就需要加 7。下面的例子能够更好地说明这一点。

```
 百位（BCD2） 十位（BCD1） 个位（BCD0）
   0 0 0 0      0 0 0 0      1 0 0 1            0 0 9
 + 0 0 0 1      1 0 0 1      0 0 1 0          + 1 9 2
 ---------      -------      -------          -------
   0 0 0 1      1 0 0 1      1 0 1 1            2 0 1
 +       1      0 1 1 1      0 1 1 0 ← 修正
 ---------      -------      -------
   0 0 1 0      0 0 0 0      0 0 0 1
          C74=1        C30=1
```

仿真结果如图 3.5.6 所示。当输入十六进制数为 62H 时，得到的 BCD 码为 098，输入 64H 时，结果为 100，……，输入 FFH 时，结果为 255。可见转换结果是正确的。

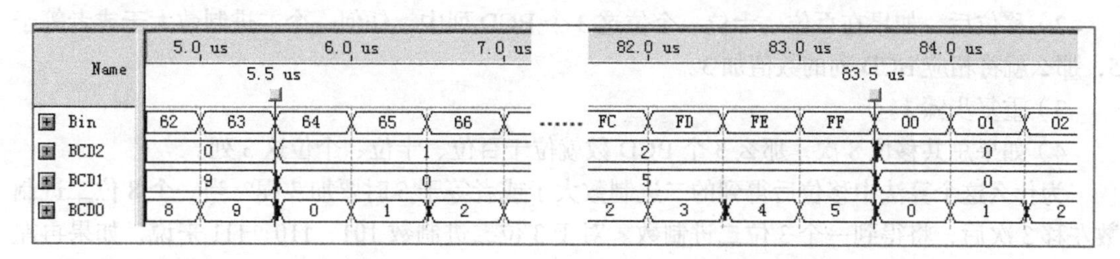

图 3.5.6　8 位二进制数转换成 3 个 BCD 码的仿真结果

3. 移位加 3 算法

移位加 3 算法（shift and add 3 algorithm）也能够将两个（或更多个）十六进制数转换成相应的 BCD 码。下面通过将十六进制数 FF 转换成 BCD 码 255 这个例子来说明该算法，表 3.5.6 列出了转换的具体步骤。表格的第 1 列是转换过程中进行的操作，第 2～4 列放转换的 BCD 数（百位、十位、个位）及其转换的中间结果，最右边两列放二进制数（或者十六进制数）。将十六进制数 FF 写成 8 位二进制数后，转换开始，在表格最后一行得到 3 个 BCD 数 255 后，转换结束。

表 3.5.6　8 位二进制数转换成 BCD 码的算法实例

操作	百位	十位	个位	二进制数	
Bin 的位数				7 … 4	3 … 0
十六进制数				F	F
开始				1111	1111
左移 1			1	1111	111
左移 2			11	1111	11
左移 3			111	1111	1
加 3			1010	1111	1
左移 4		1	0101	1111	
加 3		1	1000	1111	
左移 5		11	0001	111	
左移 6		110	0011	11	
加 3		1001	0011	11	

（续）

操作	百位	十位	个位	二进制数	
左移 7	**1**	**0010**	**0111**	**1**	
加 3	**1**	**0010**	**1010**	**1**	
左移 8	**10**	**0101**	**0101**		
BCD 数	2	5	5		
z	17 16	15 … 12	11 … 8	7 … 4	3 … 0

移位加 3 算法包括以下 4 个步骤：

1）把二进制数向左移动一位。

2）移位后，如果在百位、十位、个位这 3 个 BCD 列中，任何一个二进制数大于或者等于 5，那么就将相应 BCD 列的数值加 3。

3）重复步骤 1。

4）如果总共移位 8 次，那么 3 个 BCD 数就位于百位、十位、个位这 3 列。

为什么这个算法中移位后得到的二进制数大于或者等于 5 时要加 3 呢？当一个 8 位二进制数左移 3 次后，将得到一个 3 位二进制数。对于 3 位二进制数 101、110、111 来说，如果再左移一位，就会得到 1010、1100、1110，这几个数都超过了 BCD 数能够表示的范围，此时需要加 6 进行修正。如果在下一次向左移位之前进行修正呢？移位之后加 6 就变成移位之前的加 3 操作了。

【例 3.5.6】 试用 Verilog HDL 描述上述移位加 3 算法，将 8 位二进制数转换成 3 个 BCD 数。

解 下面是移位加 3 算法的代码。

```
module_8bitBIN2BCDb (Bin, BCD2, BCD1, BCD0);
   input  [7:0]Bin;                              //8位二进制数据输入
   output reg [3:0] BCD2, BCD1, BCD0;            //BCD输出
   reg [17:0] z;                                 //中间变量，移位过程中使用
   integer k;
always @(Bin)
begin
      for (k=0; k<=17; k=k+1)
         z[k]=0;                                 //将向量z清零
         z[10:3]=Bin;                            //将8位二进制数左移3位
      repeat(5)                                  //将begin…end之间的循环体执行5次
      begin
         if(z[11:8]>4)                           //如果个位BCD数大于4
            z[11:8]=z[11:8]+3;                   //加3修正
         if(z[15:12]>4)                          //如果十位BCD数大于4
            z[15:12]=z[15:12]+3;                 //加3修正
         z[17:1]=z[16:0];                        //左移1位
      end
   {BCD2, BCD1, BCD0}=z[17:8];                   //将转换好的BCD码输出
end
endmodule
```

程序首先将向量 z 清零，再把输入的 8 位二进制数 Bin 放到 z 中并左移 3 次，然后使用 **repeat** 语句循环 5 次，每次将 z 左移 1 次，包括开始的 3 次，总共左移 8 次。每次通过 **repeat**

进行循环时，都要检查一下个位或者十位是否大于等于 5。如果大于等于 5，则要加上 3。当退出 **repeat** 循环时，百位、十位、个位的 BCD 数就位于 z[17:8] 中。仿真结果与图 3.5.6 相同。

小　结

本章介绍了以下内容：

- Verilog HDL 中的四值逻辑，每个值还可以具有不同的强度等级。
- 结构级建模、数据流建模和行为级建模是用 HDL 描述数字逻辑电路时的三种不同描述风格。对组合逻辑电路可以使用任何一种建模方式，对于比较复杂的逻辑电路通常使用行为级建模更方便。
- 结构级建模就是实例引用 Verilog HDL 中内置的基本门级元件或者用户定义的元件或其他模块，描述逻辑电路图中的元件以及元件之间的连接关系。仅仅通过实例引用 Verilog HDL 内部门级元件对逻辑电路图进行建模的方式也称为**门级建模**。
- 数据流描述是使用 **assign** 语句对电路的逻辑方程进行建模的方式，它比结构建模更简洁。
- 在行为级建模中，会使用过程化的 **always** 结构或 **initial** 结构，根据电路的功能或算法进行描述。通常会使用 **if-else**、**case** 以及各种循环语句。
- 在电路设计中，可以将两个或多个模块组合起来描述电路逻辑功能，通常称之为分模块、分层次的电路设计。分层次的电路设计通常有自顶向下和自底向上两种设计方法。
- 实例引用子模块时，要注意模块端口连接规则和连接方法。对端口数较少的模块，端口连接时可以使用位置关联法，而对比较复杂的设计，端口连接时采用名称关联法较好。

习　题

3.1　试比较逻辑运算符、按位运算符和缩位运算符有哪些相同点和不同点。

3.2　相等运算符（==）与全等运算符（===）有何区别？

3.3　填空题：

1）请问下列运算的二进制值是多少？

```
reg [3:0] m;
m=4'b1010;      //{2{m}}的二进制值是__________;
```

2）假设 m=4'b0101，按要求填写下列运算的结果：

&m=__________，　|m=__________，　^m=__________，　~^m=__________。

3.4　根据下面的 HDL 描述画出数字电路的逻辑图，说明它所完成的功能。

```
module circuit(A,B,L);
    input A,B;
    output L;
```

```
    wire a1,a2,Anot,Bnot;
    and G1(a1,A,B);
    and G2(a2,Anot,Bnot);
    not (Anot, A);
    not (Bnot, B);
    or (L, a1, a2);
endmodule
```

3.5 假设A=4'b1010，B=4'b1111，执行下列运算后，X、Y和Z的结果是多少？

```
module Reduce  (input [3:0] A, B, output X, Y, Z);
    assign X = |A;
    assign Y = &B;
    assign Z = X & (^B);
endmodule
```

3.6 阅读下列代码，说明它所完成的逻辑功能。假设A=4'b1010，B=4'b1010，执行下列运算后，EQ的结果是多少？

```
module comp_4bit (input [3:0] A, B, output EQ );
    wire [3:0] Node;
    assign Node = A ^ B;
    assign EQ = ~|Node;
endmodule
```

3.7 使用连续赋值语句写出由下列逻辑函数定义的逻辑电路的Verilog HDL描述。

$$L_1 = (B+C)(\bar{A}+D)\bar{B}$$

$$L_2 = (\bar{B}C + ABC + B\bar{C})(A+\bar{D})$$

$$L_3 = C(AD+B)+\bar{A}B$$

3.8 阅读下列代码，说明它所完成的逻辑功能，并编写一个测试模块，给出仿真波形以验证其功能。

```
module dec2_4 (input A, B, output reg D0, D1, D2, D3 );
    always @(A, B) begin: decoder
        case ( { A, B } )
            2'b00 : { D3, D2, D1, D0 } = 4'b0001;
            2'b01 : { D3, D2, D1, D0 } = 4'b0010;
            2'b10 : { D3, D2, D1, D0 } = 4'b0100;
            2'b11 : { D3, D2, D1, D0 } = 4'b1000;
            default: { D3, D2, D1, D0 } = 4'b0000;
        endcase
    end
endmodule
```

3.9 阅读下列代码，说明它所完成的逻辑功能，并编写一个测试模块，给出仿真波形以验证其功能。

```
module Alu_n_bit (A, B, F, Y );
        parameter n=4;
        input [n-1:0] A, B;
        input [1:0] F;
        output reg [n-1:0] Y;
    always @ (A, B, F)
    begin
            case ( F )
```

```
                2'b00 : Y = A + B;
                2'b01 : Y = A - B;
                2'b10 : Y = A & B;
                2'b11 : Y = A ^ B;
                default: Y = 0;
            endcase
        end
    endmodule
```

3.10 试用 Verilog HDL 描述一个七段显示译码器的功能，以便驱动共阴极显示器。

3.11 绘制一个和表 3.4.7 相似的表格，采用移位加 3 算法，描述将一个 3 位十六进制数 FFF 转换成 BCD 码 4095 的过程，并用 Verilog HDL 进行描述和仿真。

3.12 阅读下列模块代码，说明它所完成的功能，并给出仿真波形。

```
module Gray2bin (bin,gray);
   parameter SIZE=4;
   input        [SIZE-1:0] gray;
   output       [SIZE-1:0] bin;
   genvar i;
   generate
      for(i = 0; i < SIZE; i = i + 1)
      begin : converter
         assign bin[i] = ^gray[SIZE-1:i];
      end
   endgenerate
endmodule
```

```
module tb_Gray2bin ();
   reg [3:0] gray;
   wire [3:0] bin;
   Gray2bin #4 i0(bin,gray);
   initial begin
      gray=0;
      #10 forever #10 gray=gray + 1;
   end
   initial  begin
      #220 $stop;
   end
endmodule
```

3.13 阅读下列两个模块的代码，说明它们所完成的功能。如果输入的二进制数分别为 80H、40H、20H 和 10H，则输出 out 的值分别是多少？

```
module Bit_ordering_reverse1 (
    input [7:0] in,
    output [7:0] out
);
    genvar i;

    generate
        for(i = 0; i < 8; i = i + 1)
            begin : bit_reverse
            assign out[i] = in[7 - i];
        end
    endgenerate
 endmodule
```

```
module Bit_ordering_reverse2 (
    input [7:0] in,
    output reg [7:0] out
);
    genvar i;
    generate
        for(i = 0; i < 8; i = i + 1) begin :
            bit_reverse
            always@(*)
        begin  out[i] = in[7 - i];  end
        end
    endgenerate
 endmodule
```

3.14 图题 3.14a 是一个两位数值比较器逻辑框图，它由图题 3.14b 所示的两个一位数值比较器和一些逻辑门构成，试使用自底向上的分层次设计方法设计该比较器。

要求如下：

1）根据图题 3.14b 对一位数值比较器的行为进行描述，对该模块进行逻辑功能仿真，并给出仿真波形。

2）实例引用上面设计的一位比较器模块和基本门级元件，完成两位数值比较器的建模。

3）对整个电路进行逻辑功能仿真，并给出仿真波形。

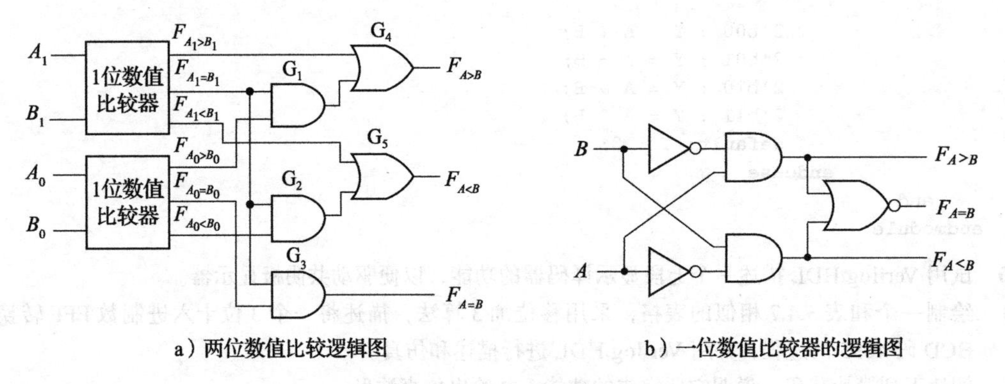

a）两位数值比较逻辑图　　　　b）一位数值比较器的逻辑图

图题 3.14　数值比较器

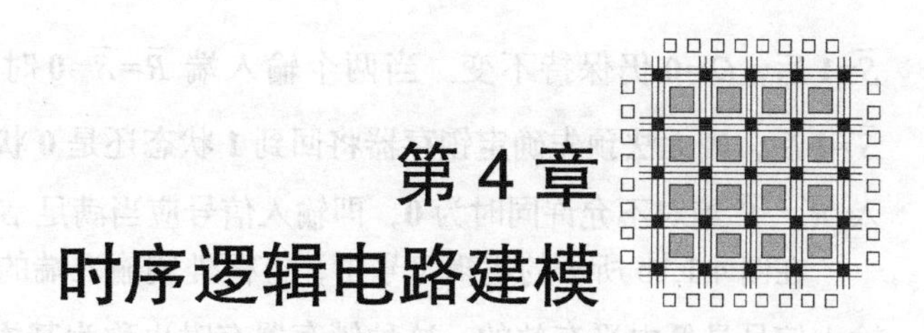

第4章 时序逻辑电路建模

本章目的

本章首先介绍锁存器的基本概念，接着介绍时序电路建模的基础知识，然后介绍D触发器、寄存器、移位寄存器和计数器等电路及其 Verilog HDL 建模知识。具体内容包括：

- 说明锁存器、触发器的电路结构，并解释它们之间的区别。
- 介绍D触发器的逻辑功能及其 Verilog HDL 描述。
- 说明同步时序电路的设计方法。
- 介绍寄存器、移位寄存器、计数器等模块的逻辑功能及其 Verilog HDL 描述。
- 介绍 Verilog HDL 函数与任务的用法。

4.1 锁存器

前面介绍的组合逻辑电路是以逻辑门为基础的，它的输出只与当时的输入信号有关，而与过去的历史状态无关。与组合逻辑电路不同，时序逻辑电路在任意时刻的输出信号不仅与当时的输入信号有关，而且与电路原来的状态有关。

锁存器和触发器是时序电路的基本单元电路，这两种器件都具有存储功能。每个锁存器或触发器都能存储1位二值信息，所以又称为**存储单元**或记忆单元。

锁存器和触发器的区别是：锁存器没有时钟输入端，它是一种对输入脉冲电平敏感的存储电路，其状态的改变由输入脉冲电平（高电平或低电平）触发。而触发器是由锁存器构成的，每一个触发器有一个时钟输入端，只有时钟脉冲的有效沿到来时触发器的状态才有可能改变，通常状态的改变由时钟脉冲的上升沿或下降沿触发。本节介绍锁存器，下一节介绍触发器。

4.1.1 基本SR锁存器

由**与非**门构成的SR[⊖]锁存器如图4.1.1a所示，该锁存器的两个输入端均为低电平有效[⊜]。一般情况下，两个输入端均为**1**，输出状态维持不变，只有需要改变锁存器的状态时才改变输入信号。

当 $\bar{R}$=**1**、$\bar{S}$=**0** 时，锁存器将进入置位状态，即 Q=**1**。此时，即使输入回到 $\bar{R}=\bar{S}$=**1** 状态，电路仍维持 Q=**1** 不变；当 $\bar{R}$=**0**、$\bar{S}$=**1** 时，将使锁存器进入复位状态，即 Q=**0**，当输入回到 $\bar{R}$=

⊖ S代表Set（置位），R代表Reset（复位）。

⊜ 数字逻辑习惯在字母上面增加一条短横线，表示低电平有效。

$\bar{S}$=**1** 后，Q=**0** 仍保持不变。当两个输入端 $\bar{R}=\bar{S}$=**0** 时，将迫使 $Q=\bar{Q}$=**1**，但当输入回到 $\bar{R}=\bar{S}$=**1** 后，则无法预先确定锁存器将回到 **1** 状态还是 **0** 状态。因此，在实际应用时，锁存器的输入 $\bar{R}$、$\bar{S}$ 绝对不允许同时为 **0**，即输入信号应当满足 $\bar{S}+\bar{R}$=**1** 的**约束条件**。

在图 4.1.1b 所示的逻辑符号中，方框外侧输入端的小圆圈和信号名称上面的短横线均表示输入信号是低电平有效的，这种锁存器有时也称为**基本 $\bar{\mathbf{S}}\bar{\mathbf{R}}$ 锁存器**。在稳态时，两个输出端 Q 和 $\bar{Q}$ 的状态总是相反的。通常用 Q 端的状态来表示锁存器的状态。

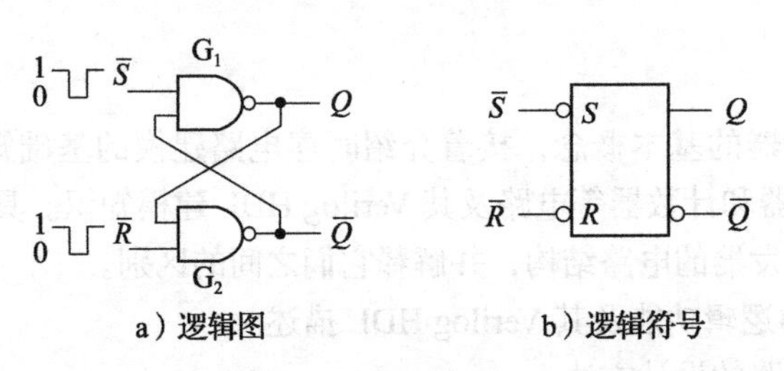

a）逻辑图　　b）逻辑符号

图 4.1.1　用与非门构成的基本 SR 锁存器

表 4.1.1 是 SR 锁存器的特性表，它以表格的形式描述了锁存器的逻辑功能。在锁存器中，通常把输入信号变化之前电路的状态称为**现态**（current state），用 Q^n 和 $\bar{Q}^n$ 表示。对输入信号的变化响应之后，电路所进入的新状态称为**次态**（next state），用 Q^{n+1} 和 $\bar{Q}^{n+1}$ 表示。

表 4.1.1　基本 SR 锁存器的特性表

$\bar{R}$	$\bar{S}$	Q^n	Q^{n+1}	锁存器状态
1	1	1	1	保持
1	1	0	0	
1	0	1	1	置位
1	0	0	1	
0	1	1	0	清零
0	1	0	0	
0	0	1	×	不确定
0	0	0	×	

【**例 4.1.1**】假设图 4.1.1a 中基本 SR 锁存器的原始状态 Q=**0**，当 $\bar{S}$、$\bar{R}$ 端输入波形如图 4.1.2 中虚线上边所示时，试画出 Q 和 $\bar{Q}$ 对应的波形。

解　根据表 4.1.1 可以画出 Q 和 $\bar{Q}$ 端的波形如图 4.1.2 虚线下边所示。注意，到 t_7 时刻，输入违反了约束条件（$\bar{S}=\bar{R}$=**0**），使 $Q=\bar{Q}$=**1**。到 t_8 时刻，由于 $\bar{S}$ 和 $\bar{R}$ 的低电平同时撤销，所以

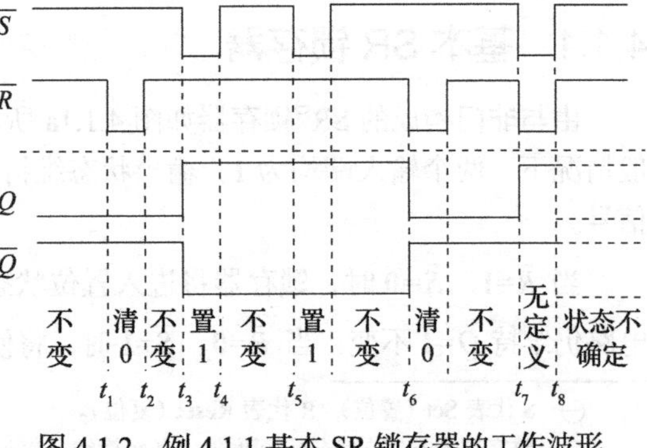

图 4.1.2　例 4.1.1 基本 SR 锁存器的工作波形

锁存器以后的状态将无法确定，在波形图中用两条虚线表示。

4.1.2 门控 D 锁存器

如图 4.1.3a 所示的门控 D 锁存器消除了不确定状态。锁存器状态的改变受使能端 E[⊖]控制，其工作原理如下：

1）当 E=**0** 时，$\bar{S}=\bar{R}$=**1**，无论 D 取何值，输出 Q 和 $\bar{Q}$ 均保持不变。

2）当 E=**1** 且 D=**1** 时，$\bar{S}$=**0**、$\bar{R}$=**1**，因此 Q 被置 **1**；当 E=**1** 且 D=**0** 时，$\bar{S}$=**1**，$\bar{R}$=**0**，因此 Q 被置 **0**。

可见，在 E=**1** 期间，数据输入端 D 的值将被传输到输出端 Q，而当 E 由 **1** 跳变为 **0** 时，锁存器将保持跳变之前瞬间 D 的值。因此，D 锁存器常称为**透明锁存器**（transparent latch），它能存储 1 位二进制数据。

图 4.1.3b 是 D 锁存器的逻辑符号。其中，C1 和 1D 表示二者是关联的，C1 控制 1D 的输入。由于输出受到使能输入端电平的控制，因此这种锁存器称为**电平敏感型锁存器**。锁存器 SN74LS373 芯片内部集成了 8 个 D 锁存器，电路的输出端还接有三态门。

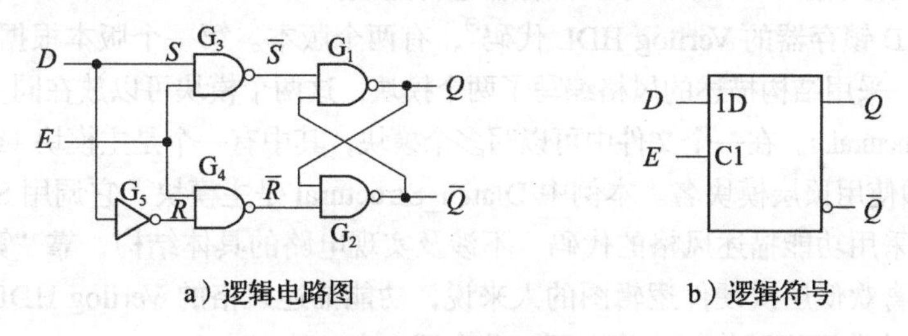

图 4.1.3 D 锁存器

经过上述分析，门控 D 锁存器的逻辑功能如表 4.1.2 所示。Q^{n+1} 的卡诺图如图 4.1.4 所示，用卡诺图化简得到 D 锁存器的特性方程为

$$Q^{n+1}=\bar{E}\cdot Q+E\cdot D \tag{4.1.1}$$

表 4.1.2 D 锁存器的特性表

E	D	Q^n	Q^{n+1}	功能
0	×	0	0	保持
0	×	1	1	
1	0	0	0	置 0
1	0	1	0	
1	1	0	1	置 1
1	1	1	1	

【例 4.1.2】 若图 4.1.3a 所示电路的初始状态为 Q=**1**，E、D 端的输入信号如图 4.1.5 中虚线上边所示，试画出相应 Q 和 $\bar{Q}$ 端的输出波形。

⊖ 不同公司的产品，其使能信号名称不同，常用的名称有 E、LE、C、G、ENABLE 等。

解　初态 Q=**1**，根据表 4.1.2 所示的 D 锁存器特性可知，当 E=**1** 时，Q 端波形跟随 D 端变化，当 E 跳变为 **0** 时，锁存器将保持跳变之前 D 的值，画出 Q 和 $\overline{Q}$ 的波形，如图 4.1.5 中虚线下边所示。

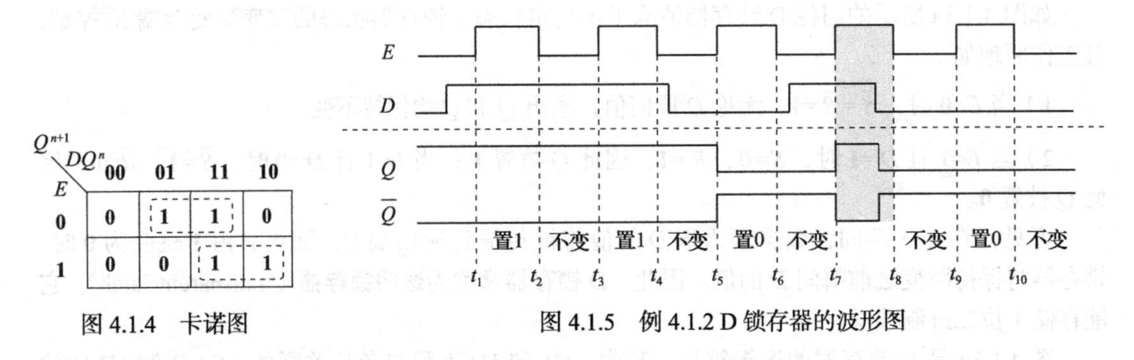

图 4.1.4　卡诺图　　　　图 4.1.5　例 4.1.2 D 锁存器的波形图

4.1.3　门控 D 锁存器的 Verilog HDL 建模

【**例 4.1.3**】　试对图 4.1.3 所示的 D 锁存器进行建模。

解　下面是 D 锁存器的 Verilog HDL 代码[⊖]，有两个版本。第一个版本根据图 4.1.3 使用基本的逻辑门元件，采用结构描述的风格编写了两个模块，这两个模块可以放在同一个文件中，文件名为 Dlatch_Structural.v。在一个文件中可以写多个模块，其中有一个是主模块（或者称为顶层模块）。文件名必须使用顶层模块名。本例中 Dlatch_Structural 是主模块，它调用 SRlatch_1 模块。

第二个版本采用功能描述风格的代码，不涉及实现电路的具体结构，靠“算法”实现电路操作。对于不太喜欢低层次硬件逻辑图的人来说，功能描述风格的 Verilog HDL 是一种最佳选择。其中“<=”为非阻塞赋值符，将在下一节介绍。

注意，**always** 内部不能使用 **assign**。另外，在写可综合的代码时，建议明确地定义 **if-else** 中所有可能的条件分支，否则会在电路的输出部分增加一个电平敏感型锁存器。

```
//版本1：D锁存器结构描述（Dlatch_Structural.v）
module Dlatch_Structural (E,D,Q,Qbar);
    input E,D;
    output Q,Qbar;
    wire R_n,S_n;
    nand N1(S_n,D,E);
    nand N2(R_n,~D,E);
    SRlatch_1 N3(S_n,R_n,Q,Qbar);
endmodule

//SR锁存器的结构描述
module SRlatch_1 (S_n,R_n,Q,Qbar);
    input S_n,R_n;
    output Q,Qbar;
    nand N1(Q,S_n,Qbar);
    nand N2(Qbar,R_n,Q);
endmodule
```

```
//版本2：D锁存器的行为（功能）描述
module Dlatch_bh (E,D,Q,Qbar);
    input E,D;
    output reg Q,Qbar;

    always @(E or D)
    if (E)
        {Q,Qbar}<={D,~D};
    else
        {Q,Qbar}<={Q,Qbar};   //保持不变

endmodule
```

⊖　在 HDL 程序中，本书在字母后面增加下划线和字母 n（例如 R_n、S_n）来表示低电平有效，用 Qbar 代替 $\overline{Q}$。

4.2　触发器

按照逻辑功能的不同，触发器可分为 D、JK、T、D-CE 等几种类型，这里重点介绍 D 触发器的逻辑功能。

4.2.1　D 触发器的逻辑功能

图 4.2.1 所示为 D 触发器的逻辑符号，方框内侧的“>”符号表示该触发器由时钟信号边沿触发，方框外的小圆圈则表示在时钟信号的下降沿触发，方框外没有小圆圈则表示上升沿触发。C1 控制 1D 这个输入信号。

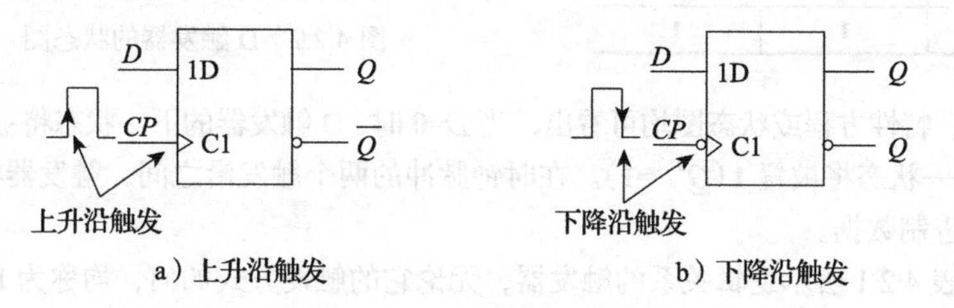

图 4.2.1　D 触发器的逻辑符号

触发器的输出变化只发生在时钟脉冲信号 CP[⊖]的某一个边沿。如果输出 Q 在 CP 由 **0** 向 **1** 跳变的时刻改变，就称这种触发器为**上升沿触发**；如果输出 Q 在 CP 由 **1** 向 **0** 跳变的时刻改变，就称这种触发器为**下降沿触发**。

触发器的逻辑功能表明其状态与输入信号之间的逻辑关系，可用特性表、特性方程、状态图等方式进行描述。

1. 特性表

以输入信号和触发器的现态为变量，以次态为函数，描述它们之间逻辑关系的真值表称为触发器的**特性表**。D 触发器的特性表如表 4.2.1 所示，其中列出了触发器现态 Q^n 和输入信号 D 在不同组合条件下的次态值 Q^{n+1}。由于触发器状态的转变总是需要时钟的，简便起见，特性表中没有列出 CP。

2. 特性方程

触发器的逻辑功能也可以用逻辑表达式来描述，称为触发器的**特性方程**。根据表 4.2.1 可以列出 D 触发器的特性方程：

$$Q^{n+1}=D \tag{4.2.1}$$

3. 状态图

触发器的功能还可以用状态图来描述。状态图反映了触发器从一个状态转换到另一个状态或保持原状态不变时，对输入信号的要求。图 4.2.2 是 D 触发器的状态图，它是根据表 4.2.1 画出来的。其中，每一个圆圈对应着一个状态，分别标示为 **0** 和 **1** 的两个圆圈代表了触发器的

⊖　CP 系 Clock Pulse 的缩写。时钟信号也可用 CLK、CK 等表示。

两个状态；每一条带箭头的方向线都表示一个转换，箭头指示出状态转换的方向，4根带箭头的方向线分别对应特性表中的4行，方向线的起点为触发器的现态Q^n，箭头指向相应的次态Q^{n+1}；当方向线的起点和终点都在同一个圆圈上时，则表示状态不变。方向线旁边标出了状态转换的条件，即输入信号D的逻辑值。

表 4.2.1 D触发器的特性表

D	Q^n	Q^{n+1}
0	0	0
0	1	0
1	0	1
1	1	1

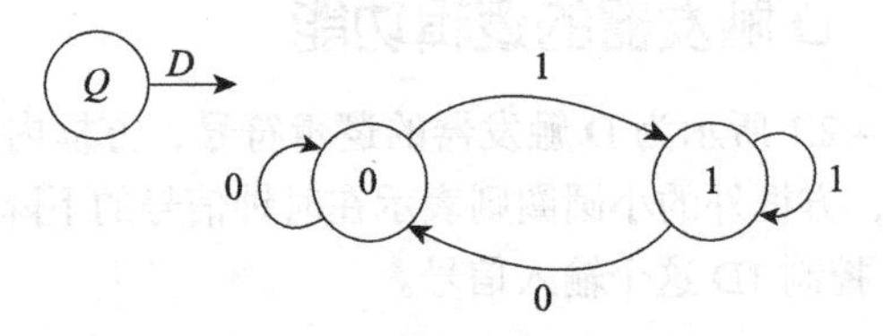

图 4.2.2 D触发器的状态图

由特性表、特性方程或状态图均可看出，当D=**0**时，D触发器的下一状态将被置0（Q^{n+1}=**0**）；当D=**1**时，下一状态将被置**1**（Q^{n+1}=**1**）。在时钟脉冲的两个触发沿之间，触发器状态保持不变，即存储1位二进制数据。

凡是符合表4.2.1所示逻辑关系的触发器，无论它的触发方式如何，均称为D触发器。

4.2.2 有清零输入和预置输入的D触发器

根据实际工作的需要，在一些触发器电路中还增加了与时钟无关的输入端（通常称为**异步输入端**），即直接置**1**端和直接置**0**端。将能直接使触发器状态置为**1**的输入称为**直接置1端**，将能直接使触发器状态清零的输入称为**直接置0端**（或**复位端**，或**清零端**），它们的作用是强迫触发器进入**0**或者**1**的状态。例如，当数字系统刚接通电源时，触发器的状态是不确定的，使用直接置**1**端或直接置**0**端就可以使系统中的触发器进入一个确定的初始状态。

图4.2.3a所示为有异步输入端的边沿D触发器的逻辑符号。$\overline{R}_D$代表低电平有效的清零输入㊀，$\overline{S}_D$代表低电平有效的置位输入㊁。输入端的小圆圈（反相符号）以及信号名称上带有的短横线一起用来表示输入低电平有效。

图4.2.3b所示为边沿D触发器的内部逻辑图。为了清楚，直接置**1**线、直接置**0**线用虚线画出，该电路的工作原理有些复杂，这里不做详细分析，只要弄清楚电路的组成和置**1**、清零的过程就可以了。

这个D触发器是由3个基本的$\overline{\mathrm{SR}}$锁存器构成的，左边的两个锁存器与外部输入信号D和时钟信号CP相连接，所产生的$\overline{S}$和$\overline{R}$信号控制着右边输出锁存器（由G_5、G_6构成）的状态，也就是整个触发器的状态。当$\overline{S}_D$=**1**、$\overline{R}_D$=**1**时，电路能实现表4.2.1所示的D触发器的功能。

㊀ 清零输入端的符号可以用$\overline{R}_D$或者$\overline{CLR}$表示。

㊁ 预置输入端的符号可以用$\overline{S}_D$或者$\overline{PR}$、$\overline{PRE}$表示。

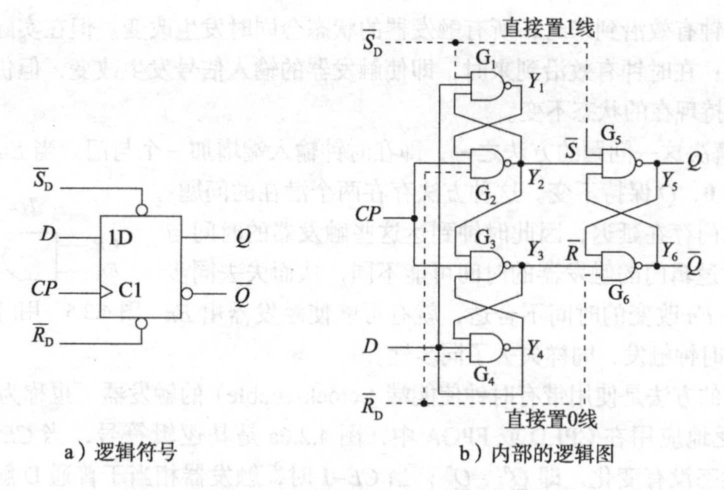

a）逻辑符号　　b）内部的逻辑图

图 4.2.3　有异步输入端的 D 触发器

直接置 **1** 和直接清零的过程如下：

1）当 $\overline{S}_D$=**0**、$\overline{R}_D$=**1** 时，使得 Y_1=**1**，$\overline{S}=\overline{Y_1 \cdot CP \cdot \overline{R}_D}=\overline{CP}$，$\overline{R}=\overline{\overline{S} \cdot CP \cdot Y_4}$=**1**，于是 $Q=\overline{\overline{S}_D \cdot \overline{CP} \cdot Y_6}$=**1**、$\overline{Q}=\overline{Y_5 \cdot \overline{R} \cdot \overline{R}_D}$=**0**，即将输出 Q 直接置 **1**。

2）当 $\overline{S}_D$=**1**、$\overline{R}_D$=**0** 时，使得 $\overline{S}$=**1**，于是 Q=**0**、$\overline{Q}$=**1**，即将输出 Q 直接清零。

由于直接置 **1** 和清零时与 CP 无关，只要异步信号有效，电路就动作。所以称置 **1**、清零操作是异步置 **1** 和异步清零。注意，禁止出现 $\overline{R}_D$= $\overline{S}_D$=**0** 的情况。

在实际应用中也常使用具有同步清零端的触发器。所谓**同步清零**是指在清零输入信号有效，并且 CP 的有效边沿到来时，才能将触发器清零。换言之，就是在时钟 CP 边沿处检查清零信号是否有效。在图 4.2.3 所示电路的数据输入端增加一个与门就可以得到图 4.2.4a 所示的有同步清零端的 D 触发器，当 $\overline{R}_D$=**0** 时，在 CP 上升沿到来时，触发器的输出 Q 会被清零，当 $\overline{R}_D$=**1** 时，触发器正常工作。图 4.2.4b 所示电路为 D 端增加一个 2 选 1 的数据选择器，同样可以实现同步清零的功能。

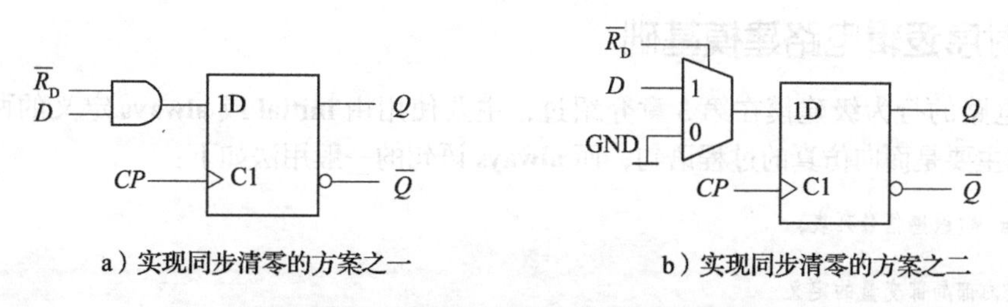

a）实现同步清零的方案之一　　b）实现同步清零的方案之二

图 4.2.4　有同步清零输入端的 D 触发器

4.2.3　有使能端的 D 触发器

在多个触发器组成的同步数字电路中，各个触发器的时钟输入端连接在同一个时钟脉冲源上，因此，在时钟有效沿到来时，所有触发器的状态会同时发生改变。但在实际工作中经常会遇到这样的问题：在时钟有效沿到来时，即使触发器的输入信号发生改变，但仍然希望其中一些触发器能够保持现在的状态不变。

图 4.2.5 是解决这一问题的方法之一，即在时钟输入端增加一个与门。当 En=**0** 时，触发器的时钟输入端为 **0**，Q 保持不变。这种方法存在两个潜在的问题：第一，由于逻辑门存在延迟，因此时钟到达这些触发器的时间与到达其他未经过逻辑门的触发器的时间可能不同，从而失去同步性；第二，如果 En 改变的时间不合适，就有可能使触发器由 En 触发，而不是由时钟触发，同样失去了同步性。

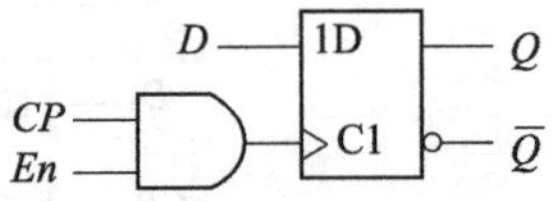

图 4.2.5　用门控制时钟的电路

另一种更好的方法是使用带有时钟使能端（clock enable）的触发器，也称为 D-CE 触发器，这种触发器广泛地应用在 CPLD 或 FPGA 中，图 4.2.6a 是其逻辑符号，当 CE=**0** 时，时钟无效，触发器的状态没有变化，即 $Q^{n+1}=Q^n$；当 CE=**1** 时，触发器相当于普通 D 触发器。因此这种触发器的特性方程为

$$Q^{n+1}=\overline{CE}\cdot Q^n+CE\cdot D \qquad (4.2.2)$$

图 4.2.6b 是实现这种触发器的一种方法，它使用一个 2 选 1 的数据选择器进行控制。当 CE=**0** 时，选择 Q 端的状态作为输入数据送到 1D 端，时钟上升沿到来后，仍然维持 $Q^{n+1}=Q^n$；当 CE=**1** 时，选择外部 D 端作为输入数据，实现普通 D 触发器的功能。因为时钟通路上没有逻辑门，所以不会引起同步性问题。

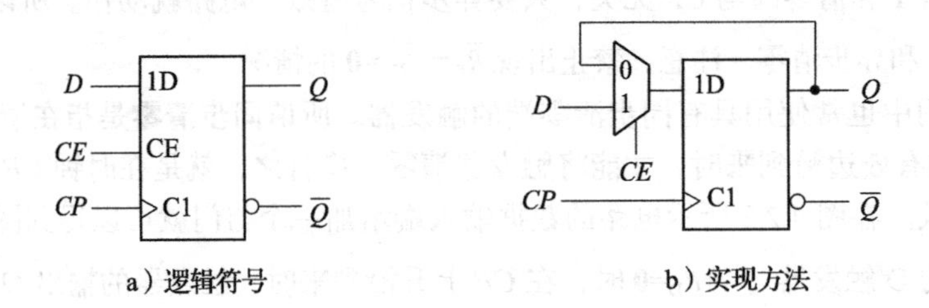

a）逻辑符号　　b）实现方法

图 4.2.6　带使能端的 D 触发器

4.2.4　时序逻辑电路建模基础

组合电路的行为级建模在第 3 章介绍过，主要使用由 **initial** 或 **always** 定义的两种结构。**initial** 语句主要是面向仿真的过程语句，而 **always** 语句的一般用法如下：

```
always @(敏感信号列表)
begin
    块内部局部变量的定义;
    过程赋值语句;
end
```

在组合逻辑和锁存器中，主要使用电平敏感信号，而在触发器构成的时序逻辑中，则主要使用边沿触发信号。

在 Verilog HDL 中，分别用关键词 **posedge**（上升沿）和 **negedge**（下降沿）来说明边沿敏感信号。例如，语句

```
always @(posedge CP or negedge CLR_n)    //Verilog-1995 语法
```

或

```
always @(posedge CP, negedge CLR_n)      //Verilog-2001/2005 语法
```

注意，可以用 **or** 或者逗号分隔多个信号。但敏感信号列表中不能同时包含电平敏感信号和边沿敏感信号。

另外，在 Verilog HDL 中，有两种不同类型的过程赋值语句，即阻塞型赋值语句（blocking assignment statement）和非阻塞型赋值语句（non-blocking assignment statement）。它们分别使用不同的赋值符号，在阻塞型赋值语句中使用“=”（阻塞赋值符），在非阻塞型赋值语句中使用“<=”（非阻塞赋值符）。对于时序逻辑电路，建议采用非阻塞型赋值语句。

这两种过程赋值语句都是在 **always 块**内部使用的，下面说明它们的区别。

例如，下面位于串行语句块 **begin…end** 之间的两条赋值语句就是阻塞型的，执行时会按照它们在块中排列的顺序依次执行每一条语句。即前一条语句没有完成赋值之前，后面的语句是不会被执行的，换言之，前面的语句阻塞了后面语句的执行。所以，下面两条语句的执行过程是：首先执行第一条语句，将 A 的值赋给 B，接着执行第二条语句，将 B 的值（等于 A 值）加 1，并赋给 C，执行完后，C 的值等于 A+1。如果 A=0，B=1，则执行完语句块后 B=0，C=1。

```
begin
    B = A;
    C = B+1;
end
```

将上面例子中的“=”号换成“<=”号，就变成了下面的非阻塞型赋值语句。执行时，位于 **begin…end** 之间的多条非阻塞型赋值语句是并行执行的。首先计算各条语句右边表达式的值，并将各个值分别存入暂存器，在语句块结束之前将暂存器的值同时赋给左边变量。所以执行完下面两条语句后，C 的值等于 B 的原始值（而不是 A 的值）加 1。如果 A=0，B=1，则执行完语句块后 B=0，C=2。

```
begin
    B <= A;
    C <= B+1;
end
```

可见这两种赋值语句的主要区别是完成赋值操作的时间不同，阻塞型语句的赋值操作是立即执行的，即执行后一句时，前一句的赋值已经完成；而非阻塞型语句的赋值操作到结束顺序语句块时才完成赋值操作，即赋值操作完成后，语句块的执行就结束了，所以顺序块内部的多条非阻塞型赋值语句的执行是同时并行执行的。

注意，在可综合的电路设计中，一个语句块的内部只允许出现一种类型的赋值语句，而不允许阻塞型赋值语句和非阻塞型赋值语句二者同时出现。

4.2.5 D 触发器及其应用电路的建模

【例 4.2.1】 试对图 4.2.3 所示的带有异步清零和异步置位的边沿 D 触发器进行建模。

解 下面是边沿 D 触发器两个版本的代码。第一个版本根据图 4.2.3b 使用连续赋值语句来建模，在 **assign** 语句中的 #5 表示每个与非门有 5 个单位时间的传输延迟。

第二个版本采用功能描述风格，使用 **always** 和 **if-else** 语句对输出变量赋值。在敏感信号列表包括 **posedge** CP、**negedge** Sd_n 以及 **negedge** Rd_n。当这 3 个信号之一变为有效状态时，都会进入 **always** 块内部，执行后面的 **if-else** 语句。

if 语句条件和这种敏感信号列表的安排使该模型成为具有异步置位和异步复位输入的上升沿 D 触发器。尽管 CP、Sd_n 和 Rd_n 这 3 个信号前面都有边沿触发的关键词，但 Set_Rst_DFF_bh 模块只对时钟 CP 的边沿敏感，对 Sd_n 和 Rd_n 是电平敏感的。这是因为 **if** 语句首先检查 Sd_n 和 Rd_n，最后一个 **else** 中的过程赋值语句与时钟 CP 相对应。即当 Sd_n 和 Rd_n 均不为 **0**，且时钟 CP 的上升沿到来时，将输入 *D* 传给输出 *Q*。

注意，如果 Sd_n、Rd_n 和时钟 CP 事件同时发生，则按照 **if** 语句判断顺序可知，置 **1** 事件的优先级别最高，置 **0** 事件的次之，时钟事件的优先级别最低。

```
//版本1：数据流建模
module Set_Rst_DFF (
    output Q,Qbar,
    input D,CP,Rd_n,Sd_n
);
    wire Y1,Y2,Y3,Y4,Y5,Y6;

    assign  #5 Y1=~(Sd_n & Y2 & Y4);
    assign  #5 Y2=~(Rd_n & CP & Y1);
    assign  #5 Y3=~(CP  & Y2 & Y4);
    assign  #5 Y4=~(Rd_n & Y3 & D);
    assign  #5 Y5=~(Sd_n & Y2 & Y6);
    assign  #5 Y6=~(Rd_n & Y3 & Y5);
    assign Q=Y5;
    assign Qbar=Y6;
endmodule
```

```
//版本2：行为级建模
module Set_Rst_DFF_bh (
    output reg Q,
    output Qbar,
    input D,CP,Rd_n,Sd_n
);
    assign Qbar=~Q;

always @(posedge CP, negedge Sd_n, negedge Rd_n)
    if (~Sd_n)   //等同于if (Sd_n==0)
        Q<=1'b1;
    else if (~Rd_n)
        Q<=1'b0;
    else
        Q<=D;
endmodule
```

【例 4.2.2】 试用功能描述风格对下列 D 触发器进行建模。

1）带有同步清零端的 D 触发器。

2）带有异步清零端和使能端的 D 触发器。

解 1）模块 Sync_rst_DFF 是具有同步清零的 D 触发器代码。在 **always** 后面的“敏感信号列表”中只有一个时钟事件，它表示只有在 CP 上升沿到来时，后面的 **if-else** 语句才会被执行，此时，如果 Rd_n 为 **0**，将输出 *Q* 置 **0**；否则，将输入 *D* 传给输出 *Q*。

2）模块 Rst_DFFe 是具有异步清零和使能的 D 触发器代码。在敏感信号列表中包括 **posedge** CP 和 **negedge** Rd_n 两个信号，其中 **negedge** Rd_n 为异步事件，而 CE 则是与时钟 CP 同步的使能信号，CE=1 时，才能将输入 *D* 传给输出 *Q*，否则，*Q* 保持不变。

```
//同步清零的D触发器
module Sync_rst_DFF (
    output reg Q,
    input D,CP,Rd_n
);
    always @(posedge CP) begin
        if (~Rd_n) Q<=1'b0;
        else    Q<=D;
    end
endmodule
```

```
module Rst_DFFe (
    output reg Q,
    input D,CP,Rd_n,CE
);
    always @(posedge CP , posedge Rd_n)
    if (~Rd_n)
        Q<=1'b0;
    else if (CE)
        Q<=D;
endmodule
```

【例 4.2.3】 试用功能描述风格对图 4.2.7 所示的电路进行建模，并给出仿真结果。

图 4.2.7　2 分频电路

解　模块 _2Divider 和 test_2Divider 分别为设计块、激励块的代码。使用 ModelSim 软件进行仿真，得到的仿真波形如图 4.2.8 所示。

```
`timescale 1 ns/ 1 ns
module _2Divider (
    output reg Q,
    input CP,Rd_n
);
    wire D;
    assign D=~Q;

    always @(posedge CP, negedge Rd_n)
    begin
        if(~Rd_n)
            Q<=1'b0;
        else
            Q<=D;
    end

endmodule
```

```
`timescale 1 ns/ 1 ns
module test_2Divider();
    reg CP, Rd_;
    wire Q;
    //调用设计块
    _2Divider U1 (.CP(CP), .Q(Q),.Rd_n(Rd_));
    initial begin                    //产生复位信号
        Rd_=1'b0;
        Rd_=#2000 1'b1;
        #8000 $stop;
    end
    always begin                     //产生时钟信号
        CP=1'b0;
        CP=#500 1'b1;
        #500;
    end
endmodule
```

由图可知，时钟 *CP* 的周期为 1000 ns，在 2000 ns 之前，清零信号 Rd_ 有效，输出 *Q* 被清零。在此之后，Rd_=1，在 2500 ns 时，*CP* 上升沿到来，*Q*=1；到下一个 *CP* 上升沿（3500 ns）时，*Q*=0，再到下一个 *CP* 上升沿（4500 ns）时，*Q*=1，……，如此重复，直到 8000 ns 时，系统任务 **$stop** 被执行，仿真停止。

总之，在不考虑清零信号 Rd_ 的作用时，每当 *CP* 上升沿到来时，触发器状态 *Q* 翻转一次。输出信号 *Q* 的频率正好是 *CP* 频率的二分之一，故称该电路为 **2 分频电路**。

所谓**分频电路**，是指将输入的频率较高的信号变为频率较低的信号，送到电路的输出端。

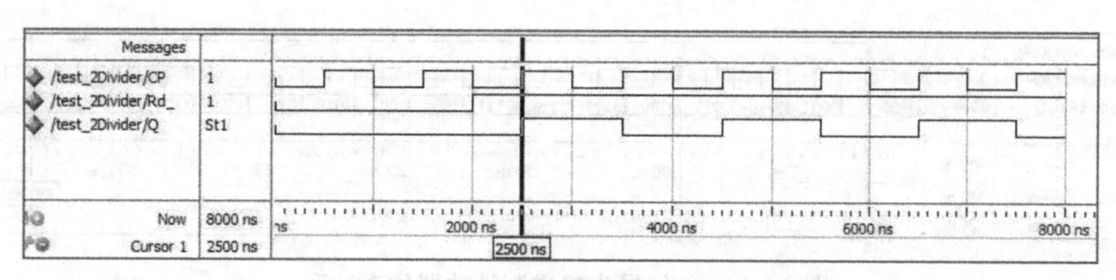

图 4.2.8　2 分频电路的仿真波形

【例 4.2.4】 试对图 4.2.9 所示电路进行建模，并给出仿真结果。

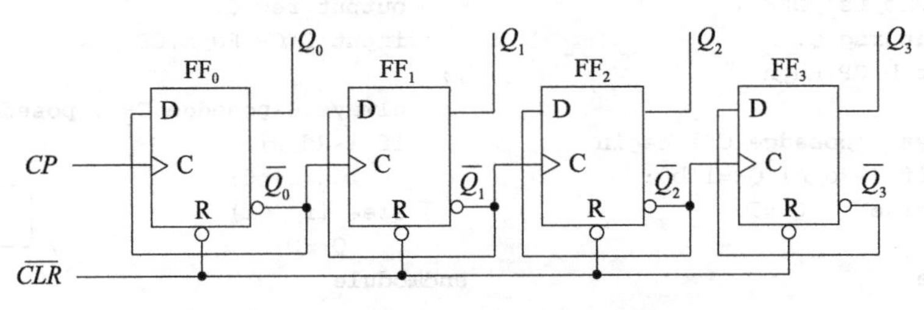

图 4.2.9 4 位异步二进制计数器逻辑图

解 1）采用结构描述风格的代码如下。此处编写了两个模块，这两个模块可以放在一个文件中，文件名为 Ripplecounter.v。第一个主模块 Ripplecounter 作为设计的顶层，它通过实例引用 4 次分频器子模块 _2Divider1，第二个分频器子模块 _2Divider1 作为设计的底层。

这里，用代码“**output**[3:0]Q”对逻辑图中的 $Q_3Q_2Q_1Q_0$ 进行定义，即程序中用 $Q[3]$～$Q[0]$ 代表逻辑图 4.2.9 中的 Q_3～Q_0，后面的程序均采用该约定。

```
/*====设计块: Ripplecounter.v ====*/
module Ripplecounter (
   output [3:0]Q,
   input CP, CLR_n
);
//实例引用分频器子模块
      _2Divider1 FF0 (Q[0],CP,CLR_n);
      _2Divider1 FF1 (Q[1],~Q[0],CLR_n);
      _2Divider1 FF2 (Q[2],~Q[1],CLR_n);
      _2Divider1 FF3 (Q[3],~Q[2],CLR_n);
endmodule

module _2Divider1 (     //分频器子模块
      output reg Q,
      input CP, Rd_n
 );
   always @(posedge CP, negedge Rd_n)
      if(~Rd_n)    Q<=1'b0;
   else        Q<=~Q;
endmodule
```

```
/*====激励块: test_Ripplecounter.v ====*/
module test_Ripplecounter();
    reg CLR_, CP;
    wire [3:0]Q;

Ripplecounter i1 (.CLR_n(CLR_),.CP(CP),.Q(Q));

initial begin  //清零信号
    CLR_=1'b0;
    CLR_=#20 1'b1;
        #400 $stop;
    end

always begin   //时钟信号
        CP=1'b0;
        CP=#10 1'b1;
        #10;
    end
endmodule
```

2）模块 test_Ripplecounter 为激励块代码，用来给设计块提供输入信号。最后用 ModelSim 进行仿真，得到如图 4.2.10 所示的仿真波形。

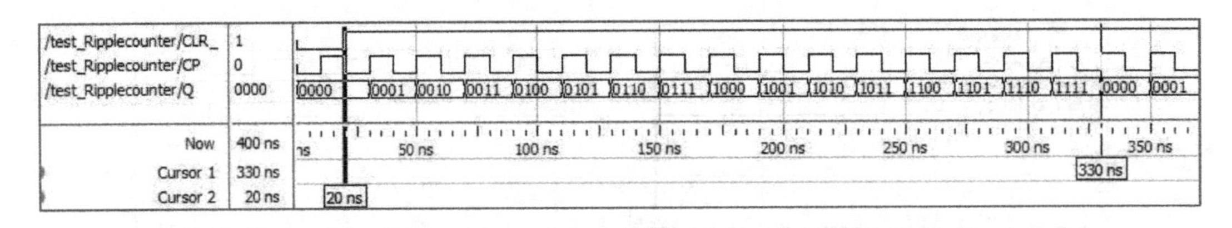

图 4.2.10 4 位异步二进制计数器仿真波形

由图 4.2.10 可知，时钟 CP 的周期为 20ns。开始时，清零信号 CLR_ 有效（0～20ns），输出 Q 被清零。20ns 之后，CLR_ 一直为高电平，在 30ns 时，CP 上升沿到来，Q=0001；到下一个 CP 上升沿（50ns）时，Q=0010，再到下一个 CP 上升沿（70ns）时，Q=0011，……，如此重复，到 310ns 时，Q=1111，到 330ns 时，Q=0000，……，直到系统任务 **$stop** 被执行，仿真停止。

总之，电路首先在 CLR_ 的作用下，输出被清零。此后当 CLR_=**1** 时，每当 CP 上升沿到来时，电路状态 Q 就在原来二进制值的基础上增加 1，即符合二进制递增计数的规律，直到计数值为 **1111** 时，再来一个 CP 上升沿，计数值回到 **0000**，重新开始计数。故称该电路为 4 位二进制递增计数器。可见计数器实际上是对时钟脉冲进行计数，在每一个时钟脉冲触发沿到来时，计数器改变一次状态。

如果将 $Q_3Q_2Q_1Q_0$ 的值作为状态写在圆圈内，则可以画出该计数器的状态图，如图 4.2.11 所示，该电路共有 16 个状态，因此称为十六进制计数器。在循环计数器中，不同二进制状态的个数定义为计数器的**模数**（modulo），因此从 0 到 15 计数的计数器也称为模 16 计数器。

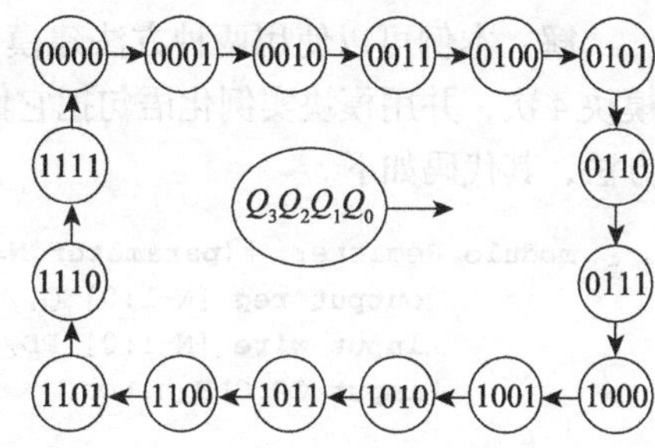

图 4.2.11　4 位二进制计数器的状态图

图 4.2.9 所示是将 2 分频电路串接级联在一起构成的，第一级触发器（FF0）的时钟来自外部输入端 *CP*，其余各级触发器的时钟均由前级触发器的输出来驱动，这样的计数器称为**行波计数器**（ripple counter）。电路中各个触发器的时钟输入端没有连接到统一的时钟脉冲上，各触发器状态转换是不可能同时进行的，这种电路也称为**异步时序电路**。

如果将图 4.2.9 中后一个触发器的时钟连接到前一个的 Q_i（i=0, 1, 2）端（而不是 $\bar{Q}_i$ 端），电路该如何计数呢？这个问题留给读者回答（见习题 4.6）。

4.3　寄存器和移位寄存器

4.3.1　寄存器建模

图 4.2.6 给出了带使能端的 D-CE 触发器（未画出异步清零端），现在将 4 个这样的触发器组合在一起，构成图 4.3.1 所示的电路。其中，PD_3～PD_0 是 4 位数据输入端，当 *Load*=1，*CP* 脉冲上升沿到来时，Q_3=PD_3、Q_2=PD_2、Q_1=PD_1、Q_0=PD_0，即输入数据 PD_3～PD_0 同时存入相应的触发器；当 *Load*=0，*CP* 上升沿到来时，输出端的状态将保持不变。可见电路具有存储输入二进制数据的功能。

一个触发器可以存储一位数据，由 *N* 个触发器组成的电路可以用来存储 *N* 位二进制数据，我们把这 *N* 个触发器称为一个**寄存器**。图 4.3.2 所示是 *N* 位寄存器框图，其中 $\overline{CLR}$ 为异步清零信号，一般触发器都含有该控制信号，寄存器中所有触发器的时钟输入端都接在同一个时钟脉冲源 *CP* 上，因此，所有触发器状态的转换是在时钟 *CP* 的同一边沿作用下同步动作的，这种电路也称为**同步时序电路**。

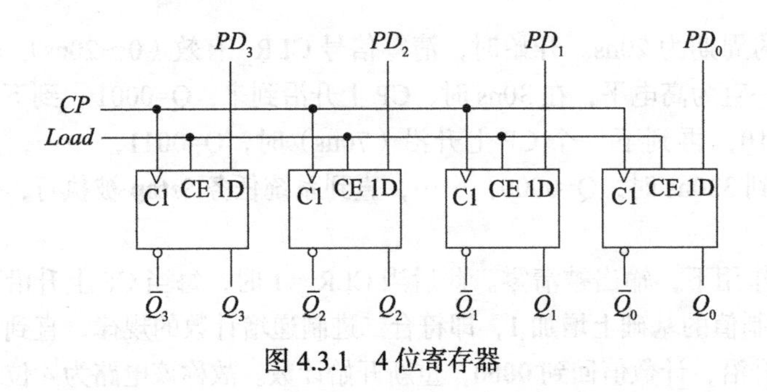

图 4.3.1 4 位寄存器

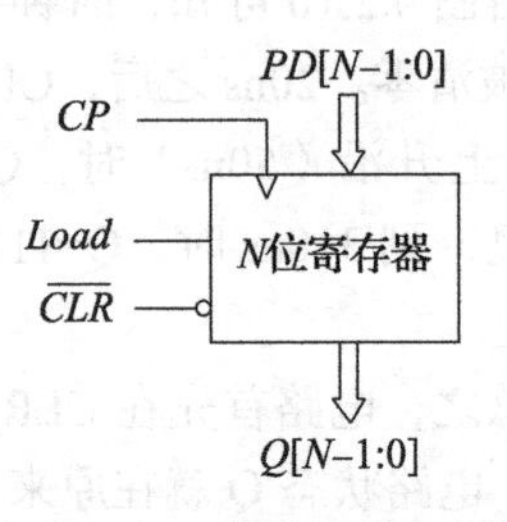

图 4.3.2 N 位寄存器框图

【例 4.3.1】 试对图 4.3.1 所示的寄存器进行建模。

解 本例可以使用两种方法建模：一是采用结构风格的建模方法，直接调用例 4.2.3 的子模块 4 次，并用模块实例化语句把它们连接起来（见习题 4.7）。二是采用功能描述风格的建模方法，其代码如下。

```
module Register  #(parameter N=4) (                //定义参数N=4
        output reg [N-1:0] Q,
        input wire [N-1:0] PD,                     //并行数据输入
        input CP,CLR_n,Load
);
    always @(posedge CP or posedge CLR_n) begin
        if (~CLR_n)
            Q<=0;
        else if (Load)
            Q<=PD;
    end
endmodule
```

这里使用 **parameter** 语句，将并行数据输入线的宽度设置为 4。在实例引用该模块时，可以重新设置参数值 N。

4.3.2 移位寄存器建模

1. 移位寄存器

将若干个 D 触发器串接级联在一起构成的具有移位功能的寄存器叫作**移位寄存器**。

图 4.3.3 是由边沿 D 触发器构成的一个 4 位移位寄存器电路，二进制数据从串行输入端 D_{IN} 输入，左边触发器的输出作为右邻触发器的数据输入。

若将串行数码 $D_0D_1D_2D_3$ 按照从右到左的次序逐位送到电路的 D_{IN} 端，则第 1 个时钟脉冲到来后，$Q_0=D_3$，第 2 个时钟脉冲到来后，触发器 FF_0 会将原来的数据（D_3）右移到触发器 FF_1，同时又会接收到新的数据 D_2，即 $Q_1=D_3$，$Q_0=D_2$，依次类推，可得该移位寄存器的功能如表 4.3.1 所示（× 表示不确定状态）。

由表可知，经过 4 个时钟脉冲后，4 个触发器的输出状态 $Q_0Q_1Q_2Q_3$ 与输入数码 $D_0D_1D_2D_3$ 正好一一对应。此时串行输入的数据可以从并行数据输出端 D_{PO} 送出去。可见数据可以串行输入并行读取，因此，该电路也叫作**串 - 并转换器**。

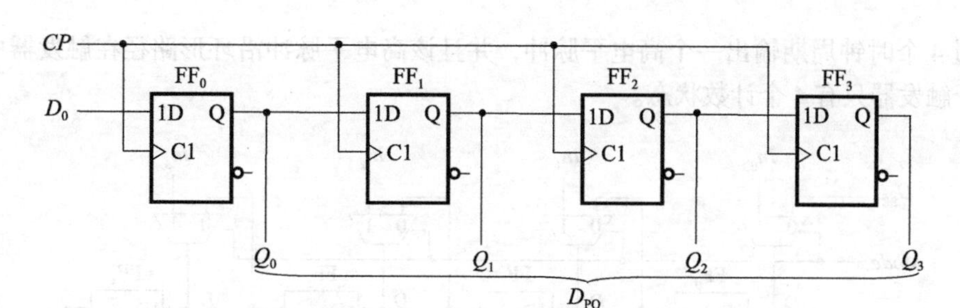

图 4.3.3　一个 4 位移位寄存器

表 4.3.1　移位寄存器的功能表

CP 脉冲个数	D_{IN}	Q_0	Q_1	Q_2	Q_3
第 1 个 *CP* 脉冲之前	D_3	×	×	×	×
1	D_2	D_3	×	×	×
2	D_1	D_2	D_3	×	×
3	D_0	D_1	D_2	D_3	×
4	**0**	D_0	D_1	D_2	D_3
5	**0**	**0**	D_0	D_1	D_2
6	**0**	**0**	**0**	D_0	D_1
7	**0**	**0**	**0**	**0**	D_0

如果 4 位数据后面紧跟着数据 **0**，在时钟作用下继续移位，则第 7 个时钟脉冲作用之后，从 D_{IN} 逐位输入的数码就能够从输出端 D_{SO}（即 Q_3 端）逐位移出寄存器。可见该电路能够将左边串行输入的数据依次向右移位，即数据能够实现串行输入 – 串行输出。

如果将图 4.3.3 电路中各触发器的连接顺序调换一下，让右边触发器的输出作为左邻触发器的数据输入，则可以构成向左移位的寄存器。若再增加一些逻辑门组成 2 选 1 数据选择器，就可以构成双向移位寄存器，即数据既可以向左移位，也可以向右移位。

2. 并行存取的移位寄存器

并行存取的移位寄存器如图 4.3.4 所示。与普通移位寄存器的连接不同，每个触发器的输入端 *D* 连接两个不同的数据源，一个数据源为前一级的输出，用于移位操作；另一个数据来自外部的输入，作为并行置数操作的一部分。控制信号 *Mode* 用来选择操作的模式，当 *Mode*=0 时，电路实现数据右移操作；当 *Mode*=1 时，则并行数据 In_3～In_0 送到各自的输出端寄存。这两种操作都发生在时钟信号的上升沿时刻。

如果将电路中的选择器换成 4 选 1 数据选择器，就可以实现数据保持、右移、左移、并行输入和并行输出等功能，构成一个多功能的移位寄存器，中规模集成电路 74HC194 就是一个很好的示例。

3. 环形计数器

如果将图 4.3.3 中移位寄存器的 D_{SO}（Q_3）与 D_{IN} 相连，则构成环形计数器，如图 4.3.5 所示。若事先通过 $\overline{PE}$ 端输入一个低电平脉冲，将初始数据 $Q_0Q_1Q_2Q_3$=**1000** 置入触发器中，则在 *CP* 脉冲用下，电路的输出 $Q_0Q_1Q_2Q_3$ 将依次为 **1000→0100→0010→0001→1000→⋯**，即每个触发器经过 4 个时钟周期输出一个高电平脉冲，并且该高电平脉冲沿环形路径在触发器中传递。可见 4 个触发器只有 4 个计数状态。

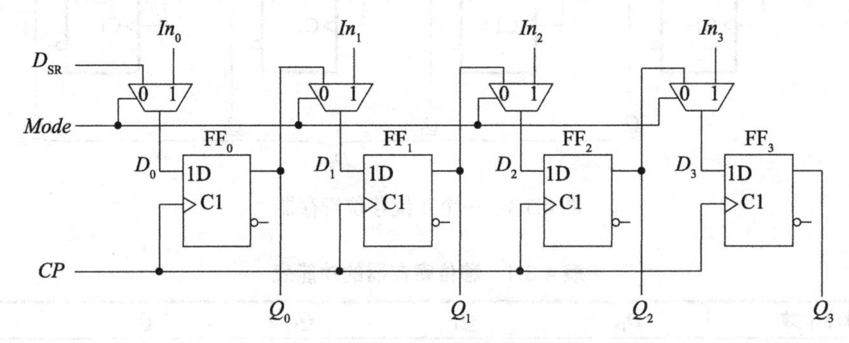

图 4.3.4 并行存取的移位寄存器

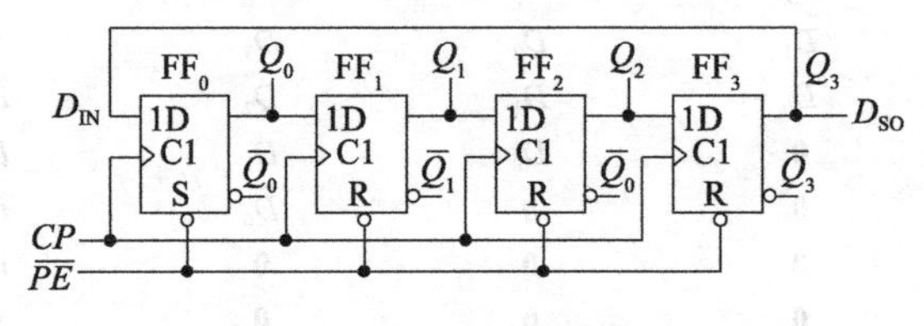

图 4.3.5 环形计数器

如果将图 4.3.3 电路中的 $\bar{Q}_3$ 与 D_{IN} 相连，则构成**扭环形计数器**，亦称为**约翰逊计数器**（Johnson counter），电路的状态种类将增加一倍。该电路留给读者自己分析。

【例 4.3.2】 试对图 4.3.3 所示的右向移位寄存器进行建模。

解 模块 ShiftReg 描述了图 4.3.3 所示电路的功能。其中，移位功能由下面的两条非阻塞赋值语句来实现：

```
Q[0]<=Din;
Q[1:3]<=Q[0:2];
```

这两条语句和下面的语句是等价的：

```
Q[0]<=Din;
Q[1]<=Q[0];
Q[2]<=Q[1];
Q[3]<=Q[2];
```

我们希望寄存器工作时，将 Q[0] 的原值赋给 Q[1]，即在 **always** 块开始时所拥有的值，而不是在 **always** 块中得到的来自 Din 的值，这正好是非阻塞赋值符 “<=” 的功能。如果使用阻塞赋值符 “=”，那么根本就不能实现移位寄存器的功能，只能得到一个 4 位的寄存器（即在 *CP* 的上升沿到来时，所有的输出都为 Din 的值）。

```
module ShiftReg (
    input Din,
    input CP, CLR_n,
    output reg [0:3] Q
```

```
);
    always @(posedge CP, negedge CLR_)
    begin
        if (~CLR_n)
            Q<=4'b0000;
        else begin                          //右移
            Q[0]<=Din;
            Q[1:3]<=Q[0:2];
        end
    end
endmodule
```

【例 4.3.3】 一个 4 位的双向移位寄存器框图如图 4.3.6 所示。该寄存器有两个控制输入端（S_1、S_0）、两个串行数据输入端（D_{sl}、D_{sr}）、4 个并行数据输入端和 4 个并行输出端，要求实现 5 种功能：异步置零、同步置数、左移、右移和保持原状态不变，其功能如表 4.3.2 所示。试用功能描述风格对其建模。

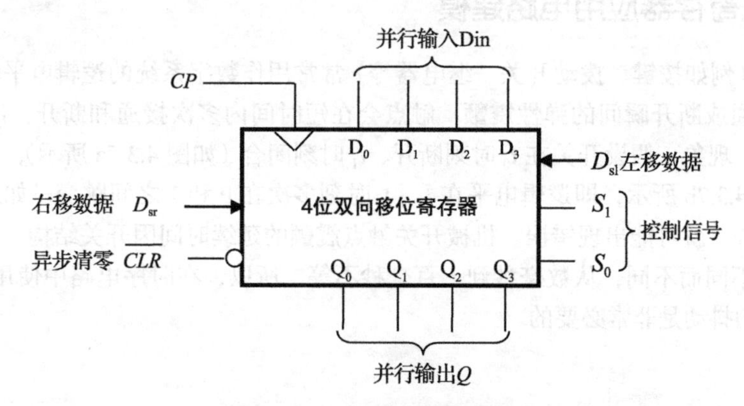

图 4.3.6　双向移位寄存器框图

表 4.3.2　双向移位寄存器的功能表

控制信号		功能
S_1	S_0	
0	0	保持
0	1	右移
1	0	左移
1	1	并行输入

解　模块 UniversalShift 描述了表 4.3.2 所述电路的功能。在 **always** 块中，用 **if-else** 和 **case** 语句描述了模块的 5 种逻辑功能。当清零信号 CLR_n 跳变到低电平时，寄存器的输出被异步置 **0**；当 CLR_n=**1** 时，跟时钟信号有关的 4 种功能由 **case** 语句中的两个控制输入信号 S_1、S_0 决定（在 **case** 后面 S_1、S_0 被拼接成两位向量），移位功能由串行输入和 3 个触发器的输出拼接起来进行描述，语句

```
Q<={Dsr,Q[1:3]};
```

说明了右移操作，即在时钟 *CP* 上升沿作用下，将右移输入端 D_{SR} 的数据直接传给输出 Q[0]，触发器原来的数据右移 1 位，即 Q[0]→Q[1]、Q[1]→Q[2]、Q[2]→Q[3]），从而实现数据右移 1 位的操作。

```
module UniversalShift (
    input S1, S0,       input Dsl, Dsr,
```

```
        input CP, CLR_n,    input [0:3] Din,
        output reg [0:3] Q
    );
        always @(posedge CP,  negedge CLR_n)
        begin
            if (~CLR_n) Q <= 4'b0000;
            else
                case ({S1,S0})
                2'b00: Q<=Q;                 //保持
                2'b01: Q<={Dsr,Q[1:3]};      //向右移动
                2'b10: Q<={Q[0:2],Dsl};      //向左移动
                2'b11: Q<=Din;               //并行置数
            endcase
        end
    endmodule
```

4.3.3　移位寄存器应用电路建模

机械开关（例如按键、拨动开关、继电器等）常常用作数字系统的逻辑电平输入装置。由于机械开关接通或断开瞬间的弹性震颤，触点会在短时间内多次接通和断开，出现如图 4.3.7 所示的“抖动”现象。假设开关在 t_0 时刻断开、t_1 时刻闭合（如图 4.3.7a 所示），开关输出信号 v_O 的波形如图 4.3.7b 所示，即逻辑电平在 t_0、t_1 时刻多次在 0 和 1 之间跳变，如果将该信号直接输入数字系统，就可能出现错误。机械开关触点震颤的延续时间因开关结构、几何形状和尺寸以及材料的不同而不同，从数毫秒到上百毫秒不等。所以，在时序电路中使用机械开关时，消除开关信号的抖动是非常必要的。

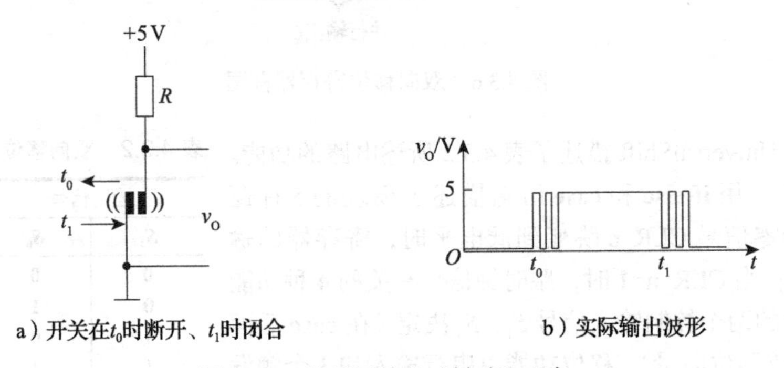

a）开关在 t_0 时断开、t_1 时闭合　　b）实际输出波形

图 4.3.7　机械开关的“抖动”现象

图 4.3.8 所示电路可以用于消除机械开关输入信号 Btn_In 产生的抖动现象，它利用 D 触发器的存储、延时功能消除开关触点振动所产生的影响，称为去抖动电路。输入时钟信号 *CLK* 的频率必须足够低，以便开关抖动能够在 3 个时钟周期之前结束，通常使用频率为 190Hz 的 *CLK*，该频率信号在数码管的动态扫描显示电路中也常常用到。

【例 4.3.4】 假设在一个数字系统中需要图 4.3.7 所示接法的 4 个按钮开关作为输入，试根据图 4.3.8 所示电路原理设计一个电路消除这 4 个开关的抖动，要求用 Verilog HDL 进行描述。

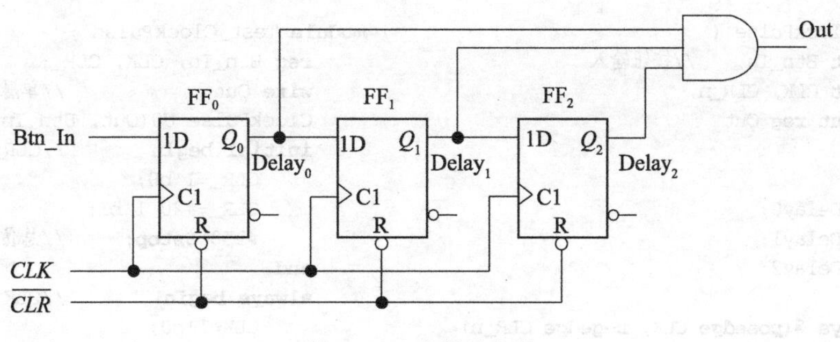

图 4.3.8　去抖动电路

解　模块 Debounce 描述了机械开关的去抖动功能。该电路采用频率较低的时钟信号 CLK 接收从开关送来的信号，如果连续 3 个时钟周期该信号都为 **1**，则认为开关已经完全断开，输出变为 **1**；否则，输出将保持为 **0**。将时钟频率变低或者增加 D 触发器的个数可以延长去抖动的时间。

```
module Debounce(input[3:0] Btn_In, input CLK, input CLR_n, output[3:0] Out );
    reg[3:0] Delay0,Delay1,Delay2;
    always @(posedge CLK, negedge CLR_n)
    begin
        if(!CLR_n) begin Delay0<=4'b0;  Delay1<=4'b0;  Delay2<=4'b0; end
        else begin                    //向右移位
            Delay0<=Btn_In;
            Delay1<=Delay0;
            Delay2<=Delay1;
        end
    end
    assign Out=Delay0 & Delay1 & Delay2;
endmodule
```

【**例 4.3.5**】 图 4.3.9 所示电路是非常有用的，它能够产生一个单脉冲。和图 4.3.8 所示的去抖动电路相比，只有**与**门的最后一个输入不同，试用 Verilog HDL 描述该电路，并给出仿真结果。

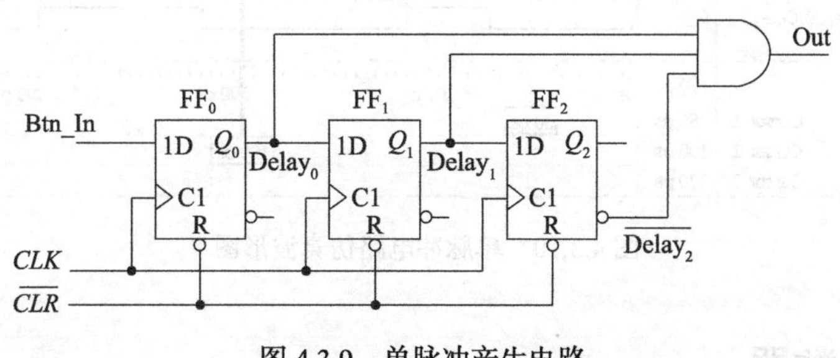

图 4.3.9　单脉冲产生电路

解　模块 ClockPulse 为单脉冲产生电路的设计块代码。模块 Test_ClockPulse 为激励块代码，用来给输入信号（CLR_n、Btn_In 和 CLK）赋值，产生激励信号。

```
module ClockPulse (
    input Btn_In,    //按钮输入
    input CLK, CLR_n,
    output reg Out
);

    reg Delay0;
    reg Delay1;
    reg Delay2;

    always @(posedge CLK, negedge CLR_n)
    begin
        if (!CLR_n)
            {Delay0, Delay1, Delay2}<=3'b000;
        else begin              //向右移位
            Delay0<=Btn_In;
            Delay1<=Delay0;
            Delay2<=Delay1;
        end
    end
    assign Out=Delay0 & Delay1 &~Delay2;

endmodule
```

```
module Test_ClockPulse ;
    reg Btn_In, CLK, CLR_;
    wire Out;                  //单脉冲输出
    ClockPulse U0(Out, Btn_In,CLK,CLR_);
    initial begin              //CLR_
        CLR_=1'b0;
        CLR_=#20 1'b1;
        #350 $stop;            //总仿真时间为370
    end
    always begin               //CLK
        CLK=1'b0;
        CLK=#10 1'b1;
        #10;
    end
    initial begin              //Btn_In
        Btn_In=1'b0;
        Btn_In=#30 1'b1;
        Btn_In=#5 1'b0;
        Btn_In=#5 1'b1;
        Btn_In=#20 1'b0;
        #100;
        Btn_In=1'b1;
        Btn_In=#5 1'b0;
        Btn_In=#5 1'b1;
        Btn_In=#80 1'b0;
    end
endmodule
```

用ModelSim进行仿真，其仿真结果如图4.3.10所示。在50ps和190ps处，Out端产生单个脉冲（高电平持续1个时钟周期）输出信号。由图4.3.10可知，从开关Btn_In送来的高电平信号至少要持续2个时钟周期才能够被D触发器接收到，否则电路不能正常工作。

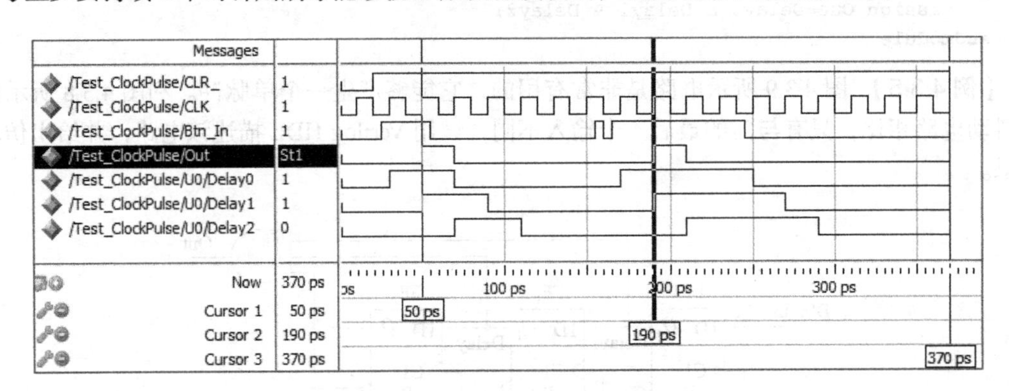

图4.3.10　单脉冲电路仿真波形图

4.4　同步计数器

4.4.1　同步计数器的设计

计数器是最常用的时序电路之一，它们不仅可用于对脉冲进行计数，还可用于分频、定

时、产生节拍脉冲以及其他时序信号。

【例 4.4.1】 用 D 触发器和逻辑门设计一个同步六进制计数器。要求有一个控制信号 U，当 U=0 时，计数次序为 0, 1, 2, 3, 4, 5, 0, 1, 2, …；当 U=1 时，计数次序为 5, 4, 3, 2, 1, 0, 5, 4, 3, …。另外，当递增计数到最大值 5 时，要求输出一个高电平 CO=1；当递减计数到最小值 0 时，也要求输出一个高电平 BO=1。

解　（1）分析设计要求，画出总体框图

根据要求，计数器共有 6 个状态，我们用 D 触发器来表示或区分出这 6 个状态，需要多少个 D 触发器呢？由于 3 个 D 触发器能够存储 3 位二进制数，而 3 位二进制数能表示 2^3=8 个状态，即 000、001、010、011、100、101、110、111，故表示 6 个状态需要 3 个触发器。一般来说，N 个状态需要 $\lceil \log_2 N \rceil$ 个触发器，其中 $\lceil\ \rceil$ 是向上取整数的意思。

图 4.4.1 是六进制计数器的总体框图，左半部分是 3 个 D 触发器，用于记录计数器的当前状态（或称为现态）。右半部分是组合逻辑，生成下一个状态（或称为次态）信号并产生输出信号。由于次态信号与触发器的 D 端相连接，因此也称该信号为触发器的**激励信号**。

（2）画出状态转换图

首先给每个状态取一个名字，假设我们用 S0～S5 表示计数器的值 0～5，就可以画出如图 4.4.2 所示的状态转换图。

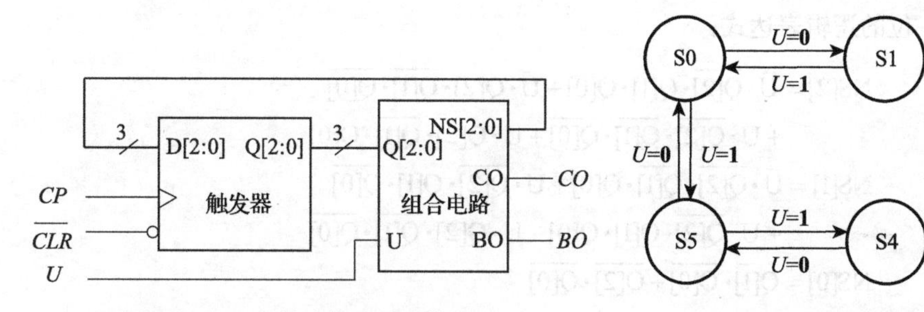

图 4.4.1　六进制计数器的总体框图　　图 4.4.2　六进制计数器的状态转换图

（3）列出转换表

根据状态转换图可以列出状态转换表。在列表之前，先给每个状态指定一个特定的二进制值，称为**状态分配**或**状态编码**。因为 3 位二进制数共有 8 个不同的值，所以我们可以从中任选 6 个，分别赋给 6 个状态，表 4.4.1 是遵循自然二进制规律的一种状态分配方案。注意，给状态赋值时要保证每个状态的值是唯一的。状态分配方案不同，设计出的电路结构也就不同。

表 4.4.1　六进制计数器状态分配的一种方案

状态名称	S0	S1	S2	S3	S4	S5
二进制值	**000**	**001**	**010**	**011**	**100**	**101**

D 触发器的输出是“现态”，用 Q[2:0] 表示。在时钟上升沿到来的瞬间，“次态”要被写入 D 触发器中，用 NS[2:0] 表示。

六进制计数器的状态转换表如表 4.4.2 所示。通过它可求出表示次态 NS[2:0] 每一位的逻辑表达式。

表 4.4.2 六进制计数器的状态转换表

U	Q[2]	Q[1]	Q[0]	NS[2]	NS[1]	NS[0]	CO	BO
0	0	0	0	0	0	1	0	0
0	0	0	1	0	1	0	0	0
0	0	1	0	0	1	1	0	0
0	0	1	1	1	0	0	0	0
0	1	0	0	1	0	1	0	0
0	1	0	1	0	0	0	1	0
1	0	0	0	1	0	1	0	1
1	0	0	1	0	0	0	0	0
1	0	1	0	0	0	1	0	0
1	0	1	1	0	1	0	0	0
1	1	0	0	0	1	1	0	0
1	1	0	1	1	0	0	0	0

（4）确定下一个状态的逻辑表达式

根据表 4.4.2，以及将未出现的状态 **110** 和 **111** 当作无关状态，可以画出下一个状态变量的卡诺图，如图 4.4.3 所示。将无关状态作为 **0** 处理时，只有 NS[0] 可以化简。画出包围圈，可以得到次态信号每一位的逻辑表达式：

$$\begin{aligned}NS[2] &= \bar{U}\cdot\overline{Q[2]}\cdot Q[1]\cdot Q[0]+\bar{U}\cdot Q[2]\cdot\overline{Q[1]}\cdot\overline{Q[0]}\\ &\quad+U\cdot\overline{Q[2]}\cdot\overline{Q[1]}\cdot\overline{Q[0]}+U\cdot Q[2]\cdot\overline{Q[1]}\cdot Q[0]\\ NS[1] &= \bar{U}\cdot\overline{Q[2]}\cdot\overline{Q[1]}\cdot Q[0]+\bar{U}\cdot\overline{Q[2]}\cdot Q[1]\cdot\overline{Q[0]}\\ &\quad+U\cdot\overline{Q[2]}\cdot Q[1]\cdot Q[0]+U\cdot Q[2]\cdot\overline{Q[1]}\cdot\overline{Q[0]}\\ NS[0] &= \overline{Q[1]}\cdot\overline{Q[0]}+\overline{Q[2]}\cdot\overline{Q[0]}\end{aligned}$$

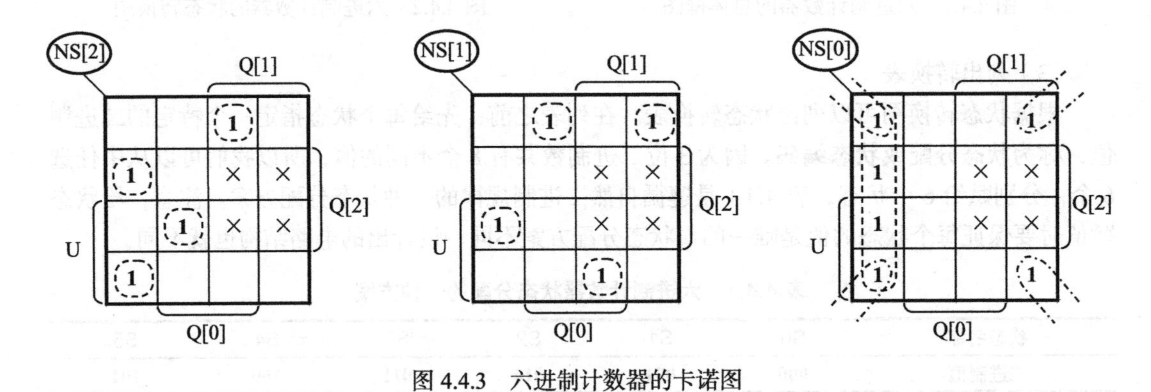

图 4.4.3 六进制计数器的卡诺图

同样，可以求出输出信号的逻辑表达式：

$$\begin{aligned}CO &= \bar{U}\cdot Q[2]\cdot\overline{Q[1]}\cdot Q[0]\\ BO &= U\cdot\overline{Q[2]}\cdot\overline{Q[1]}\cdot\overline{Q[0]}\end{aligned}$$

（5）画出逻辑图

根据次态表达式（即 D 触发器的激励方程）和输出信号表达式（也称为输出方程）可以画出逻辑图，如图 4.4.4 所示。可见计数器的内部电路是由触发器和逻辑门构成的。

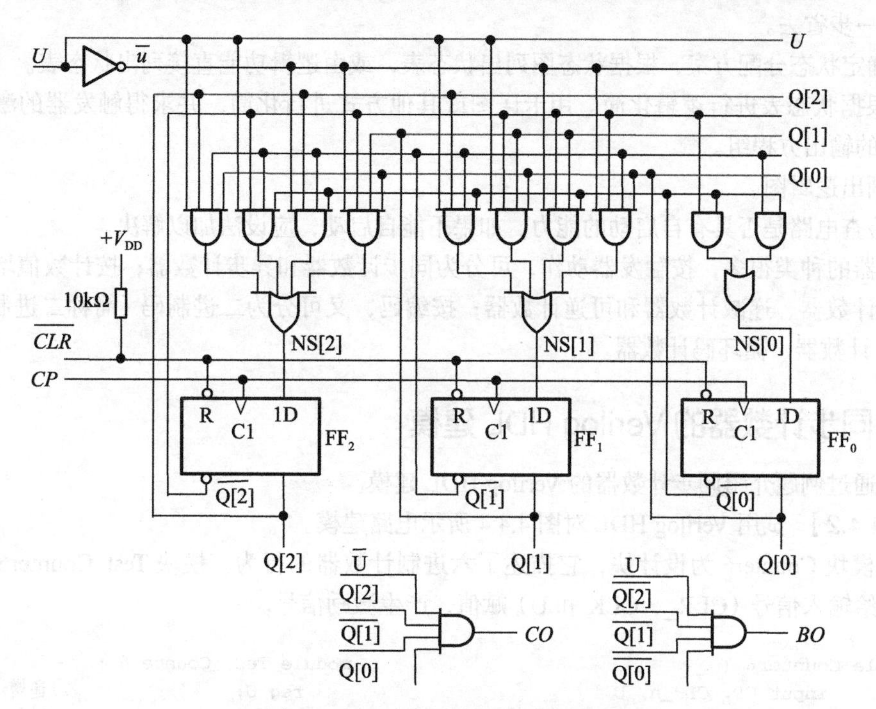

图 4.4.4　六进制计数器的逻辑电路

图 4.4.4 中，各触发器的直接置 **0** 端为低电平有效，计数时，电路的输入端 $\overline{CLR}$ 应保持为高电平。另外，输出信号 *CO* 和 *BO* 的逻辑图中没有直接画出连线，而是采用了标注连线信号名（也称为网络名）的方法，这样画起图来变得简单且容易检查。

（6）检查电路是否具有自启动的能力

自启动能力是指由于某种原因（上电或干扰等）而使电路进入无效状态时，电路能自动地转换到正常工作状态的能力。对本例来说，U=0 和 U=1 时，**110** 和 **111** 均为无效状态。分别以它们作为现态，代入次态的逻辑表达式中可以求出下一个状态。如果还没有进入有效状态，再以新的状态作为现态求下一个次态，依次类推，看最终能否进入有效状态。结果证明，这两个状态在一个时钟周期后全部都能进入 **000** 状态。

实际上本例不用检查自启动能力，因为在用卡诺图化简时，已经将这两个无关状态的下一个状态全部当作 **0** 处理了，所以电路如果进入这两个无关状态，其下一个状态一定是 **000**。但适当地利用无关项对表达式化简，通常能够得到更简单的逻辑电路，此时就要检查自启动能力。

上面在讲述计数器的设计过程时，实际上已经给出了用手动方式进行同步时序电路设计的一般方法，现在把设计的基本步骤归纳如下。

1）确定时序逻辑电路的功能要求。通常所要设计电路的逻辑功能是通过文字、图形或波形图来描述的，因此，要明确电路的输入条件和相应的输出要求，并分别确定输入变量和输出变量的数目和名称。

2）根据逻辑功能要求画出电路的状态图，并做必要的化简。如果能直接列出状态表，也可以把这一步省去。

3）确定状态分配方案，根据状态图列出状态表，或由逻辑功能直接列出状态表。

4）根据状态表进行逻辑化简。用卡诺图或其他方式进行化简，并求得触发器的激励方程组和电路的输出方程组。

5）画出逻辑图。

6）检查电路是否具有自启动的能力，如果不能自启动，应设法加以解决。

计数器的种类很多，按触发器动作，可分为同步计数器和异步计数器；按计数值增减，可分为递增计数器、递减计数器和可逆计数器；按编码，又可分为二进制码（简称二进制）计数器、BCD 计数器、循环码计数器。

4.4.2 同步计数器的 Verilog HDL 建模

下面通过例题介绍同步计数器的 Verilog HDL 建模。

【例 4.4.2】 试用 Verilog HDL 对图 4.4.4 所示电路建模。

解 模块 Counter6 为设计块，它描述了六进制计数器的行为。模块 Test_Counter6 为激励块，用来给输入信号（CLR_、CLK 和 U）赋值，产生激励信号。

```
module Counter6 (
       input CP, CLR_n, U,
       output reg [2:0] Q,
       output CO,BO
);
    assign CO=~U & (Q==3'd5);
    assign BO=U & (Q==3'd0) & (CLR_n==1'b1);

    always @(posedge CP or negedge CLR_n)
    begin
        if (~CLR_n)
            Q<=3'b000;      //异步清零
        else if (U==0)      //U=0，递增计数
            Q<=(Q+1'b1)%6;
        else  if (Q==3'b000)
            Q<=3'd5;
        else                //U=1，递减计数
            Q<=(Q-1'b1)%6;
    end

endmodule
```

```
module Test_Counter6 ;
    reg U;                  //递增/递减
    reg CLK, CLR_;          //时钟、清零
    wire CO,BO;             //输出
    wire [2:0] Q;           //输出
    Counter6 U0(CLK,CLR_,U,Q,CO,BO);
initial begin               //CLR_
    CLR_=1'b0;
    CLR_=#10 1'b1;
    #360 $stop;
end
always begin                //CLK
    CLK=1'b0;
    CLK=#10 1'b1;
    #10;
end
initial begin               //U
    U=1'b0;
    #190;
    U=1'b1;
end
endmodule
```

用 ModelSim 软件进行仿真，其仿真结果如图 4.4.5 所示。

【例 4.4.3】 某同步时序逻辑电路的输入、输出波形如图 4.4.6 所示，其中 CP 为时钟信号，L 为输出，试用 Verilog HDL 描述该电路。

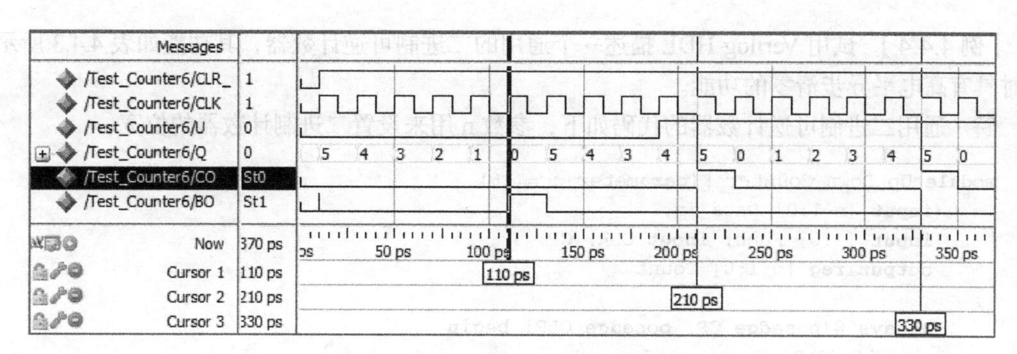

图 4.4.5　六进制计数器的仿真波形

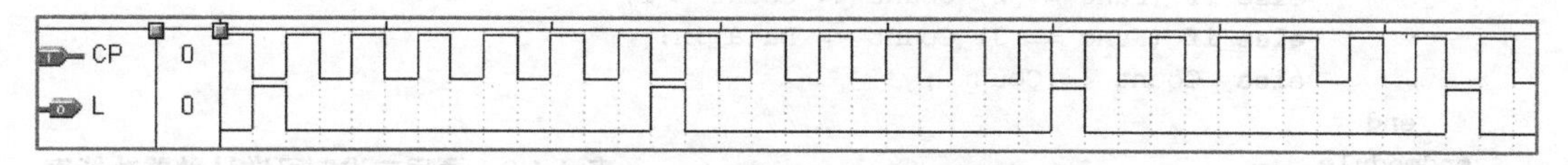

图 4.4.6　电路的输入、输出波形图

解　由波形图可知，每输入 6 个时钟信号，电路输出一个高电平，因此要设计一个模 6 计数器。又因为 L 的高电平脉冲在 CP 为低电平时出现，所以将计数器的输出信号和 CP 信号用组合电路进行译码，就可以得到所需要的输出信号。模块 counter 可以实现题目的要求，为设计块，模块 Test_Counter 为激励块代码。

```
module counter(
    input CP, CLR_n,
    output L
);
    reg [2:0] Cnt;
    always @(posedge CP)  begin
        if(!CLR_n)
            Cnt<=3'b0;              //同步清零
        else if(Cnt==3'b101)   //模6计数器
            Cnt<=3'b0;
        else  Cnt<=Cnt+3'b1;
    end
    assign L=~CP &&(Cnt==3'b000) && CLR_n;

endmodule
```

```
module Test_Counter;
    reg CLK, CLR_;
    wire L;                          //输出
    Counter U0(CLK,CLR_,L);   //实例引用设计块
    initial begin                    //CLR_
        CLR_=1'b0;
        CLR_=#35 1'b1;
        #200 $stop;
    end
    always begin                     //CLK
        CLK=1'b0;
        CLK=#10 1'b1;
        #10;
    end
endmodule
```

用 ModelSim 软件进行仿真，其仿真结果如图 4.4.7 所示。

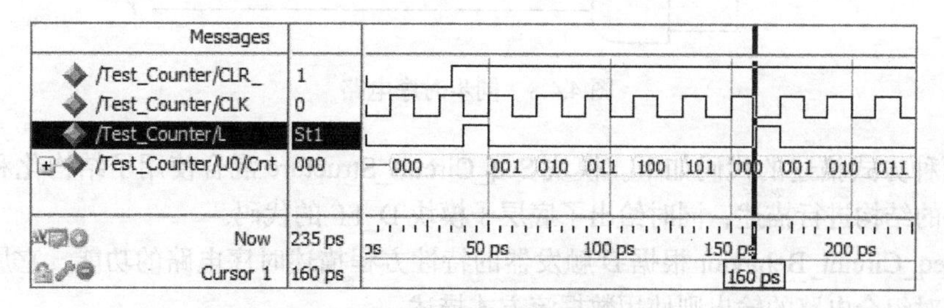

图 4.4.7　例 4.4.5 的仿真波形

【例 4.4.4】 试用 Verilog HDL 描述一个通用的二进制可逆计数器，其功能如表 4.4.3 所示，同时具有高电平异步清零的功能。

解 通用二进制可逆计数器的代码如下，参数 n 用来设置二进制计数器的位宽。

```
module Up_Down_Counter #(parameter n = 16)
    (input [n-1:0] Data_in,
     input [1:0] Func, input CLR, CP,
     output reg [n-1:0] Count
);
     always @(posedge CP, posedge CLR) begin
          if (CLR) Count <= 0;
          else if (Func == 1) Count <= Count + 1;
          else if (Func == 2) Count <= Count - 1;
          else if (Func == 3) Count <= Data_in;
          else  Count <= Count ;
     end
endmodule
```

表 4.4.3　通用二进制可逆计数器功能表

Func	功能
0	保持不变
1	加 1 计数
2	减 1 计数
3	同步置数

【例 4.4.5】 图 4.4.8 所示电路用来检测输入的一串二进制序列，当连续输入 3 个或 3 个以上的 **1** 时，输出为 **1**。试用结构化描述方式和行为级描述方式对该电路建模，并写出一个测试模块，分别对这两种模型进行测试，给出仿真波形。

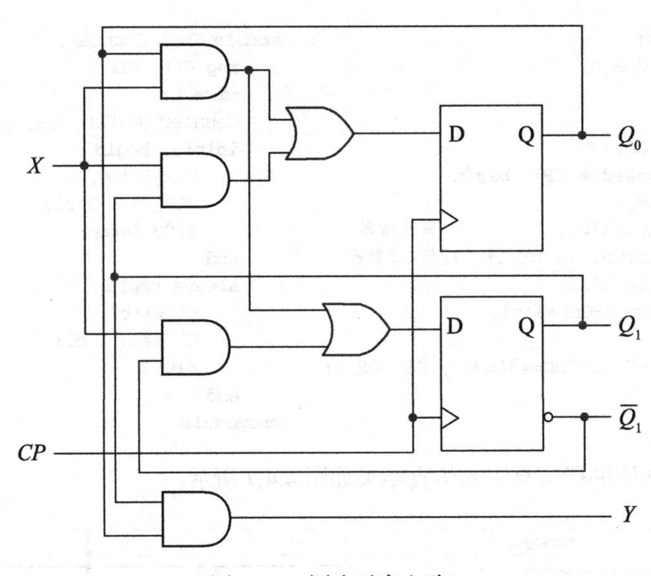

图 4.4.8　同步时序电路

解 两种方式描述的代码如下。模块 Seq_Circuit_Structure 混合使用了结构化和数据流的方式对电路的结构进行描述，同时给出了底层子模块 D_FF 的代码。

模块 Seq_Circuit_Behavior 根据 D 触发器的特性方程描述时序电路的功能，它属于行为级描述方式，对组合电路的输出则使用数据流方式描述。

```
//结构化和数据流混合
module Seq_Circuit_Structure
    (input X, CP, output Y);
    wire D0, D1, Q0, Q0_, Q1, Q1_;
    // 实例引用D触发器
    D_FF FFA(D0, CP, Q0, Q0_);
    D_FF FFB(D1, CP, Q1, Q1_);
    // 对组合逻辑电路建模
    assign D0 = (Q0 & X) | (Q1 & X);
    assign D1 = (Q0 & X) | (Q1_ & X);
    assign Y = Q0 & Q1;
endmodule
```

```
//子模块：D触发器D_FF
module D_FF (
    input D, Clk,
    output reg Q, Qbar
);
    // Q和Qbar在Clk的上升沿改变
    always @(posedge Clk)
    begin
        Q <= D;         //非阻塞赋值
        Qbar <= ~D;
    end
endmodule
```

在测试模块 TB_Seq_Circuit 中，首先实例引用了上面的两个设计块，然后产生输入信号（x、cp），这些输入信号同时送到被测模块 test1 和 test2，并产生相应的输出信号。

```
//行为风格描述
module Seq_Circuit_Behavior (
    input X, CP,
    output Y
);
    reg Q0, Q1;
    // 使用always建模
    // 在时钟上升沿更新Q0和Q1的值
    always @(posedge CP)
    begin
        Q0 <= (Q0 & X) | (Q1 & X);
        Q1 <= (Q0 & X) | (~Q1 & X);
    end
    // 使用连续赋值对输出Y建模
        assign Y = Q0 & Q1;
endmodule
```

```
//测试模块
`timescale 1ns/1ns
module TB_Seq_Circuit;
    reg x, cp;
    wire y, z;
    Seq_Circuit_Structure test1 (x, cp, y);
    Seq_Circuit_Behavior  test2 (x, cp, z);
    //产生周期为10ns的时钟信号
    initial cp = 1;
    always #5 cp = ~cp;
    //测试序列: x = 0,1,0,1,1,1,0,1,1,1,1,0,1,1, 0. . .
    initial begin
        x=0;  #12 x=1;  #10 x=0;  #10 x=1;  #30 x=0;
    #10 x=1;  #40 x=0;  #10 x=1;  #20 x=0;
    end
endmodule
```

在 ModelSim 软件中，输入上述所有代码进行仿真，得到的仿真波形如图 4.4.9 所示。由图可知，检测到连续输入的 3 个 **1** 时，在 60 ns 处，输出为 **1**；检测到连续输入的 4 个 **1** 时，在 100 ns 处，输出为 **1**。两个模型的仿真结果相同，电路能够实现要求的功能。

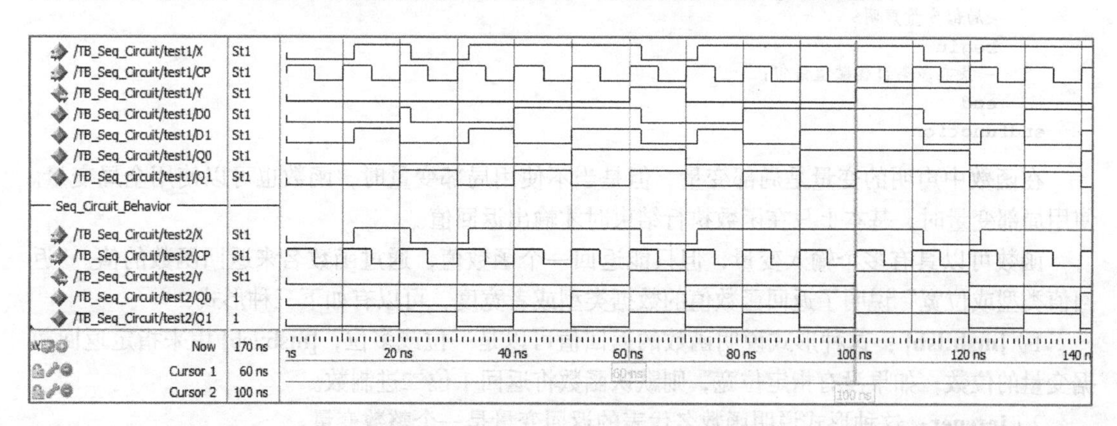

图 4.4.9　图 4.4.8 所示电路的仿真波形

4.5 Verilog HDL 函数与任务的使用

Verilog HDL 提供的函数（**function**）和任务（**task**）与其他编程语言中的子程序相似，这些结构允许把一个很大的程序模块分解成许多较小的代码段，我们可以将公共代码段写成一个任务或者函数，然后调用，从而减少了所需的代码量，同时增强了 Verilog HDL 模块的可读性和可维护性。

函数与任务一般用于行为级建模，可以在一个 **module** 的内部定义和调用它们，也可以在单独的文件中定义函数和任务。使用时用编译指令 **`include** 来包含含有这些函数和任务的文件。

函数和任务的区别主要有以下四点：

1）**function** 只能与主模块共用同一个仿真时间单位，而 task 可以定义自己的仿真时间单位。

2）**function** 不能调用 **task**，而 **task** 能调用其他任务和函数。

3）**function** 至少要有一个输入变量，而 **task** 可以没有或有多个任何类型的变量。

4）**function** 返回一个值，而 **task** 不返回值。

function 的目的是通过返回一个值来响应输入信号的值，Verilog HDL 模块使用 **function** 时把它当作表达式中的一种操作，这个操作的结果值就是这个函数的返回值。**task** 用于多种目的，能计算多个结果值，这些结果值只能通过被调用任务的 **output** 或 **inout** 端口送出。

在编写测试模块（test bench）时会用到函数和任务，而在写可综合的代码时建议少用，因为很多逻辑综合软件对任务和函数的支持不是太好。

4.5.1 函数说明语句

1. 函数的定义

函数用关键字 **function** 和 **endfunction** 来界定，函数声明的语法如下：

```
function <返回值类型或位宽><函数名>;
    <输入变量与类型声明>     //reg、integr、parameter…
    <局部变量声明>
    begin
    一条或多条过程赋值语句;
    end
endfunction
```

在函数中声明的变量是局部变量，但是当不使用局部变量时，函数也可以使用全局变量。使用局部变量时，基本上只在函数执行结束时才输出返回值。

函数可以具有多个输入变量，但只能返回一个函数值，通过函数名来返回函数的值。“返回值类型或位宽”说明了返回函数值的数据类型或者宽度，可以有如下三种形式：

1）**[msb:lsb]**：这种形式说明函数的返回值可以是一位或多位，[msb:lsb] 用来指定返回数据变量的位数；如果没有指定位宽，则默认函数将返回 1 位二进制数。

2）**integer**：这种形式说明函数名代表的返回变量是一个整数变量。

3）**real**：这种形式说明函数名代表的返回变量是一个实数型变量。

定义 **function** 时，要注意以下几点：

1）和模块定义不一样，在第一行 **function** 语句中没有端口名列表。

2）**function** 的定义不能出现在任何一个过程块（**always** 块或 **initial** 块）的内部。

3）**function** 的定义不能包含延迟，即任何用 #、@ 或 **wait** 来标识的语句都不能用。

4）定义 **function** 时，至少要有一个输入变量。

5）定义 **function** 时，在函数内部隐式地将函数名声明为一个寄存器变量，在函数体中必须有一条赋值语句对该寄存器变量赋以函数的结果值，以便调用函数时能够得到返回的函数值。

2. 函数的调用

函数可以调用其他函数，但不能调用任务。函数调用是表达式的一部分，在可以使用表达式的任何地方都可以调用函数。函数调用的一般格式如下：

< 函数名 >(< 输入参数 1>，……，< 输入参数 n>);

其中“输入参数”与函数定义中说明的各个输入变量的排列顺序一一对应。这些参数被视为输入值，在函数执行期间无法更改。

注意，函数调用既可以出现在过程块中，也可以出现在 **assign** 连续赋值语句之中。另外，函数定义中声明的所有局部寄存器都是静态的，即函数中的局部寄存器在函数的多个调用之间保持它们的值。

【例 4.5.1】 用定义 **function** 与调用 **function** 的方法完成 4 选 1 数据选择器设计。

解　1）设计块：下面是 4 选 1 数据选择器的 Verilog HDL 描述。

```
`timescale 1ns/1ns
module SEL4to1 (input A, B, C, D, input [1:0] SEL, output F);
   //调用函数
   assign F=SEL4to1FUNC (A, B, C, D, SEL);
   //定义函数
   function SEL4to1FUNC;
       input A1, B1, C1, D1;    //输入变量
       input [1:0] SEL1;        //输入变量
           case(SEL1)
               2'd0:SEL4to1FUNC=A1;
               2'd1:SEL4to1FUNC=B1;
               2'd2:SEL4to1FUNC=C1;
               2'd3:SEL4to1FUNC=D1;
           endcase
   endfunction
endmodule
```

2）激励块：用来给输入变量赋值，产生激励信号。

```
`timescale 1ns/1ns
module Test_SEL4to1();
       reg IN0, IN1, IN2, IN3;
       reg [1:0]SEL;
       wire OUT;
       //实例引用设计块
       SEL4to1 mymux(.A(IN0),.B(IN1),.C(IN2),.D(IN3),.SEL(SEL),.F(OUT));
```

```
    initial begin                                    //产生激励输入信号
            IN0=1; IN1=0; IN2=0; IN3=0;
            #10 $display ($time, "\t IN0=%b, IN1=%b, IN2=%b, IN3=%b\n", IN0, IN1, IN2, IN3);
            #10 SEL=2'b00;                           //选择IN0
            #30 SEL=2'b01;                           //选择IN1
            #30 SEL=2'b10;                           //选择IN2
            #100 SEL=2'b11;                          //选择IN3
            #100 $stop;                              //总仿真时间为280ns
    end
    always begin #5 IN2=~IN2; end                    //每隔5ns, IN2改变一次状态
    always begin #10 IN3=~IN3; end                   //每隔10ns, IN3改变一次状态
    initial begin $monitor ($time, "\t SEL=%b, OUT=%b\n", SEL, OUT); end
endmodule
```

用ModelSim软件进行仿真，其仿真结果如图4.5.1所示。在20ns处，SEL=00，OUT选择IN0输出；在50ns处，SEL=01，OUT选择IN1输出；在80ns处，SEL=10，OUT选择IN2输出；在180ns处，SEL=11，OUT选择IN3输出。

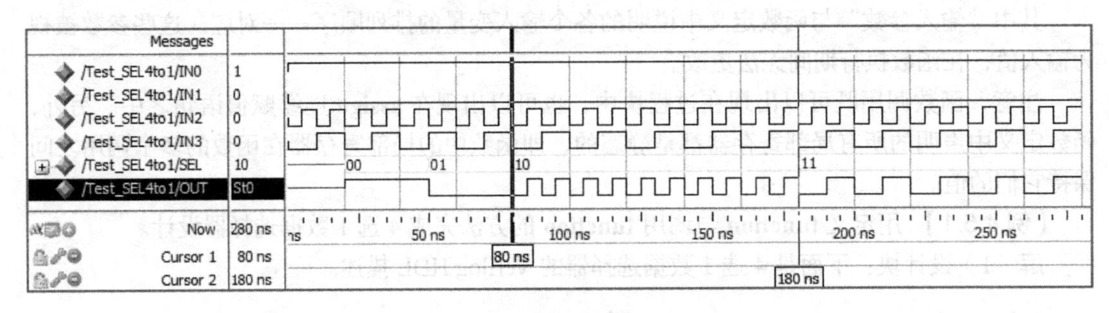

图4.5.1 4选1数据选择器的仿真波形

下面再用一个例子说明怎样在过程块**always**中调用函数，注意，该例子只能用于仿真，不能综合成硬件电路。

【例4.5.2】 试举例说明函数定义与调用的方法。

解 1）设计块：下面是8位二进制递增计数器的行为描述。

```
module function_counter (input clk, clr_n, output [7:0] count );
    reg [7:0] count;
    parameter tpd_clk_to_count=1, parameter tpd_reset_to_count=1;
    function [7:0] increment;                        //定义函数
        input [7:0] val;                             //输入变量声明
        reg [3:0] i;                                 //函数的局部静态变量
        reg carry;                                   //函数的局部静态变量
        begin
            increment=val;
            carry=1'b1;
            //当carry=0或所有位都被处理完成后，退出循环
            for (i=4'b0;((carry==4'b1)||(i<=7)); i=i+4'b1) begin
                increment[i]=val[i] ^ carry;
                carry = val[i] & carry;
            end
        end
        endfunction
```

```
    always @(posedge clk or negedge clr_n)
           if (~clr_n)    count<=#tpd_reset_to_count  8'h00;
           else count<=#tpd_clk_to_count increment(count); //调用函数
endmodule
```

2）激励块：给输入变量赋值，产生激励信号。

```
module Test_function_counter ();
    reg CLK, CLR_;
    wire [7:0]CNT;
    function_counter U0(CNT, CLK, CLR_);
    initial begin  //CLR_
        CLR_=1'b0;
        CLR_=#20 1'b1;
        #5300 $stop;
    end
    always begin  //CLK
        CLK=1'b0;
        CLK=#10 1'b1;
        #10;
    end
endmodule
```

用 ModelSim 软件进行仿真，其仿真结果如图 4.5.2 所示。计数器的计数范围是 0～255，即模为 256。

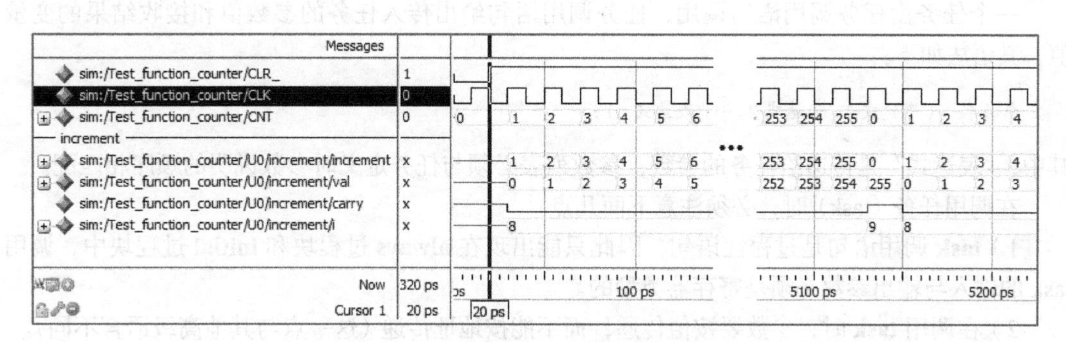

图 4.5.2　8 位二进制递增计数器的仿真波形

4.5.2　任务说明语句

使用任务有助于将 Verilog HDL 代码模块化。我们通常把需要共用的代码段定义为任务，然后通过调用任务来使用它，这样，在描述的不同位置可以执行共同的代码。在任务中还可以调用其他任务和函数。任务的使用包括任务定义和任务调用。

1. 任务定义

任务用关键字 **task** 和 **endtask** 来界定，任务声明的语法如下：

```
task 任务名;
    input参数1, 参数2, …
    output参数1, 参数2, …
```

```
    inout参数1, 参数2, …
    局部变量声明;              //reg, integer, parameter...
    begin
        一条或多条过程赋值语句;
    end
endtask
```

关键字 **input**、**output** 和 **inout** 不是模块的端口，而是用于在 **task** 调用语句和 **task** 构造体之间传递参数值的端口。声明为 **input** 或 **inout** 的变量将参数传递给 **task** 处理，**task** 执行完后，由类型为 **output** 或 **inout** 的变量将处理结果送出。

由于 **task** 无法被综合，因此只能在测试模块中使用它们。当 **task** 执行完成时，控制权将传递到模块中的下一条语句。如果必要，可以在 **task** 中声明其他局部变量。

在定义一个任务（**task**）时，必须注意以下几点：

1）任务的定义不能出现在任何一个过程块（**always** 或 **initial**）的内部。

2）和模块定义不一样，在第一行 **task** 语句中没有列出端口名列表。

3）一个 **task** 可以没有输入 / 输出端口。

4）一个 **task** 可以没有返回值，也可以通过输出端口或双向端口返回一个或多个值。

5）除任务中定义的变量外，**task** 还能够引用说明任务的模块中定义的任何变量。

2. 任务的调用

一个任务由任务调用语句调用，任务调用语句给出传入任务的参数值和接收结果的变量值，其语法如下：

```
任务名 （表达式1，表达式2，…，表达式n）;
```

其中，“表达式”是传递给任务的参数，参数列表必须与任务定义时参数说明的顺序相匹配。

在调用任务（task）时，必须注意下面几点：

1）**task** 调用语句是过程性语句，因此只能出现在 **always** 过程块和 **initial** 过程块中，调用 task 的输入与输出参数必须是寄存器类型的。

2）在调用 **task** 时，参数要按值传递，而不能按地址传递（这一点与其他高级语言不同）。

3）在一个 **task** 中可以直接访问上一级调用模块中的任何寄存器。

4）可以使用循环中断控制语句 **disable** 来中断 **task** 的执行，在 **task** 被中断后，程序流程将返回到调用 **task** 的地方继续往下执行。

下面是一个用来说明怎样在模块的设计中使用任务的例子，注意，该例子只能用于仿真，不能综合成为硬件电路。

【例 4.5.3】 举例说明 **task** 定义与 **task** 调用的方法。

解 举例如下：

```
module traffic_lights;
    reg clock, red, yellow, green;
    parameter on=1, off=0;
    parameter red_tics=350, yellow_tics=30, green_tics=200;
    initial begin                           //交通灯初始化
        red=off; yellow=off; green=off;
```

```
        #25000 $stop;
    end
    always                                              //交通灯控制时序
    begin
        red=on;                                         //红灯亮
        light(red,red_tics);                            //调用延时等待任务
        green=on;                                       //绿灯亮
        light(green,green_tics);                        //等待
        yellow=on;                                      //黄灯亮
        light(yellow,yellow_tics);                      //等待
    end

    task light;                                         //任务定义: 灯亮的时间
        output color;                                   //任务的输出变量
        input[31:0] tics;                               //任务的输入变量
        begin
            repeat(tics) @(posedge clock);              //等待tics个时钟的上升沿
            color=off;                                  //关灯
        end
    endtask
    //产生时钟脉冲的always块, clock的周期为200
    always
    begin
        #100 clock=0;
        #100 clock=1;
    end
endmodule
```

这个例子描述了一个简单的交通灯的时序控制模型，并且该交通灯有它自己的时钟产生器，其仿真结果如图 4.5.3 所示。

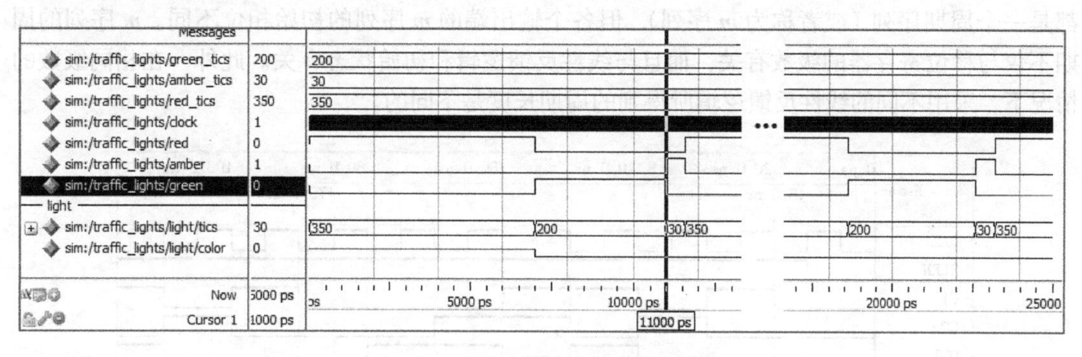

图 4.5.3　交通灯控制器的仿真波形

4.6　*m* 序列码产生电路设计

m 序列又叫作伪随机序列、伪噪声（Pseudo Noise，PN）码或伪随机码，是一种可以预先确定，能够重复产生和复制，又具有随机统计特性的二进制码序列。在通信系统中有着广泛的应用，如扩频通信，卫星通信的码分多址，数字数据中的加密、加扰、同步、误码率测量等。

伪随机序列一般用二进制数表示，每个码元（即构成 *m* 序列的元素）只有 0 或 1 两种取值，分别与数字电路中的低电平或高电平相对应。

m 序列是最长线性反馈移位寄存器序列的简称，它是一种由带线性反馈的移位寄存器所产生的序列，并且具有最长周期。图 4.6.1 所示是一种 3 位 *m* 序列产生器，它将触发器的输出 C1 和 C3 通过**同或**门（XNOR）反馈到第一级的输入端，其工作原理是：在清零后，3 个触发器的输出均为 **0**，于是**同或**门的输出为 **1**，在时钟触发下，每次移位后各级寄存器状态都会发生变化。

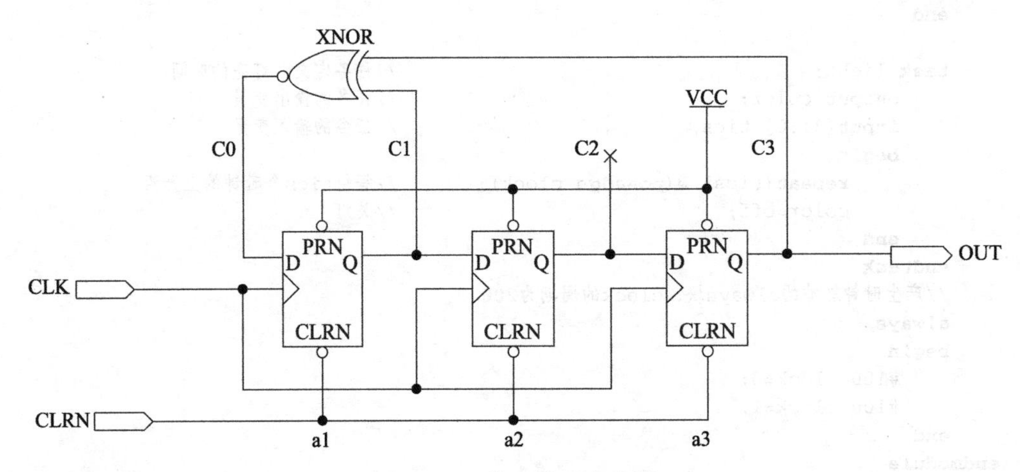

图 4.6.1　3 位 *m* 序列产生器

分析该电路得到如图 4.6.2 所示的仿真波形图，其中任何一级触发器（通常为末级）的输出都是一个周期序列（或者称为 *m* 序列），但各个输出端的 *m* 序列的初始相位不同。*m* 序列的周期不仅与移位寄存器的级数有关，而且与线性反馈逻辑和初始状态有关。此外，在相同级数的情况下，采用不同的线性反馈逻辑所得到的周期长度是不同的。

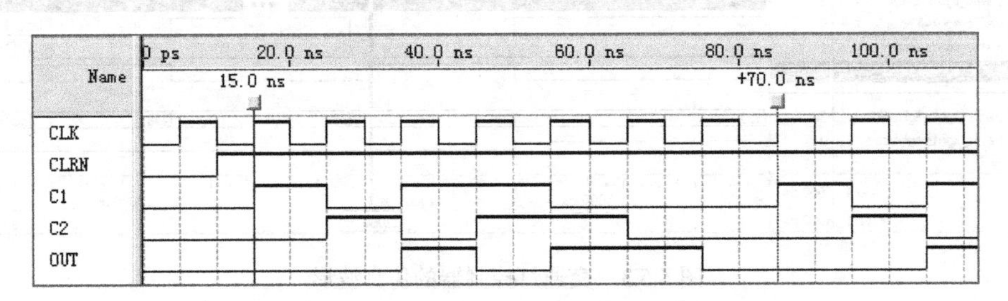

图 4.6.2　三位 *m* 序列产生器输出波形

该电路的状态转换图如图 4.6.3 所示。共有 $2^3-1=7$ 个状态，与相同级数的二进制计数器比较，*m* 序列码的状态数只少 1，但电路却简单得多。

通常，将类似于图 4.6.1 所示电路结构的 *m* 序列产生器称为简单型移位寄存器序列发生器（Simple Shift Register Generator，SSRG），它的一般结构如图 4.6.4 所示。其中各个触发器 a_i（i=1，2，…，r）构成移位寄存器，⊕代表**异或**运算，C_0，C_1，C_2，…，C_r 是反馈系数，也是特征多项式的系数。系数取值为 **1** 表示反馈支路连通，取值为 **0** 表示反馈支路断开。还有另一类称为模块型码移位寄存器序列发生器（Modular Shift Register Generator，MSRG），它也是 *m* 序列产生器，这里不做讨论。

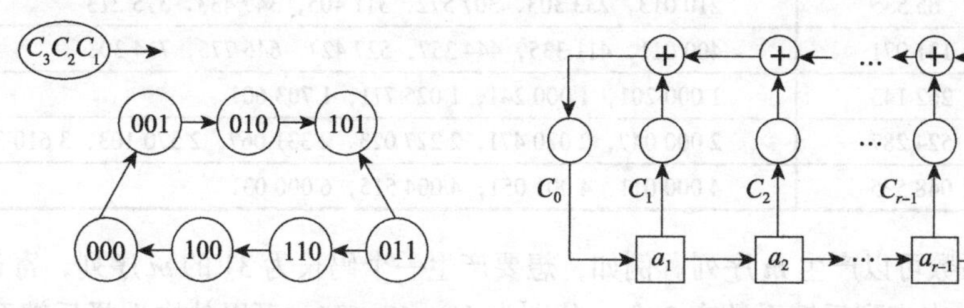

图 4.6.3　三位 *m* 序列状态转换图　　　　图 4.6.4　SSRG 电路的结构

对于 SSRG 结构的 *m* 序列发生器，其特征多项式的一般表达式为

$$f(x)=C_0x^0+C_1x^1+C_2x^2+\cdots+C_rx^r=\sum_{i=0}^{r}C_ix^i$$

式中，x^i 仅指明其系数（**1** 或 **0**）C_i 的值，x 本身的取值并无实际意义，也不需要计算 x 的值。例如，若特征多项式为

$$f(x)=1+x+x^4$$

则它仅表示 x^0、x^1 和 x^4 的系数 $C_0=C_1=C_4=\mathbf{1}$，其余的 C_i 为 **0**（$C_2=C_3=\mathbf{0}$）。

特征多项式系数决定了一个 *m* 序列的特征多项式，同时也就决定了一个 *m* 序列。表 4.6.1 给出了部分 *m* 序列的反馈系数，系数的值是用八进制数表示的。由这些系数构成的特征多项式也称为**本原多项式**，它决定了移位寄存器反馈线的数目以及连接方式。通常，*m* 序列的码位越长，系统性能越高。商用扩频系统码长应不低于 12 位，一般取 32 位。

表 4.6.1　*m* 序列反馈系数表

寄存器级数	*m* 序列长度	*m* 序列产生器反馈系数（八进制数）
2	3	7
3	7	13
4	15	23
5	31	45，67，75
6	63	103，147，155
7	127	203，211，217，235，277，313，325，345，367
8	255	435，453，537，543，545，551，703，747
9	511	1021，1055，1131，1157，1167，1175
10	1023	2011，2033，2157，2443，2745，3471
11	2047	4005，4445，5023，5263，6211，7363
12	4095	10 123，11 417，12 515，13 505，14 127，15 053
13	8191	20 033，23 261，24 633，30 741，32 535，37 505
14	16 383	42 103，51 761，55 753，60 153，71 147，67 401

(续)

寄存器级数	*m* 序列长度	*m* 序列产生器反馈系数（八进制数）
15	32 767	100 003，110 013，120 265，133 663，142 305，164 705
16	65 535	210 013，233 303，307 572，311 405，347 433，375 213
17	131 071	400 011，411 335，444 257，527 427，646 775，714 303
18	262 143	1 000 201，1 000 241，1 025 711，1 703 601
19	524 287	2 000 047，2 020 471，2 227 023，2 331 067，2 570 103，3 610 353
20	1 048 575	4 000 011，4 001 051，4 004 515，6 000 031

根据多项式的系数可以产生 *m* 序列。例如，想要产生一个码长为 31 的 *m* 序列，寄存器的级数 r=5，从表 4.6.1 中查到反馈系数有 3 个，分别为 45、67、75，可以从中选择反馈系数 45 来构成 *m* 序列产生器，因为使用 45 时，反馈线最少，构成的电路最简单。45 为八进制数，写成二进制数为 **100101**，这就是特征多项式的系数，即

$$C_5C_4C_3C_2C_1C_0=\mathbf{100101}$$

表明 C_5、C_2、C_0 三条反馈支路是连通的，另外三条反馈支路 C_4、C_3、C_1 是断开的，其电路如图 4.6.5 所示。其中为了避免在系统清零后 *m* 序列输出“全 0”信号，对图 4.6.4 的结构稍微做了一些改动，即在所有“异或”运算的后面添加了一个“非门”。

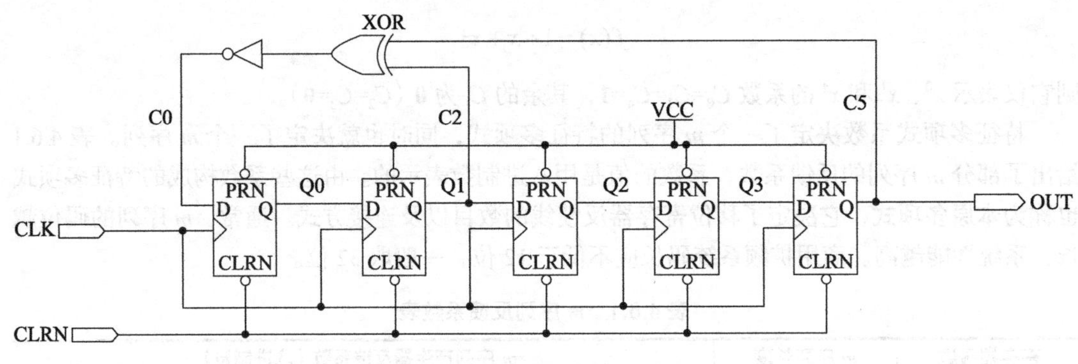

图 4.6.5 五位 *m* 序列产生器

描述该电路的 Verilog HDL 程序如下：

```
module m5(input CLK, CLRN, output OUT );
    wire C0; reg[4:0] Q;          //中间节点
    assign C0=~(Q[4] ^ Q[1]);     //反馈
    assign OUT=Q[4];              //输出信号
    always@(posedge CLK or negedge CLRN) begin
        if(!CLRN )
            Q[4:0]<=5'b00000;     //异步清零
        else
            Q[4:0]<={Q[3:0],C0}; //移位
    end
endmodule
```

逻辑功能的仿真波形如图 4.6.6 所示。

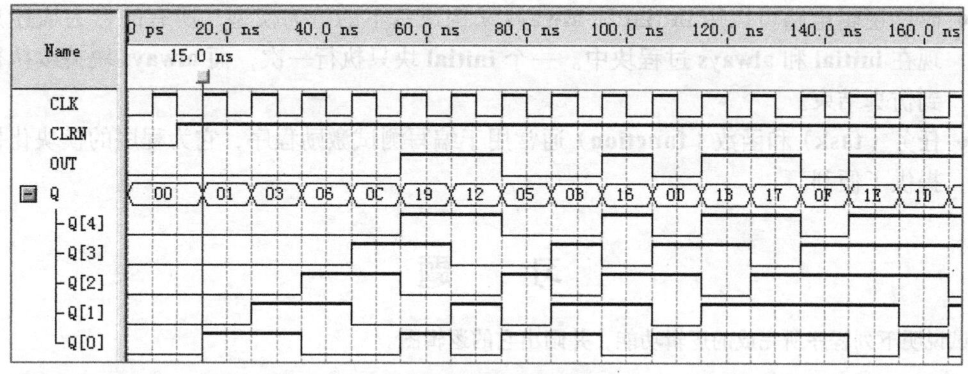

a）0～160ns 的仿真波形图

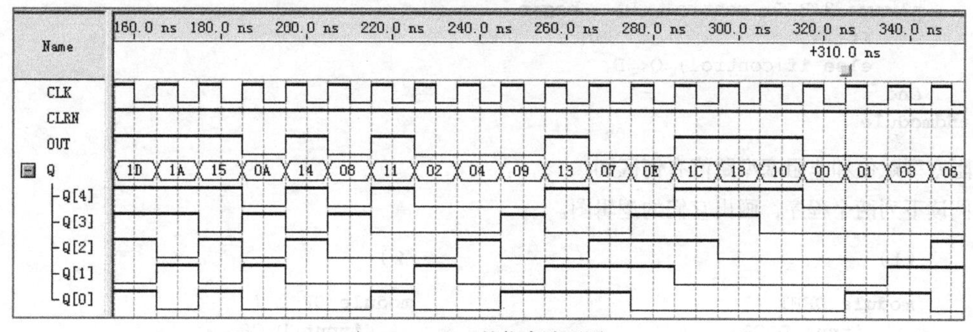

b）160～340ns 的仿真波形图

图 4.6.6　五位 *m* 序列产生器仿真波形

小　结

- 时序电路的基本单元电路是锁存器和触发器，它们是具有存储功能的存储电路。每个锁存器或触发器都能存储一位二值信息，所以又称为存储单元或记忆单元。触发器有一个时钟输入端，只有时钟脉冲到来时，触发器的状态才能改变。而锁存器是没有时钟输入端的存储单元，其状态的改变直接由数据输入端控制。
- 时序逻辑电路由组合电路及存储电路两部分组成。其中存储电路是不可或缺的组成部分，它能将电路的状态记忆下来，所以时序电路在任一时刻的输出信号不仅和当时的输入信号有关，还与电路原来的状态有关。
- 时序电路的设计是根据要求实现的逻辑功能画出原始状态图或原始状态表，然后进行状态化简（状态合并）和状态编码（状态分配），再求出所选触发器的驱动方程和输出方程，最后画出逻辑电路图的过程。为保证电路工作的可靠性，最后还要检查一下电路能否自启动。正确画出原始状态图或原始状态表是时序电路设计中的关键步骤，也是成功完成设计的基础。
- 计数器和寄存器是最常用的时序逻辑器件。计数器不仅能用于统计输入时钟脉冲的个数，还能用于分频、定时、产生节拍脉冲等。寄存器的功能是存储代码。移位寄存器不仅可以存储代码，还可用来实现数据的串行－并行转换、数据处理及数值的运算。

- 时序逻辑电路可以用 **initial** 和 **always** 来构成基本的行为模型，所有的行为描述只出现在 **initial** 和 **always** 过程块中。一个 **initial** 块只执行一次，而 **always** 块持续执行直到仿真结束。
- 任务（**task**）和函数（**function**）通常用于编写测试激励程序，它为程序的模块化描述提供了便利。

习　题

4.1 试说明下列程序所完成的逻辑功能，并画出它的逻辑图。

```
module d_latch_rst (input RST, control, D, output reg Q);
   always @(RST, control, D)    begin
      if(~RST)          Q=1'b0;
      else if(control) Q<=D;
   end
endmodule
```

4.2 阻塞型赋值和非阻塞型赋值有何区别？

4.3 阅读下列两个程序，画出它们的逻辑图。

（1）

```
module DFF1 (
     input D,CP,
     output reg Qa, Qb
);
     always @(posedge CP) begin
         Qa=D;
         Qb=Qa;
     end
endmodule
```

（2）

```
module DFF2 (
     input D,CP,
     output reg Qa, Qb
);
     always @(posedge CP) begin
         Qa<=D;
         Qb<=Qa;
     end
endmodule
```

4.4 常用的复位方式有哪些？在 Verilog HDL 中，如何描述异步复位和同步复位？

4.5 简述同步计数器设计和异步计数器设计的特点。

4.6 试对图题 4.6 所示电路进行建模，并给出仿真结果，说明其计数规律。

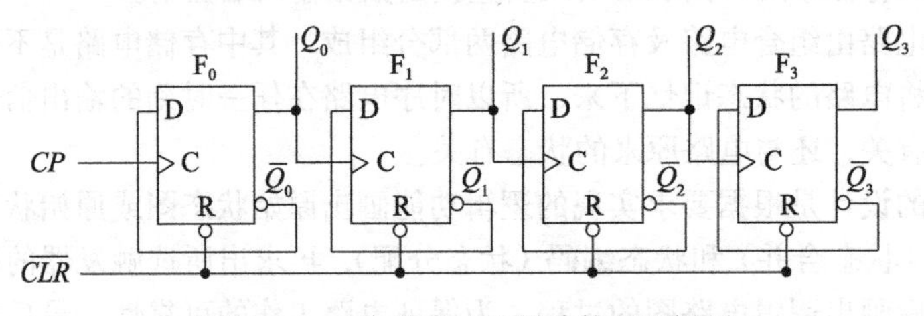

图题 4.6　4 位异步二进制计数器逻辑图

4.7 试用结构风格的建模方法，对图 4.3.1 所示 4 位寄存器电路进行建模，并给出仿真结果。

4.8 试用 Verilog HDL 写出一个 4 位二进制可逆计数器的行为描述。要求具有 5 种功能，即异步清零、同步置数、加计数、减计数和保持原有状态不变，且要求计数器能输出进位信号和借位信号，即当计数器递增计数到最大值 15 时，产生一个高电平有效的进位信号 CO；当计数器递减计数到最

小值 **0** 时，产生一个高电平有效的借位信号 BO。

4.9　试用 Verilog HDL 的行为描述风格写出一个小时时间计数器程序。要求如下：

1）计数器的功能是从 1 开始计数到 12，然后又从 1 开始周而复始运行。计数器的输出为 8421 码。

2）要求该计数器带有复位端 CR 和计数控制端 En。当 CR 为低电平时，计数器复位，其输出为 1；当 CR 和 En 均为高电平时，计数器处于计数状态；当 CR 为高电平但 En 为低电平时，计数器暂停计数。

4.10　图题 4.10 是某同步时序逻辑电路的输入、输出波形，其中时钟信号 CP 的频率为 1kHz，试用 Verilog HDL 描述该电路。

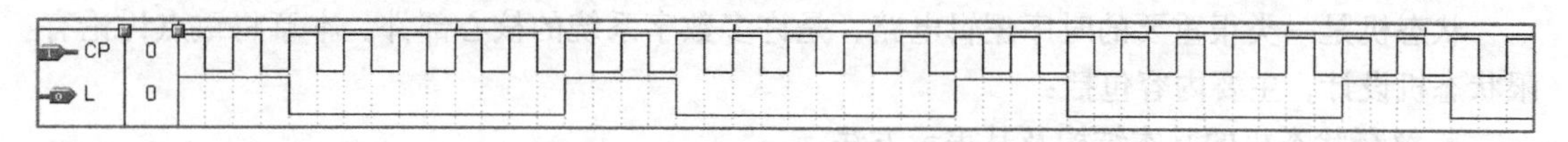

图题 4.10　电路的输入、输出波形图

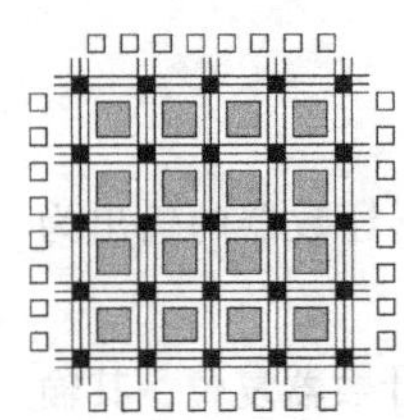

第5章 有限状态机设计

本章目的

状态机是一类很重要的时序逻辑电路，是许多数字系统的核心部件。本章将重点讨论有限状态机设计，主要内容包括：

- 解释状态机的基本结构及其表示方法。
- 介绍用 Verilog HDL 描述状态图的方法。
- 说明状态编码方法。
- 介绍状态图的建立方法。

5.1 状态机的基本概念

5.1.1 状态机的基本结构及类型

有限状态机的标准模型如图 5.1.1 所示，它主要由三部分组成：一是下一状态（简称“次态”）逻辑电路；二是存储状态机当前状态的时序逻辑电路；三是输出组合逻辑电路。其中存储状态机当前状态（简称“现态”）的电路通常由一组触发器构成，*n* 个状态触发器最多可以记忆 2^n 个状态。一般情况下，状态触发器的数量是有限的，其状态数也是有限的，故称为**有限状态机**（Finite State Machine，FSM）。状态机中所有触发器的时钟输入端被连接到一个公共时钟脉冲源上，其状态的转换是在同一时钟源的同一边沿同步进行的，所以它也称作**时钟同步状态机**。

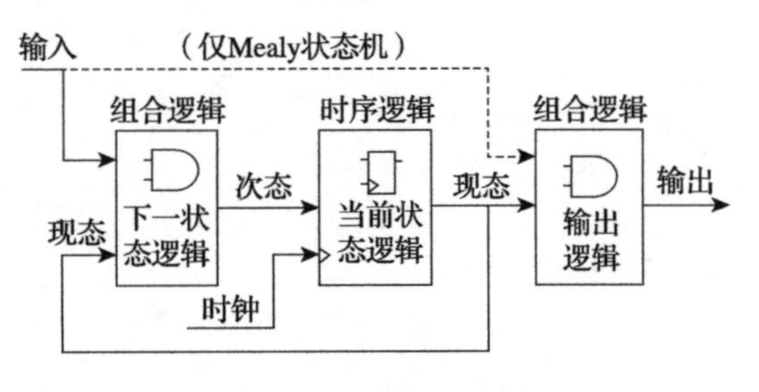

图 5.1.1　有限状态机的标准模型

一般来说，状态机的基本操作主要有以下两种：

1）状态机的内部状态转换：状态机需要经历一系列的状态转换，其下一状态是由当前状态和输入信号共同决定的。

2）产生输出信号序列：状态机的输出信号由输出逻辑根据当前状态和输入信号来决定。

根据电路的输出信号是否与电路的输入有关，可以将状态机分为两种类型：一类是 Mealy（米利）型状态机，电路的输出信号不仅与电路当前的状态有关，还与电路的输入有关（如图 5.1.1 中虚线所示）；另一类是 Moore（穆尔）型状态机，电路输出仅仅取决于各触发器的状态，而不受电路当时输入信号影响或没有输入信号。显然，这两种电路结构除了在输出电路部分有些不同外，其他部分都是相同的。

在实际应用中，状态机主要用来实现一个数字系统中的控制部分，性能优良的状态机具有执行时间短、运行速度快的优点。

5.1.2 状态机的状态图表示法

一般来说，状态机有三种表示方法，分别是状态图、状态表和算法状态机图[⊖]。实际上，这三种表示方法是等价的，相互之间可以进行任意转换。在用 Verilog HDL 描述状态机时，通常会用到状态机的状态图，下面介绍状态图的表示方法。

状态图是以信号流图方式表示出电路的状态转换过程。在状态图中，每个状态用一个圆圈（或者椭圆圈）表示，圆圈内有指示状态的符号。用带箭头的方向线指示状态转换的方向，当方向线的起点和终点都在同一个圆圈上时，则表示状态不变。

图 5.1.2 是 Mealy 状态图的一个例子，其中 A、B、C 是符号，表示不同的状态，方向线旁边的 X/Y 等表示引起状态转移的输入信号以及当前输出信号。

一般来说，状态机中的状态转移有两种方式：无条件转移和有条件转移。在图 5.1.2 中，从状态 A 转移到状态 B 为无条件转移，其他状态之间的转移都是有条件要求的，例如，如果状态机的当前状态（现态）为 B，当输入 X=1 时，状态机将从状态 B 转移到状态 C；当 X=0 时，状态机将从状态 B 转移到状态 A。引起状态发生改变的输入条件通常标在方向线的旁边，电路的输出结果也写在方向线的旁边，用斜线对输入和输出进行分隔，输入放在斜线左边，输出放在斜线右边。

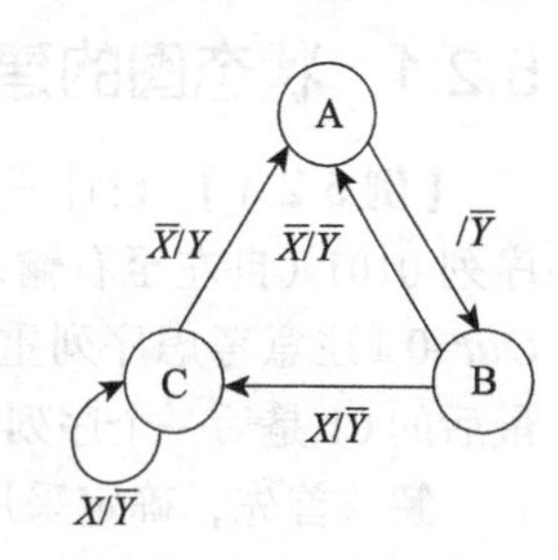

图 5.1.2 Mealy 状态图

需要强调的是，在 Mealy 状态图中，输出信号的表示方法容易引起读者的误解。当状态机处于当前所在的状态，并在输入信号的作用下，就会产生输出，并非在状态机转移到下一状态时才出现输出。例如，图 5.1.2 中，当状态机处于状态 C 时，输出 Y 只依赖于当前状态 C 和输入 X：若 X=1，则 Y=0；若 X=0，则 Y=1。

可见输出信号 Y 是在状态转移之前产生的，与次态无关。

图 5.1.3 是 Moore 状态图表示示例（图中没有画出状态 S_2 和 S_3 的转换）。由于 Moore 状态机的输出只依赖于状态机的当前状态，其状态图的表示方法略有不同，通常将输出写在圆圈的内部，图中引起状态转移的输入信号有 *Start*、X_1 和 X_2，但是状态 IDLE 到状态 S_1 的转移与 X_1、X_2 无关，所以 X_1、X_2 没有出现在该转换的箭头旁。图中 Z 表示输出信号，与输入无关，标在每个状态名称的下面。

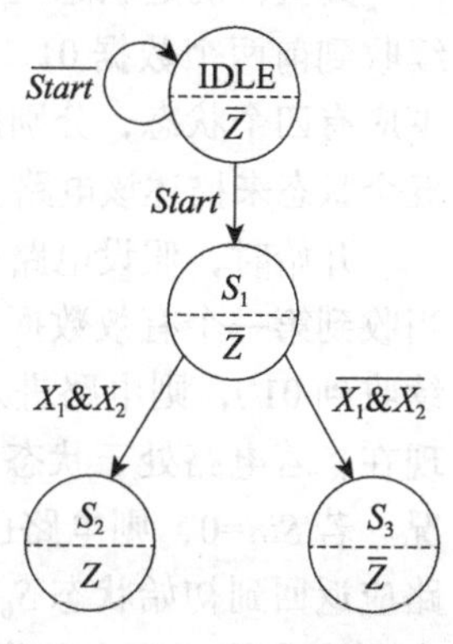

图 5.1.3 Moore 状态图

除了使用逻辑表达式标明转移条件外，还可以使用逻辑值标明转移条件。

⊖ 5.4.2 节中将介绍算法状态机图。

5.1.3 状态机的设计步骤

一般来说，状态机的设计步骤如下所示：

1）依据具体的设计原则，确定采用 Moore 状态机还是 Mealy 状态机。

2）分析设计要求，列出状态机的所有状态，并对每一个状态进行状态编码。

3）根据状态转移关系和输出函数画出状态图。

4）根据所画的状态图，采用硬件描述语言对状态机进行描述。

在上面的设计步骤中，第 3 步是最困难也是最有创造性的一步。对同一个设计问题来说，不同的人可能会构造出不同的状态图。状态图直观地反映了状态机各个状态之间的转换关系以及转换条件，因而有利于理解状态机的工作机理，但此时要求设计的状态个数不能太多。对于状态个数较多的状态机，一般采用状态表的方法列出状态机的转移条件。如果输出信号较多，可以采用输出逻辑真值表进行表示。

5.2 基于 Verilog HDL 的状态机描述方法

下面通过一个例子介绍状态机的设计过程。

5.2.1 状态图的建立过程

【例 5.2.1】 设计一个序列检测器电路。功能是检测出串行输入数据 *Sin* 中的 4 位二进制序列 0101（自左至右输入），当检测到该序列时，输出 *Out*=1；没有检测到该序列时，输出 *Out*=0（注意考虑序列重叠的可能性，如 010101 相当于出现两个 0101 序列，即前一个序列最后的 01 是后一个序列的前两位）。

解 首先，确定采用 Mealy 状态机设计该电路。因为该电路在连续收到信号 0101 时输出为 1，其他情况下输出为 0，所以采用 Mealy 状态机。

其次，确定状态机的状态图。根据设计要求，该电路必须能记忆收到的输入数据 0、连续收到前两个数据 01、连续收到前三个数据 010、连续收到 0101 后的状态，可见该电路至少应有四个状态，分别用 S_1、S_2、S_3、S_4 表示。若假设电路的初始状态用 S_0 表示，则可以用五个状态来描述该电路。

开始时，假设电路处于初始状态 S_0，当收到第一个数据为 1 时，则电路仍处于 S_0 状态；当收到第一个有效数据 0 时，电路进入 S_1 状态。接着，若电路收到第二个有效数据 1（即连续收到 01），则电路进入 S_2 状态；若电路收到的第二个数据仍为 0，则电路仍处于 S_1 状态。现在，若电路处于状态 S_2，在此状态下，电路收到的输入数据可能为 *Sin*=0 和 *Sin*=1 两种情况。若 *Sin*=0，则电路已连续收到 010 三个有效数据，电路应转向 S_3 状态；若 *Sin*=1，则电路应返回到初始状态 S_0，重新开始检测。现在以 S_3 为现态，若 *Sin*=1，则电路已连续收到四个有效数据 0101，电路应给出输出信号 *Out*=1，此时若时钟信号的有效沿到来，则电路应转向 S_4 状态；若 *Sin*=0，则输出 *Out*=0，且应进入 S_1。现在以 S_4 为现态，若 *Sin*=1，则电路应进入 S_0 状态；若 *Sin*=0，则电路应进入 S_3 状态。根据上述分析，可以画出图 5.2.1a 所示的原始状态图。

观察该图可以看出，当状态机处于 S_2、S_4 状态时，如果输入 *Sin*=1，那么电路会转移到相同的次态 S_0，如果 *Sin*=0，那么电路会转移到相同的次态 S_3，且输出 *Out* 都为 0。所以 S_2、S_4 为等价状态，可用 S_2 代替 S_4，于是得到简化状态图，如图 5.2.1b 所示。实际上，可以直接用原始状态图进行电路设计，不过此时会多用一个触发器。如果用内部触发器资源较多的 FPGA 器件实现状态机，不化简原始状态图是完全可以的。

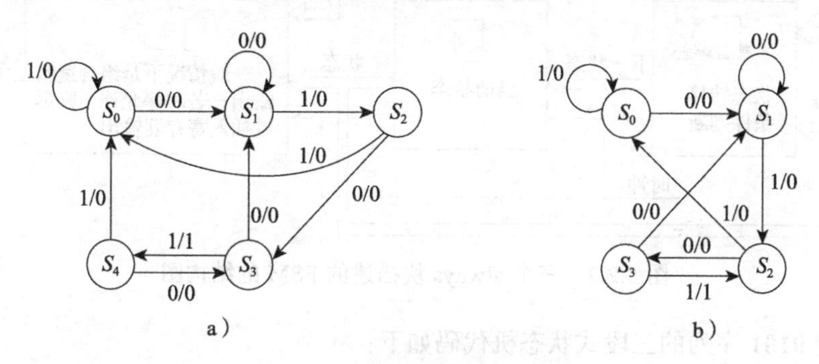

图 5.2.1　序列检测器状态图

然后，根据上面的状态图给出该状态机的输出逻辑。该状态机只有一个输出变量 *Out*，其输出逻辑非常简单，直接标注在状态图中了。若输出变量较多，则可以列出输出逻辑真值表。

最后，就可以使用硬件描述语言对状态图进行描述了。

5.2.2　状态图的描述方法

利用 Verilog HDL 语言描述状态图主要包含四部分内容：

1）利用参数定义语句 **parameter** 描述状态机中各个状态的名称，并指定状态编码。例如，对序列检测器的状态分配可以使用最简单的自然二进制码，其描述如下：

```
parameter S0=2'b00, S1=2'b01, S2=2'b10, S3=2'b11;
```

或者

```
parameter [1:0] S0=2'b00, S1=2'b01, S2=2'b10, S3=2'b11;
```

注意，使用 S3=3 这种形式定义状态不一定可行，因为存储十进制表示的整数 3 至少要使用 32 位的存储器，而存储 2'b11 只需要 2 位存储器，所以上面使用的定义方式更好一些。上面第二种方式的定义中，明确地指出使用两个状态触发器对逻辑综合更为有利。

2）用时序的 **always** 块描述状态触发器实现状态存储。

3）使用敏感表和 **case** 语句（也可以采用 **if-else** 等价语句）描述状态转换逻辑。

4）描述状态机的输出逻辑。

常见的描述状态图的方法有三种，有的设计者习惯称为一段式状态机、二段式状态机和三段式状态机，下面进行详细介绍。

1. 三段式状态机（推荐写法）

使用三个 **always** 块描述状态机的功能，这种写法称为三段式状态机，其结构框图如图 5.2.2 所示。第一个 **always** 模块采用同步时序逻辑方式描述状态转移（中间方框），第二

个 **always** 模块采用组合逻辑方式描述状态转移规律（第一个方框），第三个 **always** 模块描述电路的输出信号（第三个方框），在时序允许的情况下，通常让输出信号经过一个寄存器再输出，保证输出信号中没有毛刺。三个并行执行的 **always** 块通过公用信号进行相互通信。

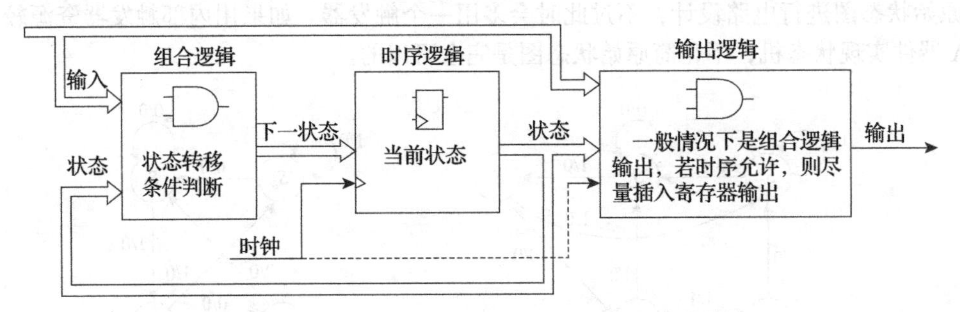

图 5.2.2　三个 always 块描述的 FSM 的结构图

上述检测 **0101** 序列的三段式状态机代码如下：

```
module Detector3 (
    input Sin, CP, nCR,                              //声明输入
    output reg Out                                   //声明输出
    );
    reg [1:0] Current_state, Next_state;
    parameter S0=2'b00, S1=2'b01, S2=2'b10, S3=2'b11;
    //时序逻辑：描述状态转换
    always @(posedge CP, negedge nCR )
    begin
        if (~nCR)  Current_state<=S0;                //异步清零
        else
            Current_state<=Next_state;               //在CP上升沿触发器状态翻转
    end

    //组合逻辑：描述下一状态
    always @(Current_state, Sin)
    begin
        Next_state=2'bxx;
        case(Current_state)                          //根据当前状态和状态转换条件进行译码
            S0: begin Next_state=(Sin==1)? S0 : S1; end
            S1: begin Next_state=(Sin==1)? S2 : S1; end
            S2: begin Next_state=(Sin==1)? S0 : S3; end
            S3: if (Sin==1)
                begin Next_state=S2; end
            else
                begin Next_state=S1; end
        endcase
    end

    //输出逻辑：让输出信号经过一个寄存器再送出，可以消除Out信号中的毛刺
    always @(posedge CP, negedge nCR)
    begin
        if (~nCR) Out=1'b 0;
        else begin
            Out=1'b 0;
```

```
            case(Current_state)
                S0, S1, S2:  Out=1'b0;
                S3: if (Sin==1)  Out=1'b1;   else Out=1'b0;
            endcase
        end
    end
endmodule
```

2. 二段式状态机（推荐写法）

所谓二段式状态机就是采用两个 **always** 模块来实现状态机的功能，是值得推荐的写法之一，其电路结构可以用图 5.2.3 进行概括。每个方框用一个 **always** 模块描述。

其中一个 **always** 模块采用同步时序逻辑描述状态转移，而另一个 **always** 模块采用组合逻辑来判断状态转移条件，描述状态转移规律和电路的输出。

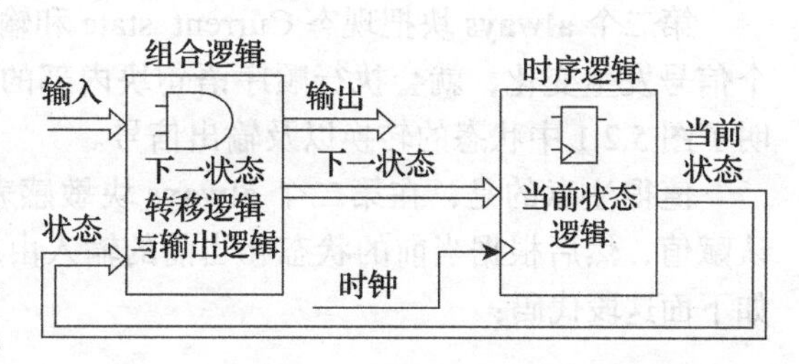

图 5.2.3　两个 always 块描述的 FSM 的结构图

上述检测 **0101** 序列的二段式状态机代码如下：

```
module Detector2 (
    input Sin, CP, nCR,                        //声明输入
    output reg Out                             //声明输出
    );
    reg [1:0] Current_state, Next_state;       //声明状态触发器变量
    parameter S0=2'b00, S1=2'b01, S2=2'b10, S3=2'b11;
    //时序逻辑：描述状态转换
    always @(posedge CP, negedge nCR)
    begin
        if (~nCR)  Current_state<=S0;          //异步清零
        else
            Current_state<=Next_state;         //在CP上升沿触发器状态翻转
    end

    //组合逻辑：描述下一状态和输出
    always @(Current_state, Sin)
    begin
        Next_state=2'bxx;
        Out=1'b 0;
        case(Current_state)                    //根据当前状态和状态转换条件进行译码
            S0: begin Out=1'b0; Next_state=(Sin==1)? S0 : S1; end
            S1: begin Out=1'b0; Next_state=(Sin==1)? S2 : S1; end
            S2: begin Out=1'b0; Next_state=(Sin==1)? S0 : S3; end
            S3: if (Sin==1)
                begin Out=1'b1; Next_state=S2; end
            else
                begin Out =1'b0; Next_state=S1; end
        endcase
    end
endmodule
```

上述写法通过两个并行执行的 **always** 结构描述电路的功能，通过公用信号进行相互通

信。第一个时序型 **always** 块采用非阻塞赋值，使用边沿触发事件描述了状态机的触发器部分；第二个组合逻辑型 **always** 块采用阻塞赋值，使用电平敏感事件描述了状态机下一个状态逻辑和输出逻辑部分。

第一个 **always** 块说明了异步复位到初始状态 S0 和同步时钟完成的操作，语句

```
Current_state<=Next_state;
```

仅在时钟 CP 的上升沿被执行，这意味着第二个 **always** 块内部 Next_state 的值的变化会在时钟 CP 上升沿到来时被传送给 Current_state。

第二个 **always** 块把现态 Current_state 和输入数据 *Sin* 作为敏感信号，只要其中的任何一个信号发生变化，就会执行顺序语句块内部的 **case** 语句，跟在 **case** 语句后面的各分支项说明了图 5.2.1 中状态的转换以及输出信号。

值得注意的是，在第二个 **always** 块敏感表下面一行应该写出下一状态 Next_state 的默认赋值，然后根据当前的状态和当前的输入由后面的 **case** 或者 **if-else** 语句确定正确的转移，如下面这段代码：

```
    …
begin
    Next_state=2'bxx;
    Out=1'b 0;
    case(Current_state)
    …
```

对下一状态 Next_state 的默认赋值有三种方式：

1）全部设置成不定状态（x）。

2）设置成预先规定的初始状态。

3）设置成 FSM 中的某一有效状态。

推荐将敏感表后面的默认状态设置成不定状态（x），其优点是：①在仿真时可以很好地考察所设计的 FSM 的完备性，若设计的 FSM 不完备，则会进入任意状态，仿真时容易发现；②综合器对代码进行逻辑综合时，会忽略没有定义的状态触发器向量。

3. 一段式状态机（应该避免的写法）

将整个状态机写到一个 **always** 模块内部，在该模块中既描述时钟控制的状态转移，又描述状态机的下一状态和输出逻辑，这种写法称为一段式状态机。该写法仅仅适用于非常简单的状态机设计，不符合将时序逻辑和组合逻辑分开描述的代码风格（coding style），而且在描述当前状态时还要考虑下一个状态的逻辑，整个代码的结构不清晰，不利于修改和维护，不利于时序约束条件的加入，也不利于综合器对设计的优化，所以不推荐采用这种写法。

上述检测 0101 序列的一段式状态机代码如下：

```
module Detector1 (
    input Sin, CP, nCR,
    output reg Out
    );
    reg [1:0] State;                                            //声明两个状态触发器变量
                                                                //state[1]和state[0]
    parameter [1:0]S0=2'b00, S1=2'b01, S2=2'b10, S3=2'b11; //状态声明及编码
    always @(posedge CP, negedge nCR)
```

```
    begin
        if (~nCR)   state<=S0;                                        //在nCR跳变为0时,
                                                                      //异步清零
        else
            case(State)                                               //状态跳转及输出
                S0: begin Out=1'b0; State=(Sin==1)?S0 : S1; end
                S1: begin Out=1'b0; State=(Sin==1)?S2 : S1; end
                S2: begin Out=1'b0; State=(Sin==1)?S0 : S3; end
                S3: if (Sin==1)
                    begin Out=1'b1; State=S2; end
                else
                    begin Out=1'b0; State=S1; end
            endcase
    end
endmodule
```

严格地说，对序列检测器电路用单个 **always** 块进行描述存在一个隐含的错误，即输出信号 *Out* 的描述存在错误。本来 *Out* 信号是由状态机的当前状态和输入信号共同决定的，它是一个纯组合逻辑，如果状态机的当前状态不变，而输入信号变了，*Out* 信号应该立即变化，但是按照上面的描述，*Out* 信号只有等到时钟上升沿到来时才会变化。但在实际应用中，为了消除组合逻辑输出信号中的毛刺，在时序允许的情况下，通常允许 Mealy 状态机中输出信号通过寄存器输出。

总之，一段式状态机的写法仅仅适用于 Moore 状态机，它的电路结构可以用图 5.2.4 所示框图进行概括。

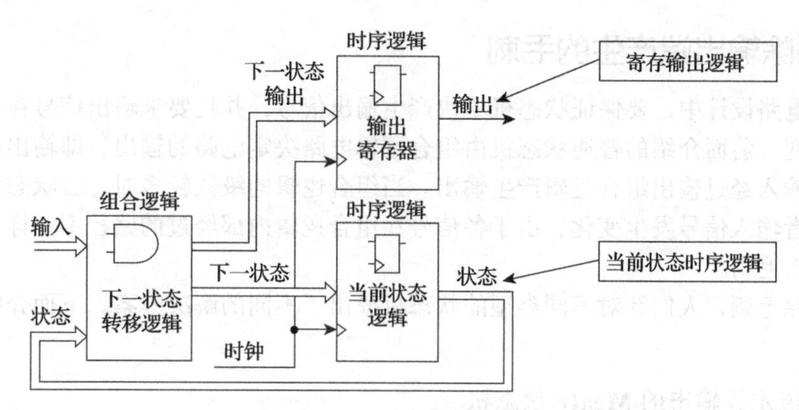

图 5.2.4　单个 always 块描述的 FSM 的结构图

5.3　状态机设计中的关键技术

5.3.1　状态编码

在使用 Verilog HDL 描述状态机时，通常用参数定义语句 **parameter** 指定状态编码。状态编码方案一般有三种：自然二进制编码、格雷（Gray）编码和 One-Hot 编码[⊖]。对应于

⊖ One-Hot Encoding，有的文献中翻译为“一位有效编码”，也有的文献直译为“一位热码编码”或“独热编码”。

图 5.2.1b 所示的状态图的各种编码方案如表 5.3.1 所示。

表 5.3.1 有限状态机的编码方案

二进制编码	格雷编码	One-Hot 编码
S0=2'b00	S0=2'b00	S0=4'b0001
S1=2'b01	S1=2'b01	S1=4'b0010
S2=2'b10	S2=2'b11	S2=4'b0100
S3=2'b11	S3=2'b10	S3=4'b1000

由表 5.3.1 可知，格雷编码的特点是当前状态改变时，状态向量中仅一位发生变化，因此当系统的状态变化基于异步输入信号时，格雷编码能够避免进入错误的状态。而 One-Hot 编码的特点是状态数等于触发器的数目，冗余的触发器使得译码电路比较简单，因此它的速度非常快。此外，由于 FPGA 器件内部触发器的数量是固定的且比较丰富，因此 One-Hot 编码非常适合于 FPGA 设计。例如，在 Quartus Prime 18.1 软件中，在编译设置（Compiler Settings）中，选择 Advanced Analysis & Synthesis Settings 下面的 State Machine Processing 选项就能设置编码方式，主要有 Auto（由编译器自动选择）、Gray（格雷编码）、Minimal Bits（最少比特位编码）、Sequential（顺序编码）、One-Hot 和 User-Encoded（用户自定义编码）等方式供用户选择。

不管使用哪种编码，状态机中的各个状态都应该使用符号常量，而不应该直接使用编码数值，赋予各状态有意义的名字对于设计的验证和代码的可读性都是有益的。

5.3.2 消除输出端产生的毛刺

在高速电路设计中，要保证状态机尽快产生输出信号，并且要求输出信号在每个时钟周期内稳定不变。前面介绍的普通状态机由组合逻辑电路决定电路的输出，即输出由电路的现态和当前的输入经过输出组合逻辑产生输出。当组合逻辑的级数较多时，若状态触发器的值发生变化或者输入信号发生变化，由于各信号在组合逻辑内部经过的路径不一样，因此容易在输出端产生毛刺。

为了消除毛刺，人们针对不同类型的状态机提出了不同的解决方案。下面介绍两种常用的方法。

1. 具有流水线输出的 Mealy 状态机

为了消除毛刺，可以在普通 Mealy 状态机的输出逻辑后加一组输出寄存器，将寄存器的输出值作为输出向量，这种 Mealy 状态机的等效方框如图 5.3.1 所示。

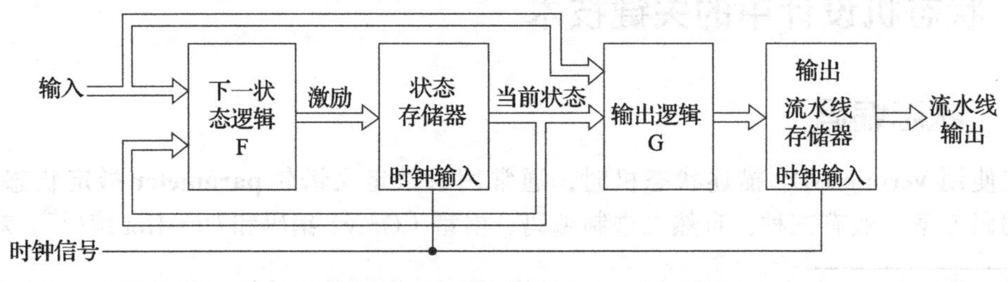

图 5.3.1 具有流水线输出的 Mealy 状态机

因为输出信号是组合逻辑经过输出寄存器后输出，所以输出寄存器能有效地消除组合逻辑产生的毛刺。这种方法使得状态机的输出被延迟了一个时钟周期，即当前的输出取决于前一个时钟周期内的状态和输入。因此，也将这种输出称为**流水线输出**（pipelined output）。

2. 在状态位里编码输出的 Moore 状态机

这种方法的指导思想是将状态寄存器和输出向量统一进行编码，即将状态位本身作为输出信号，其等效状态框图如图 5.3.2 所示。

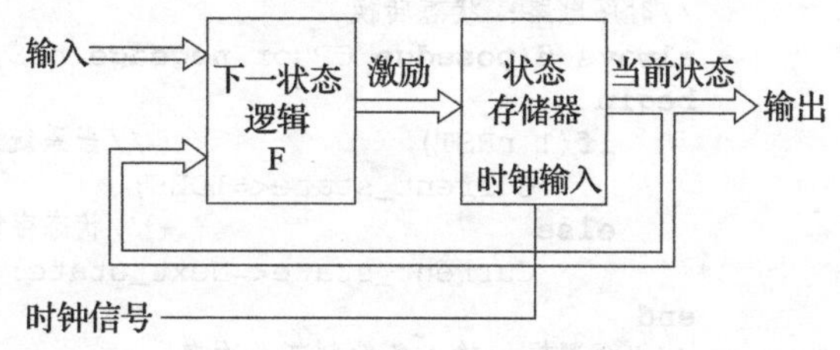

图 5.3.2　在状态位里对输出进行编码的 Moore 状态机

因为输出向量直接取自状态寄存器输出的当前向量，所以能有效地消除组合逻辑带来的毛刺。

下面以图 5.3.3 所示的状态图说明在状态位里编码输出的方法。图中的状态机共有三个状态，分别是 IDLE、START 和 WAIT，输入信号为 input1、input2、input3、input4，这些输入信号的不同逻辑组合构成了状态之间跳转的条件；输出信号为 output_1 和 output_2。

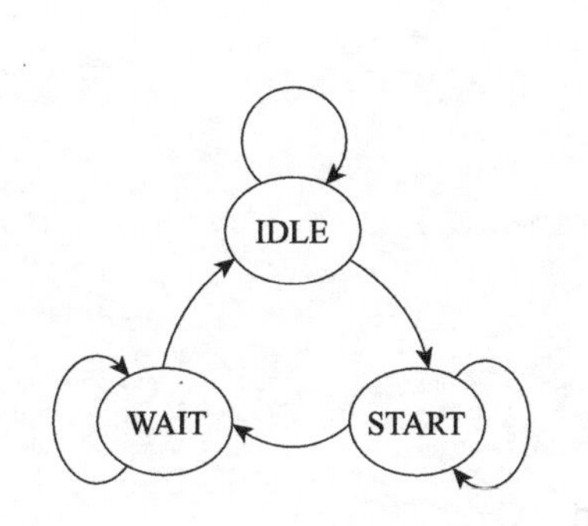

状态转换条件如下：

- 当前状态 IDLE
  {output_1, output_2}=2'b00
  if(input1 && input2):　IDLE→START
  else:　IDLE→IDLE
- 当前状态 START
  {output_1, output_2}=2'b01
  if (input3):　START→WAIT
  else:　START→START
- 当前状态 WAIT:
  {output_1, output_2}=2'b11
  if(input4):　WAIT→IDLE
  else:　WAIT→WAIT

图 5.3.3　状态图及状态转换条件

根据状态数以及输出信号进行状态编码。三个状态可以用两位二进制表示，再加上两个输出信号，合起来可以采用 4 位状态编码，其中高两位表示当前的状态，末尾两位控制 output_1 和 output_2 的输出（用这种方式进行状态编码的方案有多种，只要能够区分出每个状态以及每个状态对应的输出信号即可）。IDLE 状态编码为 4'b0000，START 状态编码为 4'b0101，WAIT 状态编码为 4'b1011。采用这种状态编码的好处在于将状态机的输出和状态绑定在一起，编码既标识了当前的状态，也控制了状态机的输出，消除了输出的毛刺。这种编码方式的缺点是在状态跳转逻辑中对状态编码的解码需要采用全译码，较宽的比较器将带来较大的门级延时，5.3.3 节中介绍的 One-Hot 编码将解决这个问题。

其 Verilog HDL 代码如下所示：

```
module FSM1 (
```

```
    input input1, input2, input3, input4,
    input nRST, CP,
    output output_1, output_2
    );
    reg [3:0] Current_state, Next_state;
    //状态声明及编码，根据前面所述的全译码状态编码
    parameter [3:0]IDLE=4'b0000, START=4'b0101, WAIT=4'b1011;

    //时序电路：状态转换
    always @(posedge CP or negedge nRST)
    begin
        if(! nRST)              //当系统复位时，状态寄存器置为IDLE
            Current_state<=IDLE;
        else                    //状态存储，将下一状态存储到状态寄存器，使之成为当前状态
            Current_state<=Next_state;
    end
    //组合逻辑：输入条件判断及次态
    always @(input1 or input2 or input3 or input4)
    begin
        case(Current_state)     //根据当前状态和状态转换条件进行译码
            IDLE:
                if(input1 && input2) Next_state=START;
                else Next_state=IDLE;
            START:
                if(input3) Next_state=WAIT;
                else Next_state=START;
            WAIT:
                if(input4) Next_state=IDLE;
                else Next_state=WAIT;
            default: Next_state=IDLE;
        endcase
    end
    //状态机的输出逻辑
    assign output_1=Current_state[1];
    assign output_2=Current_state[0];
endmodule
```

5.3.3 使用 One-Hot 编码方案设计状态机

对状态机的各个状态赋予一组特定的二进制数称为**状态编码**。对状态机进行编码的方案较多，比较常用的有自然二进制编码、格雷编码和 One-Hot 编码。自然二进制编码和格雷编码的编码方案使用的触发器较少，其编码效率较高，但负责根据当前状态和状态转换条件进行译码的组合电路会比较复杂，其逻辑规模也较大，使得次态逻辑在传输过程中需要经过多级逻辑，从而影响电路的工作速度。

One-Hot 编码方案使用 *n* 位状态触发器表示具有 *n* 个状态的状态机，每个状态与一个独立的触发器相对应，并且在任何时刻只有一个触发器有效（其值为 1）。虽然这种方案会使用较多的触发器，但它的编码方式非常简单，可有效地简化组合电路，并提高工作的可靠性和速度。在大规模可编程逻辑器件（如 FPGA）中，触发器数量较多而门逻辑相对较少，One-Hot 编码方案更有利于提高器件资源的利用率。

以图 5.3.3 所示的状态机为例，考虑到状态机有两个输出信号，因此将当前状态 state 用一个 5 位向量来表示，末尾的两位（state[1:0]）表示输出，state[2] 为 1 表示状态 IDLE，state[3] 为 1 表示状态 START，state[4] 为 1 表示状态 WAIT。

下面是基于 One-Hot 编码方式的状态机实现代码：

```
module FSM2 (nRST, CP, input1, input2, input3, input4, output_1, output_2) ;
    input input1, input2, input3, input4;                    //声明输入变量
    input nRST, CP;
    output output_1, output_2;                               //声明输出变量
    reg [4:0] state, Next_state;
    parameter [4:0] IDLE=5'b001_00,                          //状态向量，末尾两位为输出
                    START=5'b010_01,
                    WAIT=5'b100_11;
    parameter [2:0] IDLE_POS=3'd2,                           //状态对应在state中的表示位置
                    START_POS=3'd3,                          //START状态开始位置
                    WAIT_POS=3'd4;
    always @(posedge CP or negedge nRST)                     //状态存储
    begin
        if(!nRST)   state<=IDLE;
        else        state<=Next_state;
    end
    always @(input1 or input2 or input3 or input4) //状态转移逻辑
    begin
        Next_state=IDLE;                                     //设置初态
        case(1'b1)                                           //One-Hot编码实现状态转移时，
                                                             //每次取state的一位与1比较
          state[IDLE_POS]:                                   //state[2]==1'b1
              if(input1 && input2) Next_state=START;
              else      Next_state=IDLE;
          state[START_POS]:                                  // state[3]==1'b1
              if(input3)Next_state=WAIT;
              else      Next_state=START;
          state[WAIT_POS]:                                   // state[4]==1'b1
              if(input4)Next_state=IDLE;
              else      Next_state=WAIT;
          default:      Next_state=IDLE;
        endcase
    end
    //状态机的输出逻辑
    assign output_1=state[0];
    assign output_2=state[1];
endmodule
```

在 One-Hot 编码中，不管当前状态可能出现的状态类型有多少种，在状态转移逻辑的 case 语句比较中，只需要对当前状态向量中的一位进行比较，从而把状态比较带来的延时减少到最小。理论上已经证明 One-Hot 编码方式是最优的编码方式。

与普通编码方式的 Moore 状态机比较，上述 One-Hot 编码方式的特点如下：

1）指定各个状态在状态编码中的表示位，并考虑各个状态对应的输出，采用 **parameter** 语句指定 One-Hot 状态编码。

2）使用 **always** 语句描述状态寄存器的状态存储。

3）使用敏感表和 **case** 语句（也可以采用 **if-else** 等价语句）描述状态转换逻辑，在 **case**

语句中只采用一位寄存器比较方式。

4）使用 **assign** 语句描述状态编码控制的状态机输出。

5.4 状态机设计举例

对于状态机的设计来说，如果能够画出状态图，就可以方便地使用硬件描述语言对状态机进行描述了。对于一个实际问题，并不能保证建立的状态图一次就能工作得很好，通常需要反复几次才能成功。本节重点介绍建立状态图的两种方法：一是基于算法状态机建立状态图；二是采用试探法。

5.4.1 十字路口交通灯控制电路设计

算法状态机（Algorithmic State Machine，ASM）图是描述数字系统控制算法的流程图。应用 ASM 图设计数字系统，可以很容易地将语言描述的设计问题变成时序流程图的描述，根据时序流程图就可以得到电路的状态图和输出函数，从而得出相应的硬件电路。

下面首先介绍 ASM 图的基本知识，然后举一个设计实例，以便初学者能够掌握这种设计方法。

1. ASM 图的状态框、判断框和输出框

ASM 图中有三种基本的符号，即状态框、判断框和输出框。

数字系统控制序列中的状态用状态框表示，如图 5.4.1a 所示。框内标出在此状态下实现的寄存器传输操作和输出，状态的名称置于状态框左上角，分配给状态的二进制代码位于状态框的右上角，图 5.4.1b 为状态框实例。状态框的名称是 S_1，其代码是 010，框内规定的寄存器的操作是 $B \leftarrow A$，输出信号是 Z。图 5.4.1 中的箭头表示系统状态的流向，在时钟脉冲触发沿的触发下，系统进入状态 S_1，在下一个时钟脉冲触发沿的触发下，系统离开状态 S_1，因此一个状态框占用一个时钟脉冲周期。

判断框表示状态变量对控制器工作的影响，如图 5.4.2 所示，它有一个入口和多个出口，框内填判断条件，如果条件是真，则选择一个出口，如果条件是假，则选择另一个出口。

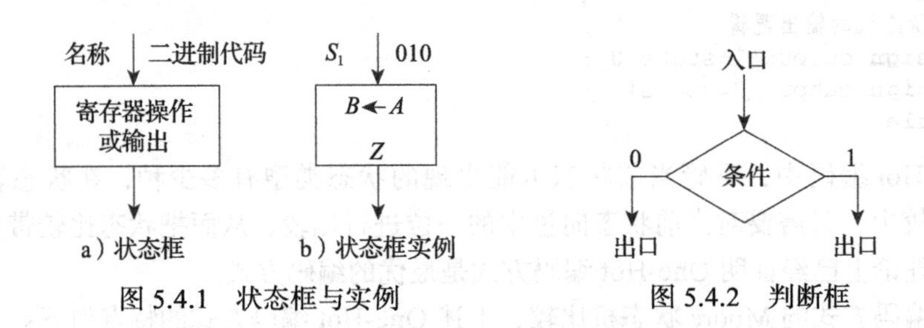

图 5.4.1 状态框与实例

图 5.4.2 判断框

判断框的入口来自某一个状态框，在该状态占用的一个时钟周期内，根据判断框中的条件决定下一个时钟脉冲触发沿来到时，该状态从判断框的哪个出口出去，因此，判断框不占用时间。

条件输出框如图 5.4.3a 所示，条件框的入口必定与判断框的输出相连。列在条件框内的寄存器（R）操作或输出是在给定的状态下，满足判断条件才发生的。在图 5.4.3b 所示的例子中，当系统处于状态 S_1 时，若条件 X=1，则 R 被清零，否则 R 保持不变；不论 X 为何值，系统的下一个状态都是 S_2。

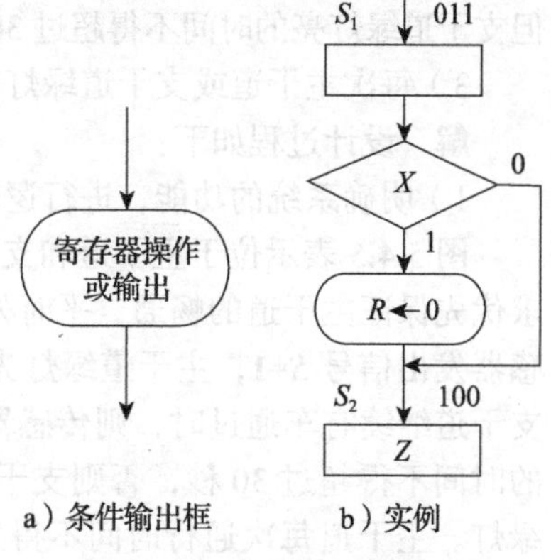

图 5.4.3　条件输出框与实例

2. ASM 图中各种逻辑框之间的时间关系

从表面上来看，ASM 图与程序流程图很相似，但实际上有很大差异。程序流程图只表示事件发生的先后顺序，没有时间概念，而 ASM 图则不同，它表示事件的精确时间间隔顺序。在 ASM 图中，每一个状态框表示一个时钟周期内的系统状态，状态框和与之相连的判断框、条件输出框所规定的操作，都是在一个共同的时钟周期内实现的，同时系统的控制器从现在状态（现态）转移到下一个状态（次态）。因此，可以很容易地将图 5.4.4a 所示的 ASM 图转换成状态图，如图 5.4.4b 所示，其中 E 和 F 为状态转换条件。与 ASM 图不同，状态图无法表示寄存器操作。

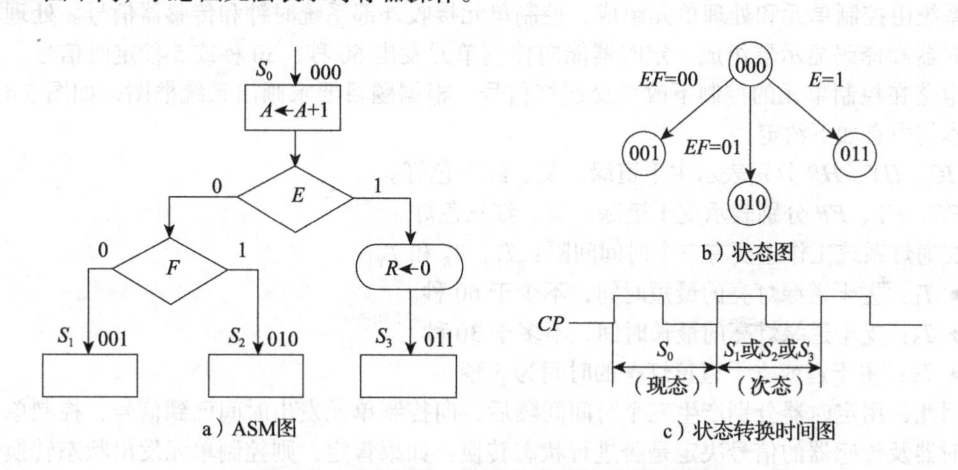

图 5.4.4　ASM 图、状态图及状态的转换关系

图 5.4.4c 给出了 ASM 图的各种操作及状态转换的时间图。假设系统中所有触发器都是上升沿触发的，在第一个时钟脉冲上升沿来到时，系统转换到 S_0 状态，随后根据条件由判断框输出 **1**（真）或 **0**（假），以便在下一个时钟脉冲上升沿到达时，系统的状态由 S_0 转换到 S_1、S_2 和 S_3 中的一个。

3. 十字路口交通灯控制电路设计举例

现以一个十字路口交通灯控制电路为例说明 ASM 图的设计过程。

【例 5.4.1】 图 5.4.5 表示位于主干道和支干道的十字路口的交通灯系统，支干道两边安装有传感器 S，试设计一个主干道和支干道十字路口的交通灯控制电路，其技术要求如下：

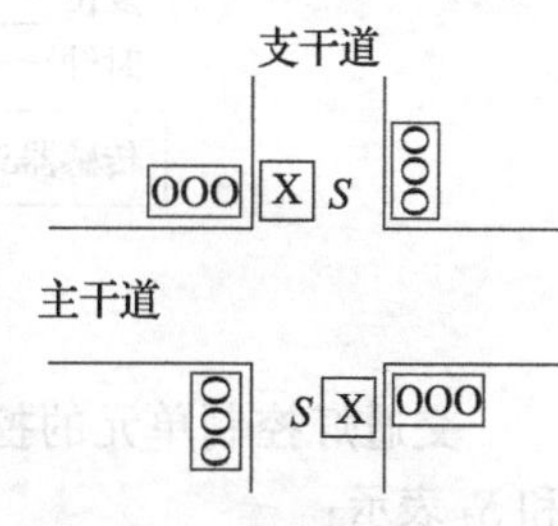

图 5.4.5　交通灯示意图

1）一般情况下，保持主干道畅通，主干道绿灯亮，支干道红

灯亮，并且主干道绿灯亮的时间不得少于60秒。

2）主干道车辆通行时间已经达到60秒，且支干道有车时，主干道红灯亮，支干道绿灯亮，但支干道绿灯亮的时间不得超过30秒。

3）每次主干道或支干道绿灯变红灯时，黄灯先亮5秒。

解　设计过程如下：

1）明确系统的功能，进行逻辑抽象。

图5.4.5表示位于主干道和支干道的十字路口交通灯系统，支干道两边安装传感器S，要求优先保证主干道的畅通，平时处于主干道绿灯、支干道红灯的状态。当支干道有车时，传感器发出信号$S=1$，主干道绿灯先转换成黄灯，再变成红灯，支干道由红灯变成绿灯。如果支干道继续有车通过时，则传感器继续有信号，使支干道保持绿灯亮，但支干道绿灯持续亮的时间不得超过30秒，否则支干道绿灯先转换成黄灯再变成红灯，同时主干道由红灯变成绿灯。主干道每次通行时间不得短于60秒，在此期间，即使支干道S有信号，也不能中止主干道的绿灯亮。

2）确定系统方案并画出ASM图。

系统由控制单元和处理单元组成，控制单元接收外部系统时钟和传感器信号。处理单元由定时器和译码显示器组成。定时器能向控制单元发出60秒、30秒或5秒定时信号，译码显示电路在控制单元的控制下改变交通灯信号。根据题目要求画出系统框图，如图5.4.6所示。本例中有如下约定：

HG、*HY*、*HR*分别表示主干道绿、黄、红三色灯。

FG、*FY*、*FR*分别表示支干道绿、黄、红三色灯。

交通灯系统工作主要有三个时间间隔：T_L，T_S和T_Y。

- T_L：主干道绿灯亮的最短时间，不少于60秒。
- T_S：支干道绿灯亮的最长时间，不多于30秒。
- T_Y：主干道或支干道黄灯亮的时间为5秒。

因此，用定时器分别产生三个时间间隔后，向控制单元发出时间已到信号，控制单元根据定时器及传感器的信号决定是否进行状态转换。如果肯定，则控制单元发出状态转换信号S_T，定时器开始清零，准备重新计时。

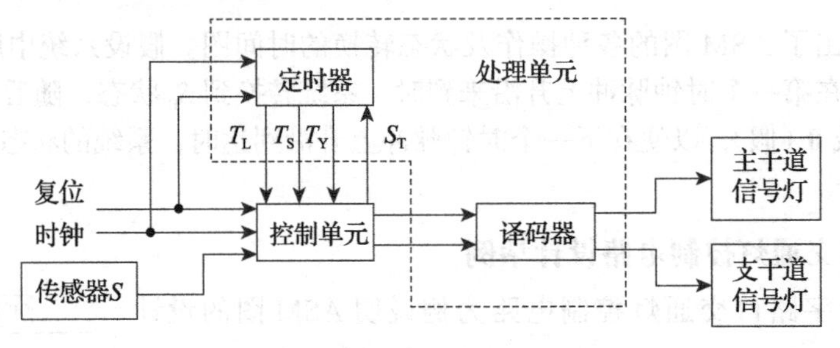

图5.4.6　交通灯系统框图

交通灯控制单元的控制过程分为四个阶段，对应的输出有四种状态，分别用S_0、S_1、S_2和S_3表示：

- S_0状态：主干道绿灯亮支干道红灯亮，此时若支干道有车等待通过，而且主干道绿灯

已亮足规定的时间 T_L，则控制器发出状态转换信号 S_T，输出从状态 S_0 转换到 S_1。

- S_1 状态：主干道黄灯亮，支干道红灯亮，进入此状态，黄灯亮足规定的时间 T_Y 时，控制器发出状态转换信号 S_T，输出从状态 S_1 转换到 S_2。
- S_2 状态：支干道绿灯亮，主干道红灯亮，若此时支干道继续有车（即传感器 S=**1**），则继续保持此状态，但支干道绿灯亮的时间不得超过 T_S，否则控制单元发出状态转换信号 S_T，并转换到 S_3 状态。若此时支干道车辆较少，当所有车辆都通过后，传感器 S=**0**，则控制单元也将发出状态转换信号 S_T，并转换到 S_3 状态。
- S_3 状态：支干道黄灯亮，主干道红灯亮，此状态与 S_1 状态持续的时间相同，均为 T_Y，时间到时，控制器发出 S_T 信号，输出从状态 S_3 回到 S_0 状态。

对上述 S_0、S_1、S_2 和 S_3 四种状态按照格雷码进行编码，分别为 **00**、**01**、**11** 和 **10**，由此得到交通灯控制单元的 ASM 图，如图 5.4.7 所示。异步复位信号 Reset 使控制单元直接进入主干道绿灯亮、支干道红灯亮的初始状态，用 S_0 状态框表示。当 S_0 状态持续时间 T_L 大于等于 60 秒，并且支干道有车等待通过，传感器 S=**1** 时，此时满足判断框中的 $T_L \cdot S$=**1** 条件，控制单元发出状态转换信号 S_T，由条件输出框表示，同时系统从状态 S_0 转到主干道黄灯亮、支干道红灯亮的 S_1 状态。依次类推，得出图 5.4.7 所示的 ASM 的图。

3）交通灯控制器各功能模块电路的框架设计。

通过分析交通灯控制电路的要求可知，系统主要由传感器、时钟脉冲产生器、定时器、控制器及译码器构成，传感器 S 在有车辆通过时发出一个高电平信号。

① 设计控制器。

根据交通灯控制单元的 ASM 图，得出其状态图如图 5.4.8 所示。ASM 图中的状态框与状态图中的状态相对应，判断框中的条件是状态转换的输入条件，条件输出框与控制单元状态转换的输出相对应。状态图描述状态之间的转换，例如在 S_0 状态，如果条件 $T_L \cdot S$=**1**，系统状态转移到 S_1，同时输出状态转换信号 S_T。如果 $T_L \cdot S$=**0**，则系统保持在 S_0 状态。

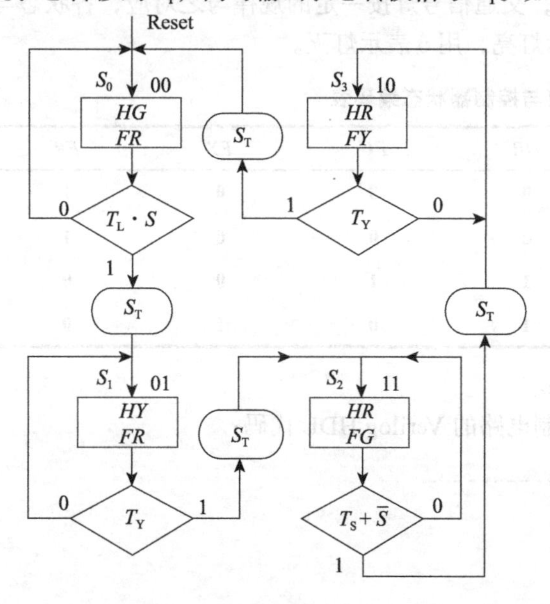

图 5.4.7　交通灯控制单元 ASM 图

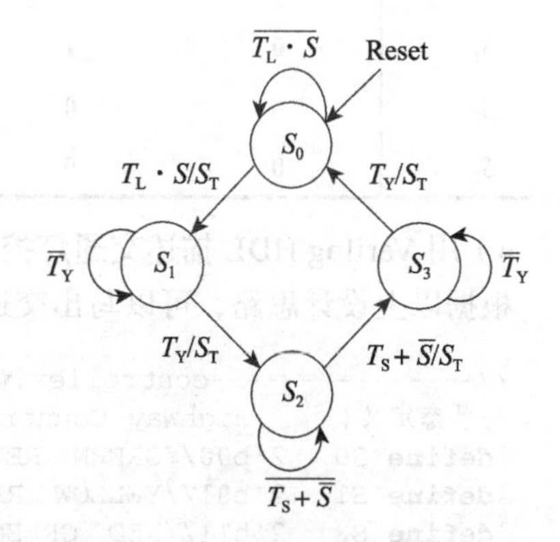

图 5.4.8　交通灯控制单元状态图

图 5.4.8 中未画出四种状态下主干道和支干道交通灯的输出情况，它们是四种状态的组合输出。S_T 是控制单元的输出信号，用来控制定时器的工作。

②设计定时器。

定时器由与系统秒脉冲同步的计数器构成，时钟脉冲上升沿到来时，在控制信号 S_T 作用下，计数器从零开始计数，并向控制器提供模 M5、M30 和 M60 信号，即 T_Y、T_S 和 T_L 定时时间信号。

当系统处于 S_0 状态时，为满足主干道绿灯亮、支干道红灯亮的定时时间 $T_L \geq 60$ 秒，当二进制计数器从 0 计数到 59 时，要将 M60 的输出端反馈到计数器的使能端 En，使它计到 59 时停止计数，并保持在 M=60 的状态，直到支干道有车要通过时，才转换到 S_1 状态。

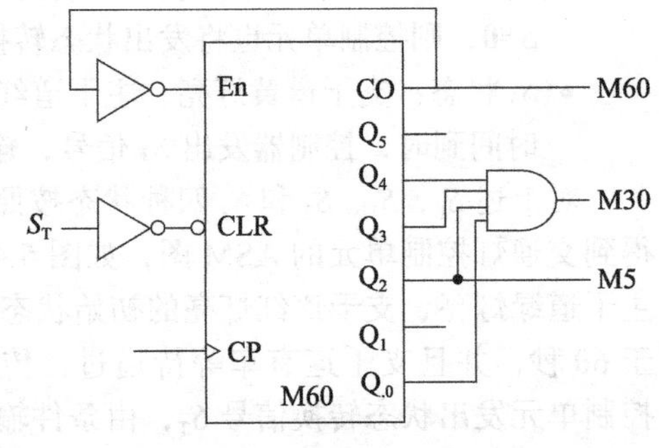

图 5.4.9 定时器框图

要求计数器在状态转换信号 S_T 的作用下，首先清零，然后开始计数。定时器框图如图 5.4.9 所示。计数器具有高电平有效使能端 En，低电平有效同步清零端 CLR 和进位输出端 CO。控制器发出的 S_T 信号是高电平有效，所以经反相后接至计数器清零端，当计数器按二进制数规律从 0 计到 59，即 $Q_5Q_4Q_3Q_2Q_1Q_0$ = **111011**B 时，CO = **1**，将其反相后接入使能端 En，就可以保持在 M = 60 状态。

定时器也可以采用可预置计数初始值的递减计数器实现，当计数器从初始值 59 减到 0 时停止计数，具体实现方法请读者自己思考。

③ 设计译码器。

当交通灯控制电路处于不同工作状态时，交通信号灯按一定的规律与之对应，各状态与信号灯的关系如表 5.4.1 所示。表中用 **1** 表示灯亮，用 **0** 表示灯灭。

表 5.4.1 信号灯与控制器状态编码表

状 态	*HG*	*HY*	*HR*	*FG*	*FY*	*FR*
S_0	**1**	**0**	**0**	**0**	**0**	**1**
S_1	**0**	**1**	**0**	**0**	**0**	**1**
S_2	**0**	**0**	**1**	**1**	**0**	**0**
S_3	**0**	**0**	**1**	**0**	**1**	**0**

4）用 Verilog HDL 描述交通灯控制电路。

根据以上设计思路，可以写出交通灯控制电路的 Verilog HDL 代码：

```
//---------------controller.v---------------
//状态定义(      HighWay Country)
`define S0   2'b00//GREEN  RED
`define S1   2'b01//YELLOW  RED
`define S2   2'b11//RED  GREEN
`define S3   2'b10//RED  YELLOW
```

```
module controller (
    input CLK, RESET,
    input S,
    output reg HG, HY, HR, FG, FY, FR,
    output reg [3:0] TimerH, TimerL
);
    //内部状态变量
    wire Tl, Ts, Ty;                      //定时器输出
    reg St;                               //状态转换
    reg [1:0] CurrentState, NextState; //FSM状态触发器
    /*=====定时器模块=====*/
    always @(posedge CLK, negedge RESET )
    begin:counter
        if (~RESET)       {TimerH, TimerL}=8'b0;
        else if (St)      {TimerH, TimerL}=8'b0;
        else if ((TimerH==5) & (TimerL==9))
            begin  {TimerH, TimerL}={TimerH, TimerL};  end
        else if (TimerL==9)
            begin  TimerH=TimerH+1;  TimerL=0;   end
        else
            begin  TimerH=TimerH; TimerL=TimerL+1;   end
    end
    assign  Ty=(TimerH==0)&(TimerL==4);
    assign  Ts=(TimerH==2)&(TimerL==9);
    assign  Tl=(TimerH==5)&(TimerL==9);
    /*=====控制器模块=====*/
    //FSM寄存器
    always @(posedge CLK, negedge RESET )
    begin:statereg
        if (~RESET)
                CurrentState<=`S0;
        else    CurrentState<=NextState;
    end
    //FSM组合逻辑
    always @(S, CurrentState, Tl, Ts, Ty )
    begin: fsm
        case(CurrentState)
        `S0: begin                        //S0是用define定义的，在引用时要加右撇号
            NextState=(Tl && S)? `S1 :`S0;
            St=(Tl && S)? 1:0;
        end
        `S1: begin
            NextState=(Ty)? `S2 :`S1;
            St=(Ty)? 1:0;
        end
        `S2: begin
            NextState=(Ts ||~S)? `S3 :`S2;
            St=(Ts ||~S)? 1:0;
        end
        `S3: begin
            NextState=(Ty)? `S0 :`S3;
            St=(Ty)? 1:0;
        end
        endcase
end   //fsm
```

```
        /*=====译码器模块=====*/
        //Compute values of main signal and country signal
        always @(CurrentState)
        begin
        case (CurrentState)
        `S0: begin
                {HG, HY, HR}=3'b100;        //主干道亮绿灯
                {FG, FY, FR}=3'b001;        //支干道亮红灯
        end
        `S1: begin
                {HG, HY, HR}=3'b010;        //主干道亮黄灯
                {FG, FY, FR}=3'b001;        //支干道亮红灯
        end
        `S2: begin
                {HG, HY, HR}=3'b001;        //主干道亮红灯
                {FG, FY, FR}=3'b100;        //支干道亮绿灯
        end
        `S3: begin
                {HG, HY, HR}=3'b001;        //主干道亮红灯
                {FG, FY, FR}=3'b010;        //支干道亮黄灯
        end
        endcase
    end
    endmodule
```

需要说明的是，本例在 **module** 块之前使用了宏定义编译指示符（**`define**）定义符号状态名。**`define** 建立的是从定义处开始的一个全局符号常量，在各个不同的 **module** 块内部都可以使用，编译时编译器会自动替换整个设计中所定义的宏。而 **parameter** 仅声明单个 **module** 块内部的符号常量，该符号常量与其他模块内定义的同名常量不会混淆。所以建议使用 **parameter** 定义 FSM 的状态名，这样对于有多个 FSM 的一个设计来说，只要考虑同一个模块内部的状态名称不重复即可，而不用考虑不同模块之间状态名称的重复问题，这有利于多人协同完成一个较大的设计。

5.4.2　汽车尾灯控制电路设计

【例 5.4.2】 汽车尾灯发出的信号主要是给后面驾驶汽车的司机看的，通常汽车驾驶室有应急闪烁开关（HAZ）、左转弯开关（LEFT）和右转弯开关（RIGHT），司机通过操作这 3 个开关给出车辆的行驶状态。假设在汽车尾部左、右两侧各有 3 个指示灯，分别用 LA、LB、LC、RA、RB、RC 表示，如图 5.4.10 所示。这些灯的亮、灭规律如下：

1）汽车正常行驶时，尾部两侧的 6 个灯全部熄灭。

2）拨动 LEFT 开关时，左侧 3 个灯按顺序轮流点亮，其规律如图 5.4.11a 所示，右侧灯全灭。

3）拨动 RIGHT 开关时，右侧 3 个灯按顺序轮流点亮，其规律如图 5.4.11b 所示，左侧灯全灭。

4）按下 HAZ 开关时，汽车尾灯工作在告警状态，6 个灯按一定频率闪烁显示。

假设电路的输入时钟信号为 CP，CP 的频率对应于汽车尾灯所要求的闪烁频率。试根据上述要求设计出一个时钟同步的状态机来控制汽车的尾灯。

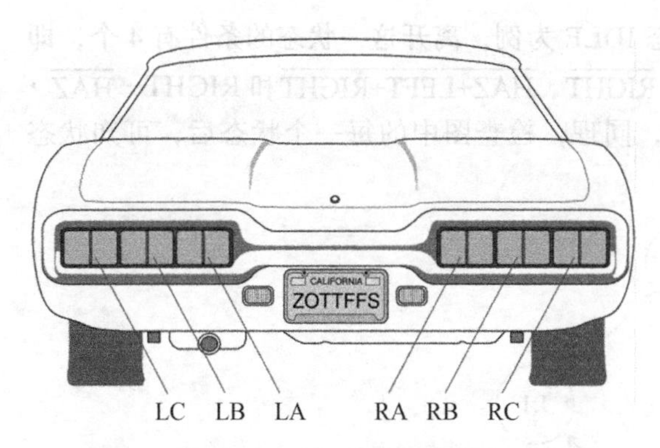

图 5.4.10　汽车尾灯示意图

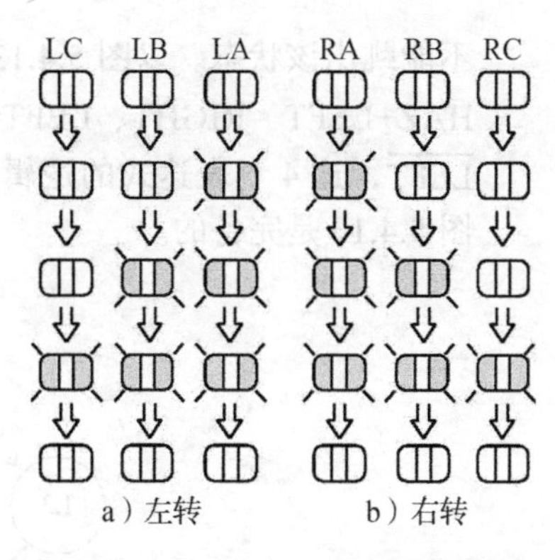

图 5.4.11　汽车尾灯转弯时的闪烁顺序

解　1）画出原始状态图。

选择 Moore 状态机设计该电路，由设计要求可知：我们需要一个所有灯都熄灭的状态（称为 IDLE），表示汽车正常行驶；汽车左转弯时，右边的灯不亮而左边的灯依次循环点亮，分别用 L1、L2、L3 表示 1 个、2 个或 3 个灯亮；同理，汽车右转弯时，分别用 R1、R2、R3 表示右边的 1 个、2 个或 3 个灯亮。汽车左转弯或者右转弯时，状态机都会按图 5.4.11 给出的方式在 4 个状态中循环。

当按下 HAZ 开关时，要求尾灯闪烁，对应所有灯都亮或者都熄灭（IDLE）两种状态，将 6 个灯都亮的状态用 LR3 表示。在告警状态时，状态机在 IDLE 和 LR3（6 个灯都亮）之间来回变换。于是原始的状态图就画出来了，如图 5.4.12 所示。图中，将总会发生转移的条件标为 **1**。

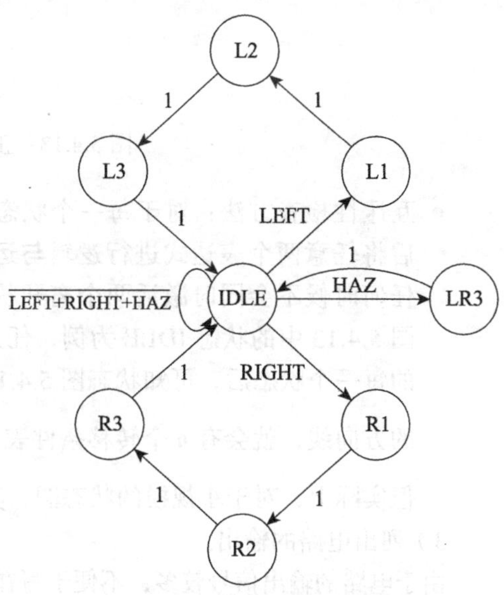

图 5.4.12　有错误的汽车尾灯状态图

分析图 5.4.12 就会发现有一个问题没有考虑到，即如果多个输入同时有效，那么状态机如何工作呢？例如，当状态机处于 IDLE 状态时，LEFT 和 HAZ 同时有效，根据状态图，状态机应该同时进入 L1 和 LR3 两种状态，但实际上汽车尾灯只可能进入一种状态，所以图 5.4.12 所示的状态图存在严重的缺陷，需要进一步完善。

图 5.4.13 解决了多个输入同时有效的问题，并将 LEFT 和 RIGHT 同时有效的情况处理成告警状态，因为此时司机显然不清醒，需要帮助（实际上，驾驶室的机械开关带有互锁功能，能够防止这种情况发生）。

2）进行完备性和互斥性检查。

状态图完成后，必须进行完备性和互斥性检查，其方法如下：

- 完备性检查方法：对于每一个状态，将所有离开这一状态的条件表达式进行逻辑**或**运算，如果结果为 **1** 就是完备的，否则不完备，也就是说状态图进入某状态后，却不能跳出该状态。以图 5.4.13 中的状态 IDLE 为例，离开这一状态的条件有 4 个，即 HAZ+LEFT · RIGHT、LEFT · $\overline{\text{HAZ}}$ · $\overline{\text{RIGHT}}$、$\overline{\text{HAZ+LEFT+RIGHT}}$和 RIGHT · $\overline{\text{HAZ}}$ · $\overline{\text{LEFT}}$，这 4 个表达式的逻辑**或**等于 **1**，同理，检查图中的每一个状态后，可知状态图 5.4.13 是完备的。

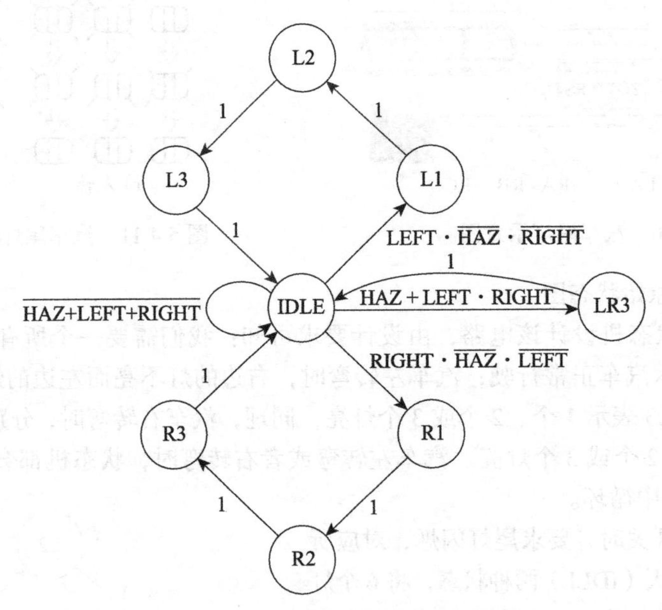

图 5.4.13　正确的汽车尾灯状态图

- 互斥性检查方法：对于每一个状态，将所有离开这一状态的条件表达式找出来，然后将任意两个表达式进行逻辑**与**运算，如果结果为 **0** 就是互斥的。也就是要保证在任何时候不会同时激活两个离开状态的转换，即从一个状态跳到两个状态。同样以图 5.4.13 中的状态 IDLE 为例，任意两个表达式的逻辑**与**都等于 **0**，同理，验证图中的每一个状态后，可知状态图 5.4.13 是互斥的。一般来说，如果某个状态有 n 条离开的方向线，就会有 n 个转移条件表达式，两两组合，就要进行 $\frac{n(n-1)}{2}$ 次逻辑**与**运算。但实际上，对于小规模的状态图，其计算量并不是太大。

3）列出电路的输出。

由于电路的输出信号较多，不便于写在状态图中，因此单独列出输出表，如表 5.4.2 所示。

表 5.4.2　汽车尾灯输出表

状态	LC	LB	LA	RA	RB	RC
IDLE	0	0	0	0	0	0
L1	0	0	1	0	0	0
L2	0	1	1	0	0	0
L3	1	1	1	0	0	0
R1	0	0	0	1	0	0

（续）

状态	LC	LB	LA	RA	RB	RC
R2	0	0	0	1	1	0
R3	0	0	0	1	1	1
LR3	1	1	1	1	1	1

4）状态分配。

图 5.4.13 所示的状态图有 8 个状态，所以至少需要用 3 个触发器（用 Q_2、Q_1、Q_0 表示）来对这些状态进行编码。表 5.4.3 中选择了一种编码方案，说明如下：

① IDLE 状态为 **000**，因为大多数触发器很容易初始化为 0 状态。

② 对于左转循环（IDLE → L1 → L2 → L3 → IDLE），两个状态变量（Q_1、Q_0）采用格雷码方式编码，可以使每次状态转移发生时的状态变量数最少，从而简化激励逻辑电路。

③ 基于状态图的对称性，对于右转循环，状态变量（Q_1 和 Q_0）采用与左循环相同的“计数”顺序，而用 Q_2 来区别左转循环和右转循环。

④ 剩下的状态变量组合（**100**）用来表示状态 LR3。

表 5.4.3　汽车尾灯状态机的状态赋值表

状态	Q_2	Q_1	Q_0
IDLE	0	0	0
L1	0	0	1
L2	0	1	1
L3	0	1	0
R1	1	0	1
R2	1	1	1
R3	1	1	0
LR3	1	0	0

5）用 Verilog 描述汽车尾灯的状态图和输出逻辑。

刚开始，声明了模块的输入、输出端口，接着声明内部变量 Sreg 和 Snext 分别保存当前状态和次态。参数声明定义了八个状态的 3 位编码，第一个 **always** 块创建一个 3 位状态寄存器 Sreg，其中包括一个异步复位输入。第二个 **always** 块用 **case** 语句定义八个状态的次态行为。最后一个 **always** 块也用了 **case** 语句，每个状态有一个赋值语句，以便将六个 Moore 型输出的值定义为当前状态的函数。具体代码如下：

```
module Tail_light(CLK,RST,LEFT,RIGHT,HAZ,LA,LB,LC,RA,RB,RC);
    input CLK,RST,LEFT,RIGHT,HAZ;
    output reg LA,LB,LC,RA,RB,RC;
    reg [2:0] Sreg, Snext;                    //声明内部变量
    parameter [2:0] IDLE=3'b000,L1=3'b001,L2=3'b011,L3=3'b010,
                    R1=3'b101,R2=3'b111,R3=3'b110,LR3=3'b100;
    always@(posedge CLK or posedge RST)//时序逻辑: 存储状态
    begin
```

```
        if (RST==1)      Sreg <= IDLE;
        else             Sreg <= Snext;
    end
    always@(LEFT,RIGHT,HAZ,Sreg)         //次态组合逻辑
    begin
        case(Sreg)
            IDLE: if(HAZ | (LEFT & RIGHT))  Snext = LR3;
                  else if (RIGHT)       Snext = R1;
                  else if (LEFT)        Snext = L1;
                  else                  Snext = IDLE;
            R1:  Snext = R2;
            R2:  Snext = R3;
            R3:  Snext = IDLE;
            L1:  Snext = L2;
            L2:  Snext = L3;
            L3:  Snext = IDLE;
            LR3: Snext = IDLE;
            default: Snext = IDLE;
        endcase
    end
    always@(Sreg)                          //输出逻辑
    begin
        case(Sreg)
            IDLE:  {LC,LB,LA,RA,RB,RC} = 6'b000000;
            R1:    {LC,LB,LA,RA,RB,RC} = 6'b000100;
            R2:    {LC,LB,LA,RA,RB,RC} = 6'b000110;
            R3:    {LC,LB,LA,RA,RB,RC} = 6'b000111;
            L1:    {LC,LB,LA,RA,RB,RC} = 6'b001000;
            L2:    {LC,LB,LA,RA,RB,RC} = 6'b011000;
            L3:    {LC,LB,LA,RA,RB,RC} = 6'b111000;
            LR3:   {LC,LB,LA,RA,RB,RC} = 6'b111111;
            default:{LC,LB,LA,RA,RB,RC} = 6'b000000;
        endcase
    end
endmodule
```

对汽车尾灯的状态分配，也可以直接采用输出编码，即状态分配和输出编码相同。这时需更改状态寄存器和参数声明以及输出逻辑，而其他的代码和上面的相同。需要修改的代码如下：

```
module Tail_light(CLK,RST,LEFT,RIGHT,HAZ,LA,LB,LC,RA,RB,RC);
    input CLK,RST,LEFT,RIGHT,HAZ;
    output reg LA,LB,LC,RA,RB,RC;
    reg [5:0] Sreg, Snext;                 //声明内部变量
    parameter [5:0] IDLE  =6'b000000,
                    L1    =6'b001000,      //左转，1个灯亮
                    L2    =6'b011000,      //左转，2个灯亮
                    L3    =6'b111000,      //左转，3个灯亮
                    R1    =6'b000100,      //右转，1个灯亮
                    R2    =6'b000110,      //右转，2个灯亮
                    R3    =6'b000111,      //右转，3个灯亮
                    LR3     =6'b111111;    //紧急情况，所有的灯亮
    ......
    always@(Sreg)                          //输出逻辑
```

```
begin {LC,LB,LA,RA,RB,RC} = Sreg;  end
endmodule
```

最后，给出汽车尾灯控制电路的 ASM 图，如图 5.4.14 所示。在图 5.4.13 所示的状态图中，离开 IDLE 状态时有多个转换路径，ASM 图需要串联几个判断框来定义其转换。每个状态框都列出了相应的输出信号，以声明在该状态下的输出。

使用 ASM 图进行设计的最大优点，是可以确保构造的 ASM 图能够提供对次态行为的明确描述。也就是说，在每一种状态下，对每一种输入组合都恰好有一个次态。因为每一个输入组合都会在每一个判断框中产生确定的结果，并且在构建正确的 ASM 图中，所有出口路径都将进入单个次态或另一个判断框。因此，ASM 图能自动提供状态图所需的互斥性和完备性。

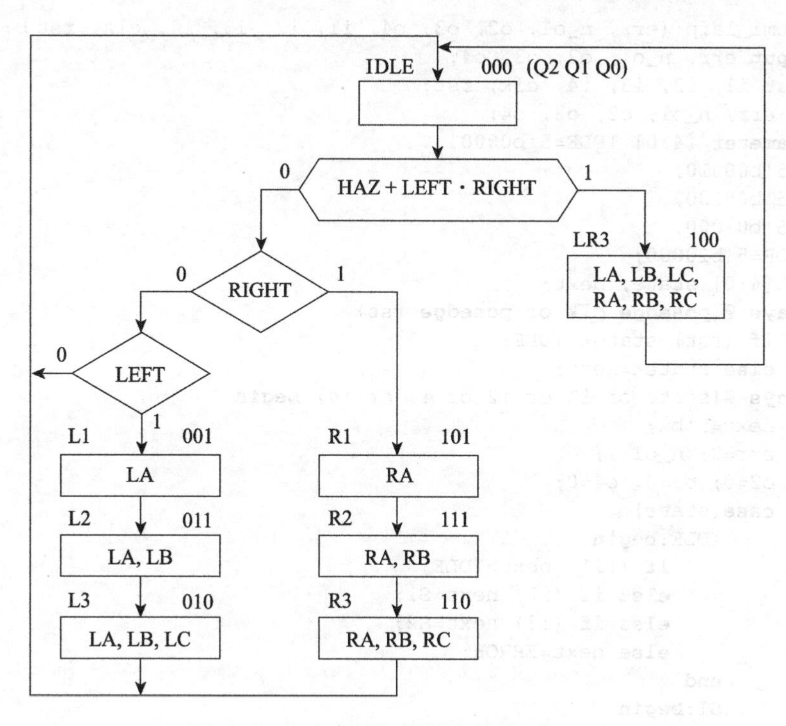

图 5.4.14　汽车尾灯控制电路的 ASM 图

小　　结

- 根据电路的输出信号是否与电路的输入有关，有 Mealy（米利型）和 Moore（穆尔型）两种类型的状态机。如果电路的输出与电路输入和当前的状态都有关，就是 Mealy 型；如果电路输出仅仅取决于各触发器的状态，而不受电路输入影响或没有输入，就是 Moore 型。为了消除输出信号中的“毛刺”干扰，人们又提出了具有流水线输出的 Mealy 状态机。
- 用 Verilog HDL 对状态机建模通常使用二段式或者三段式，尽量避免使用一段式。
- 在使用 Verilog HDL 描述状态机时，通常用参数定义语句 **parameter** 指定状态编码。状态编码方案一般有三种：自然二进制编码、格雷编码和One-Hot编码。通常在EDA综合软件中可以由用户来指定编码方案，也可以由软件自动设置状态编码。

习 题

5.1 状态机有哪两种类型？它们之间有何区别？

5.2 试画出Moore型和Mealy型状态机的结构框图。

5.3 简述用Verilog HDL描述状态机的步骤。

5.4 阅读下列两个程序，画出状态图，指出状态机的类型。

```
module bm1_1afp (err, n_o1, o2, o3, o4, i1, i2, i3, i4, clk, rst);
    output err, n_o1, o2, o3, o4;
    input i1, i2, i3, i4, clk, rst;
    reg err, n_o1, o2, o3, o4;
    parameter [4:0] IDLE=5'b00001,
    S1=5'b00010,
    S2=5'b00100,
    S3=5'b01000,
    ERROR=5'b10000;
    reg [4:0] state, next;
    always @(posedge clk or posedge rst)
        if (rst) state<=IDLE;
        else state<=next;
    always @(state or i1 or i2 or i3 or i4) begin
        next=5'bx;
        err=0; n_o1=1;
        o2=0; o3=0; o4=0;
        case(state)
            IDLE:begin
                if (!i1) next=IDLE;
                else if (i2) next=S1;
                else if (i3) next=S2;
                else next=ERROR;
            end
            S1:begin
                if (!i2) next=S1;
                else if (i3) next=S2;
                else if (i4) next=S3;
                else next=ERROR;
                n_o1=0;
                o2=1;
            end
            S2:begin
                if (i3) next=S2;
                else if (i4) next=S3;
                else next=ERROR;
                o2=1;
                o3=1;
            end
            S3:begin
                if (!i1)next=IDLE;
```

```
                else if (i2)next=ERROR;
                else next=S3;
                o4=1;
            end
            ERROR:begin
                if(i1) next=ERROR;
                else next=IDLE;
                err=1;
            end
        endcase
    end
endmodule
```

5.5 某三相六拍步进电机控制电路的状态图如图题 5.5 所示，图中，*M* 为控制变量，当 *M*=0 时，电路按顺时针方向所指的状态进行转换；当 *M*=1 时，则按逆时针方向进行状态转换。试用 Verilog 描述该电路。

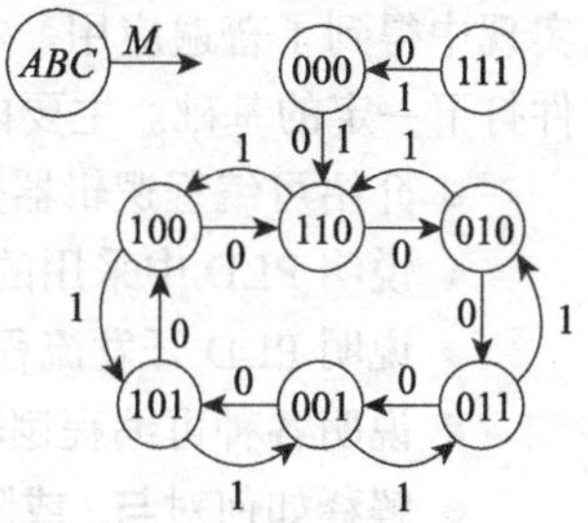

图题　5.5

5.6 设计一个序检测器电路。功能是检测出串行输入数据 Data 中的 4 位二进制序列 **1110**（自左至右输入），当检测到该序列时，输出 *Out*=**1**；没有检测到该序列时，输出 *Out*=**0**。要求：

（1）画出状态图，并给出状态编码。

（2）用 Verilog HDL 的行为描述方式描述该电路。

（3）用 D 触发器和门电路来设计此电路。

5.7 如果修改一下例 5.4.2 中尾灯的亮、灭规则，当 HAZ 和 LEFT 开关同时有效时，要求汽车左转弯的灯依次循环点亮；当 HAZ 和 RIGHT 开关同时有效时，要求汽车右转弯的灯依次循环点亮。试画出 ASM 图和状态图，并用 Verilog 进行描述。

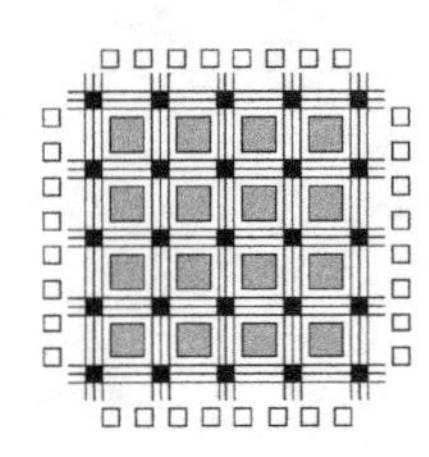

第 6 章 可编程逻辑器件

本章目的

目前，可编程逻辑器件（Programmable Logic Device，PLD）在复杂数字系统的设计与实现中得到了普遍应用。本章将讨论各种可编程逻辑器件的组成和结构特点，为使用这类器件打下一定的基础。主要内容包括：

- 介绍可编程逻辑器件的历史、主要类型和 PLD 的专用术语。
- 说明 PLD 中采用的简化符号和不同编程技术。
- 说明 PLD 开发流程。
- 说明各种可编程逻辑器件（SPLD、CPLD、FPGA）的组成及结构特点。
- 解释如何对与 / 或阵列编程来实现逻辑函数。
- 解释如何对 LUT 进行编程来实现逻辑函数。

6.1 概述

PLD 是一种可由用户进行编程的大规模集成电路，其电路结构具有通用性和可配置性，在出厂时它们不具备任何逻辑功能，用户通过开发软件对器件编程来实现所需要的逻辑功能，这类器件具有可多次擦除和反复编程的特点。

可编程逻辑器件的出现改变了传统的数字系统设计方法。传统的数字系统设计一般采用固定功能的中小规模集成电路，通过设计 PCB 将所用芯片按照逻辑功能要求进行连接，实现系统功能。此种设计涉及芯片之间的连线、芯片的布局及相互之间的影响等问题。采用这种传统的方法，往往要经过多次实验和反复修改才能制作出一块功能可靠的电路板。

现代数字系统的实现方式之一是采用可编程逻辑器件，可编程器件内部可能包含几千个门和触发器，用一片 PLD 就可以实现多片通用型逻辑器件所实现的功能，这意味着可减小整个数字系统的体积和功耗，并提高其可靠性，而且通过修改 PLD 的程序就可以轻易地改变设计，不用改变系统的 PCB 布线就可以实现新的系统功能。

6.1.1 PLD 的历史

可编程逻辑器件最早出现于 20 世纪 70 年代，发展至今，在结构、工艺、集成度、速度、灵活性和编程技术等方面都有了很大的改进和提高。目前，PLD 技术仍在持续不断地发展，几乎每年都有新器件问世。

可编程逻辑器件的分类如图 6.1.1 所示。纵观其发展历程，大致可以分为以下几个阶段。

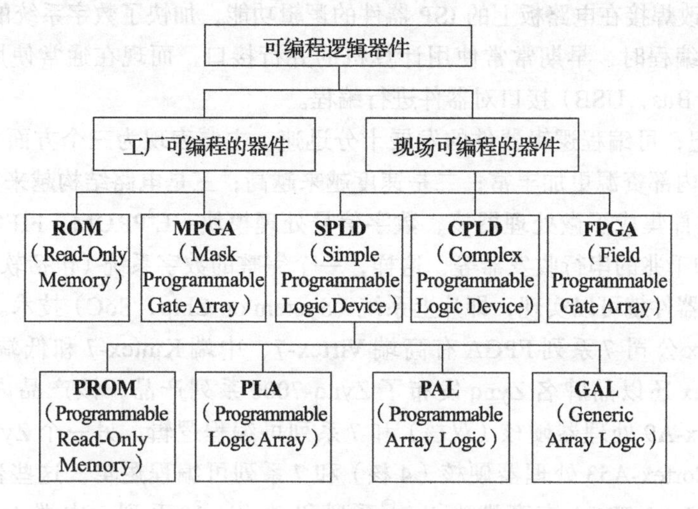

图 6.1.1　可编程逻辑器件分类

20 世纪 70 年代，先后出现了可编程只读存储器（PROM）、可编程逻辑阵列（PLA）和可编程阵列逻辑（PAL）器件，其中 PAL 器件在当时曾得到广泛的应用。刚问世时，这一类集成电路由逻辑门构成，门之间通过金属熔丝相互连接，编程前，器件内部的所有熔丝都是完好的，没有被熔断。对器件编程时，由专用编程器产生较大的电流，根据设计要求烧断器件内部的一些熔丝以断开连接，保留的熔丝则为内部的与门 / 或门电路提供电信号的连接，从而实现用户所需要的逻辑功能。这类芯片内部的熔丝被烧断后是不能恢复的，因此是一次性可编程（One Time Programmable，OTP）器件。可见，“编程”就是在芯片内部“添加”或“去除”连线。

随着紫外线擦除 ROM 技术的发展，20 世纪 80 年代中期出现了 EPROM 器件，不久之后又出现了电擦除技术（E^2PROM），这些技术很快被用到 PLD 器件中。在这一时期，Lattice 公司推出了用电擦除的通用阵列逻辑（GAL）器件。Altera 公司㊀和 Cypress 公司联合推出了可用紫外线擦除的可编程器件（Erasable PLD，EPLD）MAX 系列产品，后来逐步发展成为可用电擦除的复杂可编程逻辑器件（CPLD），从而解决了 PAL 器件逻辑资源较少的问题。而 Xilinx 公司则应用 SRAM 技术生产出了世界上第一片现场可编程门阵列（FPGA）器件，FPGA 的结构与前面介绍的 PLA、PAL 等完全不同，它基于查找表的方式来实现组合逻辑函数，器件内部的资源更多，因而广泛应用于复杂数字系统中。

20 世纪 80 年代末，Lattice 公司又提出了“在系统可编程”（In-System Programmability，ISP）的概念，并推出了一系列具有在系统可编程能力的复杂可编程逻辑器件。此后，其他 PLD 生产厂家都相继采用了 ISP 技术。所谓“在系统可编程”是指未编程的 ISP 器件可以直接焊接在印制电路板上，然后通过计算机的数据传输端口和专用的编程电缆对焊接在电路板上的 ISP 器件直接编程，从而使器件具有所需的逻辑功能。这种编程不需要使用专用的编程

㊀ 2015 年 6 月被 Intel 公司收购。

器，调试过程不需要反复拔插芯片，从而不会产生引脚弯曲变形现象，不仅提高了可靠性，而且可以随时修改焊接在电路板上的ISP器件的逻辑功能，加快了数字系统的调试过程。

对ISP器件编程时，早期常常使用计算机的并行接口，而现在通常使用通用串行总线（Universal Serial Bus，USB）接口对器件进行编程。

进入21世纪，可编程逻辑器件的发展十分迅速。主要表现为三个方面：一是电路规模越来越大，器件内部资源更加丰富；二是速度越来越高；三是电路结构越来越灵活。有些可编程逻辑器件内部集成了微处理器核、数字信号处理模块、E^2PROM、FIFO存储器或双口RAM、锁相环和千兆的串行收发器等，这样，一个完整的数字系统（包括软件和硬件）仅用一片可编程逻辑器件就可以实现，即片上系统（System on Chip，SoC）技术。

目前，Xilinx公司7系列FPGA有高端Virtex-7、中端Kintex-7和低端Artix-7系列产品；同时，Xilinx还以品牌名Zynq发布了Zynq-7000系列产品，该产品内部同时集成了ARM公司Cortex-A9处理器硬核（双核）和7系列可编程逻辑，另一个Zynq UltraScale系列内部集成了Cortex-A53处理器硬核（4核）和7系列可编程逻辑，这些器件被称为SoC FPGA产品。而Intel FPGA有高端Agilex㊀系列和Stratix 10系列、中端Arria系列和低端Cyclone系列等，也有集成Cortex-A9（例如Cyclone V系列）和Cortex-A53（例如Agilex系列）处理器硬核的SoC FPGA产品。

近年来，国产FPGA也有了长足进步，上海复旦微电子集团股份有限公司、广东高云半导体科技股份有限公司、深圳市紫光同创电子有限公司、上海安路信息科技有限公司等企业已经成功推出自主知识产权的FPGA产品。这对突破技术封锁，打破国外产品的垄断具有重要的意义。

6.1.2　PLD器件的符号

由于PLD的规模很大，在器件内部相互连接的路径有成千上万个，为了更清晰地表示器件的内部电路，通常采用一些简化符号表示。图6.1.2是PLD结构中三种不同的连线方式。

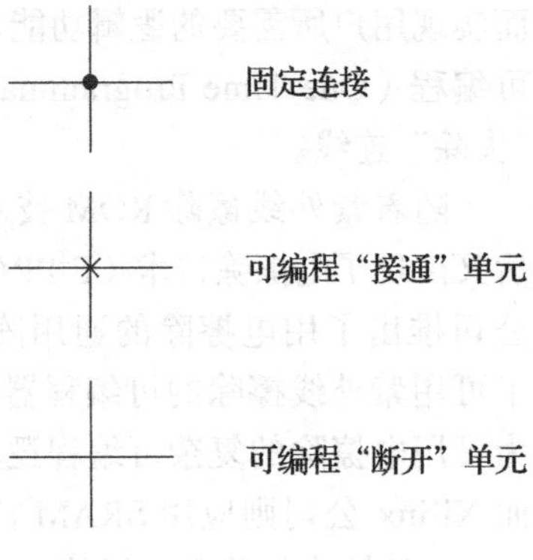

固定连接

可编程“接通”单元

可编程“断开”单元

图6.1.2　PLD连接符号

1）固定连接：在十字交叉线上增加一个实心圆点，表示横线与竖线是固定连接的，不可以编程改变。

2）可编程“接通”单元：在横线与竖线的交叉点之间接有金属熔丝（或用EPROM、E^2PROM单元代替熔丝作为可编程单元），如果在横线与竖线的交叉点上画“×”，则表示该处是用户通过编程来实现“接通”的。

3）可编程“断开”单元：在横线与竖线的交叉点上没有任何连接符号，则表示两条线不相连，即该处的编程单元被“擦除”了。

㊀ Agilex是面向数据中心设计的，用于数据的处理、存储以及传输过程。Agile由Agile（敏捷）和Flexible（灵活）两个单词合并而来。

图 6.1.3 是 PLD 结构中与门和缓冲器的符号。图 6.1.3a 为传统的与门符号；图 6.1.3b 为 PLD 阵列使用的与门符号，这种符号的画法是在与门的输入端先画出一条水平线段，再画出几条垂直线段表示输入信号，有几个输入就画几条垂直线，水平线与垂直线之间通过熔丝（或其他编程单元）进行连接；图 6.1.3c 为具有互补输出的输入缓冲器，表示输入信号通过一个缓冲器和一个反相器得到原变量和反变量；图 6.1.3d 中与门对应的所有输入项通过编程接通了，$L_2=A\cdot\overline{A}\cdot B\cdot\overline{B}=\mathbf{0}$，于是在与门中画一个取代各输入项对应的“ × ”，得到与门输出恒等于 **0** 的简化画法。

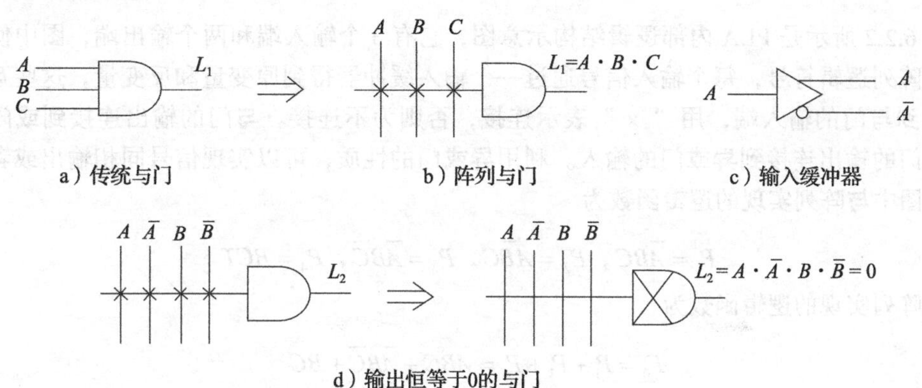

图 6.1.3　可编程器件中基本门电路的符号

6.2　简单可编程逻辑器件

早期生产的 PROM、PLA、PAL、GAL 等器件与后来的 CPLD、FPGA 相比，其电路规模较小、集成度较低，通常称为简单的可编程逻辑器件（Simple PLD，SPLD）。其中 PROM 主要作为存储器使用，用它也可以实现组合逻辑函数，所以也将其归在 PLD 的范畴内，这里仅将它的结构与其他 SPLD 做一个对比。SPLD 器件的基本结构为与 - 或阵列，其结构框图如图 6.2.1 所示。

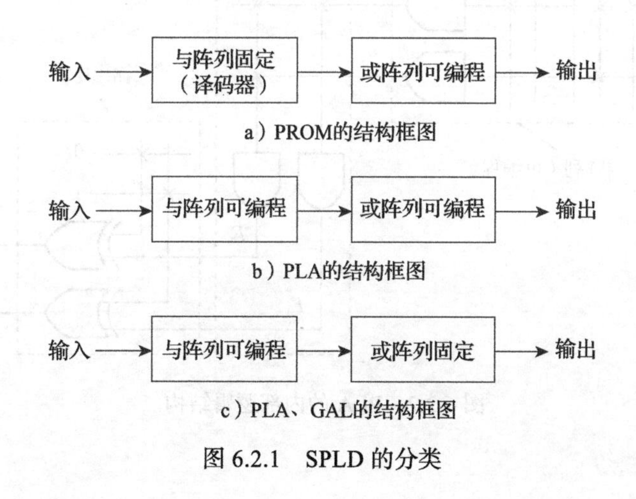

图 6.2.1　SPLD 的分类

其中 PROM 器件中**与**阵列是由译码电路实现的，它对所有输入信号进行译码，并产生全部的最小项，其**与**阵列结构是固定不变的，**或**阵列是可编程的，用来实现最小项表达式，缺点是它的速度可能太慢，以至于无法满足性能指标的要求；PLA 器件中**与**阵列、**或**阵列都是可编程的，而 PAL、GAL 器件中**与**阵列是可编程的，**或**阵列是固定的。下面将分别具体介绍 PLA、PAL、GAL 的基本原理与结构。

6.2.1　PLA

图 6.2.2 所示是 PLA 内部逻辑结构示意图，它有 3 个输入端和两个输出端，图中使用了简化的阵列逻辑符号，每个输入信号通过一个输入缓冲器得到原变量和反变量，这些互补信号连接到**与**门的输入端，用“ × ”表示连接，否则为不连接。**与**门的输出连接到**或**门的输入，**或**门的输出连接到**异或**门的输入。利用**异或**门的性质，可以实现信号同相输出或者反相输出。图中**与**阵列实现的逻辑函数为

$$P_1=\overline{A}BC,\ P_2=A\overline{B}C,\ P_3=\overline{A}B\overline{C},\ P_4=BCT$$

或阵列实现的逻辑函数为

$$F_0=P_1+P_3+P_4=\overline{A}BC+\overline{A}B\overline{C}+BC$$

$$F_1=P_1+P_2+P_3=\overline{A}BC+A\overline{B}C+\overline{A}B\overline{C}$$

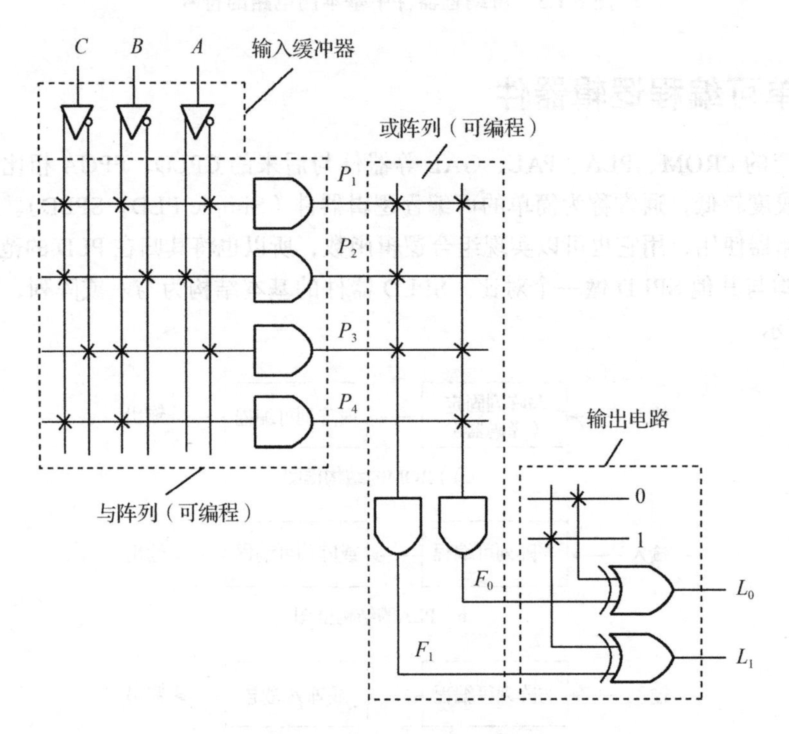

图 6.2.2　PLA 的内部逻辑结构

通过**异或**门后，得到的逻辑函数为

$$L_0 = F_0 \oplus 0 = F_0 = \overline{A}BC + \overline{A}B\overline{C} + BC$$

$$L_1 = F_1 \oplus 1 = \overline{F}_1 = \overline{\overline{A}BC + A\overline{B}C + \overline{A}B\overline{C}}$$

可见，PLA 可以用来实现**与**-**或**逻辑函数表达式。在**或**阵列中，乘积项 P_1、P_3 为两个**或**门所共用，通常称之为**乘积项共享**。

当时，有掩膜可编程 PLA 和现场可编程 PLA（Field PLA，FPLA）芯片出售，掩膜可编程 PLA 由生产厂家在制造时进行编程，FPLA 由用户进行编程，典型的 PLA 集成电路具有 16 个输入、48 个乘积项和 8 个输出。

PLA 的优点是可编程，可以按照设计者的意愿来实现组合逻辑函数，其缺点是：

1）只能实现组合逻辑函数。

2）从电气特性上来比较可编程连接与固定连接，信号通过可编程连接点的延时较长，在 PLA 中，信号要经过两个可编程的连接单元，使得电路的工作速度较低。

【例 6.2.1】 试用 PLA 实现下列逻辑函数，并考虑尽量减少乘积项的个数。

$$L_0(A,B,C) = \sum(0,1,2,4)$$

$$L_1(A,B,C) = \sum(0,5,6,7)$$

解　首先将逻辑函数化为最简**与或**式，然后画出 PLA 的电路图。具体步骤如下：

1）画出 L_0 和 L_1 的卡诺图，如图 6.2.3 所示。为了减少乘积项数目，要将两个函数放在一起综合考虑，使 L_0 和 L_1 有尽可能多的相同的包围圈，L_1 采用包围 **0** 的方法进行化简，得到

$$L_0 = \overline{AB + AC + BC}$$

$$L_1 = AB + AC + \overline{\overline{A}\overline{B}\overline{C}}$$

2）画出 PLA 电路图。用**与**阵列实现上述表达式中的 4 个乘积项（与项），用**或**阵列的两个**或**门实现相应的乘积项相加，再通过两个**异或**门实现函数 L_0 和 L_1，如图 6.2.4 所示。

可见为了减少乘积项数目，要对函数的原变量和反变量化简结果进行综合考虑。

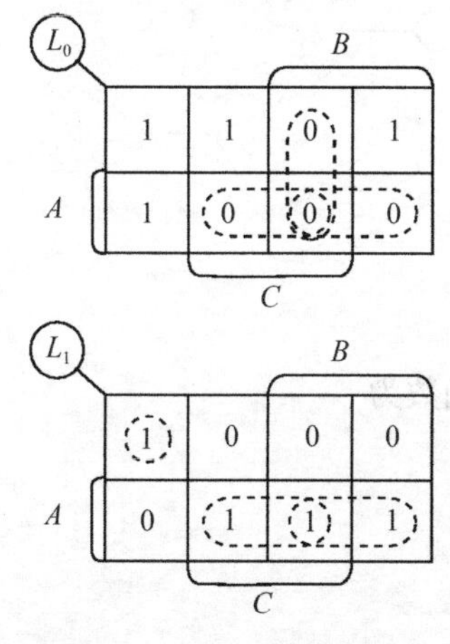

图 6.2.3　例 6.2.1 的卡诺图

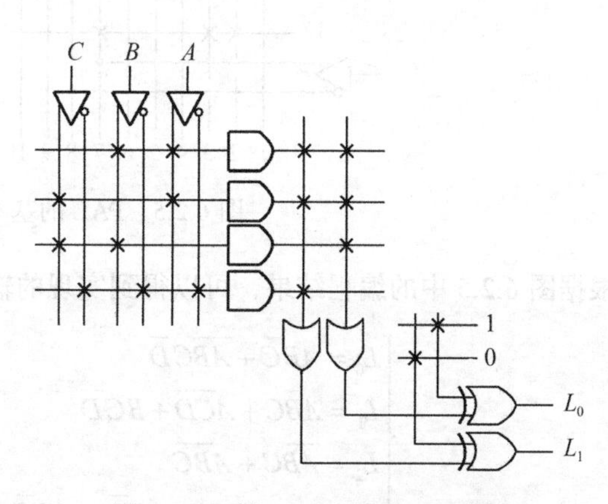

图 6.2.4　例 6.2.1 的 PLA 电路图

6.2.2　PAL 与 GAL

1. PAL 的基本结构

PAL 是 PLA 的一种简化方案，其特点是**与**阵列可编程而**或**阵列是固定的。这种方案使得 PAL 的制造工艺略有简化，价格有所降低，工作速度有所提高，因而在实际应用中更为流行。

图 6.2.5 是 PAL 内部逻辑结构示意图，它有 4 个输入端和 4 个输出端，每个输入信号通过一个输入缓冲器得到原变量和反变量，每个输出都由固定连线的**或**门产生。每个输出端所对应的电路基本相同，即每个部分都包含一个**与或**阵列（有 3 个可编程的**与**门和一个固定的**或**门），每个**与**门有 10 个可编程的输入连接，输出信号 L_0 通过反馈输入缓冲器将其原、反变量连接到**与**门阵列，作为两个输入信号。

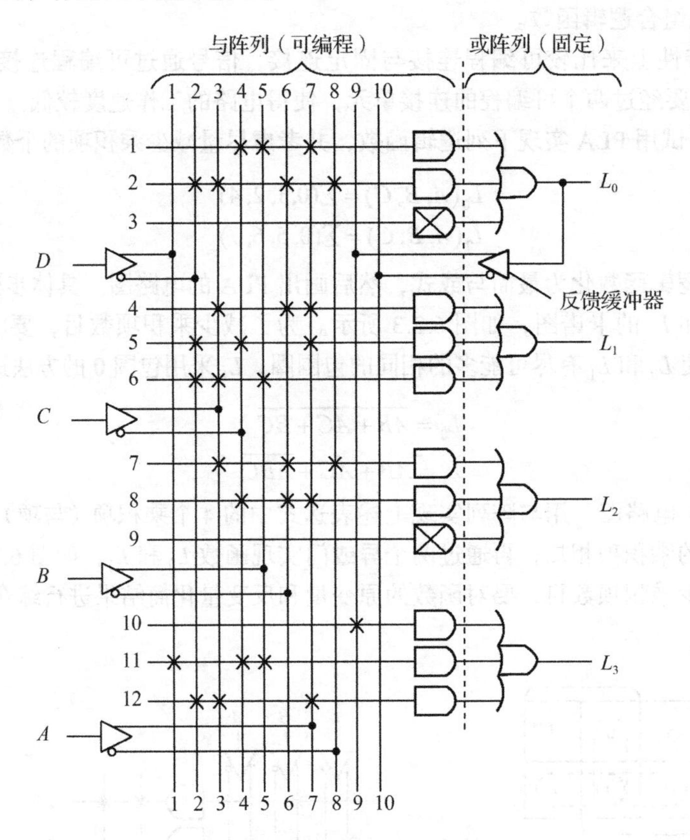

图 6.2.5　PAL 的基本电路结构

根据图 6.2.5 中的编程结果，可以得到实现的输出逻辑函数为

$$\begin{cases} L_0 = AB\overline{C} + \overline{A}\overline{B}C\overline{D} \\ L_1 = A\overline{B}C + A\overline{C}\overline{D} + BC\overline{D} \\ L_2 = \overline{A}BC + A\overline{B}\overline{C} \\ L_3 = L_0 + B\overline{C}D + AC\overline{D} = AB\overline{C} + \overline{A}\overline{B}C\overline{D} + B\overline{C}D + AC\overline{D} \end{cases}$$

其中，L_3 表达式中包含 4 个乘积项，不能直接编程实现，但其前两项正好为 L_0，于是将 L_0 反馈到与门阵列作为 L_3 的输入就可以实现。所以采用 PAL 器件进行设计时，要对每个函数单独进行化简，得到最少的乘积项之和表达式。如果乘积项的数目太多，可以将一个函数分解成两部分来实现。

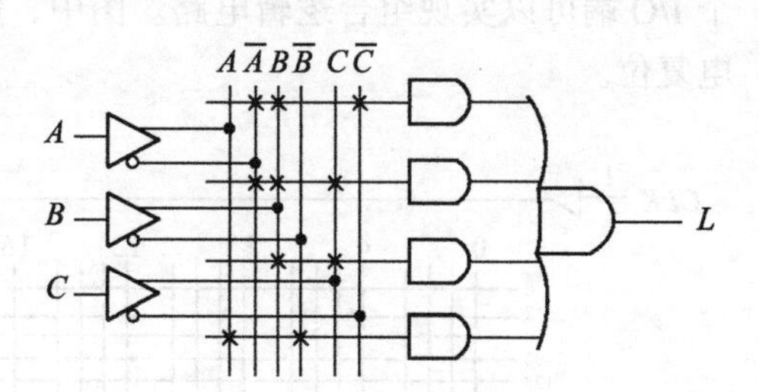

图 6.2.6　实现 3 变量逻辑函数的简化示意图

【例 6.2.2】 根据图 6.2.6 所示的逻辑图，写出逻辑函数表达式。

解　从逻辑图可见输出函数包括 4 个乘积项，它们分别是 $\overline{A}B\overline{C}$、$\overline{A}BC$、$BC$、$A\overline{B}$，于是得到逻辑函数表达式

$$L = \overline{A}B\overline{C} + \overline{A}BC + BC + A\overline{B}$$

2. PAL 的几种输出电路结构

PAL 在发展过程中先后出现了许多不同的输出电路结构。上面介绍的输出电路只能用作组合逻辑的输出，通常称之为专用输出结构。

图 6.2.7 是另外 3 种输出电路结构。图 6.2.7a 所示的输出电路通常称为可编程 I/O 结构，由于电路的输出端带有三态门，其控制信号来自乘积项 PT_1，因此如果编程时使 PT_1=0，则三态门输出为高阻态，对应的 I/O 引脚可以作为输入端使用，反之，如果 PT_1=1，对应的 I/O 引脚可以作为组合逻辑的输出端使用。

图 6.2.7b 所示的输出电路通常称为**异或**结构，**异或**门的一个输入来自 Y，另一个输入与可编程单元 X 相连，**异或**门的输出 $F=Y\oplus X$。如果编程时使编程单元连通，X=0，则 $F=Y\oplus 0=Y$；如果使编程单元断开，X=1，则 $F=Y\oplus 1=\overline{Y}$。可见**异或**门可以控制**或**门输出信号 Y 是原函数输出还是反函数输出，因此，**异或**门也称为极性控制门。

图 6.2.7c 所示的输出电路带有触发器，触发器时钟端统一接到外部的时钟输入端 CLK，触发器的 Q 端接三态门输入端，三态门的控制信号来自外部的输入端 OE，触发器的输出 $\overline{Q}$ 经过反馈缓冲器回到可编程与门的输入端，以便实现计数器、移位寄存器等时序逻辑电路的功能。

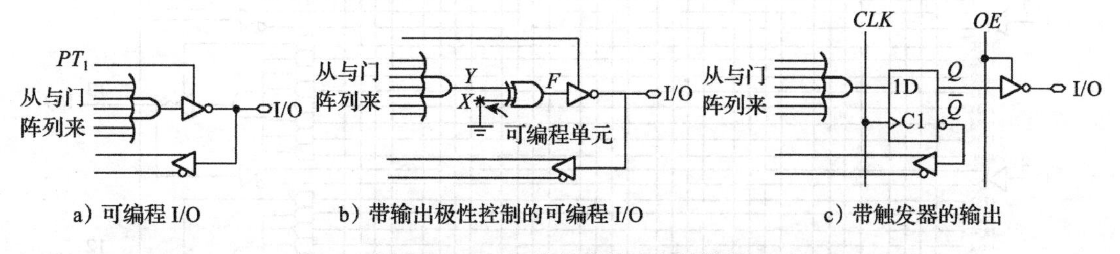

a）可编程 I/O　　b）带输出极性控制的可编程 I/O　　c）带触发器的输出

图 6.2.7　PAL 的几种输出电路结构

图 6.2.8 是 TI 公司的 TIBPAL16R4A 逻辑图（型号中的 B 表示双极性工艺）。图中，I 表示输入端，I/O 表示该端子既可以作为输入，也可以作为输出，Q 表示时序电路输出端，$\overline{OE}$ 表示三态门的控制端。由图可见，输出电路中含有 4 个触发器，且触发器的状态又被反馈到

与逻辑阵列中，4 个触发器共用外部引脚的时钟信号 *CLK*，可以实现同步时序电路，其他几个 I/O 端可以实现组合逻辑电路。图中，触发器方框中的 I=0 是通用限定符，表示触发器上电复位。

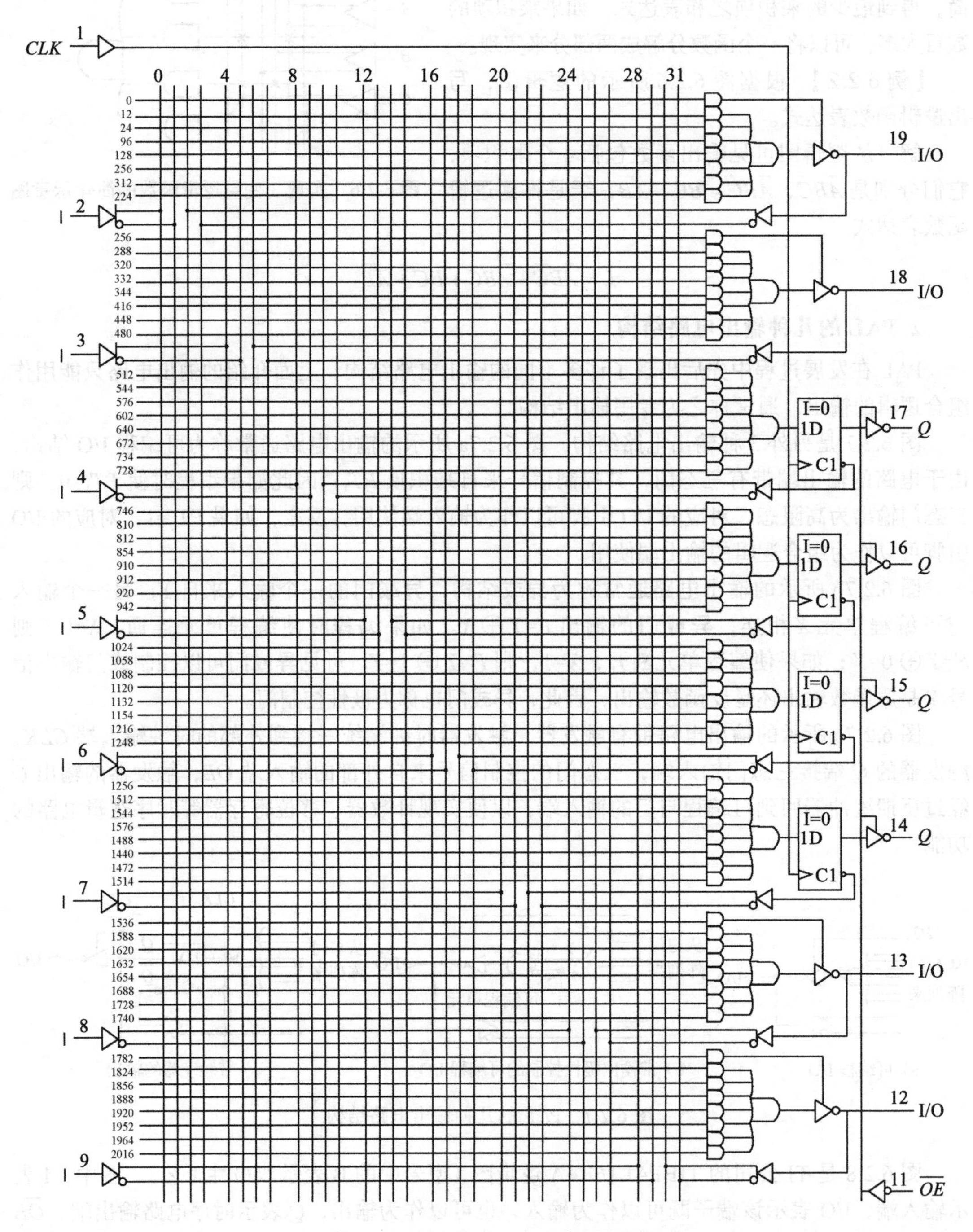

图 6.2.8 TIBPAL16R4A 的逻辑图

3. GAL 的电路结构

早期 PAL 器件都是基于熔丝工艺的，对器件只能编程一次，随着技术的进步，在 20 世纪 80 年代中期，Lattice 半导体公司[⊖]首先采用 CMOS 工艺和电可擦除的 E^2PROM 技术来制作 PLD，并获得成功，于是 Lattice 公司申请了 GAL 的注册商标，并推出了 GAL16V8、GAL20V8、GAL22V10 等可编程器件。由于 GAL 器件的通用性和引脚的兼容性，因此，GAL 器件可以替代大多数 PAL 器件，成为廉价且用途广泛的 SPLD 器件。

GAL 器件的组成框图如图 6.2.9 所示。其中，**与 - 或**阵列结构与 PAL 是一样的，但它改进了 PAL 的输出结构，在输出结构中增加了多个数据选择器，通过对数据选择器编程将输出结构配置成多种不同的电路，同时对芯片的擦除和编程时间较短，并且 E^2PROM 开关至少可擦除和重新编程 100 次，因而得到广泛应用。随后，许多公司也采用 CMOS 工艺和 E^2PROM 技术来生产 PAL 器件，使得 PAL 器件也可以反复编程。为了与以前的产品相区分，有的公司采用 PALCE 对器件命名，其中 CE 是 CMOS Electrically Erasable（CMOS 电可擦除）的缩写。TI 公司则采用 TICPAL 对器件命名，其中 C 表示 CMOS 工艺，例如 TICPAL22V10Z 是采用 CMOS 工艺生产的。

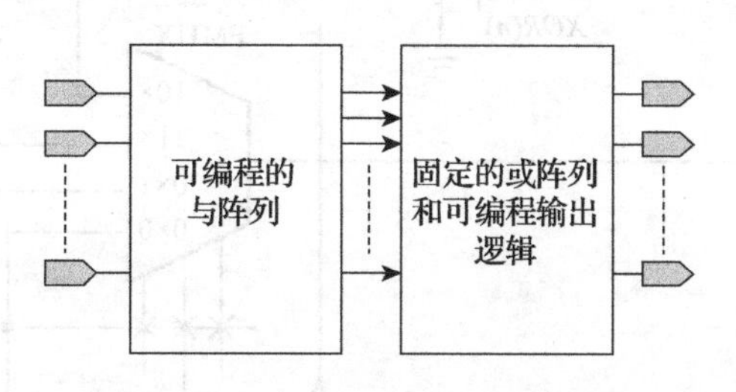

图 6.2.9　GAL 器件的组成框图

GAL16V8 中输出逻辑宏单元（Output Logic Macro Cell，OLMC）的逻辑结构如图 6.2.10 中虚线框内部所示，它主要由 4 部分组成：1 个**或**门、1 个**异或**门、1 个 D 触发器、4 个数据选择器及其控制电路。对选择器的控制信号进行编程，就可以得到不同的输出电路结构。选择器的控制信号来自结构控制字，图中的 AC_0、$AC_1(n)$、$XOR(n)$ 就是结构控制字中的数据位，括号中的 n 代表该宏单元对应的 I/O 引脚编号，m 代表相邻 OLMC 对应的引脚编号。另外，在 GAL 的结构控制字中，还有一个同步位 SYN。当 SYN=1 时，输出电路被配置成组合电路的结构（如图 6.2.11 所示），此时内部触发器没有被使用；当 SYN=0 时，至少有一个 OLMC 被配置成含有触发器的输出结构（如图 6.2.12 所示），其他 OLMC 可以被配置成组合电路输出。使用时，用户并不需要深入研究器件内部电路的细节，可编程软件会自动处理所有细节。

由于该器件已经停产，读者只需要了解一下 OLMC 的基本结构，为学习 CPLD 打下基础。

⊖ Lattice 的中文翻译为莱迪思，2006 年该公司宣布 GAL 器件停产。

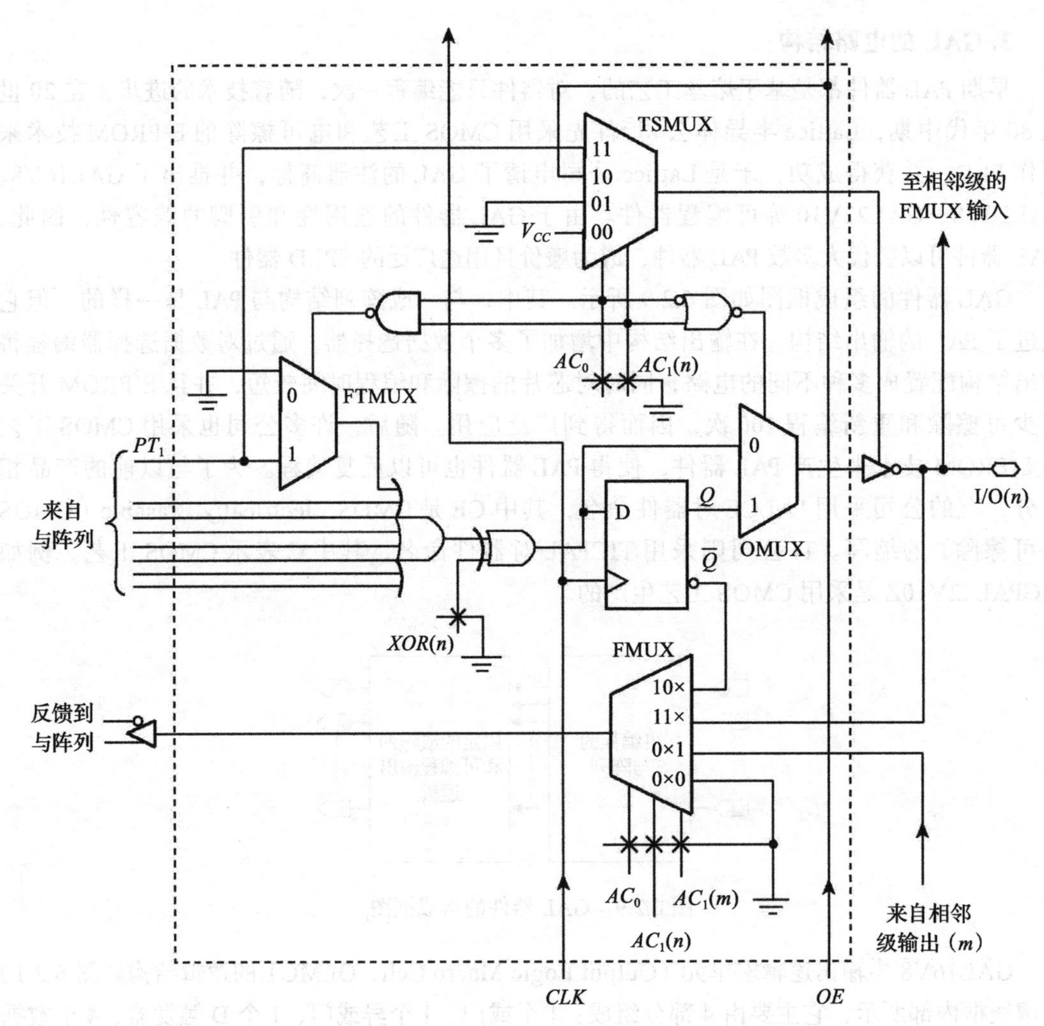

图 6.2.10 输出逻辑宏单元 OLMC(n) 的逻辑图

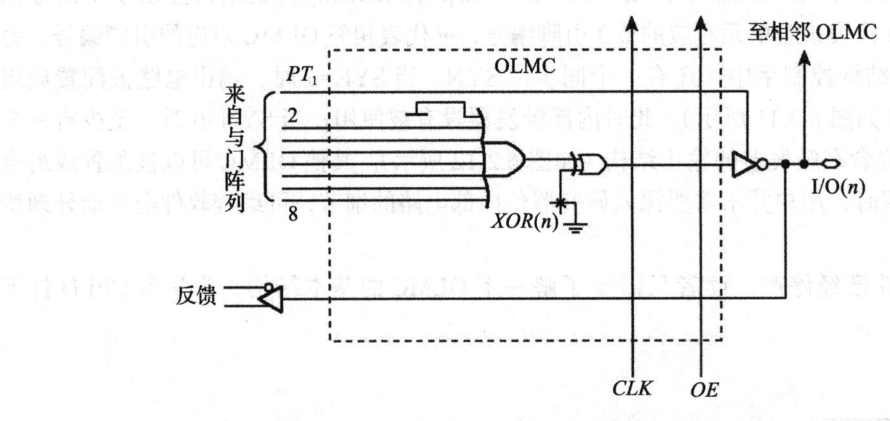

图 6.2.11 AC_0=1，$AC_1(n)$=1 时 OLMC 的等效逻辑电路

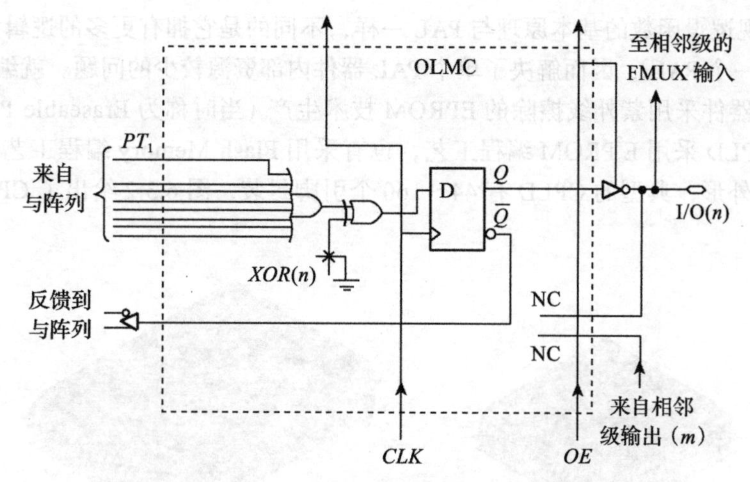

图 6.2.12　$AC_0=1$，$AC_1(n)=0$ 时 OLMC 的等效逻辑电路

6.3　复杂可编程逻辑器件

6.3.1　传统 CPLD 的基本结构

PAL 和 GAL 器件的输入、输出引脚数以及乘积项的个数都会受到一定的限制，而且器件内部包含的触发器数目较少（一般小于 10 个），通常用于实现规模较小的逻辑电路，为了实现有更多输入和更多输出的复杂电路，就需要采用多片 PAL 器件，或者采用复杂可编程器件（Complex PLD，CPLD）。

传统 CPLD 的结构框图如图 6.3.1 所示。它是由可编程的逻辑块、输入 / 输出块和可编程的内部互连线资源（用于逻辑块之间以及逻辑块与输入 / 输出块之间信号的连接）三部分组成的。

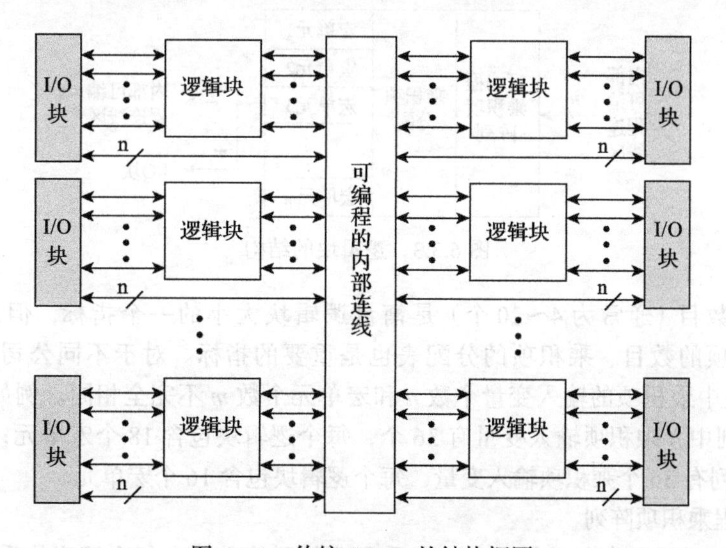

图 6.3.1　传统 CPLD 的结构框图

CPLD 实现逻辑函数的基本原理与 PAL 一样，不同的是它拥有更多的逻辑块（每个逻辑块大致相当于一个 PAL），因而解决了单个 PAL 器件内部资源较少的问题。就编程工艺而言，早期的 CPLD 器件采用紫外线擦除的 EPROM 技术生产（当时称为 Eraseable PLD，EPLD），现在多数的 CPLD 采用 E^2PROM 编程工艺，也有采用 Flash Memory 编程工艺的。CPLD 通常有多种结构外形，典型的 CPLD 有 44～160 个引脚封装，图 6.3.2 给出了 CPLD 器件的引脚封装图。

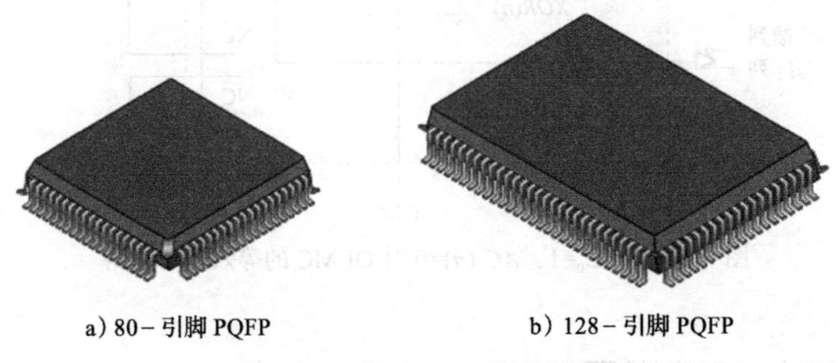

a) 80－引脚 PQFP　　b) 128－引脚 PQFP

图 6.3.2　典型 CPLD 器件封装

下面将简要介绍其内部结构，具体细节建议读者参阅有关器件的数据手册。

1. 逻辑块

逻辑块是 CPLD 的主要组成部分。对于逻辑块，不同厂家使用了不同的名称，如 Altera 公司称之为逻辑阵列块（Logic Array Block，LAB），Xilinx 公司称之为函数块（Function Block，FB），Lattice 公司称之为通用逻辑块（Generic Logic Block，GLB）。每个 CPLD 中有多个逻辑块，每个逻辑块与一个 PAL 的结构类似，它主要由可编程乘积项阵列（即与阵列）、乘积项分配、宏单元三部分组成，其结构示意图如图 6.3.3 所示。

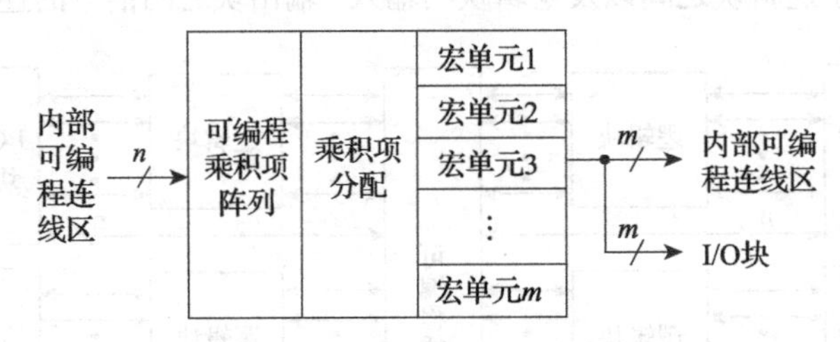

图 6.3.3　逻辑块的结构

宏单元的数目（通常为 4～20 个）是衡量逻辑块大小的一个指标，但逻辑块输入变量数目、乘积项的数目、乘积项的分配表也是重要的指标。对于不同公司、不同型号的 CPLD，逻辑块中乘积项的输入变量个数 n 和宏单元个数 m 不完全相同。例如，Xilinx 公司的 XC9500 系列中，乘积项输入变量有 36 个，每个逻辑块包含 18 个宏单元；Altera 公司的 MAX7000S 系列有 36 个乘积项输入变量，每个逻辑块包含 16 个宏单元。

（1）可编程乘积项阵列

可编程乘积项阵列决定了每个宏单元乘积项的平均数量和每个逻辑块乘积项的最大数

量。如果乘积项阵列有 n 个输入，就可以产生 n 个变量的乘积项。一般一个宏单元包含 5 个乘积项，这样，在逻辑块中共有 $5m$ 个乘积项。例如，XC9500 系列的逻辑块中有 90 个 36 变量乘积项，MAX7000S 系列的逻辑块中有 80 个 36 变量乘积项。

（2）乘积项分配

乘积项分配电路由可编程的数据选择器和数据分配器构成。乘积项阵列中的任何一个乘积项都可以通过乘积项分配电路单独地分配给某一个宏单元或者多个宏单元，从而增强逻辑功能实现的灵活性。在 XC9500 系列 CPLD 中，理论上可以将 90 个乘积项组合到一个宏单元中，产生 90 个乘积项的**与－或**式，但此时其余 17 个宏单元将不能使用乘积项。在 Altera 公司生产的 CPLD 中，还有乘积项共享电路，使得同一个乘积项可以被多个宏单元共同使用。

（3）宏单元

逻辑块中的宏单元与 PAL 中的类似，其中包含一个**或**门、一个触发器和一些可编程的数据选择器及控制门。**或**门用来实现**与－或**阵列的或运算。通过对宏单元编程可将其配置为组合逻辑输出、寄存器输出、清零、置位等。宏单元的输出不仅送至 I/O 单元，还送到内部可编程连线区，以便被其他逻辑块使用。

2. I/O 块

I/O 块是 CPLD 外部封装引脚和内部逻辑间的接口。每个 I/O 块对应一个封装引脚，通过对 I/O 块中的可编程单元进行编程，可将引脚功能定义为输入、输出和双向。CPLD 的 I/O 单元简化原理框图如图 6.3.4 所示。

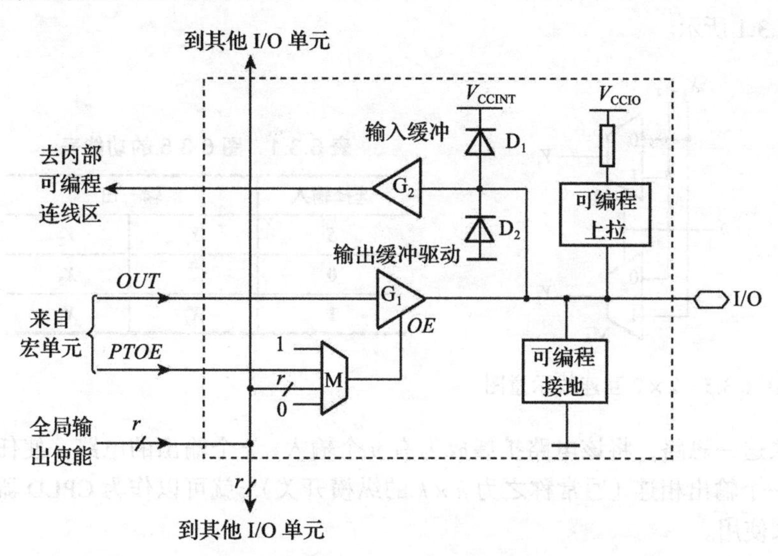

图 6.3.4　I/O 单元的简化结构图

I/O 块中有输入和输出两条信号通路。当 I/O 引脚作输出时，三态输出缓冲器 G_1 的输入信号来自宏单元，其使能控制信号 OE 由可编程数据选择器 M 选择。其中，全局输出使能控制信号有多个，不同型号的器件，其数量也不同（XC9500 系列中 r=4，MAX7000S 系列中 r=6）。当 OE 为低电平时，I/O 引脚可用作输入，引脚上的输入信号经过输入缓冲器 G_2 送至内部可编程连线区。

图 6.3.4 中的 D_1 和 D_2 是钳位二极管，用于 I/O 引脚的保护。另外，通过编程可以使 I/O 引脚接上拉电阻或接地，V_{CCINT} 是器件内部逻辑电路的工作电压（也称为芯核工作电压㊀），V_{CCIO} 是器件 I/O 单元的工作电压，V_{CCIO} 的引入可以使 I/O 引脚兼容多种电源系统。

3. 可编程内部互连线资源

可编程内部连线的作用是实现逻辑块与逻辑块之间、逻辑块与 I/O 块之间以及全局信号到逻辑块和 I/O 块之间信号的连接。在 CPLD 内部实现可编程互连线的方法有两种：一种是基于存储单元控制的 MOS 管来实现可编程连接，另一种是基于多路数据选择器实现互连。

对于器件内部的可编程连线资源，不同厂家使用了不同的名称。例如，Altera 公司的称为可编程连线阵列（Programmable Interconnect Array，PIA），Xilinx 公司的称为开关矩阵（Switch Mattrix），Lattice 公司的称为全局布线区（Global Routing Pool，GRP）。当然，它们之间存在一定的差别，但所承担的任务是相同的。这些连线的编程工作是由开发软件的布线程序自动完成的。

【例 6.3.1】 图 6.3.5 是由数据选择器实现的互连线示意图，试列出电路的功能表，分析电路的工作原理。

解 根据图 6.3.5 可知，数据选择器由输入信号 S 控制，当 S=**0** 时，M_1 选择 X_1 输出，即 $Y_1=X_1$，M_2 选择 X_2 输出，即 $Y_2=X_2$；当 S=**1** 时，M_1 选择 X_2 输出，即 $Y_1=X_2$，M_2 选择 X_1 输出，即 $Y_2=X_1$。可见，电路能把任意一个输入连接到任意一个输出端。由此列出电路的功能表，如表 6.3.1 所示。

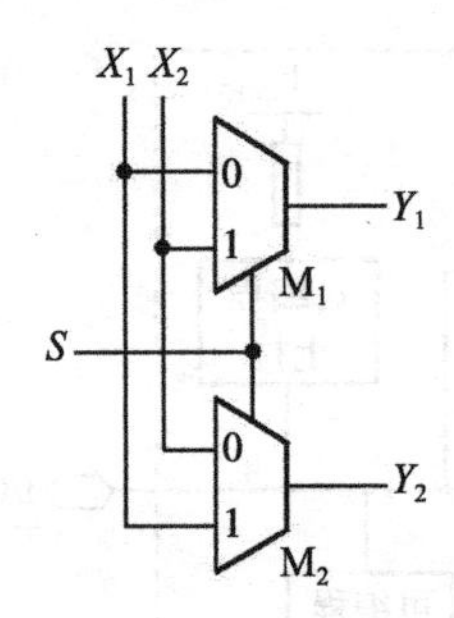

图 6.3.5 2×2 互连线示意图

表 6.3.1 图 6.3.5 的功能表

选择输入	输出	
S	Y_1	Y_2
0	X_1	X_2
1	X_2	X_1

如果按照这一思路，将该电路扩展成为有 n 个输入、k 个输出的电路，使任意一个输入能够与任意一个输出相连（通常称之为 $n \times k$ 的纵横开关），就可以作为 CPLD 器件内部的可编程互连线来使用。

6.3.2 基于查找表的 CPLD 结构

传统 CPLD 将非易失性存储技术用于可编程链接，但是基于查找表㊁（Look-Up Table，

㊀ Core Voltage 的译称。

㊁ LUT 将在下一节介绍。

LUT）的 CPLD 采用了 FPGA 的阵列式排列结构（即数量众多的逻辑块按行和列排成阵列，行和列之间是可编程的内部连线资源），并基于查找表来实现逻辑函数。查找表使用的是 SRAM 工艺技术，该技术具有易失性，当电源关闭时，所有已编程的逻辑都会丢失。因此，为了存储配置信息，芯片内部嵌入了一块非易失的 Flash 存储器，并在加电时在芯片内部自主加载。

实际上，这种查找表 CPLD 是 FPGA 和非易失性存储器相结合的产物（如图 6.3.6 所示），也可以被视为低密度的 FPGA。目前，采用这种结构的 CPLD 器件有 Altera 公司的 MAX II 系列和 MAX10 系列、国内紫光同创的 Compact 系列、安路科技的 ELF 系列等。

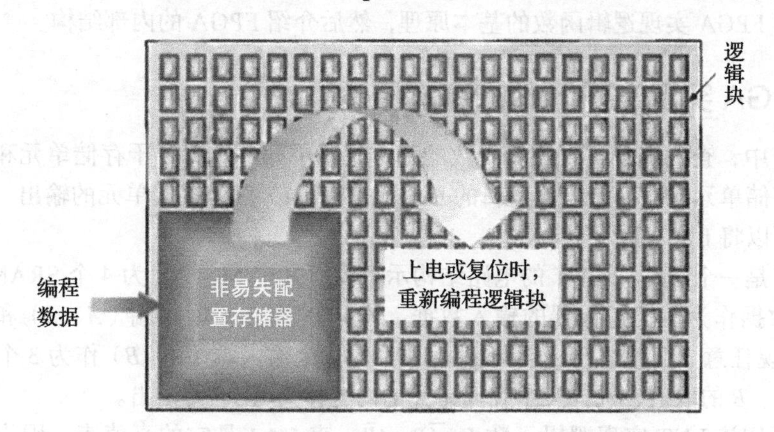

图 6.3.6　带有配置存储器的查找表 CPLD 平面示意图

表 6.3.2 列出了几种典型的 CPLD 产品型号及其参数，供参考。

表 6.3.2　几种典型的 CPLD 产品型号及参数

厂家	系列	型号	逻辑块 / 个	单个逻辑块中宏单元数 / 个	宏单元总数 / 个	逻辑块输入宽度 /bit	最高工作频率 /MHz	工作电压 /V	最大可用引脚数 / 个
Altera	MAX 7000S	EPM7032S	4	16	64	36	175.4	5	68
	MAX 7000A	EPM7128AE	8	16	128	36	192.3	3.3	100
	MAX II	EPM2210G	221	10	1700	26	304	1.8	272
Xilinx	XC9500	XC95144	8	18	144	36	100	5	133
	XC9500XL	XC95144XL	8	18	144	54	200	3.3	117
Lattice	ispMACH4000V	4128V	8	16	128	36	333	3.3	100
	ispLSI 5000VE	5128VE	4	32	128	64	180	3.3	96

6.4　现场可编程门阵列

从 20 世纪 90 年代后期开始，FPGA 的集成度和速度得到了快速提升，特别是在集成度上与 CPLD 拉开了距离，FPGA 成为大规模 PLD 的代表，并成为设计数字电路或系统的首选器件之一。另外，FPGA 的应用领域也从通信、图像处理扩展到了人工智能、大数据分析、机器人等众多领域。

目前，主要有基于CMOS SRAM工艺制造的FPGA和基于反熔丝工艺制造的FPGA两种类型。反熔丝是指介质未编程时开关呈现很高的阻抗，即开关呈现断开状态；当编程电压加在开关上将介质击穿后，其电阻由高变低，开关则呈现导通状态。这与传统的基于金属熔丝技术（平时连通，加电可以使其熔断）的PAL/PROM正好相反，反熔丝需要的面积很小。基于反熔丝技术的FPGA只能编程一次，这类FPGA主要用于定型产品和大批量生产的情况。而基于SRAM技术的FPGA可以进行无限次编程，这里我们主要介绍基于SRAM技术的FPGA。

首先介绍FPGA实现逻辑函数的基本原理，然后介绍FPGA的内部结构。

6.4.1 FPGA实现逻辑函数的基本原理

在FPGA中，查找表是实现逻辑函数的基本逻辑单元，它由若干存储单元和数据选择器构成。每个存储单元能够存储二值逻辑的一个值（**0**或**1**）作为存储单元的输出。根据输入变量的数目，可以将LUT分成不同大小。

图6.4.1a是一个两输入LUT的电路结构示意图，其中M_0～M_3为4个SRAM存储单元，它们存储的数据作为数据选择器的输入数据。该LUT有2个输入端（A、B）和1个输出端（L），可以实现任意2变量组合逻辑函数。LUT的2个输入端（A、B）作为3个选择器的控制端，根据A、B的取值，选择一个存储单元的内容作为LUT的输出。

例如，要用该LUT实现逻辑函数$L=\overline{A}B+A\overline{B}$，表6.4.1是它的真值表。因为2个变量的真值表有4行，所以这个LUT的每一个存储单元对应真值表中一行的输出值，将逻辑函数L的**0**、**1**值按由上到下的顺序分别存入4个SRAM单元中，得到图6.4.1b。当A=B=**0**时，LUT的输出值就是最上面的那个存储单元的内容；当A=B=**1**时，LUT的输出值就是最下面的那个存储单元的内容。同理，可以得到A、B为其他两种取值情况的输出。由此看出，只要改变SRAM单元M_0～M_3中的数据，就可以实现不同的逻辑函数，这就是FPGA可编程特性的具体体现。

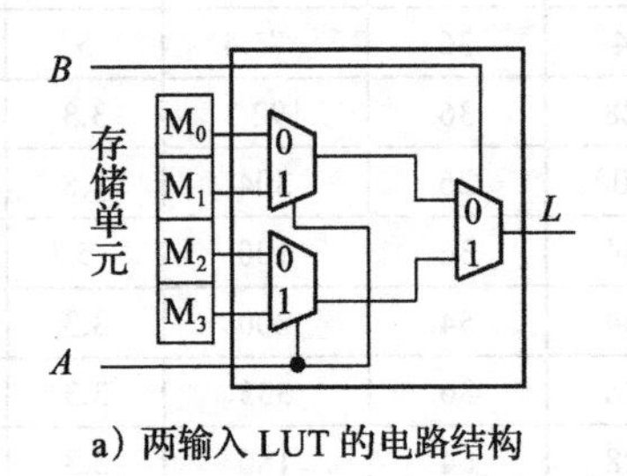

a）两输入LUT的电路结构

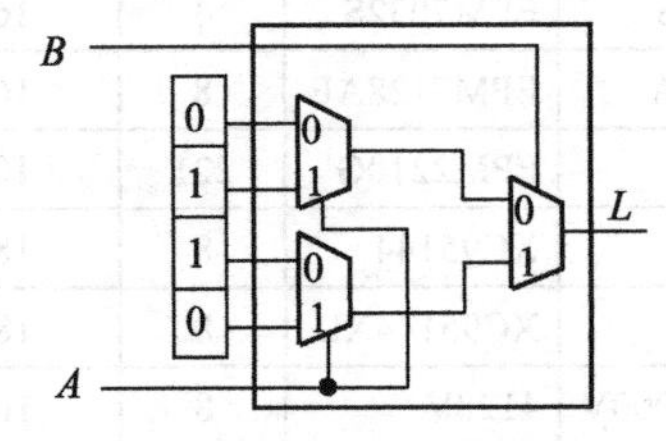

b）将逻辑函数的0、1值由上到下放入4个SRAM

图6.4.1 两输入查找表

可见，LUT的基本思想就是将函数所有输入组合对应的输出值存储在一个表中，然后使用输入变量的当前取值索引该表，查找其对应的输出。查找表的一个重要特征是只要改变存储在查找表中的函数值，就能改变函数的功能，而不需要改变任何连线。所以，

表6.4.1 异或逻辑真值表

B	*A*	*L*
0	**0**	**0**
0	**1**	**1**
1	**0**	**1**
1	**1**	**0**

LUT 相当于以真值表的形式实现给定的逻辑函数。

在 FPGA 中实现该逻辑函数时需要完成以下编程任务：①将 FPGA 的 I/O 引脚上的输入变量 A 和 B 通过可编程连线资源连接到数据选择器的控制端；②将真值表中 L 的函数值写入 LUT 中对应的 SRAM 单元；③将 LUT 的输出 L 通过可编程连线资源连接到 FPGA 的 I/O 引脚上，作为逻辑函数 L 的输出。

用一个小规模的 FPGA 实现逻辑函数 $F=F_1+F_2=AB+\overline{B}C$，该逻辑函数的真值表如表 6.4.2 所示。编程后 FPGA 中一部分逻辑块和连线资源的编程状态如图 6.4.2 所示。符号 × 表示纵横线交叉点上的可编程开关接通。连线资源将 I/O 引脚上的输入 A、B、C 和输出 F 连接到内部逻辑电路中，而内部逻辑块之间也通过连线资源实现连接。图中上方两个逻辑块被编程实现逻辑函数 $F_1=AB$ 和 $F_2=\overline{B}C$，右下角的逻辑块实现 $F=F_1+F_2$。逻辑块中的 0、1 值表示 LUT 中 SRAM 单元的编程数据，也就是表 6.4.2 中 F_1、F_2 和 F 的值。

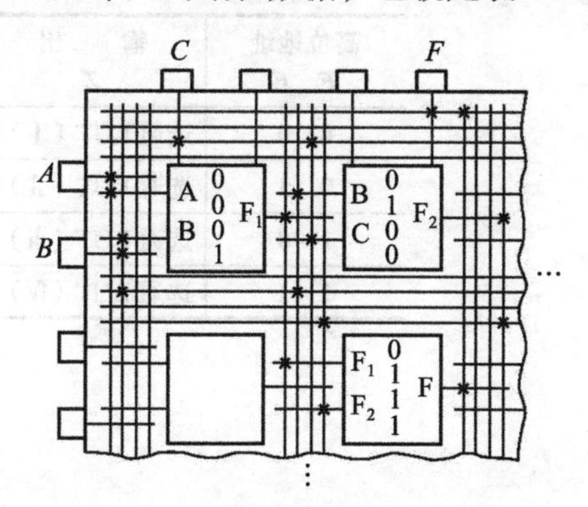

图 6.4.2　已被编程的 FPGA 的一部分

表 6.4.2　逻辑函数真值表

A B	F_1
0 0	0
0 1	0
1 0	0
1 1	1

B C	F_2
0 0	0
0 1	1
1 0	0
1 1	0

F_1 F_2	F
0 0	0
0 1	1
1 0	1
1 1	1

图 6.4.3 是一个 3 输入 LUT 的结构示意图。由于 3 输入变量的真值表有 8 行，因此 LUT 中有 8 个存储单元。当 A、B、C 取不同值时，相当于输入一个地址，找出地址对应的 M_0～M_7 内容输出，查找表（LUT）因此得名。

目前商用 FPGA 芯片中大多数使用 4 个输入、1 个输出的 LUT，每个 LUT 中有 16 个存储单元，所以每个 LUT 可以被看作一个有 4 根地址输入线的 16×1 位的 SRAM，如图 6.4.4 所示。

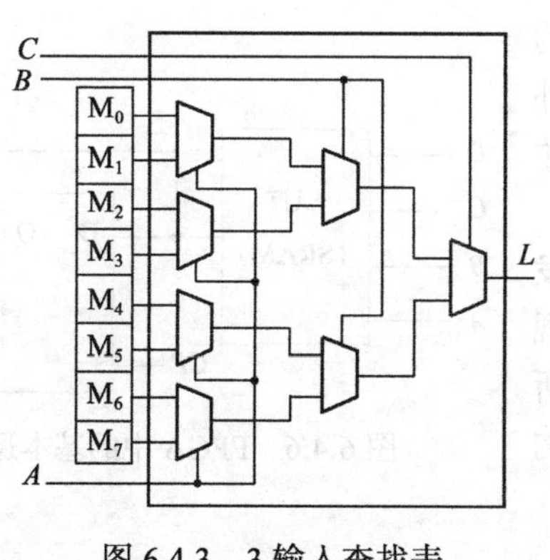

图 6.4.3　3 输入查找表

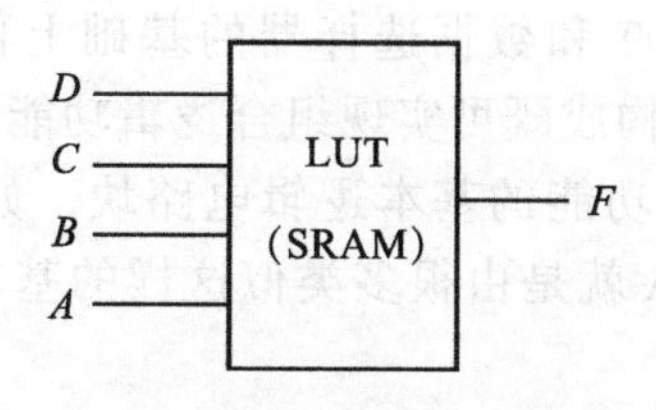

图 6.4.4　4 输入 LUT

因为一般的LUT为4输入结构，所以当要实现多于4变量的逻辑函数时，就需要用多个LUT级联来实现。一般FPGA中的LUT是通过数据选择器完成级联的。图6.4.5是由4个LUT和若干个二选一数据选择器实现6变量任意逻辑函数的原理图。该电路实际上将4个16×1位的LUT扩展成为64×1位的LUT。F、E相当于6位地址的最高2位，它们取不同值时，输出与LUT的关系如表6.4.3所示。

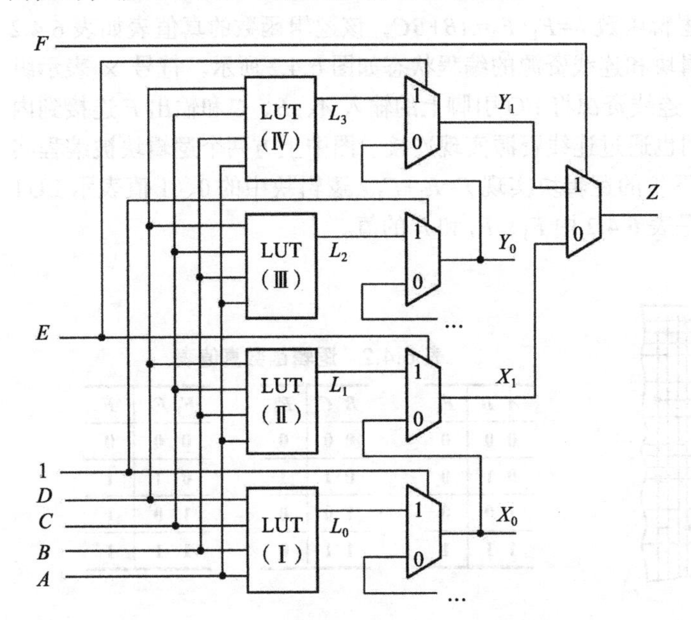

图6.4.5 LUT通过级联实现6变量逻辑函数

表6.4.3 字扩展关系

高位地址 F E	输 出 Z
0 0	选通LUT（Ⅰ）
0 1	选通LUT（Ⅱ）
1 0	选通LUT（Ⅲ）
1 1	选通LUT（Ⅳ）

综上所述，要用FPGA实现一个逻辑电路，必须将该电路划分成一个个逻辑小块，以便用单个逻辑块实现。实际上，EDA软件可以将用户逻辑自动转换成FPGA所需要的形式。当用户通过原理图或HDL语言描述了一个逻辑电路以后，FPGA开发软件会自动计算逻辑电路的所有可能的结果（真值表），并把结果写入SRAM，这一过程就是所谓的配置（或称为编程）。此后，SRAM中的内容始终保持不变，LUT就具有了确定的逻辑功能。由于SRAM具有数据易失性，一旦失去电源供电，所存储的数据将立即丢失，FPGA原有的逻辑功能将消失，因此使用FPGA时，需要一个外部的E^2PROM保存编程数据。上电后，FPGA首先从外部E^2PROM中读入编程数据进行初始化，然后才开始正常工作。

在LUT和数据选择器的基础上再增加触发器，便可构成既可实现组合逻辑功能，又可实现时序逻辑功能的基本逻辑电路块，如图6.4.6所示。FPGA就是由很多类似这样的基本逻辑块构成的。

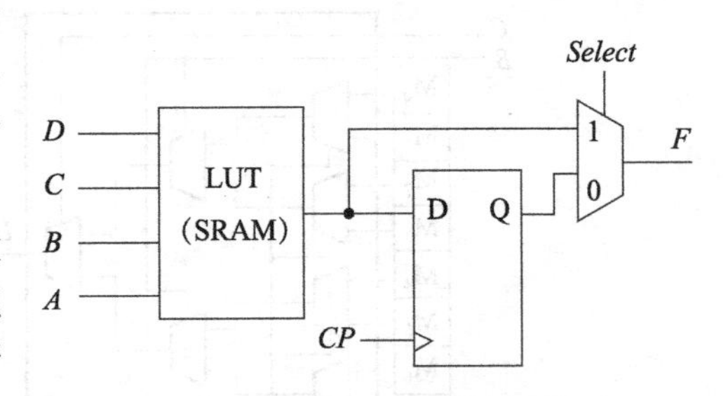

图6.4.6 FPGA中的基本逻辑块

6.4.2　FPGA 的一般结构

FPGA 的内部结构在形式上与掩膜门阵列类似，但实际上它不是一种门阵列，而是将逻辑块按行、列排列成阵列的形式，因此，FPGA 又被称为逻辑单元阵列（Logic Cell Array，LCA）。图 6.4.7 是 FPGA 的一般结构示意图。

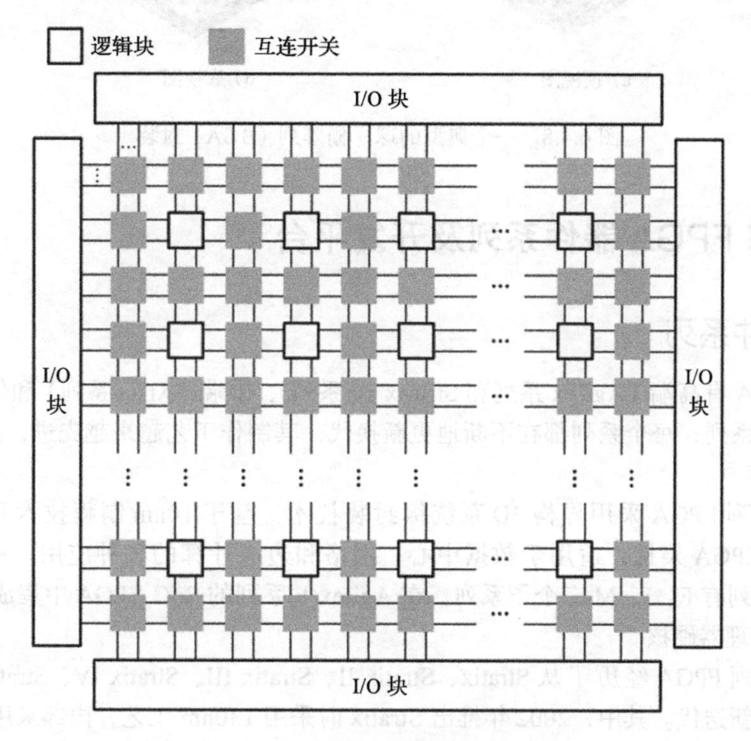

图 6.4.7　FPGA 一般结构示意图

从图中可以看出，FPGA 由 3 个主要部分构成：①排列成阵列的可配置的逻辑块；②四周为可编程的输入 / 输出块 IOB（I/O Block）；③可编程布线资源。可配置的逻辑块有规则地分布于整个芯片中，是实现各种逻辑功能的基本单元，包括组合逻辑、时序逻辑、加法器等运算功能；IOB 是芯片外部引脚与内部电路进行数据交换的接口电路，通过编程可将 I/O 引脚设置成输入、输出和双向等不同的功能；布线资源位于逻辑块与逻辑块之间的区域，包括金属导线和一些可编程的连接开关，通过对布线资源的编程实现逻辑块与逻辑块、逻辑块和 I/O 块之间的信号连接。

不同公司生产的 FPGA，其逻辑块的规模、内部连线结构和采用的可编程连接开关存在较大的差异，大型 FPGA 内部有成千上万个逻辑块。详细的内部结构可以参见厂家提供的数据手册，这里不再做详细介绍。

一个典型的 FPGA 球 – 栅阵列（Ball-Grid Array，BGA）封装如图 6.4.8 所示，这种类型的封装器件引脚数非常多（有超过 1000 个 I/O 引脚的器件）。

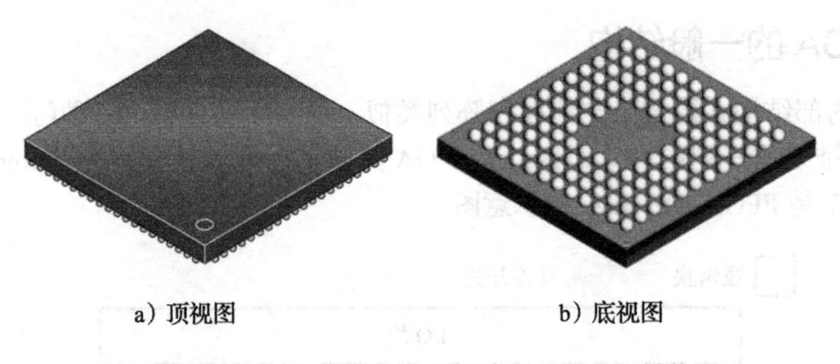

图 6.4.8 一个典型的球－栅阵列（BGA）封装

6.5 Intel FPGA 器件系列及开发平台

6.5.1 器件系列

Intel FPGA 有高端（Agilex 系列和 Stratix 10 系列）、中端（Arria 系列）和低端（Cyclone 系列）等不同系列，每个系列都在不断地更新换代，其制作工艺越来越先进，产品性能也在不断提升。

Agilex 系列 FPGA 采用异构 3D 系统级封装技术，基于 10nm 制程技术和第二代英特尔 Hyperflex FPGA 架构，适用于数据中心、网络和边缘计算的各种应用。针对不同的应用，Agilex 系列有 F、I、M 三个子系列。在 Agilex F 系列的 SoC FPGA 中集成了四核 ARM Cortex-A53 处理器硬核。

Stratix 系列 FPGA 经历了从 Stratix、Stratix II、Stratix III、Stratix IV、Stratix V 到 Stratix 10，共 6 代更新迭代。其中，2002 年推出 Stratix 时采用 130nm 工艺，内部采用 Direct Drive 技术和快速连续互联（MultiTrack）技术。Direct Drive 技术保证片内所有的函数可以直接连接同一布线资源，MultiTrack 技术可以根据走线的不同长度进行优化，改善内部模块之间的连线。Stratix II 器件采用 1.2V、90nm 工艺制作，Stratix III 器件采用 65nm 工艺制作，Stratix IV 采用 40nm 工艺制作，Stratix V 采用台积电（TSMC）28nm 工艺制作，器件的性能和集成度稳步提高。Stratix V 在 100GB 以太网显卡、军用雷达、RF 卡与通道卡等方面有大量应用。2013 年推出的 Stratix 10 系列采用了 Intel 14nm 生产工艺和 Hyperflex FPGA 架构，FPGA 产品性能得到进一步提升。

Stratix 10 系列 FPGA 又分为 GX、SX、TX 等不同的子系列，GX 系列专为满足高吞吐量系统的要求而设计，可提供高达 10 万亿次的浮点运算性能，其收发器在芯片模块应用、芯片到芯片应用和背板应用中可支持高达 28.3Gbps 的速度。SX 系列为 SoC FPGA，器件内部集成了 Stratix 10 GX 和 64 位 4 核 ARM Cortex-A53 处理器硬核。TX 系列内部集成有 H-tile 和 E-tile 收发器。

Intel 将 Arria FPGA 定义为中端系列产品，2007 年推出采用 90nm 工艺制作的 Arria GX 系列，收发器速率为 3.125Gbps，支持 PCIe、以太网、Serial RapidIO 等多种协议。后来，基于 40nm 工艺制作了 Arria II 系列，基于 28nm 工艺制作了 Arria V 系列，2013 年采用 20nm

工艺制作了 Arria 10 系列。该系列产品拥有丰富的内存、逻辑和数字信号处理（DSP）模块。

Cyclone 系列 FPGA 旨在满足低功耗、低成本设计需求。该系列有 6 代产品，分别是 Cyclone、Cyclone II～Cyclone V、Cyclone 10。每一代 Cyclone FPGA 都以提高集成度、提升性能、降低功耗为目标。Cyclone 10 采用 20nm 工艺制作，适合智能互联系统的高带宽、低成本应用，例如机器视觉、视频连接和智能视觉相机。

6.5.2　FPGA 开发板简介

友晶科技公司[⊖]专门为 Intel FPGA 生产教学和科研用的开发板，例如，DE2、DE2-115、DE0、DE0-Nano、DE1-SoC、DE10-SoC 等开发板深受用户好评。这些开发板包含性价比高的 FPGA 器件和丰富的外围硬件资源，用户利用开发板可以快速验证其设计。这里对 DE2-115 和 DE1-SoC 进行一些简要介绍，更详细的情况可以查看开发板用户手册。

1. DE2-115 开发板简介

DE2-115 是基于 Intel 的 Cyclone® IV E 系列 FPGA 器件（EP4CE115F29C7）的开发板，它有按钮、拨动开关、七段数码显示器、液晶显示模块、VGA 接口等外围资源，如图 6.5.1 所示。用户可以通过配置 FPGA 器件来实现多种功能的数字系统，为用户的设计验证提供了便利。

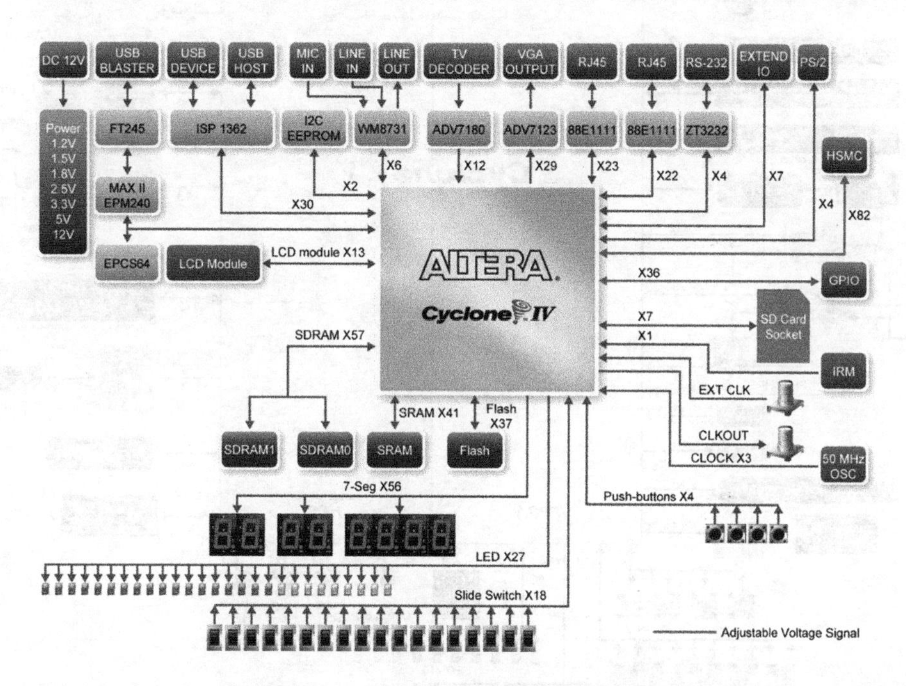

图 6.5.1　DE2-115 开发板硬件外设框图

EP4CE115 器件中有四输入查找表（LUT）构成的逻辑单元（LE）、存储器模块以及乘法器等资源。具体情况如下：

⊖ 主页为 www.terasic.com.cn。

- 逻辑资源 114 480 个 LE。
- 3888Kb 嵌入式存储器。
- 266 个嵌入式 18 × 18 乘法器。
- 4 个通用的 PLL，20 个全局时钟网络。
- 528 个通用 I/O 引脚。
- I/O 电平标准支持 1.2V、1.5V、1.8V、2.5V 和 3.3V。
- 432 个 M9K 存储模块。
- 230 个 LVDS 通道。

2. DE1-SoC 开发板

DE1-SoC 是基于 Intel 的 Cyclone V SoC FPGA 器件（5CSEMA5F31C6）的开发板。它有较为丰富的外设（如图 6.5.2 所示），所有外设都与 5CSEMA5F31C6 器件相连接，用户可以通过配置 FPGA 以及 ARM 嵌入式设计来实现各种系统设计，为用户的设计验证提供了便利。

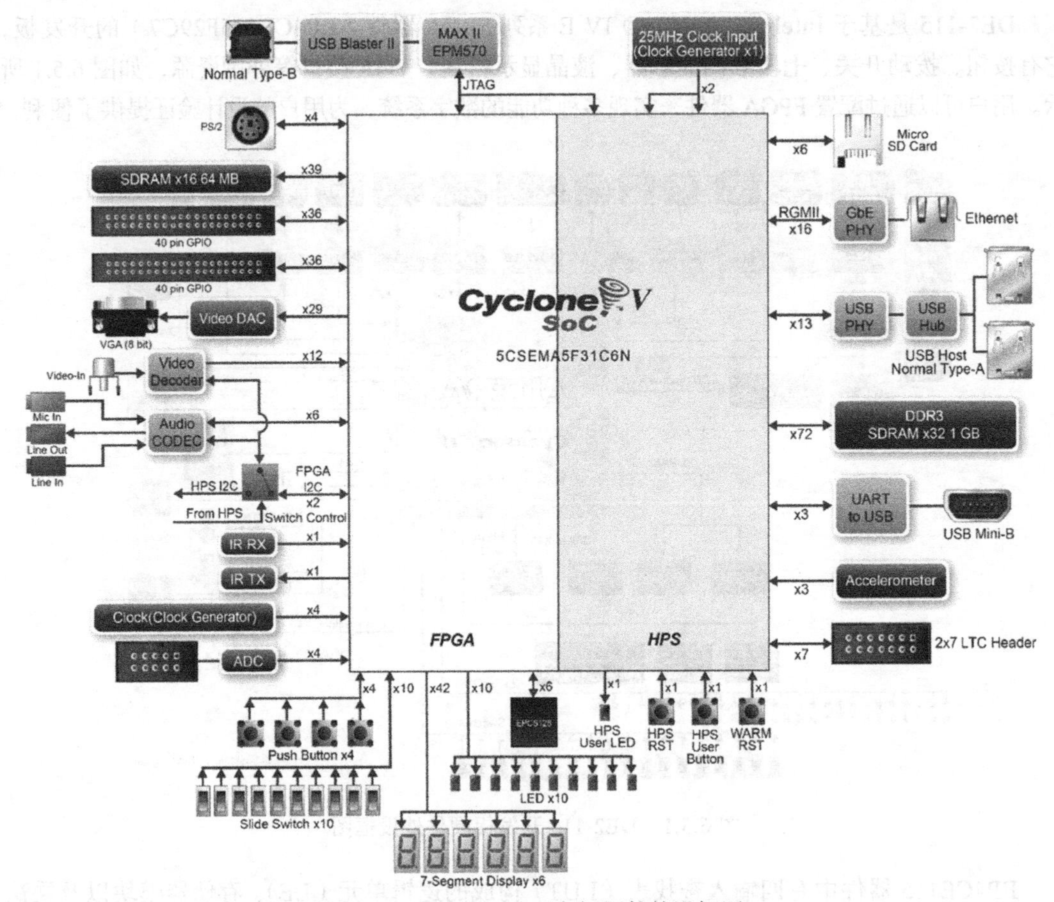

图 6.5.2 DE1-SOC 开发板硬件外设框图

5CSEMA5F31C6 器件包含硬核处理器子系统（Hard Processor System，HPS）和 FPGA 子系统。HPS 子系统包含 ARM Cortex-A9 双核微处理器单元、闪存控制器、一个 SDRAM

控制器子系统、片上存储器、支持外设、接口外设、调试功能和 PLL。FPGA 子系统包含 FPGA 架构、一个控制模块（CB）、锁相环（PLL）和硬核存储控制器。

5CSEMA5 器件拥有如下资源：

- 85K 逻辑资源（LE）。
- 32 075 个自适应逻辑模块（ALM）。
- 128 300 个寄存器。
- 397 个 M10K 存储器模块。
- 嵌入式存储单元 M10K 的容量有 3970Kb，MLAB 的容量有 480Kb。
- 87 个可变精度 DSP 模块。
- 174 个 18×18 乘法器。
- 6 个 FPGA PLL，3 个 HPS PLL。
- 288 个 FPGA GPIO 和 181 个 HPS I/O。
- I/O 电平标准支持 1.1V、1.2V、1.5V、1.8V、2.5V、3.3V。
- LVDS 发送和接收通道各 2 个。
- FPGA 端硬件存储控制器 1 个，HPS 端硬件存储控制器 1 个。
- 双核 Arm Cortex-A9 MPCore 处理器。
- 最大 CPU 时钟频率 925MHz。
- 16 个全局时钟网络。

小　　结

- 早期的 SPLD 器件均采用**与** - **或**阵列的基本结构形式。
- 传统的 CPLD 是在 PAL 的基础上发展起来的复杂可编程逻辑器件，其电路结构的核心是**与** - **或**阵列和触发器，且具有在系统编程的特性。
- 传统的 CPLD 器件通常采用 CMOS E^2PROM 工艺制造，对器件编程后，即使切断电源，其逻辑也不会消失。部分 CPLD 内部还集成了 E^2PROM、FIFO 或双口 RAM，以适应不同功能的数字系统设计。
- 基于查找表的 CPLD 是将 FPGA 和非易失性存储器相结合的产物。它使用 LUT 实现逻辑函数，但在芯片内部嵌入了一块非易失性的 Flash 存储器来存储编程数据，在芯片加电时会自动配置器件。
- FPGA 是目前规模最大、密度最高的可编程逻辑器件，它是基于查找表（LUT）实现逻辑函数的。尽管单个 LUT 比 CPLD 中基于“**与** - **或**”结构的逻辑块要小，功能要弱，但是 FPGA 芯片所包含 LUT 的数目众多，因此可以实现规模更大、逻辑更复杂的数字电路。
- 目前大部分 FPGA 的 LUT 由数据选择器和 SRAM 构成，其编程次数不受限制。但断电时，SRAM 中存储的数据会丢失，原有的逻辑功能将消失。所以使用 FPGA 时，需要一个外部的 PROM 保存编程数据。上电后，FPGA 首先从 PROM 中读入编程数据进行初始化，然后才开始正常工作。

习　题

6.1　选择填空。

1. 在 SPLD 的结构图中，在阵列横线与竖线的交叉点上画“×”，表示横线与竖线是________。

   a. 断开的　　b. 编程连通的　　c. 悬空的　　d. 固定连通的

2. PLA 是指________。

   a. 可编程逻辑阵列　　b. 通用逻辑阵列　　c. 只读存储器　　d. 随机读取存储器

3. FPGA 是指________。

   a. 可编程逻辑阵列　　b. 现场可编程门阵列　　c. 只读存储器　　d. 随机读取存储器

4. PAL 具有固定连接的________阵列和可编程的________阵列。

   a. 与，或　　b. 或，与　　c. 与，与　　d. 或，或

5. GAL 的与阵列________，或阵列________。

   a. 固定，可编程　　b. 可编程，固定　　c. 可编程，可编程　　d. 固定，固定

6.2　判断正误，正确打√，错误打 ×。

(　　) 1. FPGA 是一种可编程的大规模集成电路。

(　　) 2. CPLD 和 FPGA 实现逻辑函数的原理是相同的。

(　　) 3. 可编程逻辑器件都是基于 E^2PROM 技术制造的。

(　　) 4. GAL 器件是用电可擦除工艺制造的，具有 CMOS 的低功耗特性。

(　　) 5. GAL 器件具有输出逻辑宏单元，使用户能够按需要对输出进行组态。

(　　) 6. CPLD 器件主要由可编程的逻辑块、输入 / 输出块和可编程的内部互连线资源三部分组成。

6.3　什么是在系统可编程技术？

6.4　试分析图题 6.4 的逻辑电路，写出输出逻辑函数表达式。

6.5　试在图题 6.5 所示 PLA 的结构图中，根据下列表达式，画出对与 − 或逻辑阵列编程后的逻辑图：

$$L_1 = A\overline{B} + \overline{A}\,\overline{C} + \overline{A}BC$$

$$L_2 = \overline{AC + AB + BC}$$

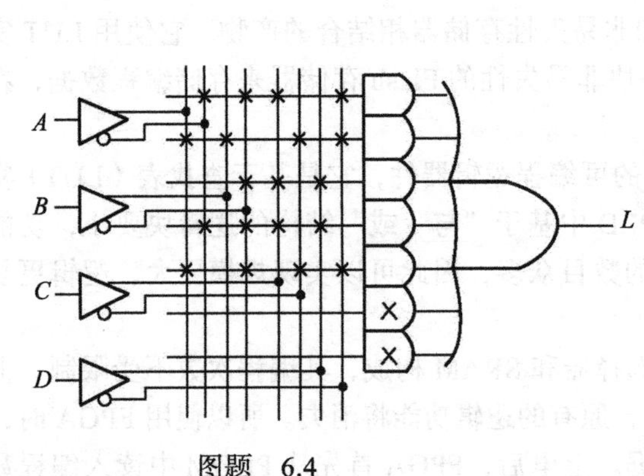

图题　6.4

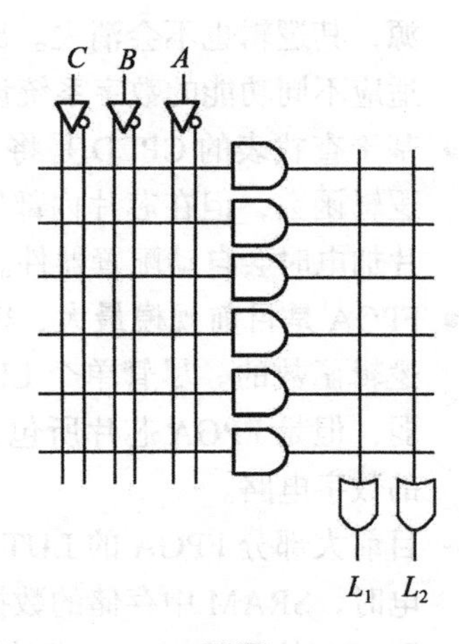

图题　6.5

6.6 试在图题 6.6 所示 PLA 的结构图中画出下列两个逻辑函数编程后的逻辑图。要求对函数式进行化简，使乘积项的数量最少。

$$L_0(A,B,C)=\sum m(0,1,2,4,6)$$
$$L_1(A,B,C)=\sum m(0,1,3,5,7)$$

6.7 简述 CPLD 的基本组成，说明各部分的主要功能。

6.8 LUT 实现各种组合逻辑函数的原理是什么？

6.9 FPGA 在结构上由哪几个部分组成？各部分的主要功能是什么？

6.10 图题 6.10 是两输入 LUT 示意图，当存储单元的内容如图所示配置时，写出 L 的逻辑表达式，说明它所完成的逻辑功能。

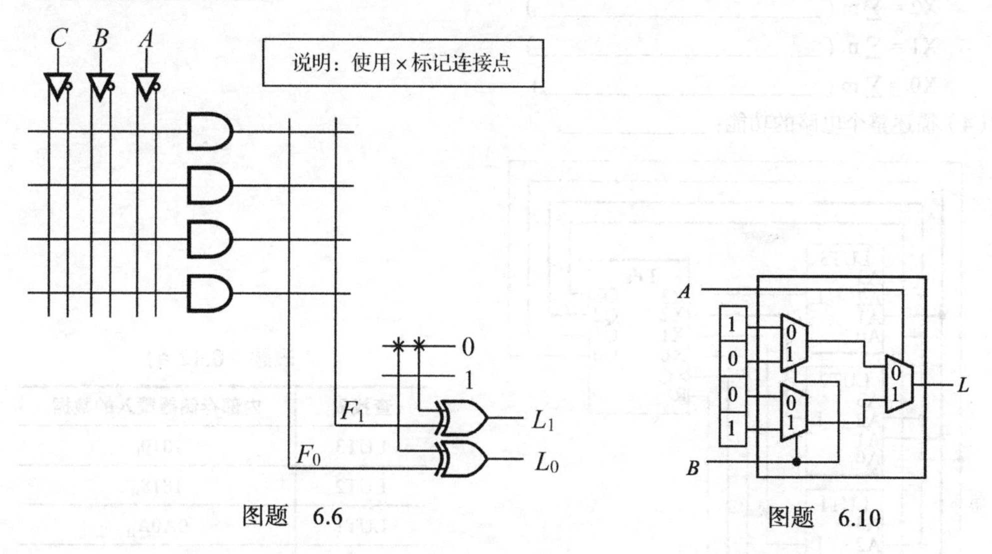

图题　6.6　　　　图题　6.10

6.11 电路如图题 6.11 所示，LUT 的内容如表题 6.11 所示，试写出 Y 的逻辑函数表达式。

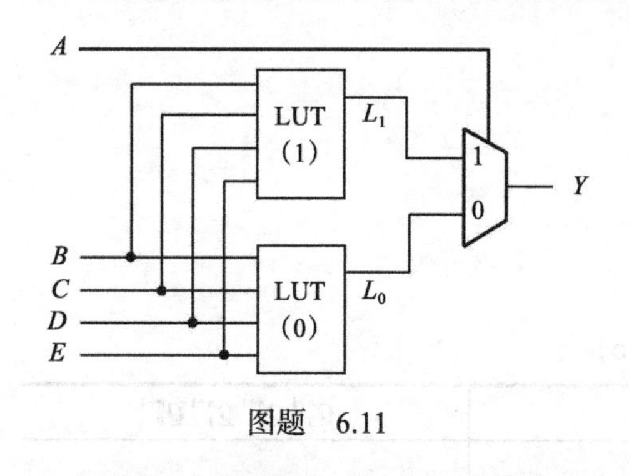

图题　6.11

表题　6.11

BCDE	L_1 L_0	BCDE	L_1 L_0
0000	0 1	1000	0 1
0001	0 0	1001	1 0
0010	1 0	1010	0 0
0011	0 0	1011	0 1
0100	1 0	1100	0 1
0101	0 0	1101	1 0
0110	0 1	1110	1 0
0111	0 1	1111	0 1

6.12 逻辑电路如图题 6.12 所示，分析其功能并填空。其中，LUT0～LUT3 是 4 个四输入端的查找表，每个查找表由 16×1 位的 SRAM 存储器和数据选择器构成，A3 为存储器地址最高位，A0 为存储器地址最低位；上电后，SRAM 载入的数据分别如表题 6.12 所示，存储器中的数据用十六进制表示，并按照从高地址到低地址的顺序进行排列（例如，LUT3 最高 4 个地址中存储的 1 位数据依次为 0、0、0、1）。

FFs 模块的 Verilog 描述如下所示：

```
module FFs(output reg[3:0] Q, input[3:0] X, input CP, CR);
    always @(posedge CP, posedge CR)
        if (CR) Q = 4'h0;
            else Q = Q^X;
endmodule
```

（1）FFs 模块的功能是____________。

（2）填写表题 6.12 中同步触发器电路现态、激励和次态表格中的空格。

（3）写出 FFs 模块输入信号的最小项表达式：

X3 = ∑m (________________________)

X2 = ∑m (________________________)

X1 = ∑m (________________________)

X0 = ∑m (________________________)

（4）描述整个电路的功能：____________。

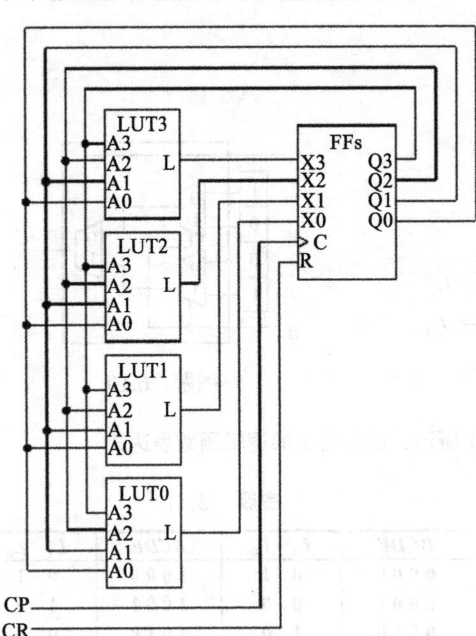

图题　6.12

表题　6.12 a）

查找表	内部存储器载入的数据
LUT3	1010_H
LUT2	1818_H
LUT1	$0A0A_H$
LUT0	$0F0F_H$

表题　6.12 b）

$Q_3^n Q_2^n Q_1^n Q_0^n$	$X_3 X_2 X_1 X_0$	$Q_3^{n+1} Q_2^{n+1} Q_1^{n+1} Q_0^{n+1}$
0 0 0 0		
0 0 0 1		
0 0 1 0		
0 0 1 1		
0 1 0 0		

（续）

$Q_3^n Q_2^n Q_1^n Q_0^n$	$X_3 X_2 X_1 X_0$	$Q_3^{n+1} Q_2^{n+1} Q_1^{n+1} Q_0^{n+1}$
0 1 0 1		
0 1 1 0		
0 1 1 1		
1 0 0 0		
1 0 0 1		
1 0 1 0		
1 0 1 1		
1 1 0 0		
1 1 0 1		
1 1 1 0		
1 1 1 1		

第二篇

数字系统设计实践

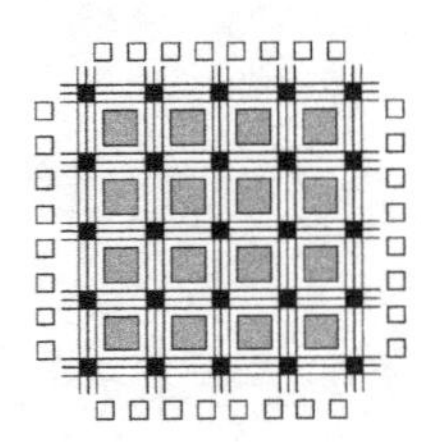

第 7 章 FPGA 开发工具的使用

本章目的

学习使用一种 FPGA 的开发工具，并完成一些逻辑电路实验。主要内容包括：

- 解释 Quartus Prime 软件的设计流程及用于设计开发的各种方式。
- 说明在 Quartus Prime 软件中调用 ModelSim 软件进行仿真的方法。
- 介绍 Quartus Prime 软件中宏模块的使用方法。
- 说明嵌入式逻辑分析仪 Signal Tap 的使用方法。

Quartus Prime 软件是由 Intel 公司开发的一个 EDA 工具，它集成了设计输入、逻辑综合、布局布线、器件编程、时序分析等开发 FPGA 和 CPLD 器件所需的多个软件工具。

随着 FPGA 器件集成度的提高以及器件结构和性能的改进，各公司的开发软件也在持续改进和更新之中。目前，Quartus Prime（简称 Quartus）软件[⊖]提供 3 个版本，即专业版、标准版和精简版，并以当年年号的后两位数字作为软件的主版本号（例如，2017 年推出的软件为 Quartus Prime 17.0），软件的次版本号从 0 开始顺序编号。这些版本之间的主要差别是支持的器件不同。精简版软件不需要许可授权文件，免费使用，但支持的器件不太多，是初学者的理想选择。

本书使用 2018 年推出的 Quartus Prime 18.1 精简版，安装运行在 Windows 10（64 位）操作系统的计算机上。

7.1 Quartus Prime 软件概述

7.1.1 软件的安装与设置

准备好安装文件，图 7.1.1 列出了 Lite（精简）版的所有安装文件。Quartus 软件从 10.0 版本开始，软件与器件库是分别安装的，可以根据自己实验板上的 FPGA 器件选择一个或者几个器件库文件，不必安装所有器件库，以便节省磁盘空间。如果安装下列全部文件，占用的硬盘空间大约为 15 GB。

安装时，将所有需要安装的文件放在一个子目录下面，并关闭防火墙软件。

⊖ 官方下载地址为 https://www.intel.cn/content/www/cn/zh/software/programmable/quartus-prime/overview.html。

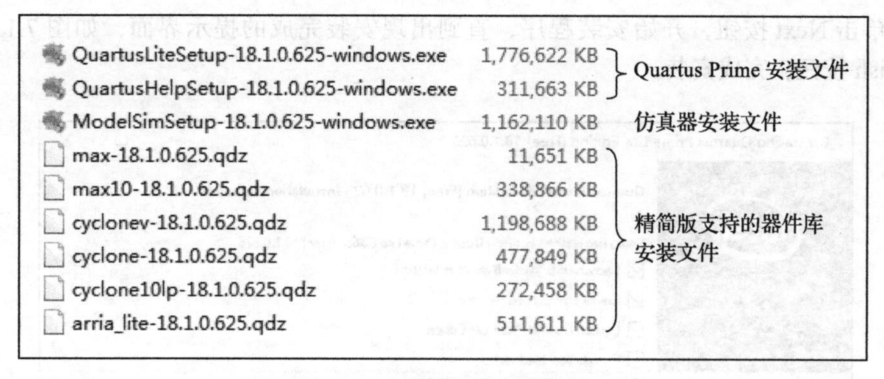

图 7.1.1　精简版的安装文件

注意　安装的路径不能出现中文及中文字符。

安装步骤如下：

1）双击 QuartusLiteSetup-18.1.0.625-windows.exe，弹出安装向导界面，单击 Next 按钮，将出现 License Agreement 界面，选择 I accept the agreement，再次单击 Next 按钮，设置好程序的安装路径（例如 D:\intelFPGA_lite\18.1）。

2）单击 Next 按钮，选择器件系列（实际上，安装程序会自动检测到当前安装目录中已存在的器件文件）和 EDA 工具，如图 7.1.2 所示。

如果 Quartus Prime 软件安装完后，需要增加其他不同的器件，可在官网下载器件库。然后打开 Quartus Prime 软件，执行主菜单 Tools → Install devices 命令，并指定存放器件库文件（.qdz）的目录，进行器件安装。

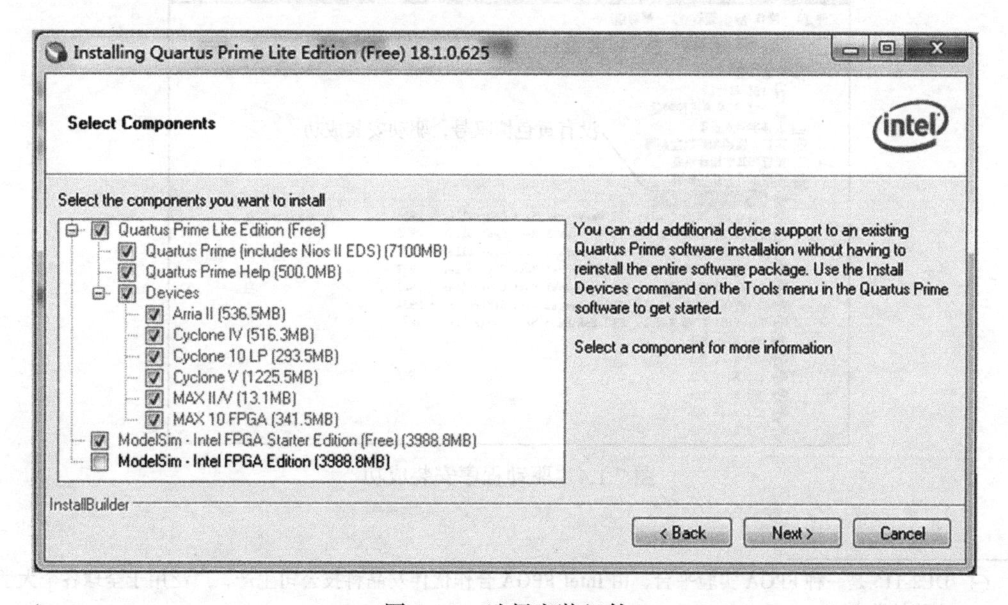

图 7.1.2　选择安装组件

3）单击 Next 按钮，开始安装程序，直到出现安装完成的提示界面，如图 7.1.3 所示。单击 Finish 按钮，完成安装。

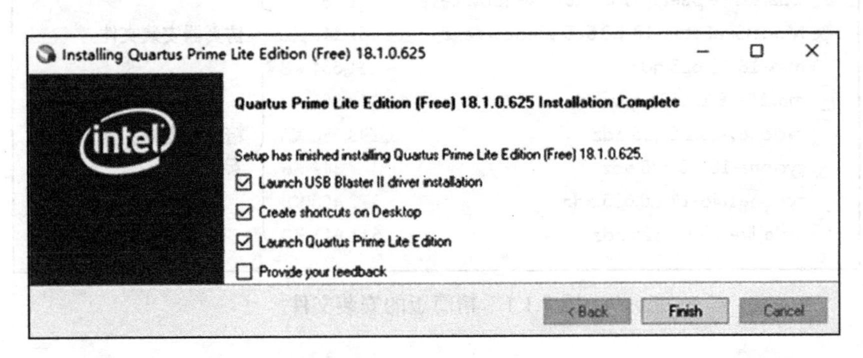

图 7.1.3　安装完成界面

4）安装 USB-Blaster 驱动程序。

在图 7.1.3 中，默认勾选第 1 项 Launch USB Blaster II driver installation（启动 USB Blaster II 驱动程序的安装），按照提示直接完成驱动程序的安装。

如果第一次没有安装驱动程序，在用 USB 连接线连接实验板（例如，DE2-115[⊖]）和计算机 USB 接口时，计算机系统会弹出安装驱动程序窗口，选择“从列表或指定位置安装”，并选择驱动程序所在的子目录（位于 Quartus Prime 安装目录下，例如，D:\ intelFPGA_lite\18.1\quartus\drivers\usb-blaster），完成硬件驱动程序的安装。

然后，右击桌面上“此电脑”，选择“属性”，在“设备管理器”窗口中展开“通用串行总线控制器”栏，查看安装是否成功，如图 7.1.4 所示（开发板与计算机 USB 连接，并接通电源）。

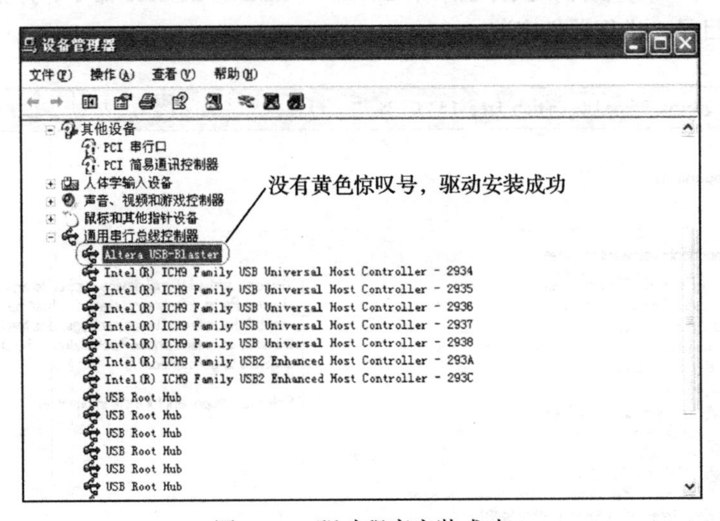

图 7.1.4　驱动程序安装成功

⊖ DE2-115 是一种 FPGA 实验平台，由 Intel FPGA 合作伙伴友晶科技公司生产，广泛用于全球各个大学的实验教学中。

5）启动 Quartus Prime 18.1 软件，完成仿真软件的设置。

单击桌面左下角的“开始”菜单，再单击 Intel FPGA 18.1.0.625 Lite Edition 子目录中程序 Quartus Prime 18.1，启动运行后，出现主界面。

在主菜单中，单击 Tools → Options，出现如图 7.1.5 所示界面，单击左侧 EDA Tool Options，在右侧最后一栏（ModelSim-Altera）右侧栏内填写仿真软件的安装路径，可以单击最右侧图标“…”，找到该安装路径并确定。如果购买了授权许可文件（license.dat），选择 Tools → License Setup，在弹出的窗口中指定其路径。

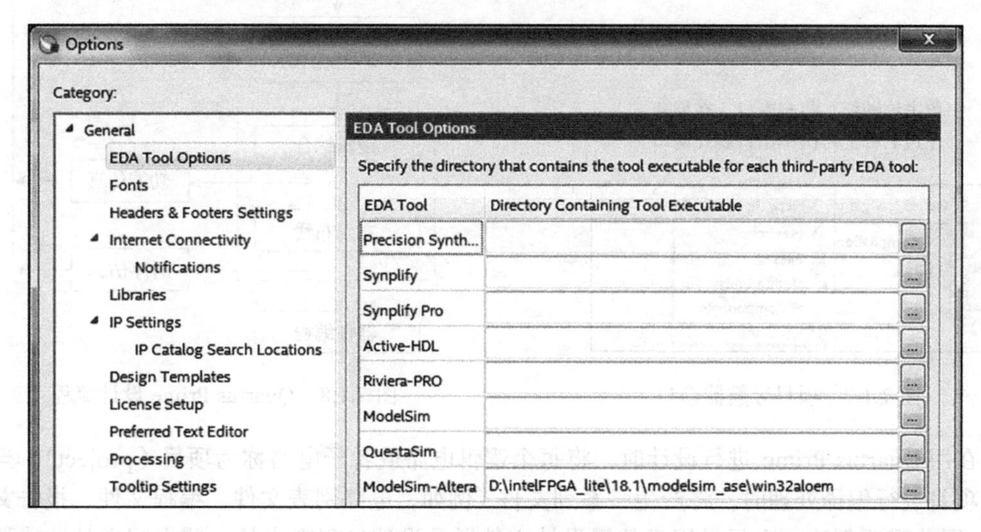

图 7.1.5　仿真软件的设置

Quartus Prime 主界面由多个窗口组成，用户可以通过主菜单 View → Utility Windows 选择实用程序窗口（见图 7.1.6）是开启还是关闭。默认情况下，Project Navigator（项目导航器）、Status（状态）和 Messages（消息）窗口是开启的。Project Navigator 窗口是一个很有用的窗口，它应始终处于开启状态（见图 7.1.7）。单击其右侧的 ▾ 图标，该窗口能显示项目的层次结构、设计文件、设计单元和 IP 组件等。

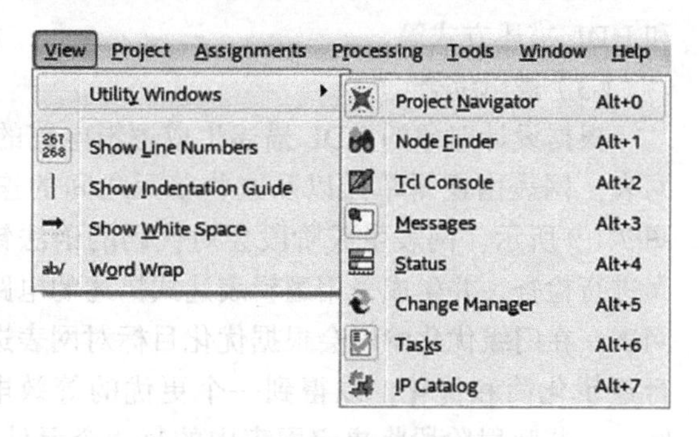

图 7.1.6　实用程序窗口

选择 Tools → Customize → Toolbars 可以定制快捷工具栏，当鼠标光标放置到某个快捷图标上，便显示出与图标关联命令的名字。通过 Help 菜单，可以访问在线帮助文档。

另外，安装 Quartus Prime 时，在安装子目录（例如，D:\intelFPGA_lite\18.1\ qdesigns）下面有几个设计项目示例供用户参考。

7.1.2　Quartus Prime 的设计流程

使用 Quartus Prime 软件时的设计流程如图 7.1.8 所示，大体上可以分为以下 6 个步骤。

（1）创建项目

创建一个新项目，并为此项目指定一个工作目录，然后指定一个目标器件。

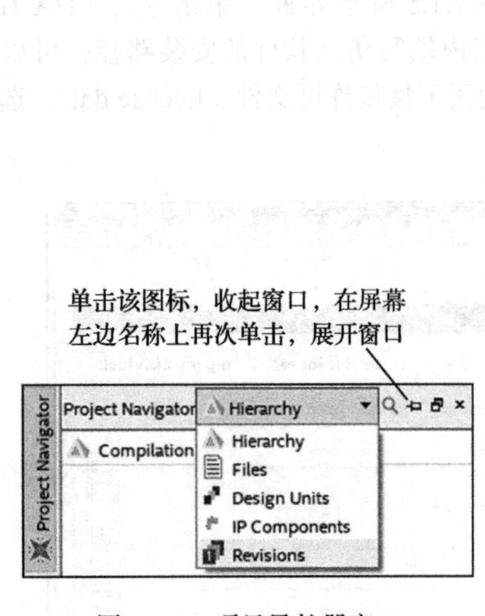

图 7.1.7 项目导航器窗口

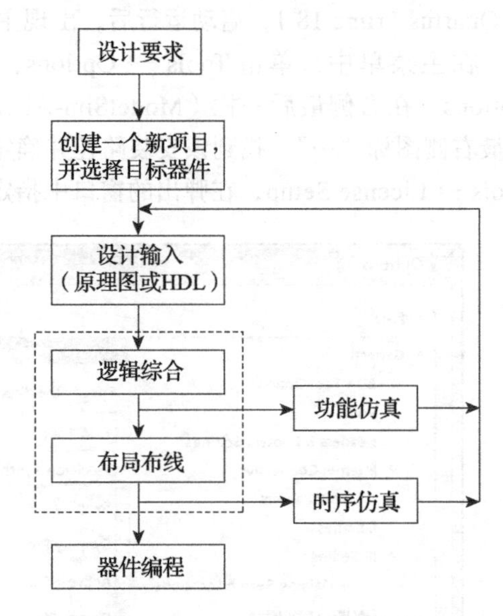

图 7.1.8 Quartus Prime 设计流程

在用 Quartus Prime 进行设计时，将每个逻辑电路或者子电路称为**项目**（project）。当软件对项目进行编译处理时，将产生一系列文件（例如，电路网表文件、编程文件、报告文件等）。因此需要创建一个目录用于放置设计文件以及设计过程产生的一些中间文件。建议每个项目使用一个目录。

（2）设计输入

将设计结果以开发软件能够接受的方式输入计算机。Quartus Prime 接受原理图描述方式和 HDL 描述方式等。

（3）逻辑综合

根据设计对象的 HDL 描述生成逻辑电路的过程称为**逻辑综合**。逻辑综合的结果为电路网表。网表由逻辑单元以及这些单元之间的连接组成。逻辑综合的过程包括 3 个阶段，如图 7.1.9 所示。网表生成阶段会对代码的语法错误进行检查，并生成采用逻辑表达式描述的电路网表。在门级优化阶段会根据优化目标对网表进行逻辑化简和优化，以得到一个更优的等效电路。工艺映射阶段将决定网表中的每一个元件如何用目标芯片（如 FPGA 或者 CPLD）中的资源进行实现。

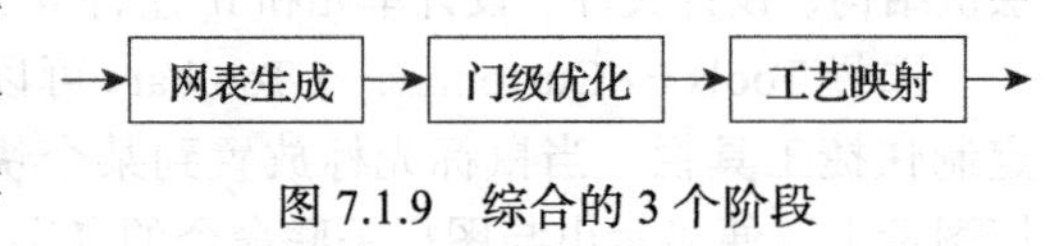

图 7.1.9 综合的 3 个阶段

（4）布局布线

根据事先设定的约束条件（例如，器件型号、指定的输入 / 输出引脚、电路工作频率等），将逻辑综合器生成的电路网表文件输入布局布线器，然后用目标芯片中某具体位置的逻辑资源（元件、连线）去实现设计的逻辑，完成逻辑元件、引脚的布局以及连线工作。同时生成一系列中间文件（例如，供时序仿真用的电路网表文件、报告文件等）和编程数据文件（.sof 和 .pof）。

在 Quartus Prime 软件中，将逻辑综合、布局布线等软件集成在一起，称为**编译工具**。选择主菜单中的 Processing → Start Compilation 命令，可以一次完成所有任务。

（5）仿真验证

仿真的目的是验证设计的电路能否达到预期的要求。Intel 公司推荐使用 ModelSim-Altera 版本，因为它包含了仿真所需的 Intel 器件库。 要使用标准版本的 ModelSim，必须在 Quartus Prime 软件的 Tools → Options → EDA Tool Options 下指定其可执行文件的路径。如果同时提供 ModelSim 和 ModelSim-Altera，则模拟器将优先使用 ModelSim-Altera。

Quartus Prime 软件支持功能仿真和时序仿真两种方式。功能仿真（functional simulation）就是假设逻辑单元电路和互相连接的导线是理想的，电路中没有任何信号的传播延迟，从功能上验证设计的电路是否达到预期要求。仿真结果一般为输出波形和文本形式的报告文件，从波形中可以观察到各个节点信号的变化情况。但波形只能反映功能，不能反映定时关系。

时序仿真（timing simulation）是在布局布线完成后，根据信号传输的实际延迟时间进行的逻辑功能测试，并分析逻辑设计在目标器件中最差情况下的时序关系，它和器件的实际工作情况基本一致，因此时序仿真对整个设计项目的时序关系以及性能评估是非常必要的。

（6）器件编程

器件编程也称为下载或配置，就是将编译得到的编程数据写入 CPLD 或 FPGA 器件中，使该器件能够完成预定的功能，成为一个专用的集成电路。

编程数据是在计算机上编程软件的控制下，由下载电缆传到 FPGA 器件的编程接口，然后再对器件内部的逻辑单元进行配置。常用的下载电缆有：USB-Blaster、ByteBlaster II 和 Ethernet Blaster 等，USB-Blaster 使用计算机的 USB 口，ByteBlaster II 使用计算机的并行口，Ethernet Blaster 使用计算机的以太网口，在使用之前，都需要安装驱动程序。

所需的配置文件由 Quartus Prime 编译器的汇编器模块生成。 通常有两种不同的方式进行配置，即 JTAG 和主动串行（Active Serial，AS）模式。

在 JTAG[㊀]模式下，配置数据直接加载到 FPGA 器件的 SRAM 中。如果以这种方式配置 FPGA，只要电源供电正常，FPGA 将一直保留这次配置信息，电路就能正常工作。一旦关闭电源，其配置数据就会丢失。

第二种是 AS 模式。因为基于 SRAM 编程技术的 FPGA 断电后，其中的配置数据会丢失，因此需要一个配套的 PROM 等非易失性存储器长期保存这些配置数据。这样，关闭电源后再打开，其配置数据就会主动加载到 FPGA 中，不再需要由 Quartus Prime 软件来重新配置 FPGA。

在调试阶段，一般采用 JTAG 模式编程，这种方法下载速度快，便于调试。当调试成功后，多采用 AS 模式编程，将配置数据保存在 FPGA 芯片外部的非易失性存储器中，不会丢失，在系统上电时，由配置器件自动对 FPGA 器件进行配置。通常，FPGA 厂商会提供配套专用的串行配置器件（如 EPCS1、EPCS4、EPCS16 等）。

㊀ JTAG（Joint Test Action Group）代表联合测试行动小组，该小组定义了一种测试数字电路并将数据加载到其中的简单方法，该方法已成为 IEEE 标准。

7.2　基于 Verilog HDL 输入的电路实现

异或逻辑电路如图 7.2.1 所示，如果将输入 *A*、*B* 分别接两个开关 SW[0]、SW[1]，输出 *Y* 接发光二极管（LED），就能用两个开关控制一个 LED 灯的点亮和熄灭。

本节以**异或**电路的实现为例，介绍 Quartus Prime 软件的基本操作，让初学者尽快熟悉用 FPGA 器件实现电路的流程。对于希望输入原理图的初学者，可以直接阅读 7.4 节。

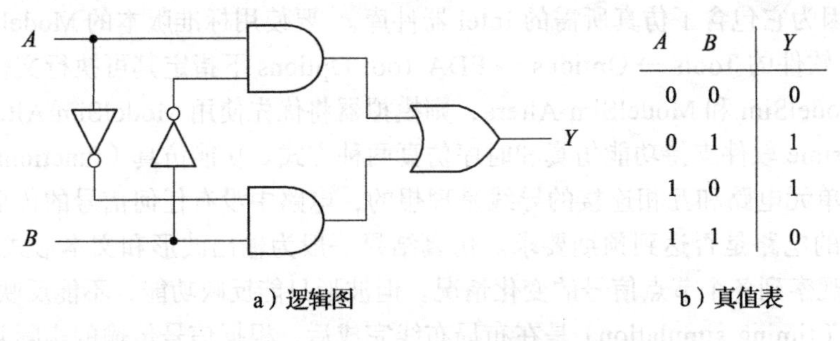

A	B	Y
0	0	0
0	1	1
1	0	1
1	1	0

图 7.2.1　异或逻辑电路

在 Verilog HDL 中，可以用图 7.2.2 所示代码来描述该电路的功能，这种代码称为 Verilog HDL 模型。

```
module Light (A, B, Y);
  input A, B;
  output Y;
  assign Y = (A & ~B) | (~A & B);
endmodule
```

图 7.2.2　异或逻辑的 Verilog 代码

在 Quartus Prime 软件中，设计的每个电路或者子电路都叫作**工程项目**（project）。Quartus Prime 每次只能打开一个项目，并且同一个工程的所有信息都必须保存在同一个子目录（也称为文件夹）中。

为了开始一个新的设计，首先在 Windows 资源管理器中新建一个子目录，用来存放所有与此设计相关的文件和数据。本例中为 E:\QP181_Lab\Example7_2_1。

注意　该软件不允许子目录名、项目名和文件名含有空格和中文。最好使用英文字母或下划线开头，后面跟字母或数字。另外，不能将设计文件直接保存在磁盘根目录下。

7.2.1　建立新的设计项目

创建一个新项目大致要经过设定工作目录和项目名称、添加文件到本项目、选择器件型号、指定所需的第三方工具等几个步骤，具体操作如下：

1）启动 Quartus Prime 软件，进入主界面。选择主菜单中的 File → New Project Wizard 命令，弹出创建新项目向导窗口，如图 7.2.3 所示。按照提示输入项目工作目录、项目名称以及顶层实体文件名。单击 Next 按钮两次，进入下一页面。

如果事先没有创建子目录，此处会弹出是否新建子目录的窗口，单击 Yes。

注意　Quartus Prime 要求项目名和顶层实体文件名必须相同。

2）添加已经存在的设计文件到当前项目中。若没有设计文件，直接单击 Next 按钮进入下一页面。

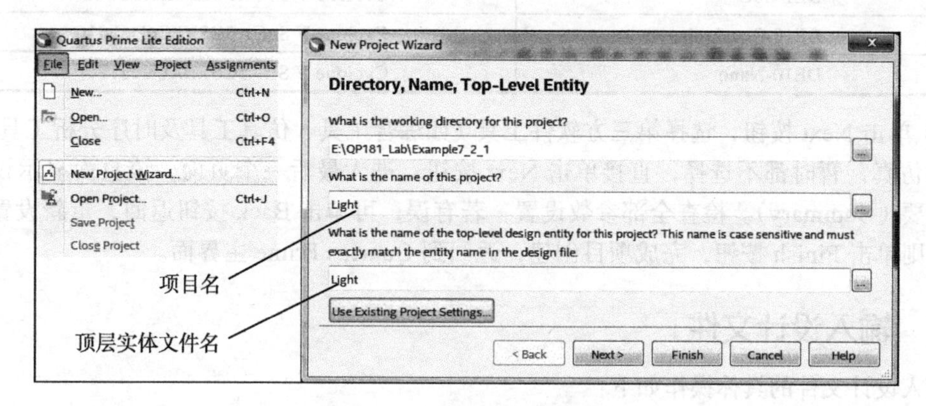

图 7.2.3　新建工程项目向导

3）选择目标器件。先选择器件系列（Family）Cyclone IV E，再设置筛选条件，如右侧的封装（Package）、引脚数（Pin count）以及速度等级（Core speed grade）以加快器件选择过程，最后选定器件 EP4CE115F29C7，如图 7.2.4 所示，这是 DE2-115 开发板上的器件。

也可以单击 Board 页面，查看是否有正在使用的开发板。如果有，可以直接选择相应的开发板（如 DE1 SoC、DE0-Nano-SoC 等），就不用选择器件了。

Cyclone 器件命名规则：EP4CE 是指 Cyclone IV E 系列，115 表明该芯片中逻辑单元的近似数目（单位：千个），编号 F29 指采用 780 引脚 FBGA 封装，C7 是指芯片速度等级。

常用实验板及其相应 FPGA 器件型号如表 7.2.1 所示。

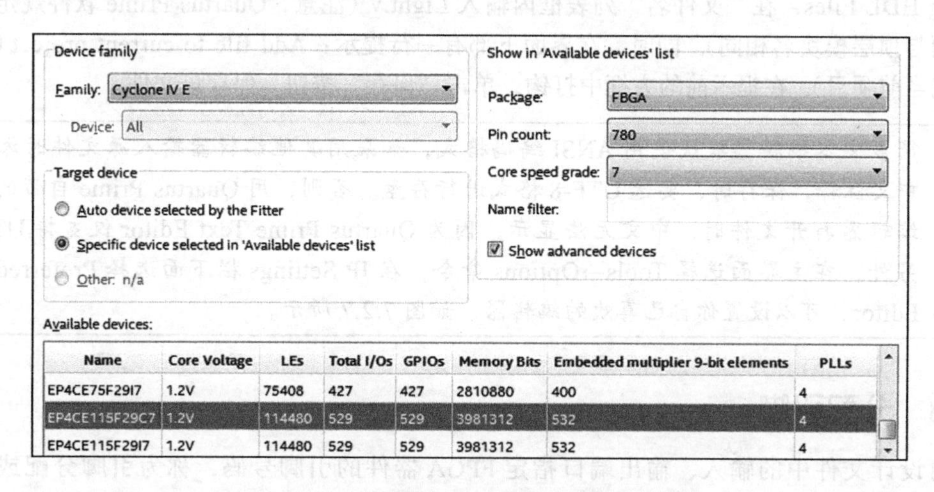

图 7.2.4　选择器件系列和特定型号的器件

表 7.2.1　常用实验板及其相应 FPGA 器件型号

实验板名称	FPGA 系列与器件型号
DE2-115	Cyclone IV E，EP4CE115F29C7
DE0-Nano-SoC	Cyclone V SoC，5CSEMA4U23C6
DE1-SoC	Cyclone V SoC，5CSEMA5F31C6
DE10-Standard	Cyclone V SoC，5CSXFC6D6F31C6
DE10-Nano	Cyclone V SE，5CSEBA6U2317

4）单击 Next 按钮，选择第三方软件工具（如综合工具、仿真工具及时序分析工具），这里不做仿真，暂时都不选择，直接单击 Next 按钮，进入最后一个页面，该页面显示设计项目的摘要（Summary）。检查全部参数设置，若有误，可单击 Back 按钮返回，重新设置。若无误，则单击 Finish 按钮，完成项目创建，返回到 Quartus Prime 主界面。

7.2.2　输入设计文件

输入设计文件的具体操作如下：

1）在 Quartus Prime 主界面，选择菜单中的 File → New 命令，在 Design Files（设计文件）列表框中选择 Verilog HDL File，如图 7.2.5 所示，单击 OK 按钮，打开文本编辑器。若想创建原理图文件，则选择 Block Diagram/Schematic File（方块图 / 原理图文件）。

2）输入图 7.2.2 中的 Verilog HDL 代码，如图 7.2.6 所示。

对于初学者，可以利用设计模板快速上手。将光标移到编辑窗口中右击，选择 Insert Template，弹出窗口，选择左侧的 Verilog HDL → Constructs → Design Units → Module Declaration(style2) 命令，再单击 Insert 按钮，将 Verilog HDL 模块声明加入编辑窗口，单击 Close 按钮，关闭 Insert Template 窗口。在此基础上修改代码。

3）保存文件。选择 File → Save As，弹出窗口，在“保存类型”下拉列表框内选择 Verilog HDL Files，在“文件名”列表框内输入 Light.v（注意，Quartus Prime 软件规定文件名必须与顶层模块名相同），同时，在界面下部有一行提示：Add file to current project（添加文件到当前项目），在提示前的方框中打钩，单击“保存”按钮，保存该文件。

注意　很多文本编辑器默认使用 ANSI 编码格式，如果用其他编辑器输入源文件时添加了中文注释，保存时，要选 UTF-8 格式进行存盘。否则，用 Quartus Prime 自带的文本编辑器打开文件时，中文无法显示，因为 Quartus Prime Text Editor 仅支持 UTF-8。另外，在主界面选择 Tools→Options 命令，在 IP Settings 栏下面选择 Preferred Text Editor，可以设置你自己喜欢的编辑器，如图 7.2.7 所示。

7.2.3　分配引脚

对设计文件中的输入、输出端口指定 FPGA 器件的引脚号码，称为**引脚分配**或**引脚锁定**。

由于实验板上 FPGA 与其他外围器件（如开关、发光二极管、数码管等）的连接是固定的，因此分配引脚时要仔细阅读实验板的说明书，查看相应引脚的连接情况。表 7.2.2 列出了不同实验板上 FPGA 引脚编号与端口的对应关系。

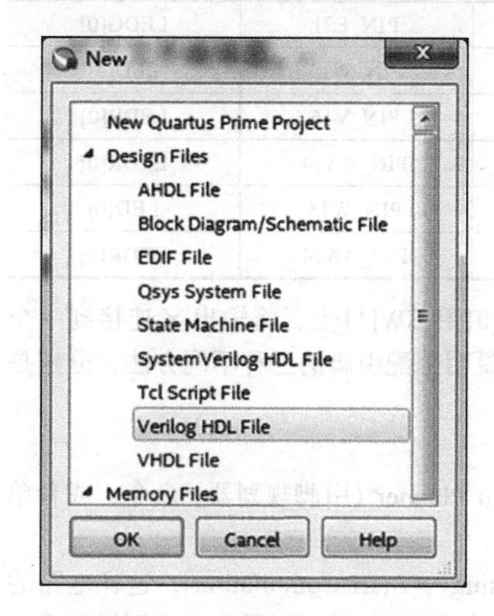

图 7.2.5　选择设计文件类型

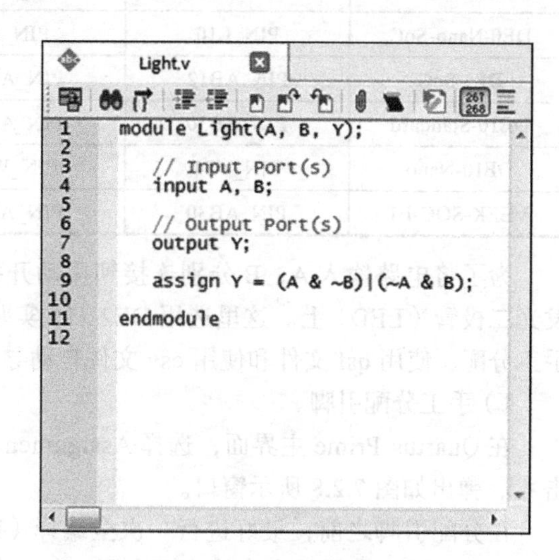

图 7.2.6　输入源文件

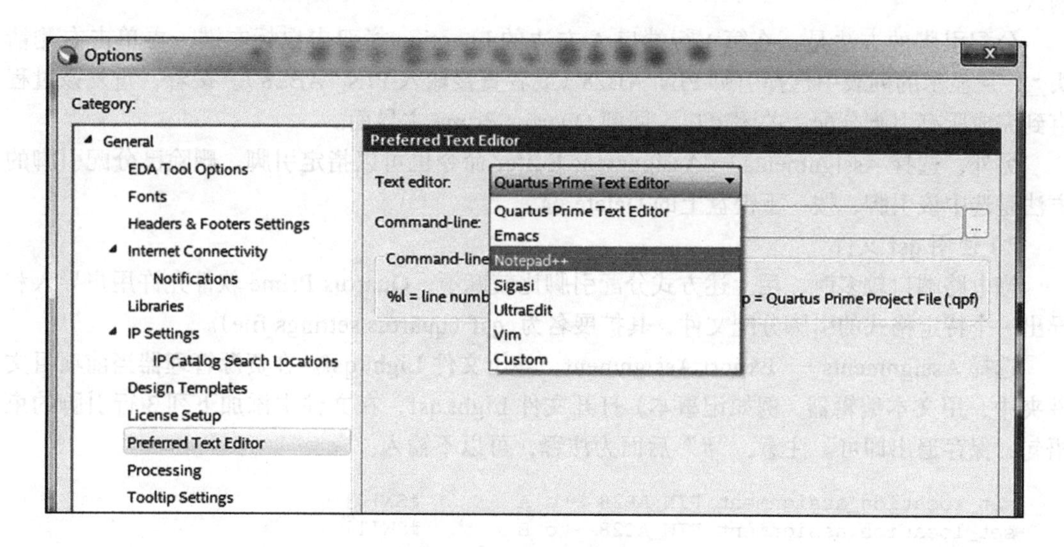

图 7.2.7　设置文本编辑器

FPGA 芯片的引脚数较多，引脚编号用行和列来标记，行用字母表示，而列用数字表示。例如，EP4CE115F29C7 芯片有 780 个引脚，最上面一行第 4 列的引脚编号为 A4（用 PIN_A4 表示），第二行第 4 列的引脚编号为 PIN_B4，依次类推。

表 7.2.2 电路端口与器件引脚的对应关系

实验板名称	SW[0] (A)	SW[1] (B)	LED (Y)	备注
DE2-115	PIN_AB28	PIN_AC28	PIN_E21	LEDG[0]
DE0-Nano-SoC	PIN_L10	PIN_L9	PIN_W15	LED[0]
DE1-SoC	PIN_AB12	PIN_AC12	PIN_V16	LEDR[0]
DE10-Standard	PIN_AB30	PIN_AB28	PIN_AA24	LEDR[0]
DE10-Nano	PIN_Y24	PIN_W24	PIN_W15	LED[0]
VEEK-SOC-III	PIN_AB30	PIN_AB28	PIN_AA24	LEDR[0]

为了将电路输入 A、B 分别连接到拨动开关 SW[0] 和 SW[1] 上，将输出 Y 连接到一个发光二极管（LED）上。这里选用 DE2-115 实验板，说明分配引脚的三种不同方法，分别是手工分配、使用 qsf 文件和使用 csv 文件自动导入。

1）手工分配引脚。

在 Quartus Prime 主界面，选择 Assignments → Pin Planner（引脚规划器）命令，或者单击图标，弹出如图 7.2.8 所示窗口。

在分配引脚之前，最好进行一次全编译（Processing → Start Compilation），这样电路的输入、输出端口名称就会直接出现在图 7.2.8 下部表格的 Node Name 栏目中，否则需要手工输入。

分配引脚的方法是：在第 1 行端口 A 右边的 Location 栏双击鼠标左键，再单击右侧箭头▾，从显示的列表中选择引脚 PIN_AB28（或者直接输入 PIN_ AB28）。接着，重复该过程直到完成所有引脚分配，关闭窗口，回到 Quartus Prime 主界面。

另外，选择 Assignments → Assignment Editor 命令也可以指定引脚。删除已分配引脚的方法是选中该引脚，按一下键盘上的 Delete 键。

2）使用 qsf 文件。

当电路端口较多时，用上述方式分配引脚比较麻烦，Quartus Prime 软件允许用户导入和导出一个特定格式的引脚分配文件，其扩展名为 .qsf（quartus settings file）。

选择 Assignments → Export Assignment，导出文件 Light.qsf。在资源管理器当前项目文件夹中，用文本编辑器（例如记事本）打开文件 Light.qsf，在文件中添加下列 3 行引脚约束语句，保存退出即可。注意，“#”后面为注释，可以不输入。

```
set_location_assignment PIN_AB28 -to A        #SW[0]
set_location_assignment PIN_AC28 -to B        #SW[1]
set_location_assignment PIN_E21 -to Y         #LEDG[0]
```

3）使用 csf 文件自动导入。

先用普通文本编辑器（例如记事本）创建一个以逗号分隔的文本文件，如图 7.2.9 所示。以 Light.csv 为文件名保存，文件扩展名为 .csv(comma separated value，以逗号分隔数据值)。

然后，在 Quartus Prime 主界面选择 Assignments → Import Assignments 命令，弹出图 7.2.10 所示窗口，指定文件名（本例是 Light.csv），单击 OK 按钮，完成引脚分配。

另外，也可以导入 DE2-115 光盘中提供的文件名为 DE2_115_pin_assignment.csv 的引脚分配，将端口 A 改为 SW[0]，B 改为 SW[1]，Y 改为 LEDG[0]。由于本实验只用到 3 个引脚，编译时会出现警告，在资源管理器中找到文件名为 Light.qsf 的文件，删除多余的未用到的引脚，重新编译即可。

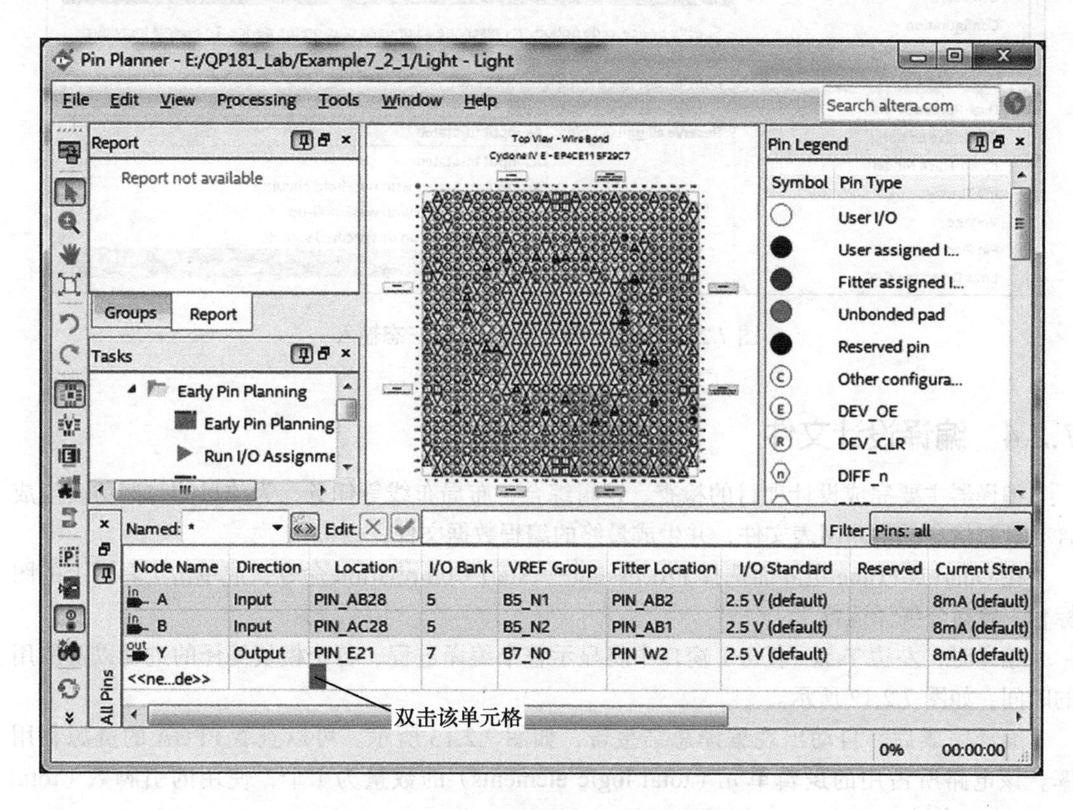

图 7.2.8 在引脚规划器上手工分配引脚

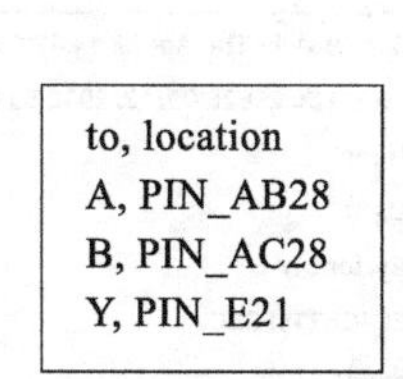

to, location
A, PIN_AB28
B, PIN_AC28
Y, PIN_E21

图 7.2.9 引脚分配文件

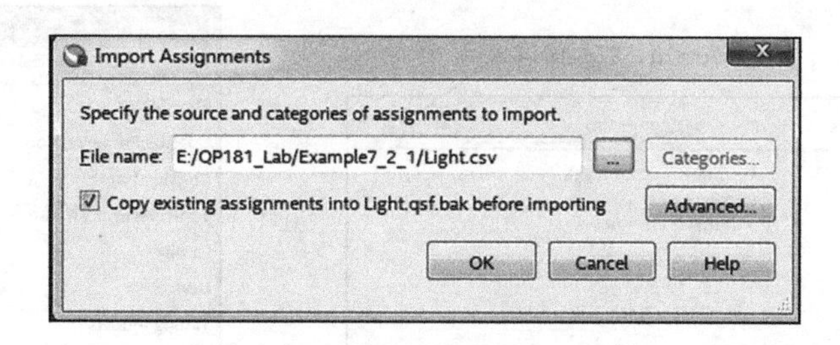

图 7.2.10 导入引脚分配文件

在使用 FPGA 时，未使用引脚的配置也是很重要的。可以将未使用的引脚设置成三态输入（或者接“地”）。方法是选择 Assignments → Device，弹出 Device 窗口，单击该窗口中部右侧的 Devices and Pin Options 按钮，弹出图 7.2.11 所示窗口。选择 Unused Pins，再选择下拉菜单中的 As input tri-stated，单击 OK 按钮。

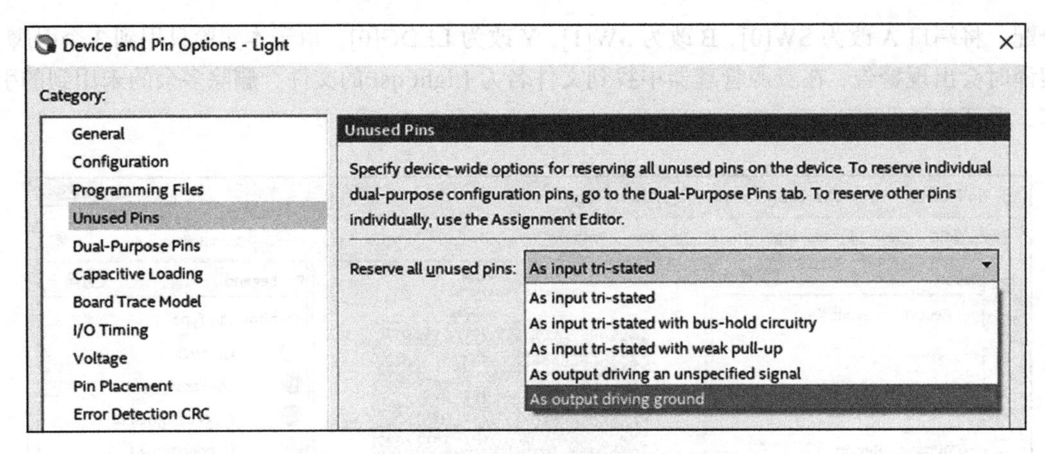

图 7.2.11　未使用的引脚设置成三态输入

7.2.4　编译设计文件

编译器主要完成设计项目的检查、逻辑综合、布局布线等任务，为项目的时序仿真生成含有延时信息的电路网表文件，并生成最终的编程数据文件。

在 Quartus Prime 主界面选择 Processing → Start Compilation 命令，或单击工具栏上的图标▶，启动全编译运行。

编译时，左边 Task（任务）窗口中将显示整个编译进程、各个模块编译的进度以及所用的时间，如图 7.2.12 所示。

编译完成后，自动出现编译总结报告，如图 7.2.13 所示。可以查看 FPGA 的资源利用率。该电路所占用的逻辑单元（total logic elements）的数量为 1 个，使用的引脚数（total pins）为 3 个。

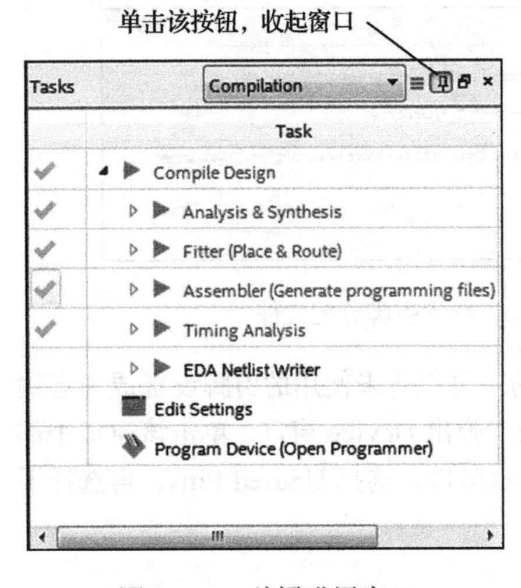

图 7.2.12　编译进展窗口

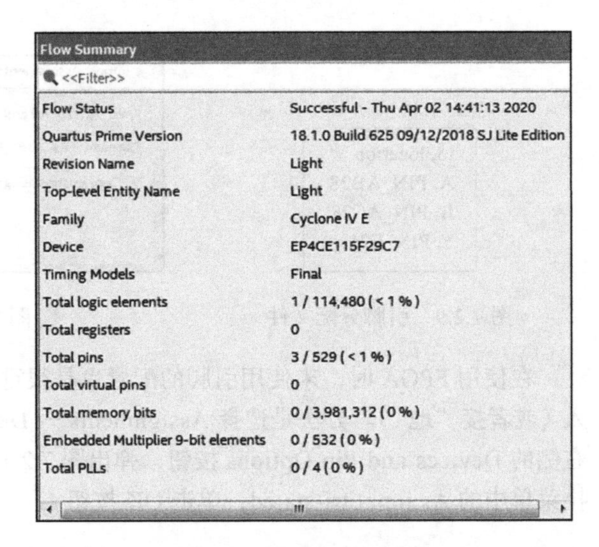

Flow Summary	
Flow Status	Successful - Thu Apr 02 14:41:13 2020
Quartus Prime Version	18.1.0 Build 625 09/12/2018 SJ Lite Edition
Revision Name	Light
Top-level Entity Name	Light
Family	Cyclone IV E
Device	EP4CE115F29C7
Timing Models	Final
Total logic elements	1 / 114,480 (< 1 %)
Total registers	0
Total pins	3 / 529 (< 1 %)
Total virtual pins	0
Total memory bits	0 / 3,981,312 (0 %)
Embedded Multiplier 9-bit elements	0 / 532 (0 %)
Total PLLs	0 / 4 (0 %)

图 7.2.13　编译总结报告

若没有看到编译报告，可以用 Processing → Compilation Report 打开报告。

在 Quartus Prime 主界面的最下面是 Messages（信息）窗口，分成多个标签页，用于显示整个编译过程中产生的各种信息。其中，单击图标，显示编译时出现的错误信息。若输入的 Verilog 代码存在错误，则会显示每个错误。双击错误消息，在文本编辑器中高亮显示相应的出错语句。当选定某信息时，按 F1 键会得到帮助信息。

图标分别用于显示严重警告和所有警告信息。警告信息通常可以忽略，但结果与预想的设计有出入时，查看警告是发现问题的重要途径之一。

7.2.5　编程器件，测试功能

编译成功后，必须对 FPGA 器件进行编程，以实现设计的电路。所需的配置文件由 Quartus Prime 编译器的汇编模块生成。通常有两种编程方式，即 JTAG 模式和 AS 模式。

对 DE2-115 板上的 EP4CE115F29C7 芯片进行编程之前，需要完成以下准备工作：

- 用一条电缆连接 DE2-115 最上边靠左的 USB-Blaster 接口与计算机 USB 接口。
- 用专用电源适配器给 DE2-115 提供直流电源（12 V）。
- 安装好 USB-Blaster 驱动程序（参考 7.1.1 节）。

1. 使用 JTAG 编程模式对 FPGA 器件编程，测试功能

具体步骤如下：

1）将 DE2-115 板上左下角的 RUN/PROG 开关（SW19）向上拨到 RUN 位置。

2）选择 Tools → Programmer，或者单击图标，弹出如图 7.2.14 所示的编程窗口。

此时，编程数据文件名 Light.sof[⊖] 及目标器件等信息显示在文件列表中。也可以选择菜单中的 Edit → Add File 命令，或者单击左侧的 Add File 按钮，添加 Light.sof 文件，确认 Device 栏下面的器件为 EP4CE115F29，并确认 Program/Configure 栏的小方框已勾选（√），即编程操作已选中。

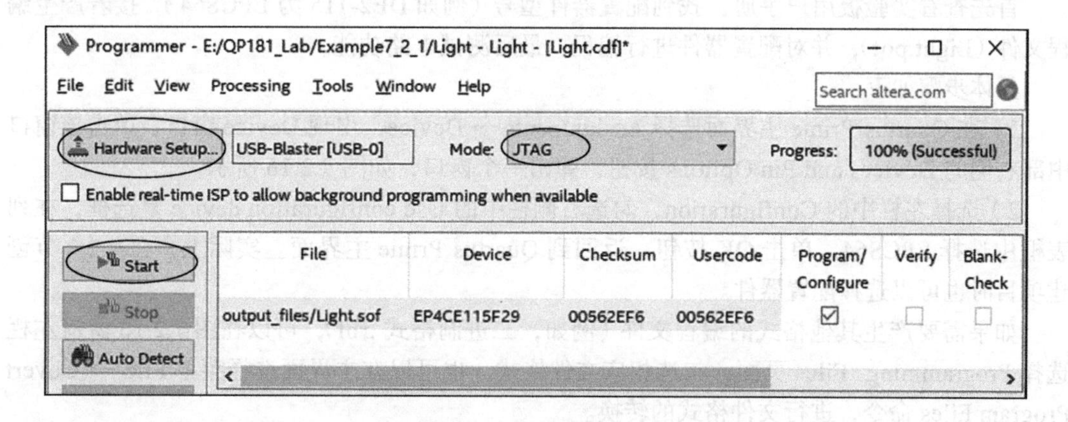

图 7.2.14　编程窗口

⊖　.sof（SRAM Object File）文件是由编译器生成的。

3）指定编程硬件和编程模式。在图 7.2.14 中 Mode 下拉列表框中选择 JTAG。单击左上角的 Hardware Setup（硬件设置）按钮，在弹出的窗口（如图 7.2.15 所示）中选择 USB-Blaster，单击 Close 按钮，返回编程窗口。

4）单击图 7.2.14 所示窗口中的 Start 按钮，开始编程，编程结束时有提示信息出现。若有错误报告，则表明编程失败，需要检查硬件连接及电源等。

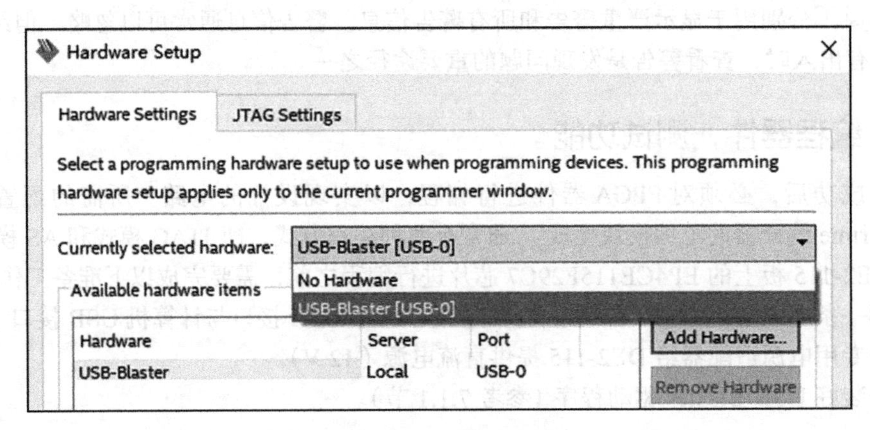

图 7.2.15　编程硬件设置

5）完成 FPGA 器件编程后，测试电路。开关拨到上方为逻辑 1，拨到下方为逻辑 0；通过改变开关 SW[0] 和 SW[1] 的状态，给输入 A 和 B 提供四种不同的值（00、01、10、11），观察发光二极管 LEDG[0] 的状态。检查电路功能是否与真值表一致。

如果电路功能不正确，先关闭 Programmer 窗口。确认引脚分配、设计源文件是否正确，修改后重新编译，配置器件，进行测试。

2. 使用 AS 编程模式对配置器件编程，测试功能

首先查看实验板用户手册，找到配置器件型号（例如 DE2-115 为 EPCS64），接着产生编程文件（Light.pof），并对配置器件进行编程，最后测试电路功能。

具体步骤如下：

1）在 Quartus Prime 主界面选择 Assignments → Device，出现 Device 窗口，单击该窗口中部右侧的 Devices and Pin Options 按钮，弹出一个窗口，如图 7.2.16 所示。

2）选择左栏中的 Configuration，勾选右侧栏中的 Use configuration device 复选框，在列表框中选择 EPCS64，单击 OK 按钮，返回到 Quartus Prime 主界面。实际上，在 7.2.1 节创建项目时也可以选择配置器件。

如果需要产生其他格式的编程文件（例如，二进制格式 .rbf），可以在图 7.2.16 窗口左栏选择 Programming　Files 页面，勾选相应文件格式。也可以在主界面选择菜单 File → Covert Program Files 命令，进行文件格式的转换。

3）重新编译整个项目（Processing → Start Compilation），产生编程文件 Light.pof，并保存在当前项目的 output_files 文件夹下面。

4）将 DE2-115 板上左下方的 RUN/PROG 开关（SW19）向下拨到 PROG 位置。

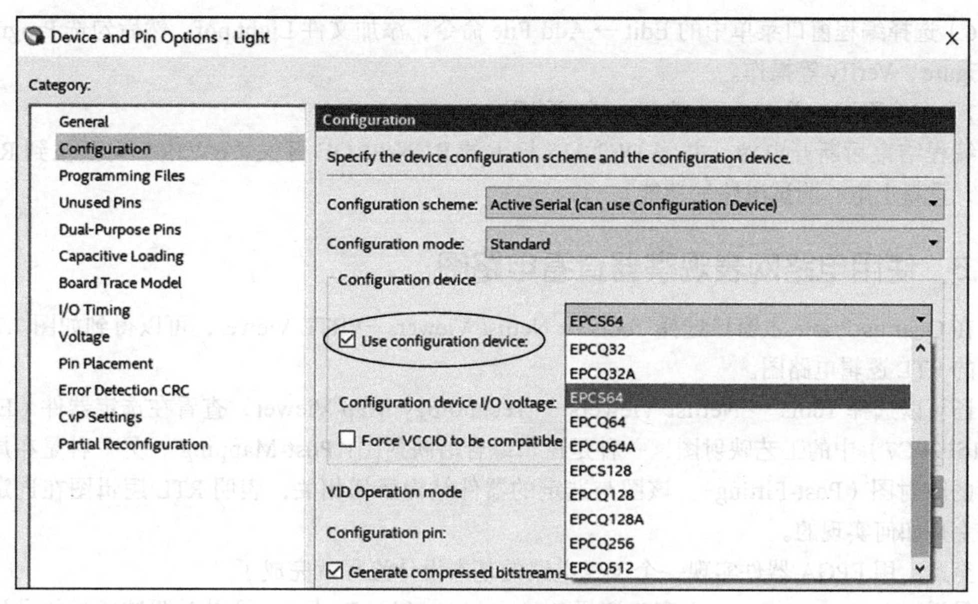

图 7.2.16　选择 EPCS 配置器件

5）选择 Tools → Programmer，出现编程窗口（如图 7.2.17 所示）。在 Mode 下拉列表框中选择 Active Serial Programming，弹出一个是否清除现有器件的提示信息，选择“是”，清除当前器件。

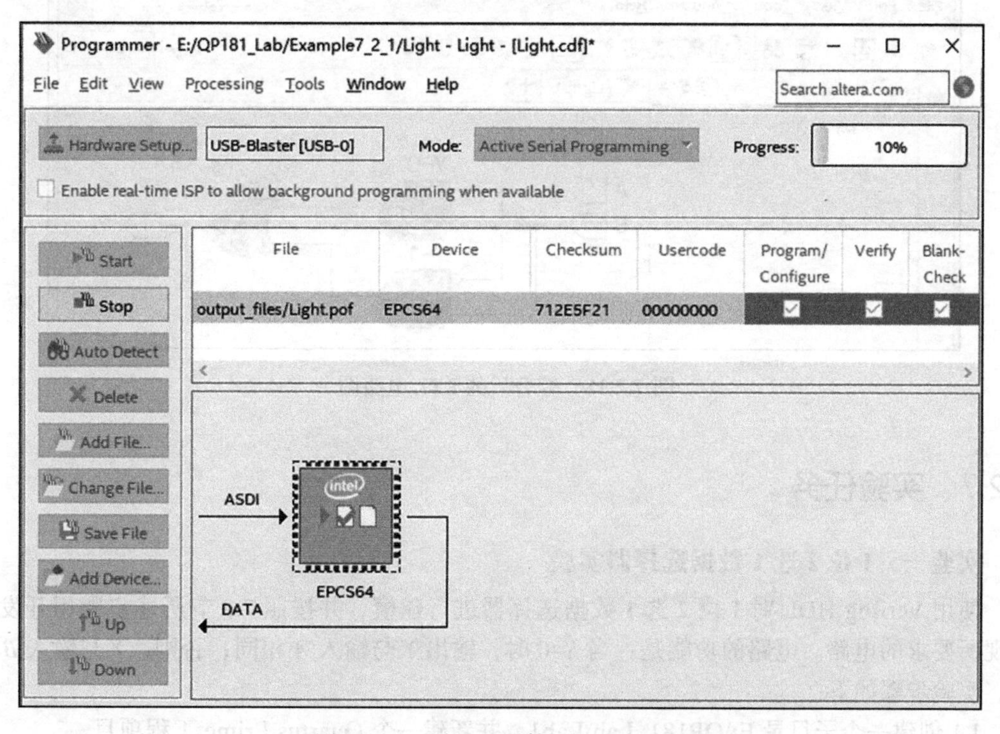

图 7.2.17　对配置器件 EPCS64 编程

6）选择编程窗口菜单中的 Edit → Add File 命令，添加文件 Light.pof。然后勾选 Program/Configure、Verify 等操作。

7）在编程窗口单击 Start 按钮，进行编程。

编程结束后断开电源，并将 DE2-115 板上的 RUN/PROG 开关（SW19）向上拨到 RUN 位置，重新上电，测试电路的功能。

7.2.6　使用电路网表观察器查看电路图

在 Quartus Prime 主窗口选择 Tools → Netlist Viewers → RTL Viewer，可以得到如图 7.2.18 所示的 RTL 逻辑电路图。

还可以选择 Tools → Netlist Viewers → Technology Map Viewer，查看在选定器件（EP4-CE115F29C7）中的工艺映射图，一种是逻辑综合后映射图（Post-Mapping），另一种是布局布线后的映射图（Post-Fitting）。该图与选定的器件结构密切相关，表明 RTL 逻辑图在选定的器件上是如何实现的。

至此，用 FPGA 器件实现一个逻辑电路的基本设计流程就完成了。

最后，在 Quartus Prime 主窗口选择 Project → Archive Project，可以对调试通过的设计项目及其源文件进行压缩，其压缩文件 Light.qar 位于该项目的子目录中。选择 Project → Restore Archived Project，则可以恢复设计项目。

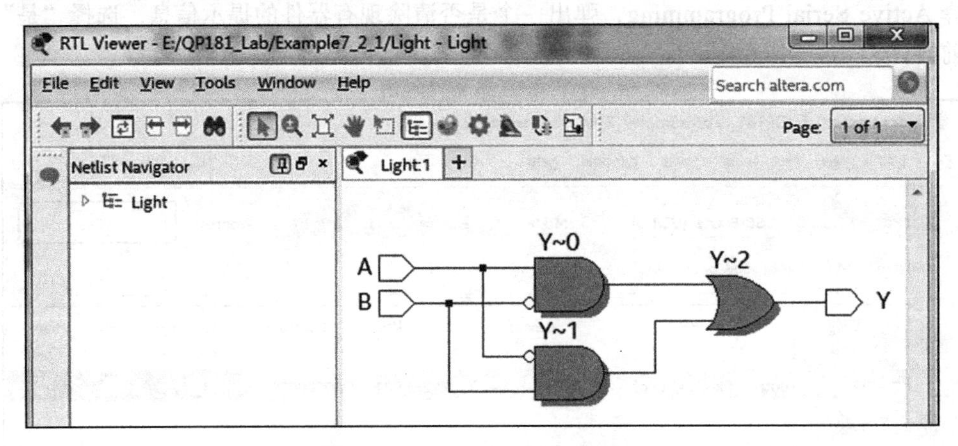

图 7.2.18　综合后的 RTL 电路图

7.2.7　实验任务

实验一　1 位 2 选 1 数据选择器实验

使用 Verilog HDL 对 1 位 2 选 1 数据选择器进行建模，并按照 7.2 节所述步骤用开发板实现所要求的电路。电路的功能是：当 S=0 时，输出 Y 与输入 A 相同；否则，Y 与输入 B 相同。实验步骤如下：

1）创建一个子目录 E:\QP181_Lab\Lab1，并新建一个 Quartus Prime 工程项目。

2）建立一个 Verilog HDL 文件，将该文件添加到项目中并编译整个项目。

3）完成引脚分配。用实验板上的 3 个开关代表电路输入 S、A、B，用发光二极管代表输出 Y。

4）重新编译整个项目，查看该电路所占用的逻辑单元（Logic Elements，LE）的数量。

5）对 FPGA 器件编程，测试电路功能。拨动开关，设置 S=0，再将 A、B 的输入值分别设置成 00、01、10、11 这 4 种取值之一，观察代表电路输出的发光二极管的亮、灭状态；设置 S=1 时，再次改变 A、B 的值，观察并记录显示结果。

6）使用 RTL Viewer，查看 Quartus Prime 软件进行逻辑综合的结果。

7）根据实验流程和实验结果，写出实验总结报告。

实验二　8 位 2 选 1 数据选择器实验

8 位 2 选 1 数据选择器的组成框图和逻辑符号如图 7.2.19 所示，其输入 A 和 B 均为 8 位宽，输出 Y 也为 8 位宽。电路的功能是：如果 S=0，Y=A；如果 S=1，Y=B。要求使用 Verilog HDL 对该电路进行建模，并用实验板上的 FPGA 器件实现所要求的电路。

实验时，先创建一个子目录 E:\QP181_Lab\Lab2，再按照实验一中的步骤实现设计。

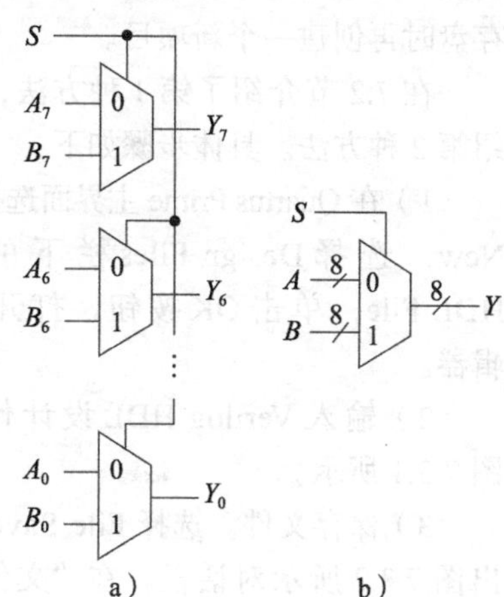

图 7.2.19　8 位 2 选 1 数据选择器

7.3 基于 Verilog HDL 输入的电路仿真

本节以译码器为例，介绍利用 Quartus Prime 软件和 ModelSim 软件进行仿真的方法，最后用 FPGA 实现译码器。

3 线 – 8 线译码器逻辑功能如表 7.3.1 所示，如果将输入接开关，输出接发光二极管（LED），就能验证译码器的逻辑功能。

表 7.3.1　3 线 – 8 线译码器逻辑功能表

输入				输出							
EN	A2	A1	A0	Y7	Y6	Y5	Y4	Y3	Y2	Y1	Y0
0	×	×	×	0	0	0	0	0	0	0	0
1	0	0	0	0	0	0	0	0	0	0	1
1	0	0	1	0	0	0	0	0	0	1	0
1	0	1	0	0	0	0	0	0	1	0	0
1	0	1	1	0	0	0	0	1	0	0	0
1	1	0	0	0	0	0	1	0	0	0	0
1	1	0	1	0	0	1	0	0	0	0	0
1	1	1	0	0	1	0	0	0	0	0	0
1	1	1	1	1	0	0	0	0	0	0	0

在设计之前，用 Windows 资源管理器新建一个子目录 E:\QP181_Lab\Example7_3_1。

7.3.1　输入设计文件，建立新的设计项目

在 Quartus Prime 中，创建项目的方法有两种：①选择主菜单中的 File → New Project Wizard 命令，进入向导界面，根据提示创建一个新项目；②先输入设计源文件，存盘时再创建一个新项目。

在 7.2 节介绍了第 1 种方法，这里介绍第 2 种方法。具体步骤如下：

1）在 Quartus Prime 主界面选择 File → New，选择 Design Files 栏下的 Verilog HDL File，单击 OK 按钮，打开文本编辑器。

2）输入 Verilog HDL 设计代码，如图 7.3.1 所示。

3）保存文件。选择 File Save As，弹出图 7.3.2 所示对话框。在“文件名”框内输入 decoder3_8.v，同时，确认“保存”按钮左侧的 Create new project based on this file（基于该文件创建一个新项目）的复选框为勾选（√）状态，单击“保存”按钮，将文件保存到 E:\QP181_Lab\Example7_3_1 中。

4）接着，单击 Yes 按钮。按照屏幕提示创建一个新的设计项目，项目名称为 decoder3_8.qpf，选定的 FPGA 器件为 EP4CE115F29C7。

```
//文件名: decoder3_8.v
module decoder3_8(
    input    [ 2: 0]         A,
    input                    EN,
    output   reg [7:0]       Y
);
always @(*)
begin
    if(EN) begin
        case(A[2:0])
            3'b000: Y = 8'b0000_0001;
            3'b001: Y = 8'b0000_0010;
            3'b010: Y = 8'b0000_0100;
            3'b011: Y = 8'b0000_1000;
            3'b100: Y = 8'b0001_0000;
            3'b101: Y = 8'b0010_0000;
            3'b110: Y = 8'b0100_0000;
            3'b111: Y = 8'b1000_0000;
            default:Y = 8'b0000_0000;
        endcase
    end
    else
        begin  Y = 8'b0000_0000;  end
end
endmodule
```

图 7.3.1　3 线 – 8 线译码器的设计代码

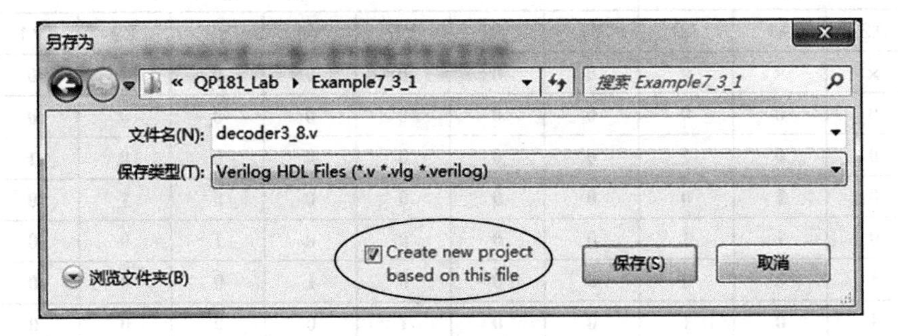

图 7.3.2　保存源文件

7.3.2　分配引脚，编译设计源文件

选用 DE2-115 实验板，使用 qsf 文件分配引脚。具体步骤如下：

1）在资源管理器当前项目文件夹中，用文本编辑器（例如记事本）打开文件 decoder3_8.qsf，在文件中添加下列引脚约束语句，保存退出即可。注意，“#”后面为注释，可以不输入。

```
set_location_assignment PIN_AD27 -to EN       #SW[3]
set_location_assignment PIN_AC27 -to A[2]     #SW[2]
set_location_assignment PIN_AC28 -to A[1]     #SW[1]
set_location_assignment PIN_AB28 -to A[0]     #SW[0]
set_location_assignment PIN_G21 -to Y[7]      #LEDG[7]
set_location_assignment PIN_G22 -to Y[6]      #LEDG[6]
set_location_assignment PIN_G20 -to Y[5]      #LEDG[5]
set_location_assignment PIN_H21 -to Y[4]      #LEDG[4]
set_location_assignment PIN_E24 -to Y[3]      #LEDG[3]
set_location_assignment PIN_E25 -to Y[2]      #LEDG[2]
set_location_assignment PIN_E22 -to Y[1]      #LEDG[1]
set_location_assignment PIN_E21 -to Y[0]      #LEDG[0]
```

2）在 Quartus Prime 主界面选择 Processing → Start Compilation，或单击工具栏上的图标▶，进行全编译。

7.3.3　波形仿真

当一个项目的编译通过后，能否实现预期的功能，可以通过仿真检查设计电路的逻辑功能是否满足要求。在 Quartus Prime 软件中有两种仿真方法：一是使用 Simulation Waveform Editor（仿真波形编辑器）工具；二是直接调用第三方仿真软件（如 ModelSim、Questasim 等）。

1. Simulation Waveform Editor

Simulation Waveform Editor 工具可以直接编辑电路的输入波形，在不编写仿真测试文件的情况下，在后台调用 ModelSim 对电路进行仿真，且能输出仿真波形，方便初学者使用。具体步骤如下：

1）打开波形编辑器，建立新的测试文件。

在 Quartus Prime 主界面选择 File → New…，在对话框的 Verification/Debugging Files 栏，双击 University Program VWF[㊀]，弹出波形编辑器窗口，同时设置下面两项内容：

- 设置仿真结束时间。选择菜单 Edit → End Time…，将仿真时间从 1μs 改成 3μs（其最大值为 100μs），这表明仿真文件会记录 0～3μs 的数据。
- 设置栅格尺寸。选择 Edit → Grid Size（栅格尺寸），在弹出的对话框中输入 100ns。注意，栅格的尺寸必须小于仿真文件记录长度。

2）在测试文件中，添加需要仿真的输入、输出（信号）节点名。

选择 Edit → Insert → Insert Node or Bus…，或者用鼠标左键双击左边 Name 列的空白处，弹出 Insert Node or Bus（插入节点或总线）对话框，如图 7.3.3 所示。图中 Name 框内没

㊀ VWF 为 Vector Waveform File（向量波形文件）的缩写。

有任何信号，单击右下角的 Node Finder…按钮。

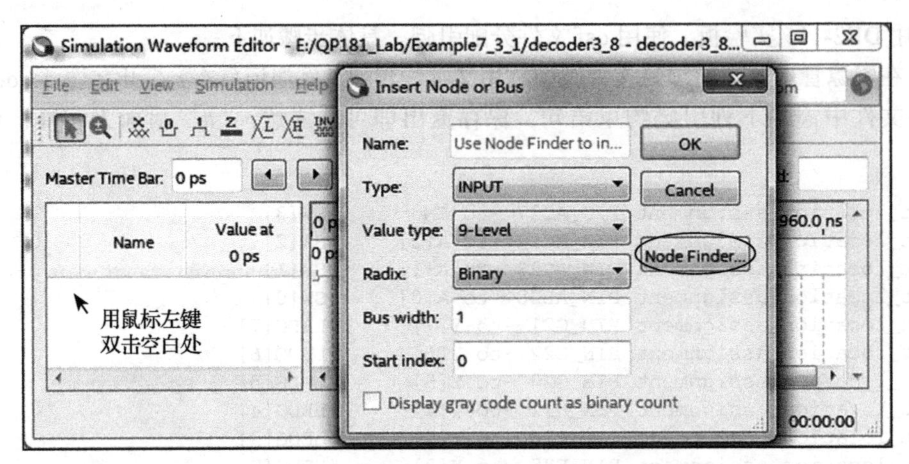

图 7.3.3　University Program VWF 及 Insert Node 对话框

弹出 Node Finder（节点寻找器）对话框，如图 7.3.4 所示。在 Look in 框内放置项目名，单击右边的“…”，在弹出的对话框中选择 decoder3_8 项目名并单击 OK 按钮，如果是对当前项目仿真，此步可忽略；在 Filter（过滤器）框内选择 Pins:all（所有引脚）；单击 List 按钮，所有的输入、输出信号会出现在左侧 Nodes Found 窗口下面。

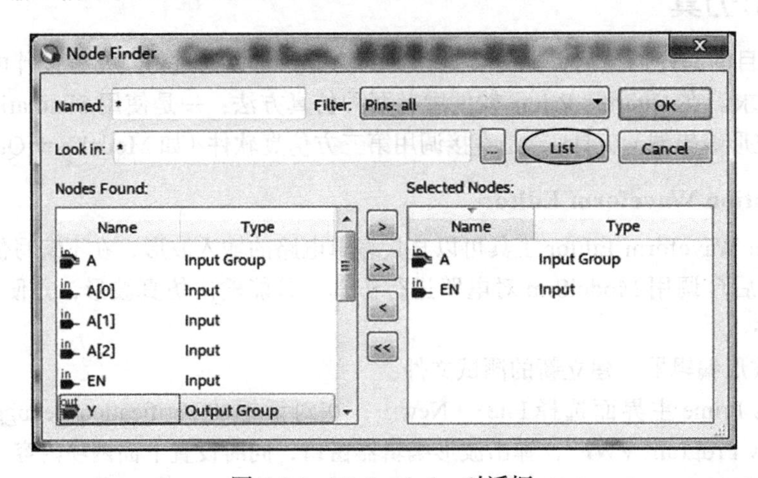

图 7.3.4　Node Finder 对话框

单击左侧窗口的信号 A，再单击“>”按钮，可以将 A 选到右侧的窗口，同样的操作可以选择其他需要仿真的信号；或者直接单击“>>”按钮，一次将左侧所有信号添加到右侧的 Selected Nodes 框内。当信号选定后，单击两次 OK 按钮，返回到波形编辑窗口。

3）绘制输入信号（节点）波形，即给输入信号赋值。

在波形编辑窗口，所有输入信号均为逻辑电平 0，而输出信号显示为未定义。利用波形编辑快捷图标给信号赋值。例如，要让信号 EN 的 200ns～2.2μs 时间段为高电平，可按住鼠标左键不放，并拖动使其选中变成蓝色，再单击快捷图标，用同样的方法将 EN 的

2.6μs～3μs 这一段设置成高电平。

给信号 A 赋值的方法是：先单击左栏的信号名 A，使整行波形处于蓝色选中状态，再单击快捷图标，弹出 Count Value（计数值）对话框，如图 7.3.5 所示。在最下面的 Count every 框中输入 200.0ns，Increment by 框内填 1，最后单击 OK 按钮，则信号 A 每隔 200ns，其二进制值增加 1，这样信号 A 的 8 种逻辑值就设置好了，如图 7.3.6 所示。

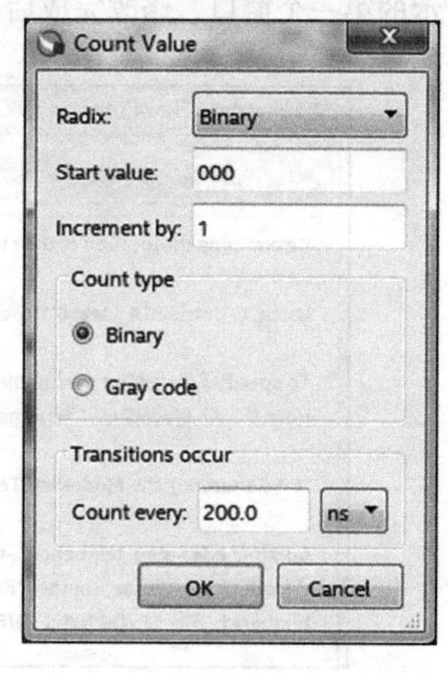

图 7.3.5　Count Value 对话框

4）最后选择 File → Save，保存波形至文件 Waveform.vwf 中。注意，不能修改文件名，否则会报错。

5）运行仿真。

仿真波形编辑器会调用 ModelSim 软件执行仿真。由于 ModelSim-Altera 版本中包含了仿真所需的 Intel 器件库，故推荐使用 ModelSim-Altera 版本。使用时，必须在 Quartus Prime 软件主菜单 Tools → Options…→ EDA Tool Options 中指定其可执行文件的路径（例如，D:\ intelFPGA_lite\18.1\modelsim_ase\win32aloem）。

在 Simulation Waveform Editor（仿真波形编辑器）窗口中选择 Simulation → Run Functional Simulation，则运行功能仿真。为了观察电路中的实际传播延迟，必须执行时序仿真[⊖]（注意，对于具有初步时序模型的 FPGA 器件，时序仿真结果可能与功能仿真结果相同）。

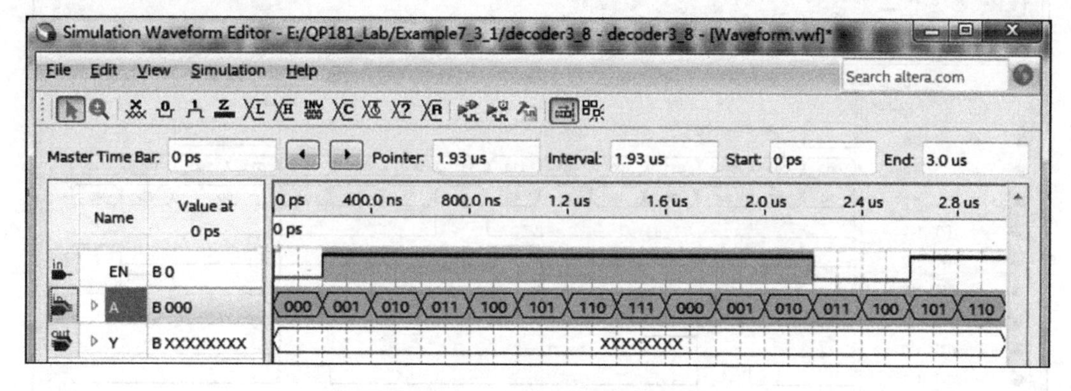

图 7.3.6　输入信号波形

这里，选择 Simulation → Run Timing Simulation，或者单击，运行时序仿真。程序自动在后台运行 ModelSim 仿真器，并弹出仿真进程对话框，如图 7.3.7 所示，仿真完成后自动关闭。同时，包含输出波形的第二个仿真波形编辑器窗口会自动打开，如图 7.3.8 所示。选择 Edit → Radix（基数）可以将总线 Y 改成十六进制的格式显示。选择 View → Fit in

⊖ 只有 Cyclone IV 和 Stratix IV 两个系列 FPGA 器件支持时序仿真。如果 Quartus 项目所选择的不是这两种芯片，则运行时序仿真的结果将与功能仿真相同。

Window，可在该窗口中显示整个仿真波形。

注意，第二个窗口的波形是只读的，如果要对输入波形进行修改，必须回到图 7.3.6 所示的第一个窗口，修改完成后，重新运行仿真。

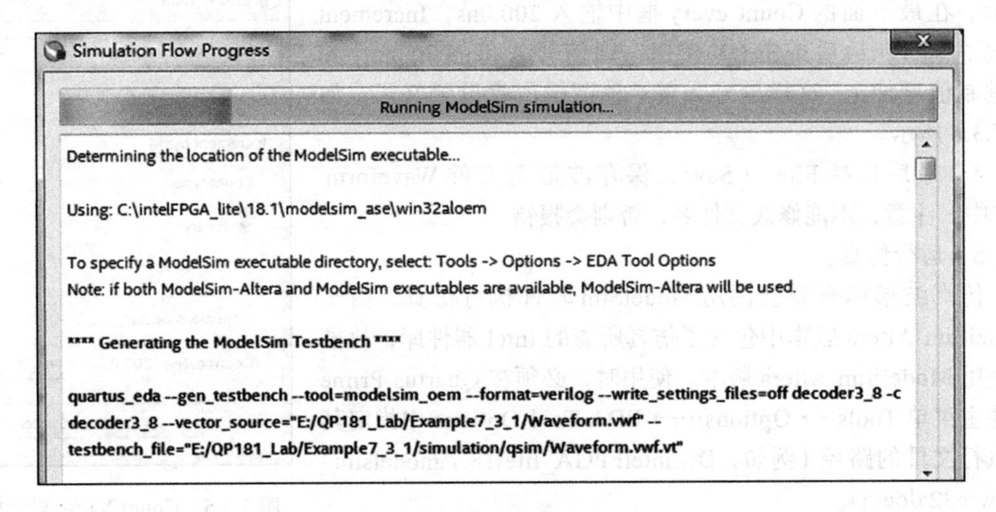

图 7.3.7　仿真进程窗口

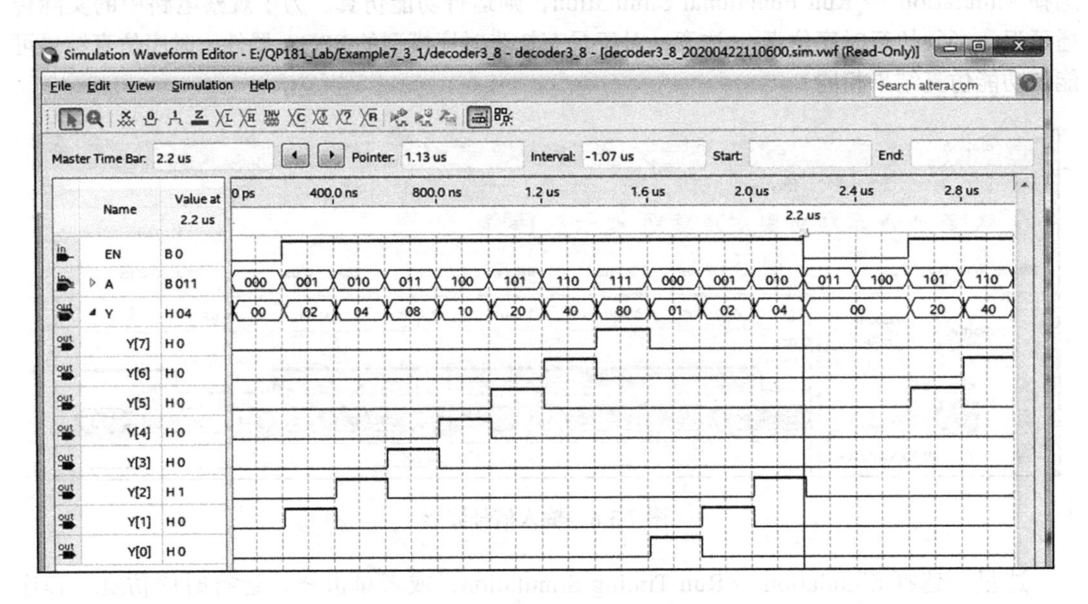

图 7.3.8　时序仿真波形图

如果发现电路中的错误，则可以通过更改 Verilog 代码，使用 Quartus Prime 重新编译设计来更正错误。

仿真结束后，在子目录 E:\QP181_Lab\Example7_3_1\simulation\qsim 中会自动生成一个测试文件，其文件名为 Waveform.vwf.vt，可以用文本编辑器打开，学习 Verilog HDL 测试文件的写法。

最后，介绍一下波形窗口的快捷编辑图标，如表 7.3.2 所示。

表 7.3.2　波形快捷编辑图标及功能

图标	功能简述	图标	功能简述
	选择拾取		使选定波形为弱高电平
	使选定波形为未知状态		使选定波形电平取反
	使选定波形为低电平 0		使选定波形用计数值填充
	使选定波形为高电平 1		使选定波形为时钟
	使选定波形为高阻状态		使选定波形为任意设置值
	使选定波形为弱低电平		使选定波形为随机值

2. 在 Quartus Prime 中直接调用 ModelSim 仿真

1）设置仿真工具。

在 Quartus Prime 主界面，选择 Assignments → Settings…，单击 EDA Tools Settings → Simulation，出现如图 7.3.9 所示界面。在 Tool name 框中，选择 ModelSim-Altera，在 Format for output netlist 中选择 Verilog HDL，在 Time Scale 中选择 10ns 作为仿真时间单位，单击 OK 按钮，返回 Quartus Prime 主界面。

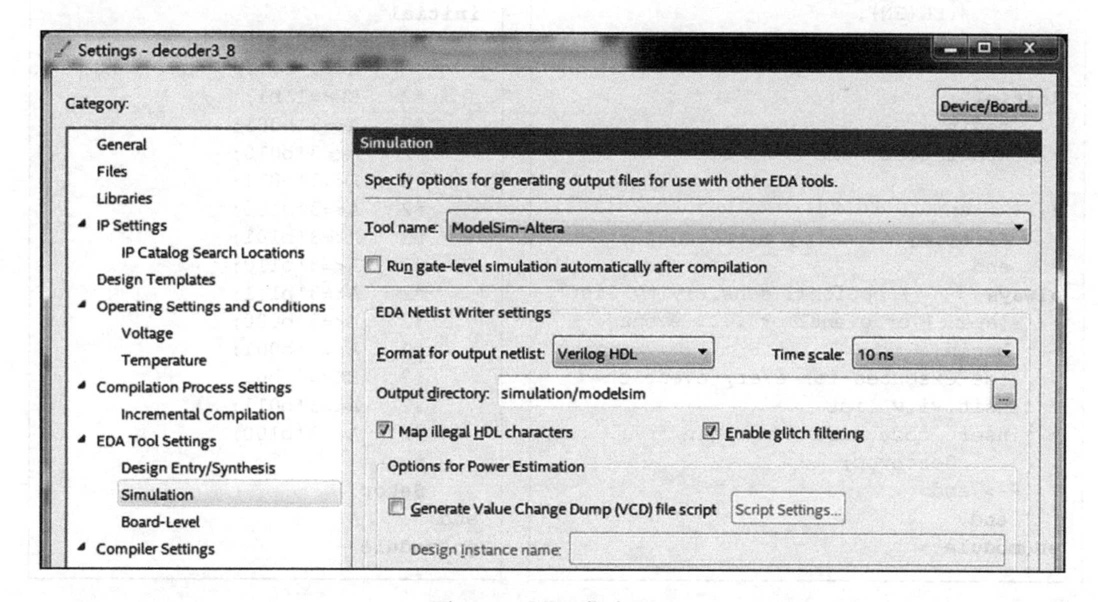

图 7.3.9　设置仿真工具

2）编译项目，生成测试文件模板。

设置完成后，选择 Processing → Start Compilation，对当前项目进行全编译。编译通过后，选择 Processing → Start → Start Test Bench Template Writer，会自动生成一个与顶层文件

同名的测试文件（decoder3_8.vt）模板，位于当前项目所在子目录 Example7_3_1/simulation/modelsim 中。

用文本编辑器打开测试文件 decoder3_8.vt，其内容如图 7.3.10 所示。程序结构包含了`timescale、输入/输出信号声明、实例引用设计模块（decoder3_8）、**initial** 块和 **always** 块等。

3）编辑、修改测试文件。

根据测试需求，在模板中修改测试文件。在 **initial** 块中添加输入激励，去掉不用的语句，最后完成的测试文件如图 7.3.11 所示。

```
`timescale 10 ns/ 1 ps
module decoder3_8_vlg_tst();
// general purpose registers
    reg eachvec;
// test vector input registers
    reg [2:0] A;
    reg EN;
// wires
    wire [7:0]  Y;

    decoder3_8 i1 (
// port map
        .A(A),
        .EN(EN),
        .Y(Y)
    );
initial
    begin
// insert code here --> begin

// --> end
    $display("Running testbench");
    end
always     // optional sensitivity list
// @(event1 or event2 or .... eventn)
    begin
// code executes for every event on
//sensitivity list
// insert code here --> begin
        @eachvec;
// --> end
    end
endmodule
```

图 7.3.10 测试文件模板

```
`timescale 10 ns/ 1 ps
module decoder3_8_vlg_tst();
    reg [2:0] A;
    reg EN;
// wires
    wire [7:0]  Y;

    decoder3_8 i1 (
// port map
        .A(A),
        .EN(EN),
        .Y(Y)
    );
initial
    begin
        A<=3'b000;    EN<=1'b0;
    #2  EN<=1'b1;
    #2  A<=3'b001;
    #2  A<=3'b010;
    #2  A<=3'b011;
    #2  A<=3'b100;
    #2  A<=3'b101;
    #2  A<=3'b110;
    #2  A<=3'b111;
    #2  A<=3'b000;
    #2  A<=3'b001;
    #2  EN<=1'b0;
    #2  A<=3'b011;
    #2  A<=3'b100;
    #2;
    $stop;
end
endmodule
```

图 7.3.11 修改后的测试文件

4）在 Quartus Prime 主界面添加测试文件。

选择 Assignments→Settings…，选择 EDA Tools Settings→Simulation，出现如图 7.3.12 所示窗口。

在 NativeLink Settings 栏中选中 Compile test bench，并单击右侧的 Test Benches…按钮。

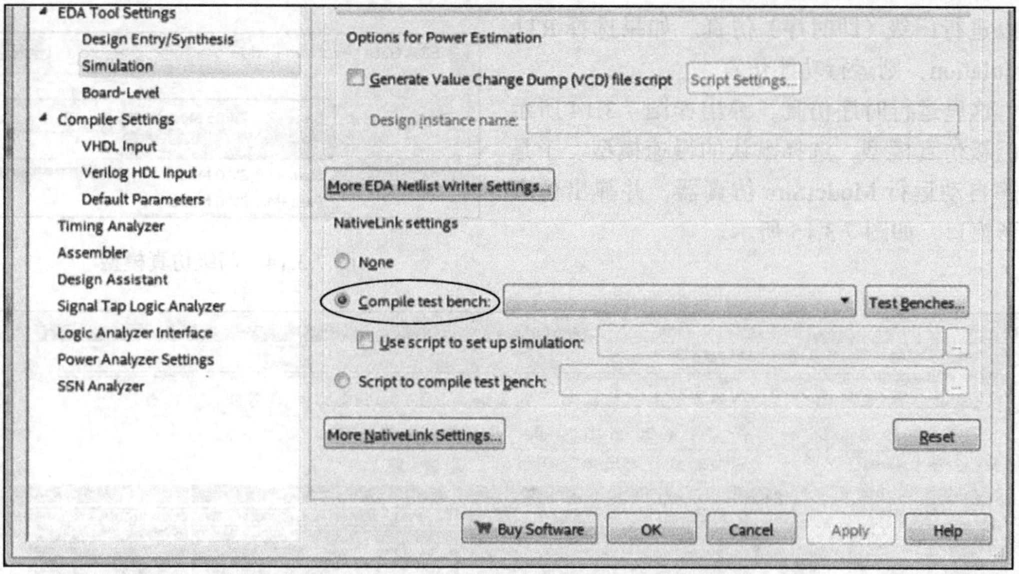

图 7.3.12　添加测试文件步骤 1

在弹出的窗口中，单击右侧的 New…按钮，弹出如图 7.3.13 所示对话框，在 Test bench name 框内输入测试文件名，在 Top level module in test bench 框内输入测试文件顶层模块名。在 Test bench and simulation files 栏下的 File name 框内选择测试文件 decoder3_8.vt，然后依次单击 Add、OK 按钮，完成设置并返回。

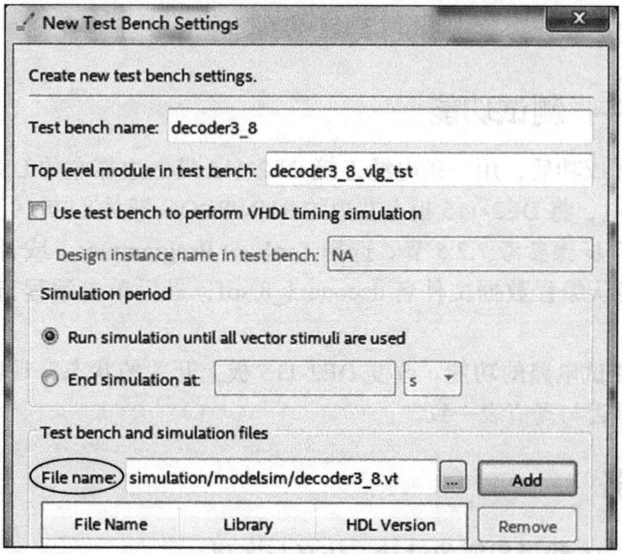

图 7.3.13　添加测试文件步骤 2

5）运行仿真。

在 Quartus Prime 主界面，选择 Tools → Run Simulation Tool → Gate Level Simulation，可以进行门级（即时序）仿真。如果选择 RTL Simulation，则运行功能仿真。

这里运行时序仿真，弹出如图 7.3.14 所示的门级仿真模型，选择默认的慢速模型。于是程序自动运行 ModelSim 仿真器，并弹出仿真波形窗口，如图 7.3.15 所示。

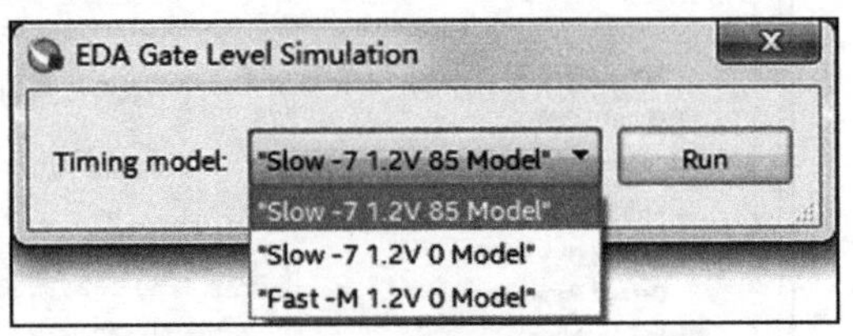

图 7.3.14　门级仿真模型

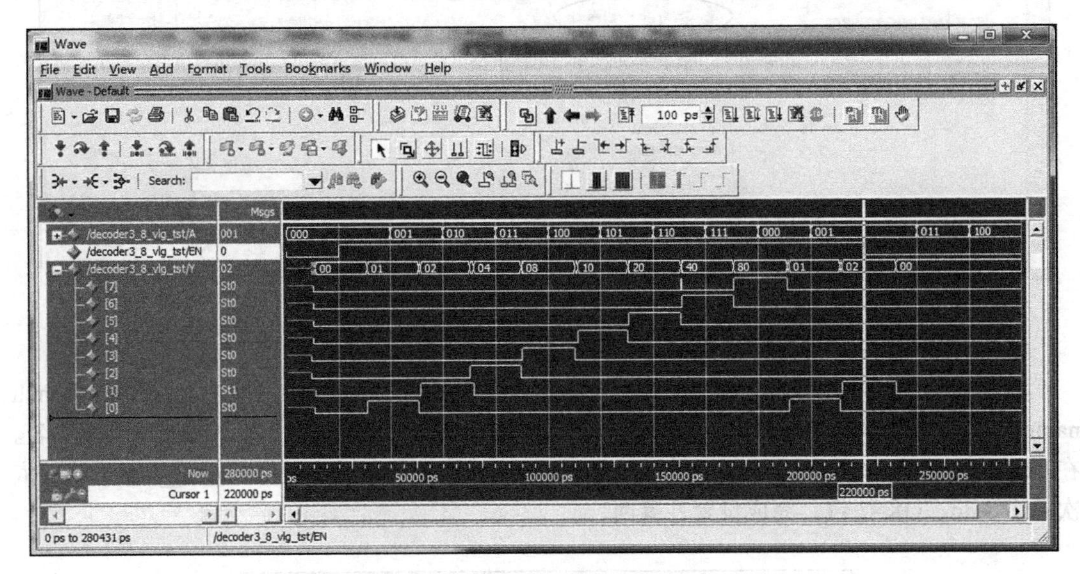

图 7.3.15　仿真波形

7.3.4　编程器件，测试功能

仿真测试和编译成功后，用一条电缆连接 DE2-115 最上边靠左的 USB-Blaster 接口与计算机 USB 接口并供电，将 DE2-115 板上左边的 RUN/PROG 开关（SW19）拨到 RUN 位置。

编程的具体操作步骤参考 7.2.5 节。选择 Tools → Programmer，或者单击图标，选择 JTAG 编程模式，确认编程数据文件名 decoder3_8.sof，最后单击编程窗口中的 Start 按钮，对目标器件编程。

编程结束后，测试电路的功能。改变 DE2-115 板上开关的状态，观察发光二极管的亮、灭，检查电路功能是否与真值表一致。

7.3.5　实验任务

实验三　4 线 – 16 线译码器的设计、仿真与实现

实例引用图 7.3.1 所示 3 线 – 8 线译码器子模块，构建一个 4 线 – 16 线译码器电路模型。

对其进行仿真，并用 FPGA 器件实现该电路。实验步骤如下：

1）创建一个子目录 E:\QP181_Lab\Lab3，并新建一个 Quartus Prime 工程项目。

2）建立源文件并添加到工程项目中。对电路引脚进行分配，接着编译项目。

3）用波形编辑器建立向量波形文件（后缀名为 .vwf）。

4）对设计项目进行时序仿真，记录仿真波形图，并验证其功能。

5）编译整个项目，查看该电路所占用的逻辑单元（Logic Element，LE）的数量。

6）对实验板上的 FPGA 器件进行编程，测试电路功能。

7）根据实验流程和实验结果，写出实验总结报告。

7.4　基于原理图输入的电路实现

在 EDA 软件中输入原理图，并用 FPGA 器件实现逻辑电路，是初学者学习工业界先进 EDA 工具的一种方法。

2 选 1 数据选择器的原理图如图 7.4.1 所示，本节用 Quartus Prime 软件中原理图的输入方式，介绍 FPGA 的开发流程。重点是操作步骤，以便初学者尽快学会软件的使用。

在设计之前，用 Windows 资源管理器新建一个子目录 E:\QP181_Lab\Example7_4_1。

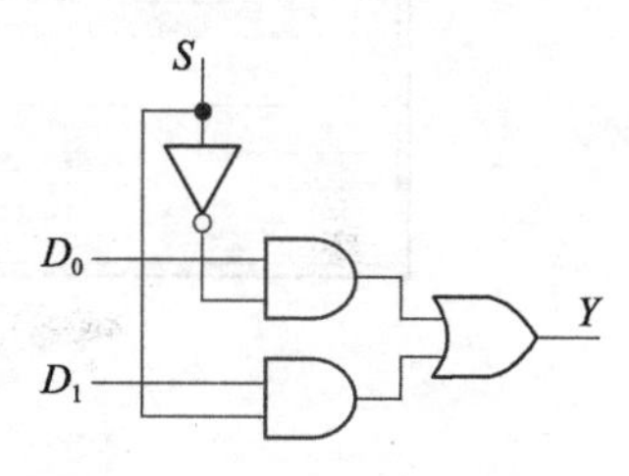

图 7.4.1　2 选 1 数据选择器

7.4.1　建立新的设计项目

先运行 Quartus Prime 软件，进入主界面。接下来的操作步骤如下：

1）选择主菜单 File → New Project Wizard，弹出创建新项目的向导窗口，如图 7.4.2 所示。按照提示输入项目工作目录、项目名称以及顶层实体文件名。单击 Next 按钮两次，进入下一页面。注意，Quartus Prime 要求项目名称和顶层实体文件名必须相同。

2）添加已经存在的设计文件到当前项目中。这里直接单击 Next 按钮，进入下一页面。

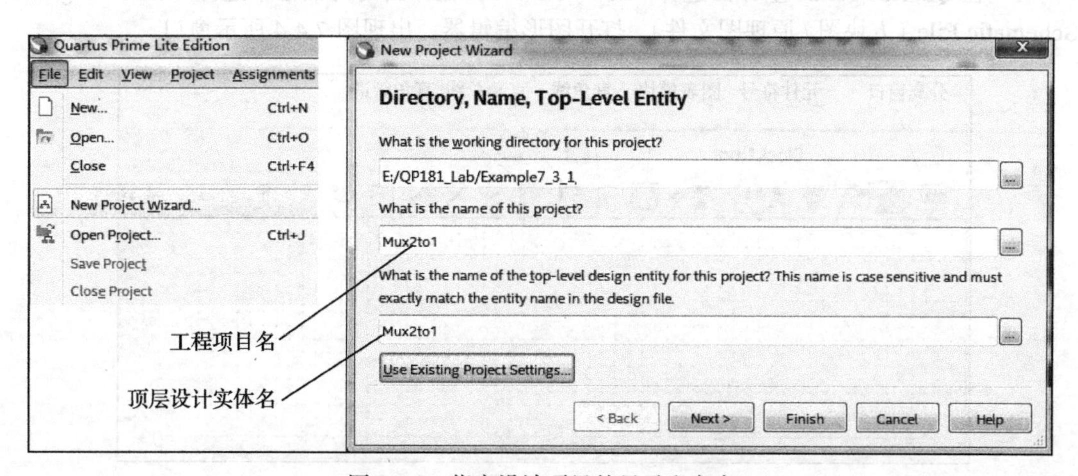

图 7.4.2　指定设计项目的目录和名字

3）选择目标器件。先选择 Cyclone IV E 器件系列（Family），再设置筛选条件，如右侧的封装（Package）、引脚数（Pin Count）以及速度等级（Speed grade）以加快器件选择过程，最后选定器件 EP4CE115F29C7，如图 7.4.3 所示，这是 DE2-115 开发平台上的器件。

4）单击 Next 按钮，出现选择第三方软件工具（如综合工具、仿真工具及时序分析工具）的页面，这里暂时不选择，直接单击 Next 按钮，进入最后一个页面，该页面显示设计项目的摘要（Summary）。检查全部参数设置，若有误，可单击 Back 按钮返回，重新设置。若无误，则单击 Finish 按钮，完成项目创建，返回到 Quartus Prime 主界面。

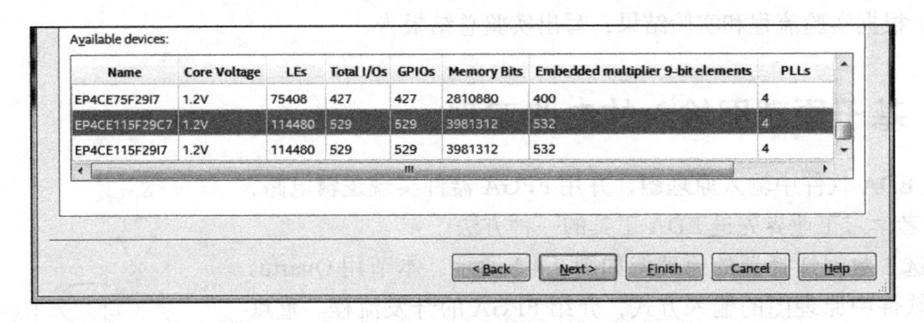

图 7.4.3　选择器件系列和特定型号的器件

7.4.2　输入电路原理图

为简化原理图的设计过程，Quartus Prime 建立了常用的元件符号库，在库中提供了各种逻辑功能的元件符号，包括宏功能（megafunction）模块符号和基本元件（primitive）符号等，供设计人员直接调用。

1. 创建原理图文件

输入原理图的基本步骤为：创建原理图文件、输入元件符号、画连接线连接元件符号等。具体步骤如下：

1）在 Quartus Prime 主界面选择 File → New…，在弹出的对话框中选择 Block Diagram/Schematic File（方块图 / 原理图文件），打开图形编辑器，出现图 7.4.4 所示窗口。

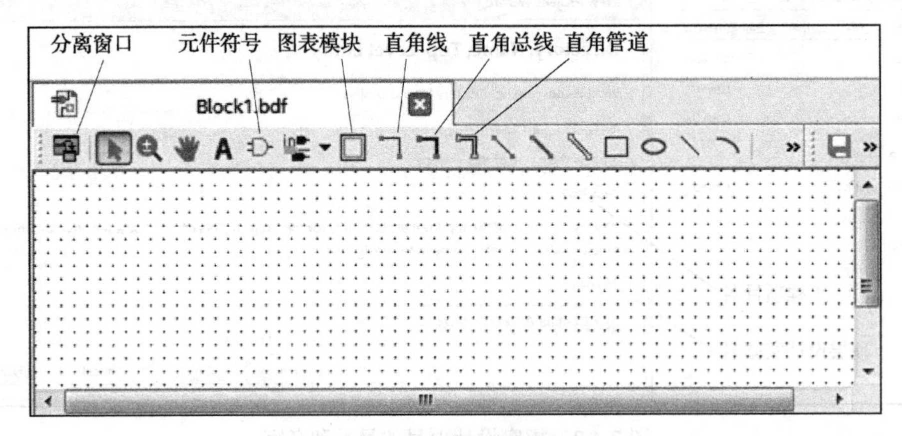

图 7.4.4　图形编辑器

选择主菜单 File → Save as…，输入文件名 Mux2to1.bdf，保存文件。

2）在图形窗口的空白处双击，或者单击图标，弹出 Symbol 对话框，如图 7.4.5 所示。在这里可以选择各种逻辑符号，以便绘制原理图。

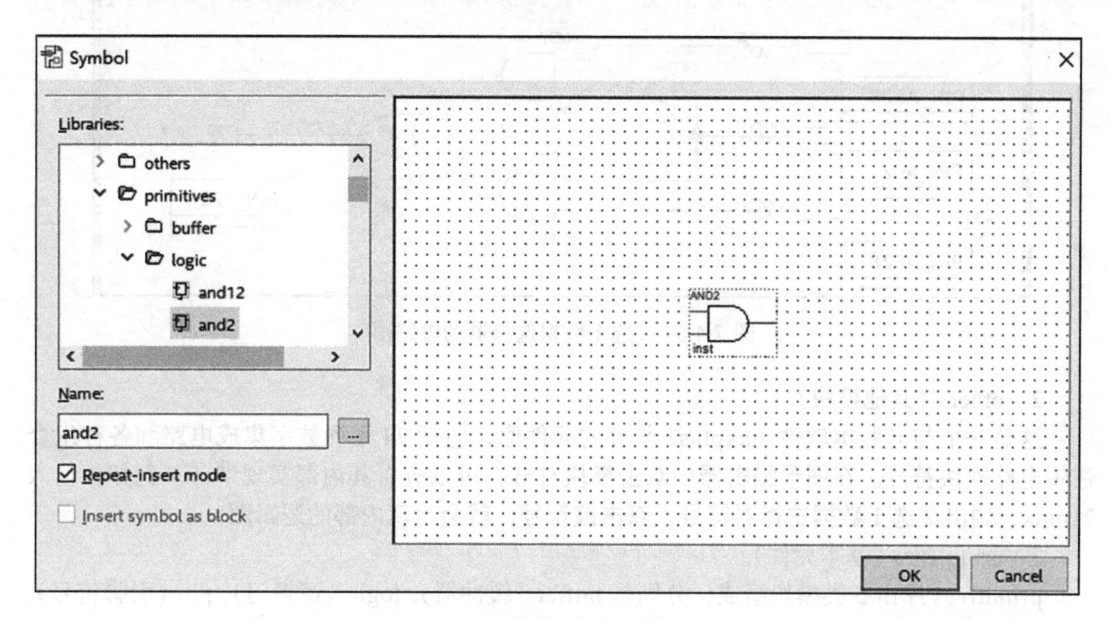

图 7.4.5　Symbol 对话框

选择 primitives 下面 Logic 子库中的元件 and2（2 输入与门），单击 OK 按钮，与门符号跟随鼠标出现在图形编辑器窗口，在空白处单击一次，放置一个与门符号，再次单击，又放置一个与门，按键盘上的 Esc 键，退出放置模式。

3）重复步骤 2，在弹出的 Symbol 窗口中的 Name 栏分别输入 not（非门）、or2（2 输入或门）、input（输入端口）和 output（输出端口）等符号名称，完成所有符号的放置。

4）利用工具栏的直角线工具对电路进行连接。也可以使两个元件符号的引线端直接接触，再拖动其中一个符号，则这两个符号便会连接起来。

5）在 INPUT 端口的 pin_name1 处双击鼠标左键，输入端口名称 D0，按 Enter 键，输入 S，再按 Enter 键，输入 D1。同样，将 OUTPUT 端口的名称修改为 Y。

最后完成的电路如图 7.4.6 所示，保存文件 Mux2to1.bdf。注意，引脚编号在完成引脚分配，并编译完成后才会显示。

2. 元件符号库

下面简单介绍一下符号库，方便初学者使用。

Quartus Prim 符号库位于 D: /intelFPGA_lite/18.1/quartus/libraries/ 的子目录中，有 3 个子库，即 megafunctions、others 和 primitives。

1）megafunctions（宏功能模块）。

这是一个参数化的模块库，模块的各个参数由设计者设定，只要修改参数，就可以得到满足需要的特定模块。库中的模块非常多，其用法将在 7.6 节进一步介绍。

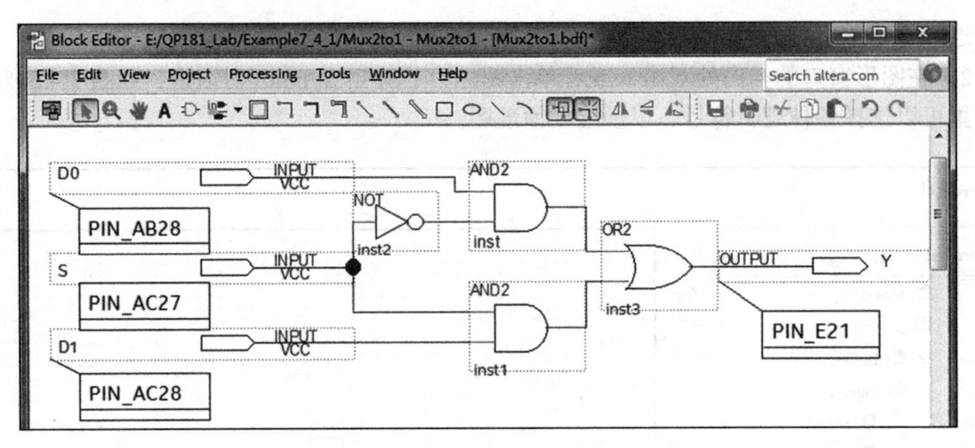

图 7.4.6　2 选 1 数据选择器的电路图

2）others（其他模块）。

这是一个与老版本软件 maxplus2 兼容的元件库，包括 74 系列数字集成电路和各种组合逻辑电路模块符号。在图形编辑器中双击模块符号，可以查看其内部实现细节。例如，输入 21mux，调出 2 选 1 数据选择器符号，双击该符号，就会出现内部的逻辑图。

3）primitives（基本元件）。

primitives 库由 5 类模块组成，分别是 buffer（缓冲器）、logic（逻辑门）、pin（引脚符号）、storage（存储器）和 other（其他功能模块）。

4）创建自己的模块符号。

在设计原理图的过程中，设计者可以为自己设计的电路（原理图或者 HDL）创建一个子模块符号，以便在高层次设计文件中多次调用。

创建模块符号时，先打开已经编译成功的文件，例如上面的文件 Mux2to1. bsf，然后选择主菜单 File → Create/Update → Create Symbol Files for current File，为当前文件创建一个符号。符号创建后，打开 Symbol 对话框，就能看到 Libraries 栏目的 Project 子目录下包含了用户创建的模块符号 Mux2to1，如图 7.4.7 所示。

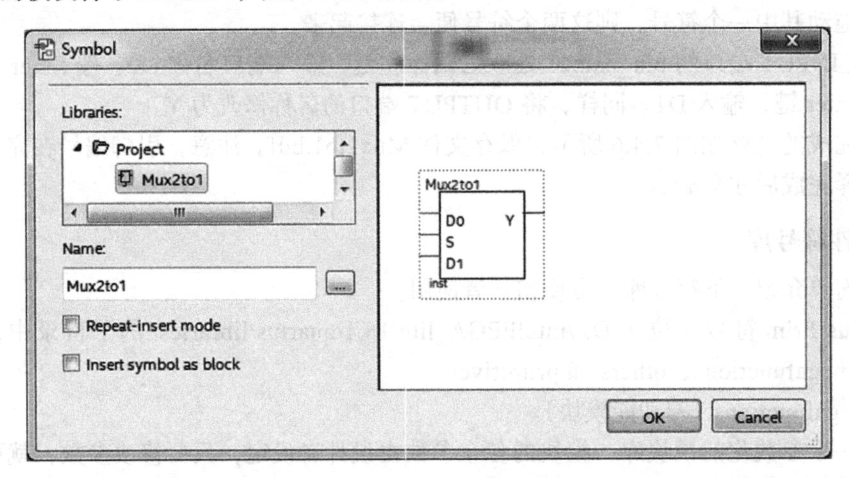

图 7.4.7　用户创建的符号 Mux2to1

7.4.3 分配引脚

使用 .qsf文件进行引脚分配。在 Quartus Prime 主界面选择 Assignments → Export Assignment，导出文件 Mux2to1.qsf。

在资源管理器当前项目文件夹中，用文本编辑器（例如记事本）打开文件 Mux2to1.qsf，根据 DE2-115 板的用户手册，在文件中添加下列 4 行引脚约束语句，保存退出即可。

```
set_location_assignment PIN_AB28 -to D0        #SW[0]
set_location_assignment PIN_AC28 -to D1        #SW[1]
set_location_assignment PIN_AC27 -to S         #SW[2]
set_location_assignment PIN_E21 -to Y          #LEDG[0]
```

7.4.4 编译设计项目

在 Quartus Prime 主界面选择 Processing → Start Compile，或单击图标▶，对项目进行全编译。编译完成后，原理图上会显示分配的引脚编号。

该流程的功能是提取电路的网表、设计文件排错、逻辑综合、逻辑分配、结构综合、时序仿真文件提取等。如果有错误，根据信息显示窗口提示的错误信息，返回图形编辑器进行修改，直到完全通过编译为止。

7.4.5 编程器件，测试功能

编译成功后，用一条电缆连接 DE2-115 最上边靠左的 USB-Blaster 接口与计算机 USB 接口并供电，将 DE2-115 板左下边的 RUN/PROG 开关（SW19）拨到 RUN 位置。

编程的具体操作步骤参考 7.2.5 节。选择 Tools → Programmer，或者单击图标，选择 JTAG 编程模式，确认编程数据文件名 Mux2to1.sof，最后单击编程窗口中的 Start 按钮，对目标器件编程。

编程结束后，测试电路的功能。改变 DE2-115 板上开关的状态，观察发光二极管的亮、灭，检查电路功能是否与真值表一致。

7.4.6 实验任务

实验四 基本逻辑门电路的仿真与实现

对两输入与门、与非门、或门、或非门、异或门进行逻辑功能仿真与实现。实验步骤如下：

1）创建一个子目录 E:\QP181_Lab\Lab4，并新建一个 Quartus Prime 工程项目。

2）根据图 7.4.8 建立一个新的原理图文件。

3）对电路引脚进行分配，编译整个项目。

4）用波形编辑器建立一个仿真波形文件（Waveform.vwf），对设计项目进行仿真。根据波形图列出各个逻辑门的真值表。

5）再次编译整个项目。

6）对实验板上的 FPGA 器件编程，并验证电路的逻辑功能。

7）根据实验流程和实验结果，写出实验总结报告。

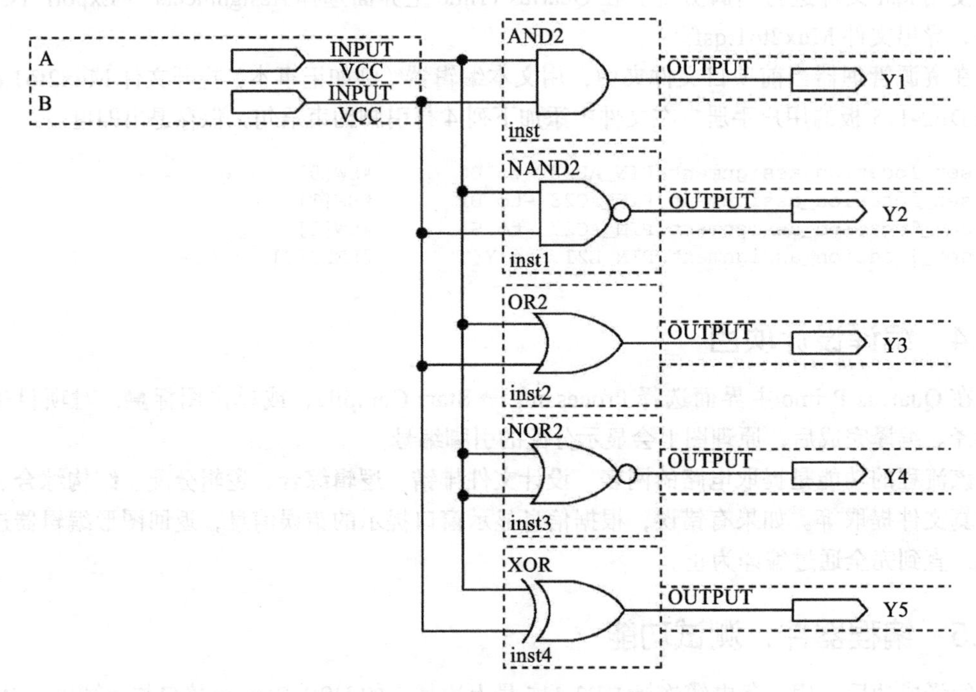

图 7.4.8 基本的逻辑门电路

7.5 基于原理图和 Verilog HDL 混合输入的电路实现

本节以编码、译码和显示电路为例，介绍在 Quartus Prime 中如何混合使用原理图和 Verilog HDL 进行分层次的结构化设计。

7.5.1 编码、译码、显示电路

编码、译码和显示电路的组成如图 7.5.1 所示，要求用 FPGA 实现虚线框内部的电路。电路的功能是：当开关闭合时，其对应的编号（假设编号与开关的下标相同）能够在共阳极显示器上显示出来，并用发光二极管显示开关的状态，即开关为高电平时，发光二极管亮，反之，发光二极管不亮。

74148 是 8 线输入、3 线输出的二进制优先编码器，其功能如表 7.5.1 所示。它的输入为低电平有效，优先级别从 $\bar{I}_7$ 至 $\bar{I}_0$ 依次递减。

$\overline{EI}$ 为输入使能，$\overline{GS}$ 为输出编码标志位，$\overline{EO}$ 为级联用的输出信号。它们的作用如下：

- $\overline{EI}$=1 禁止编码，输出 $\bar{A}_2\bar{A}_1\bar{A}_0$=111；$\overline{EI}$=0 允许编码。
- $\overline{GS}$ 为编码输出标志。$\overline{GS}$=0 表示 $\bar{A}_2\bar{A}_1\bar{A}_0$ 输出编码有效，$\overline{GS}$=1 表示 $\bar{A}_2\bar{A}_1\bar{A}_0$ 输出编码无效。

- $\overline{EO}$ 用于多个编码器的级联控制，即 $\overline{EO}$ 总是接在优先级较低的相邻编码器 $\overline{EI}$ 端，当允许优先级高的编码器工作，但又无输入请求时，$\overline{EO}$=0，从而允许优先级较低的相邻编码器工作，反之，若优先级高的编码器处于编码状态时，$\overline{EO}$=1，禁止优先级较低的相邻编码器工作。

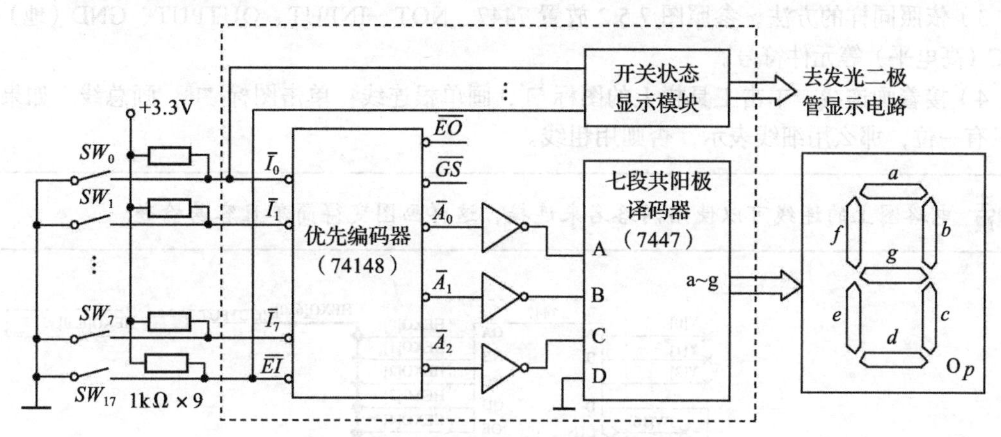

图 7.5.1 编码、译码和显示电路框图

电路的工作原理是：开关状态显示模块的输出送到外部发光二极管电路，显示开关的状态；同时，优先编码器 74148 检测外部 8 个开关的输入状态，并根据事先安排的输入优先级别输出开关的编码。由于输出的编码为反码（例如，$\bar{I}_7$ 的编码为 **000**，而 $\bar{I}_0$ 的编码为 **111**），经过非门将输出编码取反，再送到七段译码器进行译码，最后送给外部数码显示器显示开关的编号。

表 7.5.1 74148 功能表

输入									输出				
$\overline{EI}$	$\bar{I}_0$	$\bar{I}_1$	$\bar{I}_2$	$\bar{I}_3$	$\bar{I}_4$	$\bar{I}_5$	$\bar{I}_6$	$\bar{I}_7$	$\bar{A}_2$	$\bar{A}_1$	$\bar{A}_0$	$\overline{GS}$	$\overline{EO}$
1	×	×	×	×	×	×	×	×	1	1	1	1	1
0	1	1	1	1	1	1	1	1	1	1	1	1	0
0	0	1	1	1	1	1	1	1	1	1	1	0	1
0	×	0	1	1	1	1	1	1	1	1	0	0	1
0	×	×	0	1	1	1	1	1	1	0	1	0	1
0	×	×	×	0	1	1	1	1	1	0	0	0	1
0	×	×	×	×	0	1	1	1	0	1	1	0	1
0	×	×	×	×	×	0	1	1	0	1	0	0	1
0	×	×	×	×	×	×	0	1	0	0	1	0	1
0	×	×	×	×	×	×	×	0	0	0	0	0	1

下面介绍混合使用原理图和 Verilog HDL 设计电路的具体步骤。

7.5.2 输入原理图文件，建立新的设计项目

1）在 Quartus Prime 主界面，选择 File → New，在对话框中选择 Design Files 下面的

Block Diagram/Schematic File，单击 OK 按钮，打开原理图编辑器。

2）在编辑器窗口的空白处双击鼠标左键，或者单击图标，弹出 Symbol 窗口。在左边 Name 栏内输入元件名称 74148，或者在 Libraries 下面的元件库 others → maxplus II 中找到 74148，单击 OK 按钮，即可将元件符号调入到编辑窗口中，单击鼠标左键放置元件。

3）依照同样的方法，参照图 7.5.2 放置 7447、NOT、INPUT、OUTPUT、GND（地）和 VCC（高电平）等元件符号。

4）接着画连线。单击工具栏上的图标，画单根连线；单击图标，画总线。如果信号只有一位，那么用细线表示，否则用粗线。

注意 电路图上的连线可以使用网络名来连接，这样画图变得简单且容易检查。

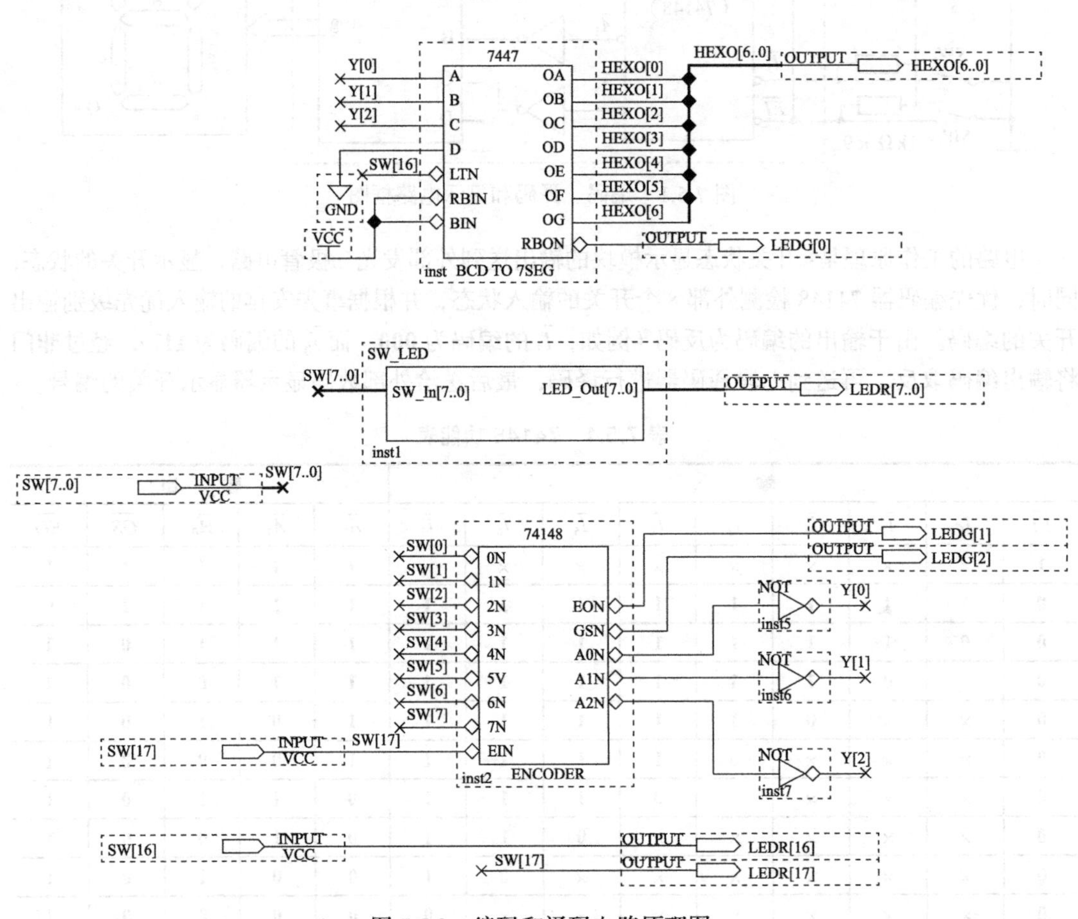

图 7.5.2 编码和译码电路原理图

为连线命名（网络名）的方法是：将光标移到需要命名的连线上，当其变成十字形状时单击，然后输入名字。对于 *n* 位宽的总线 A，可以采用 A[*n*-1..0] 表示，其中单个信号可用 A[0], A[1], …, A[*n*] 形式表示。用信号名也可以连接单个信号和总线。当一个总线中的某个成员名与一个连线名相同时，就表示这两根线连接在一起了。

为引脚命名的方法是：在引脚的 PIN_NAME 处双击鼠标左键，然后输入指定的名字，按 Enter 键。

5）保存文件。选择 File → Save As，输入文件名 _74ls148_7SegDisplay.bdf，同时检查“保存”按钮左侧的 Create new project based on this file 的复选框为勾选（√）状态，单击“保存”按钮，将文件保存到 E:\QP181_Lab\Example7_5_1 中。

6）出现基于该文件创建新项目的对话框，单击 Yes 按钮。按照屏幕提示创建一个新的设计项目，项目名为 _74ls148_7SegDisplay.qpf。

7.5.3　输入 HDL 底层文件，完善原理图文件

由于图 7.5.1 中“开关状态显示模块”还没有完成，因此这里用 Verilog HDL 描述该模块的功能，生成一个元件符号，作为底层子模块，然后在顶层原理图中调用它，完善图 7.5.2 中的原理图。

接着上面的步骤，进行如下操作：

1）在 Quartus Prime 主界面选择 File → New，再选择 Verilog HDL File，单击 OK 按钮，打开文本编辑器。

2）输入下面的 Verilog HDL 代码，用文件名 SW_LED.v 存盘，保存时将该文件添加到当前项目中。

```
module SW_LED(SW_In, LED_Out);
   input    [7:0]    SW_In;       //输入端口
   output   [7:0]    LED_Out;     //输出端口

   assign   LED_Out = SW_In;      //将开关状态送到LED
endmodule
```

图 7.5.3　开关状态显示的代码

3）在 Quartus Prime 主界面选择 File → Create/Update → Create Symbol Files for Current File 命令，生成符号文件。此时，在当前项目子目录中会自动产生 SW_LED.bsf 符号文件供画原理图使用。

4）重新回到原理图文件 _74ls148_7Seg-Display.bdf 的编辑窗口，双击空白处，弹出如图 7.5.4 所示对话框，选择 Project 项目下面的 SW_LED 元件，单击 OK 按钮，将它添加到原理图中。最终，完善后的原理图如图 7.5.2 所示。

7.5.4　分配引脚，编译设计项目

这里使用 DE2-115 开发板上的拨动开关、发光二极管和七段数码管（HEX0）对设计的电路进行测试。电路端口与器件引脚对应关系如表 7.5.2 所示。

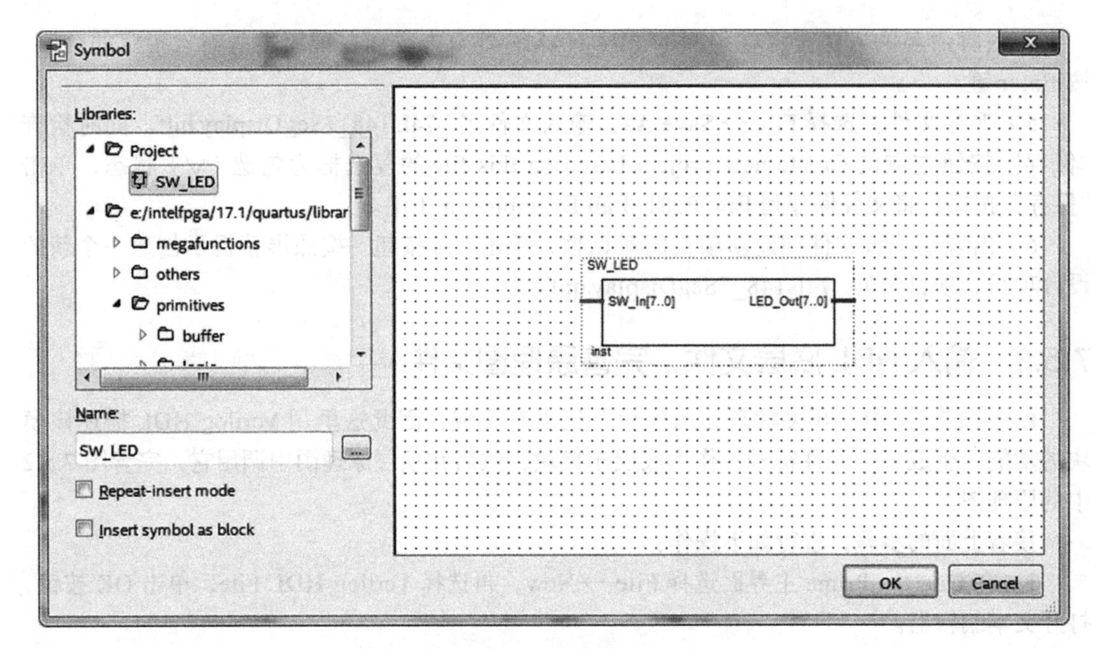

图 7.5.4　新建元件符号输入窗口

表 7.5.2　电路端口与器件引脚的对应关系

电路端口名	FPGA 引脚编号	说　明
SW[7]，…，SW[0]	AB26，AD26，AC26，AB27，AD27，AC27，AC28，AB28	74148 优先编码器的 8 个输入端口
SW[17]	Y24	74148 的使能端口，低电平有效
SW[16]	Y23	7447 的灯测试端口，低电平有效
LEDR[7]，…，LEDR[0]	H19，J19，E18，F18，F21，E19，F19，G19	红色 LED，显示 SW[7]～SW[0] 状态
LEDR[17]	H15	红色 LED，显示 SW[17] 状态
LEDR[16]	G16	红色 LED，显示 SW[16] 状态
LEDG[2]	E25	绿色 LED，显示 74148 $\overline{GS}$状态
LEDG[1]	E22	LED 显示 74148 级联端$\overline{EO}$状态
LEDG[0]	E21	LED 显示 7447 端口$\overline{RBO}$状态
HEX0[6]，…，HEX0[0]	H22，J22，L25，L26，E17，F22，G18	0 号数码管，显示开关的编号

DE2-115 板的附带光盘中有一个文件 DE2_115_pin_assignments.csv，用于指定 FPGA I/O 引脚，这里电路端口与该文件中规定的端口相同，可以直接使用该文件进行引脚分配。

分配引脚的具体操作步骤如下：

1）在 Quartus Prime 主界面选择 Assignments → Import Assignments 命令，再导入文件 DE2_115_pin_assignments.csv，即可完成引脚分配。注意，删除多余的、未用到的引脚分配。

2）选择菜单中的 Processing → Start Compilation 命令，或单击图标▶，完成全编译。编译正确后，原理图中将会自动添加电路端口的引脚编号。

7.5.5　编程器件，测试功能

编译成功后，连接好编程电缆，将 DE2-115 板上左下边的 RUN/PROG 开关（SW19）拨到 RUN 位置。

编程的具体操作步骤参考 7.2.5 节。选择 Tools → Programmer，或者单击图标，选择 JTAG 编程模式，确认编程数据文件名 _74ls148_7SegDisplay.sof，最后单击编程窗口中的 Start 按钮，对 FPGA 器件编程。

编程结束后，测试电路的功能。将 DE2-115 板上的开关 SW[17] 设置成低电平，SW[16] 设置成高电平，再拨动 SW[7]～SW[0]，按照表 7.5.1 验证输入信号的优先级别，同时观察数码管 HEX0 上显示的数码，检查整个电路的功能是否正确。

7.5.6　实验任务

实验五　2 线 – 4 线译码器实验

使用原理图输入方式，对 2 线 – 4 线译码器进行描述（参照图 3.2.4），并用 FPGA 实现电路。实验步骤如下：

1）创建一个子目录 E:\QP171_Lab\Lab5，并新建一个 Quartus Prime 工程项目。

2）建立一个原理图文件，用开关 SW[0] 代表 A[0]，用 SW[1] 代表 A[1]，用 SW[2] 代表 EN，用绿色 LED（即 LEDG[3]～LEDG[0]）作为输出 Y_3～Y_0，并将该文件文件添加到工程项目中。

3）导入 DE2_115_pin_assignments.csv 文件，完成引脚分配。

4）编译整个项目，查看该电路所占用的逻辑单元的数量。

5）对实验板上的 FPGA 编程。再改变拨动开关的位置，观察绿色 LED 的亮、灭状态，测试电路功能。

6）使用 RTL Viewer，查看 Quartus Prime 软件对该电路进行逻辑综合的结果。

7）根据实验流程和实验结果，写出实验总结报告。

7.6　基于 IP 模块的电路设计

IP（Intellectual Property）原指知识产权、著作权等，在 IC 设计领域通常被理解为实现某种功能的设计。IP 模块则是完成某种比较复杂算法或功能（如 FIR 滤波器、FFT、SDRAM 控制器、PCIe 接口、CPU 核等）并且参数可修改的电路模块，又称为 **IP 核**（IP Core）。随着 CPLD/FPGA 器件的集成度越来越高，设计越来越复杂，使用 IP 核是 EDA 设计的发展趋势。

根据实现方式的不同，IP 核可以分为软核（soft core）、固核（firm core）和硬核（hard core），三种 IP 核的特点如表 7.6.1 所示。

表 7.6.1　软核、固核和硬核的特点

特点	软核	固核	硬核
描述内容	模块功能	模块逻辑结构	模块物理结构
提供方式	HDL 文档	门级电路网表，对应具体工艺网表	电路物理结构掩膜版图和全套工艺文件
优、缺点	灵活，可移植；但后期开发时间长	介于两者之间	后期开发时间短，但灵活性差，不同工艺难移植

Intel 公司以及第三方合作伙伴提供的 IP 模块可以分为两类：可修改参数的 IP 核（Library of Parameterized Modules，LPM）和需要授权才能在生产设计中使用的 IP 核（功能更复杂的模块，也称为 MegaCore）。这些模块专门针对不同的器件结构进行了优化，在设计数字系统时，我们可以充分利用这些 IP 模块，加快设计进度，同时提高器件资源的利用率。另外，器件内部一些特定的功能块（例如存储器、DSP 块、LVDS 驱动器、PLL、SERDES 等）必须使用宏功能模块才可以使用。常用 LPM 模块如表 7.6.2 所示。

表 7.6.2　常用 LPM 模块分类及说明

模块分类	宏功能模块名称	功能说明
arithmetic（算术运算单元）	lpm_abs	参数化绝对值运算
	lpm_add_sub	参数化加法 / 减法器
	lpm_compare	参数化比较器
	lpm_counter	参数化计数器
	lpm_divide	参数化除法器
	lpm_mult	参数化乘法器
gates（逻辑门单元）	lpm_and	参数化与门
	lpm_bustri	参数化双向三态缓冲器
	lpm_clshift	参数化组合逻辑移位器
	lpm_constant	参数化常数发生器
	lpm_decode	参数化译码器
	lpm_inv	参数化反相器
	lpm_mux	参数化多路选择器
	lpm_or	参数化或门
	lpm_xor	参数化异或门
storages（存储器模块）	lpm_dff	参数化 D 触发器
	lpm_fifo	参数化 FIFO
	lpm_latch	参数化锁存器
	lpm_ram_dp	参数化双端口 RAM
	lpm_rom	参数化 ROM
	lpm_shiftreg	参数化移位寄存器

在 Quartus Prime 主界面，选择 Tools → IP Catalog（IP 目录）命令，挑选需要的 IP 模块，调用 MegaWizard Plug-In Manager（插件向导管理器），设置模块参数，再将定制好的模块用

于自己的设计文件中。下面通过几个示例介绍具体使用方法。

7.6.1　LPM_COUNTER 模块的设置与调用

下面以 LPM_COUNTER 模块为例，介绍可逆十进制计数器的设计与应用。

首先，在 Windows 资源管理器中创建子目录：E:\QII181_Lab\Example7_6_1，用于存放该项目的相关文件。

1. 设置 LPM_COUNTER 模块参数

接下来，操作步骤如下：

1）在 Quartus Prime 主界面创建一个新设计项目 Updown_counter10.qpf。

2）选择 Tools→IP Catalog，弹出如图 7.6.1 所示窗口。在 Device Family 框内选择 Cyclone IV E 器件系列；在查找框内输入 LPM，选择 Arithmetic 下的 LPM_COUNTER，再单击左下角的“+Add…”按钮。

3）弹出如图 7.6.2 所示对话框。选择存放路径和文件名（此处假定为 E:\QP181_Lab\Example7_6_1\myLPM_counter），单击 OK 按钮。注意，这里的存放路径会自动显示出来。

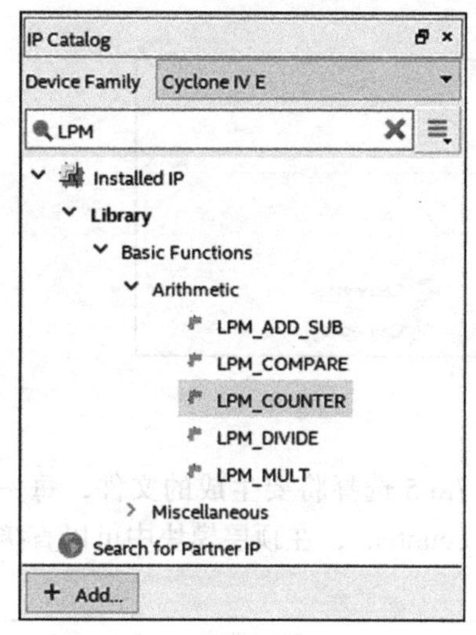

图 7.6.1　IP 类别的列表

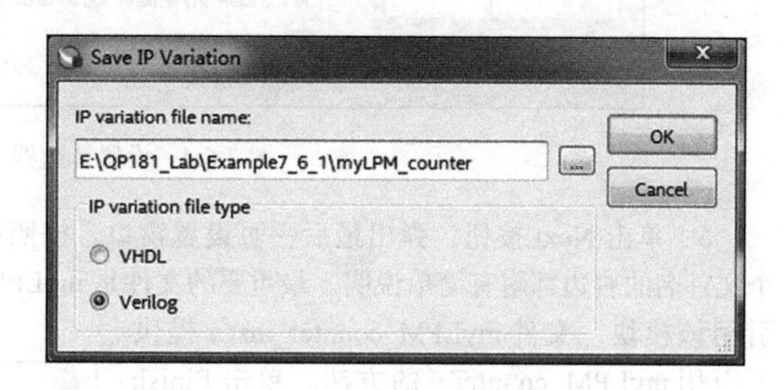

图 7.6.2　保存 IP 文件

4）弹出 MegaWizard Plug-In Manager（插件管理器向导）窗口。按照图 7.6.3 设置参数，即计数器的输出端口为 4 位，加 / 减计数输入端口为 updown（updown=1 时，加计数；updown=0 时，减计数）。单击右上角的 Documentation 按钮可以获得帮助文档[⊖]。

5）单击 Next 按钮，按照图 7.6.4 设置计数器的 Modulus（模）为 10，勾选附加端口 Clock Enable（时钟使能端）和 Carry-out（进位端）。再单击 Next 按钮，勾选异步输入 Clear（清零）端。

⊖ 帮助文档名称为 Intel FPGA Integer Arithmetic IP Cores User Guide。

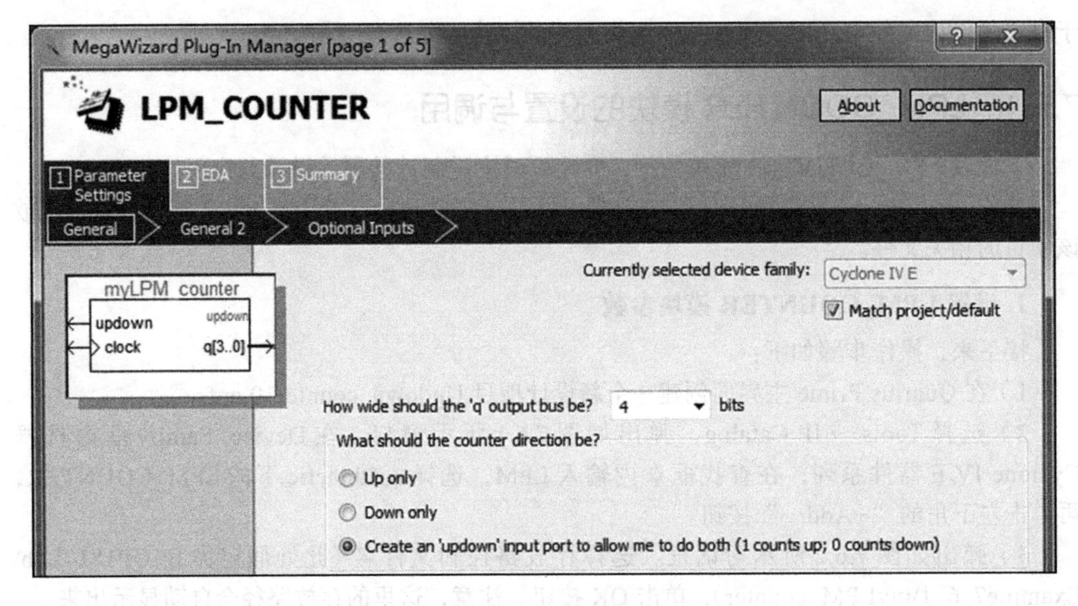

图 7.6.3　设置为 4 位加 / 减可逆计数器

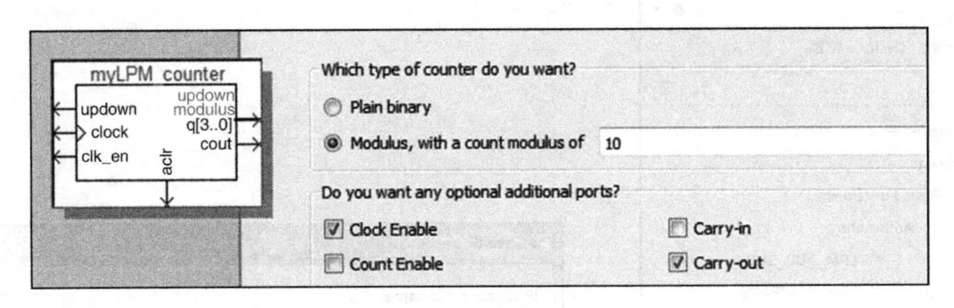

图 7.6.4　设置计数器

6）单击 Next 按钮，弹出最后一页设置窗口。按照图 7.6.5 选择将要生成的文件，每一个文件名的右边都附有简单说明。最重要的文件是 myLPM_counter.v，在顶层模块中可以直接引用该模块，文件 myLPM_counter_inst.v 提供了引用 myLPM_counter.v 的方法。单击 Finish 按钮，结束设置。

7）单击 Yes 按钮，添加该 IP 核文件到当前项目中。

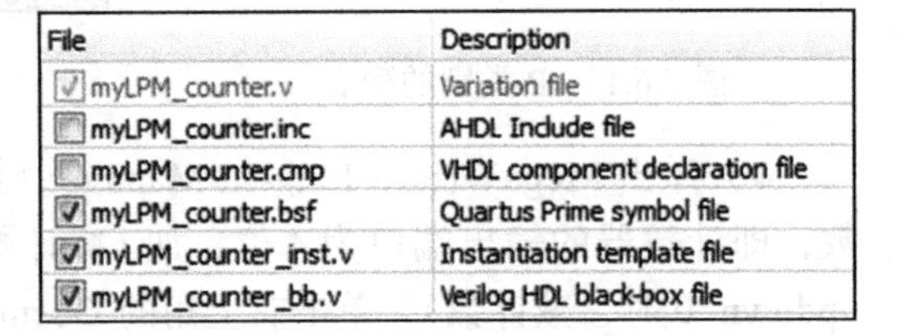

File	Description
myLPM_counter.v	Variation file
myLPM_counter.inc	AHDL Include file
myLPM_counter.cmp	VHDL component declaration file
myLPM_counter.bsf	Quartus Prime symbol file
myLPM_counter_inst.v	Instantiation template file
myLPM_counter_bb.v	Verilog HDL black-box file

图 7.6.5　设置 LPM_COUNTER 的生成文件

文件 myLPM_counter.v 的内容如图 7.6.6 所示（去掉了一些注释）。该代码最重要的内容是实例引用子模块 lpm_counter（见波浪线文字），它是一个可以设定参数的封闭子模块，用户看不到内部设计，只能通过参数传递语句 **defparam** 将用户设定的参数传递到子模块 lpm_counter 内部。有关端口说明，参见其帮助文档。

defparam 的一般用法如下：

```
defparam <元件例化名>.<参数名> = <参数值>
```

注意　defparam 语句只能将参数传递到比当前层次仅低一层的子模块中，即当前实例化引用的文件中，而不能传递到更低的层次模块中。

```
`timescale 1 ps / 1 ps
module  myLPM_counter (aclr, clk_en, clock, updown, cout, q);
    input    aclr;                                          //异步清零
    input    clk_en;                                        //时钟使能
    input    clock;                                         //计数器时钟信号
    input    updown;                                        //加减计数控制，1表示
                                                            //加，0表示减
    output    cout;                                         //进位输出
    output   [3:0]  q;                                      //计数器输出端口
    wire  sub_wire0;                                        //内部连线声明
    wire [3:0] sub_wire1;
    wire  cout=sub_wire0;                                   //与assign语句功能相
                                                            //同的赋值语句
    wire [3:0] q=sub_wire1[3:0];
    lpm_counter  LPM_COUNTER_component (                    //实例引用子模块
            .aclr (aclr),
            .clk_en (clk_en),
            .clock (clock),
            .updown (updown),
            .cout (sub_wire0),
            .q (sub_wire1),
            .aload (1'b0),                                  //注意，未使用端口必
                                                            //须接指定的电平
            .aset (1'b0),                                   //异步置1端
            .cin (1'b1),
            .cnt_en (1'b1),
            .data ({4{1'b0}}),                              //并行数据输入端
            .eq (),                                         //计数器译码输出端，
                                                            //仅在AHDL中使用
            .sclr (1'b0),                                   //同步清零端
            .sload (1'b0),                                  //同步置数控制端
            .sset (1'b0));                                  //同步置1端
    defparam                                                //参数传递语句
        LPM_COUNTER_component.lpm_direction = "UNUSED",     //不使用单向计数(加/减)
        LPM_COUNTER_component.lpm_modulus = 10,             //计数器的模为10
        LPM_COUNTER_component.lpm_port_updown = "PORT_USED", //使用updown端口
        LPM_COUNTER_component.lpm_type = "LPM_COUNTER",     //LPM类型
        LPM_COUNTER_component.lpm_width = 4;                //计数器位宽为4
endmodule
```

图 7.6.6　myLPM_counter.v 文件内容

2. 可逆十进制计数器的设计与仿真

子模块 LPM_COUNTER 的参数设置完成后，有两种用法。一是新建一个原理图文件，在原理图中调用符号 myLPM_counter.bsf（作为本节实验任务，留给读者练习）。二是编写一个顶层模块 Verilog HDL 文件，并实例引用上面定制的 myLPM_counter.v 子模块。

这里介绍第 2 种方法。新建一个顶层 Verilog HDL 文件，其代码如图 7.6.7 所示。注意，前面产生的文件 myLPM_counter_inst.v 与代码中波浪线处的语句类似。

```
module Updown_counter10 (aclr, cp_en, cp, updown, co, q);
    input   aclr;
    input   cp_en;
    input   cp;
    input   updown;
    output  co;
    output  [3:0] q;

myLPM_counter   myLPM_counter_inst (      //实例引用子模块
    .aclr ( aclr ),
    .clk_en ( cp_en ),
    .clock ( cp ),
    .updown ( updown ),
    .cout ( co ),
    .q ( q )
    );
endmodule
```

图 7.6.7 Updown_counter10.v 源文件

具体步骤：

1）在 Quartus Prime 主界面选择 File New → Verilog HDL File 命令，输入上述代码，用 Updown_counter10.v 保存，并添加该文件到当前项目（Updown_counter10.qpf）中。最后，在项目导航器框内选择 Files，检查一下当前项目文件，如图 7.6.8 所示。选择 Project → Add/Remove Files in Project，可以添加、移除当前项目中的文件。

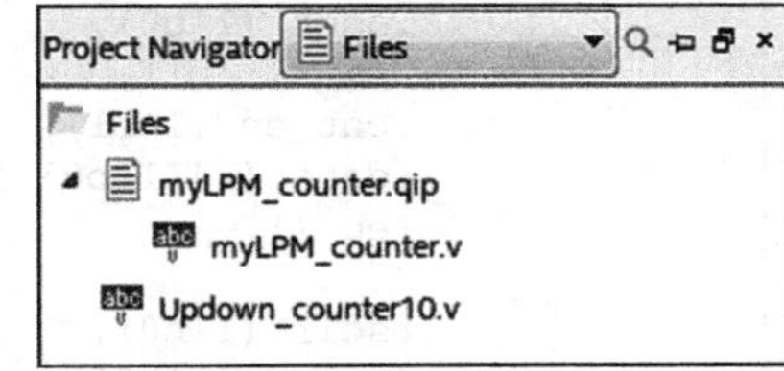

图 7.6.8 当前项目中的文件

2）单击工具栏上的图标▶，完成对该项目的全编译。

3）选择 File → New → University Program VWF，创建一个仿真波形文件 Waveform.vwf，设置 cp 周期为 20ns，选择 Simulation → Run Timing Simulation，运行时序仿真，得到如图 7.6.9 所示的波形图。从波形图中可以判断计数器的逻辑功能是正确的。

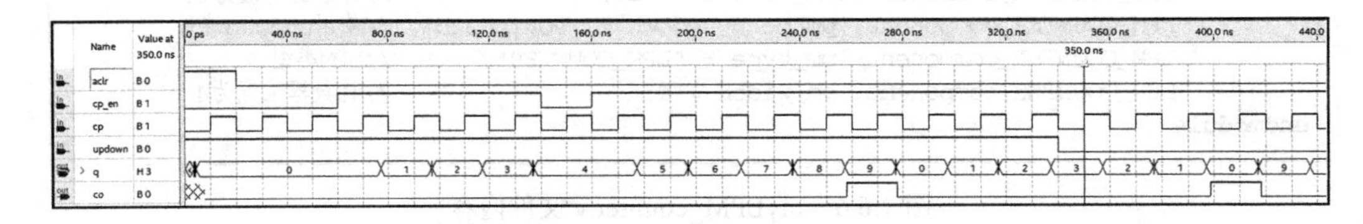

图 7.6.9 可逆计数器的仿真波形图

3. 可逆十进制计数器的硬件测试

1）分配引脚。在资源管理器当前项目文件夹中，用文本编辑器（例如记事本）打开文件

Updown_counter10.qsf，根据 DE2-115 板的用户手册，在文件中添加下列引脚约束语句，保存退出即可。注意，“#”后面为注释，可以不输入。

```
set_location_assignment PIN_R24 -to cp                # KEY[3]
set_location_assignment PIN_AB28 -to updown           # SW[0]
set_location_assignment PIN_AC28 -to cp_en            # SW[1]
set_location_assignment PIN_AC27 -to aclr             # SW[2]
set_location_assignment PIN_G19 -to q[0]              # LEDR[0]
set_location_assignment PIN_F19 -to q[1]              # LEDR[1]
set_location_assignment PIN_E19 -to q[2]              # LEDR[2]
set_location_assignment PIN_F21 -to q[3]              # LEDR[3]
set_location_assignment PIN_F18 -to co                # LEDR[4]
```

2）单击工具栏上的▶快捷图标，再次对该项目进行全编译。

3）编译成功后，对 DE2-115 板上的 FPGA 器件进行编程（参考 7.2.5 节），并测试十进制可逆计数器电路的功能。将清零信号 SW[2] 拨到 0，时钟使能信号 SW[1] 拨到 1，加 / 减计数由 SW[1] 控制，由按钮 KEY[3] 提供时钟信号，每按动一次，提供一个脉冲，观察 5 个发光管的亮、灭情况。

7.6.2 嵌入式锁相环模块 ALTPLL 的设置与调用

Intel FPGA 器件内部集成了一个或多个锁相环（Phase Locked Loop，PLL），可以用这些嵌入在 FPGA 内部的 PLL 与输入的时钟信号同步，并以其作为参考信号实现锁相，输出一个到多个同步倍频或分频的片内时钟，供逻辑系统应用。

下面举例说明 Cyclone IV E 器件系列中锁相环的使用方法。

DE2-115 板由晶振提供频率为 50MHz 的时钟信号，本实验要求经过锁相环后产生频率为 25MHz 和 100MHz 的时钟信号输出，另外，再产生一个频率仍为 50MHz 但有 3ns 相移的时钟信号。

首先，在 Windows 资源管理器中创建子目录 E:\QII181_Lab\Example7_6_2，用于存放该项目的相关文件。

1. 设置 ALTPLL（嵌入式锁相环）模块参数

操作步骤如下：

1）在 Quartus Prime 主界面创建一个新设计项目 mypll_top.qpf。

2）选择 Tools → IP Catalog，弹出如图 7.6.1 所示窗口。在 Device Family 框内选择 Cyclone IV E 器件系列；在查找框🔍内输入 PLL，选择 Clocks；PLLs and Resets 下的 ALTPLL 宏模块，再单击左下角的“+Add…”按钮。

然后，选择存放路径和文件名（此处假定为 E:\QP181_Lab\Example7_6_2\mypll），语言选 Verilog，单击 OK 按钮。

3）出现图 7.6.10 所示的界面。设置输入时钟（inclk0）频率为 50MHz，在 DE2-115 平台上，此信号被连接到专用时钟引脚 Y2，其他设置基本不变。通常锁相环输入时钟信号的频率不低于 10MHz。

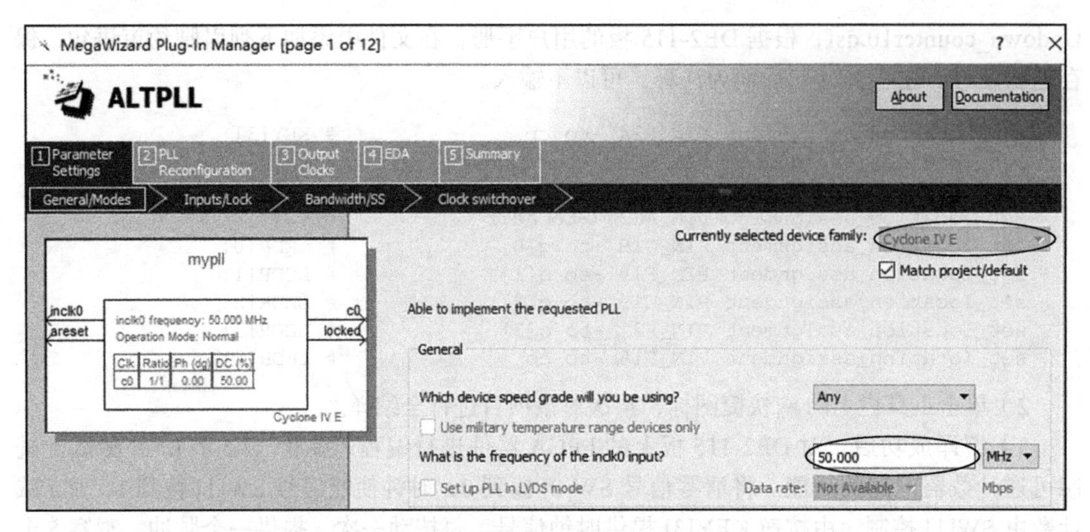

图 7.6.10　设置输入时钟信号的频率

4）单击 Next 按钮，按照图 7.6.11 设置输入 / 输出信号。输入选项包括 areset（异步清零端）和 pfdena（相位 / 频率检测器的使能端），输出选项为 locked（相位锁定指示）。通过 locked 端可以知道锁相环是否失锁（locked 为 0 表示失锁）。

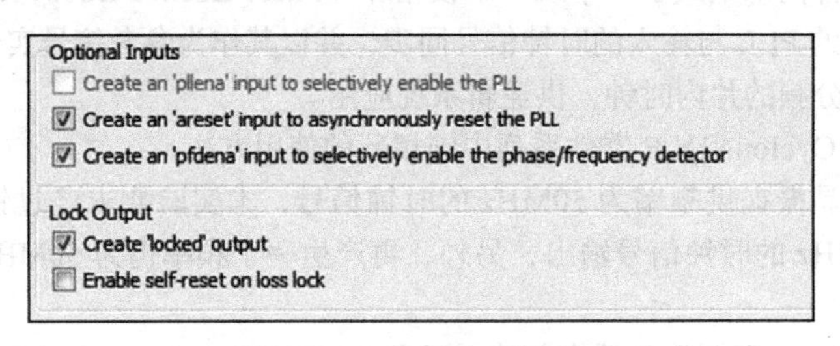

图 7.6.11　设置输入 / 输出信号

5）单击 Next 按钮 4 次，设置锁相环输出信号的频率。Cyclone IV E 器件最多支持 5 个信号输出，分别为 clk c0～clk c4。设置输出信号的频率有两种方法：第一种是直接设置输出频率，第二种是设置输出信号对输入信号的倍频因子。此处，按照图 7.6.12 所示设置 clk c0 的频率为 25MHz，时钟相移和占空比不变。

单击 Next 按钮，设置输出信号 c1 的频率为 100MHz，时钟相移和占空比不变。注意，要勾选 Use this clock 复选框。

单击 Next 按钮，按照图 7.6.13 设置输出信号 c2 的频率为 50MHz，时钟相移为 3ns，占空比为 50%。

6）继续单击 Next 按钮，直到弹出如图 7.6.14 所示的设置对话框，对输出文件的类型进行选择，每一个文件后面的 Description 栏目中对文件的作用进行了简单说明，单击 Finish 按钮完成设定。最后，生成文件中最重要的文件是 mypll.v，在顶层模块中可以直接引用该模块，文件 mypll_inst.v 提供了引用 mypll.v 的方法。

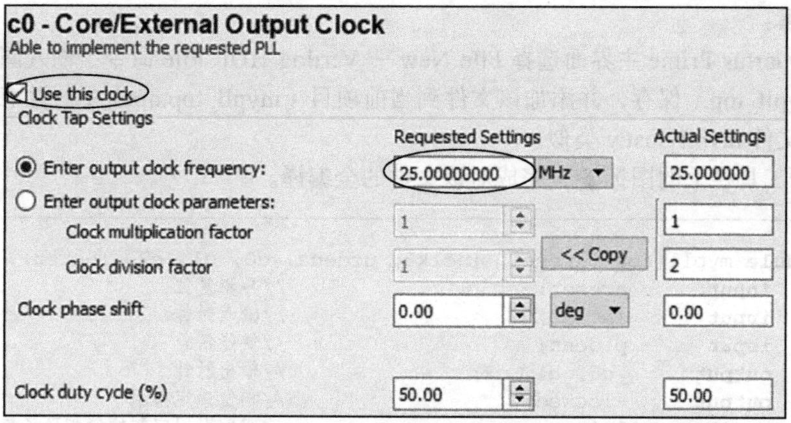

图 7.6.12　设置片内时钟 c0 的频率

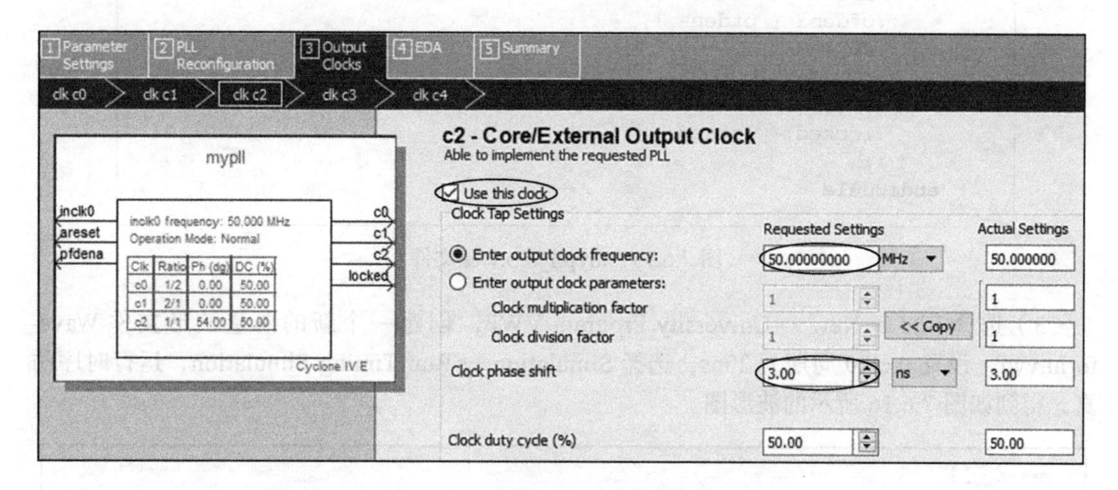

图 7.6.13　设置片内时钟 c2 的频率

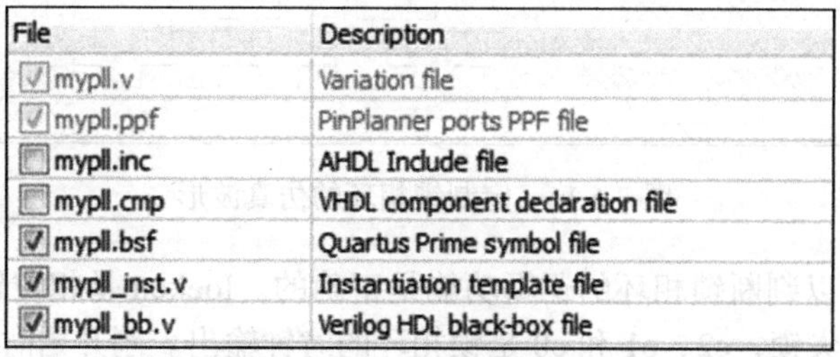

File	Description
mypll.v	Variation file
mypll.ppf	PinPlanner ports PPF file
mypll.inc	AHDL Include file
mypll.cmp	VHDL component declaration file
mypll.bsf	Quartus Prime symbol file
mypll_inst.v	Instantiation template file
mypll_bb.v	Verilog HDL black-box file

图 7.6.14　选择输出文件

2. 实例引用定制的锁相环模块，进行功能仿真

锁相环 ALTPLL 子模块（mypll.v）的参数设置完成后，为了测试其功能，新建一个顶层的 Verilog HDL 文件，并进行功能测试。

具体步骤：

1）在 Quartus Prime 主界面选择 File New → Verilog HDL File 命令，输入图 7.6.15 所示代码，用 mypll_top.v 保存，并添加该文件到当前项目（mypll_top.qpf）中。注意，代码中波浪线语句与文件 mypll_inst.v 类似。

2）单击工具栏上的图标▶，完成对该文件的全编译。

```
module mypll_top (areset, inclk0, pfdena, c0, c1, c2, locked);
    input       areset;                         //异步复位
    input       inclk0;                         //输入时钟
    input       pfdena;                         //使能信号
    output       c0, c1, c2;                    //输出时钟
    output       locked;                        //相位锁定指示
    mypll  mypll_inst (                         //实例引用定制的锁相环子模块
        .areset ( areset ),
        .inclk0 ( inclk0 ),
        .pfdena ( pfdena ),
        .c0 ( c0 ),
        .c1 ( c1 ),
        .c2 ( c2 ),
        .locked ( locked )
        );
    endmodule
```

图 7.6.15　mypll_top.v 源文件

3）选择 File → New → University Program VWF，创建一个新的向量波形文件 Waveform.vwf，设置 inclk0 周期为 20ns，选择 Simulation → Run Timing Simulation，运行时序仿真，得到如图 7.6.16 所示的波形图。

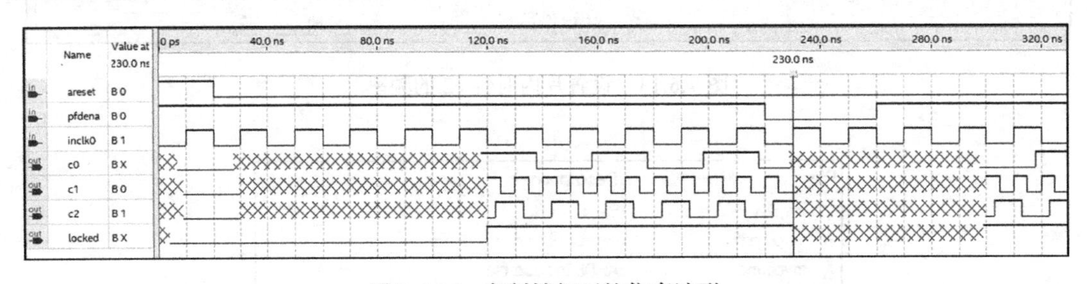

图 7.6.16　定制锁相环的仿真波形

根据波形图，可以判断锁相环的逻辑功能是正确的。locked 是相位锁定指示，高电平表示锁定，低电平表示失锁，c2、c1 和 c0 是锁相环的时钟输出。刚开始时，locked=0，锁相环处于失锁状态，c2～c0 信号的输出是不确定的（阴影线），不能使用；当 locked=1 后，锁相环输出信号 c2～c0 稳定。但在 220ns 处，使能信号 pfdena 无效，锁相环又失锁，直到 300ns 后，锁相环输出信号才是稳定可靠的。

3. 使用锁相环的注意事项

使用 FPGA 内部的锁相环应注意以下几点：

1）在设置参数的过程中，要特别注意各对话框上部的提示信息：“Able to implement the requested PLL”表示设定的功能可以实现；若出现“Cannot implement the requested PLL”，则表示设置的参数不合适，需要重新设定。

2）不同型号的 FPGA 器件，锁相环输入、输出频率的范围是不同的。例如，Cyclone II 系列器件内部 PLL 的工作频率范围为 10MHz 至 400MHz，Cyclone III 系列器件内部 PLL 的工作频率范围为 2kHz 至 1300MHz，Cyclone IV 系列器件内部 PLL 的工作频率范围为 2kHz 至 1000MHz。

3）根据上述步骤配置的锁相环不必单独测试就能使用。使用时，需要在项目的顶层文件中对锁相环进行实例引用。

4）锁相环输入时钟信号必须来自外部的专用时钟输入引脚，不能使用普通的 I/O 引脚，也不能使用 FPGA 内部电路的节点信号。

5）对一个含有锁相环的工程项目进行仿真时，最好先删除锁相环电路。因为锁相环输出时钟信号时，刚开始锁相跟踪时间的长短是不确定的，因此，仿真激励信号的长短也很难设定。

7.6.3　存储器模块 LPM_ROM 的配置与调用

在涉及存储器的应用时，直接调用 Quartus Prime 软件提供的存储器 IP 模块可以提高设计效率，同时还能充分利用片内嵌入的存储器模块，减少逻辑资源的占用。

下面以 ROM（Read-Only Memory）为例，介绍存储器模块的配置与调用方法。使用 ROM 时，首先要对其进行初始化，即将数据写入 ROM 内部的存储单元中，当系统正常工作时，读出其中存储的数据。

本节先介绍生成存储器初始化文件的方法，接着介绍 ROM 的配置、实例引用和仿真测试，最后调用定制好的 ROM 模块，完成一个简易正弦信号发生器的设计。

首先，在 Windows 资源管理器中创建子目录 E:\QII181_Lab\Example7_6_3，用于存放该项目的相关文件。接着，创建一个新设计项目 Sine_Signal.qpf。

1. 存储器初始化文件的生成

本节的任务是生成一个 128 × 8 位 ROM 的初始化文件。

Quartus Prime 软件接受两种格式的初始化文件：Memory Initialization File（.mif）和 Hexadecimal（Intel-Format）File（.hex）。使用时，将初始化文件放在当前工程项目子目录中，在配置 LPM_ROM 时会对其进行初始化。

下面说明建立 .mif 格式文件的两种方法。

（1）直接编辑法

在 Quartus Prime 主界面中选择 File → New 命令，在 Memory File 栏下选择 Memory Initialization File，单击 OK 按钮，在弹出的对话框中设置 Number of words（字数）为 128，Word Size（字的大小，即位数）为 8。

单击 OK 按钮，弹出图 7.6.17 所示的数据输入窗口。使用主菜单 View → Address Radix、View → Memory Radix 可以切换显示格式为十六进制或者其他进制，也可以在第 1

列或者第 1 行的数字上右击切换显示格式（默认为十进制）。

表中任一数据的地址为第 1 列和第 1 行列出的地址之和，例如图 7.6.17 中黑色方框单元的地址为 40+7=47H。直接在表格中输入初始化数据，再选择 File → Save As，以文件名 Data_sine.mif 来保存该文件，并存放在当前项目的子目录中。

（2）用 C 语言等软件生成初始化文件[⊖]

当需要初始化的存储单元较多时，上述手工输入数据的方法就不太实用了。在了解 mif 文件的格式的基础上，可以自己编写 C 语言程序或者使用 MATLAB 程序自动生成 mif 文件。下面是 mif 文件格式的说明。存盘时，文件名后缀必须是 mif。

Data_sine.mif*

Addr	+0	+1	+2	+3	+4	+5	+6	+7
00	80	86	8C	92	98	9E	A5	AA
08	B0	B6	BC	C1	C6	CB	D0	D5
10	DA	DE	E2	E6	EA	ED	F0	F3
18	F5	F8	FA	FB	FD	FE	FE	FF
20	FF	FF	FE	FE	FD	FB	FA	F8
28	F5	F3	F0	ED	EA	E6	E2	DE
30	DA	D5	D0	CB	C6	C1	BC	B6
38	B0	AA	A5	9E	98	92	8C	86
40	7F	79	73	6D	67	61	5A	55
48	4F	49	43	3E	39	34	2F	2A
50	25	21	1D	19	15	12	0F	0C
58	0A	07	05	04	02	01	01	00
60	00	00	01	01	02	04	05	07
68	0A	0C	0F	12	15	19	1D	21
70	25	2A	2F	34	39	3E	43	49
78	4F	55	5A	61	67	6D	73	79

图 7.6.17 MIF 文件编辑窗口（地址、数据均为十六进制格式）

```
DEPTH = 128;            — 可寻址的存储单元数目，即字数
WIDTH = 8;              — 存储单元宽度，即位数
ADDRESS_RADIX = HEX;    — 用十六进制数表示地址
DATA_RADIX = HEX;       — 用十六进制数表示数据
CONTENT                 — 关键词
BEGIN                   — 关键词
    00  :   80;         — 冒号左边是地址，右边是数据
    01  :   86;         — 每行以分号结尾
…… （数据省略）
    7E  :   73;
    7F  :   79;
END;                    — 关键词
```

以下是产生 128×8 位正弦波形数据的 C 语言源程序：

```
#include <stdio.h>
#include <math.h>
#define PI 3.141592
#define DEPTH 128          //数据深度，即存储单元的个数
#define WIDTH 8            //存储单元的宽度
int main(void)
{   int n,temp;
    float v;
    FILE *fp;
    /*  建立名为Data_sine.mif的新文件，允许写入数据  */
    fp = fopen("Data_sine.mif","w+");
    if(NULL==fp)
        printf("Can not creat file!\r\n");
    else
    {
        printf("File created successfully!\n");
        /*  生成文件头，注意不要忘了分号“;”   */
        fprintf(fp,"DEPTH = %d;\n",DEPTH);
        fprintf(fp,"WIDTH = %d;\n",WIDTH);
        fprintf(fp,"ADDRESS_RADIX = HEX;\n");
```

⊖ 杭州电子科技大学的曾毓教授编写了一款供大家免费使用的 mif 生成器 Mif_Maker2010.exe。

```
        fprintf(fp,"DATA_RADIX = HEX;\n");
        fprintf(fp,"CONTENT\n");
        fprintf(fp,"BEGIN\n");
        /*  以十六进制输出地址和数据  */
        for(n=0;n<DEPTH;n++)
        {       /*周期为128个点的正弦波*/
            v = sin(2*PI*n/DEPTH);
            /*将-1~1之间的正弦波的值扩展到0~255之间*/
            temp = (int)((v+1)*255/2); //v+1将数值平移到0~2之间
            /*以十六进制形式输出地址和数据*/
            fprintf(fp,"%x\t:\t%x;\n",n,temp);
        }
        fprintf(fp,"END;\n");
        fclose(fp);    //关闭文件
    }
}
```

打开C语言编译器VC++ 6.0，建立一个新的C语言工程项目，输入上述代码，以文件名myMIF.c保存文件，接着进行编译，产生myMIF.exe可执行文件；在Windows资源管理器中双击运行myMIF.exe，生成Data_sine.mif文件。

接着，验证生成的数据是否正确。用记事本打开生成的mif文件，同时用Quartus Prime软件打开mif文件，若能成功导入数据且数据一致，则说明生成文件正确。

2. 设置LPM_ROM模块参数

本节的任务是定制一个128×8位ROM，即要求ROM有128个存储单元，每个单元能存储8位二进制数据。

设置模块LPM_ROM参数的具体步骤如下：

1）在Quartus Prime主界面选择Tool→IP Catalog命令，在查找框🔍内输入ROM，IP核目录（IP Catalog）栏中会列出相关的IP核，选择ROM:1-PORT并双击，弹出如图7.6.18所示的保存IP设置界面，输入文件名myROM.v，并选中Verilog，单击OK按钮。

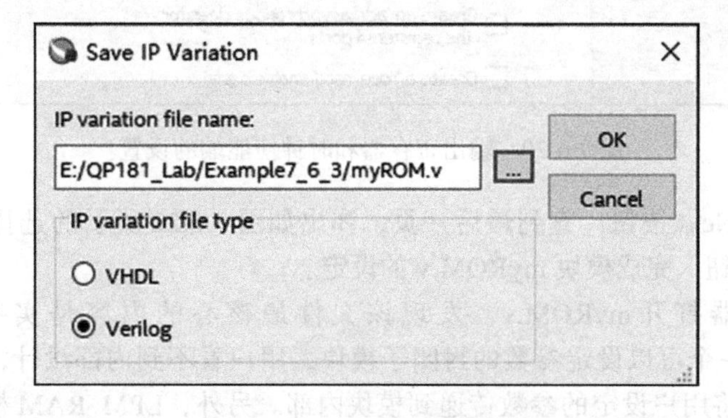

图7.6.18　保存IP设置的界面

2）根据设计要求，按照图7.6.19设置ROM的数据位宽为8，存储容量（字数）为128，单击Next按钮。

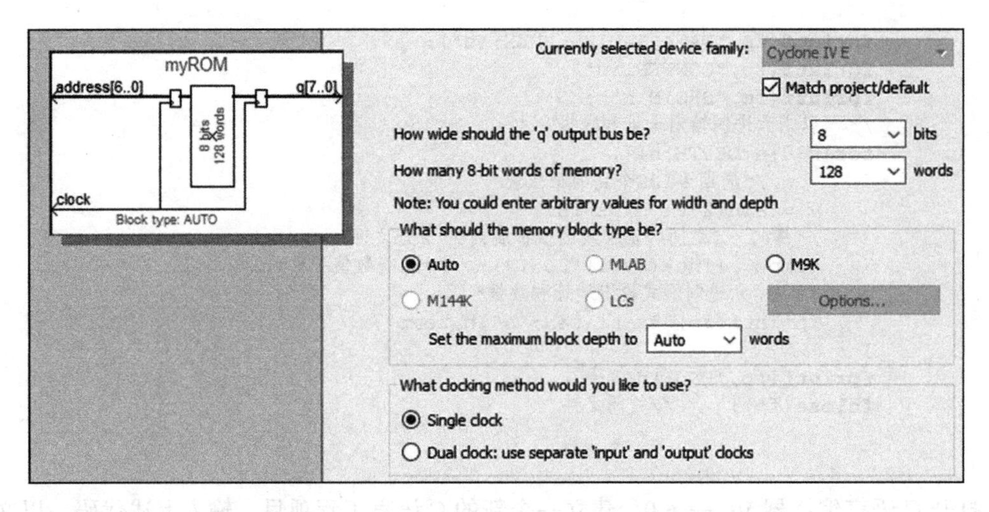

图 7.6.19 LPM_ROM 数据和地址参数设置

3）按照图 7.6.20 设置时钟使能端（clken），但输出端 q 直接输出，不通过寄存器；单击 Next 按钮，按照图 7.6.21 指明初始化 ROM 所使用的数据文件名 Data_sine.mif。

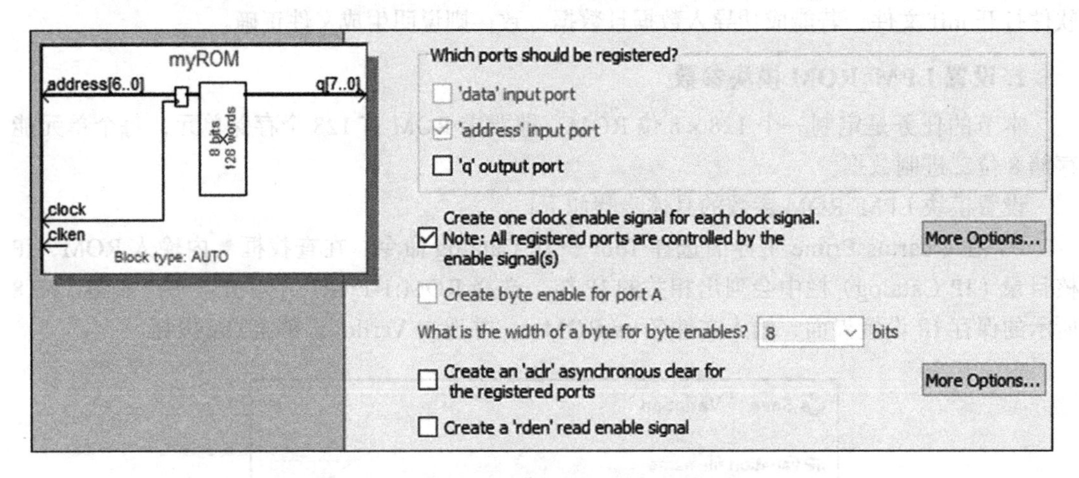

图 7.6.20 输出寄存器和时钟使能端的设置

4）继续单击 Next 按钮，直到最后一页，弹出如图 7.6.22 所示的选择输出文件的对话框，单击 Finish 按钮，完成模块 myROM.v 的设定。

用文本编辑器打开 myROM.v，发现该文件最核心的内容是实例引用了子模块 altsyncram，这是一个可以设定参数的封闭子模块，用户看不到内部设计，只能通过参数传递语句 **defparam** 将用户设定的参数传递到模块内部。另外，LPM_RAM 模块也是通过实例引用子模块 altsyncram 来实现的。

3. 对定制模块 myROM 进行仿真

LPM_ROM 子模块（myROM.v）的参数设置完成后，为了测试其功能，新建一个顶层的 Verilog HDL 文件并进行功能测试。具体步骤如下：

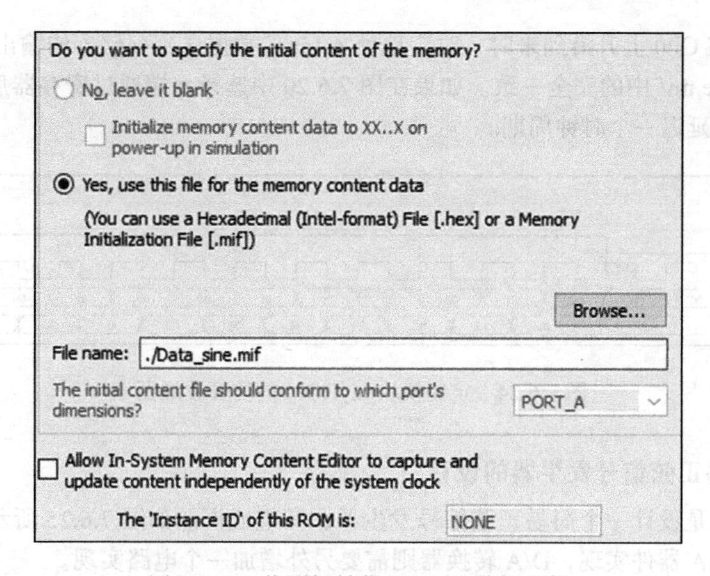

图 7.6.21　指明初始化 ROM 的数据文件

1）在 Quartus Prime 主界面选择 File New → Verilog HDL File 命令，输入图 7.6.23 所示代码，用 Sine_Signal.v 保存，并添加该文件到当前项目（Sine_Signal.qpf）中。注意，代码中波浪线语句与文件 myROM_inst.v 类似。

2）单击工具栏上的快捷图标，完成对该文件的全编译。

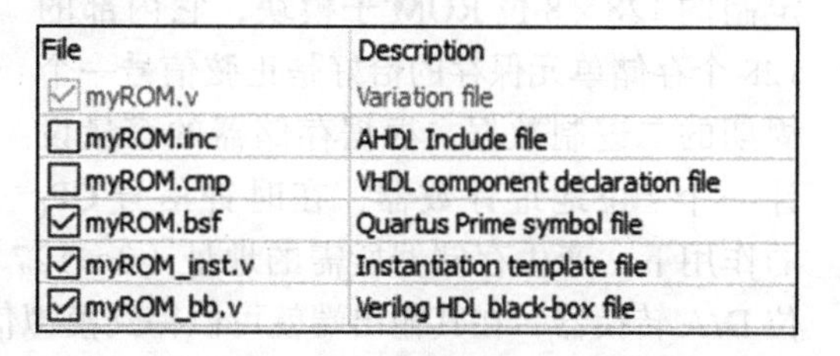

File	Description
myROM.v	Variation file
myROM.inc	AHDL Include file
myROM.cmp	VHDL component declaration file
myROM.bsf	Quartus Prime symbol file
myROM_inst.v	Instantiation template file
myROM_bb.v	Verilog HDL black-box file

图 7.6.22　选择输出文件

```
module Sine_Signal (Dout, Addr, CP0, En);
    output [7:0] Dout;
    output [6:0] Addr;
    input CP0;
    input En;
    myROM    myROM_inst (               //实例引用ROM模块
        .address ( Addr ),              //ROM的地址
        .clken ( En ),                  //时钟使能
        .clock ( CP0 ),                 //时钟输入
        .q ( Dout )                     //数据输出
        );
endmodule
```

图 7.6.23　测试模块 myROM 的源文件

3）选择 File → New → University Program VWF，创建一个新的向量波形文件 Waveform.vwf。设置 End Time（仿真文件时间长度）为 100μs，CP0 周期为 1μs，选择 Simulation → Run Timing Simulation，运行时序仿真，得到如图 7.6.24 所示的波形图。

在 2.0μs 之前，时钟使能信号 En=0，在 CP0 上升沿出现时，输出 Dout 为 0；在 2.0μs

之后，En=1，在 CP0 上升沿到来时，对应地址 Addr 的数据送到存储器的输出端口 Dout，其结果与 Data_sine.mif 中的完全一致。如果在图 7.6.20 中选择 q 端通过寄存器后输出，则存储器的输出数据会延迟一个时钟周期。

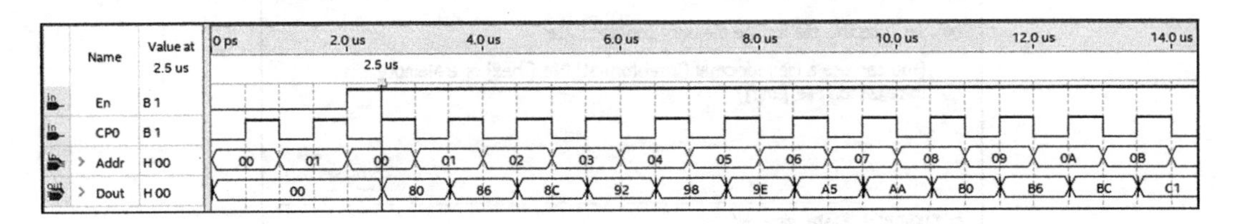

图 7.6.24　定制模块 myROM 的仿真波形图

4. 一个简易正弦信号发生器的设计

下面的任务是设计一个简易正弦信号发生器，其组成框图如图 7.6.25 所示。图中，虚线框内部使用 FPGA 器件实现，D/A 转换器则需要另外增加一个电路实现。

正弦波形幅度存储器可以直接用上面定制的 128×8 位 ROM 子模块，它内部的 128 个存储单元保存的恰好是正弦信号一个周期的二进制数据。根据存储器的容量设计一个 7 位地址计数器，在时钟信号 CP_0 的作用下，产生存储器所需的地址（0～127）。再根据存储器输出数据的位数，使用一个 8 位 D/A 转换器，在其输出端就可以得到模拟信号。

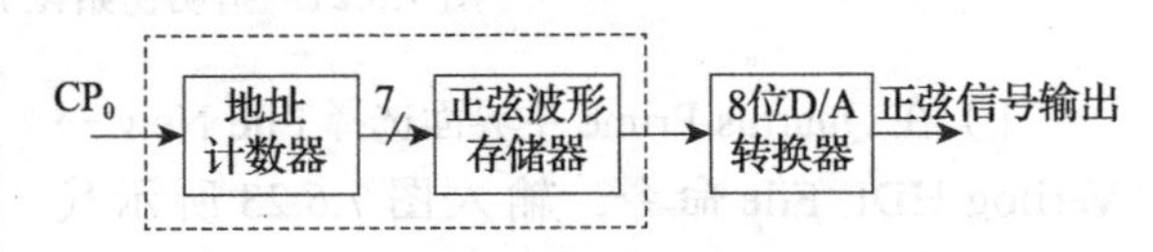

图 7.6.25　正弦信号发生器结构框图

电路正常工作时，在 CP_0 的作用下连续不断地读出数据存储器中保存的数据，在数据存储器的输出端就会得到周期性的正弦序列，再将周期性的正弦序列送到 D/A 转换器进行变换，就可以得到正弦信号。

如果正弦信号一个周期的二进制数据使用有 2^n 个存储单元的存储器去保存，则输出正弦信号的周期 T 与地址计数器时钟信号的周期 T_0 存在如下关系：

$$T = 2^n \cdot T_0 \tag{7.6.1}$$

$$f = \frac{f_0}{2^n} \tag{7.6.2}$$

式中，f 为输出正弦信号的频率，f_0 为计数器时钟信号的频率。

改变输出信号频率的方法有两种：①提高时钟信号 CP_0 的频率，则从数据存储器中读出数据的速度就会加快，数据点之间的时间间隔就会缩短，读取一个周期正弦数据所用的时间缩短，从而输出正弦信号的周期变小，频率增大；②时钟信号 CP_0 的频率一定，但从数据存储器中读出数据的个数减少，例如，间隔一个点读出一个数据，原来一个周期正弦数据有 128 个，现在减少为 64 个，则输出信号的频率将提高一倍。改变间隔的点数，就会改变输出的频率。

简易正弦信号发生器实现的具体过程为：

1）在 Quartus Prime 中，接着上面的仿真步骤，根据图 7.6.25 编写一个地址计数器子模块，其代码如图 7.6.26 所示。用 Addr_Signal.v 保存该文件，并将它添加到当前项目 Sine_Signal.qpf 中。

```
/*======  地址计数器子模块（Addr_Signal.v ） ======*/
module Addr_Signal (CP0, CLR_, En,Fre_sw, Addr);
   output [6:0] Addr;
   input CP0;                                        //50MHz时钟信号，周期为20 ns
   input  En,CLR_;
   input  [1:0]  Fre_sw;
   reg [6:0] Cnt_out;
   assign Addr = Cnt_out;
   always @ (posedge CP0 or negedge CLR_)
   if (~CLR_)    Cnt_out <= 7'd0;
   else if(~En)  Cnt_out <= Cnt_out;
   else begin
      case(Fre_sw)                                   //根据开关位置，控制计数器的步长
         2'b00:begin                                 //每个正弦周期，输出128个点；输
                                                     //出信号周期为128×20ns
            Cnt_out <= Cnt_out + 7'd1;               //计数器的步长为1
         end
         2'b01:begin                                 //每个正弦周期，输出64个点；输
                                                     //出信号周期为64×20ns
            if(Cnt_out >= 7'b111_1110)
               Cnt_out <= 7'd0;
            else                                     //0,2,4,6,8…124,126
               Cnt_out <= Cnt_out + 7'd2;            //计数器的步长为2
         end
         2'b10:begin                                 //每个正弦周期，输出32个点；输
                                                     //出信号周期为32×20ns
            if(Cnt_out >= 7'b111_1100)
               Cnt_out <= 7'b0;
            else                                     //0,4,8,12,16…,120,124
               Cnt_out <= Cnt_out + 7'd4;            //计数器的步长为4
         end
         2'b11:begin                                 //每个正弦周期，输出13个点；输
                                                     //出信号周期为13×20ns
            if(Cnt_out >= 7'b111_1000)
               Cnt_out <= 7'b0;
            else                                     //0,10,20,30…90,100,110,120
               Cnt_out <= Cnt_out + 7'd10;           //计数器的步长为10
         end
      endcase
   end
endmodule
```

图 7.6.26　Addr_Signal.v 源文件

2）按照图 7.6.27 所示代码，修改当前项目中顶层源文件 Sine_Signal.v 代码。最后，确认所有的源文件 Data_sine.mif、myROM.v、Addr_Signal.v 和 Sine_Signal.v 都存在于当前项目的子目录中。

```
module Sine_Signal (Dout, Addr, CP0, CLR_, En, Fre_sw);  //顶层代码
    output [7:0] Dout;                                    //离散的正弦波形输出
    output [6:0] Addr;                                    //ROM的地址
    input CP0    /* synthesis chip_pin = "Y2" */ ;        //50MHz时钟CLOCK_50
    input CLR_   /* synthesis chip_pin = "M23" */ ;       //清零KEY[0]
    input En     /* synthesis chip_pin = "AB28"  */ ;     //使能SW[0]
    input [1:0] Fre_sw /* synthesis chip_pin = "AC27,AC28" */ ; //输出频率控制SW[2]、SW[1]
    Addr_Signal U0_inst(                                  //实例引用地址计数器模块
        .CP0(CP0),
        .CLR_(CLR_),
        .En(En),
        .Fre_sw(Fre_sw),
        .Addr(Addr)
        );
    myROM    myROM_inst (                                 //实例引用定制的ROM模块
        .address ( Addr ),                                //ROM的地址输入端
        .clken ( En ),                                    //时钟使能端
        .clock ( CP0 ),                                   //时钟输入端
        .q ( Dout )                                       //数据输出端
        );
endmodule
```

图 7.6.27　Sine_Signal.v 源文件

3）全程编译项目，观察 RTL 电路图。

4）分配引脚（代码中已使用 synthesis chip_pin 语句对输入信号分配了引脚，输出信号需要根据 D/A 板与 DE2-115 的连接来确定。如果没有 D/A 板，可以不分配输出引脚），再次全程编译，并下载到 FPGA 中。

5）使用嵌入式逻辑分析仪[⊖]来探测 FPGA 芯片内部实际产生的正弦波形。选择 Tools → Signal Tap Logic Analyzer 命令，打开逻辑分析仪界面。输入待测信号，并设置触发条件（En=1 且 CLR_ 为上升沿），如图 7.6.28 所示。再设置采样时钟为 CP0，数据采样深度为 64。

Node			Data Enable	Trigger Enable	Trigger Conditions
Type	Alias	Name	19	19	1☑ Basic AND ▾
in		CLR_	☑	☑	⌠
in		En	☑	☑	1
in		⊞ Fre_sw	☑	☑	Xh
out		⊞ Dout	☑	☑	XXXXXXXXb
out		⊞ Addr	☑	☑	XXXXXXXb

图 7.6.28　触发条件设置

设置完成后，保存该文件并添加到当前项目中，再编译、下载设计到 DE2-115 开发板上，单击启动运行图标，设置 SW[2]～SW[0] 都为高电平，按一次按钮 KEY[0]，得到如图 7.6.29 所示的波形图。

⊖　嵌入式逻辑分析仪的使用将在下一节介绍。

注意，要在右键菜单上将 Dout 信号 Bus Display Format（总线显示格式）选为 Unsigned Line Chart 才能看到模拟波形，同时，将 Addr 信号 Bus Display Format（总线显示格式）选为 Unsigned Decimal（无符号十进制数）。

分析波形图知，Fre_sw 的二进制值为 11 时，每隔 10 个地址，从 LPM_ROM 中输出一个点。再拨动开关 SW[2] 和 SW[1]，将 Fre_sw 的二进制值分别设置成 00、01、10 时按动 KEY[0]，可以得到其他频率不同的正弦波形。可见输出波形符合设计要求。

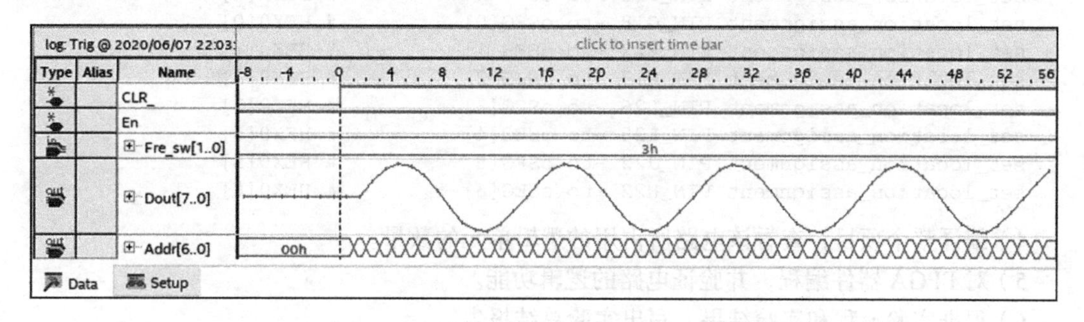

图 7.6.29　使用 Signal Tap 实时观察正弦信号输出波形

7.6.4　实验任务

实验六　可逆十进制计数、译码和显示实验

电路如图 7.6.30 所示，试用 DE2-115 板实现该电路，并在共阳极显示器 HEX0 上显示计数结果。实验步骤如下：

1）创建一个子目录 E:\QP181_Lab\Lab7，并新建一个 Quartus Prime 工程项目 Updown_counter10.qpf。

2）根据图 7.6.30，建立一个新的原理图文件 Updown_counter10.bdf。

3）对电路引脚进行分配。在 Updown_counter10.qsf 文件中添加下列各行引脚约束条件。

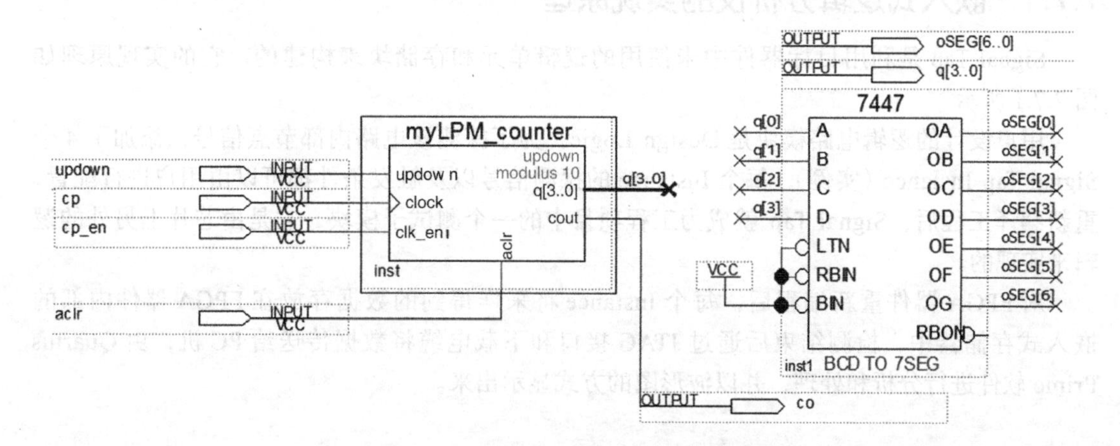

图 7.6.30　可逆十进制计数、译码电路

```
set_location_assignment PIN_R24 -to cp            # KEY[3]
set_location_assignment PIN_AB28 -to updown       # SW[0]
set_location_assignment PIN_AC28 -to cp_en        # SW[1]
set_location_assignment PIN_AC27 -to aclr         # SW[2]
set_location_assignment PIN_G19 -to q[0]          # LEDR[0]
set_location_assignment PIN_F19 -to q[1]          # LEDR[1]
set_location_assignment PIN_E19 -to q[2]          # LEDR[2]
set_location_assignment PIN_F21 -to q[3]          # LEDR[3]
set_location_assignment PIN_F18 -to co            # LEDR[4]
set_location_assignment PIN_G18 -to oSEG[0]       # HEX0[0]
set_location_assignment PIN_F22 -to oSEG[1]       # HEX0[1]
set_location_assignment PIN_E17 -to oSEG[2]       # HEX0[2]
set_location_assignment PIN_L26 -to oSEG[3]       # HEX0[3]
set_location_assignment PIN_L25 -to oSEG[4]       # HEX0[4]
set_location_assignment PIN_J22 -to oSEG[5]       # HEX0[5]
set_location_assignment PIN_H22 -to oSEG[6]       # HEX0[6]
```

4）编译整个项目，查看该电路所占用的逻辑单元的数量。

5）对 FPGA 器件编程，并验证电路的逻辑功能。

6）根据实验流程和实验结果，写出实验总结报告。

7.7 嵌入式逻辑分析仪的使用

随着 FPGA 的设计日益复杂，时序验证和板级调试所花费的时间越来越多。为了尽可能地缩短测试时间，可以使用 Quartus Prime 软件自带的 Signal Tap Logic Analyzer（简称 Signal Tap）工具测试系统工作期间 FPGA 芯片内部电路节点的实时工作波形，以便分析系统工作是否正常。

使用 Signal Tap 时无须额外的逻辑分析设备，只需要将一根有 JTAG 接口的下载电缆连接到要调试的 FPGA 电路板上。

本节先介绍 Signal Tap 的实现原理、使用流程，接着通过实例介绍具体的使用方法。

7.7.1 嵌入式逻辑分析仪的实现原理

Signal Tap 是利用目标器件中未使用的逻辑单元和存储块来构建的，它的实现原理如图 7.7.1 所示。

用户设计的逻辑电路模块是 Design Logic，为了探测该电路内部节点信号，添加了 4 个 Signal Tap Instance（实例），每个 Instance 的探测信号以及触发条件都可以由用户进行配置，重新编译工程后，Signal Tap 就成为工程项目中的一个测试子模块，它是由芯片上另外的逻辑来实现的。

对 FPGA 器件重新编程后，每个 Instance 将采样得到的数据存放在 FPGA 器件内部的嵌入式存储器中，检测结束后通过 JTAG 接口和下载电缆将数据传送给 PC 机，由 Quartus Prime 软件进行分析和处理，并以波形图的方式显示出来。

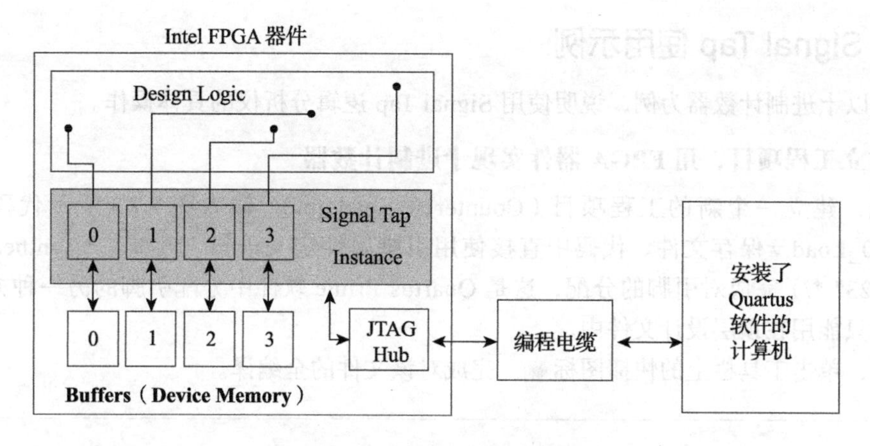

图 7.7.1　Signal Tap 的实现原理

7.7.2　嵌入式逻辑分析仪的使用流程

设计人员在完成项目设计和编译后，需要打开 Signal Tap Logic Analyzer 编辑窗口，建立 Signal Tap 测试子模块文件（.stp），并将其加入当前工程项目，配置 Signal Tap 参数，编译下载，运行 Signal Tap，分析被测信号。测试完成后，将测试子模块（.stp）从项目中删除。

Signal Tap 使用的流程如图 7.7.2 所示。大致上分为三个步骤：

1）建立和配置 Signal Tap 逻辑分析仪。在现有的 FPGA 项目设计中，加入一个或者多个 Signal Tap Instance，并添加需要观察的节点信号名，再根据需要和调试情况对每个 Instance 进行配置，然后定义触发条件。在调试过程中，可以按照不同的顺序重复这三个任务，因此，我们将它定义为流程的建立和配置阶段。

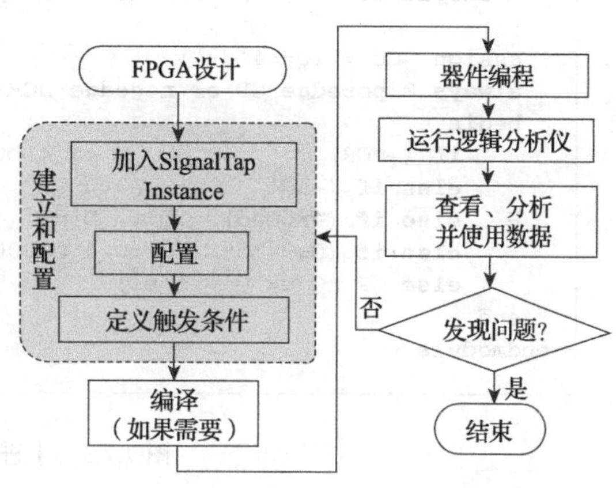

图 7.7.2　使用 Signal Tap 的调试流程

2）编译。对 Instance 的配置完成后，添加 Signal Tap 测试子模块文件（.stp）到当前工程项目中。在工程中首次加入 Signal Tap Logic Analyzer 时，必须重新编译，但是如果只对现有的 Signal Tap Instance 进行基本修改，则可以不重新编译。

3）编程、运行和分析。编译完成后，通过 Signal Tap Logic Analyzer JTAG 接口对 FPGA 器件进行编程，而后通过 JTAG 连接来运行控制它。满足触发条件时，Signal Tap 逻辑分析仪会停止运行，并将采集到的数据传送到计算机的图形窗口，我们可以进行查看、分析、保存，用于找到设计中的问题。如果找到了问题，调试流程结束，否则，可以重新配置 Signal Tap 逻辑分析仪，调整触发条件，再次寻找问题或者其他缺陷。

7.7.3 Signal Tap 使用示例

下面以十进制计数器为例，说明使用 Signal Tap 逻辑分析仪的具体操作。

1. 建立工程项目，用 FPGA 器件实现十进制计数器

首先，建立一个新的工程项目（Counter10_Load.qpf），输入图 7.7.3 所示代码，并以 Counter10_Load.v 保存文件。代码中直接使用引脚属性定义语句（例如，/* synthesis chip_pin = "M23" */）完成对引脚的分配，这是 Quartus Prime 软件中分配引脚的另一种方法，但这种方法只能用在顶层设计文件中。

接着，单击工具栏上的快捷图标▶，完成对该文件的全编译。

```
module Counter10_Load (Q,Co,nCR,EN,nLoad,Din,CP);
   input nCR     /* synthesis chip_pin = "M23"  */;     //KEY[0]
   input EN      /* synthesis chip_pin = "AB28" */;     //SW[0]
   input nLoad   /* synthesis chip_pin = "AC28" */;     //SW[1]
   input CP      /* synthesis chip_pin = "Y2"   */;     //50 MHz
   input [3:0] Din   /* synthesis chip_pin = "Y23,Y24,AA22,AA23"
                                          */;     //SW[17]…SW[14]
   output reg [3:0]Q /* synthesis chip_pin = "E24,E25,E22,E21"
                                          */;     //LEDG[3]…LEDG[0]
   output Co        /* synthesis chip_pin = "H21"
                                          */;     // LEDG[4]
  assign  Co = (Q==4'd9);                         //进位输出
  always @(posedge CP or negedge nCR )
  begin
     if (~nCR)              Q <= 4'b0000;         //异步清零
     else if (~EN)        Q <= Q;                 //保持不变
     else if (~nLoad)   Q <= Din;                 //置数
     else if (Q==4'd9)  Q <= 4'b0000;             //计数到最大值
     else       Q <= Q + 1'b1;                    //加1计数
  end
endmodule
```

图 7.7.3 十进制计数器代码

2. 在当前设计项目中添加和配置 Signal Tap Logic Analyzer

在一个工程中通过实例化一个或多个 Signal Tap 的 Instance（实例），将 Signal Tap 作为当前项目的一个测试子模块。具体操作步骤如下：

（1）打开 Signal Tap Logic Analyzer 编辑窗口

在 Quartus Prime 主界面选择 File → New → Signal Tap Logic Analyzer File，单击 OK 按钮，弹出如图 7.7.4 所示的界面（或者选择 Tools → Signal Tap Logic Analyzer 也能进入该界面），它是由 6 个子窗口组成的。

（2）添加待测节点信号

1）在子窗口 Instance Manager（实例管理器）栏目中，单击 Instance 下面的 auto_signaltap_0，

将其改名为 cnts，即将计数器模块中的待测节点都放在 cnts 这个 Instance 中。通常在一个比较复杂的层次化项目中，可以选择一个或几个被怀疑有问题的模块创建一个或多个 Instance。

2）在子窗口 Setup（设置测试信号）页面，找到 Double-click to add node 提示信息，双击此窗口空白处，弹出图 7.7.5 所示的 Node Finder（节点查找器）窗口，在 Filter（节点过滤器）栏中一般选择 Post-Compilation（综合后），也可以选择其他查找条件（例如 Signal Tap: post-fitting 等），再单击 List 按钮，将需要观察的节点从左栏添加到右栏。

这里，打算直接用计数器的 CP 作为 Signal Tap 的采样时钟。所以除了不选择 CP 外，其他所有输入、输出节点（EN、nCR、nLoad、Din、Q、Co）都被选到 Signal Tap 中，单击 OK 按钮。

注意　总线信号只需要调入总线信号名。另外，由于目标器件内部 RAM 资源有限，调入的节点应该是对查找问题有帮助的，不要调入无关信号，调入的信号越多，所占用的 FPGA 芯片内部的存储块资源就会越多。

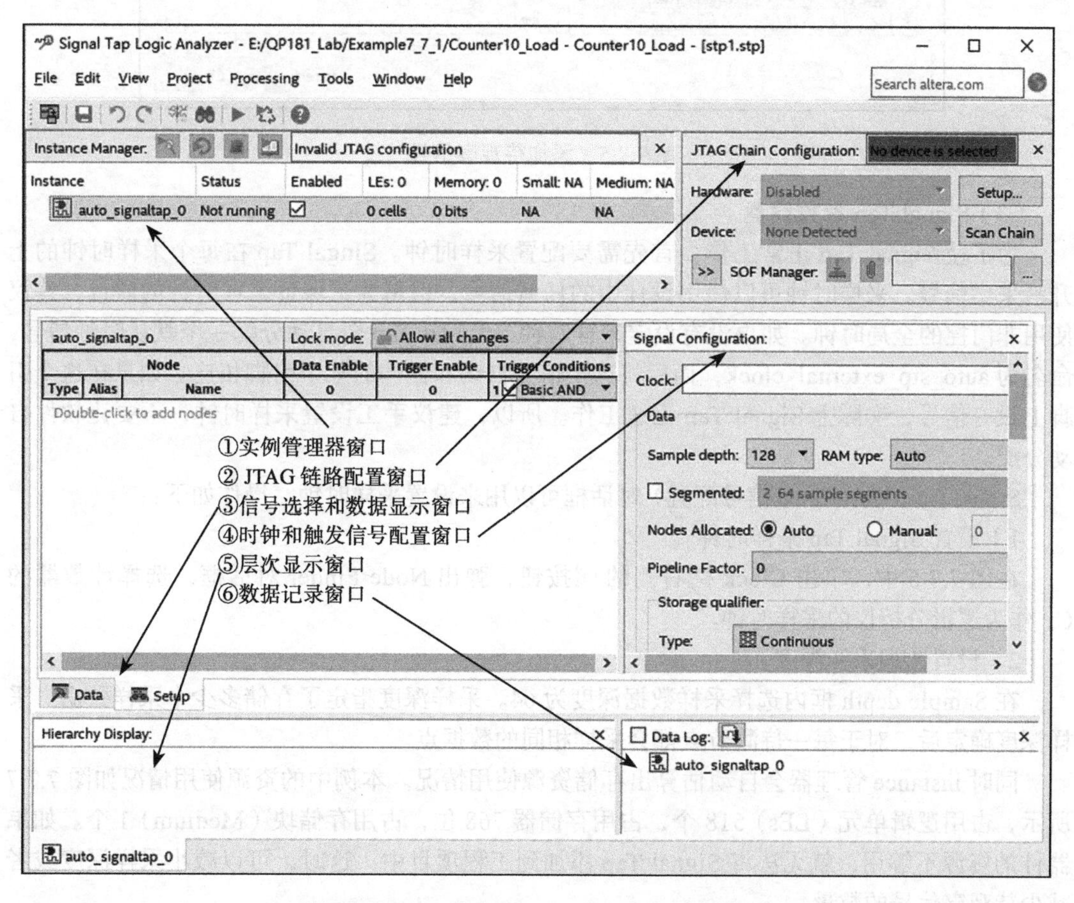

图 7.7.4　Signal Tap Logic Analyzer 编辑窗口

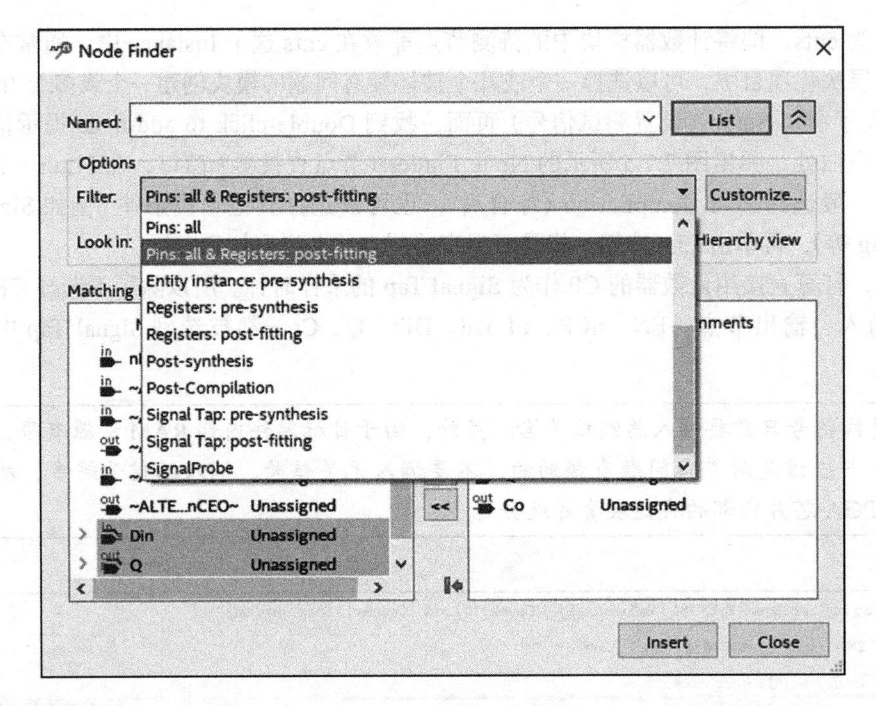

图 7.7.5　添加待观察信号

（3）Signal Tap 参数设置

为了使 Signal Tap 正常工作，首先需要配置采样时钟。Singal Tap 在每个采样时钟的上升沿采集信号。采样时钟可以使用设计中的任何信号，但是为了保证采样时钟的质量，建议使用非门控的全局时钟。如果没有设定采样时钟，Singal Tap 会自动分配一个默认时钟信号，命名为 auto_stp_external_clock，而后将这个信号自动和器件的某个引脚相连。如果在这个引脚上没有信号，实际上 Signal Tap 无法工作。所以，建议手工设置采样时钟，不要让软件自动分配。

Signal Configuration（信号配置）对话框可以用来设置采样时钟。操作如下：

1）设置 Signal Tap 采样时钟。

在图 7.7.6 中，单击 Clock 栏右侧的 ... 按钮，弹出 Node Finder 对话框，选择计数器的 CP 作为逻辑分析仪的采样时钟。

2）设置数据采样深度。

在 Sample depth 框内选择采样数据深度为 64。采样深度指定了存储多少个采样数据。采样深度确定后，对于每一待测节点都会采样相同的数据点。

同时 instance 管理器会自动估算出存储资源使用情况。本例中的资源使用情况如图 7.7.7 所示，占用逻辑单元（LEs）518 个，占用存储器 768 位，占用存储块（Medium）1 个。如果器件的资源不够用，就无法将 Signal Tap 添加到工程项目中，这时，可以减小采样深度或者减少待观察信号的数量。

3）设置触发条件。这里介绍两种设置方法。

第一种设置方法是：在图 7.7.6 所示的 Trigger（触发）栏中，前 3 项 Trigger flow control

(触发流程控制)、Trigger position (触发的起始位置)、Trigger condition (触发条件) 均使用默认值。

在 Trigger in (触发输入) 子窗口中，在 Node 框内选择 nCR 作为触发信号，在 Pattern 框内选择 Rising Edge (上升沿) 作为触发方式。

Trigger position 选项的含义介绍如下：

- Pre trigger position：存储的波形中，有 12% 是触发条件满足之前的波形，88% 是触发条件满足之后的波形。
- Center trigger position：触发条件满足前后的波形各占一半。
- Post trigger position：与 Pre trigger position 相反，有 88% 是触发条件满足之前的波形，12% 是触发条件满足之后的波形。

另一种较简单方法是：在 7.7.8 所示的 Setup 页面右上角选择 Basic AND (触发条件相与)，然后在 Trigger Enable 栏选择触发信号，在 Trigger Conditions 栏中设置触发条件。对于节点列表中的所有信号，使用鼠标右键或者键盘可以指定固定状态或者信号跳变沿作为触发条件。对于一组信号，可以设置触发值 (二进制或者十六进制)。如果设置了多个触发条件，这些触发条件是逻辑与的关系。例如，图 7.7.8 设置了 3 个触发信号，即当检测到 nLoad=1、Din[3..0] 且 nCR 的上升沿到来时，Signal Tap 在 CP 的驱动下对 cnts 信号组中的信号进行采集。

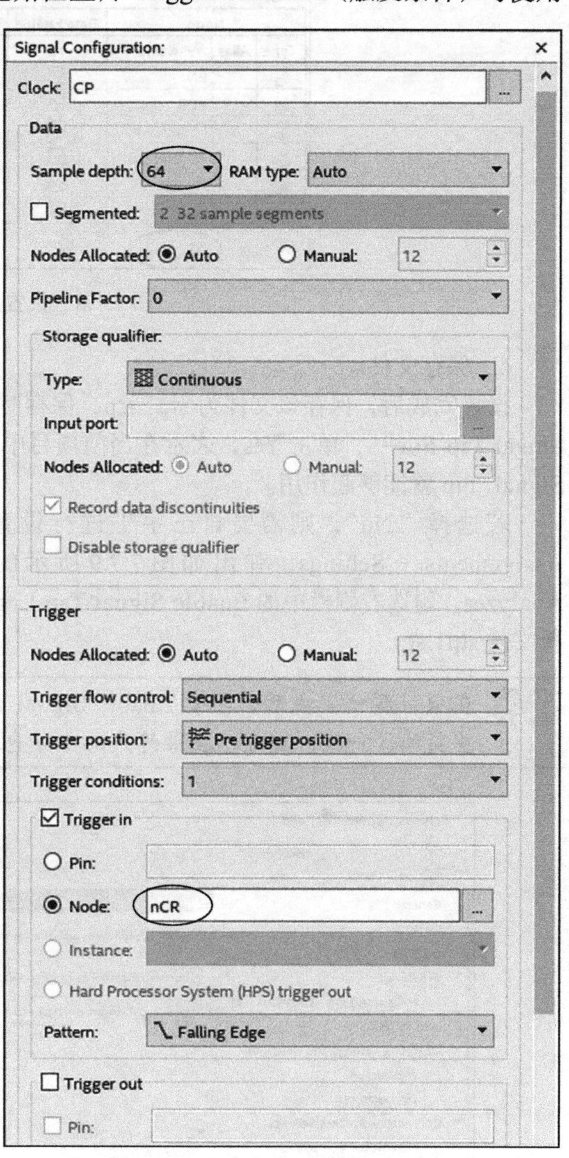

图 7.7.6　设置采样时钟和触发条件

Instance	Status	Enabled	LEs: 518	Memory: 768	Small: 0/0	Medium: 1/432
cnts	Not running	☑	518 cells	768 bits	0 blocks	1 blocks

图 7.7.7　Signal Tap 占用 FPGA 资源的估计

trigger: 2020/06/07 09:43:0 Lock mode: Allow all changes

Node			Data Enable	Trigger Enable	Trigger Conditions
Type	Alias	Name	12	6	1☑ Basic AND
		EN	☑	☐	
		nCR	☑	☑	
		nLoad	☑	☑	
		⊞ Din[3..0]	☑	☑	3h
		⊞ Q[3..0]	☑	☐	
		Co	☑	☐	

Data Setup

图 7.7.8 设置触发信号

4）保存文件。

设置完成后，保存该文件为 stp1.stp，保存时系统出现提示信息“Do you want to enable Singal Tap File?”，单击 Yes，表示在当前项目中使能 Signal Tap 文件 stp1.stp。重新编译后，Signal Tap 就能够起作用。

若选择“No”，则需要自己手工进行设置，方法是在 Quartus Prime 主界面中选择 Assignments → Settings，弹出如图 7.7.9 所示的窗口。选择左侧栏中的 Signal Tap Logic Analyzer，勾选右侧栏中的 Enable Signal Tap Logic Analyzer，再单击下面一行的...按钮，选择文件 stp1.stp。

注意 在项目测试完成后，单击 Enable Signal Tap Logic Analyzer 左边的复选框取消选中，重新编译一次，就可以在最终产品中不包含 Signal Tap 测试模块。

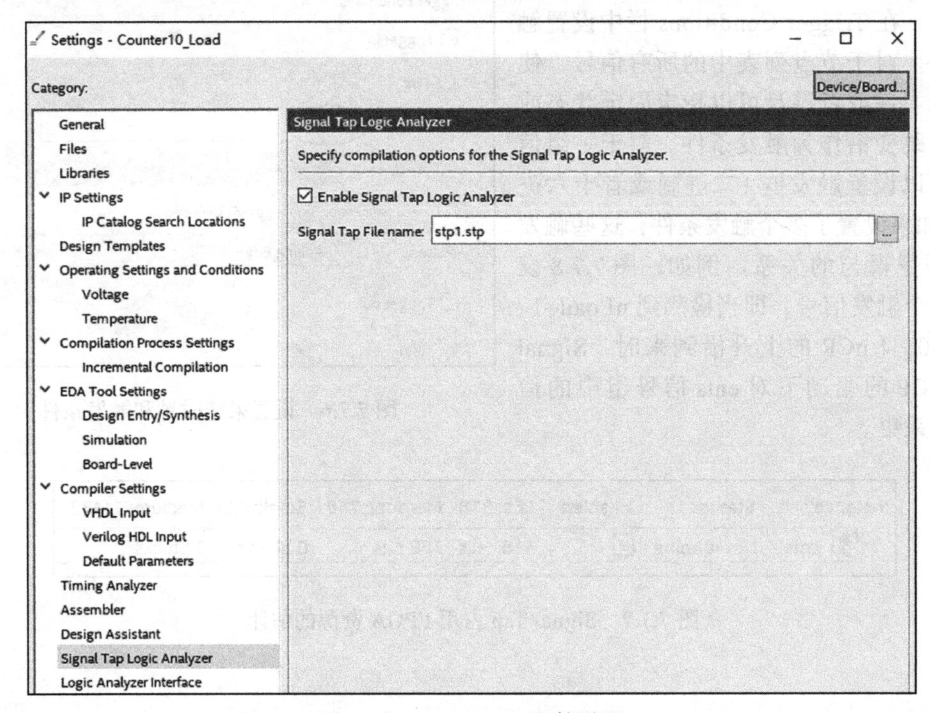

图 7.7.9 Signal Tap 文件设置

3. 编译和下载

1）编译。完成上述设置后，选择菜单中的 Processing → Start Compilation 或者直接单击编译按钮▶，再次进行全编译。

2）连接硬件。用 USB-Blaster 连接线将开发板与计算机连接起来，接通开发板上的电源，将 DE2-115 板上左下角的 RUN/PROG 开关（SW19）拨到 RUN 位置。

3）下载设置。在右上角 JTAG Chain Configuration（JTAG 链路配置）窗口进行设置，如图 7.7.10 所示。单击右边的 Setup 按钮，将 Hardware 设置为 USB-Blaster；单击右边的 Scan Chain 按钮，系统对开发板进行扫描，会自动找到下载器件 Device 为 EP3C120；再单击 SOF Manager 右侧的 按钮，选取下载文件为 Counter10_Load.sof。

4）执行下载操作。单击编程按钮，对器件进行编程。成功后，可以看到 Ready to acquire（准备获取数据）提示。

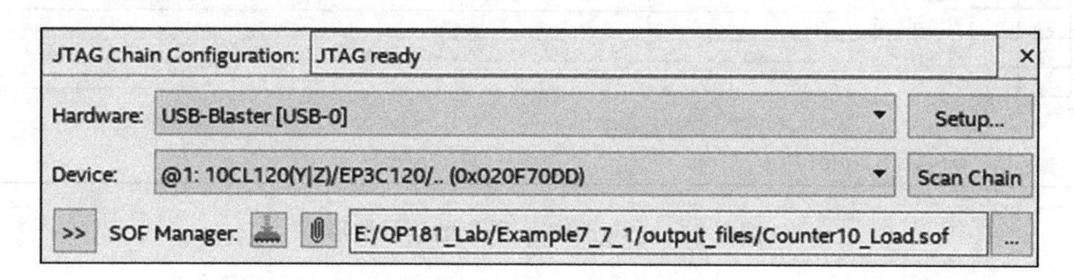

图 7.7.10　JTAG 链路配置

4. 启动采样，分析信号

在 Instance Manager（实例管理器）右侧有四个图标，分别代表单次运行、连续运行、停止和读取数据。具体操作如下：

1）选中 Instance 下面的 cnts，单击启动分析按钮。

2）在中间 Data/Setup 的窗口中选择观察测试数据（Data）；拨动开关，使 SW[1..0]=11，SW[17...14]=0011，再按动一次 KEY[0] 按钮，出现计数器的运行波形。

3）选择命令 View → Fit in Window，可以看到全部 64 个点的波形。选择 View → Zoom In / Zoom Out 可以放大 / 缩小波形。单击■（Stop analysis）按钮可以停止分析。

此时 Data 窗口的波形在实时变化。将 SW[1]（即 EN）往下拨到低电平时，其他开关位置不变，暂停计数，得到图 7.7.11 所示的波形。在波形上单击鼠标左键，放大波形；单击右键，缩小波形。

4）修改触发信号。去掉触发信号 nCR，即取消选中 Signal Configuration（信号配置）窗口中的 Trigger In 复选框；在 Setup 窗口，取消选中 Trigger Enable 一栏 nCR 和 Din[3..0] 复选框，将 nLoad 的触发条件修改为 Rising Edge（上升沿）。

单击编译按钮▶，再次进行全编译。单击编程按钮，重新下载。单击运行按钮，设置 Din[3..0] 为不同的值，并拨动开关 SW[1]，再次在 Data 窗口中观察波形。

5）右击所要观察的总线信号名（例如 Q），在右键菜单上可以选择 Bus Display Format（总线显示格式），例如，选择 Unsigned Line Chart 可以形成模拟波形。

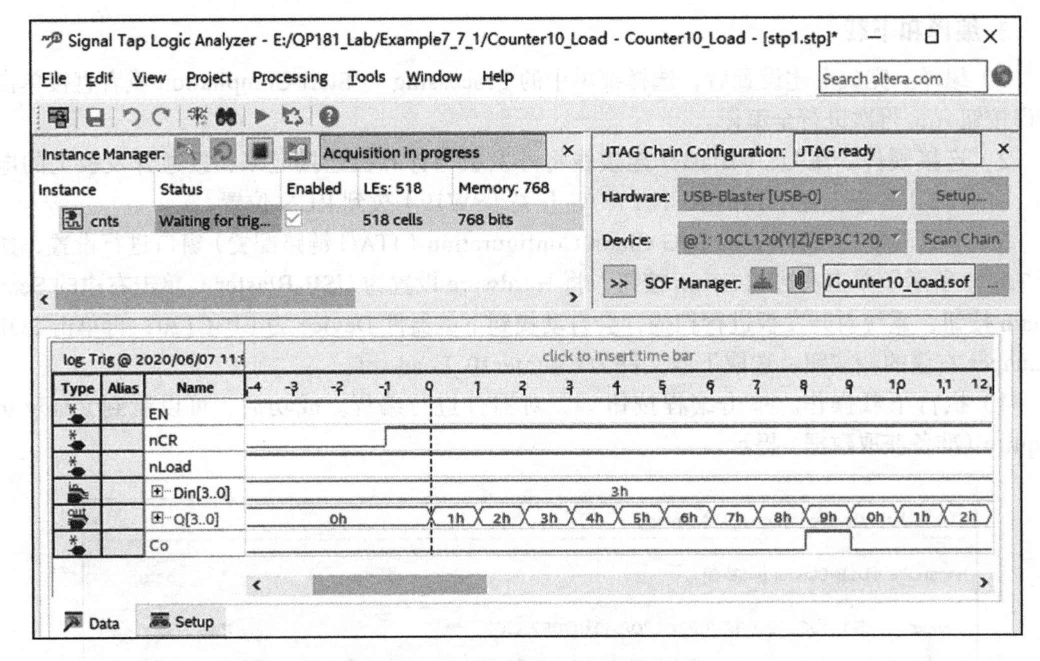

图 7.7.11　Signal Tap 采集的信号波形

5. 撤销 Signal Tap 测试模块

因为使用 Signal Tap 会额外消耗更多的资源，调试完成后，通常可以撤销 Signal Tap 测试模块，释放它占用的 FPGA 资源。方法是选择 Assignments → Settings，在弹出的窗口（如图 7.7.9 所示）中选择左栏中的 Signal Tap Logic Analyzer，取消选中右栏中的 Enable Signal Tap Logic Analyzer 复选框。

以上介绍了 Signal Tap 的基本操作流程。为了便于说明，Signal Tap 的采样时钟选用了被测电路的工作时钟。但在实际应用中，多数情况下 Signal Tap 会使用独立的采样时钟，或与工作时钟相关的信号。此时可以使用 FPGA 器件内部的锁相环模块为系统添加一个采样时钟，通常采样时钟信号的频率至少要比被采样信号的最高频率高两倍以上。

关于利用 Signal Tap Logic Analyzer 进行设计调试的更多细节，读者可以参考 Intel 公司提供的 Quartus Prime 使用手册。

7.7.4　实验任务

实验七　Signal Tap Logic Analyzer 的使用实验

使用 Signal Tap Logic Analyzer 对例 4.5.5 中设计的同步时序逻辑电路进行实时测试。要求：

1）采样时钟使用 DE2-115 开发板上提供的频率为 50MHz 的时钟源，将它分频为 5MHz 后作为电路 CP 信号。

2）使用 Signal Tap 测试外部端口 CP、L 和内部节点 Cnt。

3）创建一个子目录 E:\QP181_Lab\Lab7，并给出引脚分配表和实验测试结果。

4）测试完成后，从设计中去除 Signal Tap，并进行全编译，生成 SOF 文件。

5）根据实验流程和实验结果，写出实验总结报告。

小　结

本章介绍了用 Quartus Prime 软件进行 FPGA 开发的流程，包括设计输入→逻辑综合→逻辑仿真→布局布线→下载编程。具体包括：

- 设计输入方式包括原理图输入、HDL 输入以及这两种方式的混合输入。
- Quartus Prime 软件为设计人员提供了多种功能的 IP 模块，从功能上可以分为时序电路 IP 模块、运算电路 IP 模块和存储器 IP 模块等，调用这些 IP 模块进行设计，可以加快设计的进度，同时提高资源的利用率。
- 嵌入式逻辑分析仪 Signal Tap 是利用 FPGA 内部资源构建的一种分析工具，便于设计者监测芯片内部电路节点的实时工作波形。

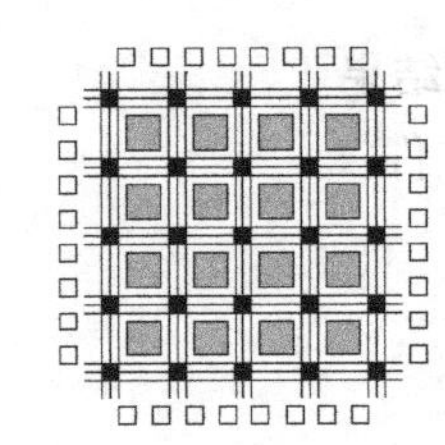

第 8 章 数字电路与系统的设计实践

本章目的

学习时序逻辑电路设计与实现方法，并完成一些时序逻辑电路实验。主要内容包括：

- 介绍计数器、分频器、定时器等简单电路的设计与实现。
- 介绍数字钟、频率计、信号发生器等复杂电路的设计与实现。

8.1 变模计数器设计

8.1.1 功能要求

设计一个变模计数器，要求：

1）在开关 SW1 和 SW0 的控制下，实现同步模 6、模 8、模 10 和模 15 计数，要求从 0 开始递增计数，且具有异步清零和暂停计数的功能，其功能如表 8.1.1 所示。表中 CLR_n 和 EN 分别为清零和暂停输入端。

表 8.1.1 计数器的模数控制表

控制信号				模 数
CLR_n	En	SW1	SW0	
0	1	×	×	异步清零
1	0	×	×	暂停计数
1	1	0	0	模 6 计数
1	1	0	1	模 8 计数
1	1	1	0	模 10 计数
1	1	1	1	模 15 计数

2）用两种方式显示计数结果。一是用发光二极管显示；二是以十进制数的方式在共阳极显示器上显示。

3）用 DE2-115 开发板实现设计。用开发板上的按键 KEY0 作为时钟输入，用 KEY1 作为 CLR_n，用 SW2 作为 En，用绿色 LED 和显示器 HEX1 和 HEX0 显示计数器的输出。

8.1.2 设计分析

题目要求完成二进制计数、译码和显示的功能。根据 SW1 和 SW0 的不同取值，使用 **case** 语句改变计数器的模，就可以实现变模计数器。由于计数器最大的模为 15，即计数器从 0 开始，递增计数到 14，并以十进制数的方式显示在共阳极显示器上，于是需要将大于等于 10 的二进制数转换成 8421 码。所以整个电路应该由变模计数器、二进制数到 BCD 码转换和七段译码器共 3 个模块组成，其组成框图如图 8.1.1 所示。

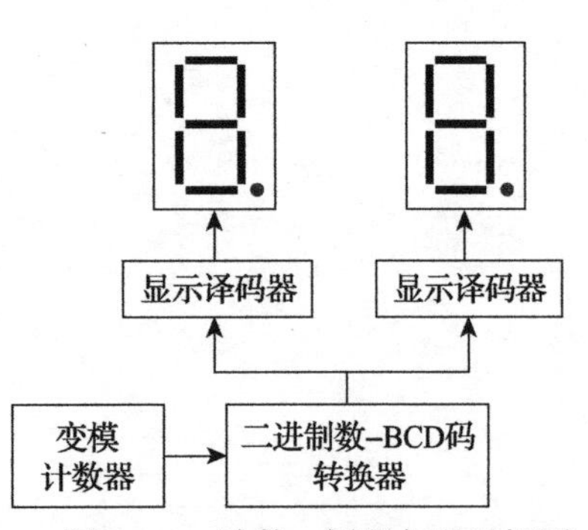

图 8.1.1 计数、译码与显示框图

8.1.3 逻辑设计

显示译码器直接调用例 3.5.3 的子模块 SEG7_LUT，二进制数－BCD 码转换器直接调用例 3.5.4 的子模块 _4bitBIN2bcd。实现变模计数器的程序如 Var_Counter.v 所示。

```
//*************文件名:Var_Counter.v ***********
module Var_Counter(
    input CP,CLR_n,EN,
    input[1:0] SW,
    output reg[3:0] Q
);
    always @(posedge CP,negedge CLR_n)
    begin
        if(~CLR_n)  Q<=4'd0;                                       //异步清零
        else if(EN)  begin
            case(SW)                                               //由SW1、SW0控制模数切换
                2'b00:if(Q>=4'd5) Q<=4'd0; else Q<=Q+1'b1;  //模6计数
                2'b01:if(Q>=4'd7) Q<=4'd0; else Q<=Q+1'b1;  //模8计数
                2'b10:if(Q>=4'd9) Q<=4'd0; else Q<=Q+1'b1;  //模10计数
                2'b11:if(Q>=4'd14)Q<=4'd0; else Q<=Q+1'b1;  //模15计数
            endcase
            end
        else Q<=Q;                                                 //En=0时，暂停计数
    end
endmodule
```

最后将上述 3 个模块组合起来，得到顶层模块程序，如 CounterDisplay_top.v 所示。注意，不要弄错模块之间端口的连接关系以及端口的位宽。

```
//*************文件名:CounterDisplay_top.v ***********
module CounterDisplay_top(
    input[1:0] KEY,                          //按键
    input[2:0] SW,                           //拨动开关
    output[3:0] LEDG,                        //绿色发光二极管
    output[6:0] HEX0,HEX1                    //数码显示器
);
    wire[3:0] BCD0,BCD1,Q;                   //中间变量
    wire CP,CLR_n,EN;
    assign CP=KEY[0];                        //用KEY0作为CP
    assign CLR_n=KEY[1];                     //用KEY1作为CLR_n
    assign EN=SW[2];                         //用SW2作为EN
    assign LEDG=Q;                           //计数器输出送绿色LED显示

    Var_Counter B0(CP,CLR_n,EN,SW[1:0],Q);   //实例引用子模块
    _4bitBINbcd B1(.Bin(Q),.BCD1(BCD1),.BCD0(BCD0));
    SEG_LUT u0(BCD0,HEX0);
    SEG_LUT u1(BCD1,HEX1);
endmodule
```

8.1.4 设计实现

用 DE2-115 开发板实现上述设计的过程如下：

1）在 Quartus 软件中建立一个新的工程项目，项目名称必须与顶层模块的名称相同，这里命名为 CounterDisplay_top，选择 FPGA 型号为 EP4CE115F29C7，输入各个子模块及顶层模块的 HDL 文件。

2）参照附录 A，将输入、输出信号分配到器件相应的引脚上，然后编译设计项目，生成下载文件（文件名为 CounterDisplay_top.sof）。

3）将下载文件 CounterDisplay_top.sof 写入目标器件中，然后设置 SW2=1，拨动 SW0 和 SW1，将其设置为 **00**、**01**、**10** 和 **11** 四种取值之一，按动按键 KEY0，观察绿色 LED 和数码显示器上显示的结果。

4）DE2-115 开发板上有一个 50MHz 的石英晶体振荡器，可以设计一个分频器（代码见 Divider50MHz.v），产生频率为 1Hz、占空比为 50% 的秒脉冲输出信号，取代按键 KEY0，用作上述变模计数器的时钟 CP。试输入下列代码，并修改上述设计，重新编译、下载该电路，观察实验结果。

该分频器由模数为 25×10^6 的二进制递增计数器组成，其计数范围是 0～24 999 999，每当计数器计到最大值时，对输出信号取反，即可产生频率为 1Hz、占空比为 50% 的秒脉冲。如果要对该分频器进行仿真，由于计数器的模（25 000 000）非常大，因此仿真时间会很长，通常可以按比例降低计数器的模。

```
//******************分频器子模块，文件名:Divider50MHz.v *****************
module Divider50MHz # (parameter CLK_Freq=50000000, parameter OUT_Freq=1, parameter N=25)
    (input CLK_50M, CLR_n, output reg CLK_1HzOut);
    reg[N-1:0] Count_DIV;      //内部计数器节点，其位宽由计数器的模数确定
    always @(posedge CLK_50M, negedge CLR_n)
    begin
        if(!CLR_n) begin CLK_1HzOut<=0; Count_DIV<=0; end
        else begin
            if(Count_DIV<(CLK_Freq/(2*OUT_Freq)-1))
                Count_DIV=Count_DIV+1'b1;
            else begin
                Count_DIV<=0;
                CLK_1HzOut <= ~CLK_1HzOut;
            end
        end
    end
endmodule
```

8.1.5　实验任务

实验一　多功能流水灯电路设计

本实验采用自下而上的设计方法，先做底层单元电路设计，再做顶层电路设计。其实现步骤如下：

任务 1　设计一个带使能端的 3 线 - 8 线译码器，再实例引用该模块，构成 4 线 -16 线译码器。要求如下：

1）3 线 -8 线译码器的功能如表 8.1.2 所示。即当 En = **0** 时，译码器不工作，输出全为 **0**；当 En = **1** 时，根据输入 A2、A1、A0 进行译码，输出高电平为有效状态。

2）阅读 FPGA 开发板的使用说明，分配引脚，编译工程项目，得到下载文件。

3）对开发板上 FPGA 器件编程，实现设计的电路，并测试结果。

表 8.1.2　3 线 -8 线译码器逻辑功能表

输入				输出							
En	A_2	A_1	A_0	Y_0	Y_1	Y_2	Y_3	Y_4	Y_5	Y_6	Y_7
0	×	×	×	0	0	0	0	0	0	0	0
1	0	0	0	1	0	0	0	0	0	0	0
1	0	0	1	0	1	0	0	0	0	0	0
1	0	1	0	0	0	1	0	0	0	0	0
1	0	1	1	0	0	0	1	0	0	0	0
1	1	0	0	0	0	0	0	1	0	0	0
1	1	0	1	0	0	0	0	0	1	0	0
1	1	1	0	0	0	0	0	0	0	1	0
1	1	1	1	0	0	0	0	0	0	0	1

任务 2　设计一个可逆的同步二进制计数器。要求如下：

1）计数器的计数范围为 0～15，且具有异步清零、增或减计数的功能。UpDn = 0 时，递增计数；UpDn = 1 时，递减计数。

2）输入时钟源为 50MHz，用七段数码管显示计数值，计数值 1 秒钟改变一次。

3）用 FPGA 开发板实现设计，并测试设计结果。

任务 3　根据图 8.1.2 所示框图，实例引用分频器、计数器和译码器子模块，按如下要求之一实现流水灯电路设计。用 FPGA 开发板实现电路，并记录测试结果。

1）每秒钟点亮 16 个 LED 灯中的一个灯，并不断地循环。

2）去掉 UpDn 开关，实现自动可逆计数器，让点亮的 LED 灯能够自动地双向移动。

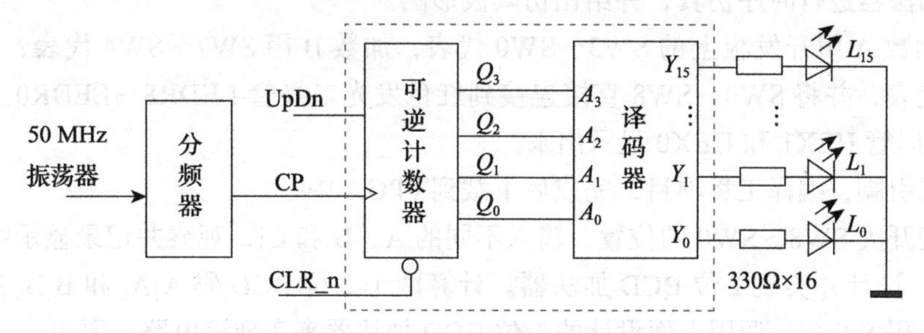

图 8.1.2　流水灯电路组成框图

任务 4　用移位寄存器实现流水灯。

将图 8.1.2 中虚线框内部的两个模块改为 16 位双向移位寄存器，完成流水灯电路的功能。要求移位寄存器具有预置数据的功能，以便改变点亮 LED 灯的个数。

任务 5　实现多功能流水灯。

1）根据图 8.1.3 所示框图，将上述两种自动双向流水灯电路集成在一起，用一个开关选择其中的一个电路，实现 16 个 LED 的流水灯电路。

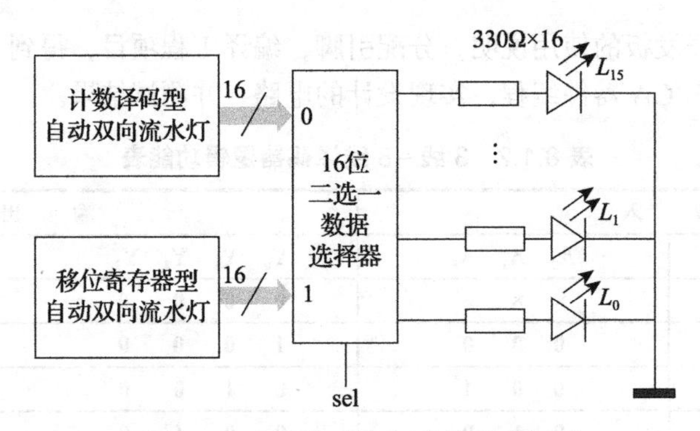

图 8.1.3 多功能流水灯总体组成框图

2）思考下列问题，扩展电路功能。

如果要使灯循环亮和灭的速度是可控的，该如何设计呢？

如果将 16 个灯分成两组，轮流点亮编号为奇数的灯和编号为偶数的灯，又该如何设计呢？

如果将 16 个灯分成两组，每组 8 个灯，要求点亮的几个灯（例如 3 个）能够从两边同时向中间移动，接着又从中间向两边移动，如此循环往复，又该如何设计呢？

3）完成实验后，关闭所有文件，退出 Quartus 软件，并关闭计算机。

4）根据实验流程和实验结果，写出实验总结报告。

实验二 BCD 加法器设计

任务 1 设计并实现 1 位 BCD 加法器。被加数 A、加数 B 分别为 1 位 BCD 码，进位输入 Ci 为 1 位二进制数，输出为两位 BCD 码 S_1S_0。该电路能够处理的和的最大值为 $S_1S_0 = 9 + 9 + 1 = 19$。要求：

1）对加法器进行时序仿真，并给出仿真波形图。

2）被加数 A 用开发板上的 SW3～SW0 代表，加数 B 用 SW7～SW4 代表，1 位进位输入用 SW8 代表，并将 SW0～SW8 直接连接到红色发光二极管 LEDR8～LEDR0 上；计算结果 S_1S_0 用数码管 HEX1 和 HEX0 显示出来。

3）分配引脚，编译工程项目，完成后下载到 FPGA 中。

4）改变开关 SW8～SW0 的位置，输入不同的 A、B 和 Ci，观察并记录显示结果。

任务 2 设计并实现 2 位 BCD 加法器。计算两个 2 位 BCD 码 A_1A_0 和 B_1B_0 的和，输出为 3 位 BCD 码 $S_2S_1S_0$，调用上面设计的 1 位 BCD 加法器来实现该电路。要求：

1）A_1A_0 用开发板上的 SW7～SW0 代表，B_1B_0 用 SW15～SW8 代表，并将 A_1A_0 的值显示在数码管 HEX7 和 HEX6 上，B_1B_0 的值显示在数码管 HEX5 和 HEX4 上，$S_2S_1S_0$ 显示在数码管 HEX2～HEX0 上。

2）用 FPGA 开发板实现设计，输入不同的 A_1A_0 和 B_1B_0 的值，观察并记录显示结果。

3）根据实验流程和实验结果，写出实验总结报告。

8.2　移动显示字符设计

8.2.1　功能要求

设计字符显示电路，要求：

1）设计一个简单的字符译码电路，能够在单个数码管上显示字符，其组成框图如图 8.2.1 所示，输入 $c_2 \sim c_0$ 取不同值时，在共阳极数码管上显示不同的字符，其功能如表 8.2.1 所示。

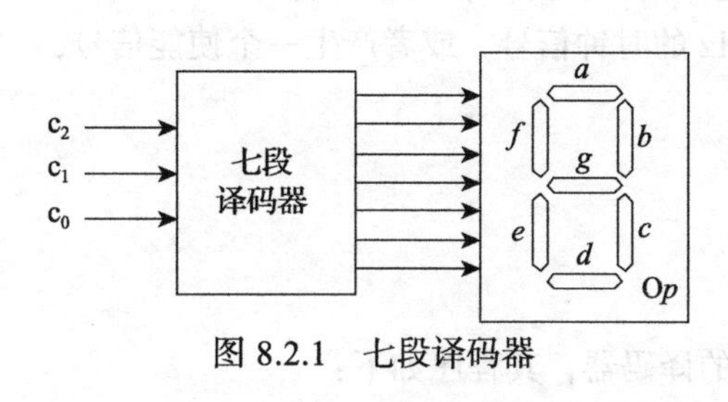

图 8.2.1　七段译码器

表 8.2.1　字符编码

c_2	c_1	c_0	输出字符	c_2	c_1	c_0	输出字符
0	0	0	H	1	0	0	O
0	0	1	E	1	0	1	空白（不显示）
0	1	0	L	1	1	0	空白（不显示）
0	1	1	L	1	1	1	空白（不显示）

2）调用上述设计子模块，设计一个能够在 8 个数码管 HEX7～HEX0 上使字符 HELLO 循环移动显示的电路，使所有字母能够按照表 8.2.2 所示规律从右向左移动，每秒钟移动一次。

表 8.2.2　字符显示图案

时钟编号	HEX7	HEX6	HEX5	HEX4	HEX3	HEX2	HEX1	HEX0
0	H	E	L	L	O			
1	E	L	L	O				H
2	L	L	O				H	E
3	L	O				H	E	L
4	O				H	E	L	L
5				H	E	L	L	O
6			H	E	L	L	O	
7		H	E	L	L	O		

3）用 FPGA 开发板实现设计。用开发板上 50MHz 时钟源作为时钟输入，用按键 KEY0 作为复位。即 KEY0 = 0 时，8 个显示器上显示表 8.2.2 编号为 0 行的图案，即左边 5 个显示器从左到右依次显示 HELLO，右边 3 个显示器不显示（空白）；当 KEY0=1 时，字符每秒钟向左移动一次，按照表中的规律依次不停地循环。

8.2.2　设计分析

共阳极七段显示器由 a～g 这 7 个发光二极管组成，当任意一段输入低电平时，该段就会发亮。按照表 8.2.1，对输入的 3 位二进制数 $c_2 \sim c_0$ 进行译码，将其转换成 7 段显示码即可满足要求 1。表 8.2.1 中的输入只有 3 位二进制数，最多只能对 8 个字母进行译码，如果增加译码器的输入端，就能对更多的字符进行译码。

要在 8 个数码管 HEX7～HEX0 上循环显示字符 HELLO，则需要设计 8 个如图 8.2.1 所示的字符译码器，使每个译码器在同一时刻输入不同的二进制数，就可以在 8 个数码管上显示不同的字符。例如，将二进制数 **000** 送给 HEX7 对应的译码器输入端，HEX7 将显示字母 H，将 **001** 送给 HEX6 对应的译码器输入端，HEX6 将显示字母 E，依次类推，将 **100** 送给 HEX3 对应的译码器输入端，HEX3 将显示字母 O，将 **101**、**110**、**111** 分别送给 HEX2、HEX1 、HEX0 对应的译码器输入端，这 3 个显示器将不显示。

还要设计一个模为 8 的二进制递增计数器，从 0～7 循环计数，并对计数值进行变换，在同一时刻送到每个字符译码器输入端的二进制数是不同的。另外，要让字符每秒钟移动一次，则需要对 50MHz 时钟源进行变换，分频产生 1Hz 的时钟信号，或者产生一个使能信号，控制计数器每秒钟计数一次。

8.2.3　逻辑设计

1. 字符显示译码器设计

使用 **case** 语句描述真值表 8.2.1，实现字符显示的译码器，其程序如下：

```
module Hello7seg(
    input[2:0] char,                    //输入为3位二进制数
    output reg[0:6] display             //输出为7段码
);
    always @(char)
        case(char) //abcdefg
            3'h0:display=7'b1001000;  // `H`
            3'h1:display=7'b0110000;  // `E`
            3'h2:display=7'b1110001;  // `L`
            3'h3:display=7'b1110001;  // `L`
            3'h4:display=7'b0000001;  // `O`
            3'h5:display=7'b1111111;  //空白（不显示）
            3'h6:display=7'b1111111;
            3'h7:display=7'b1111111;
    endcase
endmodule
```

2. 通用变模计数器设计

下面是一个通用计数器程序，使用 **parameter** 语句描述计数器的位宽（N）和模数（MOD），使用 **defparam** 语句可以修改这些参数，得到模数不同的计数器。

```
module modulo_counter #( parameter N=4, parameter MOD=16)
    (input CP,CLR_n,En, output Carry_out, output reg[N-1:0] Q );
    always @(posedge CP, negedge CLR_n)
    begin
        if(!CLR_n) Q<='d0;
        else if(En) begin if (Q==MOD-1) Q<='d0; else Q<=Q+1'b1; end
    end
    assign Carry_out=(Q==MOD-1);
endmodule
```

3. 顶层模块设计

实例引用子模块，得到顶层模块程序如 Hello_Display.v 所示。注意，可以使用 **defparam**

语句修改子模块参数。

```
//*************文件名: Hello_Display.v ***********
module Hello_Display(
    input CLOCK_50,
    input[0:0] KEY,                                    //KEY[0]为复位输入
    output[0:6] HEX7,HEX6,HEX5,HEX4,HEX3,HEX2,HEX1,HEX0
);
    wire[2:0] Cnt_7,Cnt_6,Cnt_5,Cnt_4,Cnt_3,Cnt_2,Cnt_1,Cnt_0;
    wire[2:0] Count;
    wire One_second_enable;                            //每1秒钟产生一个使能信号
    modulo_counter slow_clock(                         //实例引用子模块
                        .CP(CLOCK_50),
                        .CLR_n(KEY[0]),
                        .En(1'b1),
                        .Q(),
                        .Carry_out(One_second_enable)
        );
        defparam slow_clock.N=27;                      //修改计数器的位宽
        defparam slow_clock.MOD=50000000;              //修改计数器的模数

        modulo_counter Counter8(
                            .CP(CLOCK_50),
                            .CLR_n(KEY[0]),
                            .En(One_second_enable),
                            .Q(Count),
                            .Carry_out()
        );
        defparam Counter8.N=3;
        defparam Counter8.MOD=8;

        assign Cnt_7=Count;
        assign Cnt_6=Count+3'b001;                     //计数器值加1
        assign Cnt_5=Count+3'b010;                     //计数器值加2
        assign Cnt_4=Count+3'b011;
        assign Cnt_3=Count+3'b100;
        assign Cnt_2=Count+3'b101;
        assign Cnt_1=Count+3'b110;
        assign Cnt_0=Count+3'b111;
        Hello7seg digit_7(Cnt_7,HEX7);                 //实例引用子模块
        Hello7seg digit_6(Cnt_6,HEX6);
        Hello7seg digit_5(Cnt_5,HEX5);
        Hello7seg digit_4(Cnt_4,HEX4);
        Hello7seg digit_3(Cnt_3,HEX3);
        Hello7seg digit_2(Cnt_2,HEX2);
        Hello7seg digit_1(Cnt_1,HEX1);
        Hello7seg digit_0(Cnt_0,HEX0);
endmodule
```

8.2.4　设计实现

用 DE2-115 开发板实现上述设计的过程如下：

1）在 Quartus 软件中，建立一个新的工程项目，项目名称为 Hello_Display，选择 FPGA 型号为 EP4CE115F29C7，输入各个子模块及顶层模块的 HDL 文件。

2）参照附录 A，将输入、输出信号分配到器件相应的引脚上，然后编译设计项目，生成下载文件（文件名为 Hello_Display.sof）。

3）将下载文件 Hello_Display.sof 写入目标器件中，按住或者松开 KEY0，观察 8 个数码管上显示的结果。

8.2.5　实验任务

实验三　速度可控的循环显示字符实验

任务 1　修改上述程序，使字符移动的速度可控。增加一个开关 SW0，当 SW0 = 0 时，字符 1 秒钟移动一次；当 SW0 = 1 时，字符 0.5 秒钟移动一次。如果要使字符既能向左移动，又能向右移动，该如何设计呢？

任务 2　设计字符显示电路，要求能够在 8 个数码管 HEX7～HEX0 上让字符 HELLO、HI FPGA、HAHA、HEHEA 分别循环移动显示出来，且移动速度和方向均可控。

实验四　编码、译码显示电路设计

按照图 8.2.2 所示的框图，设计一个简单的编码、译码显示电路，要求用发光二极管显示开关的状态。其中，8 线 -3 线优先编码器的功能如表 8.2.3 所示。

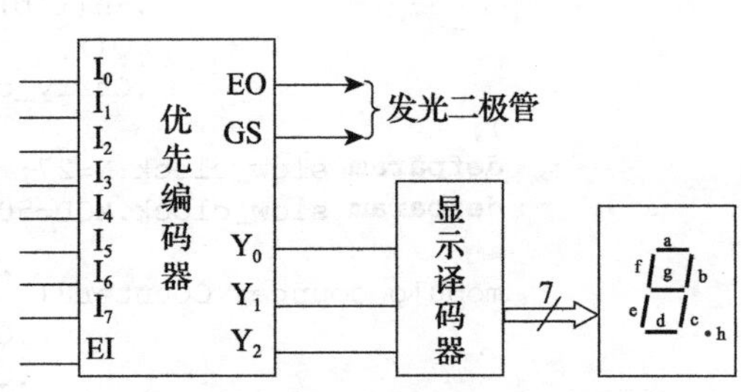

图 8.2.2　编码、译码显示电路框图

表 8.2.3　优先编码器功能表（与 CD4532 相同）

输入									输出				
EI	I_7	I_6	I_5	I_4	I_3	I_2	I_1	I_0	Y_2	Y_1	Y_0	GS	EO
0	×	×	×	×	×	×	×	×	0	0	0	0	0
1	0	0	0	0	0	0	0	0	0	0	0	0	1
1	1	×	×	×	×	×	×	×	1	1	1	1	0
1	0	1	×	×	×	×	×	×	1	1	0	1	0
1	0	0	1	×	×	×	×	×	1	0	1	1	0
1	0	0	0	1	×	×	×	×	1	0	0	1	0
1	0	0	0	0	1	×	×	×	0	1	1	1	0
1	0	0	0	0	0	1	×	×	0	1	0	1	0
1	0	0	0	0	0	0	1	×	0	0	1	1	0
1	0	0	0	0	0	0	0	1	0	0	0	1	0

实验要求：

1）新建一个工程项目，用 Verilog HDL 描述子模块，并对各个模块进行仿真。

2）编写顶层模块，并编译整个项目。

3）根据使用的 FPGA 开发板分配电路的输入、输出引脚。

4）重新编译整个项目，并下载到 FPGA 开发板上进行验证。

5）根据实验流程和实验结果，写出实验总结报告。

8.3 分频器设计

8.3.1 功能要求

PWM（Pulse Width Modulation，脉冲宽度调制），矩形波中高电平脉冲宽度 t_W 与周期 T 的比值叫作占空比（duty cycle）。PWM 没有量纲，常用百分比的形式来表示。占空比用符号 q 表示，其数学表示如下：

$$q(\%)=\frac{t_W}{T}\times 100\% \tag{8.3.1}$$

当占空比为 50% 时，称此时的矩形脉冲为方波，即 **0** 和 **1** 交替出现并持续占有相同的时间。

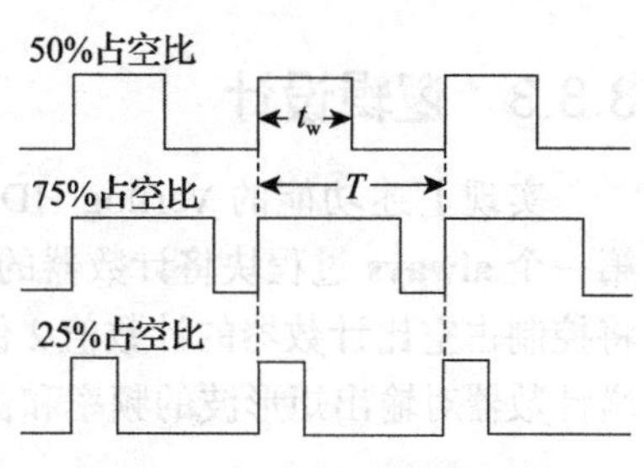

图 8.3.1　占空比不同的矩形波

图 8.3.1 是三种不同占空比的矩形波示意图，例如一个矩形波信号的周期是 2ms，如果该周期信号前 1.5ms 保持高电平，后 0.5ms 是低电平，则该 PWM 波的占空比是 75%。

本节的任务是设计一个分频器，或者称为 PWM 控制器。要求将频率为 50MHz 的输入时钟信号进行分频，使输出脉冲信号的频率满足表 8.3.1 所示要求，其占空比满足表 8.3.2 所示要求。表中的 SW0～SW4 为 FPGA 开发板上的拨动开关。

表 8.3.1　输出信号的频率控制表

SW2	SW1	SW0	输出信号的频率
0	0	0	4 分频，（50/4）MHz
0	0	1	8 分频，（50/8）MHz
0	1	0	16 分频，（50/16）MHz
0	1	1	32 分频，（50/32）MHz
1	0	0	64 分频，（50/64）MHz
1	0	1	128 分频，（50/128）MHz

表 8.3.2　输出信号的占空比

SW4	SW3	输出信号的占空比
0	0	1/2，即 50%
0	1	3/4，即 75%
1	0	1/4，即 25%
1	1	1/8，即 12.5%

8.3.2 设计分析

分频器通常用计数器实现，将高频脉冲信号作为时钟信号送到计数器的时钟输入端进行计数，在计数器输出端就可以得到频率低的信号。假设时钟信号的频率为 f_i（即周期为 T_i），计数值为 N，则输出信号的最低频率为

$$f_O=f_i/N \tag{8.3.2}$$

因为输出频率是输入频率的 1/N，所以称为 N 分频器或者模为 N 的计数器。例如，输入时钟信号频率 f_O = 50MHz，如果要得到 5MHz 的输出信号，则计数值为 10，即需要设计一个模为 10 的计数器。所以通过改变计数器的模就可以得到不同频率的输出信号。

对分频得到的频率一定的矩形波如何调节占空比呢？假设输出信号的频率为 f_O（即周期

为 T_O)，通过另一个计数器对高电平脉冲宽度 t_w 这段时间内通过的高频脉冲进行计数，若计数值为 λ，则

$$t_W = \lambda \cdot T_i = \lambda / f_i \qquad (8.3.3)$$

根据式（8.3.1）～式（8.3.3），得到输出信号的占空比为

$$q = \frac{t_W}{T_O} = t_W \cdot f_O = \frac{\lambda}{f_i} \cdot \frac{f_i}{N} = \frac{\lambda}{N}$$

所以改变计数值 λ 就能改变占空比。显然，λ 的最小值为 1，最大值为 $N-1$，且只能为整数，用这种方法无法得到非整数个时钟周期的 t_W。

8.3.3　逻辑设计

实现上述功能的 Verilog HDL 程序如 Fre_Division.v 所示。它包含 3 个 **always** 过程块，第一个 **always** 过程块将计数器的分频值 N 保存在寄存器变量 Division 中，第二个 **always** 块将控制占空比计数器的计数值 λ 保存在寄存器变量 Pulse 中，第三个 **always** 过程块用一个递增计数器对输出矩形波的频率和占空比进行控制。

```
//*************文件名: Fre_Division.v ***********
module Fre_Division(
    input CPi,CLR_n,                              //CPi频率为50MHz, CLR_n=0时清零
    input[2:0] SW_Fre,                            //切换输出信号的频率
    input[1:0] SW_Duty,                           //切换输出信号的占空比
    output reg CP_out                             //输出矩形波
);
    //*************控制信号输出频率*********
    reg[7:0] Division;                            //保存计数器分频值N, N=输入频率/输出频率
    always @(*)
    begin
        case(SW_Fre)
                3'b000:Division=8'd8;            //1/8分频
                3'b001:Division=8'd16;           //1/16分频
                3'b010:Division=8'd32;           //1/32分频
                3'b011:Division=8'd64;           //1/64分频
                3'b100:Division=8'd128;          //1/128分频
                default:Division=8'd4;           //1/4分频
        endcase
    end
    //*************输出信号的占空比****************
    reg[6:0] Pulse;                               //保存计数值λ, λ=N*q=Division*q
    always @(*)
    begin
        case(SW_Duty)
                2'b01:Pulse=Division*3/4;        //q=3/4
                2'b10:Pulse=Division/4;          //q=1/4
                2'b11:Pulse=Division/8;          //q=1/8
                default:Pulse=Division/2;        //q=1/2
        endcase
```

```
    end
    //**************矩形波输出信号********************
    reg[6:0] Count;                              //保存计数器的值
    always @(posedge CPi, negedge CLR_n)
    begin
        if(!CLR_n) begin Count<=0; CP_out=0; end
        else  begin
            if (Count==Division-1) Count<=0; else Count<=Count+1;
            if((Count>=0)&&(Count<Pulse)) CP_out<=1; else CP_out<=0;
        end
    end
endmodule
```

8.3.4 设计仿真

仿真上述设计的过程如下：

1）在 Quartus 软件中建立一个新的工程项目，选择 FPGA 型号为 EP4CE115F29C7，输入上述 HDL 代码，对设计项目进行编译。

2）新建一个仿真波形文件，设置输入、输出信号的激励波形，对设计项目进行时序仿真，得到如图 8.3.2 所示的波形。分析波形图可知，刚开始至 20ns 时，CLR_n 为低电平，计数器被清零（即 Count=0），输出 CP_out 为 0；其他时间 CLR_n 均为高电平，计数器 Count 在 CP 上升沿到来时递增计数，计数器的模由代码中的变量 Division 决定，图中 SW_Fre = 3'b000，即 Division = 4。CP_out 高电平宽度由代码中的变量 Pulse 决定，当 SW_Duty = 2'b00 时，则 Pulse = Division/2 = 2，CP_out 占空比为 50%；当 SW_Duty = 2'b10 时，则 Pulse = 1，CP_out 占空比为 1/4；当 SW_Duty = 2'b01 时，则 Pulse = 3，CP_out 占空比为 3/4；当 SW_Duty = 2'b11 时，则 Pulse = 0，不能输出脉冲信号，CP_out 一直输出低电平（图中未给出）；仿真结果完全符合设计要求。

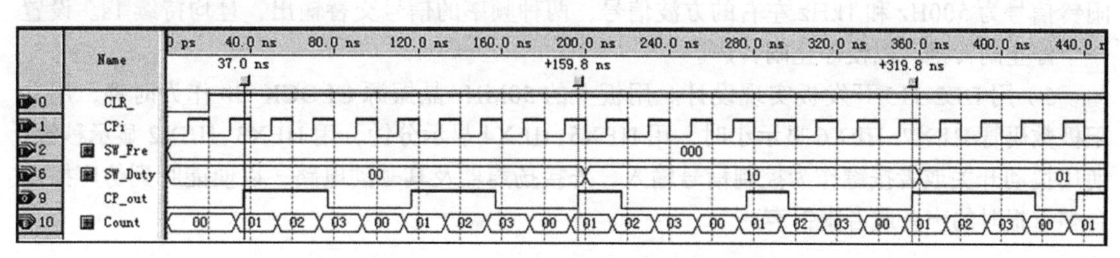

图 8.3.2　分频器的时序仿真波形图

8.3.5 实际运行结果

对 FPGA 进行编程的过程如下：

1）按照附录 A，用 DE2-115 开发板上的晶振源 CLOCK_50 作为 CPi，用开关 SW4～SW0 作为 SW_Duty 和 SW_Fre，用开关 SW5 作为 CLR_n，用外接插座[⊖]GPIO[0] 作为 Clk_out，对设计项目进行引脚分配，并进行全编译，生成下载文件（文件后缀为 .sof）。

⊖ DE2-115 上有一个 40 引脚的外接插座 GPIO，其引脚编号分别为 GPIO[0]～GPIO[35]。

2）将下载文件写入目标器件中，改变拨动开关的位置，用 SignalTap II 逻辑分析仪或者外接示波器观察输出波形（留待读者自己完成）。

8.3.6　实验任务

实验五　分频器实验

输入一个频率为 50MHz 的方波信号，试用 Verilog HDL 设计一个有同步复位功能的 PWM 控制器，产生频率为 1Hz 的矩形波输出信号，该信号的占空比为 80%。要求：

1）写出设计过程，给出含注释的实验代码。

2）对设计进行仿真，检测模块设计是否正确，给出仿真波形。

3）用 FPGA 开发板实现设计。用按钮 KEY0 作为复位输入，用绿色 LED 显示输出结果，给出 FPGA 的引脚分配情况和资源利用情况。

8.4　多功能数字钟设计

8.4.1　功能要求

设计一个具有时、分、秒计时的数字钟电路，按 24 小时制计时。要求：

1）准确计时，以数字形式显示时、分、秒的时间。

2）具有分、时校正功能，校正输入脉冲频率为 1Hz。

3）具有仿广播电台整点报时的功能。即每逢 59 分 51 秒、53 秒、55 秒及 57 秒时发出 4 声 500Hz 左右的低音，在 59 分 59 秒时发出一声 1kHz 左右的高音，它们的持续时间均为 1 秒，最后一声高音结束的时刻恰好为正点时刻。

4）具有闹钟功能，且最长闹铃时间为 1 分钟。要求可以任意设置闹钟的小时、分钟；闹铃信号为 500Hz 和 1kHz 左右的方波信号，两种频率的信号交替输出，且均持续 1s。设置一个停止闹铃键，以便停止闹铃声。

5）用 DE2-115 开发板实现设计。用板上的 50MHz 晶振源 CLOCK_50 作为时钟，用共阳极数码管 HEX7、HEX6 显示小时，用 HEX5、HEX4 显示分钟，用 HEX3、HEX2 显示秒钟。使用拨动开关或者按键作为控制信号输入，外接扬声器及其驱动电路，以便能听到仿广播电台整点报时的声音或者闹铃声。

8.4.2　设计分析

数字钟的组成框图如图 8.4.1 所示，其工作原理是：振荡器产生稳定的高频脉冲信号作为数字钟的时间基准，再经分频器输出标准秒脉冲（即每秒一个脉冲）。数字钟所有计数器均按照 BCD 码进行计数。秒计数器对秒脉冲进行计数，从 0 开始计数到 59（模为 60）时，即为 1 分钟，此时，秒计数器向分计数器进位，分计数器增 1 计数，当分计数器计满 60 分钟后向小时计数器进位，小时计数器增 1 计数，依次类推，在秒脉冲作用下，计数器不断循环计数，当小时、分钟和秒钟计数器计到 23:59:59 时，在下一个秒脉冲到来时，所有计数器同时回到零（显示 00:00:00）。将计数器的输出送到译码器和七段数码显示器，即可显示出一天中的小时、分钟、秒钟。

当计时出现误差时，可以用校时电路对小时计数器、分钟计数器进行校正。仿电台报时和定时闹钟为扩展电路，在计时主体电路正常运行的情况下可以进行功能扩展。

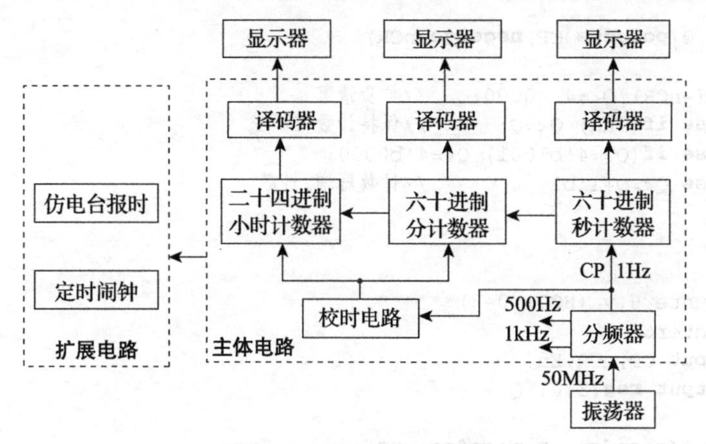

图 8.4.1　数字钟组成框图

数字钟电路的实现方法较多，可以用中规模集成电路、ASIC 和 FPGA/CPLD 等方法实现。对于计时精度要求不高的实验电路，振荡器可以由集成电路定时器 555 与 RC 电路组成 1kHz 的多谐振荡器，然后分频得到 1Hz 的计时秒脉冲。对于计时精度要求高的产品，振荡器通常由石英晶体构成（例如电子手表的振荡器由频率为 32 768Hz 的石英晶体构成，将其进行 2^{15} 分频，得到 1Hz 的标准计时脉冲）。

在本实验中，图 8.4.1 中虚线框内的电路用 Verilog HDL 进行描述，然后用 FPGA 开发板实现。开发板提供的时钟信号由 50MHz 的石英晶体组成。

8.4.3　数字钟主体电路逻辑设计

这里采用自下而上的方法，首先定义数字钟的各个子模块，再调用这些子模块组合成顶层的数字钟电路。

1. 模 60（分钟、秒钟）计数器设计

分钟、秒钟计数器的计数规律为 00–01–…–09–10–11–…–58–59–00…，可见个位计数器从 0～9 计数，是一个十进制计数器，十位计数器则从 0～5 计数，是一个六进制计数器。设计时，可以先分别设计一个十进制计数器（counter10.v）和一个六进制计数器（counter6.v）子模块，然后将这两个子模块组合起来，构成六十进制计数器，其设计的层次结构如图 8.4.2 所示。也可以直接调用 8.2.3 节中设计的通用二进制计数器子模块 modulo_counter，然后用 **defparam** 语句修改子模块内部的参数，完成模 10 计数器和模 6 计数器的设计。代码如下：

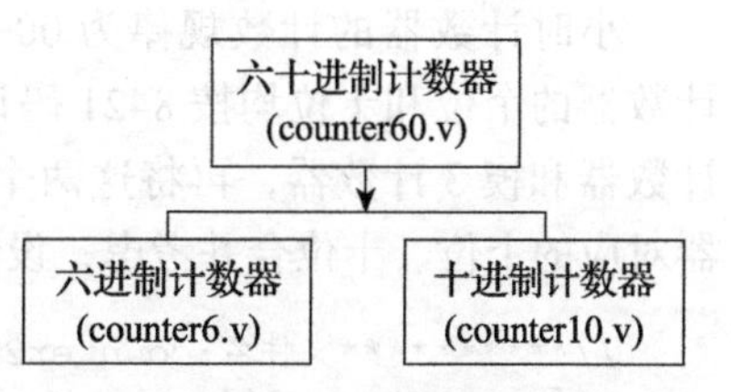

图 8.4.2　六十进制计数器的层次结构

```
//***** counter10.v (BCD: 0~9) ***
module counter10(
        input CP,nCR,En,
        output reg[3:0] Q
        );
    always @(posedge CP,negedge nCR)
    begin
        if(~nCR) Q<=4'b0000;    //异步清零
        else if(~En) Q<=Q;      //保持计数值不变
        else if(Q==4'b1001) Q<=4'b0000;
        else Q<=Q+1'b1;         //计数器增1计数
    end
endmodule

//***** counter6.v (BCD: 0~5)******
module counter6(
        input CP,nCR,En,
        output reg[3:0] Q
        );
    always @(posedge CP,negedge nCR)
    begin
        if(~nCR) Q<=4'b0000;
        else if(~En) Q<=Q;
        else if(Q==4'b0101) Q<=4'b0000;
        else Q<=Q+1'b1;
    end
endmodule

//*******ounter60.v(BCD:00~59)*********
module counter60(
        input CP,nCR,En,
        output[7:0] Cnt         //模60计数器的输出信号
        );
    wire ENP;                   //计数器十位的使能信号
    counter10 UC0(.Q(Cnt[3:0]),.CP(CP),.nCR(nCR),.En(En));
    counter6 UC1(.Q(Cnt[7:4]),.CP(CP),.nCR(nCR),.En(ENP));
    assign ENP = (Cnt[3:0]==4'h9) & En;
endmodule
```

2. 模 24（小时）计数器设计

小时计数器的计数规律为 00-01-…-09-10-11-…-22-23-00…，即在设计时要求小时计数器的个位和十位均按 8421 码计数。设计时，可以采用类似于上面的方法，先设计模 10 计数器和模 3 计数器，再将这两个子模块组合起来，构成模 24 计数器。也可以将小时计数器对应的个位、十位合并考虑，设计成一个子模块。这里采用后一种方法，其代码如下：

```
//**********文件名:counter24.v (BCD计数: 0~23)*************
module counter24(
        input CP,nCR,EN,
        output reg[3:0] CntH,CntL           //小时的十位和个位输出(BCD码)
        );
```

```
    always @(posedge CP, negedge nCR)
    begin
        if(~nCR)
              {CntH,CntL}<=8'h00;
        else if(~EN)
              {CntH,CntL}<={CntH,CntL};          //保持计数值不变
        else if((CntH>2)||(CntL>9)||((CntH==2)&&(CntL>=3)))
              {CntH,CntL}<=8'h00;                //对小时计数器出错的处理
        else if((CntH==2)&&(CntL<3))             //进行20~23计数
              begin CntH<=CntH;CntL<=CntL+1'b1;end
        else if(CntL==9)                         //小时十位的计数
              begin CntH<=CntH+1'b1;CntL<=4'h0;end
        else                                     //小时个位的计数
              begin CntH<=CntH;CntL<=CntL+1'b1;end
    end
endmodule
```

3. 数字钟主体电路设计与仿真

数字钟主体电路包括正常计时和对时间进行校正两部分电路，其代码如下：

```
// ******** top_clock.v *********
module top_clock(
        input _1Hz,nCR,AdjMinkey,AdjHrkey,
        output[7:0] Hour,Minute,Second
        );
    supply1 Vdd;          //声明Vdd为高电平
    wire MinCP,HrCP;      //分钟、小时计数器时钟信号
//=============  Hour:Minute:Second counter =============
    counter60 UT1(.Cnt(Second),.nCR(nCR),.En(Vdd),.CP(_1Hz));
    counter60 UT2(.Cnt(Minute),.nCR(nCR),.En(Vdd),.CP(~MinCP));
    counter24 UT3(.CntH(Hour[7:4]),.CntL(Hour[3:0]),.nCR(nCR),.EN(Vdd),.CP(~HrCP));
//产生分钟计数器时钟。AdjMinKey=1，校正分钟；AdjMinKey=0，分钟正常计时
    assign MinCP=AdjMinkey?_1Hz:(Second==8'h59);
//产生小时计数器时钟。AdjHrKey=1，校正小时；AdjHrKey=0，小时正常计时
    assign HrCP=AdjHrkey?_1Hz:({Minute,Second}==16'h5959);
endmodule
```

整个程序的层次结构如图 8.4.3 所示。顶层模块（top_clock.v）由两个 60 进制计数器子模块（counter60.v）和一个 24 进制计数器子模块（counter24.v）组成，而 60 进制计数器子模块由两个底层子模块组成，所以整个程序实际上形成了三个层次。

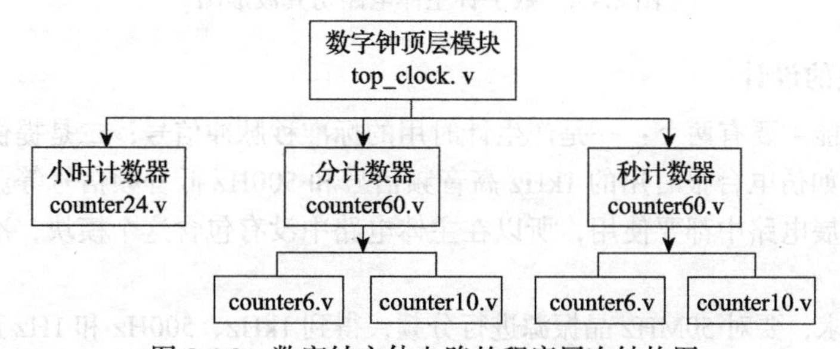

图 8.4.3　数字钟主体电路的程序层次结构图

正常计时时，秒计数器接收 _1Hz 送来的标准秒脉冲信号，每隔 1 秒钟，计数器的值增 1，当秒计数器计到 59 秒时，产生的输出信号作为分计数器的时钟信号，使分计数器加 1，分、秒计数器同时计到最大值（59 分 59 秒）时，产生的输出信号作为小时计数器的时钟信号，使小时计数器加 1，从而实现计时功能。对时间进行调整时，使用 AdjHrKey 调整小时，当 AdjHrKey =1 时，将 1Hz 信号直接输入小时计数器，每秒钟小时计数器加 1 计数，实现对小时的校正。同理，使用 AdjMinKey 可以对分钟进行校正。

在上述程序中，MinCP 和 HrCP 分别为分钟计数器和小时计数器的时钟信号，将程序“ **assign** MinCP=AdjMinKey?_Hz:(Second==8'h59);”综合后，会得到一个 2 选 1 数据选择器电路。当 AdjMinKey=1 时，选择 _1Hz 作为分钟计数器的时钟信号 MinCP，实现分钟校正；当 AdjMinKey=0 时，选择秒计数器进位信号（Second==8'h59）作为分钟计数器的时钟信号 MinCP，实现分钟正常计时。小时计数器时钟信号 HrCP 的选择原理类似。

将以上所有文件输入 Quartus 软件中，将 top_clock.v 文件设为当前工程的顶层文件，对设计项目进行编译。

接着，新建一个仿真波形文件，并给出输入信号的激励波形，然后调用 ModelSim 进行功能仿真，得到如图 8.4.4 所示的波形图。对其进行分析，其仿真结果符合设计要求。

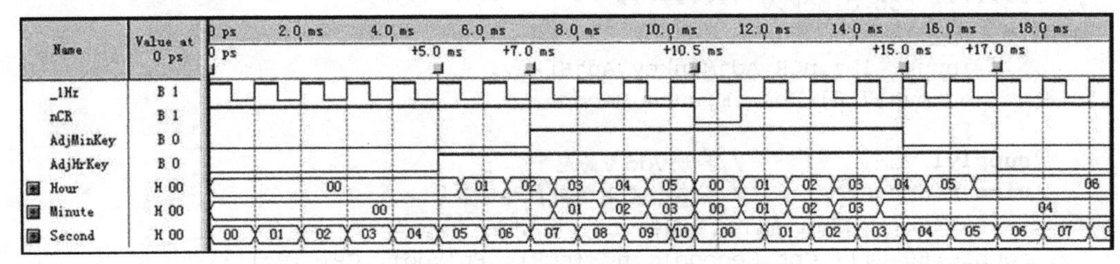

a）对计时、校时、校分和清零功能的仿真

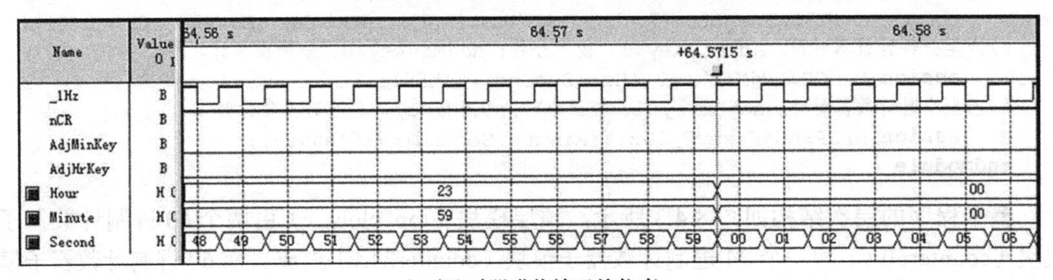

b）对计时器进位情况的仿真

图 8.4.4　数字钟主体电路仿真波形图

4. 分频模块的设计

分频器的功能主要有两个：一是产生计时用的标准秒脉冲信号；二是提供功能扩展电路所需要的信号，如仿电台报时用的 1kHz 高音频信号和 500Hz 低音频信号等。由于分频模块在主体电路和扩展电路中都要使用，所以在主体电路中没有包含这个模块，准备放在最后的顶层电路中。

根据设计要求，要对 50MHz 晶振源进行分频，得到 1kHz、500Hz 和 1Hz 正方波信号。这里直接调用 8.1.4 节分频器子模块 Divider50MHz 进行设计，其代码见 CP_1kHz_500Hz_1Hz.v。

代码中的 **defparam** 语句对各个子模块中的参数进行了修改。注意，位宽是根据计数器模进行设定的。限于篇幅，这里不再给出子模块 Divider50MHz.v 的程序。

```
//**********CP_1kHz_500Hz_1Hz.v**********
module CP_1kHz_500Hz_1Hz(
        input CLK_50,nRST,
        output CP_1kHz,CP_500Hz,CP_1Hz
        );
    Divider50MHz U0(.CLK_50M(CLK_50),             //实例引用子模块
                    .nCLR(nRST),
                    .CLK_1HzOut(CP_1kHz));        //1kHz
    defparam U0.N=15;                             //计数器位宽=15
    defparam U0.CLK_Freq=50000000;                //输入频率
    defparam U0.OUT_Freq=1000;                    //输出频率

    Divider50MHz U1(.CLK_50M(CLK_50),
                    .nCLR(nRST),
                    .CLK_1HzOut(CP_500Hz));       //500Hz
    defparam U1.N=16;
    defparam U1.CLK_Freq=50000000;
    defparam U1.OUT_Freq=500;

    Divider50MHz U2(.CLK_50M(CLK_50),
                    .nCLR(nRST),
                    .CLK_1HzOut(CP_1Hz));         //1Hz
    defparam U2.N=25;
    defparam U2.CLK_Freq=50000000;
    defparam U2.OUT_Freq=1;
endmodule
```

8.4.4　功能扩展电路逻辑设计

1. 仿广播电台正点报时模块的设计

仿广播电台正点报时子模块代码见 Radio.v。ALARM_Radio 为输出的正点报时信号，Minute、Second 分别为数字钟当前时刻的分钟和秒钟信号，它们作为本模块的输入。程序中使用 **if-else** 语句判断数字钟当前时刻是否为 59 分，若正好为 59 分，再用 **case-endcase** 语句判断秒钟是否为要求发出声响的时刻。若均满足要求，就输出相应频率的信号。即按照 4 声低音、1 声高音的顺序发出间断声响，最后一声高音结束时，正好为正点时刻。

```
// ****************** Radio.v ****************
module Radio(
        input _1kHzIN,_500Hz,
        input[7:0] Minute,Second,
        output reg ALARM_Radio
        );
    always @(Minute,Second)                   //产生仿广播电台报时信号
    begin
        if(Minute==8'h59)                     //当前时刻为59分
            case(Second)
                8'h51,
                8'h53,
```

```
                8'h55,
                8'h57:      ALARM_Radio=_500Hz;
                8'h59:      ALARM_Radio=_1kHzIN;
                default:    ALARM_Radio=1'b0;
            endcase
        else                ALARM_Radio=1'b0;
    end
endmodule
```

2. 定时闹钟模块的设计

根据设计要求，可以画出定时闹钟电路的框图，如图 8.4.5 所示。设置键 SetHrKey、SetMinKey 用于设置闹钟的小时和分钟，Set_Hr 和 Set_Min 为设定的闹铃时间（8421 码）。Hour 和 Minute 为来自主体电路的数字钟当前时刻的小时和分钟信号，当设定的闹铃时间和数字钟当前的时间相等时，就驱动音响电路“闹时”；由于最长闹铃时间为 1 分钟，所以设置时不需要考虑秒钟。为了能随时关掉闹铃声音，设置了一个控制键 CtrlBell。

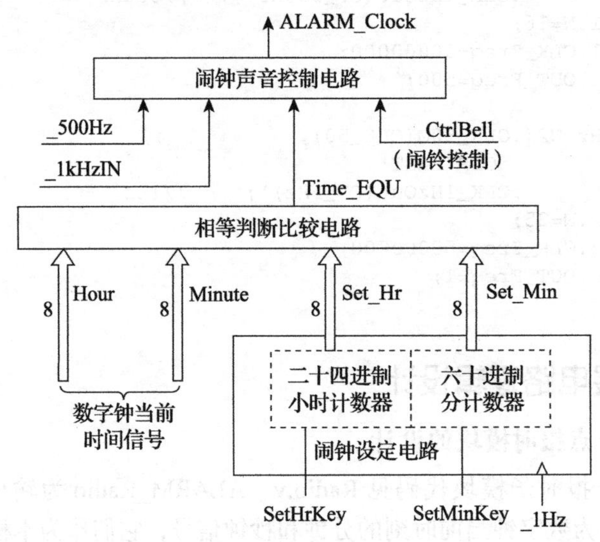

图 8.4.5 闹钟设定模块框图

定时闹钟子模块的代码见 Bell.v。

```
// ************* Bell.v **********
module Bell(
        input _1kHzIN,_500Hz,_1Hz,SetHrkey, SetMinkey,CtrlBell,
        input[7:0] Hour,Minute,Second,
        output ALARM_Clock,                         //闹铃信号
        output[7:0] Set_Hr,Set_Min
        );
    supply1 Vdd;                                    //定义Vdd为高电平
    wire HrH_EQU,HrL_EQU,MinH_EQU,MinL_EQU;         //比较器的内部信号
    wire Time_EQU;                                  //相等比较电路的输出

    //****************闹钟分钟设置*************
    counter60 SU1(.Cnt(Set_Min),.nCR(Vdd),.En(SetMinkey),.CP(_1Hz));
```

```
    //****************闹钟小时设置*************
    counter24 SU2(.CntH(Set_Hr[7:4]),.CntL(Set_Hr[3:0]),.nCR(Vdd),.EN(SetHrkey),.
        CP(_1Hz));
    //比较闹钟的设定时间和计时器的当前时间是否相等
    _4bitcomparator SU4(HrH_EQU,Set_Hr[7:4],Hour[7:4]);
    _4bitcomparator SU5(HrL_EQU,Set_Hr[3:0],Hour[3:0]);
    _4bitcomparator SU6(MinH_EQU,Set_Min[7:4],Minute[7:4]);
    _4bitcomparator SU7(MinL_EQU,Set_Min[3:0],Minute[3:0]);
    //==============闹钟声音控制信号===============
    assign Time_EQU=(HrH_EQU&&HrL_EQU&&MinH_EQU&&MinL_EQU);
    assign ALARM_Clock=CtrlBell ? (Time_EQU && (((Second[0]==1'b1) && _500Hz)
                    ||((Second[0]==1'b0)&&_1kHzIN))) : 1'b0;
endmodule
//*********比较闹钟设置与时钟时间是否相等***********
module _4bitcomparator(EQU,A,B);
    input[3:0] A,B;
    output EQU;
    assign EQU=(A==B);
endmodule
```

8.4.5 顶层电路设计

将以上各个子模块组合起来就可以得到多功能数字钟的总体电路，其框图如图 8.4.6 中虚线框内所示。写在框外的信号名称是数字钟的输入、输出信号，写在框内的信号名称是电路内部节点信号。

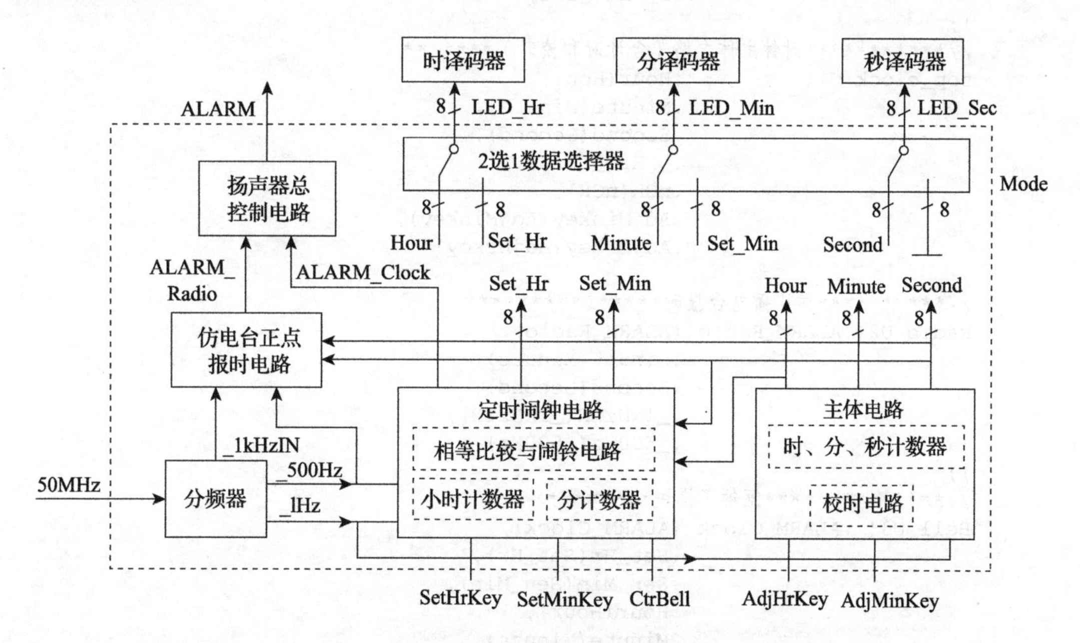

图 8.4.6 数字钟组成模块图

不包括译码器子模块的数字钟程序见 Complete_Clock.v。它由图 8.4.6 中虚线框内的

6个子模块构成，其中分频模块（U0）、数字钟主体电路（U1）、仿广播电台正点报时电路（U2）和定时闹钟电路（U3）直接调用下层的子模块构成，另外两个模块直接在程序中完成，扬声器的总控制电路由语句“**assign** ALARM=ALARM_Radio||ALARM_Clock;”完成，目的是将两个需要用扬声器的信号组合起来输出。2选1数据选择器用于控制显示器模式的切换，当控制键Mode = 1时，显示器上显示设定的闹钟时间；当Mode=0时，显示器上显示计时器的当前时间。

```
module Complete_Clock(
        input CLK_50,nCR,
        input AdjHrkey, AdjMinkey,          //校小时、校分钟
        input SetHrkey,SetMinkey,           //闹钟小时、分钟的设定值
        input CtrlBell,Mode,
        output ALARM,
        output[7:0] LED_Hr,LED_Min,LED_Sec
        );
    wire[7:0] Hour,Minute,Second;           //小时、分钟、秒钟的输出值
    wire[7:0] Set_Hr,Set_Min;
    wire _1Hz,_500Hz,_1kHzIN;
    wire ALARM_Clock;
    wire ALARM_Radio;
    //************分频器************
    CP_1kHz_500Hz_1Hz U0(.nRST(nCR),
                         .CLK_50(CLK_50),
                         .CP_1kHz(_1kHzIN),
                         .CP_500Hz(_500Hz),
                         .CP_1Hz(_1Hz)
    );
    //***********时钟主体电路（含计时和校时）*******
    top_clock U1(         .Hour(Hour),
                          .Minute(Minute),
                          .Second(Second),
                          ._1Hz(_1Hz),
                          .nCR(nCR),
                          .AdjMinkey(AdjMinkey),
                          .AdjHrkey(AdjHrkey)
    );
    //**********仿广播电台报时***************
    Radio U2(.ALARM_Radio (ALARM_Radio),
                          .Minute(Minute),
                          .Second(Second),
                          ._1kHzIN(_1kHzIN),
                          ._500Hz(_500Hz)
    );
    //**************闹钟子模块********
    Bell U3( .ALARM_Clock (ALARM_Clock),
                          .Set_Hr(Set_Hr),
                          .Set_Min(Set_Min),
                          .Hour(Hour),
                          .Minute(Minute),
                          .Second(Second),
                          .SetHrkey(SetHrkey),
                          .SetMinkey(SetMinkey),
                          ._1kHzIN(_1kHzIN),
```

```
                    ._500Hz(_500Hz),
                    ._1Hz(_1Hz),
                    .CtrlBell(CtrlBell)
    );
    //========控制扬声器子模块========
    assign ALARM=ALARM_Radio||ALARM_Clock;
    //========选择数码管的显示内容(时钟/闹钟) ========
    _2to1MUX MU1(.OUT(LED_Hr), .SEL(Mode), .X(Set_Hr), .Y(Hour));
    _2to1MUX MU2(.OUT(LED_Min), .SEL(Mode), .X(Set_Min), .Y(Minute));
    _2to1MUX MU3(.OUT(LED_Sec), .SEL(Mode), .X(8'hFF), .Y(Second));
endmodule

    //************ 2选1数据选择器子模块*********
module _2to1MUX(
        input[7:0] X,Y,
        input SEL,
        output[7:0] OUT
        );
    assign OUT=SEL?X:Y;
endmodule
```

接着，使用 DE2-115 开发板实现设计。由于开发板直接将共阳极数码管与 FPGA 引脚相连接，因此还需要将上述电路输出的 8421 码翻译成为 7 段显示码，这里直接调用例 3.5.3 的子模块（SEG_LUT）。另外，为了方便导入文件 DE2_115_pin_assignments.csv 进行引脚分配，将使用该文件中的端口名称代替上述 Complete_Clock.v 中的信号名称。

```
module DE2_115_Complete_Clock(
        output[0:0] GPIO,               //用于外接扬声器驱动电路
        output[6:0] HEX0,HEX1,
        output[6:0] HEX2,HEX3,          //显示秒钟个位和十位
        output[6:0] HEX4,HEX5,          //显示分钟个位和十位
        output[6:0] HEX6,HEX7,          //显示小时个位和十位
        input CLOCK_50,                 //50MHz时钟输入
        input[5:0] SW,                  //控制信号
        input[0:0] KEY                  //清零KEY0
        );
    wire[31:8] iDIG;                    //七段显示译码器的输入
    Complete_Clock CLOCK_Inst(
        .LED_Hr(iDIG[31:24]),           //小时(BCD码)
        .LED_Min(iDIG[23:16]),          //分钟(BCD码)
        .LED_Sec(iDIG[15:8]),           //秒钟(BCD码)
        .ALARM(GPIO[0]),                //输出至扬声器驱动电路
        .CLK_50(CLOCK_50),              //50MHz输入
        .AdjMinkey(SW[0]),              //校正分钟SW0
        .AdjHrkey(SW[1]),               //校正小时SW1
        .SetMinkey(SW[2]),              //设置闹钟的分钟SW2
        .SetHrkey(SW[3]),               //设置闹钟的小时SW3
        .Mode(SW[4]),                   //显示模式SW4: 0，正常计时; 1，闹钟
        .CtrlBell(SW[5]),               //关闭闹钟SW5
        .nCR(KEY[0]));                  //清零

    assign HEX0=7'b1111111;             //不使用(让其不显示)
    assign HEX1=7'b1111111;
    SEG_LUT HEx2(iDIG[11:8],HEX2);      //显示秒钟个位
```

```
    SEG_LUT HEx3(iDIG[15:12],HEX3);           //显示秒钟十位
    SEG_LUT HEx4(iDIG[19:16],HEX4);           //显示分钟个位
    SEG_LUT HEx5(iDIG[23:20],HEX5);           //显示分钟十位
    SEG_LUT HEx6(iDIG[27:24],HEX6);           //显示小时个位
    SEG_LUT HEx7(iDIG[31:28],HEX7);           //显示小时十位
endmodule
```

由于 DE2-115 开发板上没有扬声器，可按照图 8.4.7 制作一个驱动扬声器发声的放大电路，并与 DE2-115 扩展槽上的 GPIO[0] 相连接。

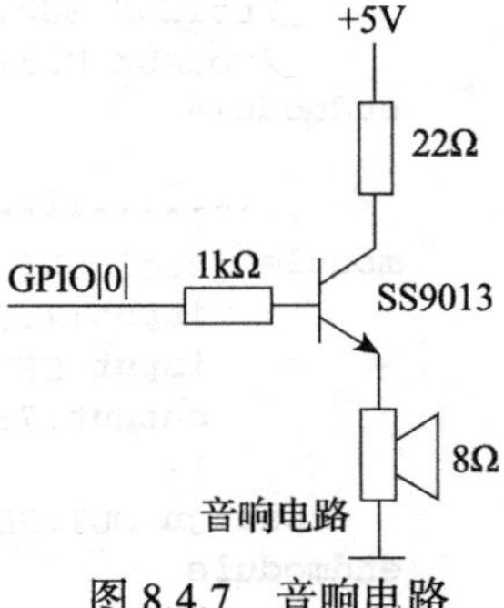

图 8.4.7　音响电路

最后，按照下列步骤验证设计：

1）在 Quartus 软件中建立一个新的工程项目，项目名称为 DE2_Complete_Clock，选择 FPGA 型号为 EP4CE115F29C7，输入各个子模块及顶层模块的 HDL 文件（包括 SEG7_LUT.v 和 Divider50MHz.v）。

2）导入 DE2_115_pin_assignments.csv 中的引脚分配，然后编译设计项目，生成下载文件（文件名为 DE2_Complete_Clock.sof）。

3）将下载文件 DE2_115_Complete_Clock.sof 写入目标器件中，测试数字钟的各项功能是否正常。

8.4.6　实验任务

实验六　数字钟功能扩展

修改 8.4.5 节的设计，要求使用 FPGA 开发板上提供的 50MHz 脉冲源作为时钟，不允许产生其他异步时钟信号，以保证电路内部所有触发器都使用这个 50MHz 的时钟。完成后，再增加以下功能：

1）闹钟功能。可以设置 2 组不同的闹钟，闹钟时间精确到分钟，可以设置每个闹钟的开、关状态。

2）十二进制计数功能。将小时计数器修改成十二进制，即小时计数器的计数规律为 01-02-03-04-05-06-07-08-09-10-11-12-01…，并提供 AM/PM 指示灯，灯不亮为上午，灯亮为下午。

*3）秒表功能。要求以 0.01s 为单位精确计时，如 0.1s 显示为 10，1s 显示为 100。

*4）日历功能。日期显示格式为年、月、日，从左到右显示在 8 个数码管上，如 2022 年 6 月 25 日显示为 20220625。

用 FPGA 开发板实现设计，并测试设计结果，最后根据实验流程和实验结果写出实验总结报告。

8.5　频率计设计

8.5.1　功能要求

设计一个简易频率计，用来测量和显示输入脉冲信号的频率。要求：

1）能够测试 10Hz～9999kHz 脉冲信号（幅度为 3～5V）的频率。

2）以 4 位数字显示被测信号的频率，单位为 kHz。

3）系统有复位按键和量程选择开关。

4）用 DE2-115 开发板实现设计。用板上的 50MHz 晶振源作为时钟，用共阳极数码管 HEX3～HEX0 显示频率，千位、百位、十位的小数点分别用 LEDR9～LEDR7 表示。使用拨动开关 SW1～SW0 作为量程选择，用按键 KEY3 作为复位输入。

8.5.2　设计分析

数字频率计是能够测量和显示信号频率的电路。周期性波形的频率就是每秒的周期数。频率测量的原理如图 8.5.1 所示。

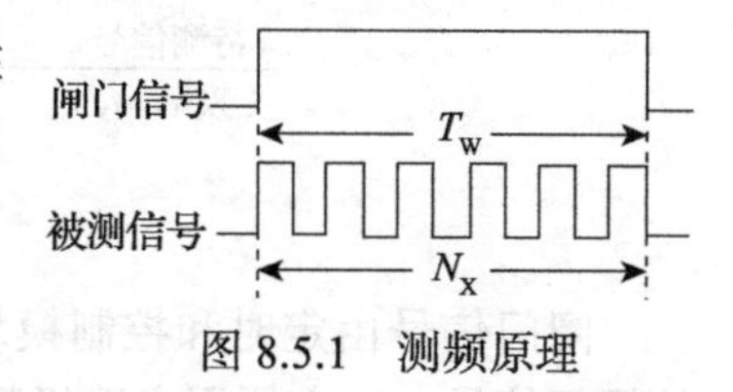

图 8.5.1　测频原理

在确定的闸门时间 T_W 内，记录被测信号的脉冲个数 N_X，则被测信号的频率为

$$f_x = N_X / T_W \tag{8.5.1}$$

若 T_W 为 1 秒，在这段时间内使能计数器对被测脉冲信号的周期数进行计数，当 1 秒钟结束时，关闭闸门，计数器停止计数，则信号的频率就是计数器的计数值 N_X。闸门时间也称为**采样时间**（采样区间），它的长度决定了被测频率的范围。对于低频信号而言，较长的采样时间有利于提高测量精度，但对于高频信号，计数器则会产生溢出；较短的采样时间会降低低频信号的测量精度，但能够测量的最大频率值会比较高，且不会超过计数器的上限值。

先来讨论测量范围问题。假设一个频率计有 4 位数码显示器，它内部采用了 4 个 BCD 码计数器，若采样时间分别为 1s、0.1s 和 0.01s，那么它能够测量的最大频率分别是多少呢？

当采样时间为 1s 时，4 个 BCD 计数器能够计 9999 个脉冲，这是它的最大值，则其频率为 9999Hz 或者 9.999kHz；当采样时间为 0.1s 时，计数器仍然能够计 9999 个脉冲，将其转换成频率则为 99 990Hz 或者 99.99kHz；当采样时间为 0.01s 时，计数器计 9999 个脉冲，将其转换成频率则为 999 900Hz 或者 999.9kHz。可见，计数器的位数一定时，采样时间越短，测量的频率上限值就越大。

现在来讨论测量精度问题。有一个频率为 3792Hz 的信号加到一个能够显示 4 个 BCD 数字的频率计输入端，若采样时间分别为 1s、0.1s 和 0.01s，那么频率计的读数分别是多少呢？

当采样时间为 1s 时，计数器的计数值为 3792，因此所测频率为 3792Hz 或者 3.792kHz；当采样时间为 0.1s 时，计数器所计的脉冲数为 379 或者 380，取决于闸门高电平的开始时间，频率读数为 3.79kHz 或者 3.80kHz；当采样时间为 0.01s 时，计数器所计的脉冲数为 37 或者 38，取决于闸门的开始时间，频率读数为 3.7kHz 或者 3.8kHz。可见在计数器的位数一定且计数不溢出的情况下，采样时间越长，测量精度越高。因此，在测量频率未知的信号时，为了充分利用计数器的容量，保证测量的准确性，需要选择合理的采样时间。

简易频率计的组成框图如图 8.5.2 所示，其主要模块有计数器、寄存器、译码显示、定时和控制模块。计数器模块由几个级联的 BCD 码计数器组成，要有计数使能端和清零端。将被测信号 f_x 接到计数器模块的时钟输入端，将闸门信号接到使能端，则根据计数值和式（8.5.1）就能得到被测信号的频率，可见闸门的高电平脉冲宽度对于频率的精确测量起着决定性的作用。

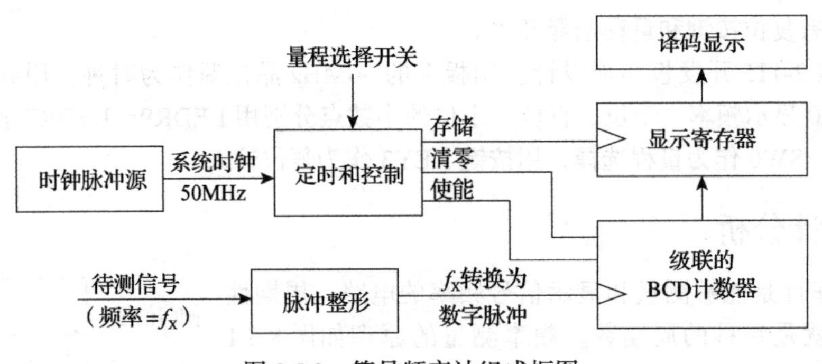

图 8.5.2 简易频率计组成框图

闸门信号由定时和控制模块产生，该模块根据量程选择开关的位置产生不同时间长度的闸门信号，以方便用户选择频率的测量范围，并有效地确定读出数据中十进制小数点的位置。对于未知信号的频率测量，在使能计数器之前必须先清零，再计数，因此需要有清零信号。另外，在闸门的高电平结束时，禁止计数器继续计数，此时的计数值（即频率值）必须保存到显示寄存器中，显示寄存器的输出作为译码显示模块的输入，译码显示模块将 BCD 码数值转换成显示器上的十进制读数。设置显示寄存器的好处是使显示的数据稳定，因为计数器在闸门为高电平时，其计数值是不断变化的；若不加寄存器，显示器上的数字将随计数器的值变化，不便于读数。

图 8.5.2 中的脉冲整形电路模块用于对未知频率信号进行整形，以确保送到计数器时钟输入端的待测信号与数字系统是兼容的。只要待测信号具有足够的幅度，就可以采用施密特触发器对其进行整形，把非矩形波信号（正弦波、三角波等）转换成数字脉冲信号。如果待测信号的幅度太大或者太小，则应在脉冲整形模块中增加模拟信号调理电路，比如自动增益控制电路。

这种频率计的精度几乎完全依赖于系统时钟频率的精度，系统时钟用来产生计数器使能信号高电平脉冲宽度。图 8.5.2 中采用石英晶体振荡器，以便定时和控制模块能够产生精确的定时信号。

频率计的测量过程如下：首先对计数器（级联的 BCD 计数器）清零；同时，将适当的闸门信号送到计数器使能端，当闸门信号变为高电平时，计数器对频率为 f_x（与待测信号频率相同）的数字脉冲开始进行计数，当闸门的高电平结束时，计数器停止计数。然后，将这个计数值锁存到显示寄存器中保存，并同时送译码显示电路。最后，再重复这一过程，重新进行测量，更新显示的频率值。可见，电路工作时共有清零、计数和锁存三个状态。

频率计控制电路的时序关系如图 8.5.3 所示，控制脉冲由定时和控制模块对 50MHz 系统时钟分频得到。控制脉冲的周期应等于所要求的使能脉冲高电平的宽度。采用一个计数器对控制脉冲进行计数，再选择计数状态进行译码，就能够得到重复的控制信号序列（清零、使能、存储）。

定时和控制模块是频率计的关键，其组成框图如图 8.5.4 所示。假设对时钟脉冲源分频后能够得到 1kHz 的时钟脉冲信号，再通过 3 个级联的模 10 计数器进行分频就能得到 4 种频率不同的信号，利用范围选择开关和数据选择器就能得到控制时钟脉冲。由于控制脉冲的周期与计数器使能脉冲宽度相同，这种设置使频率计具有 4 个不同的频率测量范围。

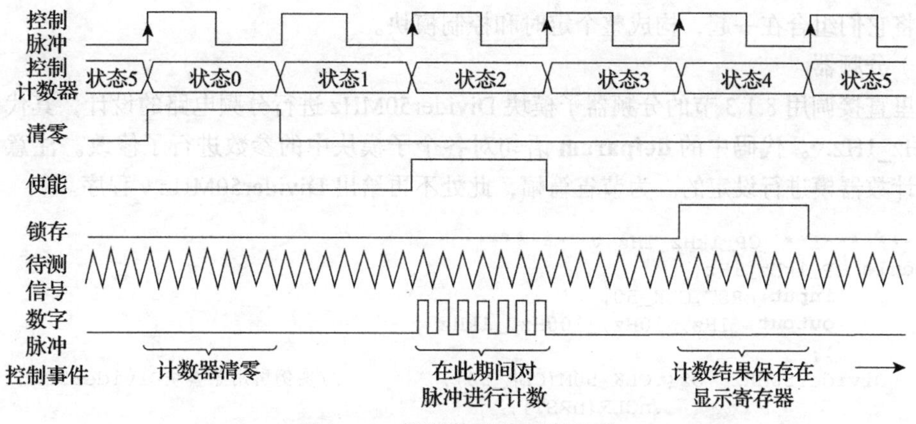

图 8.5.3　控制信号的时序关系

控制计数器是一个模 6 计数器，由控制信号发生器选择计数状态进行译码就能够产生清零、使能和存储的控制信号序列。但这种实现方法完成一次测量需要经过 6 个状态，如果控制脉冲是 1 秒，则每次从测量到显示更新要经过 6 秒，显然太慢。一种改进思路是减少控制计数器的状态，不同的状态之间进行转换时，减少中间的等待状态。

计数器、显示寄存器、译码 / 显示等部分比较简单，此处不再讨论。

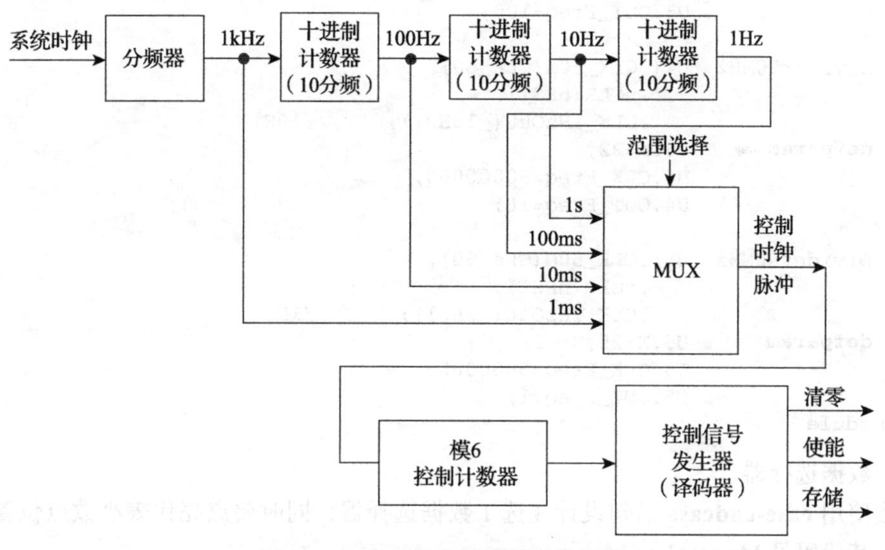

图 8.5.4　定时和控制模块组成框图

8.5.3　逻辑设计

到目前为止，读者应该已经掌握了用 Quartus 和 ModelSim 软件对电路进行仿真的方法，下面讨论时将不再给出仿真过程和仿真结果，重点介绍设计思路，并给出设计代码。

1. 定时和控制模块设计

根据图 8.5.4 所示组成框图分别设计分频器、数据选择器和时序脉冲产生器三个子模块，然后再将它们组合在一起，构成整个定时和控制模块。

（1）分频器

这里直接调用8.1.3节的分频器子模块Divider50MHz进行分频电路的设计，其代码参见CP_1kHz_1Hz.v。代码中的**defparam**语句对各个子模块中的参数进行了修改。注意，位宽是根据计数器模进行设定的。为节省篇幅，此处不再给出Divider50MHz.v程序。

```
//********** CP_1kHz_1Hz.v **********
module CP_1kHz_1Hz(
       input nRST,CLK_50,
       output _1Hz,_10Hz,_100Hz,_1kHz
       );
    Divider50MHz  U2(.CLK_50M(CLK_50),        //实例引用子模块Divider50MHz
                     .nCLR(nRST),
                     .CLK_1HzOut(_1kHz));     //1kHz
    defparam      U2.N=15,                    //计数器位宽
                  U2.CLK_Freq=50000000,       //输入频率50MHz
                  U2.OUT_Freq=1000;           //输出频率1kHz

    Divider50MHz  U3(.CLK_50M(CLK_50),
                     .nCLR(nRST),
                     .CLK_1HzOut(_100Hz));    //100Hz
    defparam      U3.N=18,
                  U3.CLK_Freq=50000000,
                  U3.OUT_Freq=100;

    Divider50MHz  U4(.CLK_50M(CLK_50),
                     .nCLR(nRST),
                     .CLK_1HzOut(_10Hz));     //10Hz
    defparam      U4.N=22,
                  U4.CLK_Freq=50000000,
                  U4.OUT_Freq=10;

    Divider50MHz  U5(.CLK_50M(CLK_50),
                     .nCLR(nRST),
                     .CLK_1HzOut(_1Hz));      //1Hz
    defparam      U5.N=25,
                  U5.CLK_Freq=50000000,
                  U5.OUT_Freq=1;
endmodule
```

（2）数据选择器

直接使用**case-endcase**语句设计4选1数据选择器，同时要点亮代表小数点位置的发光二极管，其代码见Mux4to1.v。

```
//********** Mux4to1.v **********
module Mux4to1(
       input _1Hz,_10Hz,_100Hz,_1kHz,
       input[1:0] Sel,                //范围选择
       output reg[2:0] DotLed,        //小数点
       output reg Mux_CP              //输出端口
       );
    always @(Sel) begin
    case(Sel)
```

```
        2'b00:begin Mux_CP=_1Hz;    DotLed=3'b100; end
        2'b01:begin Mux_CP=_10Hz;   DotLed=3'b010; end
        2'b10:begin Mux_CP=_100Hz;  DotLed=3'b001; end
        2'b11:begin Mux_CP=_1kHz;   DotLed=3'b000; end
    endcase
    end
endmodule
```

（3）时序脉冲产生器

使用 **if-else** 语句设计一个计数器，再用 **case-endcase** 语句对计数状态进行译码，其代码如下。

```
//=========== Timing and Controller ===========
module Timing_Contorl(
        input nRST,MuxCP,
        output reg C_Clear,C_Enable,C_Store
        );
    reg[2:0] Q;
    always @(posedge MuxCP, negedge nRST)
    begin
        if(!nRST)           Q<=3'b000;
        else if(Q==3'b101)  Q<=3'b000;
        else                Q<=Q+1'b1;
        case(Q)                                             //译码

            3'b000: {C_Clear,C_Enable,C_Store}=3'b100;      //清零
            3'b010: {C_Clear,C_Enable,C_Store}=3'b010;      //使能
            3'b100: {C_Clear,C_Enable,C_Store}=3'b001;      //存储
            default:{C_Clear,C_Enable,C_Store}=3'b000;
        endcase
    end
endmodule
```

（4）定时和控制顶层模块

将上述 3 个子模块（含 Divider50MHz.v）组合在一起，就能得到符合时序要求的清零、使能和存储脉冲信号，其代码如下。

```
//====== Frequency Divider and Timing Control top block ========
module Timing_Control_top(
        input nRST,CLK_50,
        input[1:0] Select,
        output C_Clear,C_Enable,C_Store,
        output[2:0] DotLed,    //驱动小数点
        output _1Hz
        );
    wire _10Hz,_100Hz,_1kHz;
    wire Mux_CP;
    //************分频***************************
    CP_1kHz_1Hz U0(.nRST(nRST),
                   .CLK_50(CLK_50),
                   ._1Hz(_1Hz),
                   ._10Hz(_10Hz),
                   ._100Hz(_100Hz),
                   ._1kHz(_1kHz));
```

```
//==============量程选择==============
Mux4to1 U1(._1Hz(_1Hz),
           ._10Hz(_10Hz),
           ._100Hz(_100Hz),
           ._1kHz(_1kHz),
           .Sel(Select),
           .Mux_CP(Mux_CP),
           .DotLed(DotLed));

//==============清零、使能、存储==============
Timing_Contorl U2(.MuxCP(Mux_CP),
                  .nRST(nRST),
                  .C_Clear(C_Clear),
                  .C_Enable(C_Enable),
                  .C_Store(C_Store));
endmodule
```

2. BCD 计数器模块设计

先设计一个带参数的通用二进制计数器子模块 modulo_counter，再直接调用该子模块 4 次就能得到 4 位的 BCD 计数器模块。

（1）通用二进制计数器

```
module modulo_counter(
       input CP,nRST,En,                        //时钟、清零、使能
       output Carry_out,                        //进位
       output reg[N-1:0] Q                      //输出
       );
   parameter N=4;                               //位宽
   parameter MOD=16;                            //计数器的模
   always @(posedge CP or negedge nRST)
   begin
       if(~nRST)          Q<='d0;               //异步清零
       else if(En)
            begin  if(Q==MOD-1) Q<='d0; else Q<=Q+1'b1;end
   assign Carry_out=(Q==MOD-1);                 //产生进位
   end
endmodule
```

（2）4 位 BCD 码计数器

```
//============== 4-digit BCD counter =====================
module BCD_Counter(
       input CPx,nRST,En,
       output[3:0] BCD3,BCD2,BCD1,BCD0          //输出8421码
       );
   wire CO_BCD3,CO_BCD2,CO_BCD1,CO_BCD0;        //进位
   //**************个位***********
   modulo_counter ones(.CP(CPx),
                       .nRST(nRST),
                       .En(En),
                       .Q(BCD0),
                       .Carry_out(CO_BCD0));
   defparam ones.N=4;
```

```
    defparam ones.MOD=10;
    //==============十位==============
    modulo_counter tens(.CP(CPx),
                        .nRST(nRST),
                        .En(En&CO_BCD0),
                        .Q(BCD1),
                        .Carry_out(CO_BCD1));
    defparam      tens.N=4;
    defparam      tens.MOD=10;
    //==============百位==============
    modulo_counter hundreds(.CP(CPx),
                            .nRST(nRST),
                            .En(En&CO_BCD0&CO_BCD1),
                            .Q(BCD2),
                            .Carry_out(CO_BCD2));
    defparam hundreds.N=4;
    defparam hundreds.MOD=10;
    ==============千位==============
    modulo_counter thousands(.CP(CPx),
                             .nRST(nRST),
                             .En(En&CO_BCD0&CO_BCD1&CO_BCD2),
                             .Q(BCD3),
                             .Carry_out(CO_BCD3));
    defparam      thousands.N=4;
    defparam      thousands.MOD=10;
endmodule
```

3. 锁存、译码和显示模块设计

锁存、译码和显示模块将输入的 4 位 BCD 计数器的值进行寄存后，再送七段译码器进行译码，最后在共阳极数码管上显示。因为 DE2-115 开发板上数码管引脚直接与 FPGA 引脚相连接，所以采用静态译码，七段译码器直接调用例 3.5.3 的子模块（SEG_LUT）。

```
//==========锁存解码器和显示==============
module Latch_Display(
        input Store,nRST,                       //锁存时钟、复位
        input[3:0] BCD0,BCD1,BCD2,BCD3,         //输入BCD码
        output[6:0] HEX0,HEX1,HEX2,HEX3         //输出端口
        );
    wire[3:0] LatchBCD0,LatchBCD1,LatchBCD2,LatchBCD3;
    //==============锁存4个BCD码==============
    D_FF Latch0(LatchBCD0,BCD0,Store,nRST);
    D_FF Latch1(LatchBCD1,BCD1,Store,nRST);
    D_FF Latch2(LatchBCD2,BCD2,Store,nRST);
    D_FF Latch3(LatchBCD3,BCD3,Store,nRST);
    //=======在七段显示器上输出=======
    SEG_LUT digit0(LatchBCD0,HEX0);
    SEG_LUT digit1(LatchBCD1,HEX1);
    SEG_LUT digit2(LatchBCD2,HEX2);
    SEG_LUT digit3(LatchBCD3,HEX3);
endmodule
//====D触发器子模块====
module D_FF(output reg[3:0] Q,input[3:0] D,input Store,nRST);
always @(posedge Store, negedge nRST)
```

```
    if(!nRST) Q<=4'b0000;
    else      Q<=D;
endmodule
```

8.5.4 顶层电路设计

将 8.5.3 节中的 3 个子模块逐个级联起来，并导入开发板提供的引脚分配文件 DE2_115_pin_assignments.csv，进行编译、下载和实际测试。

```
module Frequency_Meter(
       input CLOCK_50,
       output[6:0] HEX0,HEX1,HEX2,HEX3,          //频率值送数码管
       input[0:0] GPIO,                          //外部待测信号从GPIO[0]输入
       input[2:0] SW,                            //拨动开关选量程
       input[3:3] KEY,                           //按键KEY3用作复位
       output[0:0] LEDG,                         //绿色LED指示1Hz脉冲
       output[9:7] LEDR
       );
   wire CLK_50=CLOCK_50;
   wire CPx=GPIO[0];
   wire[1:0] Select=SW[1:0];                     //量程选择开关
   wire nRST=KEY[3];                             //系统复位按钮
   wire C_Clear,C_Enable,C_Store;
   wire[3:0] BCD0,BCD1,BCD2,BCD3;                //频率的BCD计数值
   wire _1Hz;
   assign LEDG[0]=_1Hz;                          //1Hz输出脉冲
   wire[2:0] DotLed;
   assign LEDR=DotLed;                           //小数点位置
   Timing_Control_top UT0(.CLK_50(CLK_50),
                    .nRST(nRST),                 //系统复位
                    .Select(Select),
                    .C_Clear(C_Clear),
                    .C_Enable(C_Enable),
                    .C_Store(C_Store),
                    .DotLed(DotLed),
                    ._1Hz(_1Hz));
   BCD_Counter UT1(.CPx(CPx),
                    .nRST(nRST&~C_Clear),        //计数器清零
                    .En(C_Enable),
                    .BCD3(BCD3),
                    .BCD2(BCD2),
                    .BCD1(BCD1),
                    .BCD0(BCD0));
   Latch_Display UT2(.Store(Store),
                    .nRST(nRST),
                    .BCD0(BCD0),
                    .BCD1(BCD1),
                    .BCD2(BCD2),
                    .BCD3(BCD3),
                    .HEX0(HEX0),
                    .HEX1(HEX1),
                    .HEX2(HEX2),
                    .HEX3(HEX3));
endmodule
```

8.5.5　实验任务

实验七　频率计功能扩展

在 8.5.1 节的基础上，增加自动切换测量量程的功能。

8.6　LCD1602 显示的定时器设计

8.6.1　功能要求

设计一个用于篮球竞赛的定时器。要求：

1）定时器的时间以数字形式显示。

2）定时时间为 30 秒，按递减方式计时，每隔 1 秒定时器减 1。

3）设置两个外部控制开关（控制功能如表 8.6.1 所示），控制定时器的直接复位、启动计时、暂停 / 连续计时；当定时器递减计时到 0（即定时时间到）时，定时器保持 0 不变，同时发出报警信号 alarm（用发光二极管指示）。

表 8.6.1　定时器功能表

复位 / 启动 rst_n	暂停 / 连续 run_flag	定时器完成的功能
0	×	定时器复位，置初值 30
1	1	定时器开始计时
1	0	定时器暂停计时

4）用 DE2-115 开发板实现设计。用板上的 50MHz 晶振源 CLOCK_50 作为时钟，用拨动开关 SW0 作为 rst_n，用 SW1 作为 run_flag，用 LEDR17 作为 alarm，用共阳极数码管（HEX1、HEX0）或者字符型点阵液晶屏（CFAH1602B）显示结果。

8.6.2　设计分析

整个电路由计时和显示两部分组成，其框图如图 8.6.1 所示。其中分频器、控制电路和递减计数器组成计时电路。计时器由计数器构成，将石英晶体产生的 50MHz 时钟源进行分频，得到 1Hz 的时钟信号，再用计数器对 1Hz 的时钟信号进行计数，其计数值即为定时时间。

在计时过程中，设置一个外部开关（run_flag）控制暂停 / 连续计时。为了便于显示，计数器可以采用 8421 码方式计数，也可以采用二进制方式计数，再将计数结果转换成 8421 码，最后将计数结果显示出来。

另外，定时器复位时，初始时间显示为 30，说明应该将计数器的初始值预置成 30，计数时每隔 1 秒钟，计数器减 1，递减计时到 0 时，输出报警信号。

显示电路的设计则有两种方案：第一种是采用共阳极数码管显示（留待读者自己完成），第二种是采用字符型点阵液晶屏（CFAH1602B）显示，这里重点介绍该方案。

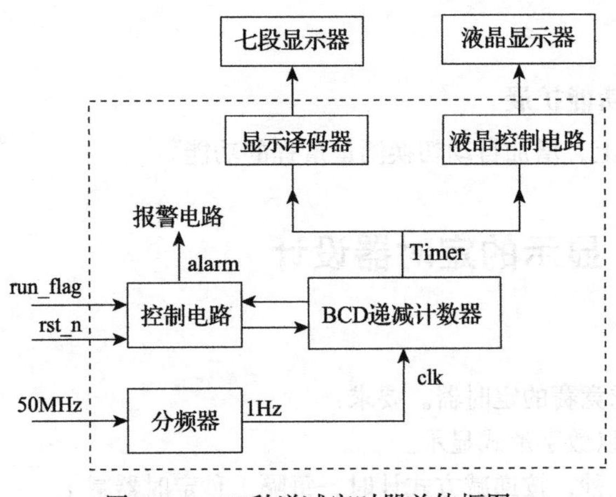

图 8.6.1 30 秒递减定时器总体框图

8.6.3 30 秒递减定时器设计

计时器模块的代码如 timer.v 所示。整个代码包含 3 个 **always** 块，刚开始两个 **always** 块构成分频器[⊖]，通过对 50MHz 的脉冲信号分频，得到秒脉冲信号（clk_1hz），第 3 个 **always** 块描述计数器的计数、处理操作，计数器的个位和十位均按 8421 码方式递减计数。最后的连续赋值语句 **assign** 描述计数器递减到 0 且复位无效时，输出报警信号（alarm=1）。

```
//***************文件名: timer.v *****************
module timer(
    input                   clk,                          //50MHz时钟输入
    input                   rst_n,                        //低电平复位
    input                   run_flag,                     //定时器运行标志:
                                                          //"1"为运行,"0"
                                                          //为暂停
    output  reg [1: 0]  sec_h,                            //秒钟(高2位)
    output  reg [3: 0]  sec_l,                            //秒钟(低4位)
    output  wire            alarm                         //输出报警(高有效)
);
    parameter TIME_1_S = 50_000_000;
    reg  clk_1hz;                                         //秒脉冲信号
    reg  [25: 0]  clk_cnt;
    wire add_clk_cnt;
    wire end_clk_cnt;
    //clk_1hz
    always @(posedge clk or negedge rst_n) begin
        if (!rst_n)  clk_1hz <= 1'b0;
        else if(clk_cnt <= ((TIME_1_S/2)-1))
                     clk_1hz <= 1'b0;
        else
                     clk_1hz <= 1'b1;
    end
    //clk_cnt
```

⊖ 出于学习的目的，这里的分频器采用了另一种写法。实际上可以实例引用 8.1.4 节的 Divider50MHz.v 模块，在引用时直接修改参数。

```
always @(posedge clk or negedge rst_n)begin
    if (!rst_n)          clk_cnt <= 0;
    else if (add_clk_cnt) begin
        if(end_clk_cnt)   clk_cnt <= 0;  else  clk_cnt <= clk_cnt + 1;
    end
end
assign  add_clk_cnt  =  1'b1;
assign  end_clk_cnt  =  add_clk_cnt && (clk_cnt == (TIME_1_S-1));

//计时模块
always @(posedge clk_1hz or negedge rst_n)begin
    if (!rst_n)        {sec_h, sec_l} <= 6'h30;             //复位时置初值30
    else if (!run_flag) {sec_h, sec_l} <= {sec_h, sec_l};    //暂停计时
    else if ({sec_h, sec_l} == 6'd0)                        //定时时间到，保持0
                                                             //不变
                   {sec_h, sec_l} <= {sec_h, sec_l};
    else if(sec_l == 4'd0)
        begin sec_h <= sec_h - 1'd1; sec_l <= 4'd9; end
    else
        begin sec_h <= sec_h; sec_l <= sec_l - 1'd1; end
end
assign alarm = ({sec_h, sec_l} == 6'd0 ) && rst_n;          //输出报警信号
endmodule
```

如果要在七段数码管上显示定时器的结果，可以再写一个顶层模块，将上述计时器（timer.v）和例 3.5.3 所示的七段显示译码器（SEG7_LUT.v）两个子模块组合起来，进行引脚分配，再重新进行全编译。这部分工作留给读者自己完成。

8.6.4　字符型 LCD1602 模块的显示设计

1. 字符型 LCD1602 模块简介

LCD1602 液晶显示器（Liquid Crystal Display，LCD）是广泛使用的一种字符型液晶显示模块。它是由字符型 LCD 显示屏、可编程的控制器 / 驱动器（例如，HD44780 等）、少量阻容元件和结构件等装配在 PCB 板上组成的。不同厂家生产的 LCD1602 模块的内部电路可能有所不同，但使用方法都是一样的。DE2-115 开发板上的显示模块为 CFAH1602B-TMC-JP，带有 LED 背光灯。

LCD1602 模块可以显示 2 行 ×16 个字符，它是由 32 个字符点阵块组成的，可以显示 ASCII 码表中的所有可显示字符。该模块的外形结构如图 8.6.2 所示，其接口有 16 个引脚，引脚的功能如表 8.6.2 所示。

表 8.6.2　LCD1602 模块的引脚功能

编号	引脚符号	功能说明	编号	引脚符号	功能说明
1	V_{SS}	接地	6	E	使能信号，下降沿触发
2	V_{DD}	电源正极（4.5～5 V）	7～14	D_0～D_7	8 位双向数据线
3	V_O	LCD 工作电压	15	A	LED 背光灯正极
4	RS	选择寄存器的信号（H 表示选数据寄存器，L 表示选指令寄存器）	16	K	LED 背光灯负极
5	$R/\overline{W}$	读/写信号（H 表示读，L 表示写）			

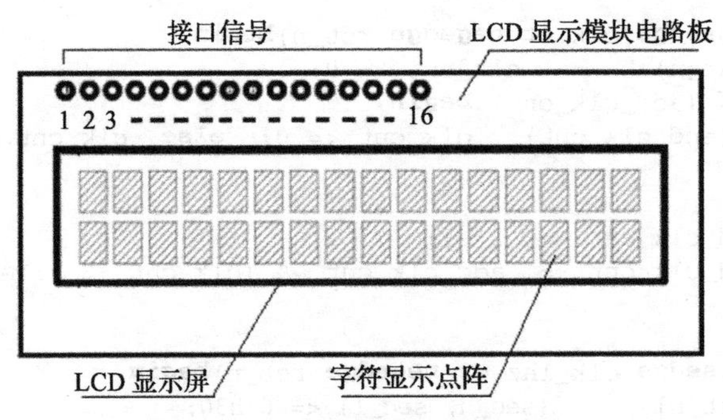

图 8.6.2　LCD1602 模块的外形结构图

LCD 显示模块（LCD display Module，LCM）上的控制器实际上是一个专用单片机芯片，它有两个 8 位寄存器，一个指令寄存器（Instruction Register，IR）和一个数据寄存器（Data Register，DR）。

IR 用于存储用户写入 LCM 的指令代码，例如清除显示、移动光标以及设置待显示内容的地址等。DR 用于临时存储写入或读取的数据。通过寄存器选择（Register Selector，RS）信号来选择这两个寄存器（RS = 0，选指令寄存器；RS = 1，选数据寄存器）。对 LCM 的操作由引脚 RS、R/$\overline{W}$ 和 E 控制，如表 8.6.3 所示。

表 8.6.3　对 LCM 的 4 种操作

RS	R/$\overline{W}$	E	操作说明
0	0	下降沿	写指令或显示地址到 IR 中，当 E 端由高电平跳变成低电平时执行命令
0	1	高电平	读取忙标志（D_7）和地址计数器的值（D_0～D_6）。 忙标志由 D_7 输出，当忙标志为 1 时，控制器处于内部操作模式，不会接受下一条指令。地址计数器为 DDRAM 和 CGRAM 提供地址
1	0	下降沿	写入数据，即将暂存器 DR 中的数据写到 DDRAM 或 CGRAM 中
1	1	高电平	读取数据，即从 DDRAM 或 CGRAM 中读取数据到 DR 中

在本实验中，我们不需要进行读操作，下面重点关注写操作的时序，如图 8.6.3 所示。各参数的值及其含义如表 8.6.4 所示，其中使能信号 E 是最重要的，它的周期最小值为 500ns，这说明将数据线（D_0~D_7）上的命令 / 数据写入模块内部相应寄存器的操作时间必须大于该值。写操作时，在使能信号 E 的上升沿准备好数据，在 E 的下降沿到来时开始进行写操作。

表 8.6.4　写操作时序时间参数表

参数说明	t_{cycE}	PW_{EH}	t_{Er}, t_{Ef}	t_{AS}	t_{AH}	t_{DSW}	t_{H}
最小值 /ns	500	230	—	40	10	80	10
最大值 /ns	—	—	20	—	—	—	—
参数说明	信号 E 的周期	信号 E 高电平宽度	信号 E 上升、下降时间	RS、R/W 相对 E 的地址建立时间	RS、R/W 相对 E 的地址保持时间	相对 E 的数据建立时间	相对 E 的数据保持时间

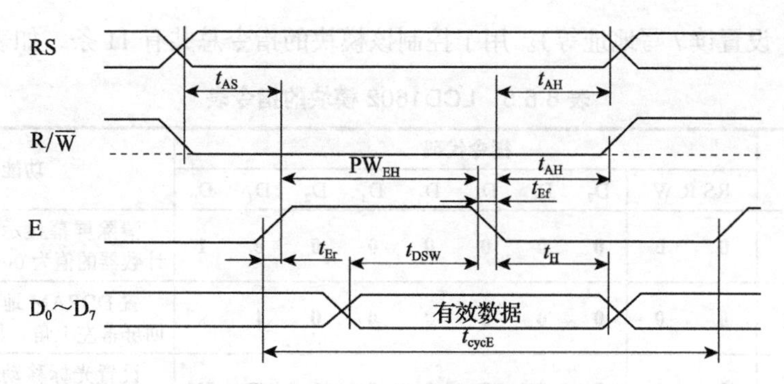

图 8.6.3　LCD1602 模块的写操作时序图

2. 存储器 DDRAM、CGROM 和 CGRAM 的作用

在 LCD 模块上有三种不同用途的存储器，分别是显示数据 RAM（Display Data RAM，DDRAM）、字符产生器 ROM（Character Generator ROM，CGROM）和字符产生器 RAM（Character Generator RAM，CGRAM）。

DDRAM 用于寄存待显示的字符代码，总共 80 个字节，其地址和屏幕上显示位置的对应关系如图 8.6.4 所示。即 DDRAM 地址为 00H～0FH 中的内容从左到右对应显示在屏幕上的第 1 行（限于屏幕显示范围，10H～27H 中的内容这里没有显示），40H～4FH 中的内容显示在屏幕上的第 2 行。由于 LCD 屏只能显示 2 行 ×16 个字符，因此，只有写在上述地址范围内的字符才能显示，写在范围外的字符不能显示。例如，为了在 LCD 屏的左上角（00 位置）显示字符 A，把字符 A 的 ASCII 码 41H 写入 DDRAM 的 00H 地址处即可。

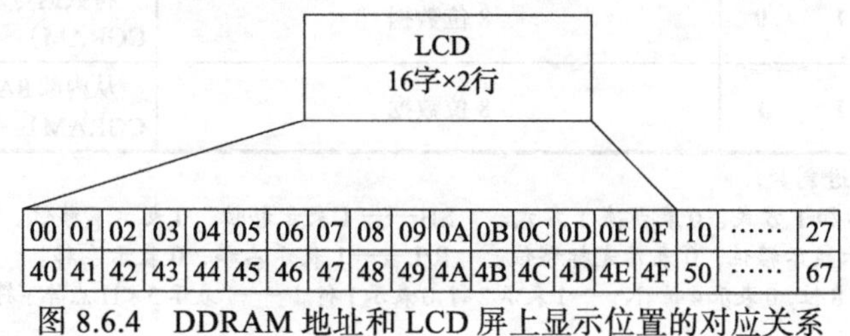

图 8.6.4　DDRAM 地址和 LCD 屏上显示位置的对应关系

在 LCD1602 模块上固化了字模存储器 CGROM 和 CGRAM。CGROM 存储常用字符的字模（HD44780 内置 192 个常用字符的字模），CGRAM 存储用户自定义字符的字模（用户可以自定义 5×8 点阵字符为 8 个）。从 ROM 和 RAM 的名称可知，ROM 是早已固化在液晶模块内部的，只能读取，而 RAM 是可读写的。也就是说，如果只需要在屏幕上显示已存在于 CGROM 中的字符，那么在 DDRAM 中写入它的字符代码就可以了，但如果要显示 CGROM 中没有的字符，那么就只有先在 CGRAM 中定义，然后再在 DDRAM 中写入这个自定义字符的代码。程序退出后 CGRAM 中定义的字符也不复存在，下次使用时必须重新定义。

在本实验中不需要自定义字符，所以不需要对 CGRAM 进行操作。

3. LCD1602 模块的指令系统

要使 LCD 正常显示，需要进行一系列初始化工作，即向 LCD 写入一系列指令（例如清屏、移动光标、设置读 / 写地址等)。用于控制该模块的指令总共有 11 条，如表 8.6.5 所示。

表 8.6.5　LCD1602 模块的指令表

指令名称	指令代码										功能说明
	RS	R/$\overline{W}$	D_7	D_6	D_5	D_4	D_3	D_2	D_1	D_0	
清屏	0	0	0	0	0	0	0	0	0	1	清除屏幕显示内容，设置地址计数器的值为 00H
光标返回 Home 位	0	0	0	0	0	0	0	0	1	×	置 DDRAM 地址为零，光标返回屏幕左上角，显示内容不变
进入方式设置	0	0	0	0	0	0	0	1	I/D	SH	设置光标移动方向及整屏显示内容是否移动
显示的开 / 关控制	0	0	0	0	0	0	1	D	C	B	显示（D）、光标（C）和光标闪烁（B）的开 / 关控制位的设置（1 表示开，0 表示关）
光标或显示的移位	0	0	0	0	0	1	S/C	R/L	×	×	设置光标或显示的移动方向
功能设置	0	0	0	0	1	DL	N	F	×	×	设置接口数据长度（DL）、显示行数（N）、显示字体（F）
设置 CGRAM 地址	0	0	0	1	A5	A4	A3	A2	A1	A0	在地址计数器（A5～A0）中设置 CGRAM 地址
设置 DDRAM 地址	0	0	1	A6	A5	A4	A3	A2	A1	A0	在地址计数器（A6～A0）中设置 DDRAM 地址
读取忙标志及地址	0	1	BF	A6	A5	A4	A3	A2	A1	A0	读取忙标志（BF）和地址计数器（A6～A0）值。BF = 1 时表示忙，不接受新指令
写数据到 RAM	1	0	8 位数据								将数据写入内部 RAM（DDRAM/CGRAM）
从 RAM 中读数据	1	1	8 位数据								从内部 RAM 读取数据（DDRAM/CGRAM）

注：×——任意二进制数。

I/D——1 表示加 1 方式，0 表示减 1 方式。　SH——1 表示移位，0 表示不移位。

S/C——1 表示显示移位，0 表示光标移位。　R/L——1 表示右移，0 表示左移。

DL——1 表示 8 位，0 表示 4 位。N——1 表示 2 行，0 表示 1 行。F——1 表示 5×11 点阵字符，0 表示 5×8 点阵字符。

4. FPGA 引脚与 LCD1602 模块之间的连接图

DE2-115 开发板上的 FPGA 与液晶模块之间的连接如图 8.6.5 所示。FPGA 引脚与 LCD 之间的对应关系如表 8.6.6 所示。

表 8.6.6　连接引脚说明

信号名	FPGA 引脚号	引脚说明	信号名	FPGA 引脚号	引脚说明
LCD_DATA[7]	PIN_M5	数据端口	LCD_DATA[1]	PIN_L1	数据端口
LCD_DATA[6]	PIN_M3	数据端口	LCD_DATA[0]	PIN_L3	数据端口
LCD_DATA[5]	PIN_K2	数据端口	LCD_EN	PIN_L4	使能
LCD_DATA[4]	PIN_K1	数据端口	LCD_RW	PIN_M1	读 / 写
LCD_DATA[3]	PIN_K7	数据端口	LCD_RS	PIN_M2	命令 / 数据
LCD_DATA[2]	PIN_L2	数据端口	LCD_ON	PIN_L5	电源开关

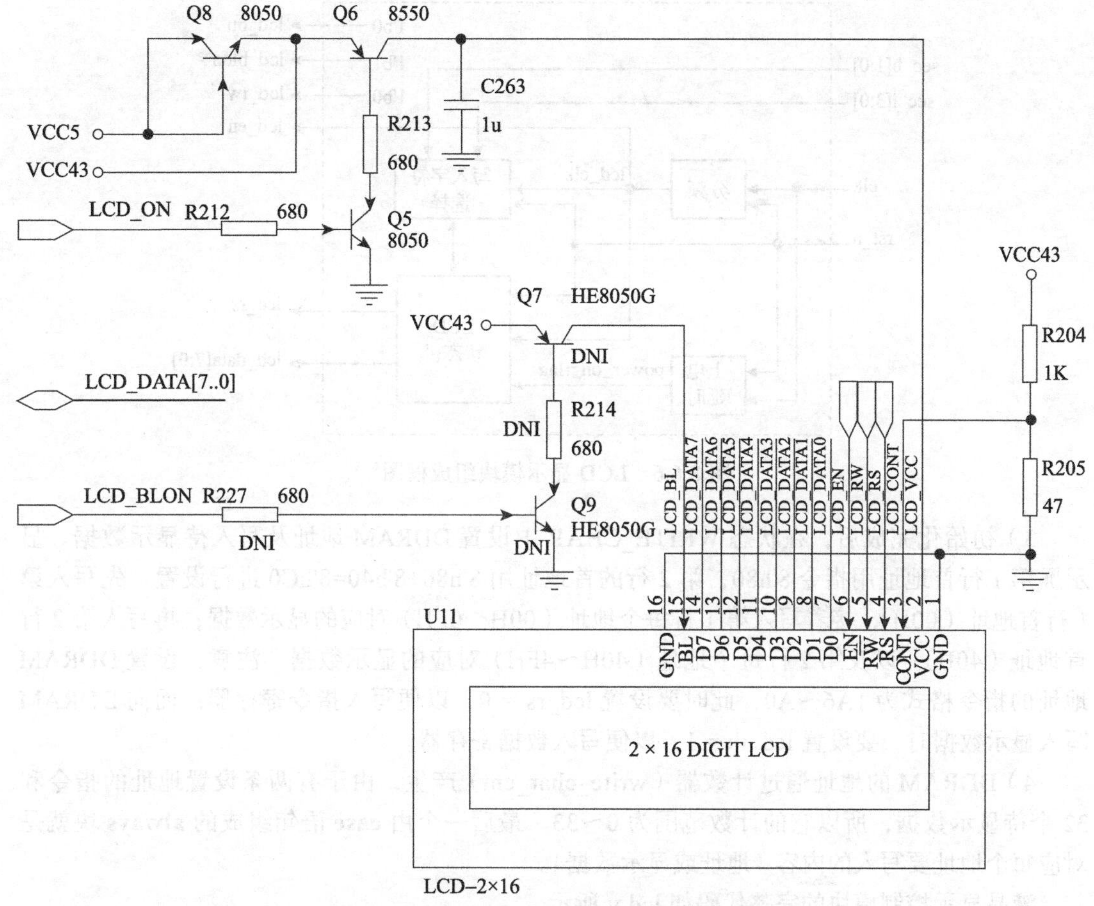

图 8.6.5　FPGA 与 LCD 模块之间的连接图

5. LCD1602 显示模块的程序设计

通过分析，得到如图 8.6.6 所示的液晶显示模块的组成框图。要使 LCD 正常显示，就需要该电路输出满足时序要求的指令，对 LCD1602 进行初始化，接着写入地址及其显示数据。

根据厂家推荐的初始化流程及指令系统，该接口电路需要完成的工作如下：

1）对 DE2-115 开发板上的 50MHz 信号分频，产生频率为 200Hz 的时钟信号（周期为 5ms），用来控制向 LCD1602 模块写入命令 / 数据的时钟（即 lcd_clk 或者 lcd_en）。接着定义一个上电延时信号 power_on_flag，复位时为 0，不复位时，经过 15ms 后，使 power_on_flag = 1。

2）通过有限状态机（FSM）实现对液晶模块的初始化设置。程序中用 one-hot 编码方式定义了 7 个状态，第 1 个状态（IDLE）等待模块完成上电操作，最后一个状态（WRITE_CHAR）用于设置 DDRAM 地址及待显示的数据，其他 6 个状态通过以下 4 条指令对液晶模块进行配置：功能设置（Function Set)、显示及光标的开 / 关控制、清屏设置和进入方式设置。

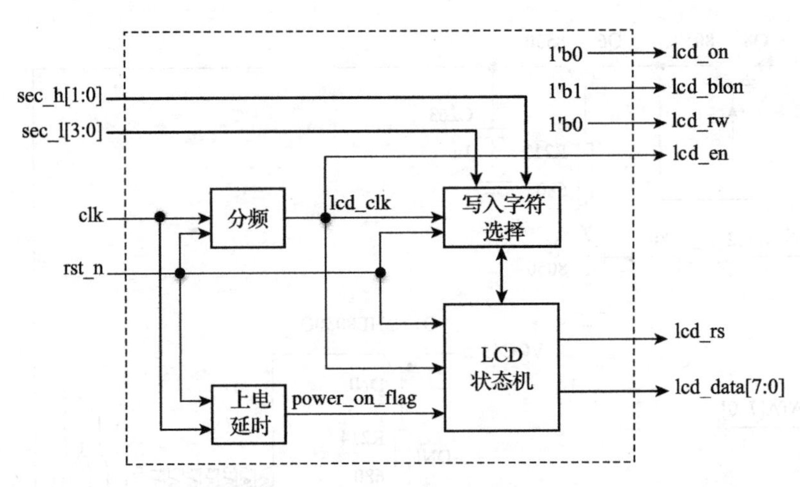

图 8.6.6　LCD 显示模块组成框图

3）初始化完成后，在状态 WRITE_CHAR 中设置 DDRAM 地址及写入待显示数据。显示屏第 1 行首地址用指令 8'h80，第 2 行的首地址用 8'h80+8'h40=8'hC0 进行设置。先写入第 1 行首地址（00H），接着写入第 1 行每个地址（00H～0FH）对应的显示数据；再写入第 2 行首地址（40H），以及第 2 行每个地址（40H～4FH）对应的显示数据。注意，设置 DDRAM 地址的指令格式为 1A6～A0，此时要设置 lcd_rs = 0，以便写入指令寄存器；而向 DDRAM 写入显示数据时，要设置 lcd_rs = 1，以便写入数据寄存器。

4）DDRAM 的地址通过计数器（write_char_cnt）产生，由于有两条设置地址的指令和 32 个待显示数据，所以它的计数范围为 0～33。最后一个由 **case** 语句组成的 **always** 块就是对应每个地址要写入的内容（地址或显示数据）。

液晶显示控制模块的完整代码如 lcd.v 所示。

```
module  lcd(
    input              clk,            //50MHz时钟
    input              rst_n,          //复位（低电平有效）
    input    [ 1: 0]  sec_h,          //秒钟（高位）
    input    [ 3: 0]  sec_l,          //秒钟（低位）
    output  reg        lcd_rs,         //0表示选择命令寄存器，1表示选择数据寄存器
    output  wire       lcd_rw,         //0表示写，1表示读
    output  wire       lcd_en,         //LCD使能信号
    output  wire       lcd_on,         //LCD电源ON/OFF
    output  wire       lcd_blon,       //LCD Back Light ON/OFF
    output  reg [ 7: 0]    lcd_data    //LCD 8位数据线
);
/**************产生200Hz时钟（周期5ms），用来控制写命令/数据*******************/
parameter TIME_5_MS = 250_000;
reg            lcd_clk;         // 200Hz
reg [17: 0]    clk_cnt;
wire           add_clk_cnt, end_clk_cnt;
//clk_cnt
always @(posedge clk or negedge rst_n)begin
    if (!rst_n)        clk_cnt <= 0;
```

```
        else if (add_clk_cnt) begin
            if (end_clk_cnt)   clk_cnt <= 0;  else  clk_cnt <= clk_cnt + 1;
        end
    end
    assign  add_clk_cnt = 1'b1;
    assign  end_clk_cnt = (add_clk_cnt && clk_cnt == TIME_5_MS-1);
    //lcd_clk : 200Hz
    always  @(posedge clk or negedge rst_n)begin
        if(!rst_n) lcd_clk <= 1'b0;
        else if(clk_cnt <= ((TIME_5_MS/2) - 1))       lcd_clk <= 1'b0;
        else        lcd_clk <= 1'b1;
    end
    /***************************** LCD上电复位15ms *******************************/
    parameter   TIME_15_MS = 750_000;
    reg         power_on_flag;                //上电信号，复位时为0，经过15ms延时后变为1
    reg [19: 0] cnt;
    wire        add_cnt, end_cnt;
    //cnt
    always @(posedge clk or negedge rst_n)begin
        if (!rst_n)         cnt <= 0;
        else if (add_cnt)
            begin if(end_cnt) cnt <= 0; else cnt <= cnt + 1; end
    end
    assign  add_cnt =   power_on_flag == 1'b0;
    assign  end_cnt =  (add_cnt && cnt == TIME_15_MS-1) ;
    //power_on_flag
    always  @(posedge clk or negedge rst_n)begin
        if (!rst_n)         power_on_flag  <=  1'b0;
        else if (end_cnt)   power_on_flag  <=  1'b1;
    end
    /*****************************向LCD输出部分信号**********************************/
    assign  lcd_rw    =   1'b0;              //LCD Write Only
    assign  lcd_en    =   lcd_clk;           //LCD Enable (200Hz)
    assign  lcd_on    =   1'b1;              //LCD Power ON
    assign  lcd_blon =    1'b0;              //LCD Back Light OFF
    /******************** LCD初始化、并写入指令及显示数据*********************/
    parameter IDLE       = 7'b0000_001;      //Function set：8位数据接口，2行显示，5×8
                                             //点阵字符
    parameter INIT       = 7'b0000_010;      //Function set
    parameter DISPOFF    = 7'b0000_100;      //Display ON/OFF Control:全部关闭
    parameter CLEAR      = 7'b0001_000;      //Clear Display清屏
    parameter ENTRYMOD   = 7'b0010_000;      //指定光标加1移动，整个显示不移动
    parameter DISPON     = 7'b0100_000;      //开整体显示、关光标、关光标闪烁
    parameter WRITE_CHAR = 7'b1000_000;
    reg [ 6: 0] state_current;
    reg [ 6: 0] state_next;
    //state_current
    always @(posedge lcd_clk or negedge rst_n) begin
        if (!rst_n)  state_current <= IDLE;
        else         state_current <= state_next;
```

```
end
//state_next
always @(*) begin
    case(state_current)
        //-----------------初始化-------------------
        IDLE: begin
            lcd_rs    <= 1'b0;                              //lcd_rs=0, 选指令寄
                                                            //存器
            lcd_data <= 8'h38;                              //Function set: 8位
                                                            //数据接口, 2行显示, 5×8
                                                            //点阵字符
            if(power_on_flag) state_next <=  INIT;
            else              state_next <= state_current;  //VCC升到4.5V后, 等
                                                            //待15ms
        end
        INIT: begin
            lcd_rs    <=  1'b0;
            lcd_data <=  8'h38;                             //Function  set: 8位
                                                            //数据接口, 2行显示, 5×8
                                                            //点阵字符
            state_next <=  DISPOFF;
        end
        DISPOFF: begin
            lcd_rs    <=  1'b0;
            lcd_data <=   8'h08;                            //Display OFF:关整体
                                                            //显示, 关光标, 关光标
                                                            //闪烁
            state_next <=  CLEAR;
        end
        CLEAR: begin
            lcd_rs        <=  1'b0;
            lcd_data      <=  8'h01;                        //Clear Display(清屏)
            state_next    <=  ENTRYMOD;
        end
        ENTRYMOD: begin
            lcd_rs        <=  1'b0;
            lcd_data      <=  8'h06;                        //指定光标移动方向(加
                                                            //1), 整个显示不移位
            state_next <=  DISPON;
        end
        DISPON: begin
            lcd_rs    <=  1'b0;
            lcd_data <=  8'h0C;                             //Display ON: 开整体
                                                            //显示, 但光标和光标
                                                            //闪烁仍为关闭状态
            state_next <=  WRITE_CHAR;
        end
        //-----------------写入地址及数据-------------------
        WRITE_CHAR: begin
            if(write_char_cnt == 7'd0)begin
                lcd_rs    <=  1'b0;                         //lcd_rs=0: 选指令寄
                                                            //存器
                lcd_data <=  lcd_data_temp;                 //写入8'h80, 即设置
                                                            //DDRAM地址为第1行
                                                            //首地址(00H)
```

```
                state_next <=  state_current;
            end
            else if(write_char_cnt == 7'd17)begin
                lcd_rs   <= 1'b0;                        //lcd_rs=0: 选指令寄存器
                lcd_data <= lcd_data_temp;              //写入8'hC0, 即设置DDRAM地
                                                        //址为第2行首地址(40H)
                state_next <= state_current;
            end
            else begin
                lcd_rs     <= 1'b1;                     //lcd_rs=1: 选数据寄存器
                lcd_data   <= lcd_data_temp;            //向数据寄存器写入数据
                state_next <= state_current;
            end
        end
        default:begin
            lcd_rs     <= 1'b0;
            lcd_data   <= " ";
            state_next <= IDLE;
        end
    endcase
end
/******************准备好写入的内容(地址及其对应的数据) ******************/
reg  [7: 0] write_char_cnt;
wire        add_write_char_cnt;
wire        end_write_char_cnt;
reg  [7: 0] lcd_data_temp;
//write_char_cnt (0~33): 16x2(character) + 2(instruction)
always @(posedge lcd_clk or negedge rst_n)begin
    if(!rst_n) write_char_cnt <= 0;
    else if(add_write_char_cnt)
        begin if(end_write_char_cnt)     write_char_cnt <= 0;
            else write_char_cnt <= write_char_cnt + 1;
        end
end
assign add_write_char_cnt = (state_current == WRITE_CHAR) ;
assign end_write_char_cnt = add_write_char_cnt && (write_char_cnt == 34-1);
always  @(*)begin
    case(write_char_cnt)
        7'd0:  lcd_data_temp <= 8'h80;                 //设置DDRAM第1行首地址(00H)
        7'd7:  lcd_data_temp <= "T";
        7'd8:  lcd_data_temp <= "i";
        7'd9:  lcd_data_temp <= "m";
        7'd10: lcd_data_temp <= "e";
        7'd11: lcd_data_temp <= "r";
        7'd17: lcd_data_temp <= 8'hC0;                 //设置DDRAM第2行首地址(40H)
        7'd25: lcd_data_temp <= sec_h + 8'h30;         //sec_h's ASCII code
        7'd26: lcd_data_temp <= sec_l + 8'h30;         //sec_l's ASCII code
        default:lcd_data_temp <= " ";                  //空白
    endcase
end
endmodule
```

8.6.5 顶层模块设计

实例引用上面的两个子模块组成顶层模块（文件名为 lcd_top.v），就能实现在液晶模块上

显示定时时间。

```
module lcd_top(
    input         sys_clk,                    //50MHz时钟信号
    input         rst_n,                      //低电平复位
    input         run_flag,                   //定时器运行标志："1"为运行，"0"为暂停
    output wire alarm,                        //输出报警（高电平有效）
    //LCD
    output wire lcd_rs,                       //LCD 寄存器选择：0 = 命令寄存器，1 = 数据寄存器
    output wire lcd_rw,                       //LCD 读/写选择：0 = 写，1 = 读
    output wire lcd_en,                       //LCD 使能
    output wire lcd_on,                       //LCD 电源 ON/OFF
    output wire lcd_blon,                     //LCD 背光灯 ON/OFF
    output wire [ 7: 0] lcd_data              //LCD 8 位数据
);
    wire [1: 0] sec_h;
    wire [3: 0] sec_l;
    timer   timer_inst(
                .clk(sys_clk)
                .rst_n(rst_n),
                .run_flag(run_flag),
                .sec_h(sec_h),                //秒钟（高位）
                .sec_l(sec_l),                //秒钟（低位）
                .alarm(alarm)                 //输出报警（高有效）
);
    lcd lcd_inst(
                .clk(sys_clk),
                .rst_n(rst_n),
                .sec_h(sec_h),                //秒钟（高位）
                .sec_l(sec_l),                //秒钟（低位）
                .lcd_rs(lcd_rs),              //LCD 寄存器选择：0 = 命令寄存器，1 = 数据寄存器
                .lcd_rw(lcd_rw),              //LCD 读/写选择：0 = 写，1 = 读
                .lcd_en(lcd_en),              //LCD 使能
                .lcd_on(lcd_on),              //LCD电源 ON/OFF
                .lcd_blon(lcd_blon),          //LCD 背光灯 ON/OFF
                .lcd_data(lcd_data)           //LCD 8 位数据
);
endmodule
```

8.6.6 设计实现

用 DE2-115 开发板实现上述设计的过程如下：

1）在 Quartus 软件中建立一个新的工程项目，项目名称必须与顶层模块的名称相同，这里命名为 lcd_top，选择 FPGA 型号为 EP4CE115F29C7，输入各个子模块及顶层模块的 HDL 文件。

2）按照表 8.6.7 将输入、输出信号分配到 FPGA 器件相应的引脚上，然后重新编译设计项目，生成下载文件（文件后缀为 .sof）。

3）将下载文件写入目标器件中，LCD 应该显示"Timer 30"，将开关 SW0 和 SW1 拨到上面，定时器开始递减计数，拨动 SW1，可以暂停计时，当定时结束时，时间保持 00 不变，同时 LEDR17 变亮报警。拨动 SW0 重新开始定时。

4）用 SignalTap II 逻辑分析仪观察 TimerH 和 TimerL 的波形（留待读者自己完成）。

表 8.6.7　将输入、输出信号分配到 FPGA 引脚

信号名	FPGA 引脚号	信号名	FPGA 引脚号
sys_clk	PIN_Y2	lcd_data[7]	PIN_M5
rst_n	PIN_AB28	lcd_data[6]	PIN_M3
run_flag	PIN_AC28	lcd_data[5]	PIN_K2
alarm	PIN_H15	lcd_data[4]	PIN_K1
lcd_rs	PIN_M2	lcd_data[3]	PIN_K7
lcd_rw	PIN_M1	lcd_data[2]	PIN_L2
lcd_en	PIN_L4	lcd_data[1]	PIN_L1
lcd_on	PIN_L5	lcd_data[0]	PIN_L3
lcd_blon	PIN_L6		

8.6.7　实验任务

实验八　数字跑表电路设计

设计一个体育比赛中常用的数字跑表，它是通过两个按键来控制计时的开始和停止，一个是清零控制按键 Reset（简称 R 键），另一个是 Start/Stop 控制按键（简称 S 键），其工作过程为：

开始时按 R 键使跑表为零初始状态。在 R 键无效时，按一下 S 键则计时器开始计时，在此计时状态下，按一下 S 键暂停计时，再按一下 S 键则继续计时，并且这一过程可由 S 键控制重复进行。如果在暂停状态按一下 R 键，跑表被清零。如果在计时状态下按一下 R 键则暂停计时，再按一下 R 键则继续计时，并且这一过程也可由 R 键控制重复进行。当按 R 键使计时暂停时，再按 S 键不起作用。要求如下：

1）跑表的计时范围为 0.01s～59min59.99s，计时精度不低于 10ms。

2）使用 FPGA 开发板上提供的 50MHz 脉冲源作为时钟，不允许产生其他异步时钟信号。最后使用开发板测试设计结果。

3）根据实验流程和实验结果，写出实验总结报告。

8.7　DDS 函数信号发生器设计

直接数字频率合成（Direct Digital Frequency Synthesis，简称 DDS 或 DDFS）是一种应用数字技术产生信号波形的方法，它是由美国学者 J. Tiercny、C. M. Rader 和 B. Gold 在 1971 年提出的，他们以数字信号处理理论为基础，从相位概念出发提出了一种新的直接合成所需波形的全数字频率合成方法。本节介绍使用 DDS 技术产生波形的方法。

8.7.1　功能要求

设计制作一个波形发生器。要求：

1）利用 DDS 技术合成正弦波和方波。

2）输出信号的频率范围为 10Hz～5MHz，最小频率分辨率小于 1kHz。

8.7.2　DDS 产生波形的原理

下面以正弦信号波形的产生为例，说明 DDS 的工作原理。

虽然正弦波的幅度不是线性的，但是它的相位却是线性增加的，DDS 正是利用了这一特点来产生正弦信号。因为一个连续的正弦信号其相位是时间的线性函数，相位对时间的导数为 ω，即

$$\theta(t) = 2\pi ft = \omega t \tag{8.7.1}$$

$$\frac{\mathrm{d}\theta(t)}{\mathrm{d}t} = 2\pi f = \omega \tag{8.7.2}$$

当角频率 ω 为一定值时，其相位斜率 $\mathrm{d}\theta/\mathrm{d}t$ 也是一个确定值。此时，正弦波形信号的相位与时间呈线性关系，即 $\Delta\theta = \omega \times \Delta t$。根据这一基本关系，利用采样定理，通过查表法就能够产生波形。

图 8.7.1 是产生正弦信号的原理框图。图中 CP_i 为系统基准时钟源，其周期为 T_i，在 CP_i 的作用下，地址计数器（从 0～(2^n-1) 计数）产生数据存储器所需的地址信号。在时钟作用下，周期性地读出正弦波形存储器中的正弦幅度值，经过 D/A 转换器及低通滤波器就可以合成模拟波形。

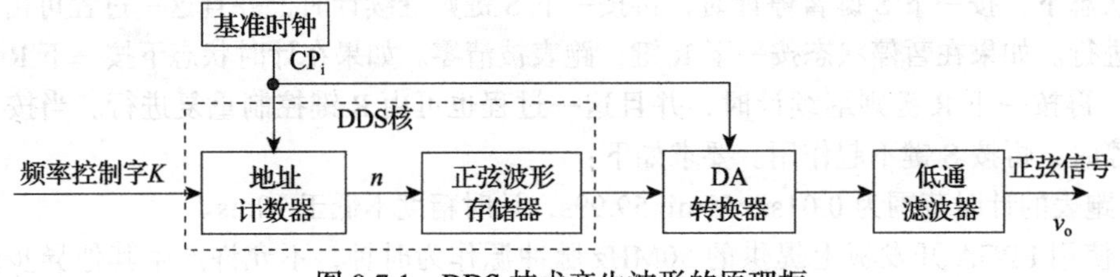

图 8.7.1　DDS 技术产生波形的原理框

1）如何获取正弦波形存储器中的数据？

我们知道，某一个频率的正弦信号可以表示为

$$v(t) = A\sin(\omega t + \theta_0) = A\sin(2\pi ft + \theta_0) \tag{8.7.3}$$

式中，A 为正弦波的振幅，f（或 ω）为正弦信号的频率（或角频率），θ_0 为初始相位。由于 A 和 θ_0 不随时间而变化，可以令 $A = 1$，$\theta_0 = 0$，得到归一化的正弦信号表达式

$$v(t) = \sin(\omega t) \tag{8.7.4}$$

将上述正弦信号一个周期内的相位 0～2π 的变化用单位圆表示，其相位与幅度一一对应，即单位圆上的每一点均对应输出一个特定的幅度值，如图 8.7.2 所示。例如，在圆上取 16 个相位点就有 16 种幅度值与之对应，如果在圆上取 $2N$ 个相位点，则相位分辨率为 $\Delta = 2\pi/2N$。根据奈奎斯特定理，以等量的相位间隔对其进行相位 / 幅度抽样得到一个周期性的正弦信号的离散相位的幅度序列，并且对模拟幅度进行量化，量化后的幅值采用相应的二进制数据编码。这样就把一个周期的正弦波连续信号转换成为一系列离散的二进制数字量，然后

通过一定的手段固化在只读存储器 ROM 中，每个存储单元的地址即相位取样地址，存储单元的内容是已经量化的正弦波幅值。这样的一个只读存储器就构成了一个与 2π 周期内相位取样相对应的正弦函数表，因它存储的是一个周期的正弦波波形幅值，因此称其为正弦波形存储器，又称作查找表。

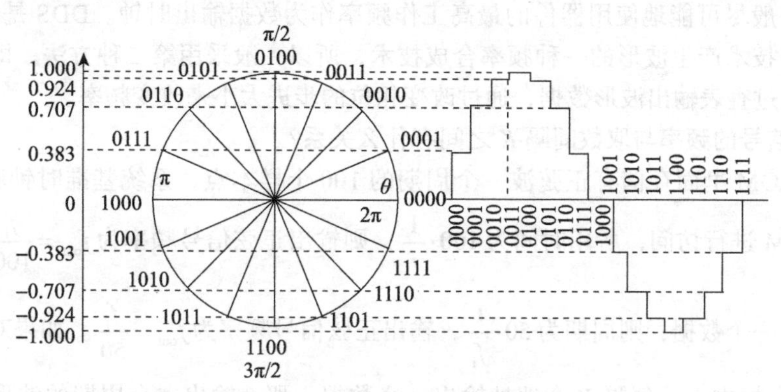

图 8.7.2　正弦信号相位与幅度的对应关系

2）如何改变输出信号的频率？

假设 ROM 用 2^n 个存储单元来存储正弦信号一个周期的数据，则输出信号的周期、基准时钟周期与读出的数据点之间的关系可以用图 8.7.3 来表示，图中的空心圆点代表从 ROM 中读出的数据点。

每来一个基准时钟脉冲（周期为 T_i），地址计数器的地址加 1，存储器输出一个数据点，直到存储器最后一个地址（2^n–1）单元中的数据被读出，此时能够得到一个周期的正弦信号。此后，地址计数器在基准时钟的作用下，继续从 0 至 2^n–1 计数，并重复读出 ROM 中的数据，于是得到周期性的正弦波形。因此，输出信号的周期 T_{out} 与基准时钟周期 T_i 存在如下关系：

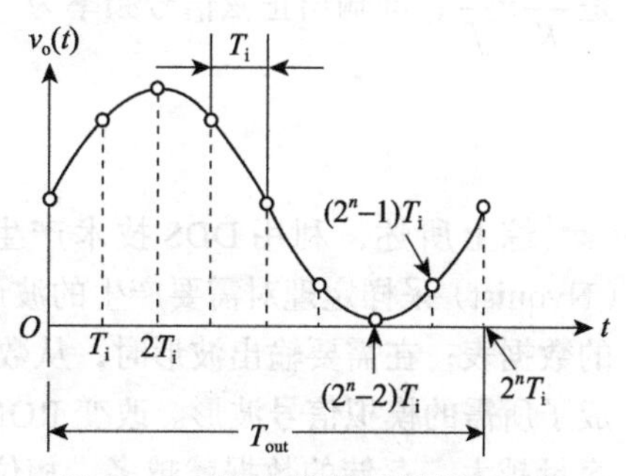

图 8.7.3　输出信号的周期 T_{out} 与基准时钟周期 T_i 的关系

$$T_{out} = 2^n \cdot T_i \tag{8.7.5}$$

$$f_{out} = \frac{f_i}{2^n} \tag{8.7.6}$$

式中，f_{out} 为输出正弦信号的频率，f_i 为计数器时钟信号的频率。根据采样定理，输出信号频率不能超过系统时钟频率的一半。在实际运用中，为了保证信号的输出质量，输出信号的频率不要高于时钟频率的 1/3，以避免混叠或谐波落入有用输出频带内。

假设对正弦波的一个周期取 100 个样本点，将其幅度信息存储到 ROM 中。下面使用不同的方法输出数据，以便寻找改变输出信号频率的具体方法。

- 用 100Hz 的时钟速度读取每一个点并使用 DAC 复原波形，那么读取一个周期的数据需要 1 秒，也就是每秒复原一个周期的正弦波，正弦波的频率为 1Hz。同理，使用 200Hz 的时钟可获得 2Hz 正弦波。

● 仍旧使用100Hz时钟，每隔一个点，即每两个点读取一次并输出，则每秒可以产生两个周期的正弦波，正弦波的频率为2Hz。同理，每三个点读一次并输出，则输出3Hz正弦波。

于是得到两种改变输出波形频率的方法：①改变取样时钟的频率；②改变取样间隔。因为获得任意频率的时钟比改变取样间隔要复杂，而且取样时钟频率越高，则单位时间内取样数目越大，一般尽可能地使用器件的最高工作频率作为数据输出时钟。DDS是从相位出发，直接采用数字技术产生波形的一种频率合成技术，所以一般采用第二种方法。即在同一个时钟频率下，通过查表输出波形数据，通过改变相位的步进大小来改变频率。

3）输出信号的频率与取数间隔K之间有什么关系？

假设在ROM里面存储有正弦波一个周期的100个样本点，系统基准时钟频率为f_{i}，按此频率对ROM进行访问，所用时间为$100\cdot\frac{1}{f_{\mathrm{i}}}$，则输出正弦信号频率为$f_{\mathrm{out}}=\frac{f_{\mathrm{i}}}{100}$；假设每隔一个地址输出一个数据，则周期为$50\cdot\frac{1}{f_{\mathrm{i}}}$，输出正弦信号频率为$f_{\mathrm{out}}=\frac{f_{\mathrm{i}}}{50}$。如果对正弦波的一个周期取$2^N$个样本点，每隔$K$个地址输出一个数据，那么输出一个周期的波形需要的时间是$\frac{2^N}{K}\times\frac{1}{f_{\mathrm{i}}}$，即输出正弦信号频率为

$$f_{\mathrm{out}}=\frac{K}{2^N}\times f_{\mathrm{i}} \tag{8.7.7}$$

综上所述，利用DDS技术产生正弦波形的过程如图8.7.4所示。首先基于奈奎斯特（Nyquist）采样定理对需要产生的波形进行采样和量化，并存入ROM中作为待产生信号波形的数据表；在需要输出波形时，从数据表中依次读出数据，通过D/A转换器和滤波器后就变成了所需的模拟信号波形。改变ROM中数据表的内容就可以得到不同的信号波形。ROM的容量越大，存储的数据就越多，相位量化误差就越小；而ROM输出数据的位数决定了幅度量化误差。在实际的DDS中，可利用正弦波的对称性将360° 范围内的幅值、相位点减少到180°或90°内，或利用正弦函数的压缩算法降低ROM的存储容量。

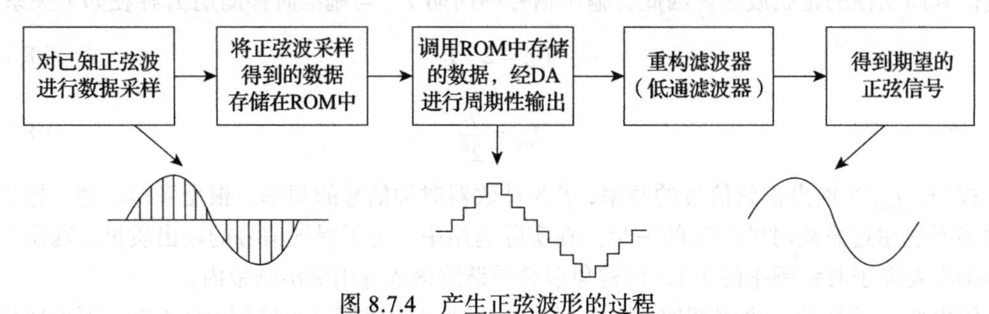

图8.7.4　产生正弦波形的过程

8.7.3　设计分析

在FPGA中，常用图8.7.5所示框图实现DDS。其中，m为地址加法器的数据宽度，其大小取决于基准时钟频率和所需步进精度。ROMaddr为n位存储器地址，n取决于波形样本

个数。r 为存储器输出数据的宽度。

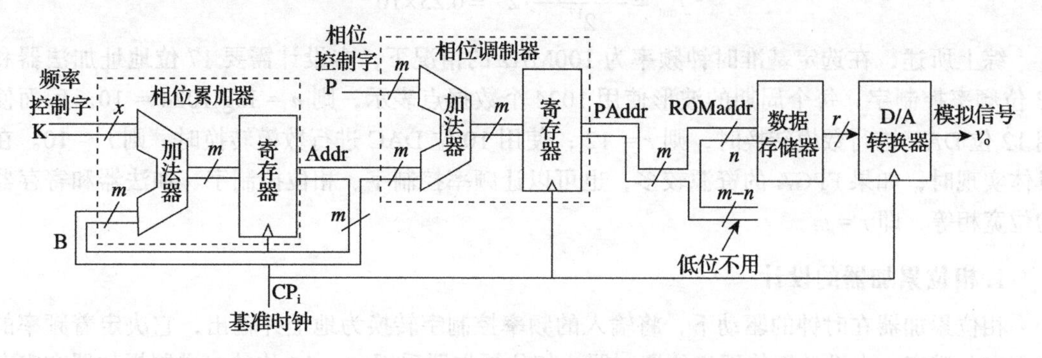

图 8.7.5　DDS 的具体实现框图

地址计数器也称为相位累加器，由地址加法器和地址寄存器组成。加法器有两个数据输入端：一个输入端 B 与地址寄存器的输出相连；另一个输入端为相位增量 K，因为 K 是决定 DDS 输出频率的参量，所以被称为频率数据或频率控制字（Frequency Control Word，FCW），存放 K 的寄存器称为频率控制寄存器。频率控制字 K 是一个二进制数据，K+B（B 的初值为 0）就是相位累加器的输出 Addr，相位控制字 P 用来调节相对于相位累加器输出相位的一个固定增量，对于一路信号来说没有任何意义，不过对于多路信号来说，可以通过相位控制字来调节多路信号的相位差。

存储器地址 ROMaddr 截取的是 PAddr 的高 n 位，其变化速度取决于 K 的大小，从而实现了跳跃读数。当相位累加器为最大值时，再来一个时钟脉冲，其输出地址数据出现溢出，自动地从 0 开始重复先前的过程，这样就可以实现波形的连续输出。因此通过改变 K 值来调节输出频率。

根据上面的分析，在选定基准时钟频率为 100MHz 的情况下，如果需要最低 1Hz 的步进精度，则相位累加器必须产生 100×10^6 个地址，而表示数值 100×10^6 需要至少 27 位（$2^{27}>10^8$，$2^{26}<10^8$）二进制数，即地址加法器的宽度 $m=27$。若需要最低 2Hz 的步进精度，则相位累加器必须产生 50×10^6 个地址，即此时地址加法器的宽度 $m=26$，同理，若需要最低 1kHz 的步进精度，则相位累加器必须产生 100MHz/1000Hz=100×10^3 个地址，此时地址加法器的宽度 $m=17$。此时输出波形的频率为

$$f_{\text{out}}=\frac{f_{\text{i}}}{2^m}\cdot K=\frac{100\times10^6}{2^{17}}\cdot K \tag{8.7.8}$$

可见相位累加器的位宽是由频率的步进间隔决定的，而频率控制字的位宽则由输出频率的上限值来决定。因为当 K 取最小值 1 时，输出波形的频率最小；而当 K 取最大值时，输出波形的频率最大。设计要求 $f_{\max}\geqslant$5MHz，K 至少应为 6553.6，该数值需要用 13 位二进制数据表示，即 $x=13$。

重新校核一下最大输出频率。当 K 用 13 位二进制数表示时，其最大值为 $(1\text{FFF})_{\text{H}}$，此时输出波形的频率最大值为

$$f_{out}=\frac{100\times10^6}{2^{17}}\cdot2^{13}=6.25\times10^6$$

综上所述，在选定基准时钟频率为100MHz的情况下，本设计需要17位地址加法器和13位频率控制字。每个周期的波形使用1024个数据点表示，则 $n=\log_2 1024=10$。后面使用12位DAC进行数模转换时，则 $r=12$；使用10位DAC进行数模转换时，则 $r=10$。在具体实现时，如果FPGA的资源较多，也可以让频率控制字、相位控制字、加法器和寄存器的位宽相等，即 $r=m$。

1. 相位累加器的设计

相位累加器在时钟的驱动下，将输入的频率控制字转换为地址并输出，它决定着频率的范围和分辨率。本设计不使用相位调制器，相位累加器采用 $m=17$ 位的二进制累加器和寄存器构成，其结果直接送到后面的存储器。其代码如下：

```
//=====相位累加器和数据锁存器=====
module addr_cnt(CPi,K,ROMaddr,Address);
    input CPi;                      //系统基准时钟（100MHz）
    input [12:0] K;                 //13位频率控制字
    output reg [9:0] ROMaddr;       //10位ROM地址
    output reg [16:0] Address;      //17位相位累加器地址信号
  always @(posedge CPi)
  begin
      Address = Address + K;
      ROMaddr = Address[16:7];
  end
endmodule
```

输入上述代码，选择主菜单中的File → Create ∠ Update → Create Symbol Files for Current File命令，生成该模块的符号，如图8.7.6所示。

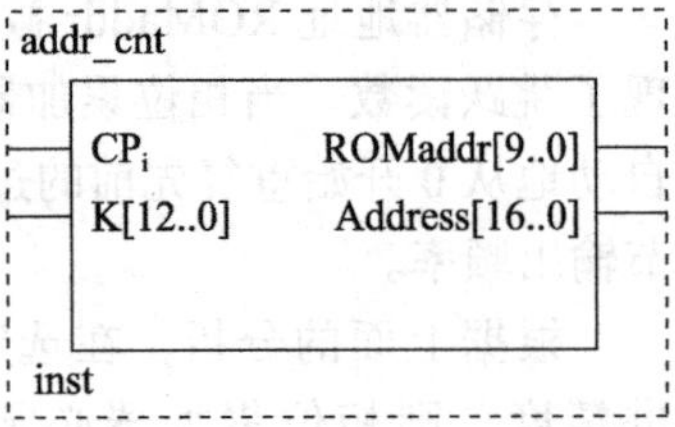

图8.7.6 相位累加器框图

2. 波形存储器ROM的设计

在本设计中，要求DDS系统能输出正弦波和方波。可以调用FPGA内部的LPM_ROM模块制作两张ROM表，分别存储正弦波和方波的波形数据，地址计数器可以同时访问这两张表，再使用数据选择器输出指定的波形。产生方波的另一种方法是在正弦波的输出端使用一个过零比较器。

（1）方波模块

由于方波的实现算法相对简单，可以不用ROM表，直接用寄存器来保存方波的输出值。方波只有高、低电平两种状态，因此只需要在一个周期的中间位置翻转电平即可。其实现原理如下：由于相位累加器的值是线性累加的，因此地址值（Address）也是线性累加的，对地址值Address进行判断，当地址值的最高位为0时，便将存储波形幅值的存储器的每一位赋值为1，否则赋值为0。具体源程序如下：

```
//=====方波产生模块:squwave.v ======
module squwave(CPi,RSTn,Address,Qsquare);
    input CPi;                      //系统基准时钟（100MHz）
```

```
    input RSTn;                    //同步清零
    input [16:0] Address;          //17位地址输入信号
    output reg [11:0] Qsquare; //输出方波信号，12位宽，送至DAC
    always @(posedge CPi)
    if(!RSTn) Qsquare=12'h000; //同步清零
    else begin
        if(Address<=17'h0FFFF)
            Qsquare=12'hFFF;      //输出高电平
        else Qsquare=12'h000;  //输出低电平
    end
endmodule
```

方波模块的符号框图如图 8.7.7 所示。

图 8.7.7　方波模块的符号

（2）正弦波形存储器模块

根据式（8.7.4）和采样定理对周期为 T 的正弦信号以等间隔时间采样（采样周期为 T_S），可以得到正弦序列

$$v(nT_S)=\sin\left(\frac{2\pi}{T}t\right)\bigg|_{t=nT_S}=\sin\left(\frac{2\pi}{T}\cdot nT_S\right)$$

简记为

$$v(n)=\sin\left(\frac{2\pi}{T/T_S}\cdot n\right) \tag{8.7.9}$$

式中，n 表示各函数值的序列号。如果令 $T/T_S=N$（正整数）为总的抽样点数，当 n 取值为 0, 1, 2, ⋯, N−1 时，就能将时间连续的正弦信号离散为一组序列值的集合。

根据式（8.7.9）并参考 7.6.4 节编写 C 语言程序，将正弦波的一个周期离散成 1024 个相位 / 幅值点，每个点的数据宽度为 12 位。编译、运行程序后，得到存储器的初始化文件 Sine1024.mif。

下面是完整的 C 语言程序。注意，以粗体字印刷的 4 行根据设计要求进行过修改。

```
#include <stdio.h>
#include <math.h>
#define PI 3.141592
#define DEPTH 1024            //数据深度，即存储单元的个数
#define WIDTH 12              //存储单元的宽度
int main(void)
{int n,temp;
 float v;
 FILE *fp;
/*建立文件名为Sine1024.mif的新文件，允许写入数据，对文件名没有特殊要求，但扩展名必须为.mif*/
    fp=fopen("Sine1024.mif","w+");
    if(NULL==fp)
        printf("Can not creat file!\r\n");
    else
    {
        printf("File created successfully!\n");
            /*生成文件头，注意不要忘了“;” */
        fprintf(fp,"DEPTH =%d;\n",DEPTH);
        fprintf(fp,"WIDTH =%d;\n",WIDTH);
```

```
            fprintf(fp,"ADDRESS_RADIX=HEX;\n");
            fprintf(fp,"DATA_RADIX=HEX;\n");
            fprintf(fp,"CONTENT\n");
            fprintf(fp,"BEGIN\n");
                /*以十六进制输出地址和数据*/
            for(n=0;n<DEPTH;n++)
            {/*周期为1024个点的正弦波*/
             v=sin(2*PI*n/DEPTH);
             /*将-1~1之间的正弦波的值扩展到0~4095之间*/
             temp=(int)((v+1)*4095/2); //v+1将数值平移到0~2之间
             /*以十六进制输出地址和数据*/
             fprintf(fp,"%x\t:\t%x;\n",n,temp);
        }
        fprintf(fp,"END;\n");
        fclose(fp);    //关闭文件
    }
}
```

接着，使用 Quartus Prime 软件调用宏模块 LPM_ROM 定制正弦波形存储器。其过程是：选择主菜单中的 Tool→MegaWizard Plug-In Manager 命令，启动 MegaWizard 工具，按照提示生成 ROM，其中存储深度为 1024，数据宽度为 12 位，并加载上面生成的文件 Sine1024.mif 初始化 ROM，最后得到正弦波形的数据存储器模块 SineROM.v，模块符号如图 8.7.8 所示。

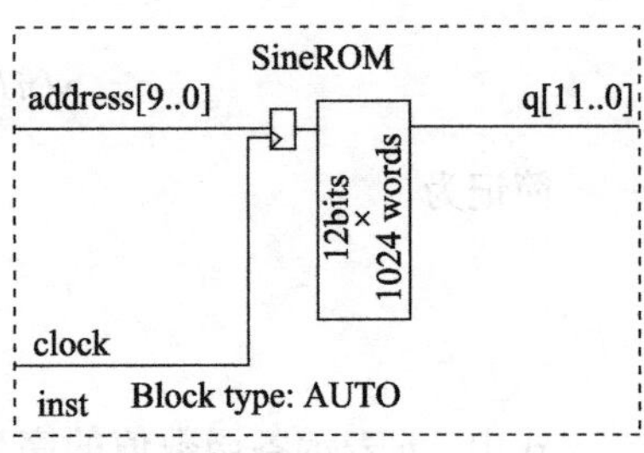

图 8.7.8　正弦波形数据存储器模块

3. 锁相环倍频电路设计

使用 Quartus Prime 软件调用宏模块定制一个 100MHz 的锁相环模块。其过程是：选择 Tool→MegaWizard Plug-In Manager 命令，启动 MegaWizard 工具，选择左栏 I/O 项目下的 ALTPLL（嵌入式锁相环），定制一个名称为 PLL100M_CP 的时钟模块，该模块的输入 inclk0 为 50MHz 时钟信号，输出 c0 为 100MHz 的脉冲信号，占空比为 50%，带有相位锁定指示输出端 locked，模块符号如图 8.7.9 所示。

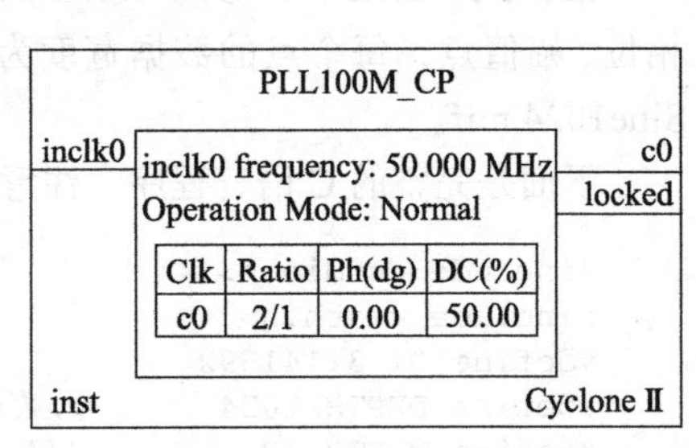

图 8.7.9　输出频率为 100MHz 的锁相环模块

8.7.4　顶层电路设计

将以上各个模块逐个级联起来就可以得到波形产生器的顶层模块，其代码如下。

```
//========DDS的顶层模块:DDS_top.v ======
module DDS_top(CLOCK_50, RSTn, WaveSel, K,
WaveValue, LEDG, CLOCK_100);
    input CLOCK_50;                         //50MHz时钟
    input RSTn;                             //控制方波清零，低电平有效
    input [1:0] WaveSel;                    //波形选择:SW[17:16]=10时为方波; SW
                                            //[17:16]=01时为正弦波
```

```
    input [12:0] K;                              //频率控制字SW12..SW0
    output reg [11:0] WaveValue;                 //输出波形数据
    wire [9:0] ROMaddr;                          //波形存储器地址
    wire [16:0] Address;                         //17位相位累加器地址
    wire [11:0] Qsine, Qsquare;                  //正弦、方波数据输出
    output [0:0]LEDG;                            //锁相环相位锁定指示灯，亮表示锁定
    output CLOCK_100;                            //锁相环输出时钟，频率为100MHz
    wire CPi =CLOCK_100;
    PLL100M_CP PLL100M_CP_inst (                 //实例引用锁相环子模块
    .inclk0 ( CLOCK_50 ),                        //50MHz时钟输入
    .c0 ( CLOCK_100 ),                           //100MHz时钟输出
    .locked ( LEDG[0] )                          //相位锁定指示
);
    addr_cnt U0_instance(CPi,K,ROMaddr,Address);
                                                 //实例引用地址累加器
    SineROM ROM_inst (                           //实例引用正弦LPM_ROM子模块
    .address (ROMaddr),
    .clock ( CPi ),
    .q ( Qsine )
);
    squwave U1(CPi,RSTn, Address,Qsquare);       //实例引用方波子模块
    always @(posedge CPi)
begin
    case(WaveSel)                                //选择输出波形
        2'b01:WaveValue=Qsine;                   //输出正弦波
        2'b10:WaveValue=Qsquare;                 //输出方波
        default:WaveValue=Qsine;
    endcase
end
endmodule
```

8.7.5　设计实现

使用 DE2-115 开发板来验证上述设计。用板上的 50MHz 晶振作为时钟输入，用 KEY3 控制方波清零，用 SW12～SW0 设置频率控制字，SW17、SW16 用来选择输出波形的种类，用 LEDG0 作为 PLL 的相位锁定指示。其操作步骤如下：

1）为了方便导入文件 DE2_115_pin_assignments.csv 进行引脚分配，将使用该文件中的端口名称代替上述 DDS_top.v（代码如下）中的信号名称。为此再编写一个顶层文件 DE2_DDS_top.v(代码如下)，建立一个新的工程项目，并导入 DE2_115_pin_assignments.csv 文件。然后进行全编译。

```
//=====在开发板上运行的DDS的顶层模块:DE2_115_DDS_top.v ======
module DE2_115_DDS_top(CLOCK_50, KEY, SW, GPIO_0, LEDG);
    input CLOCK_50;                        //50MHz时钟
    input[3:3] KEY;                        //按键KEY3，控制方波清零
    input[17:0] SW;                        //拨动开关
    output [12:0] GPIO_0;                  //扩展接口，送出波形数据给DAC
    output [0:0]LEDG;                      //绿色LED指示相位是否锁定
    wire CLOCK_100;                        //100MHz时钟
    assign GPIO_0[12]=CLOCK_100;           //送给DAC的时钟
```

```
    wire RSTn = KEY[3];                      //控制方波清零，低电平有效
    wire [1:0] WaveSel = SW[17:16];          //选择输出波形
    wire [12:0] K = SW[12:0];                //设置频率控制字，最小值必须为1
    wire [11:0] WaveValue;
    assign GPIO_0[11:0] = WaveValue;         //输出波形数据
    DDS_top DE2(CLOCK_50, RSTn, WaveSel, K, WaveValue, LEDG, CLOCK_100);
endmodule
```

2）使用嵌入式逻辑分析仪 SignalTap II 实时测试输出波形的离散数据。选择 Tools → SignalTap II Logic Analyzer 命令，选择锁相环输出的 100MHz 信号（GPIO_0[12]）作为采样时钟，添加待测节点信号，并设置 ROM 地址为 0 时触发采样，如图 8.7.10 所示。然后保存设置，并将该模块添加到当前工程项目中。

Node			Data Enable	Trigger Enable	Trigger Conditions
Type	Alias	Name	24	24	1☑ Basic
		SW[16]	☑	☑	
		SW[17]	☑	☑	
		⊞ GPIO_0	☑	☑	XXXXXXXXXXXXb
		⊞ ...ROMaddr	☑	☑	000h

图 8.7.10　设置触发信号

3）编译整个设计，并下载设计文件到 FPGA 芯片中。

4）在 SignalTap II 窗口中单击▶按钮并选择 View→Fit in Window 命令，配合拨动开关，可以看到 DDS 输出波形如图 8.7.11 所示。单击■（Stop analysis）按钮停止分析。注意，右击所要观察的总线信号名，在右键菜单上可以选择 Bus Display Format（总线显示格式）命令，选择 Unsigned Line Chart 才能形成模拟波形。

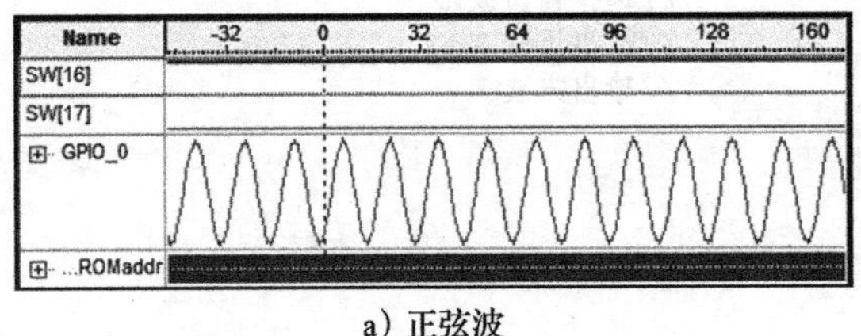

a）正弦波

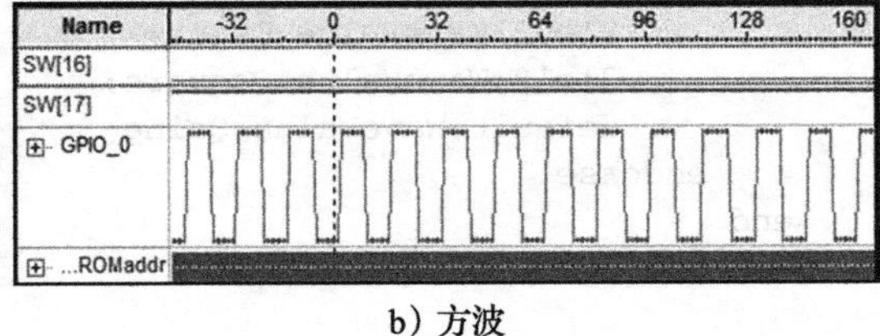

b）方波

图 8.7.11　SignalTap II Data 窗口波形

8.7.6　D/A 转换电路及放大电路设计

为了能够输出模拟波形，需要制作一块电路扩展板，并将 D/A 转换、滤波和放大电路做在一块 PCB 板上，其电路如图 8.7.12 所示。

该模块采用了 DAC900 数模转换器[⊖]，DAC900 是一款并行接口的高速 DAC，分辨率为 10 位，DDS 查找表输出数据为 12 位，使用 DAC900 进行转换时，可以舍弃掉最低的 2 位。运放 U2B 将 DAC900 输出的电流转换成电压信号 $S(t)$（含阶梯的波形），该信号含有丰富的多次谐波分量，因此必须在 D/A 转换器的输出端接频率为 $f_i/3$～$f_i/2$ 的低通滤波器（f_i=100MHz），滤掉信号 $S(t)$ 中高频杂散部分。这里采用滤波器设计软件 Filter Solutions 进行设计，得到如图 8.7.12b 所示的 7 阶无源低通滤波器，按照图中的参数，其上限截止频率约为 32.5MHz。

⊖　也可以使用 12 位的 DAC902 进行数模转换。

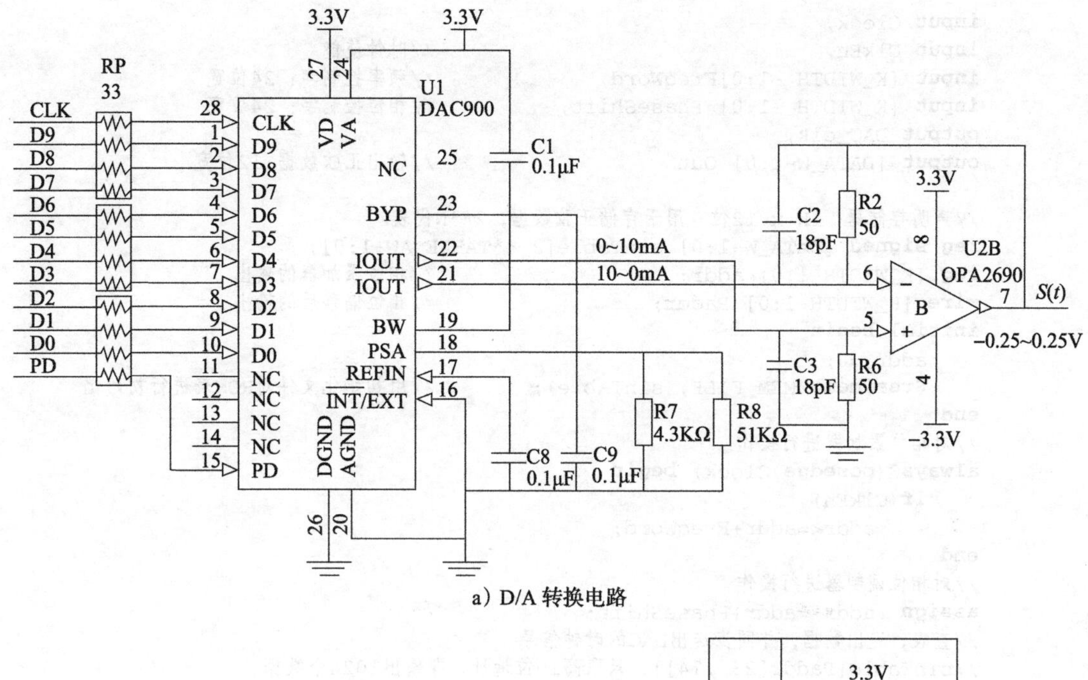

a）D/A 转换电路

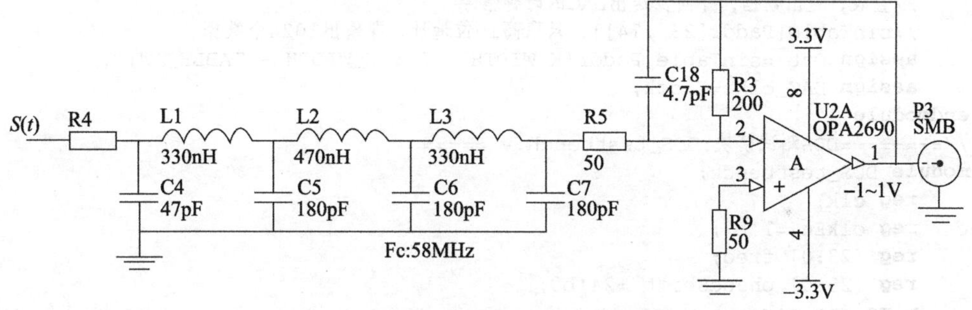

b）7 阶巴特沃思低通滤波器及放大电路

图 8.7.12　D/A 转换、滤波和放大电路

8.7.7　实验任务

实验九　DDS 正弦信号发生器仿真实验

上面的 DDS 设计必须调用 Altera 公司提供的 LPM_ROM 来存储波形数据，削弱了程序的可移植性，下面提供的 DDS 程序使用寄存器方式声明存储器，并用 Verilog HDL 系统任务 $readmemh 来完成存储器的初始化。

```
//=====DDS核心模块:DDS.v ======
`timescale 1ns / 1ps
module DDS
#(parameter K_WIDTH =24,                        //控制字的位宽
    parameter TABLE_AW =10,                     //存储器地址位宽
    parameter DATA_W =12,                       //数据的位宽
    parameter MEM_FILE ="SineTable.dat"         //正弦波形数据文件
)(
```

```
    input Clock,
    input ClkEn,                                    //时钟使能
    input [K_WIDTH -1:0]FreqWord,                   //频率控制字：24位宽
    input [K_WIDTH -1:0] PhaseShift,                //相位控制字：24位宽
    output DAC_clk,
    output [DATA_W-1:0] Out                         //输出正弦数据:12位宽
);
    //声明存储器：1K x 12位，用于存储正弦数据，2**N代表2^N
    reg signed [DATA_W-1:0] sinTable[2 **TABLE_AW-1:0];
    reg [K_WIDTH-1:0] addr;                         //相位累加器的输出
    wire [K_WIDTH-1:0] Paddr;                       //相位偏移后的输出
    initial begin
        addr =0;
        $readmemh(MEM_FILE, sinTable);              //用初始化文件对ROM表进行初始化
    end
    //对相位累加器进行操作
    always@(posedge Clock) begin
        if(ClkEn)
            addr<=addr+FreqWord;
    end
    //对相位调制器进行操作
    assign Paddr =addr+PhaseShift;
    //查表，送出数据，并同步送出DAC的时钟信号
    //sinTable[Paddr[23 :14]]，只取高10位地址，即输出1024个数据
    assign Out =sinTable[Paddr[K_WIDTH - 1 : K_WIDTH - TABLE_AW]];
    assign DAC_clk =Clock;
endmodule
//========DDS测试模块:DDS_testbench.v ======
module DDS_testbench;
    reg clk;
    reg clkEn =1'b1;
    reg [23:0] freq;
    reg [23:0] phaseShift =24'b0;
    wire dac_clk;
    wire [11:0] out;
    initial
    begin
        clk =1'b1;                                  //给时钟clk赋初值
        freq =24'h04_0000;                          //频率控制字
        #10000 freq =24'h08_0000;
        #20000 freq =24'h0C_0000;
        #30000 freq =24'h10_0000;
        #40000 freq =24'h18_0000;
        #50000 freq =24'h20_0000;
        #60000 freq =24'h30_0000;
        #70000 $stop();
    end
    always begin                                    //产生时钟信号
        #4 clk=~clk;
    end
    //实例引用DDS模块，注意带参数的模块调用方式：
    //模块名#(参数表配置)实例名(端口连接)；
    DDS #(
        .K_WIDTH(24), .DATA_W(12), .TABLE_AW(10),
        .MEM_FILE("SineTable.dat"))
```

```
    dds_inst(
        .FreqWord(freq),
        .PhaseShift(phaseShift),
        .Clock(clk),
        .ClkEn(clkEn),
        .DAC_clk(dac_clk),
        .Out(out)) ;
endmodule
```

试阅读下列程序，完成下列任务。

1）编写一个C语言程序，将正弦波的一个周期离散成1024个相位/幅值点，每个点的数据宽度为10位。编译、运行程序后，得到存储器的初始化文件SineTable.dat，它是一个文本文件，共有1024组数据，每组数据格式为：

```
@地址(hex) 数据(hex)
    @0000 7FF
    @0001 80C
    @0002 818
    ……
    @03FE 7E6
    @03FF 7F2
```

2）用ModelSim对其进行功能仿真，给出仿真波形。

3）如果基准时钟频率为100MHz，分别计算当频率控制字为24'h04_0000、24'h08_0000时，输出信号的频率为多少。

实验十　DDS信号发生器设计

设计制作一个信号波形发生器㊀，要求：

1）输出波形的频率范围为10Hz～10MHz（非正弦波频率按10次谐波计算）；能够用按键（或开关）调节频率，最低频率步进间隔小于等于10Hz。

2）能够用4位数码管将输出信号的频率显示出来。

*3）扩展输出信号的种类（如方波、三角波、锯齿波等），频率范围自行设定。

4）用FPGA开发板实现设计，增加必要的扩展电路，使用示波器观察DAC模块的输出信号。最后根据实验流程和实验结果写出实验总结报告。

小　结

本章介绍了变模计数器、显示字符的移动、分频器、数字钟、频率计、定时器和信号发生器7个设计实例，每个实例都有设计思路分析和逻辑设计程序，以开拓读者的思维。通过本章的学习与实践，读者就能自己设计出比较复杂的数字逻辑电路。

㊀ 来自2007年全国大学生电子设计竞赛A题，这里对题目要求进行了简化。

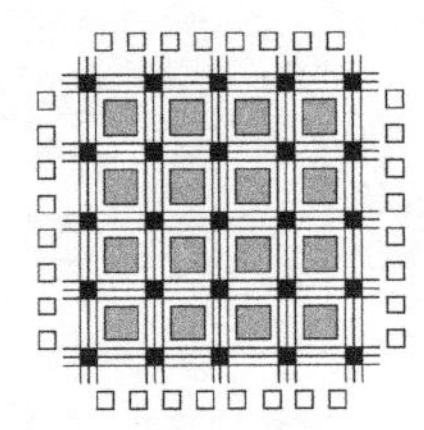

第 9 章 VGA 接口控制器的设计

本章目的

学习 VGA 接口技术以及控制逻辑的实现方法。主要内容包括：

- VGA 接口原理、工作时序和接口电路。
- VGA 彩条信号发生器和 24 位位图显示设计与实现。

VGA（Video Graphics Array，视频图形阵列）是 IBM 公司制定的一种视频数据传输标准。它的接口信号主要有 5 个：R（Red）、G（Green）、B（Blue）、HS（Horizontal Synchronization，水平同步）和 VS（Vertical Synchronization，垂直同步），水平同步又称行**（line）同步**，垂直同步又称为**帧（frame）同步**或**场（field）同步**。这些都是模拟信号，用于连接诸如 CRT（Cathode Ray Tube，阴极射线显像管）显示器或者带 VGA 接口的 LCD（Liquid Crystal Display）。以下简称红、绿、蓝为 R、G、B。

本章简述了 VGA 接口原理及工作时序，采用 Verilog HDL 设计实现彩条信号发生器，使用嵌入式逻辑分析仪 Signal tap II 工具实时观察 VGA 工作时序，通过进一步整合 VGA 接口逻辑实现了 24 位位图显示功能。

9.1 VGA 接口标准和接口电路

9.1.1 VGA 接口标准

VGA 接口最初应用于驱动 CRT 显示器。CRT 是一种使用阴极射线管的显示器，主要由电子枪（electron gun）、偏转线圈（deflection coil）、荫罩（shadow mask）、高压石墨电极、荧光粉涂层（phosphor）和玻璃外壳等部分组成。CRT 显示器工作时由 VGA 接口送来 5 个模拟信号，R、G、B 信号激励电子枪发出红、绿和蓝三种颜色的电子束，HS 和 VS 用于控制偏转线圈使电子束向正确的方向偏离，电子束穿越荫罩的小孔轰击屏幕上的荧光粉，荧光粉被激活即可发光。红、绿、蓝三种荧光粉被不同强度的电子束点亮就会发出不同的颜色。

图 9.1.1 为一个典型的 CRT 显示器结构及显示原理示意图。CRT 显示器采用逐行扫描的显示方式，电子束从屏幕左上角一点开始，从左向右逐点扫描，如图 9.1.1b 中带箭头的实线所示。每扫描完一行，电子束从右边回到屏幕的左边下一行的起始位置，这段时间称为**行消隐**，如图 9.1.1b 中带箭头的虚线所示。当所有行扫描完毕后，电子束回到屏幕的左上角起始位置，开始下一次扫描，这段时间称为**场消隐**。

分辨率（resolution）是显示器的一个重要参数，它是指屏幕上每行有多少个像素及每帧有多少行。标准的 VGA 分辨率是 640×480，即每行有 640 个像素，每列有 480 个像素。高分辨率的显示器有 XGA（1024×768）、SXGA（1280×1024）、UXGA（1600 × 1200）、OXGA（2048 ×

1536)、OSXGA（2560×2048）以及宽屏的 WXGA（1366×768)、WSXGA（1680×1050）和 WUXGA（1920×1200）等。从视觉效果考虑，每秒显示的帧数不应该小于 24。分辨率越高，每秒送出的像素数也应该越多。由于传送速率的限制，有些特高分辨率的显示器每秒也只能刷新十几帧。

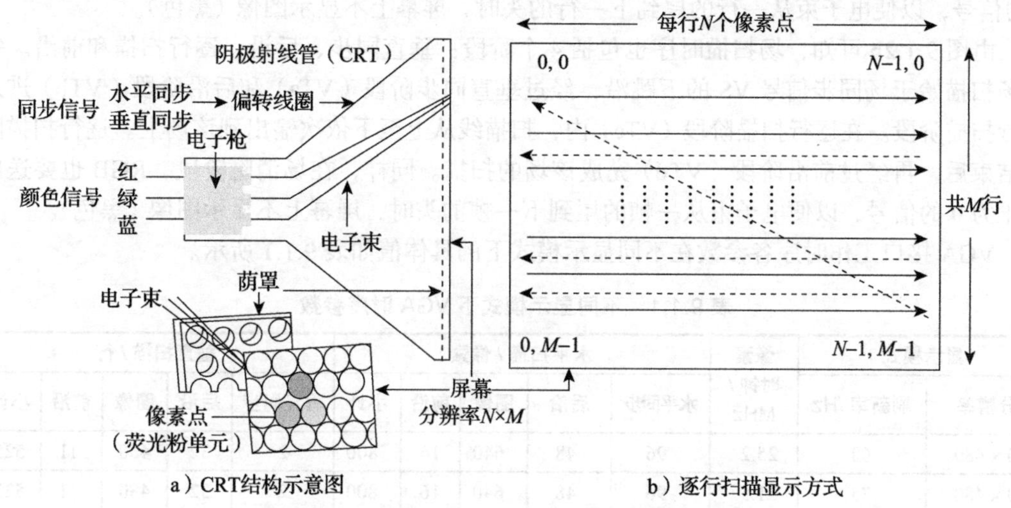

图 9.1.1　CRT 显示器结构及显示原理示意图

图像的显示是以像素（pixel）为单位的，行同步信号 HS 的负向脉冲到来时要由 RGB 送出在当前行显示的像素，下一个负向脉冲用来显示下一行。当整个屏幕（一帧）显示一遍后，由场同步信号 VS 送出一个负向脉冲，又从左上角显示。VGA 接口的工作时序规范如图 9.1.2 所示。

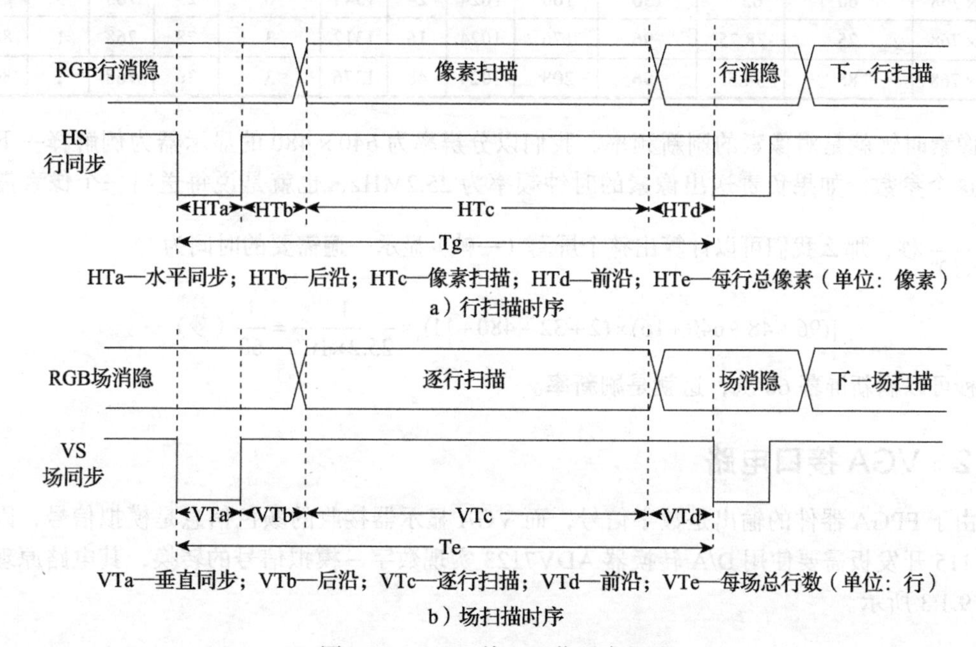

图 9.1.2　VGA 接口工作时序规范

由图 9.1.2a 可知，每一行的扫描时序包括 4 个阶段：水平同步、后沿、像素扫描和前沿。每次行扫描始于行同步信号 HS 的下跳沿，经过水平同步阶段（HTa）和后沿阶段（HTb）进入像素扫描阶段。在像素扫描阶段（HTc）内，像素点从左至右依次输出到该行上。像素扫描阶段结束后再经过前沿阶段（HTd）完成该行的扫描。在行消隐期间，RGB 要送出电压为 0 的信号，以便电子束从一行的尾到下一行的头时，屏幕上不显示图像（黑色）。

由图 9.1.2b 可知，场扫描时序也包括 4 个阶段：垂直同步、后沿、逐行扫描和前沿。每次场扫描始于场同步信号 VS 的下跳沿，经过垂直同步阶段（VTa）和后沿阶段（VTb）进入逐行扫描阶段。在逐行扫描阶段（VTc）内，扫描线从上至下依次输出到该场上。逐行扫描阶段结束后，再经过前沿阶段（VTd）完成该场的扫描。同样，在场消隐阶段，RGB 也要送出电压为 0 的信号，以便电子束从一帧的尾到下一帧的头时，屏幕上不显示图像（黑色）。

VGA 接口工作时序各参数在不同显示模式下的具体值如表 9.1.1 所示。

表 9.1.1 不同显示模式下 VGA 时序参数

显示模式		像素时钟 /MHz	水平扫描 / 像素					垂直扫描 / 行				
分辨率	刷新率 /Hz		水平同步	后沿	图像	前沿	小计	垂直同步	后沿	图像	前沿	小计
640 × 480	60	25.2	96	48	640	16	800	2	32	480	11	525
640 × 480	75	31.5	96	48	640	16	800	2	32	480	11	525
640 × 480	85	36	48	112	640	32	832	3	25	480	1	509
800 × 600	60	40	128	88	800	40	1056	4	23	600	1	628
800 × 600	75	49.5	80	160	800	16	1056	2	21	600	1	624
800 × 600	85	56.25	64	152	800	32	1048	3	27	600	1	631
1024 × 768	60	65	136	160	1024	24	1344	6	29	768	3	806
1024 × 768	75	78.75	96	176	1024	16	1312	3	28	768	1	800
1024 × 768	85	94.5	96	208	1024	48	1376	3	36	768	1	808

像素时钟就是对像素的刷新频率。我们以分辨率为 640 × 480 的显示器为例解释一下刷新率这个参数。如果负责送出像素的时钟频率为 25.2MHz，也就是说每送出一个像素需要 $\frac{1}{25.2\times10^6}$ 秒，那么我们可以计算出整个屏幕（一帧）显示一遍需要的时间为

$$[(96+48+640+16)\times(2+32+480+11)]\times\frac{1}{25.2\times10^6}=\frac{1}{60}\text{（秒）}$$

即每秒可以刷新屏幕 60 次，这就是**刷新率**。

9.1.2 VGA 接口电路

由于 FPGA 器件的输出是数字信号，而 VGA 显示器接收的颜色信息是模拟信号，因此 DE2-115 开发板需要使用 D/A 转换器 ADV7123 实现数字 – 模拟信号的转换，其电路原理图如图 9.1.3 所示。

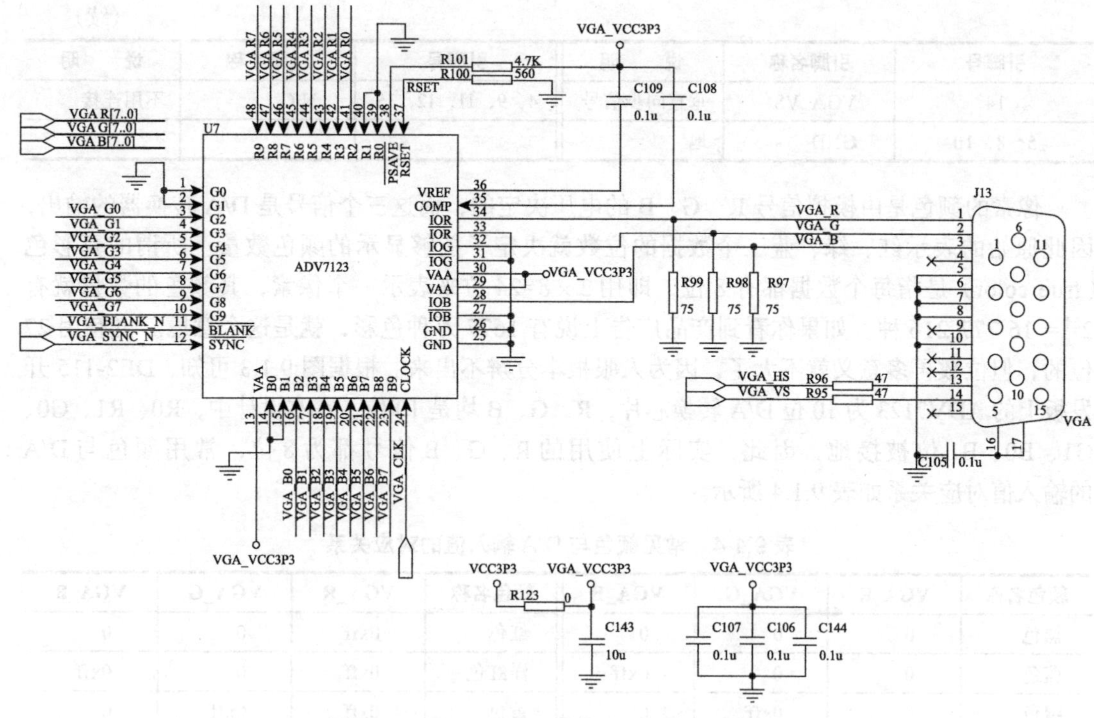

图 9.1.3　DE2-115 开发板 VGA 接口原理图

ADV7123 是 ADI 公司生产的视频 D/A 转换器，它内部有三路高速、10 位输入的视频 D/A 转换器，用于将 FPGA 产生的数字信号（R、G、B）转换成模拟电压输出，为 VGA 连接口提供显示所需的模拟信号。

电路中相关引脚的含义说明如表 9.1.2 和表 9.1.3 所示。

表 9.1.2　ADV7123 引脚说明

引脚名称	功　能	备　注
VGA_CLK	工作时钟	由 FPGA 的某个端口提供
VGA_R[7..0] VGA_G[7..0] VGA_B[7..0]	D/A 转换器输入，输入红、绿、蓝三基色数字信号	读取逻辑显存像素信息，用于控制 RGB 的输出电压，显示不同的颜色
VGA_BLANK_N	控制 ADV7123 的模拟信号输出	当 VGA_BLANK_N 为低电平时，VGA_R [7..0]、VGA_G [7..0] 和 VGA_B [7..0] 的输入像素信号无效
VGA_SYNC_N	ADV7123 内部独立的视频同步控制输入端	一般设置为逻辑低

表 9.1.3　VGA 接口引脚说明

引脚号	引脚名称	说　明	引脚号	引脚名称	说　明
1	VGA_R	红色模拟电平	3	VGA_B	蓝色模拟电平
2	VGA_G	绿色模拟电平	13	VGA_HS	水平同步信号

（续）

引脚号	引脚名称	说　　明	引脚号	引脚名称	说　　明
14	VGA_VS	垂直同步信号	4，9，11，12，15	N/C	不用连接
5～8，10	GND	地			

像素的颜色是由模拟信号 R、G、B 的电压决定的，而这三个信号是 D/A 转换器的输出，因此原始的表示红、绿、蓝三个数据的位数就决定了能够显示的颜色数量。所谓的真彩色（true color）是指每个数据都有 8 位，即用 3×8=24 位来表示一个像素，其颜色的数量就有 2^{24}= 16 777 216 种。如果你看到产品广告上说有 1677 万种色彩，就是这个意思。也有用 27 位的，但位数再多意义就不大了，因为人眼根本分辨不出来。根据图 9.1.3 可知，DE2-115 开发板上的 ADV7123 为 10 位 D/A 转换芯片，R、G、B 均是 10 位，在本设计中，R0、R1、G0、G1、B0、B1 位被接地，因此，实际上使用的 R、G、B 信号都为 8 位，常用颜色与 D/A 的输入值对应关系如表 9.1.4 所示。

表 9.1.4　常见颜色与 D/A 输入值的对应关系

颜色名称	VGA_R	VGA_G	VGA_B	颜色名称	VGA_R	VGA_G	VGA_B
黑色	0	0	0	红色	0xff	0	0
蓝色	0	0	0xff	洋红色	0xff	0	0xff
绿色	0	0xff	0	黄色	0xff	0xff	0
青色	0	0xff	0xff	白色	0xff	0xff	0xff

9.2　VGA 彩条信号发生器

9.2.1　功能要求

设计一个 VGA 彩条信号发生器。要求：

1）VGA 显示模式：分辨率为 640×480，刷新率为 60Hz。

2）显示 8 条横彩条，每条大小为 640×60 像素。

3）显示 8 条竖彩条，每条大小为 80×480 像素。

4）实现横竖彩条的切换显示。

9.2.2　设计分析

彩条是指 VGA 的某个区域全部设置成指定颜色而形成的彩色竖条，按照要求，我们需要先在 VGA 上显示 8 条横彩条，然后再切换到 8 条竖彩条。

VGA 的分辨率是 640×480，8 条横彩条均匀分布，画竖彩条时，我们只要判断横向计数器是否到达彩条之间的边界值 80、160、240、320、400、480、560、640，一旦达到边界值，就变换颜色。至于彩条的颜色，DE2-115 开发板上 R、G、B 各有 8 位，共有 24 位数字信号表示颜色。颜色与 D/A 输入的 RGB 值的对应关系见表 9.1.4。如下为彩条生成逻辑的 HDL 代码。

```
//竖彩条生成逻辑
if (iCoord_X<80)         r_rgb_x<={8'hff, 8'b0, 8'b0};        //红色
else if (iCoord_X<160) r_rgb_x<={8'b0, 8'hff, 8'b0};        //绿色
else if (iCoord_X<240) r_rgb_x<={8'b0, 8'b0, 8'hff};        //蓝色
else if (iCoord_X<320) r_rgb_x<={8'hff, 8'hff, 8'b0};       //黄色
else if (iCoord_X<400) r_rgb_x<={8'b0, 8'hff, 8'hff};       //青色
else if (iCoord_X<480) r_rgb_x<={8'hff, 8'b0, 8'hff};       //洋红色
else if (iCoord_X<560) r_rgb_x<={8'hff, 8'hff, 8'hff};      //白色
else if (iCoord_X<640) r_rgb_x<={8'b0, 8'b0, 8'b0};         //黑色
//横彩条生成逻辑
if (iCoord_Y<60)         r_rgb_y<={8'hff, 8'b0, 8'b0};
else if (iCoord_Y<120) r_rgb_y<={8'b0, 8'hff, 8'b0};
else if (iCoord_Y<180) r_rgb_y<={8'b0, 8'b0, 8'hff};
else if (iCoord_Y<240) r_rgb_y<={8'hff, 8'hff, 8'b0};
else if (iCoord_Y<300) r_rgb_y<={8'b0, 8'hff, 8'hff};
else if (iCoord_Y<360) r_rgb_y<={8'hff, 8'b0, 8'hff};
else if (iCoord_Y<420) r_rgb_y<={8'hff, 8'hff, 8'hff};
else if (iCoord_Y<480) r_rgb_y<={8'b0, 8'b0, 8'b0};
```

结合 VGA 工作时序和功能要求，整个电路应包含时钟与复位逻辑、VGA 行场计数器、横彩条生成逻辑、竖彩条生成逻辑、显示切换逻辑和 D/A 驱动逻辑六部分，其组成框图如图 9.2.1 所示。

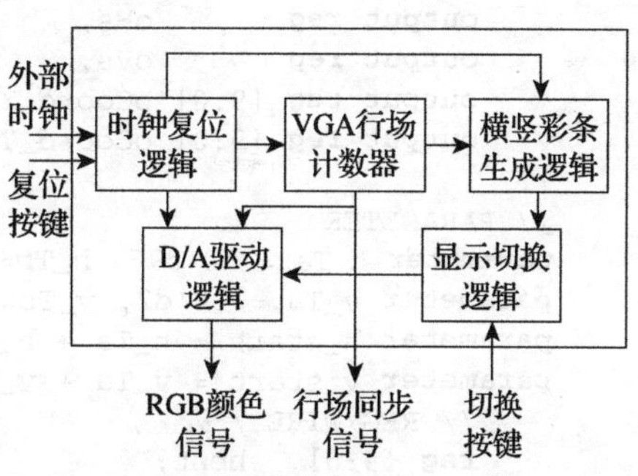

图 9.2.1 VGA 彩条信号发生器组成框图

9.2.3 逻辑设计

这里采用自下而上的设计方法，首先定义下层的各个模块，再调用这些模块合成顶层的 VGA 彩条信号发生器。

1. 时钟复位逻辑的设计

根据表 9.1.1 可知，显示分辨率为 640 × 480 的 VGA 像素时钟为 25.2MHz，为了调试电路，需要再产生一个 50.4MHz 时钟信号和一个异步复位信号。DE2-115 开发板上有 50MHz 的外部晶振，利用 FPGA 内部的锁相环（PLL）可输出 25.2MHz 和 50.4MHz 时钟信号，异步复位则直接使用 DE2-115 上的按键进行控制。

MY_PLL

inclk0　　C0　　C1

inclk0 频率：50.000 MHz
操作模式：普通

Clk	Ratio	Ph(dg)	DC(%)
C0	63/125	0.00	50.00
C1	126/125	0.00	50.00

Cyclone IVE

图 9.2.2 PLL 宏模块和输出时钟

图 9.2.2 是使用 Quartus 软件配置 PLL 宏功能模块产生对应时钟信号的框图。外部输入时钟 inclk0 为 50MHz，输出时钟 C0 的系数为 63/125，对应频率为 25.2 MHz（50 × 63/125）；输出时钟 C1 的系数为 126/125，对应频率为 50.4 MHz（50 × 126/125）。

使用 Verilog HDL 实例引用锁相环模块（MY_PLL.v）的代码如下：

```
module CLK_RST (
    input  iCLK_50,              //输入50MHz时钟信号
    input  iRst,                 //复位输入
    output oRst,                 //复位输出
    output oClk_VGA,             //像素时钟
```

```
    output oCLK_dbg                //调试时钟
);
    assign oRst = iRst;
    MY_PLL MY_PLL_inst (           //实例引用Quartus生成的锁相环模块
        .inclk0 (iCLK_50),
        .c0     (oClk_VGA),        // 25.2MHz
        .c1     (oCLK_dbg)         // 50.4MHz
);
endmodule
```

2. VGA 行场计数器

VGA 行场计数器对像素时钟进行计数，分别记录像素点数和行数，输出行、场同步信号和像素坐标值，其代码如下：

```
module VGA_HVCnt (
    input               iPixclk,       //像素时钟
    input               iRst,          //复位
    output reg          oHs,           //行同步信号
    output reg          oVs,           //场同步信号
    output reg [9:0] oCoord_X,        //像素横坐标(0-639)
    output reg [9:0] oCoord_Y         //像素纵坐标(0-479)
);
// PARAMETER
parameter h_Ta = 10'd96, h_Tb=10'd48, h_Tc=10'd640, h_Td=10'd16, h_Te=10'd800;
parameter v_Ta = 10'd2, v_Tb=10'd32, v_Tc=10'd480, v_Td=10'd11, v_Te=10'd525;
parameter h_start = h_Ta + h_Tb;
parameter v_start = v_Ta + v_Tb;
    // REG/WIRE 声明
    reg [9:0]    hcnt;
    reg [9:0]    vcnt;
    always@(posedge iPixclk or negedge iRst)
    begin
    if(!iRst) begin hcnt <= 0; oHs <= 0; end
        else begin
        //行计数
            if (hcnt < h_Te) hcnt <= hcnt + 10'd1;
            else             hcnt <= 0;
            //产生行同步信号
            if (hcnt < h_Ta ) oHs <= 0;
            else              oHs <= 1;
        end
    end

    always@(posedge iPixclk or negedge iRst)
    begin
        if(!iRst)  begin vcnt <= 0; oVs  <= 0; end
        else begin
            //场计数
            if (hcnt == 0) begin
                if(vcnt < v_Te ) vcnt <= vcnt + 10'd1;
                else             vcnt <= 0;
                //产生场同步信号
                if (vcnt < v_Ta) oVs  <= 0;
                else             oVs  <= 1;
            end
```

```
        end
    end

    //像素坐标输出逻辑
    always@(posedge iPixclk or negedge iRst)
    begin
        if(!iRst)
        begin oCoord_X<=0; oCoord_Y <= 0; end
        else begin
            if ( (hcnt >= h_start) && (hcnt<h_start+h_Tc) &&
    (vcnt>=v_start) && (vcnt<v_start+v_Tc ) )
            begin
                oCoord_X <= hcnt - h_start;
                oCoord_Y <= vcnt - v_start;
            end
        end
    end
endmodule
```

3. 横竖彩条生成逻辑

横、竖彩条生成逻辑对像素时钟进行计数，生成不同条纹下各像素点的颜色信息，其代码如下：

```
module VGA_BarGen (
    input   iPixclk,                        //像素时钟
    input   iRst,                           //复位输入
    input   [ 9:0]  iCoord_X,               //像素坐标值X
    input   [ 9:0]  iCoord_Y,               //像素坐标值Y
    output  [23:0]  oRGB_x,                 //竖条纹的RGB信息
    output  [23:0]  oRGB_y                  //竖条纹的RGB信息
);
    // REG/WIRE声明
    reg [23:0]  r_rgb_x;
    reg [23:0]  r_rgb_y;
    assign oRGB_x = r_rgb_x;
    assign oRGB_y = r_rgb_y;
    //竖彩条生成逻辑:条纹颜色由像素横坐标决定
    // 0    80   160    240  320   400   480   560  640
    // |     |    |      |    |     |     |     |    |
    // |     |    |      |    |     |     |     |    |
    always@(posedge iPixclk)
    begin
        if(!iRst)
            r_rgb_x <= {8'b0, 8'b0, 8'b0};
        else
            if(iCoord_X < 80)
                r_rgb_x <= {8'hff, 8'b0, 8'b0};
            else if(iCoord_X < 160)
                r_rgb_x <= {8'b0, 8'hff, 8'b0};
            else if(iCoord_X < 240)
                r_rgb_x <= {8'b0, 8'b0, 8'hff};
            else if(iCoord_X < 320)
                r_rgb_x <= {8'hff, 8'hff, 8'b0};
            else if(iCoord_X < 400)
```

```
                r_rgb_x <= {8'b0, 8'hff, 8'hff};
            else if(iCoord_X < 480)
                r_rgb_x <= {8'hff, 8'b0, 8'hff};
            else if(iCoord_X < 560)
                r_rgb_x <= {8'hff, 8'hff, 8'hff};
            else if(iCoord_X < 640)
                r_rgb_x <= {8'b0, 8'b0, 8'b0};
    end
    //横彩条生成逻辑:条纹颜色由像素纵坐标决定
    //-----------------------------------------------0
    //-----------------------------------------------60
    //-----------------------------------------------120
    //-----------------------------------------------180
    //-----------------------------------------------240
    //-----------------------------------------------300
    //-----------------------------------------------360
    //-----------------------------------------------420
    //-----------------------------------------------480
    always@(posedge iPixclk)             //竖彩条生成逻辑
    begin
        if(!iRst) r_rgb_y <= {8'b0, 8'b0, 8'b0};
        else
            if(iCoord_Y < 60)
                r_rgb_y <= {8'hff, 8'b0, 8'b0};
            else if(iCoord_Y < 120)
                r_rgb_y <= {8'b0, 8'hff, 8'b0};
            else if(iCoord_Y < 180)
                r_rgb_y <= {8'b0, 8'b0, 8'hff};
            else if(iCoord_Y < 240)
                r_rgb_y <= {8'hff, 8'hff, 8'b0};
            else if(iCoord_Y < 300)
                r_rgb_y <= {8'b0,8'hff, 8'hff};
            else if(iCoord_Y < 360)
                r_rgb_y <= {8'hff, 8'b0, 8'hff};
            else if(iCoord_Y < 420)
                r_rgb_y <= {8'hff, 8'hff, 8'hff};
            else if(iCoord_Y < 480)
                r_rgb_y <= {8'b0, 8'b0, 8'b0};
    end
endmodule
```

4. 显示切换逻辑

显示切换逻辑类似多路数据选择器。由于现在只有两种显示状态，即横彩条和竖彩条，因此设置一个切换开关，当开关拨在下面时，显示横彩条，当开关拨在上面时，显示竖彩条，其代码如下：

```
module Mux_XY (
    input               iSel,       //模式选择开关，0表示显示横彩条，1表示显示竖彩条
    input     [23:0]    iRGB_x,     //输入RGB信号
    input     [23:0]    iRGB_y,
    output    [23:0]    oRGB        //输出RGB信号
);
    assign oRGB = (iSel == 0) ? iRGB_y : iRGB_x;
endmodule
```

5. D/A 接口逻辑

D/A 接口逻辑在像素时钟的驱动下输出相关控制信号，实现像素颜色信息的数模转换，其代码如下：

```
module DA_IF (
    input           iPixclk,     //像素时钟
    input           iHs,         //行同步信号
    input           iVs,         //场同步信号
    input   [23:0]  iRGB,        //RGB输入信号
    output  [ 7:0]  oRed,        //RGB输出信号
    output  [ 7:0]  oGreen,
    output  [ 7:0]  oBlue,
    output          oVGA_SYNC_N, //D/A的同步信号
    output          oVGA_BLANK_N //D/A的消隐信号
);
    assign oVGA_BLANK_N = iHs & iVs;
    assign oVGA_SYNC_N  = 1'b0;
    assign oRed         = iRGB[23:16];
    assign oGreen       = iRGB[15:8];
    assign oBlue        = iRGB[7:0];
endmodule
```

9.2.4　顶层电路设计

将以上各个子模块组合起来就可以得到 VGA 彩条信号发生器总体电路，代码如下：

```
module VGA_BAR(
    input               iCLK_50,            //输入时钟
    input               iKEY,               //按键
    input               iSW,                //拨码开关[17:0]
    output              oVGA_CLOCK,         //VGA工作时钟
    output              oVGA_HS,            //VGA H_SYNC信号
    output              oVGA_VS,            //VGA V_SYNC信号
    output              oVGA_BLANK_N,       //VGA BLANK信号
    output              oVGA_SYNC_N,        //VGA SYNC信号
    output      [7:0]   oVGA_R,             //VGA Red[7:0]值
    output      [7:0]   oVGA_G,             //VGA Green[7:0]值
    output      [7:0]   oVGA_B              //VGA Blue[7:0]值
);
    //VGA控制器的REG/WIRE声明
    wire            VGA_CLK;
    wire            vga_dbg_clk;
    wire [23:0]     mRGB_X;
    wire [23:0]     mRGB_Y;
    wire [23:0]     mRGB;
    wire            VGA_Read;               //VGA数据请求信号
    wire [9:0]      rCoord_X;
    wire [9:0]      rCoord_Y;
    wire            rRst;
    wire            rHS;
    wire            rVS;
    assign oVGA_HS    = rHS;
    assign oVGA_VS    = rVS;
    assign oVGA_CLOCK = VGA_CLK;
    //实例引用各个底层模块
```

```
    CLK_RST CLK_RST_inst (
        .iCLK_50   (iCLK_50),
        .iRst      (iKEY),
        .oRst      (rRst),
        .oClk_VGA  (VGA_CLK),
        .oCLK_dbg  (vga_dbg_clk)
        );
    VGA_HVCnt VGA_HVCnt_inst (
        .iPixclk   (VGA_CLK),
        .iRst      (rRst),
        .oHs       (rHS),
        .oVs       (rVS),
        .oCoord_X  (rCoord_X),
        .oCoord_Y  (rCoord_Y)
        );
    VGA_BarGen  VGA_BarGen_inst (
        .iPixclk   (VGA_CLK),
        .iRst      (rRst),
        .iCoord_X  (rCoord_X),
        .iCoord_Y  (rCoord_Y),
        .oRGB_x    (mRGB_X),
        .oRGB_y    (mRGB_Y)
        );
    Mux_XY Mux_XY_inst (
        .iSel    (iSW),
        .iRGB_x  (mRGB_X),
        .iRGB_y  (mRGB_Y),
        .oRGB    (mRGB)
        );
    DA_IF DA_IF_inst (
        .iPixclk        (VGA_CLK),
        .iRGB           (mRGB),
        .iHs            (rHS),
        .iVs            (rVS),
        .oRed           (oVGA_R),
        .oGreen         (oVGA_G),
        .oBlue          (oVGA_B),
        .oVGA_BLANK_N  (oVGA_BLANK_N),
        .oVGA_SYNC_N   (oVGA_SYNC_N)
        );
endmodule
```

9.2.5 对目标器件编程与硬件电路测试

当程序编写完成及编译通过之后，就需要把代码下载到开发板上去看实际结果了。这里使用 DE2-115 开发板上的拨动开关、按键以及 VGA 接口来实际测试我们的设计。电路端口与 EP4CE115F29C7 器件引脚的对应关系如表 9.2.1 所示。

表 9.2.1 电路端口与器件引脚的对应关系

电路端口名	EP4CE115F29C7 引脚编号	说　明
iCLK_50	Y2	输入时钟，频率为 50MHz
iKEY	M23	系统复位按键

（续）

电路端口名	EP4CE115F29C7 引脚编号	说　明
iSW	AB28	横彩条和竖彩条切换显示的开关
oVGA_R[7], …, oVGA_R[0]	H10, H8, J12, G10, F12, D10, E11, E12	RGB 值中的 R，D/A 芯片的 R 路输入
oVGA_G[7], …, oVGA_G[0]	C9, F10, B8, C8, H12, F8, G11, G8	RGB 值中的 G，D/A 芯片的 G 路输入
oVGA_B[7], …, oVGA_B[0]	D12，D11，C12，A11，B11，C11，A10，B10	RGB 值中的 B，D/A 芯片的 B 路输入
oVGA_BLANK_N	F11	控制 D/A 芯片的模拟信号输出，为低电平时输出为 0
oVGA_CLOCK	A12	送给 D/A 芯片的时钟
oVGA_HS	G13	VGA 的行同步信号
oVGA_VS	C13	VGA 的场同步信号
oVGA_SYNC_N	C10	D/A 芯片内部独立的视频同步控制输入端，一般设置为低电平

完成配置数据后，按照 7.2.5 节所述操作步骤将 DE2-115 板上左边的 RUN/PROG 开关（SW19）拨到 RUN 位置。接着选择 Tools→Programmer 命令，或者单击快捷图标，确认编程数据文件名 VGA_BAR.sof 及目标器件等信息，选择 JTAG 编程模式以及 USB-Blaster 编程硬件，最后单击编程窗口中的 Start 按钮，对目标器件编程。

初始状态，当开关 iSW 在下面时，应看到 VGA 显示器上首先显示如图 9.2.3 所示的横彩条，手动将开关 iSW 拨上去，显示切换为图 9.2.4 所示的竖彩条。

图 9.2.3　横彩条

图 9.2.4　竖彩条

若电路工作不正常，则需要确认引脚分配是否正确。若用户想要对设计电路做一些修改，则首先关闭编程配置窗口，然后修改 Verilog HDL 文件，重新全编译，产生新的编程数据文件，对开发板重新编程。

9.2.6　使用 Signal Tap Logic Analyzer 观察 VGA 工作时序

为使用嵌入式逻辑分析仪 Signal Tap Logic Analyzer 实时观察 VGA 工作时序，需要首先建立 STP 文件，然后对采样时钟、采样深度、触发方式和观察节点等参数进行配置，最后使用 Autorun Analysis 方式观察工作时序。

1. 建立 STP 文件

在 Quartus 主界面选择 File→New→Signal Tap Logic Analyzer File 命令，单击 OK 按钮

进入 Signal Tap Logic Analyzer 编辑窗口，以便建立 STP 文件。

2. Signal Tap Logic Analyzer 参数配置

（1）采样时钟和采样深度的配置

Signal Tap Logic Analyzer 的采样时钟和采样深度的配置如图 9.2.5 所示。将 Clock（采样时钟）设置为 CLK_RST_inst 模块的 oCLK_dbg 端口，采样深度（Sample depth）设置为 4K。

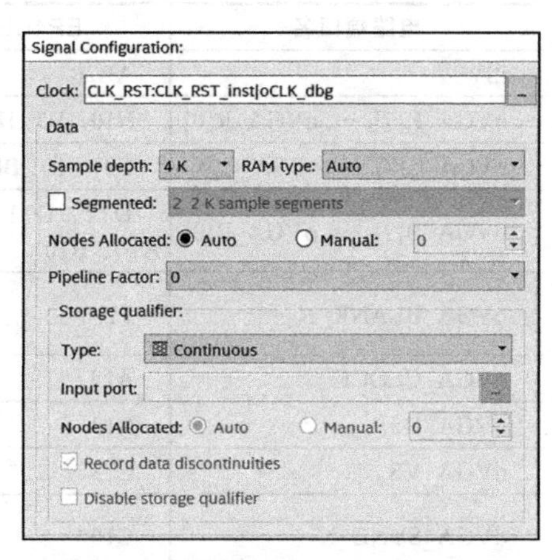

图 9.2.5 采样时钟和采样深度设置

选择采样时钟信号的具体步骤为：

1）单击图 9.2.5 中 Clock 文本框右侧的…按钮，弹出图 9.2.6 所示的 Node Finder 对话框。

2）在 Named 下拉列表框中输入 *oclk_dbg，在 Filter 下拉列表框中选择 Design Entry(all names)，在 Look in 下拉列表框中选择 |VGA_BAR|。

3）单击右上角的 List 按钮，在 Matching Nodes 列表框中选择 oCLK_dbg，单击“>”按钮将该节点添加到 Nodes Found 列表框中，单击 OK 按钮返回。

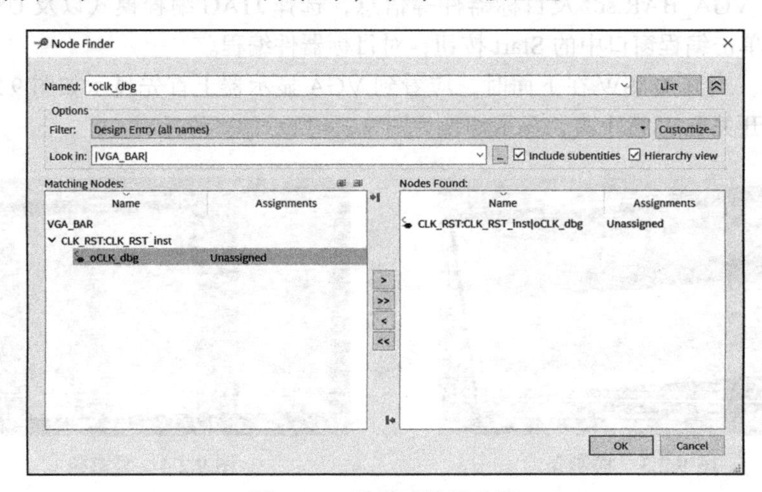

图 9.2.6 采样时钟的选取

（2）触发信号的配置

触发信号的配置如图 9.2.7 所示。选择复位信号 oRst 作为触发信号，并将其设置为上升沿触发。选择 oRst 的具体步骤与图 9.2.6 中选择采样时钟类似，在 Look in 下拉列表框中选择 |VGA_BAR|CLK_RST:CLK_RST_inst|，在 Named 下拉列表框中输入 *orst 即可找到 oRst。

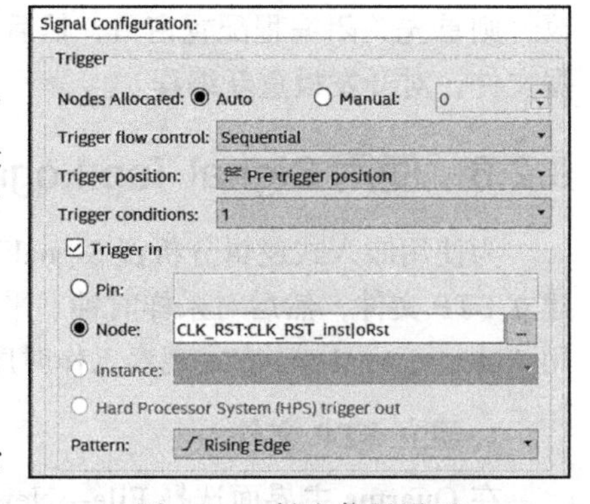

图 9.2.7 触发信号设置

3. 添加待观察的节点

这里以添加节点 hcnt 为例说明添加 VGA_Controller 中的相关节点的方法。具体添加步骤如下：

1）双击图 9.2.8 中的 Double-click to add nodes 处，弹出 Node Finder 对话框。

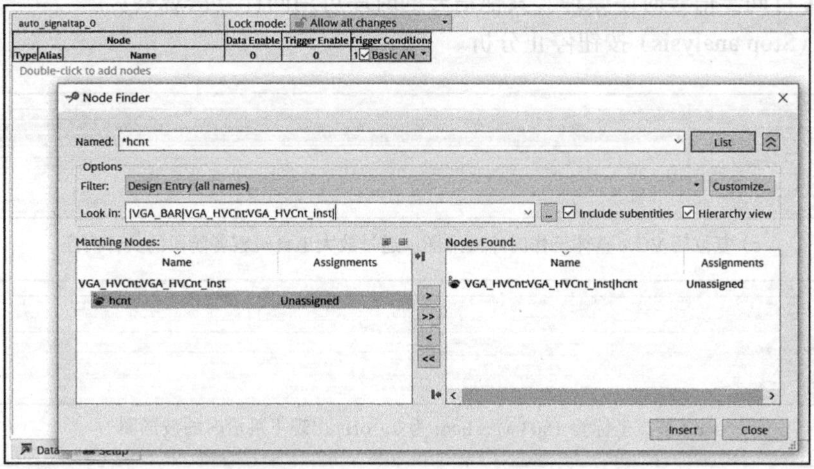

图 9.2.8 节点 hcnt 的选取

2）在 Named 下拉列表框中输入 *hcnt，在 Filter 下拉列表框中选择 Design Entry(all names)，在 Look in 下拉列表框中选择 |VGA_BAR|VGA_HVCnt:VGA_HVCnt_inst|。

3）单击 List 按钮，在 Matching Nodes 列表框中选择 hcnt，单击 > 按钮将该节点添加到 Nodes Found 列表框中，单击 Insert 按钮返回。

按照同样的方法添加图 9.2.9 中其余的节点。

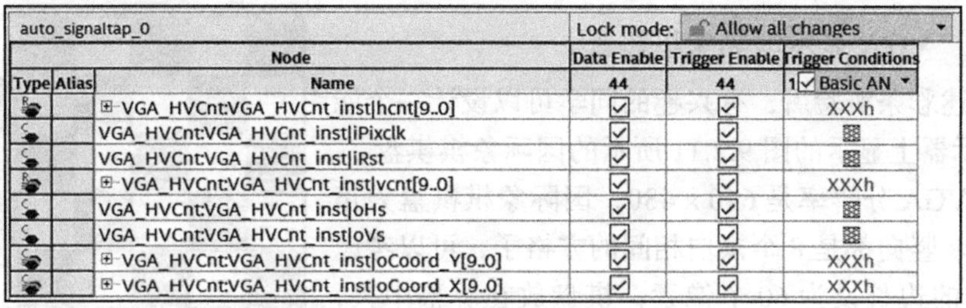

图 9.2.9 待观察的节点

4. 保存 Signal Tap Logic Analyzer 的设置，观察电路运行时各个节点的波形

Signal Tap Logic Analyzer 配置完毕后，保存 STP 文件，回到 Quartus 主界面，再次对工程项目进行全编译。

接着，连接好 DE2-115 开发板，并将板上左边的 RUN/PROG 开关（SW19）拨到 RUN 位置。再回到 Signal Tap Logic Analyzer 窗口，单击“下载”按钮将 SOF 文件下载到器件中。

最后，单击快捷图标（Autorun analysis，自动分析）并选择 View→Fit in Window 命令，配合复位按钮可以看到电路运行时各节点的波形图，如图 9.2.10 所示。图 9.2.10a 是复位后 VGA 整体工作时序波形图，通过放大工具观察各阶段的具体时序，由图 9.2.10b 和

图 9.2.10c 可知，两次 oHs 下跳沿的时间间隔为 800 个像素时钟 (3203−1603)/2=800，这一结果符合 VGA 行同步信号时序原理。其他信号的时序可用同样方法观察。

单击■（Stop analysis）按钮停止分析。

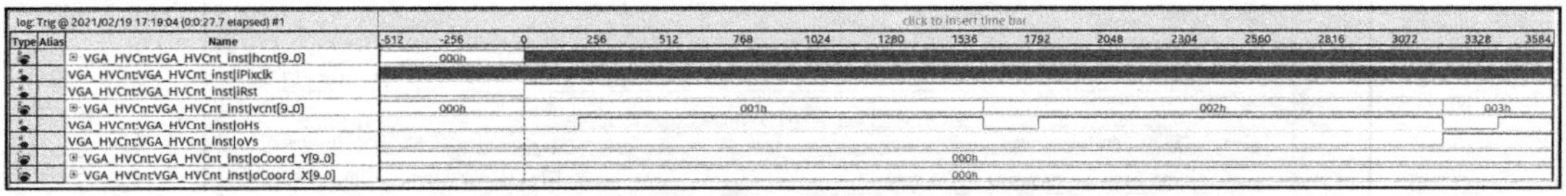

log: Trig @ 2021/02/19 17:19:04 (0:0:27.7 elapsed) #1
click to insert time bar
Type Alias Name
-512 -256 0 256 512 768 1024 1280 1536 1792 2048 2304 2560 2816 3072 3328 3584
VGA_HVCnt:VGA_HVCnt_inst|hcnt[9..0]　000h
VGA_HVCnt:VGA_HVCnt_inst|iPixclk
VGA_HVCnt:VGA_HVCnt_inst|iRst
VGA_HVCnt:VGA_HVCnt_inst|vcnt[9..0]　000h　001h　002h　003h
VGA_HVCnt:VGA_HVCnt_inst|oHs
VGA_HVCnt:VGA_HVCnt_inst|oVs
VGA_HVCnt:VGA_HVCnt_inst|oCoord_Y[9..0]　000h
VGA_HVCnt:VGA_HVCnt_inst|oCoord_X[9..0]　000h

a）复位后 VGA 整体工作时序波形图，通过放大工具观察各阶段的具体时序

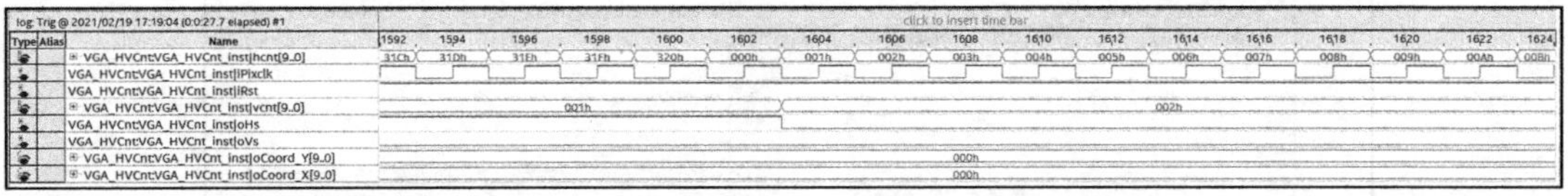

log: Trig @ 2021/02/19 17:19:04 (0:0:27.7 elapsed) #1
click to insert time bar
Type Alias Name
1592 1594 1596 1598 1600 1602 1604 1606 1608 1610 1612 1614 1616 1618 1620 1622 1624
VGA_HVCnt:VGA_HVCnt_inst|hcnt[9..0]　31Ch　31Dh　31Eh　31Fh　320h　000h　001h　002h　003h　004h　005h　006h　007h　008h　009h　00Ah　00Bh
VGA_HVCnt:VGA_HVCnt_inst|iPixclk
VGA_HVCnt:VGA_HVCnt_inst|iRst
VGA_HVCnt:VGA_HVCnt_inst|vcnt[9..0]　001h　002h
VGA_HVCnt:VGA_HVCnt_inst|oHs
VGA_HVCnt:VGA_HVCnt_inst|oVs
VGA_HVCnt:VGA_HVCnt_inst|oCoord_Y[9..0]　000h
VGA_HVCnt:VGA_HVCnt_inst|oCoord_X[9..0]　000h

b）节点坐标为 1603 时，hcnt 为 0，oHs 出现下跳沿时的波形图

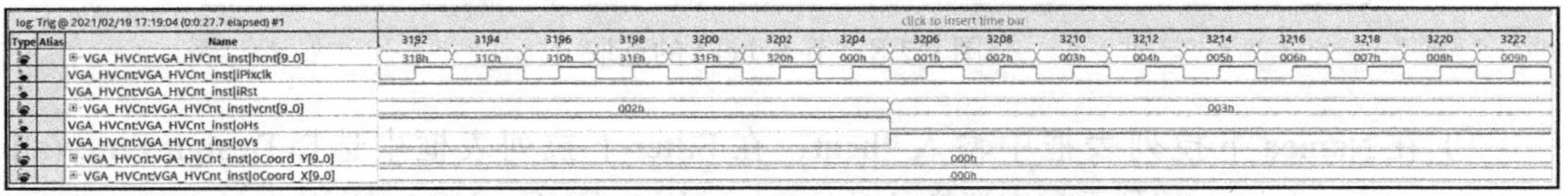

log: Trig @ 2021/02/19 17:19:04 (0:0:27.7 elapsed) #1
click to insert time bar
Type Alias Name
3192 3194 3196 3198 3200 3202 3204 3206 3208 3210 3212 3214 3216 3218 3220 3222
VGA_HVCnt:VGA_HVCnt_inst|hcnt[9..0]　31Bh　31Ch　31Dh　31Eh　31Fh　320h　000h　001h　002h　003h　004h　005h　006h　007h　008h　009h
VGA_HVCnt:VGA_HVCnt_inst|iPixclk
VGA_HVCnt:VGA_HVCnt_inst|iRst
VGA_HVCnt:VGA_HVCnt_inst|vcnt[9..0]　002h　003h
VGA_HVCnt:VGA_HVCnt_inst|oHs
VGA_HVCnt:VGA_HVCnt_inst|oVs
VGA_HVCnt:VGA_HVCnt_inst|oCoord_Y[9..0]　000h
VGA_HVCnt:VGA_HVCnt_inst|oCoord_X[9..0]　000h

c）节点坐标为 3205 时，hcnt 为 0，oHs 出现下跳沿的波形图

图 9.2.10　电路运行时各节点的波形图

9.2.7　实验任务

实验一　VGA 显示国际象棋棋盘

完成上述彩条实验后，有兴趣的同学可以设计一个能在 VGA 显示器上显示的图 9.2.11 所示的国际象棋棋盘。

提示：VGA 分辨率是 640×480，国际象棋棋盘为正方形，横向、竖向都是 8 个黑白相间的方格子，可以考虑将每个格子的边长设为 60 个像素，棋盘放在屏幕中央，棋盘之外的位置全部设计成显示黑白之外的另一种颜色。由于黑色、白色的 RGB 值正好是相反的，因此在棋盘区域内时，横向和竖向每隔 60 个像素对输出 RGB 值取反一次就可以了。

图 9.2.11　国际象棋棋盘

9.3　24 位位图显示

9.3.1　功能要求

设计一个 24 位位图显示。要求：

1）VGA 显示模式：分辨率为 640×480，刷新率为 60Hz。

2）24 位位图分辨率：128 × 128，图片每个像素的 24 位 RGB 值放在 ROM 中。

3）在 VGA 显示器上实现位图的静态显示。

9.3.2　设计分析

根据设计要求，整个电路应包含时钟与复位逻辑、VGA 控制器、位图 ROM 三部分，其组成框图如图 9.3.1 所示。

9.3.3　逻辑设计

1. 时钟与复位逻辑

时钟复位逻辑与 9.2.3 节代码相同，读者可直接参考，这里不再赘述。

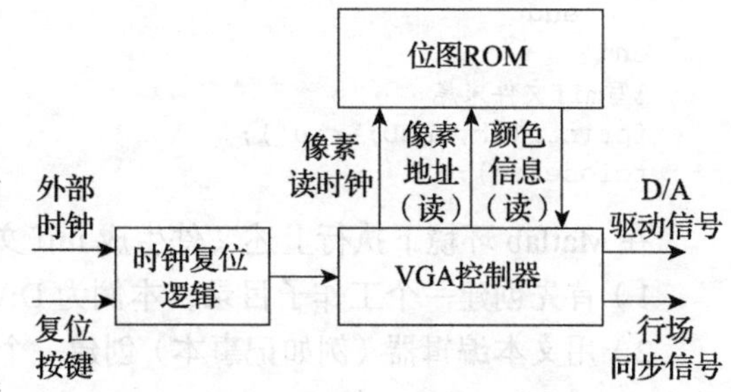

图 9.3.1　24 位位图显示逻辑体框图

2. VGA 控制器

VGA 控制器由 VGA 行场计数器和 D/A 接口逻辑等模块组成，读者可参照 9.2.3 节的代码自行设计，这里不再赘述。

3. 位图 ROM

位图 ROM 包括单端口 ROM 和读接口时序逻辑，实现位图像素信息的存储和 VGA 输出。根据 EP4CE115 的片内 RAM 资源大小可得显示的位图大小为 128 × 128 像素，每个像素占 3 个字节，依次保存 R、G、B 颜色分量。

首先要将位图中的 R、B、G 三基色数据转化为 mif 文件存储在位图 ROM 中。可以通过以下 Matlab 编程提取大小为 128 × 128 的 BMP 图片中 R、B、G 三基色数据。注意，下面 Matlab 程序中 % 后面为注释部分。完整程序如下：

```
%Bmp2mif.m
%将Lena.bmp文件中的RGB数据写入3个mif文件中
%注:%为Matlab语言中的注释，Matlab语言中变量不需要定义就可直接使用，使用之后类型固定
clear;                              %清除工作空间中的所有变量
I=imread('1.bmp');                  %调用imread函数，将图片1.bmp的每个像素的RGB值读入三维矩阵I中
width=24;                           %设置mif文件中数据的位宽，一个像素用24位数据表示
depth=128*128;                      %设置mif文件中数据的深度，也就是数据总量，即图片的总像素值
R=I(:,:,1);                         %分离出每个像素的R值
G=I(:,:,2);                         %分离出每个像素的G值
B=I(:,:,3);                         %分离出每个像素的B值
R=double(R);
G=double(G);
B=double(B);
fh=fopen('bmp128.mif','w+');      %创建空的mif文件
%写mif文件头
fprintf(fh,'WIDTH=%d;\r\n',width);
fprintf(fh,'DEPTH=%d;\r\n',depth);
fprintf(fh,'ADDRESS_RADIX=HEX;\r\n');
```

```
fprintf(fh,'DATA_RADIX=DEC;\r\n');
fprintf(fh,'CONTENT BEGIN\r\n');
%写mif文件数据
for i=1:128
    for j=1:128
        address=128*(j-1)+i;
        address1=128*(i-1)+j;
        RGB=bitshift(R(address),16)+bitshift(G(address),8)+B(address);
        fprintf(fh,'%x:%d;\r\n',address1-1,RGB);
    end
end
%写mif文件末尾
fprintf(fh,'END;\r\n');
fclose(fh);
```

在Matlab环境下执行上述文件生成mif文件的步骤如下：

1）首先创建一个工作子目录，本例为D:\matlab\bmp2mif。

2）用文本编辑器（例如记事本）创建一个文本文件Bmp2mif.m，并将该文件保存至子目录D:\matlab\bmp2mif中。

3）将待转换的图片文件放到工作目录下，本例的图片文件名为1.bmp，其图片信息如图9.3.2所示。

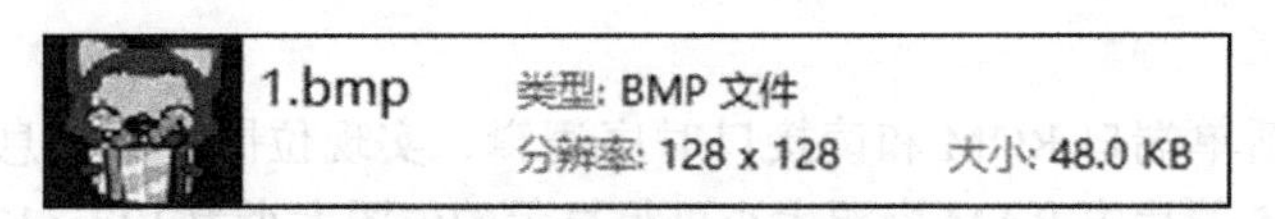

图9.3.2　图片信息示例

4）打开Matlab软件，并选择工作目录为D:\matlab\bmp2mif，弹出如图9.3.3所示界面。

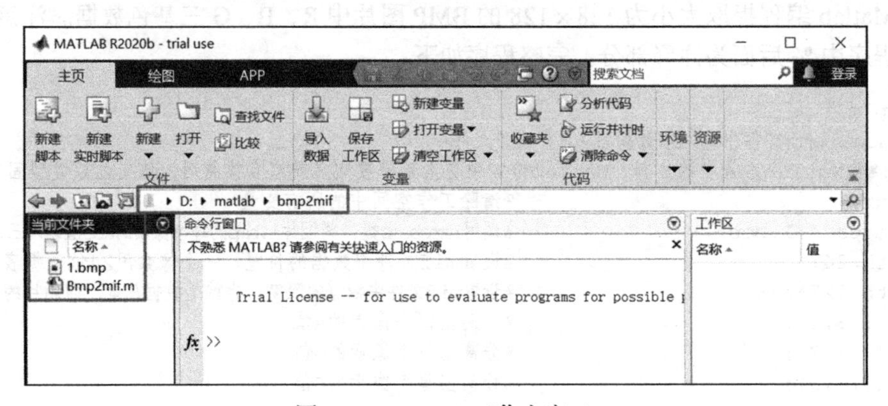

图9.3.3　Matlab工作主窗口

5）运行m文件，生成mif文件。

运行m文件的方法有两种：一是用鼠标双击Bmp2mif.m文件，将m文件打开，然后单击“运行”图标▷，即可在当前目录下生成文件bmp128.mif；二是不打开m文件，直接在命令窗口输入Bmp2mif命令生成mif文件，如图9.3.4所示。

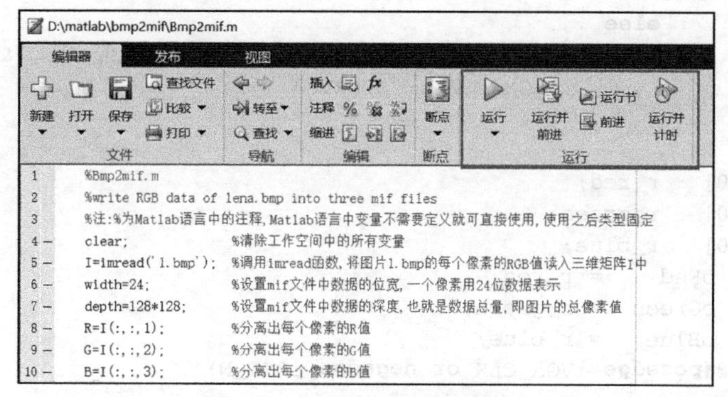

图 9.3.4　Matlab 编辑器窗口

6）生成 mif 文件后，接着使用 Quartus 软件调用宏模块 ROM:1-PORT 定制位图 ROM 存储器。其过程是选择主菜单中的 Tool→IP Catalog 命令，启动 IP Catalog 工具，在搜索框中输入 ROM，双击 ROM:1-PORT，输入 MY_ROM.v，点击 OK 按钮。按照提示生成 ROM，其中存储深度为 128×128=16 384，数据宽度为 24 位，并加载上一步中生成的文件 bmp128.mif 以便初始化 ROM，最后得到位图 ROM 存储器模块 MY_ROM.v，模块符号如图 9.3.5 所示。

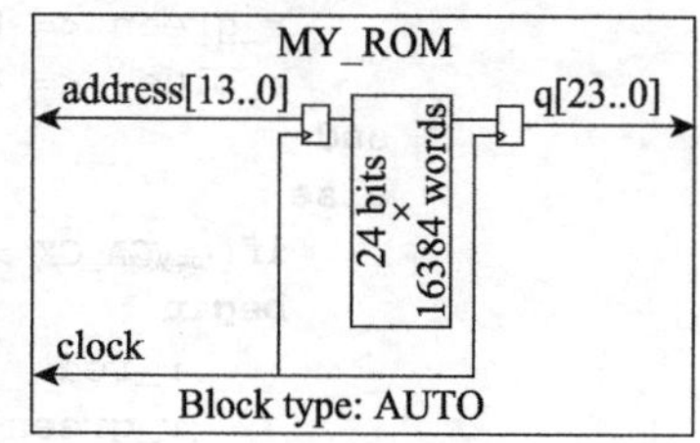

图 9.3.5　位图 ROM 存储器模块

VGA 的显示分辨率为 640×480，而位图的大小只有 128×128。为使位图正常显示，需要计算 VGA 控制器逻辑的像素行列坐标与位图 ROM 的读地址之间的关系，以保证数据读取的正确性。代码如下：

```
module VGA_DATA_PIC (
    //控制信号
    input              iVGA_CLK,       //读时钟
    input              iRST_N,         //复位信号
    //读出端
    input   [18:0]     iVGA_ADDR,      //读地址
    input   [ 9:0]     iVGA_CX,        //像素横坐标
    input   [ 9:0]     iVGA_CY,        //像素纵坐标
    output  [ 7:0]     oRed,           //读数据——像素颜色R分量
    output  [ 7:0]     oGreen,         //读数据——像素颜色G分量
    output  [ 7:0]     oBlue           //读数据——像素颜色B分量
    );
    // REG/WIRE声明
    reg  [13:0] ADDR_d;
    reg  [13:0] ADDR_dd;
    wire [23:0] ROM_DATA;
    reg  [23:0] ROM2VGA;
    always @(posedge iVGA_CLK or negedge iRST_N)
    begin
        if(!iRST_N)         ROM2VGA <= 13'b0;
        else
            if(ROM2VGA == 16'd16383 ) ROM2VGA <= 13'b0;
```

```
            else
                if((iVGA_CX>=1 && iVGA_CX<=128) && (iVGA_CY>=1 && iVGA_CY<=128))
                    ROM2VGA <= ROM2VGA + 1;
        end

    reg [7:0]   r_red;
    reg [7:0]   r_green;
    reg [7:0]   r_blue;
    assign  oRed    = r_red;
    assign  oGreen  = r_green;
    assign  oBlue   = r_blue;
    always @(posedge iVGA_CLK or negedge iRST_N)
    begin
        if(!iRST_N)
        begin
            r_red   <= 8'b0;
            r_green <= 8'b0;
            r_blue  <= 8'h0;
        end
        else
            if((iVGA_CX >= 1 && iVGA_CX <= 128) && (iVGA_CY >= 1 && iVGA_CY <= 128) )
            begin
                r_red   <= ROM_DATA[23:16];
                r_green <= ROM_DATA[15:8];
                r_blue  <= ROM_DATA[7:0];
            end
        else
            begin
                r_red   <= 8'b0;
                r_green <= 8'b0;
                r_blue  <= 8'h0;
            end
    end
    MY_ROM u0 ( //双口RAM例化，注意像素地址对应
        .clock      (iVGA_CLK),
        .address    (ROM2VGA),
        .q          (ROM_DATA)
        );
endmodule
```

9.3.4　顶层电路设计

将以上设计的各个模块组合起来，可以得到24位位图的显示逻辑的总体电路，实现代码如下。

```
module EXP10_3 (
    input           CLOCK_50,           //50MHz时钟
    output  [17:0] LEDR,               //红色LED[17:0]
    output  [ 8:0] LEDG,               //绿色LED[8:0]
    input   [ 3:0] KEY,                //按键[3:0]
    input   [17:0] SW,                 //拨码开关[17:0]
```

```
output          VGA_CLK,           //VGA 工作时钟
output          VGA_HS,            //VGA H_SYNC信号
output          VGA_VS,            //VGA V_SYNC信号
output          VGA_BLANK,         //VGA BLANK信号
output          VGA_SYNC,          //VGA SYNC信号
output   [ 7:0] VGA_R,             //VGA Red[7:0]值
output   [ 7:0] VGA_G,             //VGA Green[7:0]值
output   [ 7:0] VGA_B              //VGA Blue[7:0]值
);
// REG/WIRE 声明
wire            wRst;
wire    [19:0]  mVGA_ADDR;
wire    [ 9:0]  mVGA_CX;
wire    [ 9:0]  mVGA_CY;
wire    [ 7:0]  mVGA_R;
wire    [ 7:0]  mVGA_G;
wire    [ 7:0]  mVGA_B;
CLK_RST CLK_RST_inst(
    .iCLK_50  (CLOCK_50),
    .iRst     (KEY[0]),
    .oRst     (wRst),
    .oClk_VGA (VGA_CLK)
    );
VGA_Controller u1  (
    //控制信号
    .iCLK          (VGA_CLK),
    .iRST_N        (wRst),
    //主机侧
    .oAddress      (mVGA_ADDR),
    .oCoord_X      (mVGA_CX),
    .oCoord_Y      (mVGA_CY),
    .iRed          (mVGA_R),
    .iGreen        (mVGA_G),
    .iBlue         (mVGA_B),
    //VGA侧
    .oVGA_R        (VGA_R),
    .oVGA_G        (VGA_G),
    .oVGA_B        (VGA_B),
    .oVGA_H_SYNC   (VGA_HS),
    .oVGA_V_SYNC   (VGA_VS),
    .oVGA_SYNC     (VGA_SYNC),
    .oVGA_BLANK    (VGA_BLANK)
    );
VGA_DATA_PIC      VGA_DATA_PIC_inst(
    //控制信号
    .iVGA_CLK      (VGA_CLK),          //读时钟
    .iRST_N        (wRst),             //复位信号
    //读取数据侧
    .iVGA_CX       (mVGA_CX),
    .iVGA_CY       (mVGA_CY),
    .oRed          (mVGA_R),           //读数据——像素颜色R分量
    .oGreen        (mVGA_G),           //读数据——像素颜色G分量
```

```
        .oBlue          (mVGA_B),           //读数据——像素颜色B分量
        );
endmodule
```

9.3.5 对目标器件编程与硬件电路测试

和上面的实验一样，当程序编写完成并编译通过之后，我们就需要把代码下载到开发板上去看实际结果了。电路端口与 EP4CE115F29C7 器件引脚对应关系如表 9.3.1 所示。

表 9.3.1 电路端口与器件引脚的对应关系

电路端口名	EP4CE115F29C7 引脚编号	说　明
CLOCK_50	Y2	输入时钟，频率为 50MHz
KEY[3], …, KEY[0]	R24，N21，M21，M23	只用到 KEY[0]，作为复位按钮
LEDG[8], …, LEDG[0]	F17，G21，G22，G20，H21，E24，E25，E22，E21	9 个绿色 LED 灯
LEDR[17], …, LEDR[0]	H15，G16，G15，F15，H17，J16，H16，J15，G17，J17，H19，J19，E18，F18，F21，E19，F19，G19	18 个红色 LED 灯
VGA_R[7], …, VGA_R[0]	H10，H8，J12，G10，F12，D10，E11，E12	RGB 值中的 R，D/A 芯片的 R 路输入
VGA_G[7], …, VGA_G[0]	C9，F10，B8，C8，H12，F8，G11，G8	RGB 值中的 G，D/A 芯片的 G 路输入
VGA_B[7], …, VGA_B[0]	D12，D11，C12，A11，B11，C11，A10，B10	RGB 值中的 B，D/A 芯片的 B 路输入
VGA_BLANK	F11	控制 D/A 芯片的模拟信号输出，为低电平时输出为 0
VGA_CLK	A12	送给 D/A 芯片的时钟
VGA_HS	G13	VGA 的行同步信号
VGA_VS	C13	VGA 的场同步信号
VGA_SYNC	C10	D/A 芯片内部独立的视频同步控制输入端，一般设置为低电平

完成配置数据后，按照 7.2.5 节所述的操作步骤将 DE2-115 板上左边的 RUN/PROG 开关（SW19）拨到 RUN 位置。接着，选择 Tools → Programmer 命令确认编程数据文件名 EXP10_3.sof 及目标器件等信息，选择 JTAG 编程模式以及 USB-Blaster 编程硬件，最后单击编程窗口中的 Start 按钮对目标器件编程。

下载完成后，应看到如图 9.3.6 所示的 24 位，128 × 128 像素的 bmp 图显示在 VGA 屏幕上。

若电路工作不正常，则需要确认引脚分配是否正确。若用户想要对设计电路做一些修改，则应首先关闭编程配置窗口，然后修改 Verilog HDL 文件重新全编译，产生新的编程数据文件后对开发板重新编程。

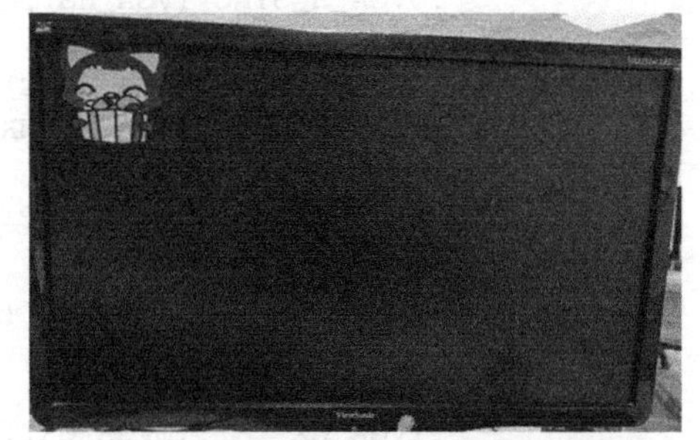

图 9.3.6　VGA 显示 24 位 bmp 图

9.3.6　实验任务

实验二　VGA 上显示小图片的一维移动和碰撞返回

使图片移动很容易，比如向右移动只需要设置一个临时变量 x_pose，使其用来存储 x 方向的移动值，向右移动就令该值不断增加，增加的数据大小决定移动速度。只有当行计数信号 iVGA_CX 比 x_pose 大时才开始令 ROM2VGA<=ROM2VGA+1。向其他方向移动的道理是一样的。

本实验的难点是碰撞返回要用到状态机。先来看一下左右移动图片时共有多少个状态。假定图片从左上角开始先向右移动，撞右墙后向左移动，再撞左墙后向右移动。刚开始向右移动为第一个状态，撞了右墙后切换到第二个状态，图片向左移动，再撞左墙之后回到第一个状态，所以只有两个状态。

小　结

本章简述了 VGA 接口原理及工作时序，采用 Verilog HDL 设计实现了彩条信号发生器，同时用嵌入式逻辑分析仪 Signal Tap Logic Analyzer 工具验证了 VGA 工作时序。通过进一步增强 VGA 接口逻辑功能，实现了 24 位位图显示。

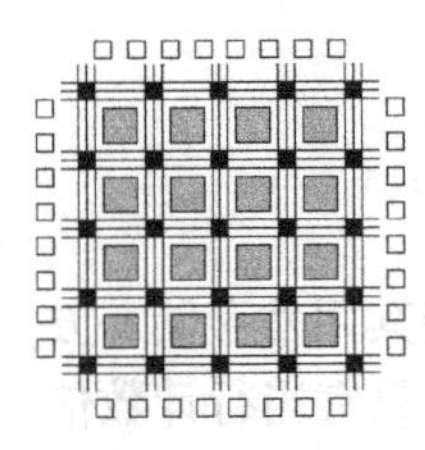

第 10 章 静态时序分析工具 TimeQuest 的使用

本章目的

首先介绍时序分析的基础知识，接着通过实例说明如何使用 TimeQuest 软件对一个设计进行时序分析。主要内容包括：

- 介绍静态时序分析的基础知识。
- 介绍在 TimeQuest Timing Analyzer 中设定基本时序要求的方法。
- 说明如何对时序报告进行分析。

工作频率是数字电路的重要性能指标，FPGA 内部电路的响应速度、布线中数据的传输速度不可能无限快，如何确定一个设计能否稳定可靠地运行在设计者规定的频率、接受输入端口的时序特征、满足输出端口的时序要求，正是静态时序分析（static timing analysis）要解决的问题。

一般来说，分析或检验一个电路时序方面的特征有两种主要手段：动态时序仿真（dynamic timing simulation）和静态时序分析。动态时序仿真已经在第 2 章和第 7 章介绍过，它是采用“事件驱动”的方法，通过在电路的输入端口加上一系列随时间变化的激励向量，模拟设计在实际器件中工作时的功能和延时情况给出相应的仿真输出信号波形，主要用于验证设计在器件实际延时情况下的逻辑功能是否正确。这种方法在验证功能的同时验证时序，它以逻辑模拟方式运行，需要输入向量作为激励。但随着电路规模的增大，所需输入向量的数量以指数增长，验证所花费的时间越来越长，而最大的问题是用户难以提供完备的激励文件，在分析的过程中有可能会遗漏一些关键路径（critical path）。因此，这种方法只适合于在给定的输入下对电路进行分析和查错，不太适合分析电路的时序性能指标。

静态时序分析则采用穷举分析法提取整个设计的所有时序路径，通过计算信号在路径上的传播延时来计算设计的各项时序性能指标，如最高工作频率、建立时间（setup time）、保持时间（hold time）等找出违背时序约束的错误。它仅仅聚焦于时序性能的分析，并不涉及设计的逻辑功能，逻辑功能的验证仍需要通过仿真等手段进行。而且静态时序分析在不需要激励、无须仿真的条件下就可以分析设计中的所有时序路径是否满足约束要求。这种方法不仅比受时序驱动的门级仿真方式快得多，而且能根据仿真模型以及提取的寄生参数对各种时序路径进行检测，实现了近乎 100% 的设计约束覆盖面。因此，在深亚微米集成电路设计流程中已经将逻辑综合和布局布线结合在一起，并且在版图绘制前后均引入了静态时序分析方法，这不仅大大降低了验证时间，提高了分析覆盖率，而且使整个设计流程中的反复过程减少，缩短了设计周期。目前，工业界最著名的静态时序分析工具是 Synopsys 公司的 Prime

Time 软件，它是一个全芯片门级静态时序分析器，能够分析大规模数字集成电路的时序性能指标。对于大规模数字电路来说，在运行效率和时序检查的覆盖率方面，静态时序分析要比动态时序仿真有明显的优势。但静态时序分析只能分析同步时序电路，对异步电路的分析还不够成熟。

随着 FPGA 生产工艺的不断进步，器件的规模越来越大，用户的设计变得越来越复杂，于是 Quartus Prime 软件集成了新的静态时序分析工具 TimeQuest Timing Analyzer（简称 TimeQuest）。TimeQuest 采用 Synopsys Design Constraints（SDC）文件格式作为时序约束输入，这是工业界通用的约束语言，有利于设计约束从 FPGA 向 ASIC 设计流程迁移，也有利于创建更准确的约束条件。

下面首先介绍时序分析的基础知识，接着通过实例说明如何使用 TimeQuest 软件对一个设计进行时序分析。对于更高阶的时序问题、约束和分析方法，可参阅 Quartus Prime 软件手册[⊖]。如果想先知道该怎么做，再去了解为什么，可以先跳过 10.1 节，直接学习 10.2 节。

10.1　静态时序分析基础

10.1.1　同步路径的分析

1. 电路模型

对于同步时序逻辑电路，无论多么复杂，总可以分解成一个个如图 10.1.1 所示的组合逻辑和寄存器（即触发器）串联的结构单元。

当然，中间的组合逻辑可能不只是一个输入、一个输出，比如图 10.1.2 有两个输入、两个输出，前后各两个寄存器。

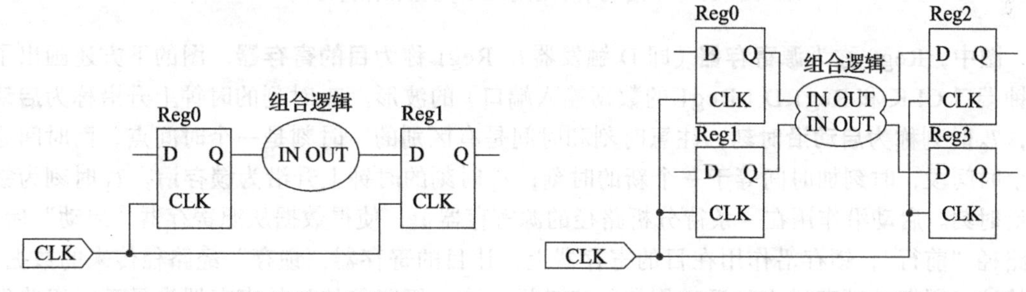

图 10.1.1　组合逻辑和寄存器　　图 10.1.2　两输入两输出的组合逻辑和寄存器

也有的逻辑中包含“反馈环”，比如图 10.1.3，其中 Reg1 寄存器的输出会反馈给前面的组合逻辑（即加法器）形成累加器。

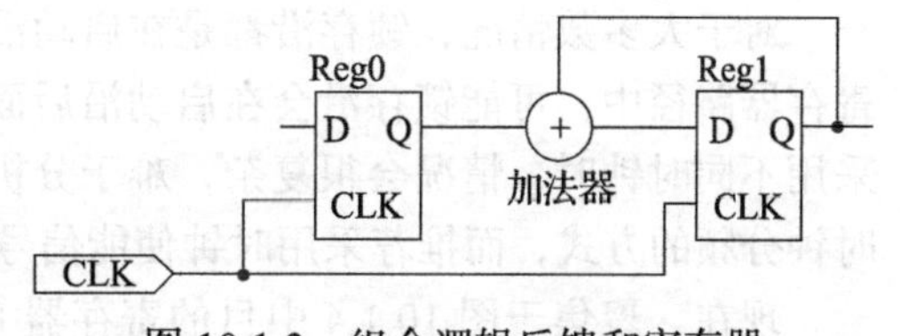

图 10.1.3　组合逻辑反馈和寄存器

对于图 10.1.2 所示的两个输入、两个输出的结构，可以认为它包含四条寄存器到寄存器的路径，分别是 Reg0 → Reg2、Reg0 → Reg3、

⊖ Quartus Prime Handbook，Volume 3, Section II. Timing Analysis。

Reg1 → Reg2、Reg1 → Reg3。对于图 10.1.3 所示的结构，可以认为它包含两条路径：Reg0 → Reg1、Reg1 → Reg1。总之，每一个寄存器到寄存器的路径，都可以表示为图 10.1.1 所示的结构。这样的电路结构正是静态时序分析的基础。

FPGA 中的逻辑单元就是由这样的组合逻辑加寄存器的结构组成的，只不过可编程的组合逻辑是采用查找表（即一块容量较小的 RAM）和少量数据选择器实现的，而不是用单纯的逻辑门实现。比如，Cyclone IV 器件 EP4CE6 中就包含 6272 个这样的查找表加寄存器的结构。

以 Verilog HDL 为例，所有的数学运算、逻辑运算、条件语句均会被综合到逻辑单元中的组合逻辑部分，而被时序逻辑赋值的寄存器则会被综合到逻辑单元中的寄存器上。

2. 建立时间和保持时间

下面以图 10.1.4 为例介绍时序分析中用到的一些基本概念。在没有特别说明时假定所有寄存器时钟都是上升沿有效的。

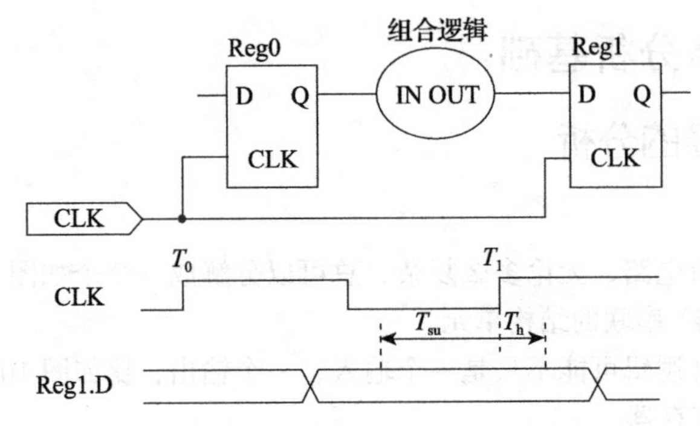

图 10.1.4 启动沿、锁存沿、建立和保持时间

图中，Reg0 称为**源寄存器**（即 D 触发器），Reg1 称为**目的寄存器**。图的下方还画出了时钟端口 CLK 和 Reg1.D（Reg1 的数据输入端口）的波形。T_0 时刻的时钟上升沿称为**启动沿**，T_0 时刻称为**启动沿时刻**，注意时刻和时间是有区别的，时刻是一个时间点，而时间是一个时间段，时刻加时间等于一个新的时刻；T_1 时刻的时钟上升沿为**锁存沿**，T_1 时刻为**锁存沿时刻**。启动沿作用在一条待分析路径的源寄存器上，使得数据从源寄存器“启动”后，沿路径“前行”，锁存沿作用在目的寄存器上，让目的寄存器“锁存”经路径传来的数据，当然这一周期的锁存沿也是后一周期的启动沿，这一级路径的目的寄存器也是后一级路径的源寄存器。

对于大多数情况，锁存沿都是在启动沿后一个完整周期出现的。但在有时钟使能控制的寄存器路径中，可能锁存沿会在启动沿后面好几个周期才会出现。当源寄存器和目的寄存器采用不同时钟时，情况会很复杂，难于分析，甚至不能工作，这就是在 FPGA 中不推荐采用时钟分频的方式，而推荐采用时钟使能信号来控制电路的原因。

现在，聚焦于图 10.1.4 中目的寄存器 Reg1 上，寄存器的功能可形象地描述为“在时钟上升沿时刻，把输入数据锁定到输出上，并保存到下一个时钟上升沿到来”，但是这个锁定过程不是一瞬间完成的，它要求在时钟上升沿到来之前，输入数据必须准备好（即保持稳定），这个保持稳定的最短时间称为**建立时间**，一般记为 T_{su}（setup time），可形象地理解为 D 触发器需要“做好准备”；在时钟上升沿之后，输入数据也必须维持不变，这个维持不变的最短时间称为**保持时间**，一般记为 T_h（hold time），可形象地理解为 D 触发器需要“工作一会儿”。换句话说，建立时间和保持时间在锁存沿前、后构成了一个时间窗，在这个时间窗内数据必须稳定不变。在实际情况中，D 触发器的建立时间稍长，而保持时间可能极短。

3. 建立时间裕量和保持时间裕量

再来看稍微复杂一点的情况，图 10.1.5 中绘制了路径中几个重要节点的波形。T_0 为启动沿时刻，T_{clk0} 为时钟从 CLK 端口行进到 Reg0 的 CLK 端口的时间，T_{co} 为从 Reg0 时钟上升沿到 Q 端口输出正确数据的时间，T_{data} 为组合逻辑及数据路径的传输延迟，称

$$T_{DA0}=T_0+T_{clk0}+T_{co}+T_{data}$$

为**数据到达时刻**（data arrival time）。类似地，在下一个周期内有

$$T_{DA1}=T_1+T_{clk0}+T_{co}+T_{data}$$

再看图 10.1.6，T_1 为锁存沿时刻，T_{clk1} 为时钟上升沿从 CLK 端口行进到 Reg1 的 CLK 端口的时间，称

$$T_{CA}=T_1+T_{clk1}$$

为**时钟到达时刻**（clock arrival time）。

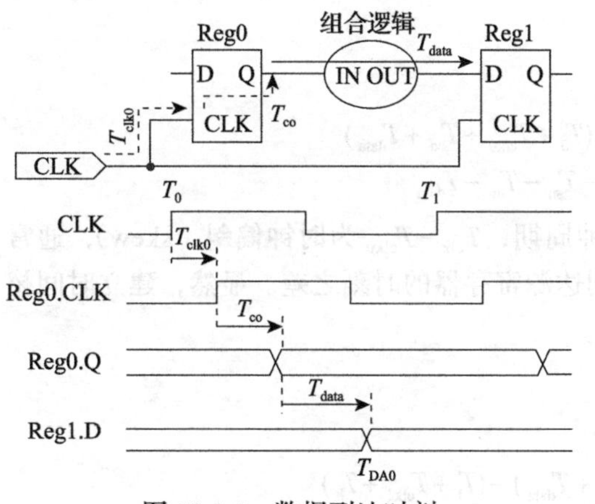

图 10.1.5　数据到达时刻

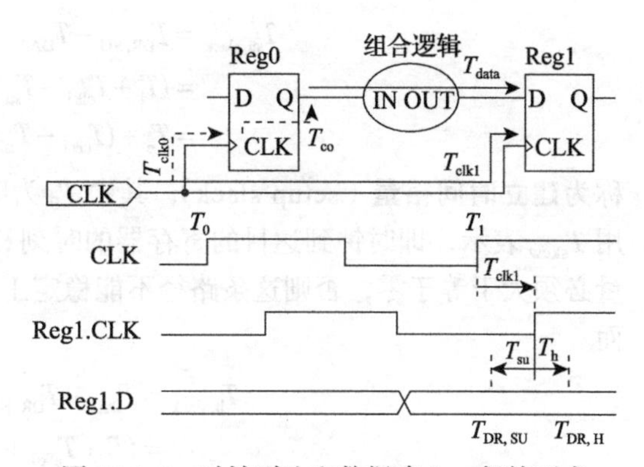

图 10.1.6　时钟到达和数据建立、保持要求

根据 D 触发器建立时间的要求，并考虑到时钟上升沿实际到达的时刻，则需要使 Reg1 数据输入端上的数据必须在下列时刻之前到达并保持稳定，称

$$T_{DR,SU}=T_1+T_{clk1}-T_{su}$$

为**建立时间要求**。

同理，根据 D 触发器保持时间要求，并考虑到时钟上升沿实际到达的时刻，则需要使 Reg1 数据输入端上的数据必须在下列时刻之后才能变化，在此之前一定要保持稳定，称

$$T_{DR,H}=T_1+T_{clk1}+T_h$$

为**保持时间要求**。

显然，以 T_0 为启动沿时的数据到达时刻 T_{DA0} 必须早于 $T_{DR,SU}$；而以 T_1 为启动沿时（下

一个周期）的数据到达时刻 T_{DA1} 必须晚于 $T_{DR,H}$。这是静态时序分析对数据到达时刻提出的最重要的两点要求，图 10.1.7 所示的波形对此进行了明确的说明。

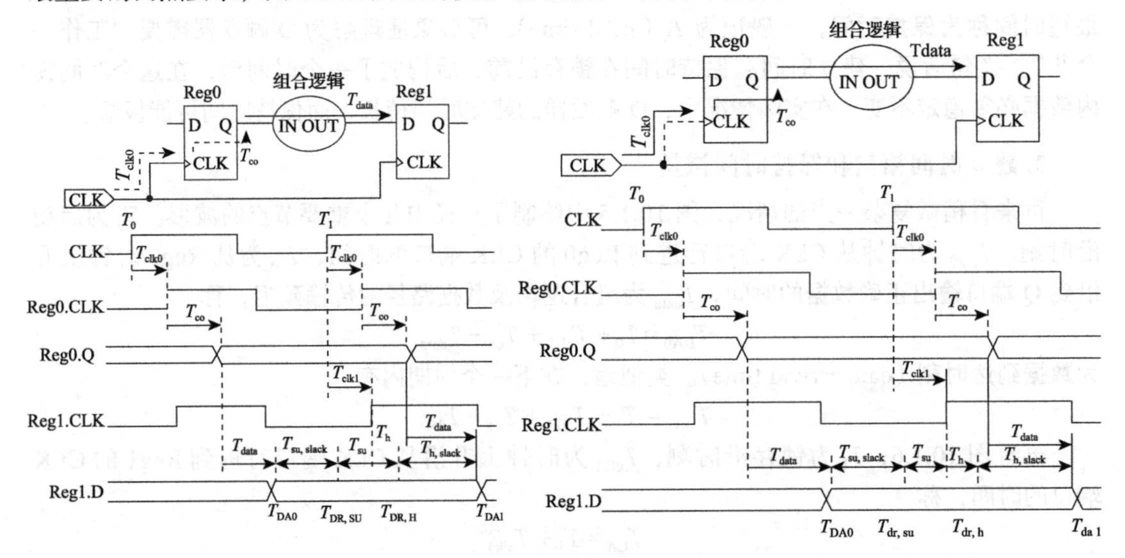

图 10.1.7　建立时间裕量和保持时间裕量

图中

$$
\begin{aligned}
T_{su,slack} &= T_{DR,SU} - T_{DA0} \\
&= (T_1 + T_{clk1} - T_{su}) - (T_0 + T_{clk0} + T_{co} + T_{data}) \\
&= T_p + (T_{clk1} - T_{clk0}) - T_{su} - T_{co} - T_{data}
\end{aligned}
$$

称为**建立时间裕量**（setup slack），其中 T_P 为时钟周期，$T_{clk1}-T_{clk0}$ 为**时钟偏斜**（skew），通常用 T_{skew} 表示，即时钟到达目的寄存器的时刻和到达源寄存器的时刻之差。显然，建立时间裕量必须大于等于零，否则这条路径不能稳定工作。

而

$$
\begin{aligned}
T_{h,slack} &= T_{DA1} - T_{DR,H} \\
&= (T_1 + T_{clk0} + T_{co} + T_{data}) - (T_1 + T_{clk1} + T_h) \\
&= -(T_{clk1} - T_{clk0}) - T_h + T_{co} + T_{data}
\end{aligned}
$$

称为**保持时间裕量**（hold slack）。保持时间裕量也必须大于等于零，否则这条路径也不能稳定工作。

建立时间对数据实际到达寄存器输入端口的时间提出了明确的要求，它要求数据不能出现得太晚，而保持时间则要求数据不能变化得太早。

当一个包含时序约束的设计综合实现完成时，上述所有时间的最坏情况也就确定了，如有需要，时序分析器会自动地获取这些时间参数，并分析所有路径的建立时间裕量和保持时间裕量。

在 FPGA 中，时钟有专门的布线资源，使得在整个 FPGA 片内或一个时钟域内的时钟偏斜的绝对值较小。在时钟布线资源不够用时，推荐采用“时钟使能”信号来处理多个工作频率较低的时钟，在系统中最好只使用一个频率最高的信号作为时钟，不建议采用多时钟的方式，除非外设有硬性需求，或需要的工作频率无法设计成最高时钟频率的约数，比如需要的工作频率也很高。

另外，在设计中应杜绝过于复杂的组合逻辑，对较长的数学运算、复杂的条件判断，推荐插入寄存器，将长路径分解为短路径，这样的流水线结构虽然增加了一些周期的延迟，但提高了工作频率，数据吞吐率也得到提高。

10.1.2　异步路径的分析

触发器的异步复位是一种典型的异步路径。异步复位过程虽不需要时钟参与，但并不是完全与时钟无关，事实上，在时钟有效沿附近，异步复位信号不能变为起作用的有效输入信号，必须保持在无效状态不变，这一点与数据的建立时间和保持时间很类似。在时钟有效沿之前，不准启动异步信号的最短时间称为**恢复时间**（recovery time）；在时钟有效沿之后，不准启动异步信号的最短时间称为**移除时间**（removal time）。对异步复位的这一要求可以这样形象地理解：当时钟和复位几乎同时到来时，触发器该听谁的？一般认为时钟比复位重要，所以复位必须避让时钟，不准使能复位信号。

异步路径的具体分析过程与上节同步逻辑的数据路径分析几乎完全一样，不再赘述。时序分析器也会对恢复时间和移除时间的裕量自动进行分析。

10.1.3　外部同步路径的分析

时序分析器会帮我们计算分析 FPGA 内部的时序关系，我们只需要关注和分析结果，以改进性能或排除问题。但时序分析器不知道 FPGA 和外部电路接口构成的路径，这时我们需要通过时序约束命令告知时序分析器外部的情况，以便分析。

外部同步接口分为同步输入和同步输出两种。

1. 外部同步输入

图 10.1.8 和图 10.1.9 均为外部同步输入，前者 FPGA 使用来自外部 IC 的时钟，后者则是外部 IC 使用来自 FPGA 的时钟。还有一种情况如图 10.1.10 所示，FPGA 和外部 IC 均使用外部时钟源。

事实上，对于时序分析来说，图 10.1.8、图 10.1.9 的情况均可归结为图 10.1.10 的情况：对于前者，可以理解为 $T_{clk0}=0$，外部 IC 的时钟引脚就是时钟源；对于后者，可以理解为 $T_{clk1}=0$，FPGA 的时钟引脚就是时钟源。

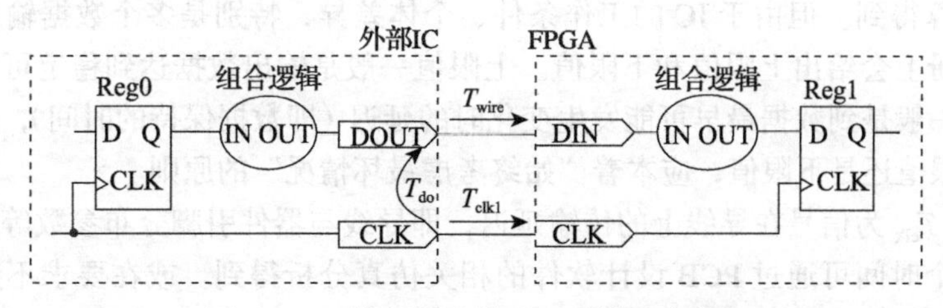

图 10.1.8　外部同步输入，时钟来自外部

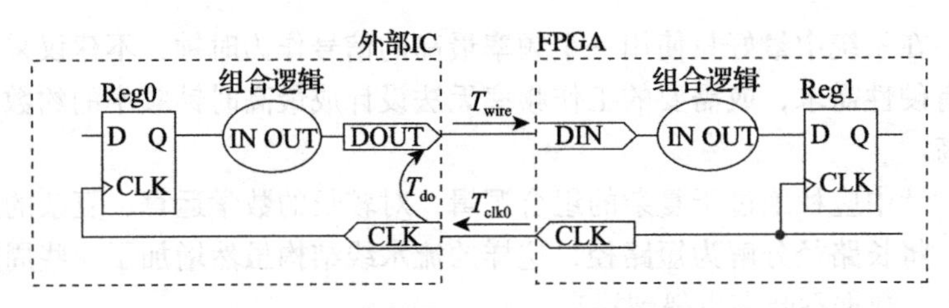

图 10.1.9 外部同步输出，时钟来自 FPGA

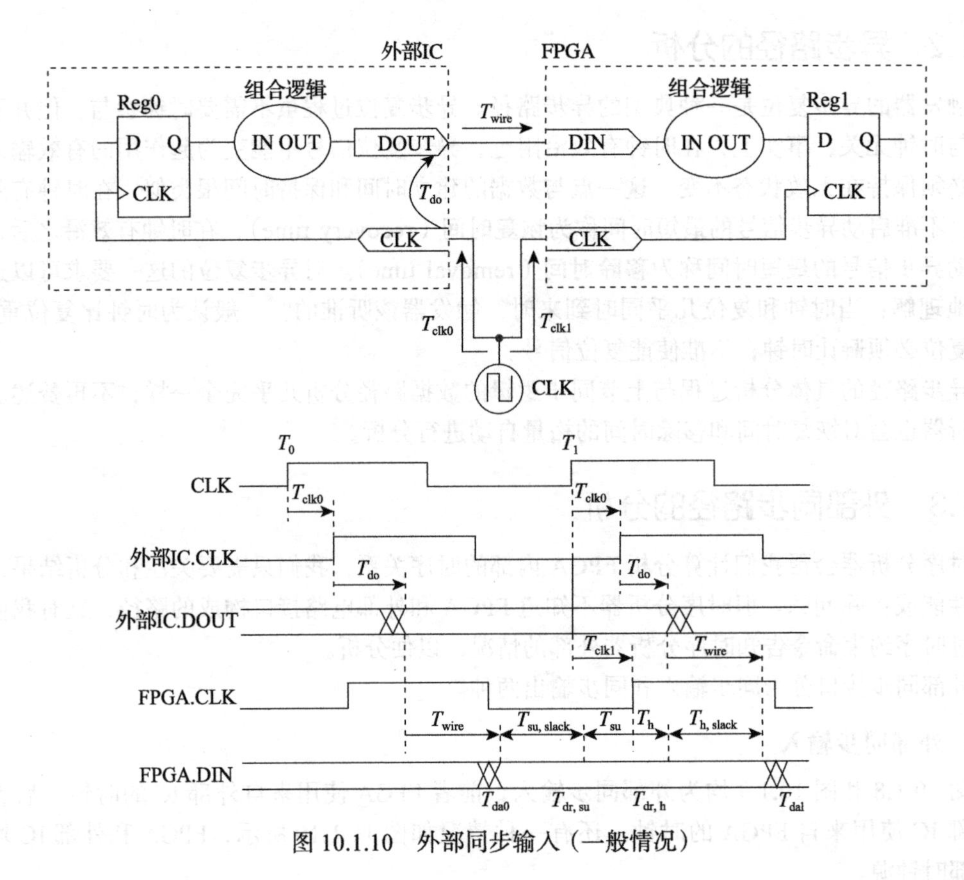

图 10.1.10 外部同步输入（一般情况）

因此，下面以图 10.1.10 为一般情况进行分析，图的下方绘制了各个关键点的波形图。下面是关于时间参数的几点说明。

1）T_{do} 为外部 IC 的数据输出相对时钟有效沿的延迟，这一参数在 IC 的数据手册上可以直接查到或推算得到。但由于 IC 的工作条件、个体差异，特别是多个数据输出引脚之间的延迟差异，手册上会给出上限值和下限值。上限值一般是输出数据达到稳定可能需要的最长延迟，下限值一般是到数据最早可能发生变化时的延迟（即数据保持的时间），具体到不同的情况时使用上限值还是下限值，应本着“始终考虑最坏情况”的原则。

2）T_{wire} 和 T_{clk} 为信号在导线上的传输延迟，即导线与器件引脚分布参数等对数据的延迟作用之和。这个时间可通过 PCB 设计软件的相关仿真分析得到。或在要求不严格时这样估算：PCB 上信号在导线中的传播速度 $v=c/\sqrt{\varepsilon}$，在常见的相对介电常数 ε 为 4.6 的 PCB 上，这一速度大约为 140 mm/ns，根据这一速度和走线长度便能估算走线的延迟；另外，走线的分布电容、器件引脚的输入电容对信号也有延迟作用，可以结合源端驱动能力类比一阶低通滤波器进行估算。总的估算结果也有一个变化范围。

3）T_{su} 和 T_h 并不是 FPGA 内部 Reg1 的建立和保持时间，而是 FPGA 的 DIN 端口上的数据相对于 CLK 时钟有效沿的建立时间和保持时间要求，这两个值时序分析器能够根据 FPGA 内部情况分析得到。

可以看出，计算建立时间裕量的式子为

$$T_{su,\,slack} = (T_1 + T_{clk1} - T_{su}) - (T_0 + T_{clk0} + T_{do} + T_{wire})$$
$$= T_P - T_{su} - (T_{clk0} + T_{do} + T_{wire} - T_{clk1})$$

括号内的四个时间值均为外部时间，根据“始终考虑最坏情况”的原则，除了 T_{clk1} 应选用下限值，其他三个均应选用上限值，记为

$$T_{inputdelay,\,max} = T_{clk0,\,max} + T_{do,\,max} + T_{wire,\,max} - T_{clk1,\,min}$$

而计算保持时间裕量的式子为

$$T_{h,\,slack} = (T_1 + T_{clk0} + T_{do} + T_{wire}) - (T_1 + T_{clk1} + T_h)$$
$$= -T_h + (T_{clk0} + T_{do} + T_{wire} - T_{clk1})$$

括号内的四个时间值均为外部时间，根据“始终考虑最坏情况”的原则，除了 T_{clk1} 应选用上限值，其他三个均应选用下限值，记为

$$T_{inputdelay,\,max} = T_{clk0,\,min} + T_{do,\,min} + T_{wire,\,min} - T_{clk1,\,max}$$

$T_{inputdelay,\,max}$ 和 $T_{inputdelay,\,min}$ 即为分析外部同步输入时需要告知时序分析器的两个参数。

如图 10.1.8 所示的情况，在 T_{wire} 和 T_{clk1} 近乎相等时又可称为**源同步输入**，这类 IC 也常常使用 T_{su} 和 T_h 标示自己输出的数据与输出的时钟之间的关系，如图 10.1.11a 所示。

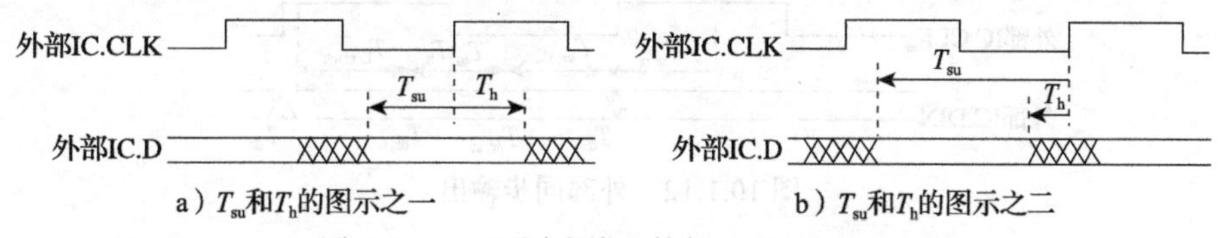

图 10.1.11　源同步接口外部 IC 的 T_{su} 和 T_h

这时，$T_{do,max}$ 即相当于 $T_P - T_{su}$（其中 T_P 为时钟周期），$T_{do,min}$ 即相当于 T_h，唯一的不同是某些 IC 的 T_h 是负值（表示数据在时钟有效沿之前就开始变化了），如图 10.1.11b 所示。对于源同步输入，有简化的式子：

$$T_{inputdelay,\,max} = T_{do,\,max} = T_P - T_{su}$$
$$T_{inputdelay,\,min} = T_{do,\,min} = T_h$$

2. 外部同步输出

图 10.1.12 为外部同步输出的一般情况。其中：

1）T_{su} 和 T_h 为外部 IC 对信号输入相对于时钟输入的建立和保持时间要求，这两个参数在 IC 的数据手册上也一定可以直接查到或推算得到。

2）T_{do} 是 FPGA 的数据输出相对于 CLK 上的时钟有效沿的延迟，这是时序分析器自己

能够根据 FPGA 内部情况分析知道的。

可以看出，计算建立时间裕量的式子为

$$\begin{aligned}T_{\mathrm{su,\,slack}} &= (T_1 + T_{\mathrm{clk1}} - T_{\mathrm{su}}) - (T_0 + T_{\mathrm{clk0}} + T_{\mathrm{do}} + T_{\mathrm{wire}}) \\ &= T_{\mathrm{p}} - T_{\mathrm{do}} - (T_{\mathrm{clk0}} + T_{\mathrm{wire}} + T_{\mathrm{su}} - T_{\mathrm{clk1}})\end{aligned}$$

括号内的四个时间均为外部时间，根据“始终考虑最坏情况”的原则，除了 T_{clk1} 应选用下限值，其他三个均应选用上限值，记为

$$T_{\mathrm{outputdelay,\,max}} = T_{\mathrm{clk0,\,max}} + T_{\mathrm{wire,\,max}} + T_{\mathrm{su,\,max}} - T_{\mathrm{clk1,\,min}}$$

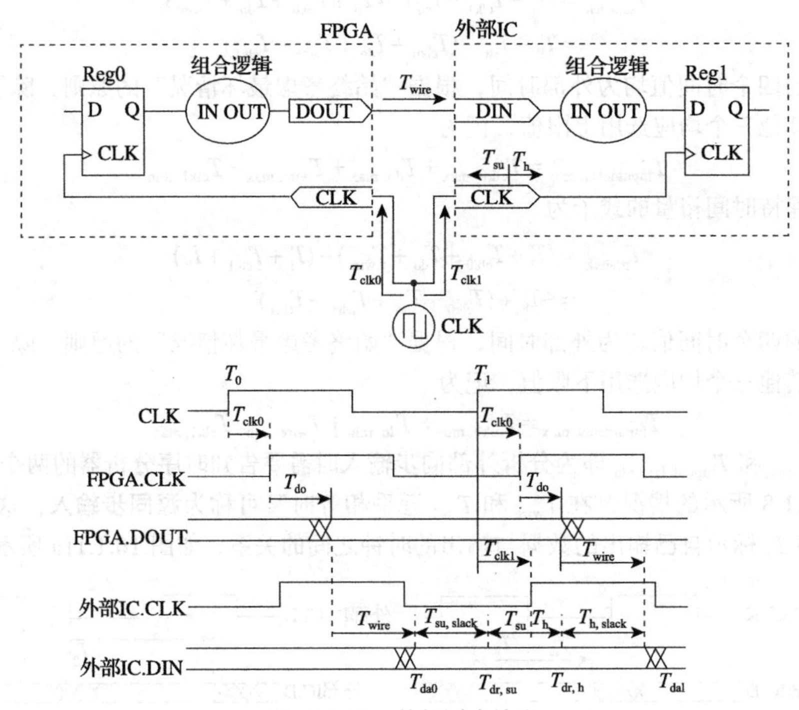

图 10.1.12　外部同步输出

计算保持时间裕量的式子为

$$\begin{aligned}T_{\mathrm{h,\,slack}} &= (T_1 + T_{\mathrm{clk0}} + T_{\mathrm{do}} + T_{\mathrm{wire}}) - (T_1 + T_{\mathrm{clk1}} + T_{\mathrm{h}}) \\ &= T_{\mathrm{do}} + (T_{\mathrm{clk0}} + T_{\mathrm{wire}} - T_{\mathrm{h}} - T_{\mathrm{clk1}})\end{aligned}$$

括号内的四个时间均为外部时间，根据“始终考虑最坏情况”的原则，T_{clk0}、T_{wire} 应选用下限值，其他两个应选用上限值，记为

$$T_{\mathrm{outputdelay,\,min}} = T_{\mathrm{clk0,\,min}} + T_{\mathrm{wire,\,min}} - T_{\mathrm{h,\,max}} - T_{\mathrm{clk1,\,max}}$$

$T_{\mathrm{outputdelay,\,max}}$ 和 $T_{\mathrm{outputdelay,\,min}}$ 即为分析外部同步输出时需要告知时序分析器的两个参数。

与源同步输入类似，当时钟由 FPGA 提供，并且 T_{wire} 和 T_{clk1} 很接近时，又可称为**源同步输出**，这时有简化的式子：

$$T_{\mathrm{outputdelay,\,max}} = T_{\mathrm{su}}$$

$$T_{\mathrm{outputdelay,\,min}} = -T_{\mathrm{h}}$$

与源同步输入类似，有些 IC 的 T_h 会是负值（即 $T_{outputdelay,min}$ 是正值）。

总之，对于外部同步接口，需要向时序分析器提供以下四个参数：

$$T_{inputdelay,\ max} = T_{clk0,\ max} + T_{do,\ max} + T_{wire,\ max} - T_{clk1,\ min}$$
$$T_{inputdelay,\ min} = T_{clk0,\ min} + T_{do,\ min} + T_{wire,\ min} - T_{clk1,\ max}$$
$$T_{outputdelay,\ max} = T_{clk0,\ max} + T_{wire,\ max} + T_{h,\ max} - T_{clk1,\ min}$$
$$T_{outputdelay,\ min} = T_{clk0,\ min} + T_{wire,\ min} - T_{h,\ max} - T_{clk1,\ max}$$

如果按照图 10.1.10 和图 10.1.12 的画法，并把外部 IC 的 T_{su} 和 T_h 画在它的时钟上，那么这四个式子可以方便地记为“把 FPGA 外的延时做和，顺时针为正，逆时针为负”。

对于源同步接口，这四个式子可以简化为

$$T_{inputdelay,\ max} = T_p - T_{su}$$
$$T_{inputdelay,\ min} = T_h$$
$$T_{outputdelay,\ max} = T_{su}$$
$$T_{outputdelay,\ min} = -T_h$$

10.1.4　不同的时序模型

FPGA 在不同工作条件下内部延迟是不同的，FPGA 内核的工作温度和工作电压都会对内部的延迟产生影响，一般温度越高延迟越大、电压越高延迟越小。当器件处于最高工作温度和最低工作电压条件时，定义为慢速模型；当器件处于最低工作温度和最高工作电压条件时，定义为快速模型。

每一款器件都会有不同的温度极限和工作电压极限下的不同时序模型。比如 Cyclone IV 器件就有三个模型：**高温慢速模型**、**低温快速模型**和**低温慢速模型**（特别针对 65nm 以下器件的逆温效应）。默认情况下，Quartus 软件中的时序分析工具会检查器件在高温慢速模型和低温快速模型情况下的时序性能。一般在慢速模型下建立时间可能无法满足要求，这是因为慢速信号没有提前足够的时间到达目的寄存器。而在快速模型下，保持时间可能无法满足，因为快速信号可能在满足保持时间的要求之前改变它们的值。只有在三个模型的分析中都没有出现问题，才能保证整个设计在标称的温度范围和工作电压范围内都能满足时序需求。

10.2　时序分析工具的使用

10.2.1　时序分析工具的使用流程

在 Quartus 中，使用 Timing Analyzer 软件的流程如图 10.2.1 所示。

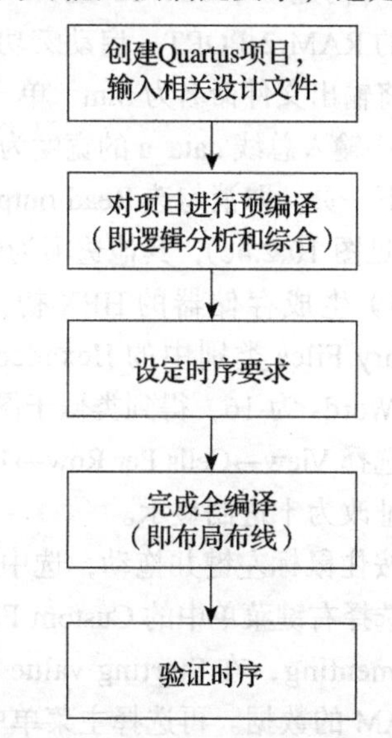

图 10.2.1　Timing Analyzer 的使用流程

下面以原理图方式，首先新建一个两级流水线乘法器工程项目，接着以该工程项目为例说明静态时序分析的步骤。

10.2.2　两级流水线乘法器设计

首先，在 Windows 资源管理器中新建一个子目录 E:\QP181_Lab\Example10_2_2，用于存放设计文件。接着，启动 Quartus Prime 18.1 软件，选定 EP4CE115F29C7 器件，创建一个项目名为 piplemult.qpf 的乘法器工程。然后按下列步骤定制 IP 核子模块，创建顶层原理图，使用 Timing Analyzer 工具验证时序。

1）构建一个 8×8 位乘法器子模块。选择主菜单中的 Tools→IP Catalog，双击 Basic Functions→Arithmetic 下面的 LPM_MULT，启动宏功能子模块向导，找到存放文件的子目录，将输出文件命名为 mult，选择 Verilog HDL 输出文件（见图 10.2.2）；再将两个输入数据的位宽设置成 8 位，进入流水线设置页面（见图 10.2.3），设置 2 级流水线，其他选项为默认。到向导的最后一页时，勾选 mult.v 和 mult.bsf，这是用原理图方式设计时必不可少的两个文件。

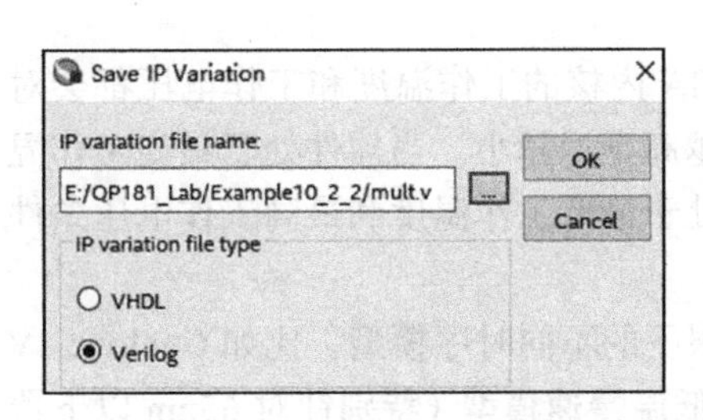

图 10.2.2　选择保存文件的子目录

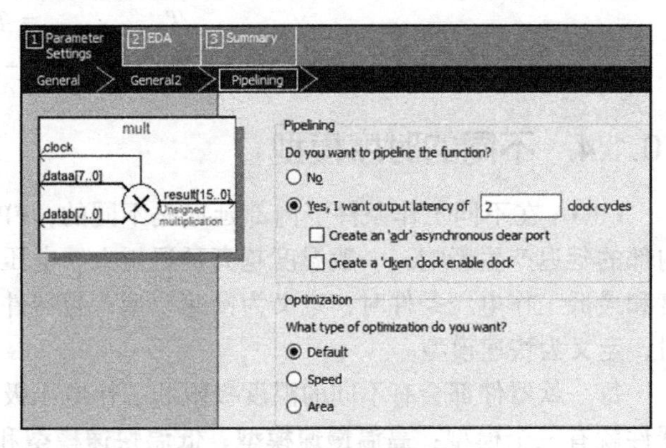

图 10.2.3　设置 2 级流水线

2）构建一个 32×16 位双口 RAM 子模块。按照上面相同的方法，双击 On Chip Memory 下面的 RAM:2-PORT，启动宏功能子模块设置向导。

将输出文件命名为 ram，单击 Next 按钮进入下一页，设置存储器的字数为 32，Read/Write Ports 中输入总线 data_a 的宽度为 16（见图 10.2.4a）；再选择使用 Single Clock 输入 / 输出数据，进入下一页，取消勾选 Read output ports 'q'（见图 10.2.4b），并指定 RAM 的初始化文件为 ram.hex（见图 10.2.4c），其他选项为默认。到向导的最后一页时，ram.v 和 ram.bsf 必须被选中。

3）生成存储器的 HEX 初始化文件。在 Quartus 主菜单中，选择 File→New，再选择 Memory Files 类别中的 Hexadecimal（Intel-Format）File，接着设置 Number of word 为 32，设置 Words 为 16，得到类似于图 10.2.5a 所示窗口。

选择 View→Cells Per Row→16，将每行改为 16 格，再选择 View→Address Radix→Decimal，将地址改为十进制显示。

按住鼠标左键并拖动，选中所有存储单元，此时所有存储单元高亮显示，再单击鼠标右键，选择右键菜单中的 Custom Fill Cells，弹出如图 10.2.5b 所示的对话框。选中 Incrementing/decrementing，在 Starting value 中输入初值 4，在步进值 Increment 右侧输入 68，生成初始化 RAM 的数据。再选择主菜单中的 File→Save，以文件名 ram.hex 保存数据。

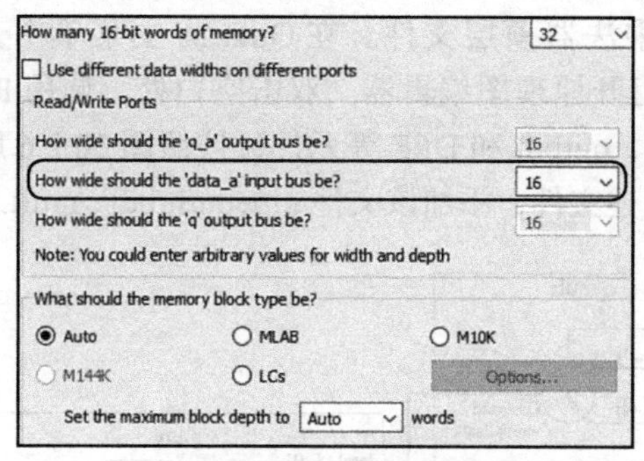

a）设置字数及读写端口位宽

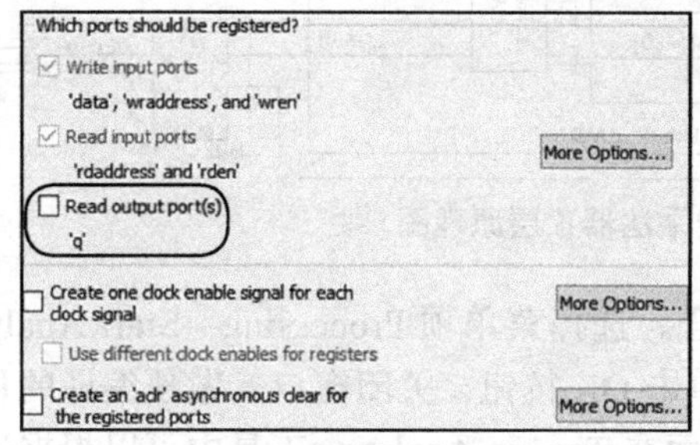

b）设置被寄存的端口

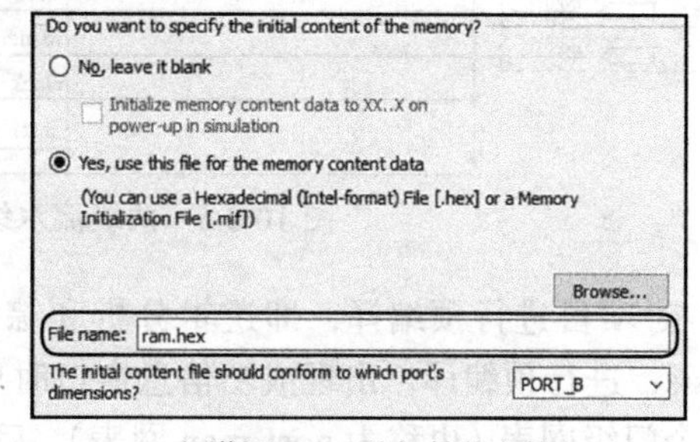

c）设置 RAM 的初始化文件

图 10.2.4　双口 RAM 的设置界面

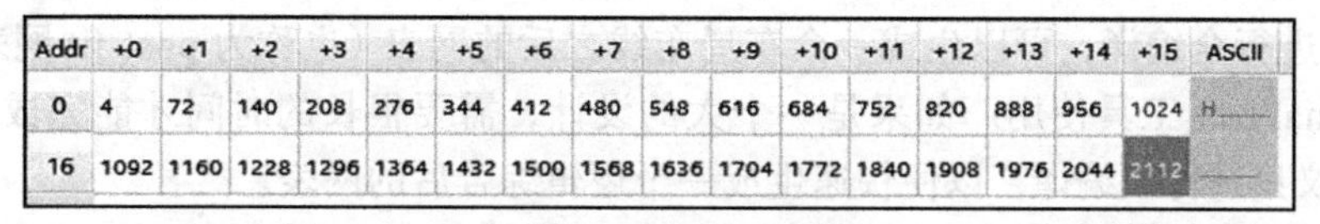

Addr	+0	+1	+2	+3	+4	+5	+6	+7	+8	+9	+10	+11	+12	+13	+14	+15	ASCII
0	4	72	140	208	276	344	412	480	548	616	684	752	820	888	956	1024	[illegible]
16	1092	1160	1228	1296	1364	1432	1500	1568	1636	1704	1772	1840	1908	1976	2044	2112	[illegible]

a）存储器初始化文件编辑窗口

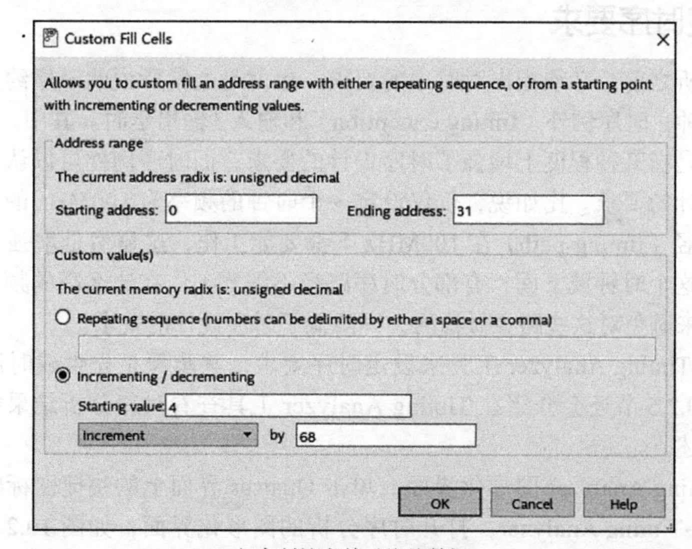

b）定制填充单元格的数据

图 10.2.5　生成存储器初始化数据

4）创建两级流水线乘法器顶层文件。在 Quartus 主菜单中，选择 File→New→Block Diagram/Schematic File，打开原理图编辑器。双击空白处，调用 Project 子目录下面的 mult 和 ram 元件，再调用 input、output 和 DFF 等元件，按照图 10.2.6 所示电路进行连线，并用文件名 pipemult.bdf 保存上述文件，添加该文件 pipemult.bdf、mult.v 和 ram.v 到当前项目中。

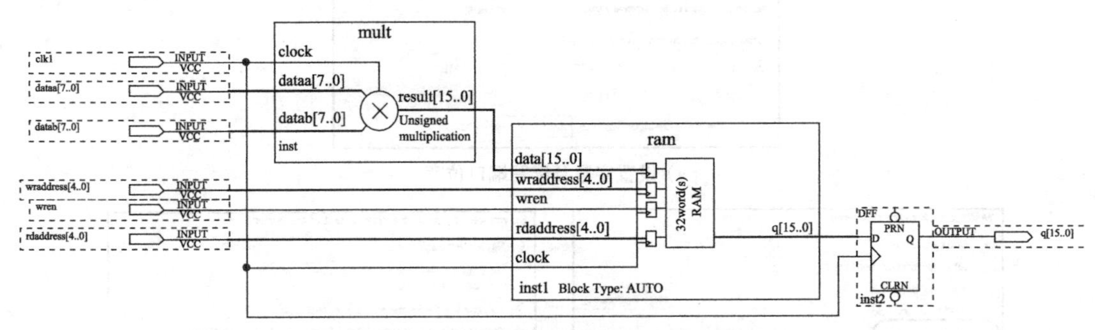

图 10.2.6　两级流水线乘法器顶层原理图

5）对项目进行预编译，即逻辑分析和综合。选择菜单项 Processing→Start Analysis & Synthesis，进行预编译，出现成功信息窗口时单击 OK 按钮，关闭窗口。做预编译的目的是生成一个门级网表（也称为 post-map 网表），后面在 Timing Analyzer 工具中可以根据这个网表采用交互的模式生成时序约束。

注意，对于小的设计，编译时间并不是很长的话，也可以使用 Processing→Start Compilation 进行全编译，可以生成一个布局布线之后的网表（也称为 post-fit 网表），给后面的 Timing Analyzer 工具使用。如果是一个大的设计，需要很长的时间才能完成布局和布线的话，则建议只进行预编译，以便快速生成一个逻辑综合后的网表。

10.2.3　设定时序要求

在做时序分析之前，必须指出对时序的要求，也就是通常所说的时序约束。时序约束主要包括三类：时钟，时序例外（timing exception）和输入 / 输出延时。其中，时钟、输入 / 输出延时可以认为是在某种程度上增强了时序设计的要求；而时序例外可以认为是在某种程度上降低了时序设计的要求。比如说，仅仅设定一个时钟的频率为 100MHz 的话，这个时钟域里所有的时序路径（timing path）在 100MHz 下都要能工作，这显然是增强了时序设计的要求。可是如果在这个时钟域下面，有部分时序路径不需要工作在这么高的频率下，就可以通过添加时序例外来避免对这些路径做检测，即降低了时序设计的要求。

这里，使用 Timing Analyzer 工具来设定时序要求，其步骤是先生成时序网表，再输入 SDC 约束。在 10.2.5 节还会介绍在 Timing Analyzer 工具查看时序分析结果的方法。接着上面的步骤进行叙述。

1）启动 Timing Analyzer 图形化界面。单击 Quartus 界面上的快捷图标，或者选择主菜单中的 Tools→Timing Analyzer，打开时序分析的图形化界面，如图 10.2.7 所示。其中左侧 Tasks 窗口是用来执行常见任务的操作区域，左上角 Report 窗口用于跟踪 Timing Analyzer 中生成的各种报告，而其右侧的区域为报告内容显示区域。下方的控制台用于输入命令和显示信息（图中未显示）。这里，主要使用它来输入 SDC 命令，创建 SDC 文件。

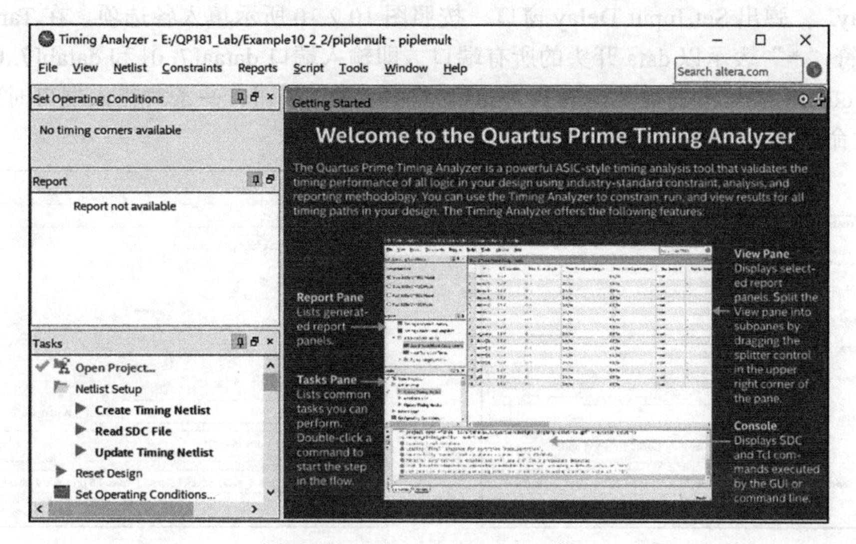

图 10.2.7　Timing Analyzer 窗口

2）创建时序网表。选择 TimeQuest 窗口主菜单中的 Netlist→Create Timing Netlist，在 Input Netlist 窗口中选择 Post-map（对综合后的网表作时序分析），如图 10.2.8 所示。单击 OK 按钮，创建一个慢速模型（Slow-corner）时序网表，一个绿色的对勾出现在左侧 Tasks 窗口中 Create Timing Netlist 条目的左侧。慢速模型反映器件在最高工作温度和最低工作电压条件下建立时间是否满足时序要求，而快速模型则反映器件在最低工作温度和最大工作电压条件下保持时间是否满足时序要求。如果这两个模型的时序都能满足要求，则设计的时序是没有问题的。

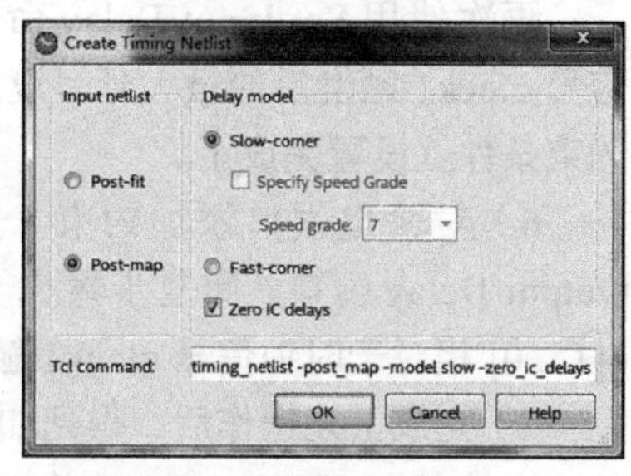

图 10.2.8　创建 Timing Netlist

3）创建 SDC 约束文件。选择 TimeQuest 窗口主菜单中的 File→New SDC File，打开一个空白文本编辑器。接着，可以在文本编辑器中输入 SDC 命令。对于不熟悉 SDC 命令的初学者，Timing Analyzer 提供了图形化的对话框操作，这种方法非常好用。

4）对时钟端口添加约束。选择 SDC 文本编辑器主菜单中的 Edit→Insert Constraint→Create Clock...，弹出 Create Clock 窗口。输入 clock1 作为时钟的名称，设定 Period（周期）为 20ns（即 50MHz），占空比为 50%（让 Rising 和 Falling 栏为空白即可）。

再单击 Targets 右边的浏览按钮…，打开 Name Finder 窗口，在 Collection 中选择 get_ports，单击 List 按钮，会出现工程顶层模块的所有引脚名称，单击 clk1，再单击 > 按钮，选择 clk1 到右侧窗口作为目标端口，单击 OK 按钮返回。设定完成的界面如图 10.2.9 所示。单击 Insert 按钮，在编辑器中当前光标位置处插入一条对时钟时序进行约束的 SDC 命令（即窗口最下面的那条命令）。

注意，每次插入操作完成后，要将光标移到该行命令的最后并回车，以便继续插入下一条 SDC 命令。

5）对输入端口添加约束。选择 SDC 文件编辑器主菜单中的 Edit→Insert Constraint→Set Input Delay...，弹出 Set Input Delay 窗口，按照图 10.2.10 所示填入各选项。在 Targets 右侧采用通配符“*”表示以 data 开头的所有端口，即输入端口 dataa[7..0] 和 datab[7..0] 相对于时钟信号 clock1 触发沿的最大延时为 4.5ns。单击 Insert 按钮，一条对输入端口时序进行约束的 SDC 命令被插入当前光标位置处。

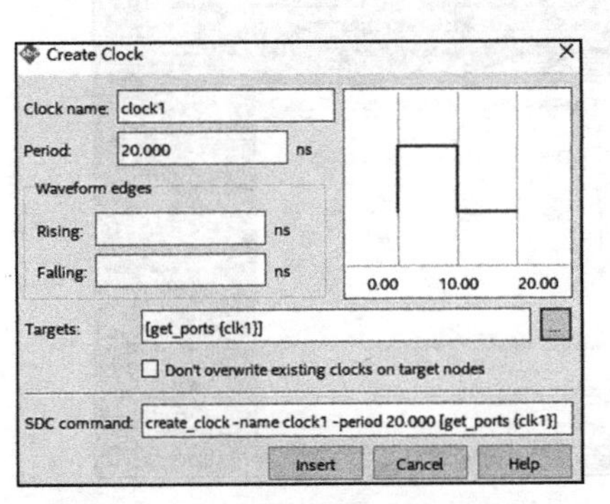

图 10.2.9 设置时钟信号的约束

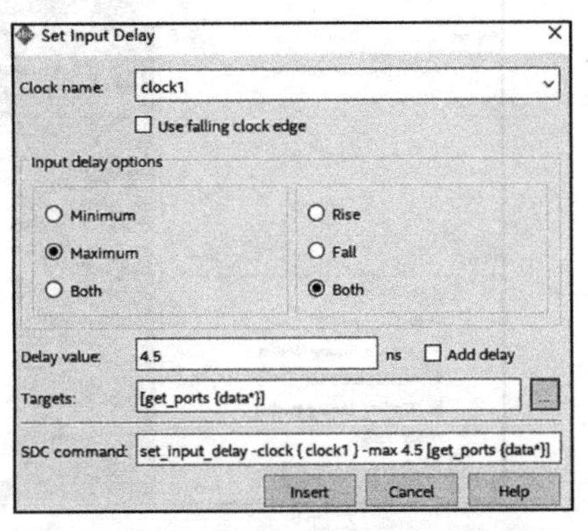

图 10.2.10 设置输入端口的最大延时

接着，重复该步骤，将以 data 开头的所有输入端口相当于时钟信号的最小延时设置成 1.75 ns。

再次使用 Set Input Delay 命令，将 wren、rdaddress[4..0] 和 wraddress[4..0] 相对于时钟信号 clock1 触发沿的最大延时设置为 2.5ns，最小延时设置为 1.0ns。至此，所有输入端口的约束条件就设置完成了。

6）对输出端口添加约束。选择 Edit→Insert Constraint→Set Output Delay…，弹出 Set Output Delay 窗口。重复步骤 5，将输出端口的最大延时设置成 1.75ns，最小值为 0.0ns。即 q[15..0] 相对于时钟信号 clock1 触发沿的最大延时为 1.75ns，最小延时为 0.0ns。

7）完成上述操作后，得到如图 10.2.11 所示的约束文件。选择 File→Save As…保存该文件，文件名为 pipemult.sdc。关闭文本编辑器和 Timing Analyzer 工具。

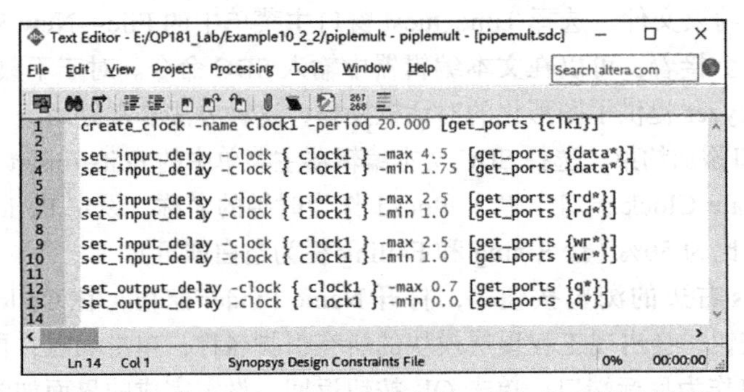

图 10.2.11 对时钟、输入和输出端口添加约束后的界面

10.2.4 全编译并完成布局布线

在设定好时序约束以后，就需要对整个设计进行完整的编译。在编译过程中，Quartus

会自动调用 Timing Analyzer 软件进行时序分析，并优化设计的逻辑、布局布线等，以便尽可能满足所有的时序约束。

如果没有添加时序约束，软件在编译的时候，会按照默认的时序约束对设计进行优化，并会给出不能满足时序要求的严重警告。在 Quartus 软件中，将所有没有被约束的时钟都默认设定为 1GHz。在绝大多数情况下，这与设计本身的要求是不同的，并没有太多的参考价值，很多初学者也不会注意到这个问题。这样就把设计中很多潜在的时序问题给隐藏起来了，最终带来的可能是系统运行不稳定，甚至是完全不能运行。

这里，继续下面的操作。

1）回到 Quartus 主界面，选择主菜单中的 Project→Add/Remove Files，出现 Settings 窗口。选中左窗口中的 Files，单击右侧 File Name 后面浏览按钮，找到约束文件 pipemult.sdc，并添加到当前工程中。

接着，选中左窗口中的 Timing Analyzer，看到图 10.2.12 所示界面，单击 OK 按钮。如果文件 pipemult.sdc 没有被添加的话，使用 File name 右边的浏览按钮找到文件 pipemult.sdc，单击 Open，然后单击 Add，添加该文件到列表中。

2）进行全编译。选择 Quartus 主菜单中的 Processing→Start Compilation，进行完整的编译。此时，Quartus 将根据设置好的 SDC 文件调用 Timing Analyzer 工具对布局布线的结果进行时序分析，并产生时序分析的报告。编译成功后，弹出一个提示信息，单击 OK 按钮关闭窗口。

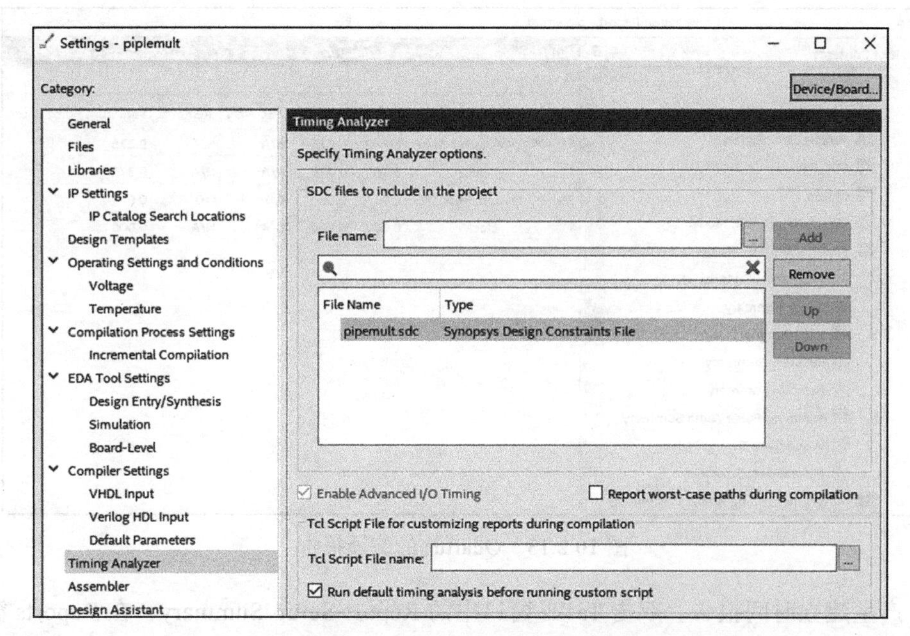

图 10.2.12 加入 pipemult.sdc 文件

3）在 Quartus 中查看编译报告。编译完成后，出现如图 10.2.13 所示编译报告。在左窗 Timing Analyzer 文件夹中包含各种时序分析报告，最值得关注的是不同时序模型下的报告小结（Setup、Hold、Recovery、Removal 和 Minimum Pulse Width)，例如，图中右侧给出了

Multicorner[⊖]Timing Analysis Summary 这 5 个参数的裕量，其中最小脉宽是对信号脉冲宽度的说明。

首先检查 Slow Model、Fast Model 或者 Multicorner Timing Analysis Summary 中是否有红色字，如果没有红色字，表明报告中所有的裕量都没有出现负值，说明设计通过了时序分析，可以在设定的约束条件下工作，不需要做进一步的检查。

如果有红色字，则说明在设定的约束条件下，设计不能正常工作，需要根据报告结果对设计进行调整或更换器件，并且编译时 Quartus 还会给出严重警告，非常直观。

10.2.5 验证时序

在 Quartus 中完成全编译后，可以在 Timing Analyzer 中查看更详细的时序分析结果。其步骤是：

1）单击 Quartus 工具栏中的按钮，打开时序分析软件。此时 Timing Analyzer 会自动打开当前工程项目，并读入 pipemult.sdc 约束文件。接着，在左侧窗口的 Reports 子目录中，可以双击相应选项产生各种报告。例如，双击 Tasks 窗口中的 Report SDC，会在 Reports 窗口中生成一个名为 SDC Assignments 的文件夹。双击 Tasks 窗口中的 Report Unconstrained Paths，列出用户还没有约束的端口或路径，常常用来检查对设计的约束是否完整。

注意，不要使用主菜单中的 Nestlist→Create Timing Netlist，再次创建时序网表。

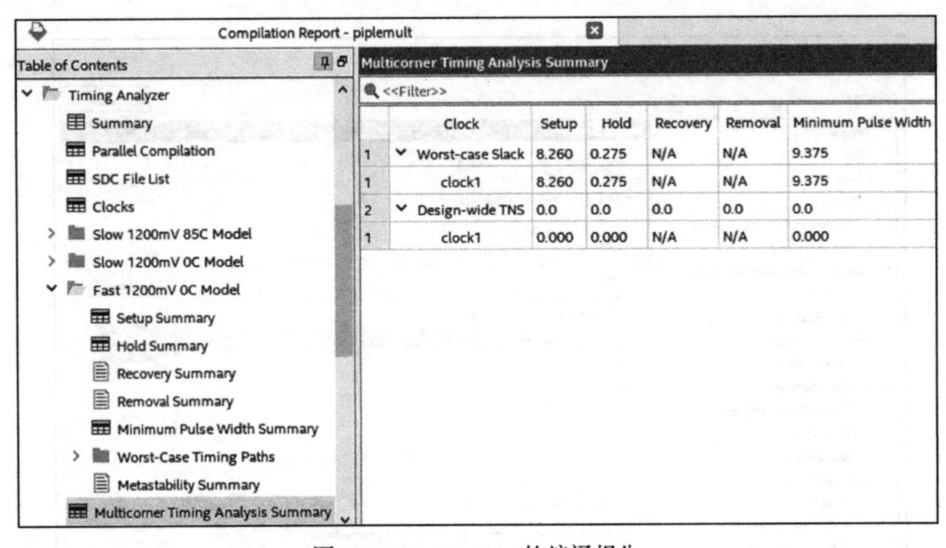

	Clock	Setup	Hold	Recovery	Removal	Minimum Pulse Width
1	Worst-case Slack	8.260	0.275	N/A	N/A	9.375
1	clock1	8.260	0.275	N/A	N/A	9.375
2	Design-wide TNS	0.0	0.0	0.0	0.0	0.0
1	clock1	0.000	0.000	N/A	N/A	0.000

图 10.2.13 Quartus 的编译报告

2）产生建立时间报告。双击 Tasks 窗口中的 Report Setup Summary，在 Reports 窗口中出现 Summary(Setup) 报告，如图 10.2.14 所示。

⊖ 影响 FPGA 性能的多个因素（例如，电源电压、内核温度）都处于极端值的情况，称为 Multicorner。可参见百度百科的“边角案例（corner case）”加深理解。

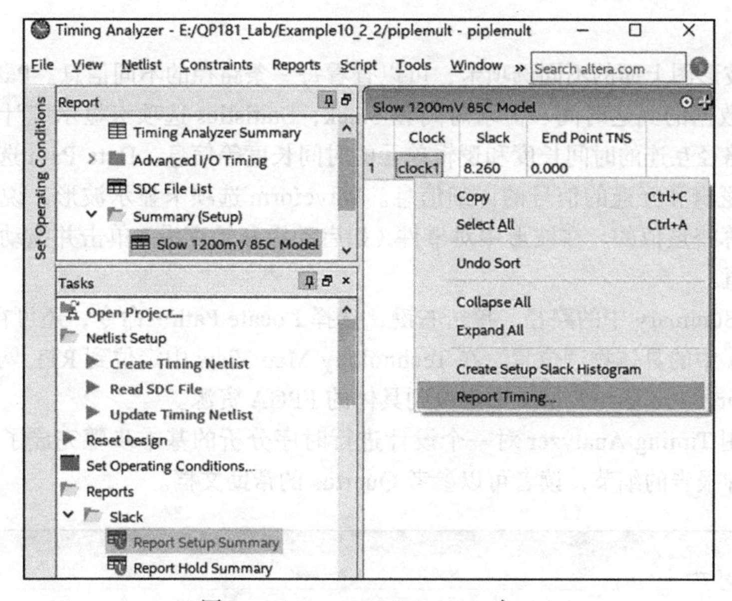

图 10.2.14　Setup Summary 窗口

注意，左窗中 Create Timing Netlist、Read SDC File 和 Update Timing Netlist 左侧会出现绿色的“√”，即使用 Tasks 窗口生成报告所需要的步骤会自动地被执行，这是由 TimeQuest 图形化界面提供的。我们现在之所以能够这样做，是因为用 Quartus 进行全编译已经得到 post-fit（布局布线）网表，默认情况下，TimeQuest 将用 post-fit（布局布线）网表代替先前生成的 post-map（逻辑综合）网表。

3）产生更详细的报告。单击选中右窗中的 clock1，再单击鼠标右键，使 clock1 高亮显示，选择 Report Timing...，弹出如图 10.2.15 所示的对话框。将 Paths 中的 Report number of paths（报告路径数量）改成 20，选择 Output 中的 Detail level（报告的详细程度）为 Summary，单击按钮 Report Timing，关于建立时间的详细报告（Setup: clock1 Summary）将以列表的形式显示 20 条路径。

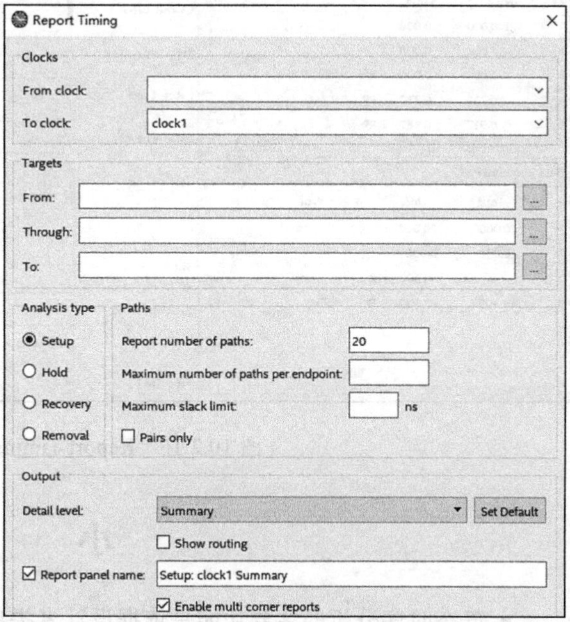

在图 10.2.15 中，如果选择 Output 中的 Detail level 为 Full Path，单击按钮 Report Timing，将会显示图 10.2.16 所示的时序波形图，可以选择查看不同路径的时序图。

注意，Quartus 每次综合后，波形的相对位置与时间的数值会有细微的不同，但只要 Slack（裕量值）的颜色为绿色就没

图 10.2.15　Report Timing 对话框

有问题。

通过单击波形图上面的不同选项卡，可以查看每一条路径的不同信息。Path Summary 选项卡可以显示数据的到达时间、需求时间和 Slack，Statistics 选项卡显示统计信息，即分开显示信号通过路径互连的时间长度和逻辑单元的时间长度等信息。Data Path 选项卡提供了有关实际器件的逻辑和互连的信号的详细信息。Waveform 选项卡显示波形，说明时序分析器究竟是如何计算裕量值的。在波形中对事件（如启动沿和锁存沿）单击并拖动便可以增加游标并显示时间值。

选择 Path Summary 中的路径，单击右键，选择 Locate Path…命令，还可在 Chip Planner 中定位到 FPGA 中的具体物理位置，在 Technology Map View 中定位到 RTL 网表中的具体位置，或在 Resource Property Editor 中定位到具体的 FPGA 资源。

至此，使用 Timing Analyzer 对一个设计进行时序分析的基本步骤完成了。对于更高阶的用法以及各种报告的细节，读者可以参考 Quartus 的帮助文档。

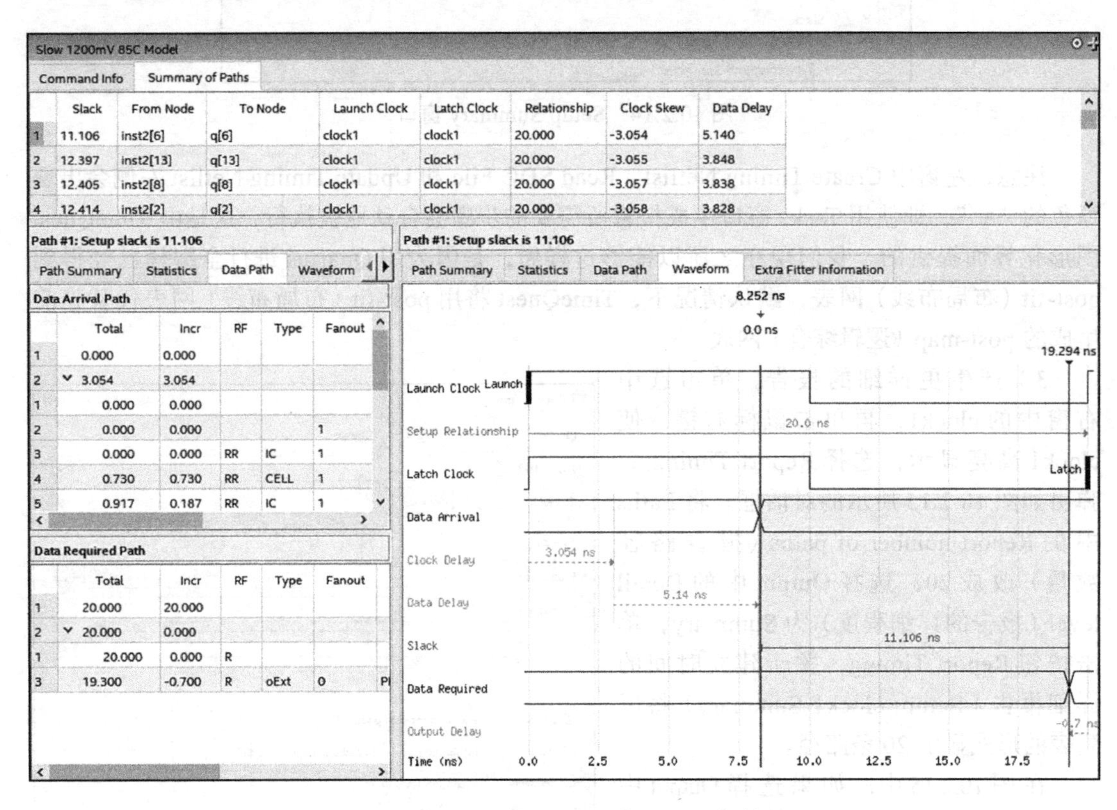

图 10.2.16　Report Timing（Full Path）结果

小　　结

- 静态时序分析的主要功能是依据设计者提出的特定时序约束，要求系统在综合、布局和布线上能够满足设计者所提出的要求，提供映射后的时序分析报告，给出系统的最高工作频率、建立时间（setup time）、保持时间（hold time）等性能指标，以便设计者对设计的性能进行评估。

- 在 TimeQuest Timing Analyzer 中创建一个 SDC 约束文件的常用命令有：create_clock、set_input_delay、set_output_delay、create_generated_clock、derive_pll_clocks、derive_clock_uncertainty 等。
- 在对设计进行时序约束之前，要先用 Quartus Prime 软件对设计项目进行逻辑综合，或者进行适配（布局、布线），以便建立一个初始的数据库。
- 根据逻辑综合结果建立的数据库称为 **Post-map 模型**；根据适配（布局、布线）后的结果建立的数据库称为 **Post-fit 模型**。TimeQuest Timing Analyzer 会根据设定的模型来计算路径延迟。使用 Post-map 模型对逻辑综合后的网表进行时序分析，花费的时间较少；而使用 Post-fit 模型对布局、布线后的网表进行时序分析，花费的时间较长，但比较精确。如果对一个设计以 Post-map 网表计算路径延迟就能够满足要求，就可以不对 Post-fit 模型进行分析。

第三篇

可编程片上系统

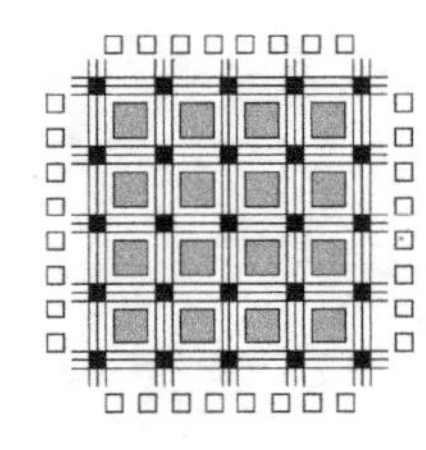

第 11 章 可编程片上系统入门

本章目的

本章介绍可编程片上系统技术、硬件及软件的开发过程，主要内容包括：

- 可编程片上系统的基本概念、开发流程。
- 硬件平台软件（Platform Designer，或称 Qsys）的基本操作、IP 组件互连和系统生成。
- 软件编译工具（Nios II Software Build Tools for Eclipse，简称 Nios II SBT）的基本操作和工程创建、编译流程。
- 烧写含有 Nios II 工程的固件（.sof 和 .elf）到 Flash 存储器。

11.1 SOPC 技术概述

11.1.1 SOC 技术

片上系统（System on One Chip，SOC）是指将一个完整产品的功能集成在一个芯片或芯片组上，包括 CPU、存储器、硬件加速单元（AV 处理器、DSP、浮点协处理器等）、通用 I/O（GPIO）、UART 接口和模数混合电路（放大器、比较器、A/D、D/A、射频电路、锁相环等），甚至延伸到传感器、微机电和微光电检测单元等。如果把 CPU 看成电子系统的大脑，那么 SOC 就是包括大脑、心脏、眼睛和手等功能的复杂电子系统。例如，华为麒麟 990 5G 芯片就是为 5G 移动通信应用设计的 7nm 工艺的专用 SOC 器件，其片内分别集成了提高 CPU 和 GPU 计算性能的二十多个不同内核。

SOC 以嵌入式系统为核心，集软、硬件于一体，并追求最高的集成度，是电子系统设计的必然趋势和最终目标，也是现代电子系统设计的最佳方案。SOC 是一种系统集成芯片，它使用可重用的 IP 来构建系统。其系统功能可以完全由硬件完成，也可以由硬件和软件协同完成。SOC 设计能够综合考虑整个系统的情况，因而可以实现更高的系统性能。但是，基于 ASIC 实现的 SOC 系统往往设计周期长、费用高、产品功能固定，这使得学术科研机构、中小企业难以研究和使用这种系统。

随着 FPGA 技术的不断发展，人们开始关注基于 FPGA 的可重构 SOC 系统解决方案设计，这就是可编程片上系统（System On Programmable Chip，SOPC ）技术。

利用 SOPC 技术，能在单颗 FPGA 器件上使用各类软核 IP 和硬核 IP 资源构建适合项目应用需求的嵌入式平台，还能随时对固件和硬件进行修改。具有设计周期短、投资风险小和设计成本低等优势。

11.1.2 SOPC 技术

SOPC 是传统可编程技术与 SOC 技术相互融合的结果。2000 年，Altera 公司发布了 Nios 软核处理器，它是业界第一款为可编程逻辑优化的可配置处理器，现在已经升级为 Nios II——一款 32 位的 RISC 处理器。而 Xilinx 公司的软核微处理器有 8 位的 PicoBlaze 和 32 位的 MircoBlaze。

Nios II、PicoBlaze 和 MircoBlaze 也称为 IP 软核，IP 软核通常是用 HDL 文本形式提交给用户的，它经过 RTL 级设计优化和功能验证，但其中不含有任何具体的物理信息。据此，用户可以总结出正确的门电路级设计网表，并可以进行后续的结构设计。它还具有很大的灵活性，借助于 EDA 综合工具可以与其他外部逻辑电路合成一体，根据不同的半导体工艺设计成具有不同性能的器件。

除了 IP 软核广泛用于可编程片上系统设计外，部分 Intel FPGA 和 Xilinx FPGA 器件内部还集成了硬核微处理器（如 ARM Cotex-A9、PowerPC 等），这类器件既可以发挥 FPGA 灵活的硬件设计，又可以利用硬核来实现其他外围器件和接口的管理，充分发挥处理器的强大运算功能，但是这类 FPGA 器件的价格通常比较昂贵。

基于 FPGA 的片上系统需要使用软、硬件协同设计开发工具，Intel FPGA（原 Altera 公司）和 Xilinx FPGA 均提供支持可编程片上系统设计的工具，其中 Intel FPGA 的开发软件是 Quarts Prime、Platform Designer（以前称为 Qsys）和 Nios II Software Build Tools for Eclipse（以下简称 Nios II SBT）；而 Xilinx FPGA 的开发软件是 Vivado 和 SDK。这里以 Intel FPGA 的开发为例，介绍可编程片上系统设计。

11.1.3 基于 Nios II 处理器的嵌入式系统组成

1. Nios II 处理器简介

Nios II 是 Altera 公司于 2004 年 6 月推出的第二代 32 位 RISC 嵌入式软核处理器，是构成可编程片上系统的核心 IP 软核。它的最大优点在于其可配置特性，用户可以根据项目实际需求选择外设、存储器和接口，可以在同一个 FPGA 芯片中配置多个不同的处理器并行协同工作，可以使用自定义指令为处理器集成自己的专用功能。

Nios II 处理器系列包括三种内核——快速型（Nios II/f）、标准型（Nios II/s）和经济型（Nios II/e），这些内核共享 32 位指令集体系，其二进制代码 100% 兼容。具有 32 位数据总线宽度和 32 位地址空间，32 个通用寄存器和 32 个外部中断源。三种内核的特性比较如表 11.1.1 所示，每一型号都针对价格和性能进行了优化。

表 11.1.1 Nios II 三种内核特性比较

特性	Nios II/f	Nios II/s	Nios II/e
说明	针对性能优化	平衡性能和尺寸	针对逻辑资源占用优化
流水线	6 级	5 级	无
乘法器	1 周期	3 周期	软件仿真实现
支路预测	动态	静态	无

（续）

特性	Nios II/f	Nios II/s	Nios II/e
指令缓冲	可设置	可设置	无
数据缓冲	可设置	无	无
定制指令	256 条	256 条	256 条

2. 基于 Nios II 处理器的嵌入式系统

通常嵌入式系统包括处理器、存储器模块、定时器、通用 I/O 接口电路、用户外设等，图 11.1.1 是 Nios II 处理器组成的嵌入式系统示意图。

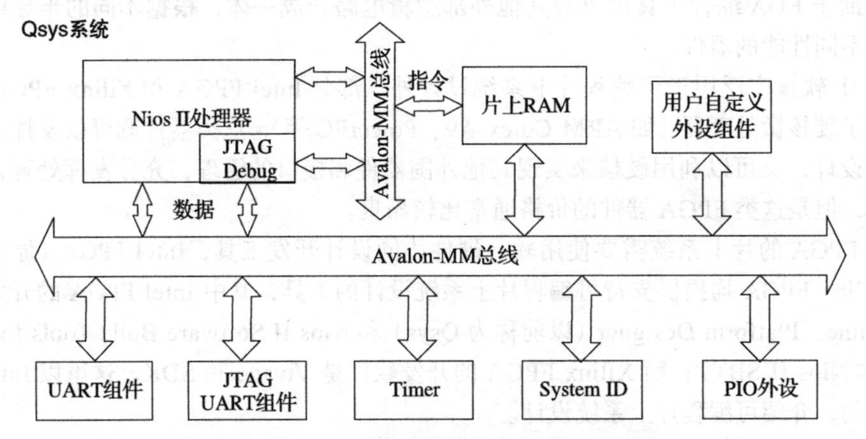

图 11.1.1 基于 Nios II 处理器的嵌入式系统

Nios II 处理器通过 Avalon 总线与外设接口模块进行数据交换。Avalon 总线是一种协议较为简单的片内总线。Avalon 标准主要有下面 6 种接口类型。

- Avalon 存储器映射接口（Avalon-MM）：此类接口定义了一种基于地址的主从设备连接。Avalon-MM 主设备使用地址识别 Avalon-MM 从设备，并对从设备进行读写数据操作。
- Avalon 流接口（Avalon-ST）：此类接口定义了一种两个组件之间的专用单向链接。它为 DMA 和从外设之间提供专用连接，以便减少 Avalon-MM 接口的数据访问压力。
- Avalon 内存映射三态接口：此类接口堪称一种特殊的片内 Avalon-MM 从设备，基于地址的读写，用于驱动片外三态总线和外设。Nios II 通过 Avalon 三态接口对片外存储器外设进行访问时，不同类型的存储器（如 SRAM、Flash）可以共享相同的 I/O 线。
- Avalon 时钟：此类接口可驱动或接收时钟和复位信号，用于系统同步和复位的链接。
- Avalon 中断：此类接口允许从设备向主设备发送事件信号。Avalon 中断发送器接口产生中断请求，Avalon 中断接收器接口接收并处理中断请求。由 Nios II 按照中断优先级响应外设的中断请求。
- Avalon 管道：用于将 SOPC 系统内部的信号引出到系统外部，以便与 FPGA 内部其他逻辑模块相连，或者导出信号至 FPGA 器件的引脚上。

图 11.1.1 中，Avalon-MM 总线分为 Nios II 处理器的指令总线和数据总线，指令总线连接 Nios II 处理器、JTAG UART 和片上 RAM，即指令存储在片上 RAM 中，通过 Avalon-MM 总线读取，JTAG UART 组件主要用于程序下载调试。数据总线连接所有外设，Nios II 处理器可实现对所有外设的读写。

11.2 SOPC 系统设计流程

基于 Intel FPGA 的可编程片上系统设计需要使用 Quartus Prime、Platform Designer 和 Nios II SBT 等软硬件协同设计开发工具，如果要进行 DSP 的开发，还会用到 Matlab 和 DSP Builder。

Quartus Prime 用来建立硬件系统，它内部集成的 Platform Designer 工具专门用来集成 IP 核。Platform Designer 以前称为 Qsys，利用它能将处理器、存储器、I/O 接口单元、数字信号处理单元等 IP 核集成到一个系统中，还能将自己用硬件描述语言设计的逻辑单元封装成 IP 核，添加至系统设计中，并能自动生成互连逻辑，以便以 Nios II CPU 为核心组成嵌入式系统的硬件电路。

Nios II SBT 是一个软件代码的开发环境，用来编写软件代码、编译和仿真运行。在完成硬件系统后，接着就是软件开发。

图 11.2.1 是整个系统的开发流程示意图，其主要步骤为：

1）分析系统需求。

依据任务的功能需求和性能要求等，确定系统所要完成的功能及复杂程度，确定系统实现时的软件和硬件分工，进行系统设计和方案论证。

2）硬件设计。

首先，利用 Quartus Prime 建立工程，然后在 Platform Designer 开发环境中建立嵌入式系统硬件。具体过程为：首先调用 Nios II 处理器及标准外设接口模块，再添加一些其他功能模块（例如第三方提供的 IP 核或用户自己定制的模块等），利用 Platform Designer 将各个模块用总线进行正确连接后，生成硬件系统。

接着，开发所需要的 HDL 源文件以及软件开发需要的 C 程序文件。

最后，得到有关 CPU 内核描述的 HDL 文档，回到 Quartus Prime 中进行必要的配置，添加其他逻辑功能模块，进行仿真、综合，最终得到实现硬件系统的配置文件。

3）软件设计。

首先完成与硬件平台无关部分的 C/C++ 代码，得到硬件平台相关的系统支撑库文件后，再进行目标平台代码的编写和软件调试。

4）协同验证与调试。

将硬件配置文件和编译软件代码得到的可执行文件同时下载到实际的 FPGA 芯片中进行运行和调试，一般会用到片上调试技术。通过片上调试和验证，确定系统是否符合要求，经过反复修改、调试，直至满足要求为止。

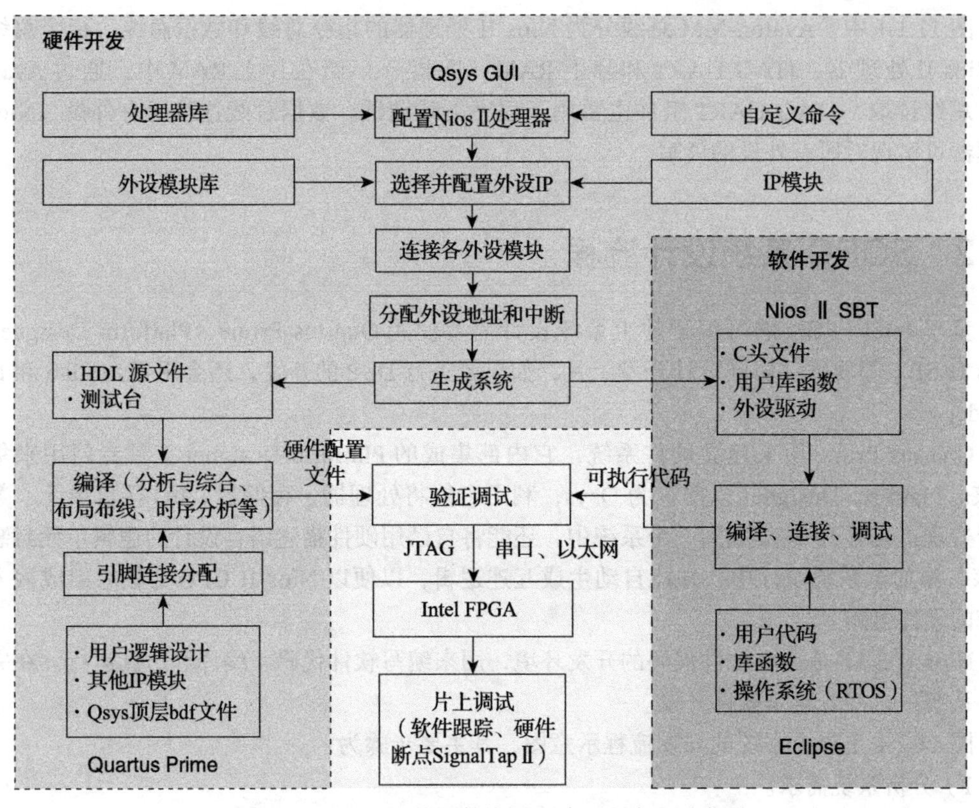

图 11.2.1　SOPC 软硬件协同设计开发流程示意图

11.3　SOPC 硬件系统设计

下面通过一个软核处理器（Nios II）控制 PIO（Parallel I/O，并行输入输出端口）的实例，介绍基于 Nios II 的可编程片上系统的具体操作步骤，并在 DE1-SOC（也可以用 DE2-115）开发板上实现系统功能。本节介绍硬件系统的设计，下一节再介绍软件系统的设计。

11.3.1　设计任务

设计一个可控制 LED 闪烁的可编程片上系统，在 DE1-SOC 开发板上验证其功能。

主要功能：使用 DE1-SOC 开发板上的 10 个拨动开关和 2 个 LED，实现 Nios II 控制外设 PIO 交替点亮和熄灭两个 LED，LED 点亮和熄灭的时间间隔由开关控制。

实现说明：开关的状态构成 LED 亮和灭的持续时间权值。假设 DE1-SOC 开发板上的拨动开关上拨为“1”，下拨为“0”，10 个拨动开关的状态构成的 10 位二进制数即为时间权重值。例如，当 10 个拨动开关的状态为 00_0000_0001 时，LED 亮和灭的持续时间为 1 个单位时间，当拨动开关的状态为 00_0000_1001 时，LED 亮和灭的持续时间为 9 个单位时间。

该系统的硬件组成框图如图 11.3.1 所示。Nios II 处理器和时钟（Clock）组件是最重要的组成部分，Clock 组件通过 clk_in 和 clk_in_reset 两个引脚接收外部信号，并产生两个主要的系统信号，即系统时钟信号 clk 和系统复位信号 clk_reset，clk 信号是整个硬件系统的时间基准。片上系统实现时，clk_in 连接至 DE1-SOC 外部的 50MHz 时钟，clk_in_reset 由用户自定义复位按键输入。

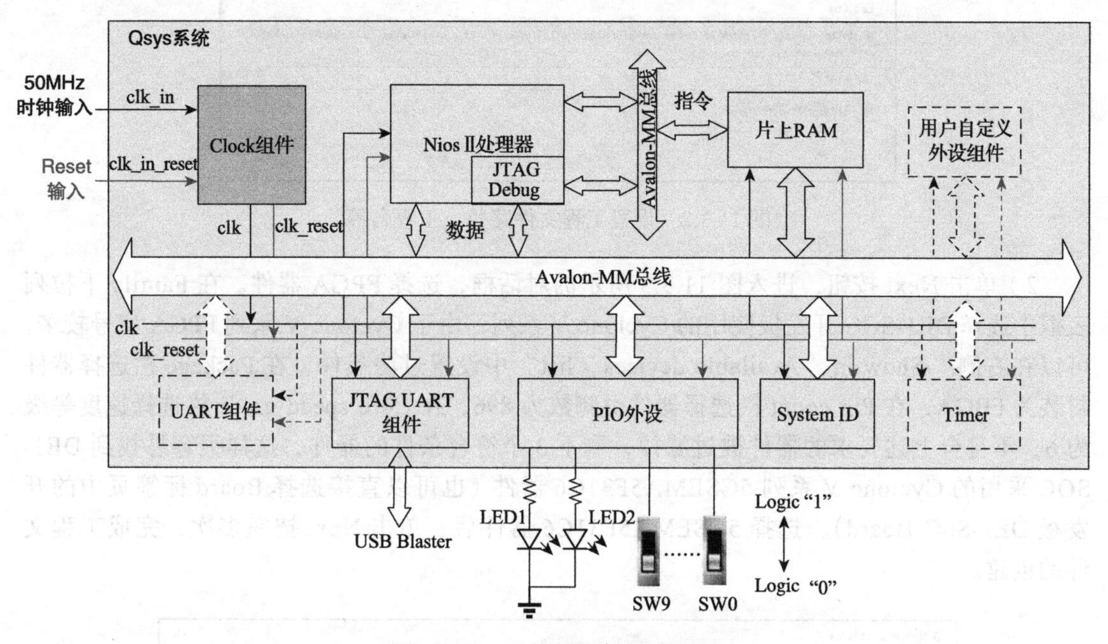

图 11.3.1　系统的硬件组成框图

图 11.3.1 为可编程片上系统的基本组成，除 Clock 组件外，处理器和外设组件的类别和数量可在 Platform Designer 中根据系统设计要求添加。本例中除 Nios II 处理器外，需要添加的基本外设组件主要有片上存储器（RAM）、JTAG UART 组件、System ID 组件、PIO 组件。

Nios II 处理器通过 Avalon 总线与外设接口模块进行通信。在可编程片上系统的设计中，Platform Designer 提供了丰富的外设组件 IP 库供用户使用，例如串行通信接口 UART 组件、定时器 Timer、片外存储器控制器 SDRAM Controller 等，对于特殊应用的外设 IP 组件，用户可以自定义外设添加（具体方法在下一章介绍）。

11.3.2　创建 Quartus Prime 工程

启动 Quartus Prime 软件，新建一个工程项目。其基本步骤为：

1）在 Quartus Prime 主界面单击快捷图标，或者选择主菜单中的 File→New Project Wizard 命令，启动工程创建向导。在图 11.3.2 所示对话框中，设置工程文件路径、工程名和顶层文件实体名。图中第一栏为 Quartus Prime 工程的存放路径，第二栏为工程名，第三栏为工程顶层模块的名字，默认与工程名相同。注意，路径中的文件夹和文件名不能出现中文字符和空格。

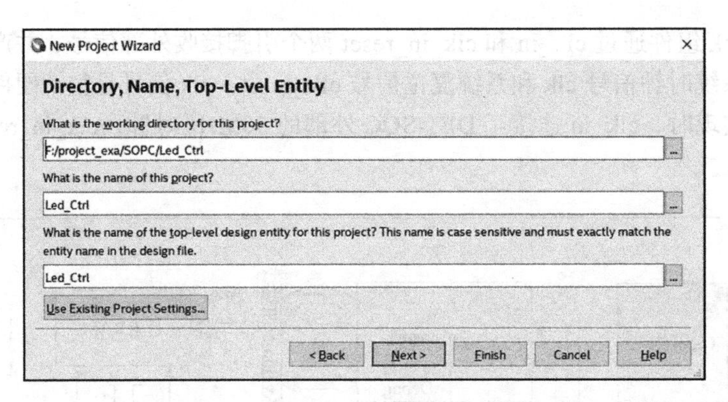

图 11.3.2　设置工程文件路径、工程名等

2）单击 Next 按钮，进入图 11.3.3 所示的对话框，选择 FPGA 器件。在 Family 下拉列表框中选择 DE1-SOC 开发板使用的 Cyclone V 系列，由于 Cyclone V 系列 FPGA 型号较多，可以在右侧“Show in ‘Available devices’ list”中设置过滤条件，在 Package 栏选择器件封装为 FBGA，在 Pin count 栏选择器件引脚数为 896，在 Core speed grade 栏选择速度等级为 6，不符合上述要求的器件被过滤掉，剩下 3 个符合条件的器件，这样很容易找到 DE1-SOC 采用的 Cyclone V 系列 5CSEMA5F31C6 器件（也可以直接选择 Board 标签页中的开发板 DE1-SoC Board）。选择 5CSEMA5F31C6 器件后，单击 Next 按钮多次，完成工程文件的创建。

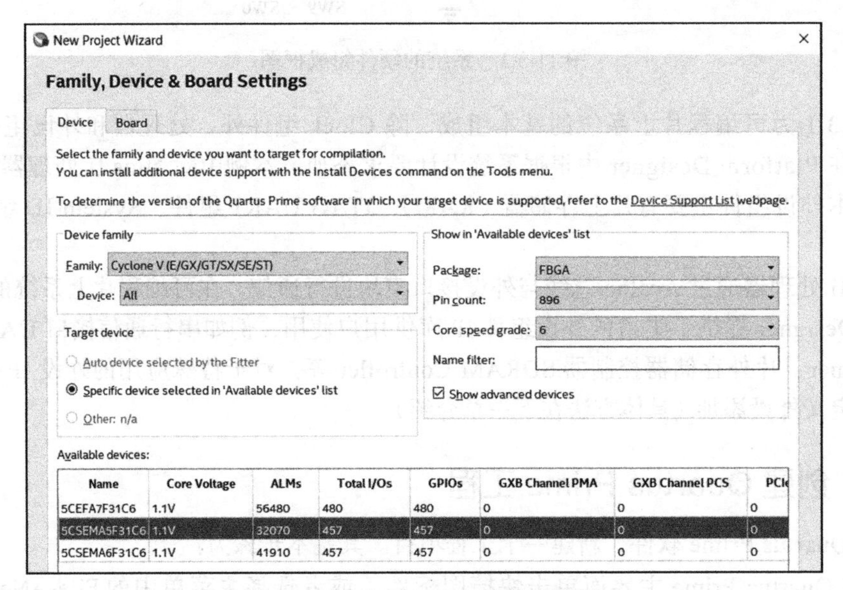

图 11.3.3　选择 FPGA 器件对话框

11.3.3　构建嵌入式硬件系统

接下来，启动 Platform Designer 工具搭建片上系统，主要步骤为：

1）启动 Platform Designer（或 Qsys），构建硬件系统设计文件。

在 Quartus Prime 主界面选择菜单栏中的 Tools→Platform Designer 命令（或单击快捷按钮），启动 Platform Designer 编辑界面。Platform Designer 默认打开一个名为 unsaved.qsys 的系统设计文件，在 System Contents 标签页会自动添加一个默认的时钟模块组件 clk_0。选择 File → Save as... 命令，将文件保存至 F:\project_exa\SOPC\Led_Ctrl 文件夹中，并将文件命名为 Led_Ctrl_sys.qsys。

单击保存按钮后，Platform Designer 后台自动加载系统设计库文件，加载完成后，关闭对话框，返回的 Platform Designer 界面如图 11.3.4 所示。

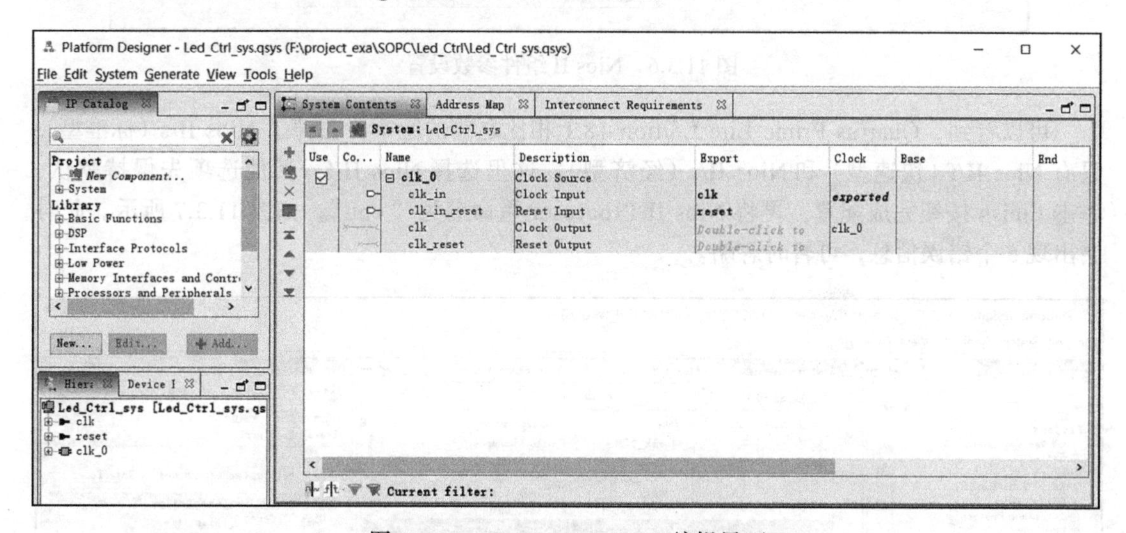

图 11.3.4　Platform Designer 编辑界面

2）添加 CPU 及外设 IP 核组件，并连接组件。

①双击时钟组件名 clk_0，可以查看或修改时钟模块组件的参数，这里默认时钟频率为 50MHz，如图 11.3.5 所示。再单击选中 clk_0，单击鼠标右键，选择 Rename，将 clk_0 名称修改为 clk_50M。

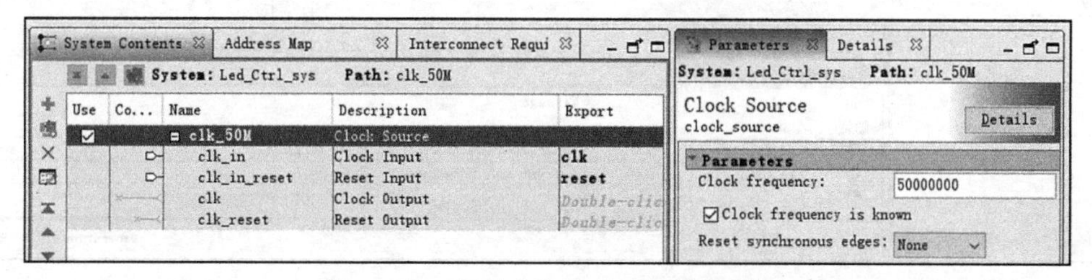

图 11.3.5　查看或修改时钟组件的参数

②添加 Nios II 处理器。在 Platform Designer 主界面左侧 IP Catalog 对话框的 Library 下面，选择 Processors and Peipherals→Embedded Processors→Nios II Processor，双击该组件（或者单击右下角的按钮“Add…”），将会弹出 Nios II 处理器组件参数设置对话框，如图 11.3.6 所示。

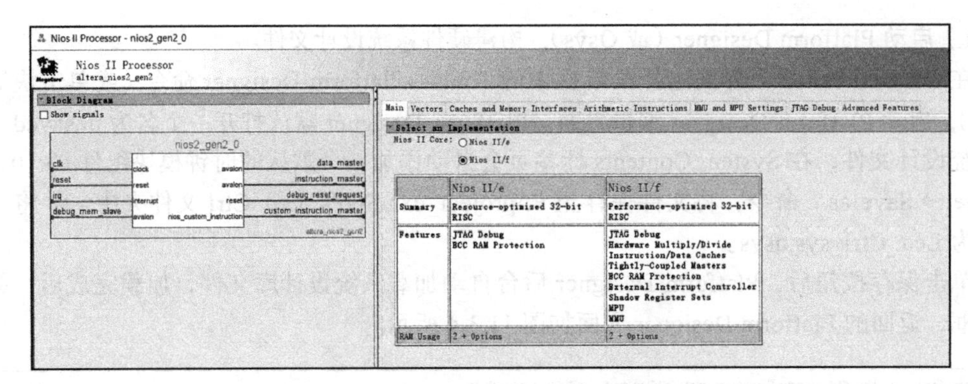

图 11.3.6　Nios II 组件参数设置

可以看到，Quartus Prime Lite Edition 18.1 相比之前的版本，去掉了 Nios II/s（标准型），只有 Nios II/f（快速型）和 Nios II/e（经济型）。这里选择 Nios II/f，其他选项先保持默认，单击 Finish 按钮完成配置，再将 Nios II Processor 重命名为“ cpu”，如图 11.3.7 所示。此时会出现 5 个错误信息，可暂时忽略。

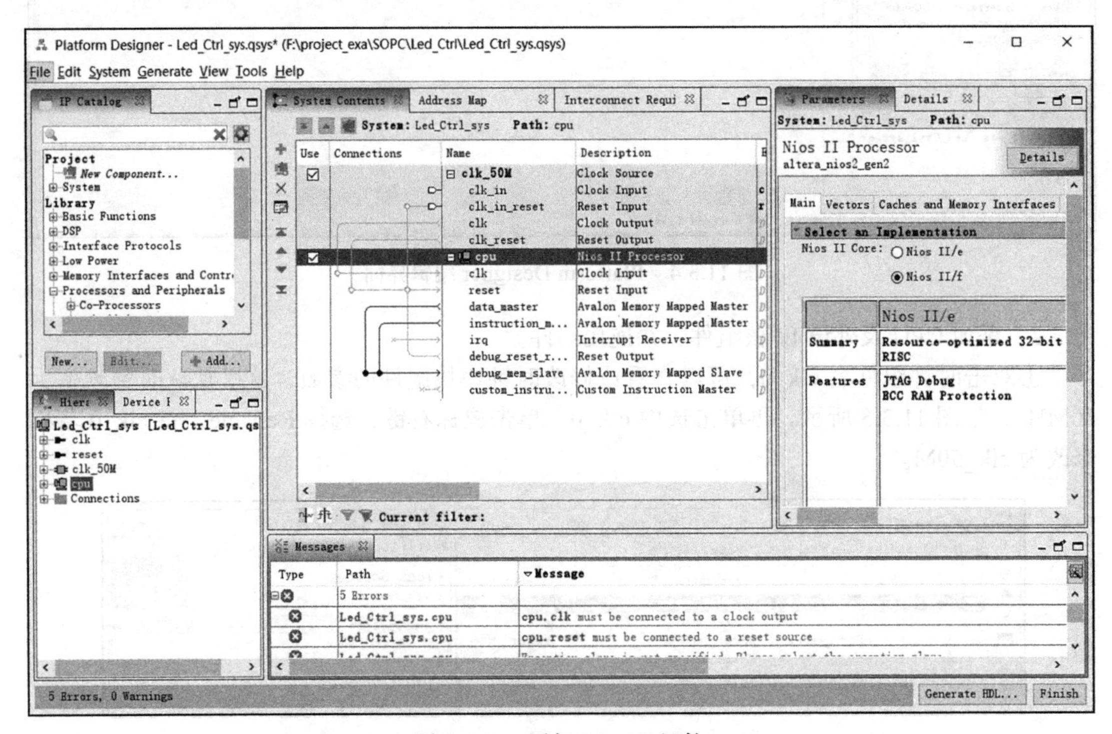

图 11.3.7　添加 Nios II 组件

③添加片内存储器。在 Platform Designer 主界面左侧的 IP Catalog 对话框中，选择 Basic Functions → On Chip Memory → On-Chip Memory（RAM or ROM）Intel FPGA IP 组件并双击它，出现片上存储器 IP 核参数设置对话框，设置存储器大小（Size）为 102 400（100 Kb），其他参数使用系统默认设置，如图 11.3.8 所示。单击 Finish 按钮完成设置，并将 onchip_ memory2_0 重命名为 onchip_ram。这时会出现 7 个错误和 1 个告警提示信息，可暂时忽略。

在 System Contents 标签页中双击 cpu 组件，进入 Nios II 处理器参数设置对话框，选择 Vectors 标签页，在 Reset vector memory 和 Exception vector memory 下拉列表框中选择 onchip_ram.s1，如图 11.3.9 所示。设置复位向量和异常向量地址后，错误提示信息减少为 5 个。

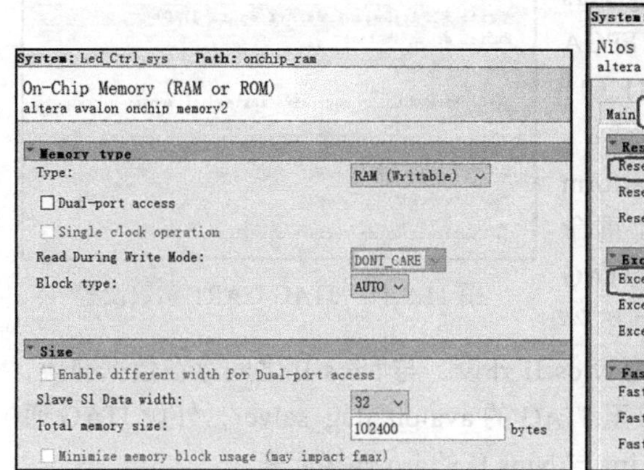

图 11.3.8　片上存储器参数设置对话框

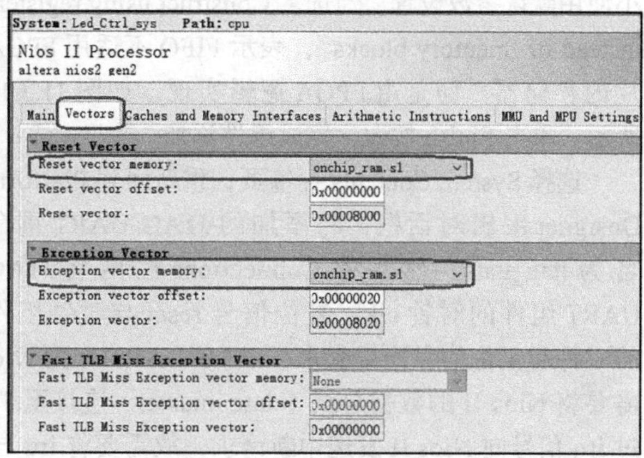

图 11.3.9　设置 Nios II 复位向量和异常向量地址

选择 System Contents 标签页下面的 Connections 列，单击交叉线处的空心圆点，将 cpu 组件的时钟、复位信号分别连接至 clk_50M 组件的相应信号上；将 cpu 组件的数据总线（data_master）和指令总线（instruction_master）连接到 onchip_ram 组件的 s1（Avalon-MM）。完成组件的信号线互连后，错误提示信息减少为 2 个。

再选择菜单中的 System → Assign Base Addresses 命令，更新各个组件的地址空间分配后，地址冲突的错误提示信息会消除，如图 11.3.10 所示。

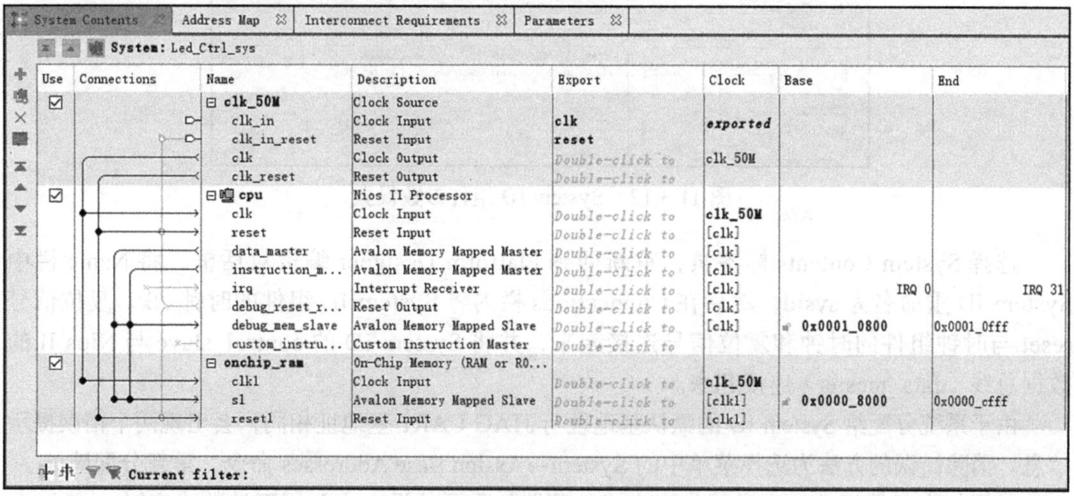

图 11.3.10　更新存储器基地址

④添加 JTAG UART 调试组件。JTAG UART 实现 PC 与 FPGA 内部 Nios II 处理器之间

的数据传输，与 Nios II 和 On-Chip Memory 组件一样，它是 SOPC 系统的必备 IP 组件之一。

在左侧 IP Catalog 对话框的查找栏输入关键词 JTAG（或者选择 Interface Protocols→Serial→JTAG UART Intel FPGA IP），可以搜索到该组件，双击它，进入参数设置对话框，本例读写缓存大小使用默认参数设置，勾选“Construct using registers instead of memory blocks”，表示 FIFO 不适用 FPGA 片内存储器，而是由 FPGA 逻辑实现，如图 11.3.11 所示。单击 Finish 按钮，完成组件添加。

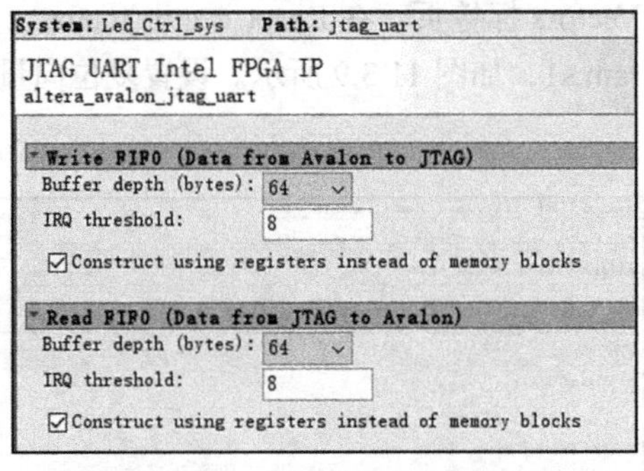

图 11.3.11 JTAG UART 参数设置

选择 System Contents 标签页，重新回到 Platform Designer 编辑对话框，将添加的 JTAG UART 重命名为 jtag_uart，然后在 Connections 栏内将 JTAG UART 组件的时钟 clk、复位信号 reset 与时钟组件的时钟和复位信号连接起来；JTAG UART 作为 Nios II 外设，与 Nios II 之间存在数据交换，需要将 Nios II 的数据总线（data_master）连接至 JTAG 的 avalon_jtag_salver，外设 JTAG 通过 irq 信号向 Nios II 发送中断请求，故需要将 irq 与 Nios II 的 irq 连接起来。

⑤添加 System ID 组件。System ID 是 Platform Designer 系统的唯一识别号，用于确认应用程序与 Nios II 处理器是否匹配，是 Platform Designer 系统的可选组件。

在左侧 IP Catalog 对话框的查找栏输入关键词 System ID，可以搜索到该组件，双击它，进入组件的参数设置对话框，如图 11.3.12 所示。Parameters 参数为 32 位 ID 值，可以任意设置一个 ID 值，这里为 0x00112233，设置完成后，单击 Finish 按钮，完成添加。

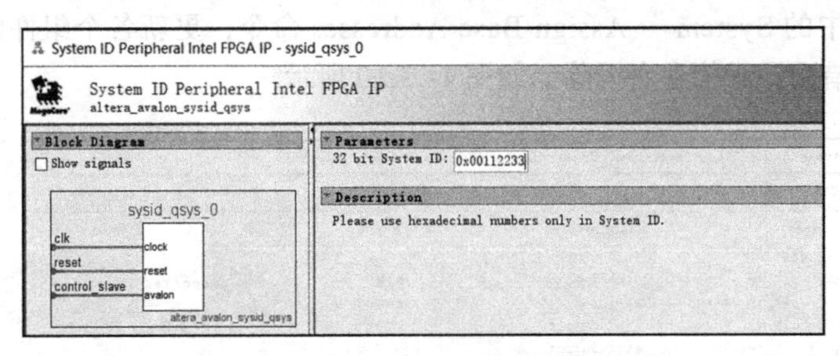

图 11.3.12 System ID 组件参数设置

选择 System Contents 标签页，重新回到 Platform Designer 编辑对话框，将 Name 栏中 System ID 重命名为 sysid，然后在 Connections 栏内将 System ID 组件的时钟 clk、复位信号 reset 与时钟组件的时钟和复位信号连接起来，并将 System ID 的 control_slave 与 Nios II 的数据总线（data_master）连接起来。

由于系统分配给 System ID 的默认基地址与 JTAG UART 基地址相同，会出现两个错误提示信息。消除错误的方法为选择菜单中的 System→Assign Base Addresses 命令，重新分配地址。

⑥添加定时器组件。定时器是嵌入式处理器的重要外设，主要用于计数或定时。

在左侧 IP Catalog 对话框的查找栏中输入关键词 Timer（或者选择 Processors and Peripherals→Peripherals→Interval Timer Intel FPGA IP），可以搜索到该组件，双击它，进入组件

的参数设置对话框。设置 Timeout period 时间为 1ms，其他参数保持默认设置，然后单击 Finish 按钮，完成组件的添加。

选择 System Contents 标签，将 Name 栏中的 timer_0 重命名为 timer，然后在 Connections 栏内将 Timer 组件的时钟 clk、复位信号 reset 与时钟组件的时钟和复位信号连接起来，并将 Nios II 的数据总线（data_master）连接至 Timer 的 s1（Avalon-MM），定时器通过 irq 信号向 Nios II 发送中断请求，故需要将 irq 与 Nios II 的 irq 连接起来。

完成上述组件的添加和连接后，出现的界面如图 11.3.13 所示。

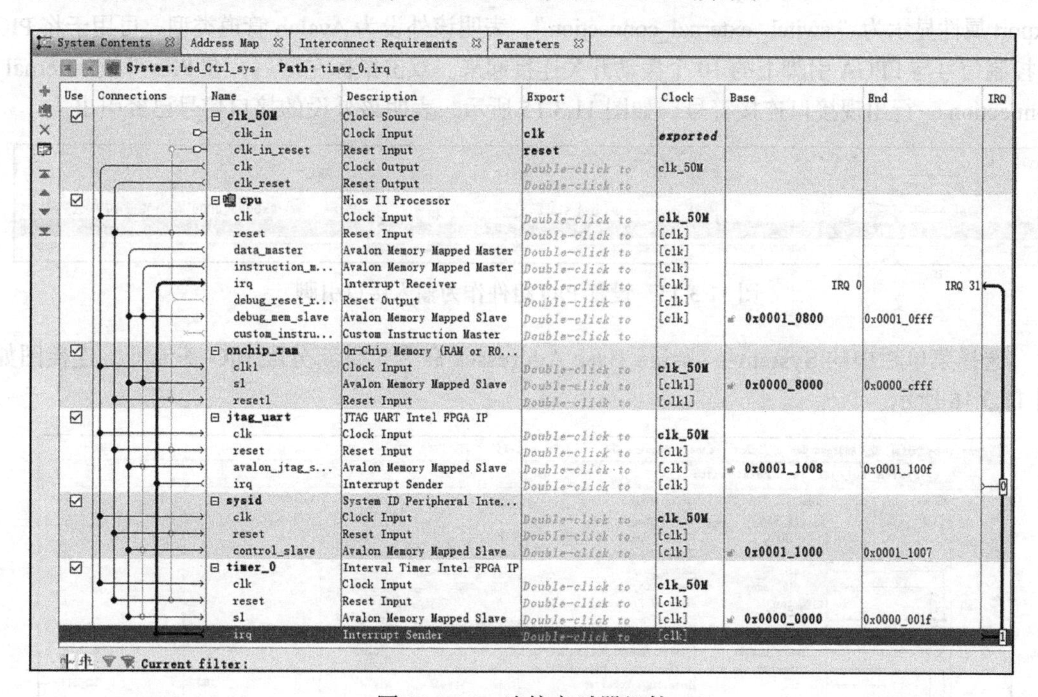

图 11.3.13　连接定时器组件

⑦添加 PIO 组件，用作输入。这是一个通用的并行 I/O 接口模块，这里将它连接到 DE1-SOC 开发板的 10 个拨动开关，以便输入外部开关的状态。

在左侧 IP Catalog 对话框的查找栏输入关键词 PIO，可以搜索到该组件，双击它，进入组件的参数设置对话框。如图 11.3.14 所示，设置 PIO 数据宽度（Width）为 10，方向（Direction）为 Input，其他参数保留为默认值。设置完成后，单击 Finish 按钮，完成添加。

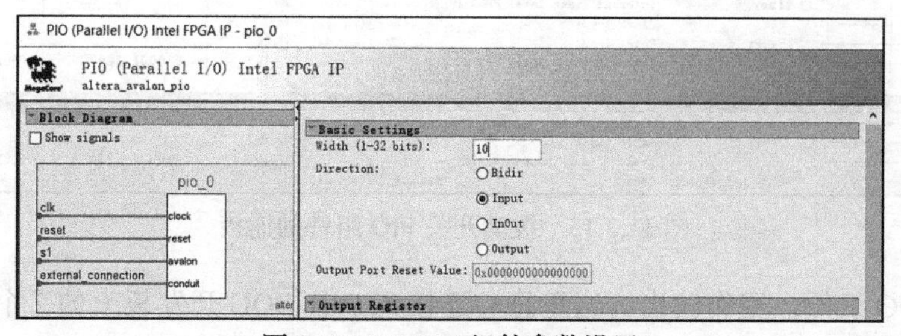

图 11.3.14　PIO 组件参数设置

选择 System Contents 标签页，重新回到 Platform Designer 编辑对话框，将 Name 栏中的 pio_0 重命名为 switch，然后在 Connections 栏内将 PIO 组件的时钟 clk、复位信号 reset 与时钟组件的时钟和复位信号连接起来；将 Nios II 的数据总线（data_master）连接至 PIO 的 s1（Avalon MM）。

DE1-SOC 的 10 个拨动开关 switch 连接至 FPGA 引脚，即外部拨动开关通过 PIO 接口连接至 Nios II 嵌入式处理器。在 System Contents 标签页中，选中外设 switch 的 external_connection 项，在对应的 Export 栏“Double-click to”处双击鼠标左键，此时的 PIO 外设的 Export 属性显示为“switch_external_connection”，表明该外设为 Avalon 管道类型，可用于将 PIO 的控制信号与 FPGA 引脚上的 10 个拨动开关连接起来。双击鼠标左键后，在 PIO 外设 external_connection 一行出现接口连接符号，如图 11.3.15 所示，表明该外设的接口信号已经引出。

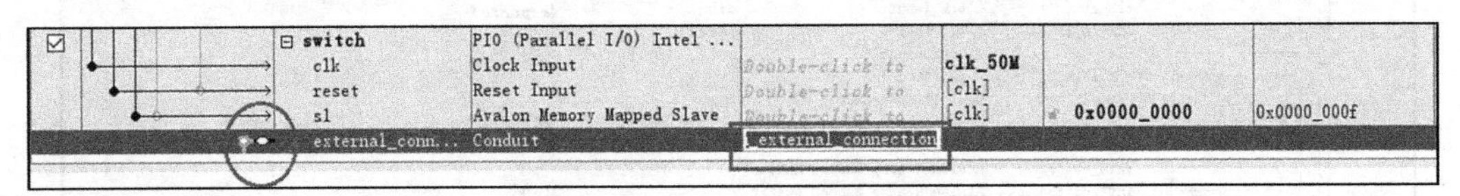

图 11.3.15　设置 PIO 组件作为输入接口引脚

选择菜单栏中的 System→Assign Base Addresses 命令，重新分配 PIO 基地址，连接图如图 11.3.16 所示。

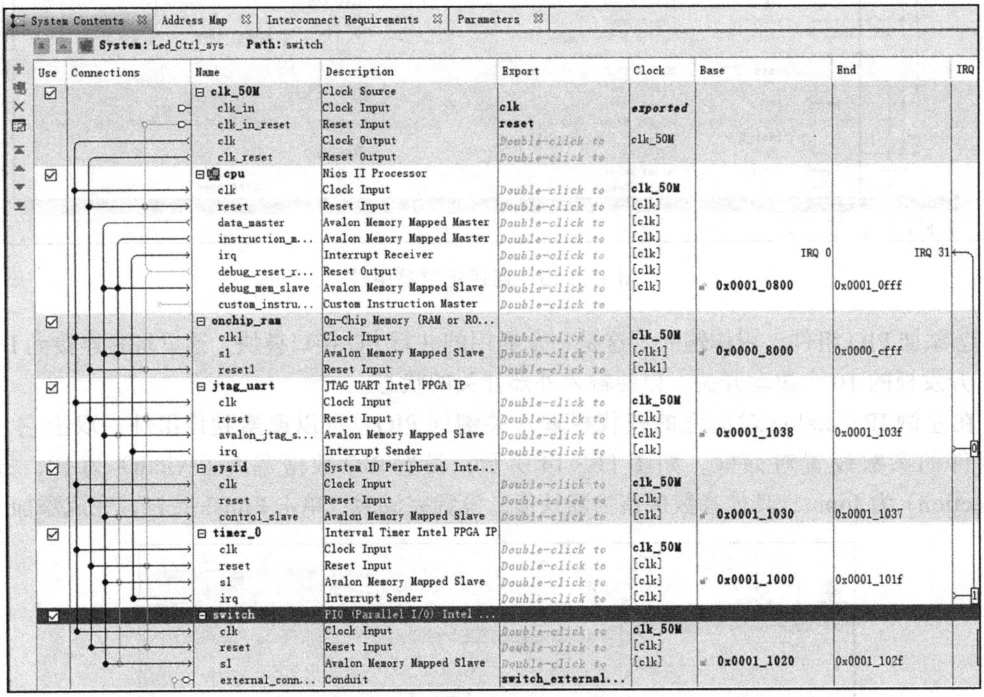

System Contents | Address Map | Interconnect Requirements | Parameters

System: Led_Ctrl_sys　Path: switch

Use	Name	Description	Export	Clock	Base	End	IRQ
☑	⊟ clk_50M	Clock Source					
	clk_in	Clock Input	clk	exported			
	clk_in_reset	Reset Input	reset				
	clk	Clock Output	Double-click to	clk_50M			
	clk_reset	Reset Output	Double-click to				
☑	⊟ cpu	Nios II Processor					
	clk	Clock Input	Double-click to	clk_50M			
	reset	Reset Input	Double-click to	[clk]			
	data_master	Avalon Memory Mapped Master	Double-click to	[clk]			
	instruction_m...	Avalon Memory Mapped Master	Double-click to	[clk]			
	irq	Interrupt Receiver	Double-click to	[clk]	IRQ 0	IRQ 31	
	debug_reset_r...	Reset Output	Double-click to	[clk]			
	debug_mem_slave	Avalon Memory Mapped Slave	Double-click to	[clk]	0x0001_0800	0x0001_0fff	
	custom_instru...	Custom Instruction Master	Double-click to				
☑	⊟ onchip_ram	On-Chip Memory (RAM or RO...					
	clk1	Clock Input	Double-click to	clk_50M			
	s1	Avalon Memory Mapped Slave	Double-click to	[clk1]	0x0000_8000	0x0000_cfff	
	reset1	Reset Input	Double-click to	[clk1]			
☑	⊟ jtag_uart	JTAG UART Intel FPGA IP					
	clk	Clock Input	Double-click to	clk_50M			
	reset	Reset Input	Double-click to	[clk]			
	avalon_jtag_s...	Avalon Memory Mapped Slave	Double-click to	[clk]	0x0001_1038	0x0001_103f	
	irq	Interrupt Sender	Double-click to	[clk]			0
☑	⊟ sysid	System ID Peripheral Inte...					
	clk	Clock Input	Double-click to	clk_50M			
	reset	Reset Input	Double-click to	[clk]			
	control_slave	Avalon Memory Mapped Slave	Double-click to	[clk]	0x0001_1030	0x0001_1037	
☑	⊟ timer_0	Interval Timer Intel FPGA IP					
	clk	Clock Input	Double-click to	clk_50M			
	reset	Reset Input	Double-click to	[clk]			
	s1	Avalon Memory Mapped Slave	Double-click to	[clk]	0x0001_1000	0x0001_101f	
	irq	Interrupt Sender	Double-click to	[clk]			1
☑	⊟ switch	PIO (Parallel I/O) Intel ...					
	clk	Clock Input	Double-click to	clk_50M			
	reset	Reset Input	Double-click to	[clk]			
	s1	Avalon Memory Mapped Slave	Double-click to	[clk]	0x0001_1020	0x0001_102f	
	external_conn...	Conduit	switch_external...				

图 11.3.16　拨动开关 PIO 组件的连接

⑧添加 PIO 组件，用作输出。这里将它连接到 DE1-SOC 开发板上的 2 个发光二极管，作为输出显示使用。

重复第⑦步，再添加一个 PIO 组件，在图 11.3.17 中，设置 PIO 数据宽度（Width）为 2，方向（Direction）为 Output，其他参数保留为默认值。设置完成后，单击 Finish 按钮，完成添加。

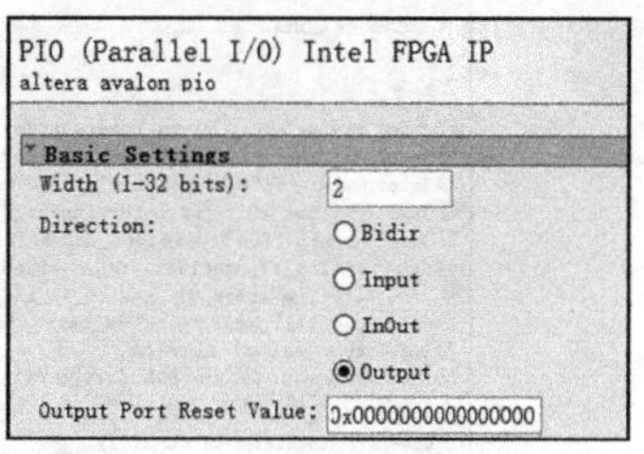

图 11.3.17　添加 LED 控制 PIO

选择 System Contents 标签页，将 Name 栏中的 pio_0 重命名为 led，然后在 Connections 栏内将 PIO 组件的时钟 clk、复位信号 reset 与时钟组件的时钟和复位信号连接起来；将 Nios II 的数据总线（data_master）连接至 PIO 的 s1（Avalon MM）。

在 System Contents 标签页中，选择 PIO 外设 LED 的 external_connection 项，与上一步拨码开关 PIO 的设置方法相同，在 LED 对应的 Export 栏“Double-click to”处双击鼠标左键，PIO 的 Export 显示为“led_external_connection”，表明该 PIO 的控制信号可引出与 FPGA 外部引脚上的发光二极管连接；再选择菜单栏中的 System→Assign Base Addresses 命令，重新分配 LED 组件的基地址，完成连接。

3）生成嵌入式系统。

完成上述 IP 组件的连接后，选择菜单栏中的 Generate → Generate HDL… 命令，在 Generation 对话框中，产生的 HDL 设计文件的格式有 Verilog HDL 和 VHDL 两种选择，本例选择 Verilog，并勾选“Create block symbol file”（生成系统方框图符号文件）复选框，以便在 Quartus Prime 环境中使用原理图输入方式设计顶层文件。如果需要使用 ModelSim 对 Platform Designer 系统进行仿真，则可以产生 Verilog HDL 或 VHDL 的测试仿真文件，本例选择 None，如图 11.3.18 所示。

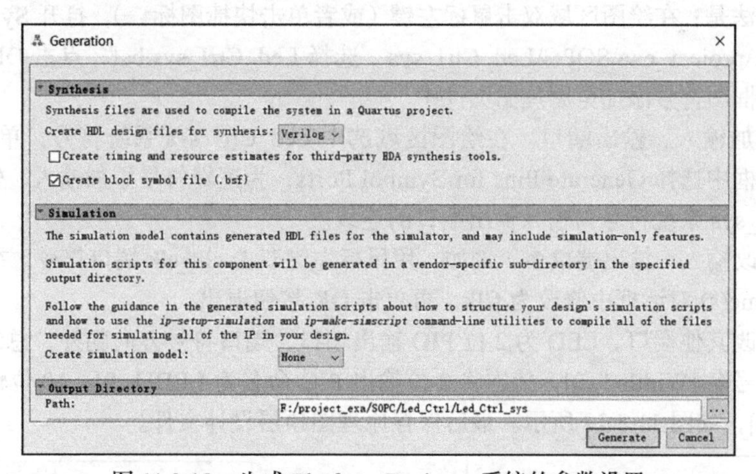

图 11.3.18　生成 Platform Designer 系统的参数设置

设置完成后，单击图 11.3.18 右下角的 Generate 按钮，生成 Platform Designer 系统，等待一段时间，出现如图 11.3.19 所示的对话框，提示 Generate 完成。单击 Close 按钮，回到 Platform Designer 主界面。

单击右下角的 Finish 按钮，Platform Designer 自动将创建的系统文件添加至当前工程设计文件，并自动返回 Quartus Prime 主界面，出现图 11.3.20 所示的提示信息，单击 OK 按钮，完成嵌入式硬件系统设计。

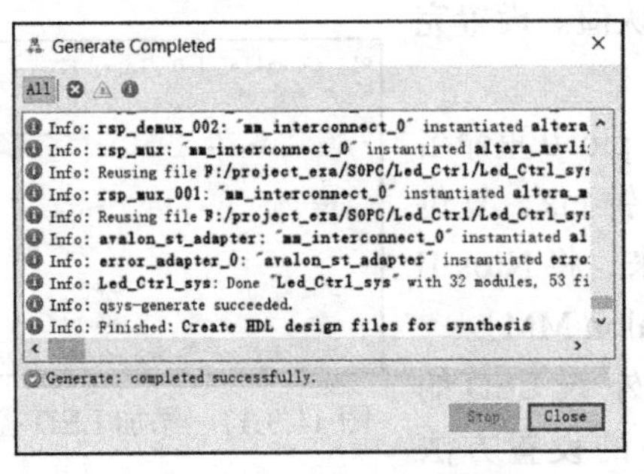

图 11.3.19　系统生成图

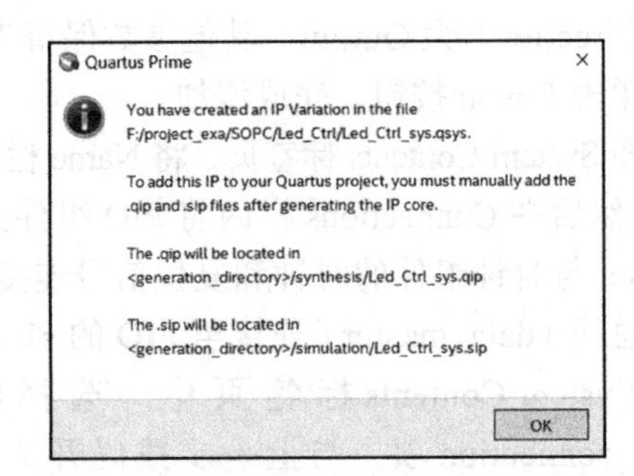

图 11.3.20　生成嵌入式系统 IP 提示信息

11.3.4　在 Quartus Prime 项目中集成嵌入式硬件系统

完成片上系统构建后，需要按照以下步骤完成工程项目设计：

1）创建顶层设计文件。

顶层文件的设计可以采用原理图或者 HDL 两种输入方式之一。上一节生成的系统输出文件中包括了这两种方式所需的文件，这里以原理图方式进行介绍。

在 Quartus Prime 主界面，选择菜单栏中的 File→New… 命令，选择 Block Diagram/Schematic File，新建原理图设计文件。选择菜单栏中的 File→Save as 命令，将原理图文件另存为 Led_Ctrl.bdf（与工程名相同）。

首先，添加 Led_Ctrl_sys 符号，这是 Platform Designer 生成的嵌入式系统硬件符号（Symbol）。方法是：在绘图区域双击鼠标左键（或者单击快捷图标），打开 Symbol 对话框。找到文件夹 F:\project_exa\SOPC\Led_Ctrl_sys，选择 Led_Ctrl_sys.bsf，点击 OK 按钮，将嵌入式系统硬件框图符号添加至原理图文件中。

接着，添加输入、输出端口。在绘图区域选中 Led_Ctrl_sys 系统符号，单击鼠标右键，在弹出的对话框中选择 Generate Pins for Symbol Ports，为逻辑符号添加输入、输出端口，并完成 Led_Ctrl_sys 系统符号与输入输出端口的连线。

最后，修改输入、输出端口名。例如，用鼠标左键双击 clk_clk 端口符号，在如图 11.3.21 所示的 Pin name(s) 对话框中修改为 Clk，再单击 OK 按钮退出。

再依次修改其他端口，LED 为 2 位 PIO 输出端口，端口符号方向朝外，总线信号的命名规则：端口信号名 [Width-1..0]，依次将 2 位输出 PIO 命名为 LED[1..0]，10 位输入 PIO 命名为 Switch[9..0]，如图 11.3.22 所示。最后保存原理图顶层设计文件。

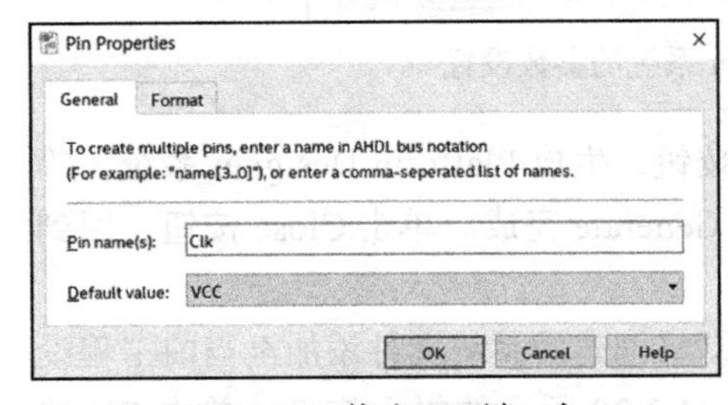

图 11.3.21　修改 Clk 端口名

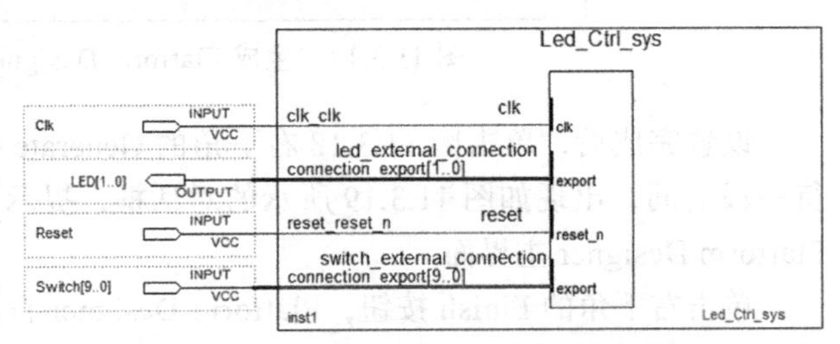

图 11.3.22　更改端口名的原理图设计文件

2）添加 Platform Designer 产生的 *.qip 文件。

创建并保存顶层设计文件后，选择菜单栏中的 Assignments→Settings... 命令，在对话框中选择 Files 项，单击 File name 输入框右边的“...”按钮，弹出 Select File 对话框，选择文件类型为 IP Variation Files（*.qip *.qsys *.sip *.ip）项，如图 11.3.23 所示。在当前工程 Led_Ctrl 目录 F:\project_exa\SOPC\Led_Ctrl\Led_Ctrl_sys\synthesis 下选择 Led_Ctrl_sys.qip 文件，单击“打开”按钮，返回 Settings 对话框，单击 OK 按钮，完成添加。

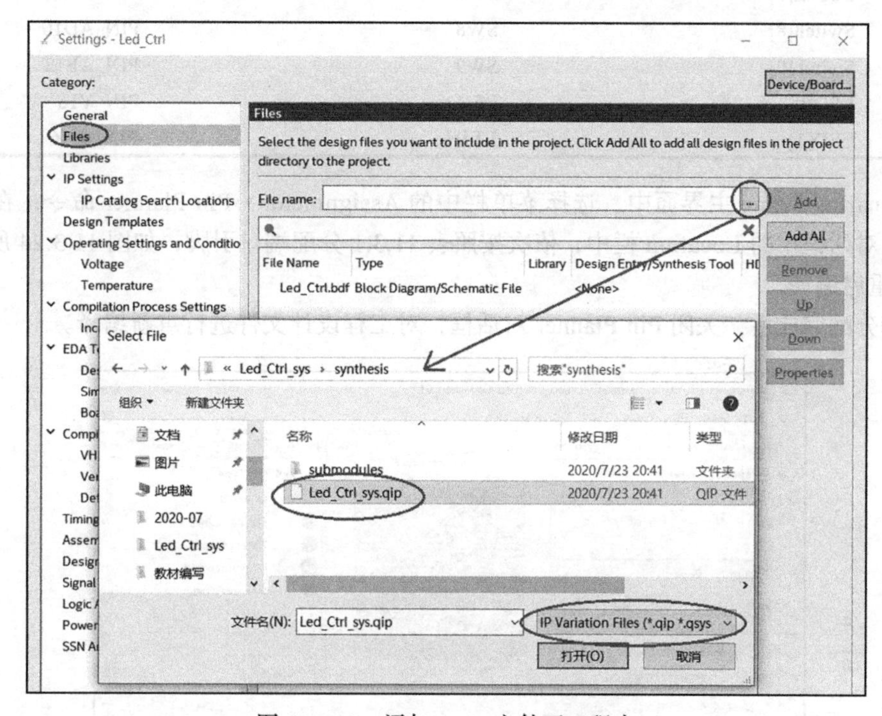

图 11.3.23　添加 *.qip 文件至工程中

3）编译工程。

在 Quartus Prime 主界面，选择菜单栏中的 Processing→Start Compilation（或单击▶按钮），完成项目工程的编译。

4）引脚分配。

按照 DE1-SOC 开发板的外设连接说明，依次分配 FPGA 引脚，如表 11.3.1 所示。

表 11.3.1　引脚分配表

工程端口名	DE1-SOC 端口名	对应 FPGA 引脚
Clk	CLOCK_50	PIN_AF14
Reset	KEY0	PIN_AA14
Switch[0]	SW0	PIN_AB12
Switch[1]	SW1	PIN_AC12
Switch[2]	SW2	PIN_AF9

（续）

工程端口名	DE1-SOC 端口名	对应 FPGA 引脚
Switch[3]	SW3	PIN_AF10
Switch[4]	SW4	PIN_AD11
Switch[5]	SW5	PIN_AD12
Switch[6]	SW6	PIN_AE11
Switch[7]	SW7	PIN_AC9
Switch[8]	SW8	PIN_AD10
Switch[9]	SW9	PIN_AE12
LED[0]	LED0	PIN_V16
LED[1]	**LED1**	**PIN_W16**

在 Quartus Prime 主界面中，选择菜单栏中的 Assignments→Pin Planner 命令，在 FPGA 引脚分配对话框中的 Location 栏中，依次按照表 11.3.1 分配端口引脚，如图 11.3.24 所示。

5）重启编译。

引脚分配完成后，关闭 Pin Planner 对话框，对工程设计文件进行重新编译。

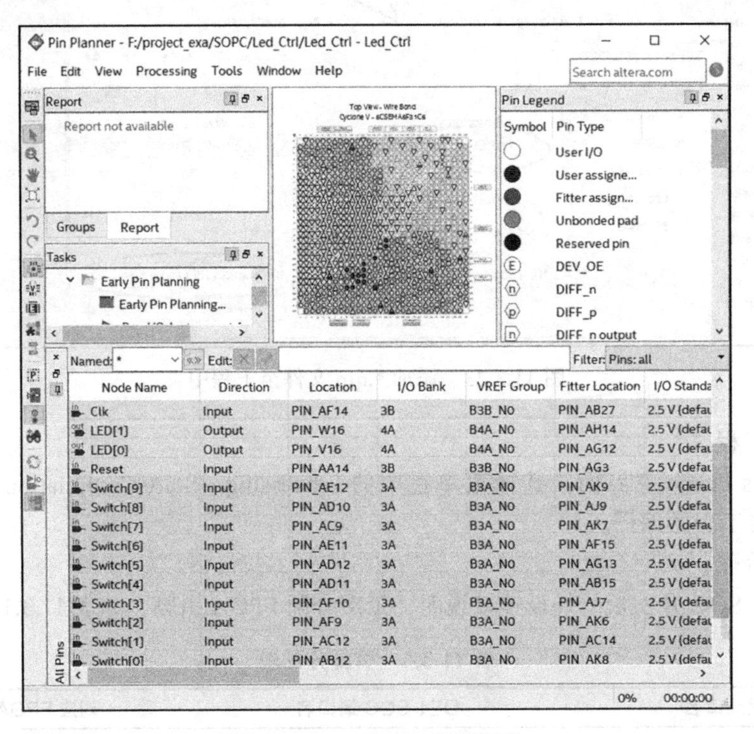

图 11.3.24　FPGA 引脚分配

6）配置程序烧写。

第二次重新编译完成后，通过 USB 数据线连接 PC 与 DE1-SOC 开发板，使用 USB-Blaster 将编译生成的 FPGA 配置文件（*.sof）烧录至 DE1-SOC 开发板的 FPGA 器件。主要步骤如下：

①在 Quartus Prime 主界面中，选择菜单栏中的 Tools→Programmer 命令（或单击）按钮，再单击 Programmer 对话框左上角的 Hardware Setup... 按钮，设置 FPGA 硬件开发板，如图 11.3.25 所示。选择 DE-SOC[USB-1]，单击 Close 按钮退出。

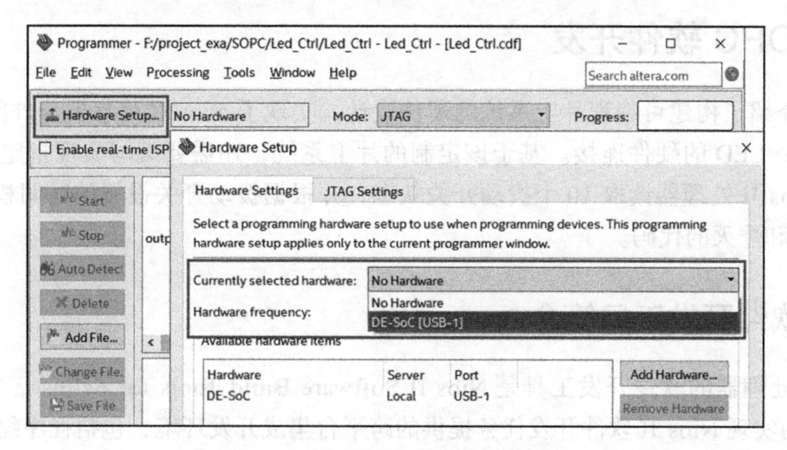

图 11.3.25　硬件开发板连接设置

②在 Programmer 对话框中，单击左侧的 Auto Detect...，选择 DE1-SOC 开发板使用的 FPGA 器件 5CSEMA5，单击 OK 按钮退出。注意，SOC 器件 5CSEMA5F31C6 为含有 ARM 硬核的 FPGA，本例没有使用 ARM 硬核，Nios II 软核组成的片上系统主要由 FPGA 内部的逻辑实现。

③在 Programmer 对话框中，选择 5CSEMA5，单击鼠标右键，选择 Change File。在弹出的对话框中，找到当前工程目录的 output_files 文件夹，选择 Led_Ctrl.sof 文件，单击 Open 按钮，加载烧录文件（Led_Ctrl.sof）。

④在 Programmer 对话框中，选中 Program/Configure，然后单击 Start 按钮，如图 11.3.26 所示，开始烧录。

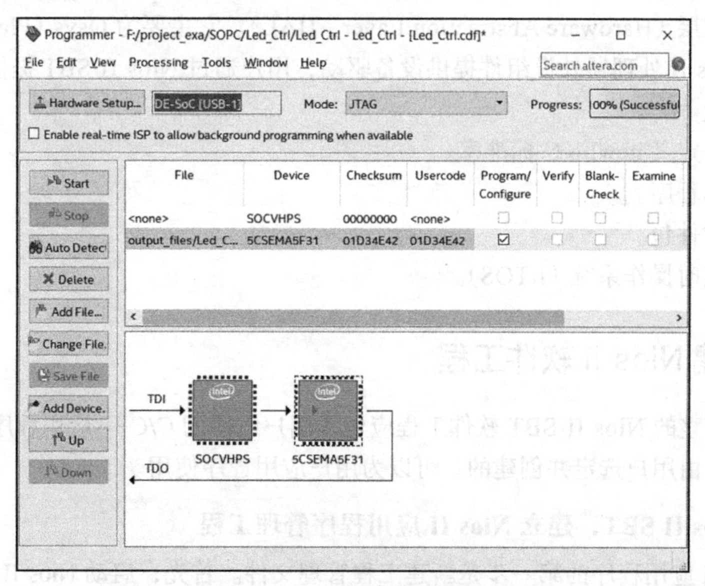

图 11.3.26　程序烧录界面

至此，完成了可编程片上系统的构建以及顶层文件的设计与 FPGA 器件的烧录，实现了可编程片上系统的硬件设计。

11.4　SOPC 软件开发

11.3 节介绍了构建可编程片上系统的硬件设计，实现了 Nios II 处理器与外围的 10 个拨动开关和 2 个 LED 的硬件连接。基于该定制的片上系统，还需要编写实现指定应用功能的程序，即 Nios II 处理器读取 10 个拨动开关状态，并根据拨动开关设置的时间权重值控制 2 个 LED 点亮和熄灭的代码。

11.4.1　软件开发工具简介

Nios II 处理器的软件开发工具是 Nios II Software Build Tools for Eclipse，简称 Nios II SBT。它是为实现 Nios II 软件开发任务提供的跨平台集成开发环境，包括程序编辑、工程编译与建立、调试与运行等功能。

Nios II SBT 为 Nios II 应用程序的开发提供工程管理，这是基于开放式的可扩展 Eclipse IDE 工程，支持 Eclipse C/C++ 开发工具。Nios II SBT 工程管理为用户自动建立 C/C++ 应用工程，并提供 makefile 程序，通过 Nios II SBT 编译工具，makfile 能将用户编写的 C/C++ 代码编译成可执行文件（*.elf）。

为便于 Nios II 应用程序的开发，Nios II SBT 提供了专门的板级支持包（Board Support Package，BSP）工程模板，它为用 Platform Designer 构建的片上系统提供了定制的软件开发环境，也可以把它当作含有特定系统支持代码的程序库。BSP 包含以下几个组成部分：

- 硬件抽象层（Hardware Abstraction Layer，HAL）。它主要为 Qsys（Platform Designer）中的 Nios II 处理器外设组件提供设备驱动，用户通过 Nios II SBT 提供的 API 函数来访问外设。
- 可选的自定义 newlib C 标准库。
- 设备驱动程序。
- 可选的软件包。
- 可选的实时操作系统（RTOS）。

11.4.2　创建 Nios II 软件工程

通常一个完整的 Nios II SBT 软件工程应包含用户编写的 C/C++ 应用程序和一个 BSP 支持库，BSP 库是由用户选定并创建的，可以为用户应用程序使用。

1. 启动 Nios II SBT，建立 Nios II 应用程序管理工程

开发 Nios II 应用程序的第一步是新建工程管理文件。首先，启动 Nios II SBT 开发环境。

在 Quartus Prime 主界面，选择菜单栏中的 Tools→Nios II Software Build Tools for Eclipse 命令，或者在 Windows 桌面选择开始→ Intel FPGA 18.1.0. 625 Lite Edition → Nios II Software Build Tools for Eclipse。

在启动对话框中，指定一个 Workspace（工作空间），一般工作空间的路径与片上系统硬件的路径相同，并新建一个名为 software 的文件夹，如图 11.4.1 所示。如果想将其设为默认的 Workspace 而不想每次都打开该界面，则选中“ Use this as the default and do not ask again”复选框，再单击 OK 按钮，进入 Nios II SBT 主界面，如图 11.4.2 所示。

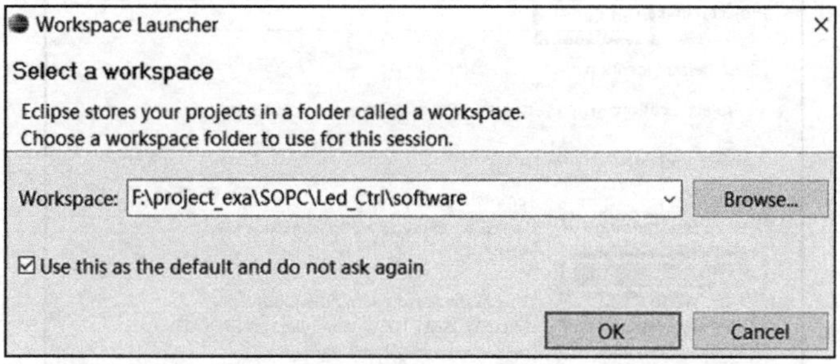

图 11.4.1　设置 Nios II 软件工程文件路径

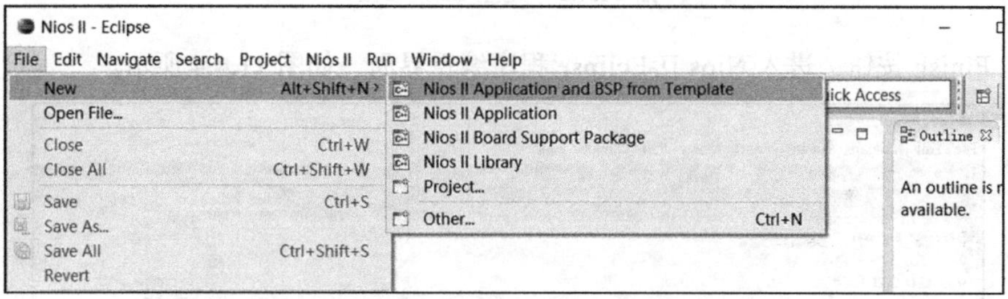

图 11.4.2　新建 Nios II 应用程序

在主界面，选择菜单中的 File → Nios II Application and BSP from Template 命令，弹出如图 11.4.3 所示的对话框，按照下面的 3 个步骤完成选项设置，创建一个板级 BSP 支持包。

1）指定可编程片上系统 SOPC 文件。在 SOPC Information File name 栏导入上一节由 Platform Designer（Qsys）生成的可编程片上系统描述文件 *.sopcinfo，本例路径为 F:\project_exa\SOPC\Led_Ctrl\Led_Ctrl_sys.sopcinfo。选定 Led_Ctrl_sys.sopcinfo 文件后，Nios II SBT 后台加载可编程片上系统硬件信息。

2）设置工程文件名。在 Project name 中输入工程名“Led_Ctrl”，工程名可以自定义（注意，工程名中不能出现中文或数字）。

3）选择 BSP 模板。在 Template 中选择“ Hello World”，也可以根据实际应用选用其他应用程序模板。

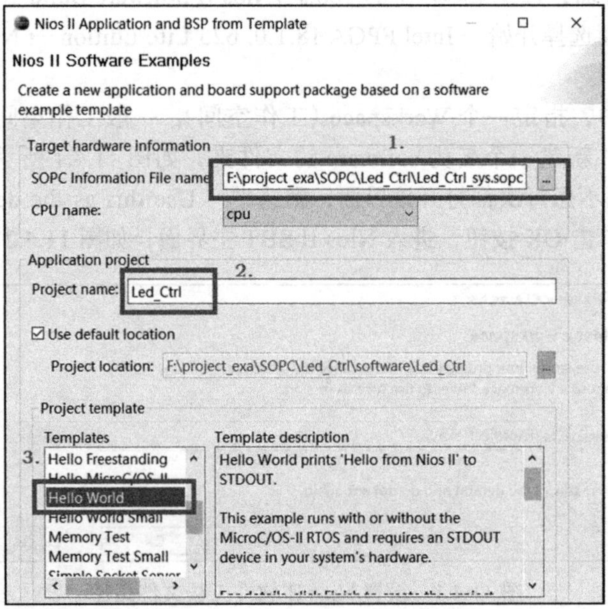

图 11.4.3 建立 BSP 工程

单击 Finish 按钮，进入 Nios II-Eclipse 程序编辑界面，如图 11.4.4 所示。

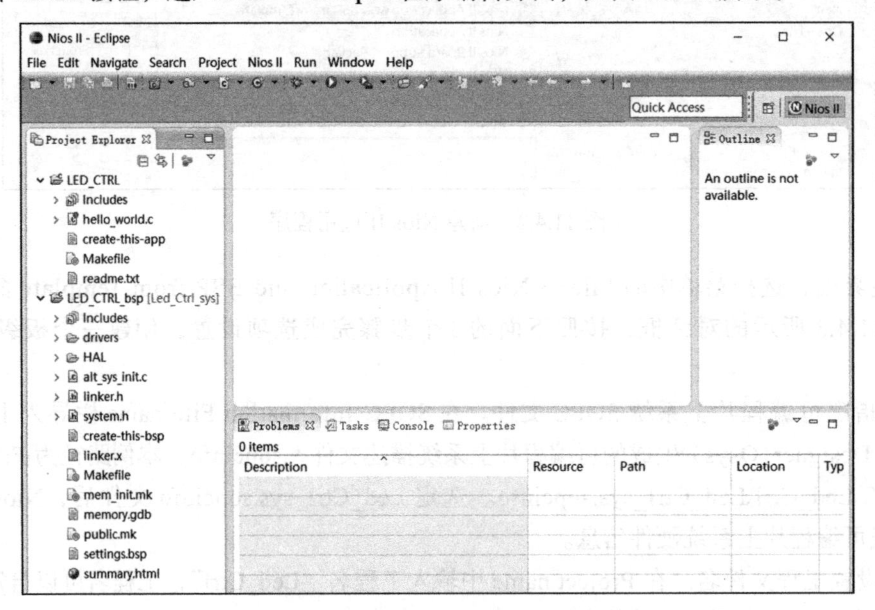

图 11.4.4 Nios II-Eclipse 编辑界面

2. HAL 系统库文件

HAL 系统库文件由 Nios II SBT 自动生成，与 Platform Designer（Qsys）生成的硬件系统一致。开发应用程序时，可以调用 HAL 系统库中的 API 和 C 标准库函数访问硬件设备。例如，11.3 节在构建控制 LED 的硬件系统时，10 个拨动开关和 2 个 LED 均通过 PIO 组件与系统连接。在构建 Led_Ctrl 应用工程时，对于 PIO 的访问，可以直接调用 HAL 系统库中 PIO 的驱动程序。

在图 11.4.4 中，展开软件工程中 LED_CTRL_bsp 文件夹，Nios II SBT 自动加载 HAL 系统库文件。HAL 系统库文件中包含三个访问外设的重要头文件：alt_types.h、io.h、system.h，如图 11.4.5 所示。

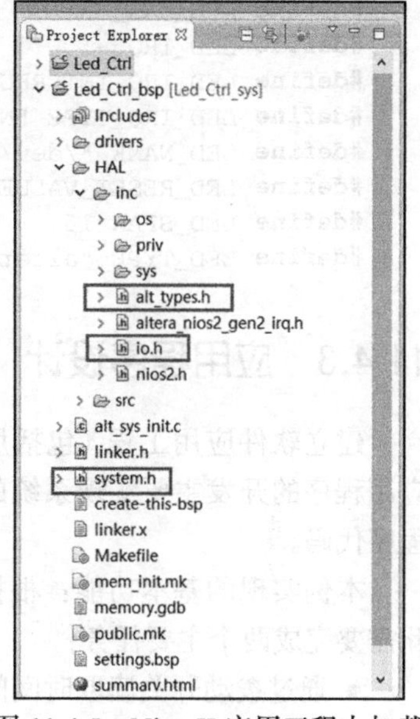

图 11.4.5 Nios II 应用工程中加载的 BSP 支持文件

1）头文件 alt_types.h 。它定义了底层数据类型，C 程序中常用的数据类型有 char、short、int、long，以及无符号数 unsigned 和有符号数 signed。alt_types.h 定义了不同数据类型的位宽格式，主要有：

- alt_8: signed char，有符号 8 位整数。
- alt_u8: unsigned char，无符号 8 位整数。
- alt_16: signed short，有符号 16 位整数。
- alt_u16: unsigned short，无符号 16 位整数。
- alt_32: signed long，有符号 32 位整数。
- alt_u32: unsigned long，无符号 32 位整数。
- alt_64 : long long，有符号 64 位整数。
- alt_u64: unsigned long long，无符号 64 位整数。

2）头文件 io.h。它定义了 Nios II 对外设 PIO 的读写访问 API，主要有：

- IORD(BASE, REGNUM)，利用指定的基地址和偏移地址读取 I/O 寄存器。
- IOWR(BASE, REGNUM, DATA)，利用指定的基地址和偏移地址将数据 DATA 写入 I/O 寄存器。例如：

```
Key_Value = IORD(Switch_BASE, 0);                  //读取PIO外设Switch寄存器值
            IOWR(LED_BASE, 0, DATA);               //将数据DATA写入外设LED
```

3）头文件 system.h。它提供了 Platform Designer 系统硬件（IP 核组件）的配置和参数信息的描述，是硬件与软件联系的桥梁。当 Platform Designer 系统中 *.sopcinfo 文件更新时，system.h 文件会自动更新，无须用户修改。在 system.h 文件中，IP 核组件的基地址被指定为 _BASE，例如，LED 模块（PIO 输出组件）在 system.h 中的描述是：

```
/* LED 配置 */
#define ALT_MODULE_CLASS_led altera_avalon_pio
#define LED_BASE 0x11020
#define LED_BIT_CLEARING_EDGE_REGISTER 0
#define LED_BIT_MODIFYING_OUTPUT_REGISTER 0
#define LED_CAPTURE 0
#define LED_DATA_WIDTH 2
#define LED_DO_TEST_BENCH_WIRING 0
#define LED_DRIVEN_SIM_VALUE 0
#define LED_EDGE_TYPE "NONE"
```

```
#define LED_FREQ 50000000
#define LED_HAS_IN 0
#define LED_HAS_OUT 1
#define LED_HAS_TRI 0
#define LED_IRQ -1
#define LED_IRQ_INTERRUPT_CONTROLLER_ID -1
#define LED_IRQ_TYPE "NONE"
#define LED_NAME "/dev/led"
#define LED_RESET_VALUE 0
#define LED_SPAN 16
#define LED_TYPE "altera_avalon_pio"
```

11.4.3　应用程序设计

建立软件应用工程（包括用户应用工程 LED_Ctrl 和板级支持包工程 Led_Ctrl_bsp）后，应用程序的开发主要实现系统的应用功能，在 Nios II SBT 环境下使用标准 C/C++ 语言编写程序代码。

本例实现的基本功能：根据 10 个拨动开关指定的时间间隔，交替开、关两个 LED，因此需要完成两个主要任务：

- 通过拨动开关读取时间间隔值。
- 经过设定的时间间隔后，交替点亮两个 LED。

1. 基本嵌入式程序框架

SOPC 的应用程序框架与传统嵌入式系统的应用程序结构基本相同，主要由多个任务组成，每一个任务或由软件程序直接实现，或由硬件加速器实现，或由两者共同实现。一般主程序主要实现任务的安排、协调和管理，最简单的主程序控制结构是“超循环”结构，该结构允许在主程序调度多个任务，并在循环中按顺序执行。下面是 Nios II 应用程序的超循环结构：

```
/*超循环主程序用例 */
int main()
{
    sys_init();
        while(1)
        {
            task_1();
            task_2();
            ...
            task_n();
        }
        return 0;
}
```

2. 主程序设计

按照上述 Nios II 超循环结构，在主程序中需要调用两个任务：一个是读取拨动开关设置的间隔时间，定义函数 switch_get_interval()；另一个是交替点亮 LED，定义函数 led_flash()。

主程序代码为：

```
/*主程序*/
#include <stdio.h>
#include "io.h"
#include "alt_types.h"
#include "system.h"
int main()
{
    int prd;                                            //间隔时间
    printf("Hello from Nios II!\n");                    //打印信息
    while(1){
            switch_get_interval(SWITCH_BASE, &prd);     //读取间隔时间
            led_flash(LED_BASE, prd);                   //点亮LED
        }
    return 0;
}
```

3. 任务函数设计

该应用程序需要执行的两个任务函数的代码分别为：

```
/*任务1：读拨动开关状态*/
void switch_get_interval(alt_u16 sw_base, int* prd)
{
    *prd = IORD(sw_base,0) & 0x03ff;  //读点亮LED的间隔时间
}
```

开发板 DE1-SOC 有 10 个拨动开关，任务 1 中 switch_get_interval() 函数的定义使用 0x03ff 屏蔽 16 位二进制数中不用的其他位。

```
/*任务2：交替点亮两个LED */
void led_flash(alt_u16 led_base, int prd)
{
    static alt_u8 led_pattern = 0x01; //LED点亮的初始状态
    unsigned long i, itr;
    led_pattern ^= 0x03;              //切换LED状态
    IOWR(led_base, 0, led_pattern);   //点亮LED
    itr = prd * 2500;
    for(i=0; i<itr; i++){}            //延时
}
```

11.4.4　应用工程编译调试

1. 应用工程编译

在 Nios II-Eclipse 工程界面的 Project Explorer（工程导航区）中，单击展开 LED_Ctrl 应用工程文件夹，双击 hello_world.c 文件，在代码编辑区输入上述主程序函数、任务函数并保存后，单击选中 Led_Ctrl 文件夹，再单击鼠标右键，选择菜单栏中的 Build Project（如图 11.4.6 所示），对工程进行编译，单击 Run in Background

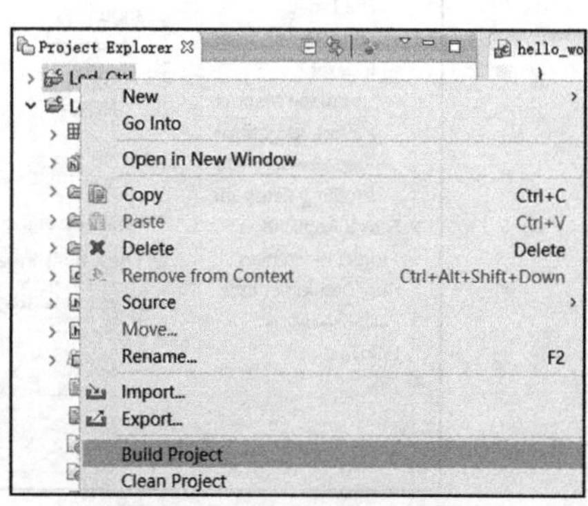

图 11.4.6　启动应用工程编译

按钮把运行进度条放在后台。首次编译时，因为要生成一些新的工程文件，所以速度较慢，后续修改程序后的编译则会快很多。

如果编写的代码存在语法错误，经过 Eclipse 编译后，会出现错误提示信息，如图 11.4.7 所示。用户需要修改错误代码，然后重新编译，直至代码编译成功后，才能生成可执行文件。

Problems　Tasks　Console　Properties　Search

15 errors, 2 warnings, 0 others

Description	Resource	Path
Errors (15 items)		
expected '=', ',', ';', 'asm' or '__attribute__' before 'alt_u16'	hello_world.c	/led_ctrl1
expected '=', ',', ';', 'asm' or '__attribute__' before 'alt_u16'	hello_world.c	/led_ctrl1
make: *** [obj/default/hello_world.o] Error 1	led_ctrl1	
stray '\243' in program	hello_world.c	/led_ctrl1
stray '\243' in program	hello_world.c	/led_ctrl1
stray '\243' in program	hello_world.c	/led_ctrl1
stray '\243' in program	hello_world.c	/led_ctrl1

图 11.4.7　编译错误信息提示

在图 11.4.7 中，第一条错误提示信息为“Description Resource Path Location Type expected '=', ',', ';', 'asm' or '__attribute__' before 'alt_u16'”，编译器不能判断 alt_u16，而 alt_u16 定义在 alt_types.h 头文件中，说明编译器在编译时，没有执行 #include alt_types.h 或没有加载该头文件，因此需要对 Eclipse 的编译属性进行设置。

在 Nios II Eclipse Project Explorer（工程导航区）选择 Led_Ctrl，单击鼠标右键，选择 Properties；在弹出的对话框中，单击展开 C/C++ General，选择 Paths and Symbols 选项，选择 Includes 标签页中的 GNU C，如图 11.4.8 所示，将 alt_types.h、system.h、io.h 所在路径依次添加至当前工程的索引中。

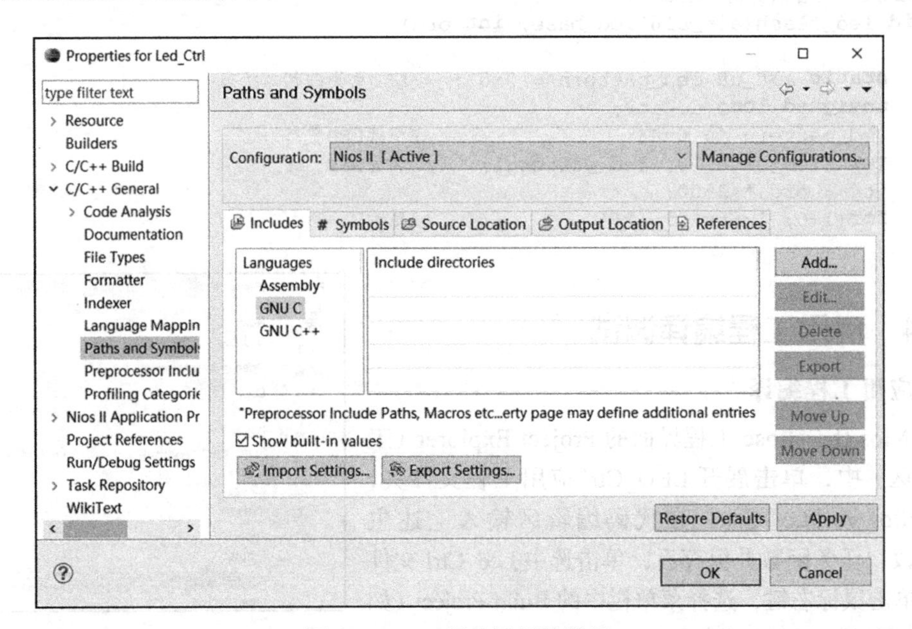

图 11.4.8　工程编译属性设置

在图 11.4.8 中，单击“Add...”按钮，在弹出的对话框中选择 Workspace，添加 system.h 文件夹 Led_Ctrl_bsp，如图 11.4.9 所示，依次单击 OK 按钮，完成设置。再单击“Add...”按钮，选择 File System，添加 alt_types.h、io.h 所在路径，依次单击 OK 按钮，完成设置。

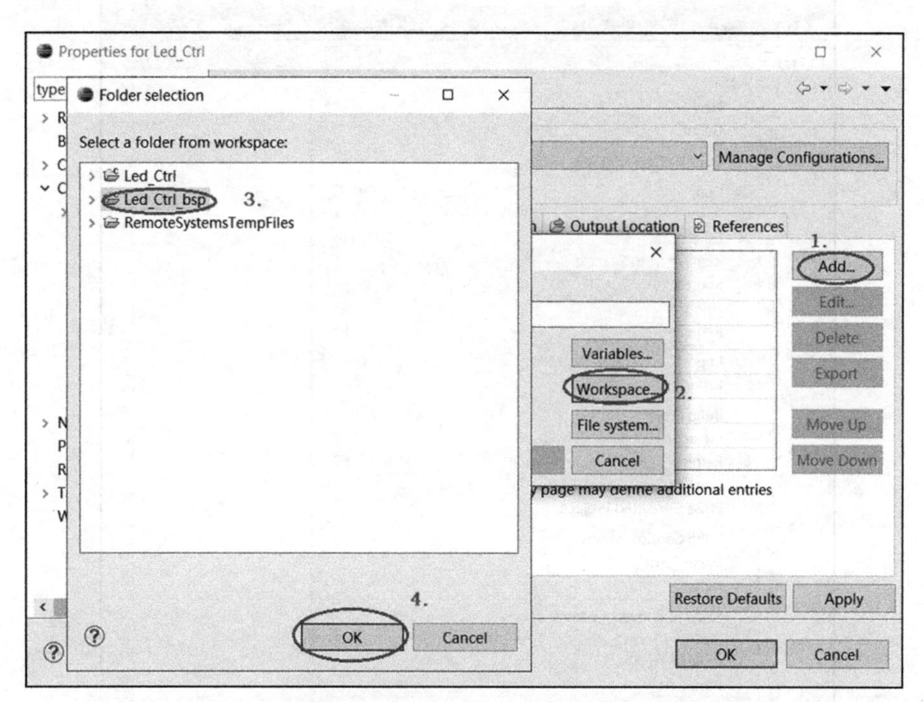

图 11.4.9　添加 system.h 头文件路径

然后重新编译。编译成功后，状态区 Console 一栏会显示如图 11.4.10 所示信息，可以看到 Led_Ctrl build complete 字样，表示原工程编译完成。

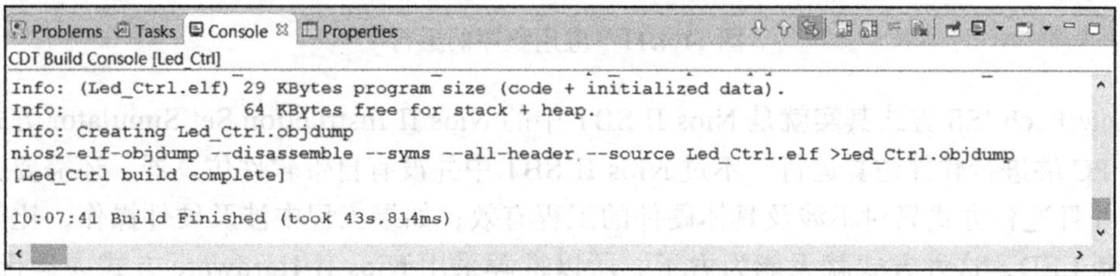

```
Problems  Tasks  Console  Properties
CDT Build Console [Led_Ctrl]
Info: (Led_Ctrl.elf) 29 KBytes program size (code + initialized data).
Info:                64 KBytes free for stack + heap.
Info: Creating Led_Ctrl.objdump
nios2-elf-objdump --disassemble --syms --all-header --source Led_Ctrl.elf >Led_Ctrl.objdump
[Led_Ctrl build complete]

10:07:41 Build Finished (took 43s.814ms)
```

图 11.4.10　编译完成

2. 板级调试

编译完成后，就可以运行工程了。本例程首先打印“Hello from Nios II!”，然后再读取拨码开关的状态，确定点亮 LED 的交替时间。

运行应用程序的过程为：先选中工程项目 Led_Ctrl，再单击右键，选择 Run As，如图 11.4.11 所示。Run As 下面有 4 个选项，分别是 Lauterbach ISS、Local C/C++ Application、

Nios II Hardware 和 Nios II Modelsim，我们主要关注 Lauterbach ISS 和 Nios II Hardware 两种运行方式。

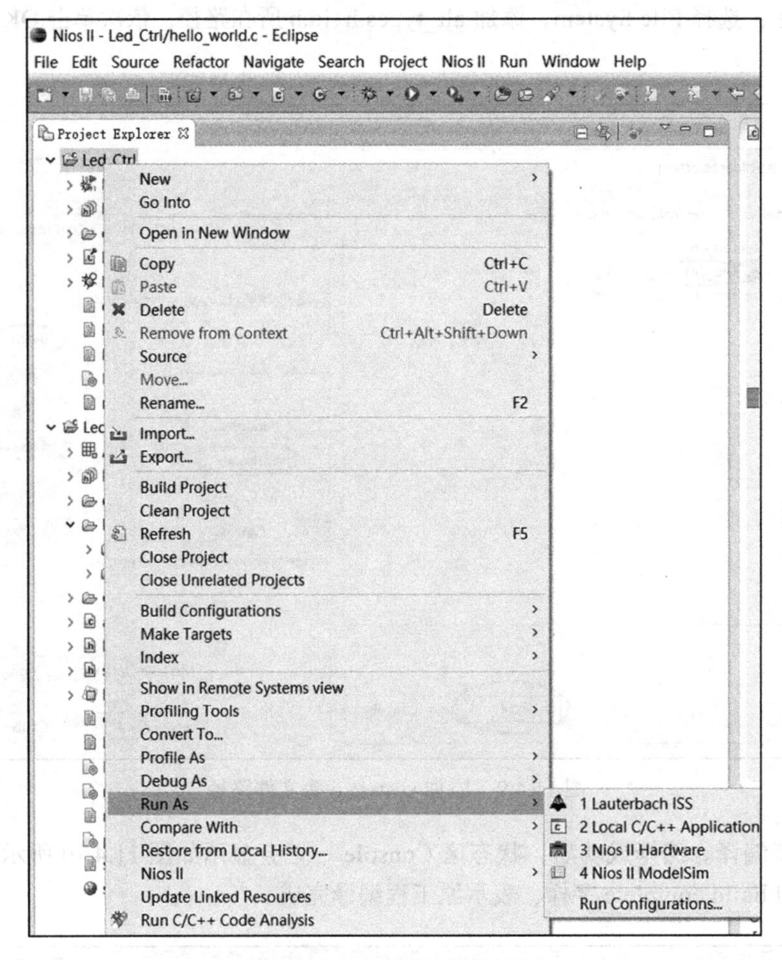

图 11.4.11　应用程序的运行

Lauterbach ISS 方式其实就是 Nios II SBT 中的 Nios II Instruction Set Simulator 方式，也就是在 PC 端进行软件仿真运行，不过 Nios II SBT 中并没有自带软件仿真器，还需要去官网下载，并且这种方式只对不涉及具体硬件的工程有效；如果工程中涉及硬件操作，比如通过 PIO 控制 LED，这种方式就无能为力了。所以推荐采用 Nios II Hardware 方式去运行工程，本例在 DE1-SOC 开发板下完成工程的调试。

Nios II Hardware 即通过硬件在线运行。在选择这种方式之前，要确保开发板已经接通电源，USB Blaster 与计算机连接并且驱动安装完毕，而且 FPGA 芯片上已经下载了上一节生成的 SOF 文件。这时选择 Run As Nios II Hardware，如果是第一次运行工程，则有可能出现图 11.4.12 所示的 Run Configuration 对话框，它提示 Target Connection 有问题，实际上是没有检测到 USB Blaster。

在图 11.4.12 中，选择 Target Connection 标签页，单击右侧的 Refresh Connections 按钮，

可以看到 Processor 和 Byte Stream Devices 出现了 USB Blaster 的信息。

再单击右下角的 Run 按钮，运行工程。Nios II SBT 会通过 JTAG 电缆（即 USB-Blaster）将可执行程序（*.elf）下载到 Nios II 处理器系统的 RAM 中，并且运行程序。此时，可以看到状态区多了一个 Nios II Console 页面，该页面记录着硬件在线调试运行时的一些状态。首先看到出现了“Hello from Nios II !”，如图 11.4.13 所示，表示工程运行成功。注意，这里的 printf 语句的输出，是通过 JTAG UART 实现的，而 Nios II Console 正是 JTAG UART 的输入、输出窗口（请回顾 11.3.3 节添加的 JTAG UART 调试组件）。

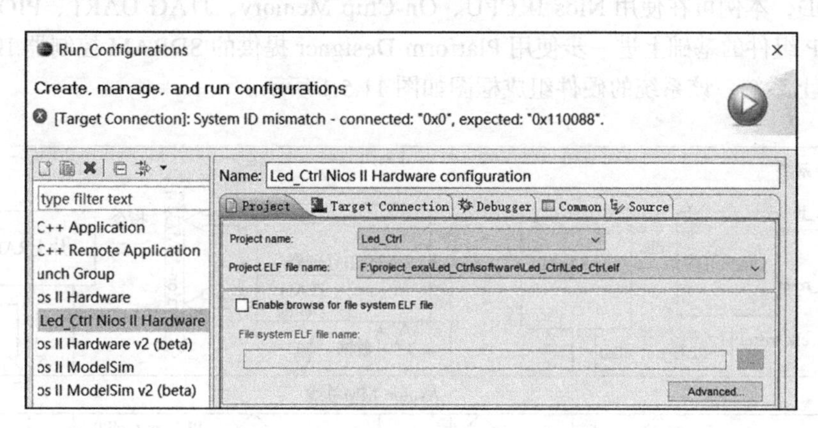

图 11.4.12　连接 DE1-SOC 开发板

改变拨动开关的状态，可以观察到 DE1-SOC 开发板的两个发光二极管 LED 交替点亮的时间变化。

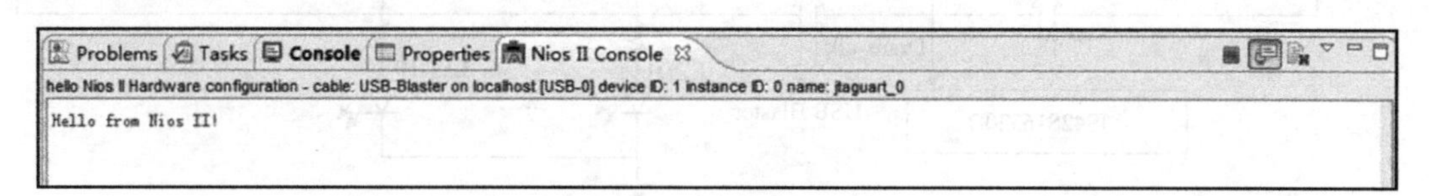

图 11.4.13　运行结果

11.5　SOPC 系统设计实践

本节通过 3 个实验，分别介绍 SDRAM 控制器组件、Nios II 中断处理以及通过 FPGA 控制其他外设（非 DE1-SOC 开发板硬件资源）的使用，让读者进一步熟悉和掌握 Nios II 嵌入式处理器硬件配置以及软件设计流程。

11.5.1　Nios II 嵌入式处理器 PIO 应用

1. 设计任务

设计一个可编程的片上系统，完成相应的硬件和软件设计。要求：片上系统需配置 FPGA 片外存储器资源，即使用 DE1-SOC 开发板扩展的同步动态随机存储器 SDRAM，然后实现流水灯控制功能，即以流水灯的方式点亮 DE1-SOC 开发板上的 10 个发光二极管，每次点亮一个发光二极管，沿从左向右或从右向左的方向依次循环，点亮发光二极管的间隔时间可以自定义。

2. 设计分析

虽然FPGA片内包含专用存储器块，但在需要存储大容量数据的应用中，FPGA片内存储资源还是相对较小，这时就需要扩展使用片外的数据存储器，如扩展静态随机存储器（SRAM）或动态随机存储器（SDRAM）。DE1-SOC开发板扩展了64MB的SDRAM存储器IS42S16320D，本例可在使用Nios II CPU、On-Chip Memory、JTAG UART、PIO和System ID等必要IP组件的基础上进一步使用Platform Designer提供的SDRAM控制器IP组件，构建可编程片上系统。该系统的硬件组成框图如图11.5.1所示。

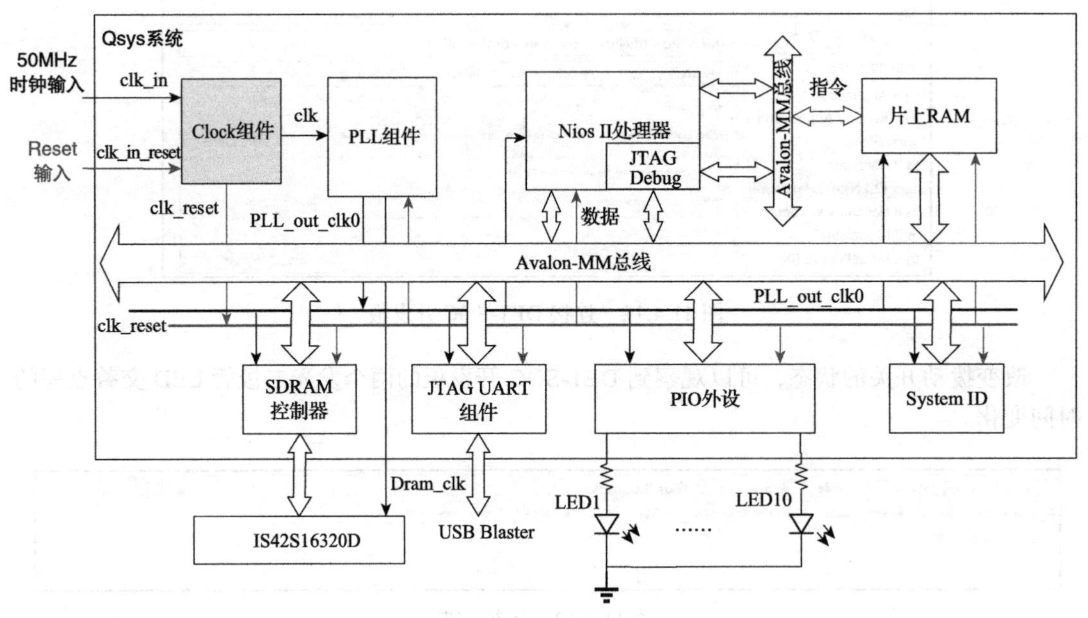

图11.5.1 系统的硬件组成框图

图11.5.1所示的系统硬件组成框图中，需要使用Nios II访问片外SDRAM存储器，一方面片外存储器的访问会引入延时，另一方面由于可能存在时钟偏移，因此难以保证Clock组件输出的系统时钟在上升沿同步达到SDRAM控制器和SDRAM器件。为此，需要调整SDRAM控制器的时钟信号和SDRAM器件的时钟信号之间的相位。根据DE1-SOC开发板手册建议，SDRAM时钟的上升沿需要先于控制器时钟上升沿3ns，SDRAM时钟调整可以在系统设计中加入PLL组件来实现，即Clock组件的时钟输出作为PLL的时钟输入，PLL组件除产生一个系统工作时钟外，还产生一个超前系统时钟3ns的Dram_clk时钟信号，用于驱动外部SDRAM器件IS42S16320D。

3. 硬件设计

1）可编程片上系统的构建。

按照11.3节的步骤，启动Platform Designer工具构建图11.5.1所示的片上系统。根据设计要求，按照以下步骤完成片上系统硬件设计。

①添加 PLL IP 组件。在 Platform Designer 主界面左侧 IP Catalog 对话框的 Library 中查找 PLL 组件，双击“ PLL Intel FPGA IP”，设置 PLL 参数，如图 11.5.2 所示，PLL 输入参考时钟来自 Clock 组件的 50MHz 时钟（即 FPGA 外部时钟），设置 PLL 输出的时钟个数“ Number of Clocks ”为 2，即 outclk0 为经过 2 倍频后产生的 100MHz 时钟，作为片上系统工作时钟；outclk1 为超前系统时钟 3ns 的 Dram_clk 时钟信号，时钟频率为 100MHz。另外，两路输出时钟的占空比均设置为 50%。

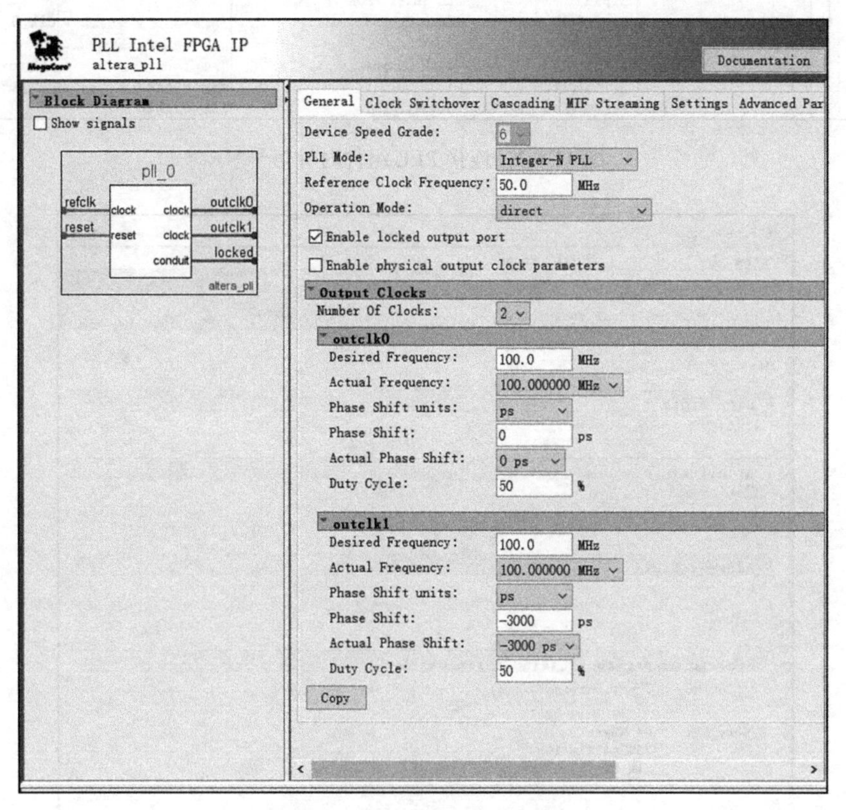

图 11.5.2　设置 PLL 参数

添加 PLL 后，设置外部时钟 clk 为 PLL 输入时钟（连接 clk 与 PLL 的 refclk），PLL 的输出时钟 outclk0 为系统时钟。设置 PLL 的输出 outclk1 为外部 SDRAM 器件的输入时钟（在 outclk1 的 Export 栏，双击鼠标左键，并修改名称为 sdram_clk），设置 PLL 锁定输出端口为 pll_locked，如图 11.5.3 所示。

②依次添加 Nios II CPU、On-Chip Memory、JTAG UART、PIO 和 System ID 等必要 IP 组件，并将 outclk0 连接至 Nios II、jtag_uart、System ID、PIO 的 clk。

③添加 SDRAM 控制器。在 Platform Designer 的 Library 中查找 SDRAM 控制器 IP 组件，选择添加“ SDRAM Controller Intel FPGA IP”，根据 DE1-SOC 开发板使用的 IS42S16320D 器件参数，其容量为 32MB × 16 位，共 4 个块，13 位地址总线，16 位双向数据线，设置

SDRAM 控制器的参数，如图 11.5.4 所示。

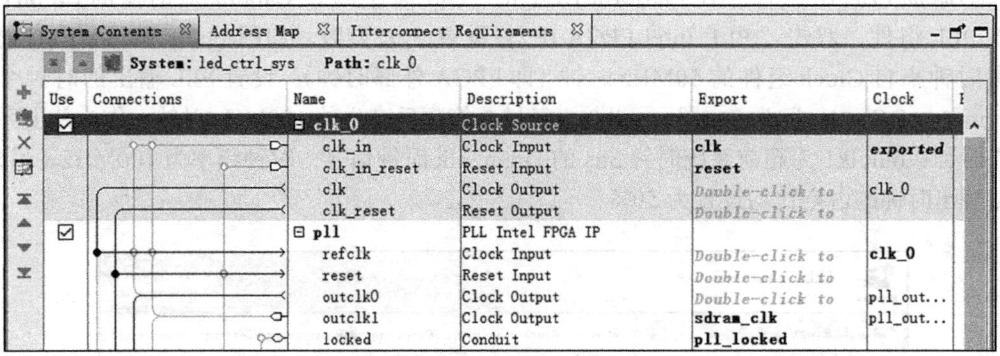

System Contents　Address Map　Interconnect Requirements

System: led_ctrl_sys　Path: clk_0

Use	Connections	Name	Description	Export	Clock
☑		⊟ clk_0	Clock Source		
		clk_in	Clock Input	clk	exported
		clk_in_reset	Reset Input	reset	
		clk	Clock Output	Double-click to	clk_0
		clk_reset	Reset Output	Double-click to	
☑		⊟ pll	PLL Intel FPGA IP		
		refclk	Clock Input	Double-click to	clk_0
		reset	Reset Input	Double-click to	
		outclk0	Clock Output	Double-click to	pll_out...
		outclk1	Clock Output	sdram_clk	pll_out...
		locked	Conduit	pll_locked	

图 11.5.3　连接 PLL 组件时钟信号

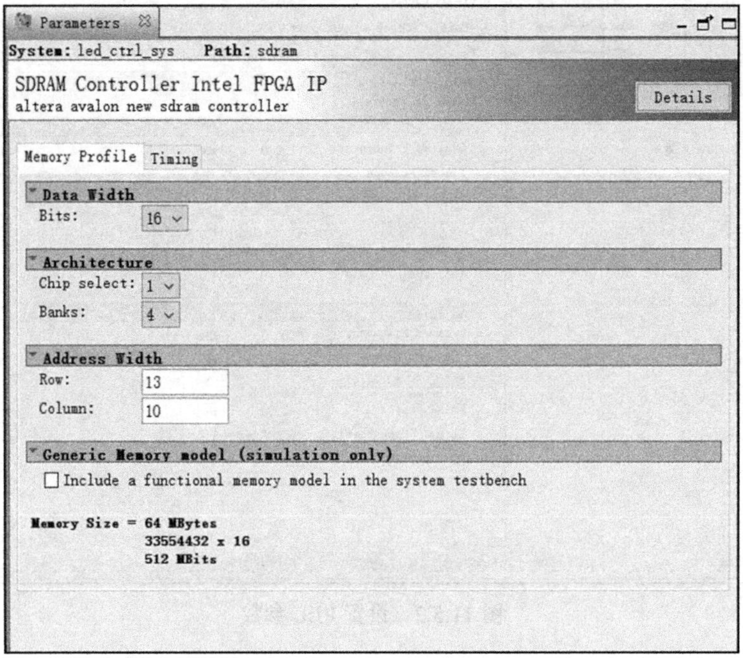

Parameters

System: led_ctrl_sys　Path: sdram

SDRAM Controller Intel FPGA IP

altera avalon new sdram controller

Details

Memory Profile　Timing

Data Width

Bits: 16

Architecture

Chip select: 1

Banks: 4

Address Width

Row: 13

Column: 10

Generic Memory model (simulation only)

☐ Include a functional memory model in the system testbench

Memory Size = 64 MBytes
33554432 x 16
512 MBits

图 11.5.4　设置 SDRAM 控制器参数

完成 SDRAM 控制器参数的设置后，在 Platform Designer 中选择输出 SDRAM 的控制信号线（选择 wire，在 Export 栏中双击 Double-click to）。

④在 Platform Designer 界面下选择 System→Assign Base Address 命令，重新分配各 IP 组件地址。配置完成的系统连接图如图 11.5.5 所示。

2）顶层设计文件的创建。

采用原理图输入，在 Quartus Prime 中新建原理图设计文件，调用 Platform Designer 生成的系统模块图，设置输入输出端口，如图 11.5.6 所示。

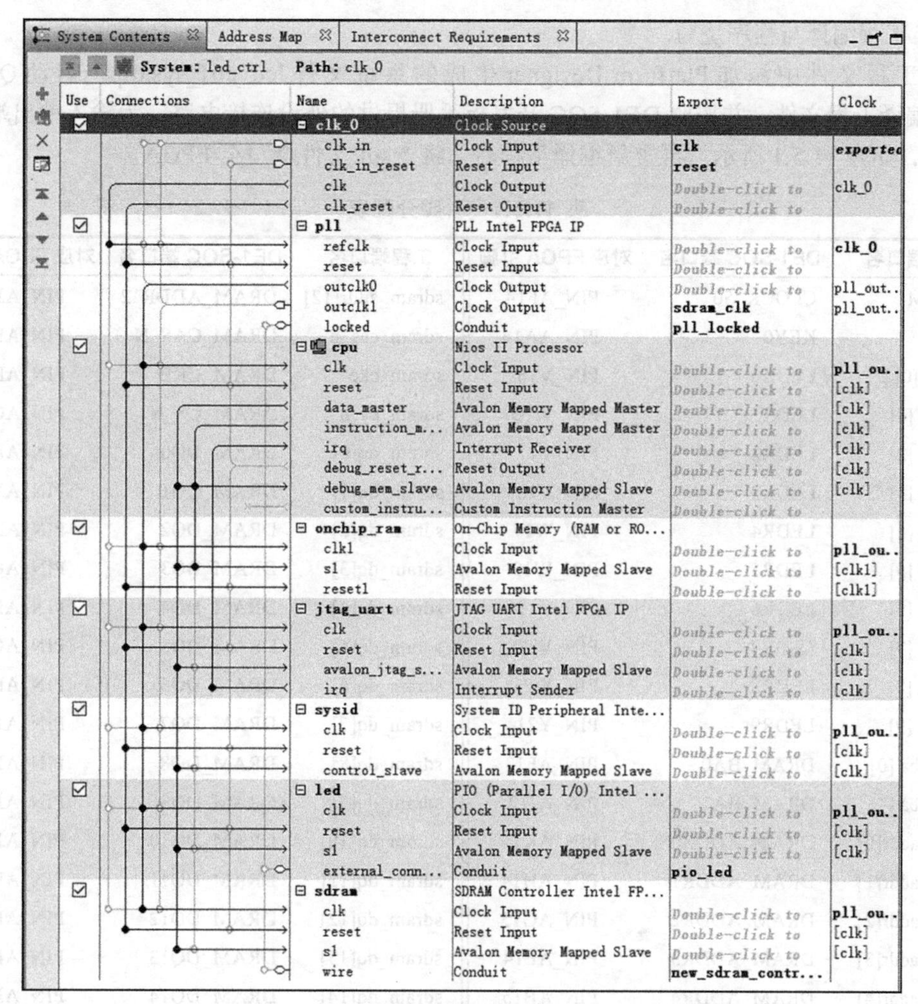

图 11.5.5　Platform Designer 工具下 Nios II 系统配置

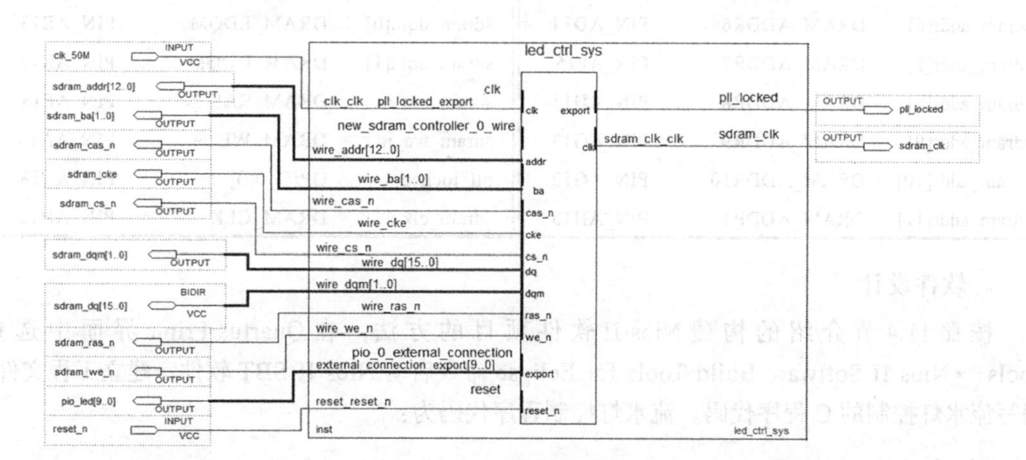

图 11.5.6　顶层原理图文件

3）工程编译与程序烧写。

在工程文件中添加 Platform Designer 生成的系统文件 led_ctrl_sys.qip，启动 Quartus Prime 编译工程文件，并按照 DE1-SOC 开发板手册提供的外设连接电路，为输入输出端口分配引脚，如表 11.5.1 所示。再重新编译工程后，将 *.sof 文件烧写至 FPGA。

表 11.5.1　引脚分配表

工程端口名	DE1-SOC 端口名	对应 FPGA 引脚	工程端口名	DE1-SOC 端口名	对应 FPGA 引脚
clk_50M	CLOCK_50	PIN_AF14	sdram_addr[12]	DRAM_ADDR12	PIN_AJ14
reset_n	KEY0	PIN_AA14	sdram_cas_n	DRAM_CAS_N	PIN_AF11
pio_led[0]	LEDR0	PIN_V16	sdram_cke	DRAM_CKE	PIN_AK13
pio_led [1]	LEDR1	PIN_W16	sdram_cs_n	DRAM_CS_N	PIN_AG11
pio_led [2]	LEDR2	PIN_V17	sdram_dq[0]	DRAM_DQ0	PIN_AK6
pio_led [3]	LEDR3	PIN_V18	sdram_dq[1]	DRAM_DQ1	PIN_AJ7
pio_led [4]	LEDR4	PIN_W17	sdram_dq[2]	DRAM_DQ2	PIN_AK7
pio_led [5]	LEDR5	PIN_W19	sdram_dq[3]	DRAM_DQ3	PIN_AK8
pio_led [6]	LEDR6	PIN_Y19	sdram_dq[4]	DRAM_DQ4	PIN_AK9
pio_led [7]	LEDR7	PIN_W20	sdram_dq[5]	DRAM_DQ5	PIN_AG10
pio_led [8]	LEDR8	PIN_W21	sdram_dq[6]	DRAM_DQ6	PIN_AK11
pio_led [9]	LEDR9	PIN_Y21	sdram_dq[7]	DRAM_DQ7	PIN_AJ11
sdram_ba [0]	DRAM_BA0	PIN_AF13	sdram_dq[8]	DRAM_DQ8	PIN_AH10
sdram_ba [1]	DRAM_BA1	PIN_AJ12	sdram_dq[9]	DRAM_DQ9	PIN_AJ10
sdram_addr[0]	DRAM_ADDR0	PIN_AK14	sdram_dq[10]	DRAM_DQ10	PIN_AJ9
sdram_addr[1]	DRAM_ADDR1	PIN_AH14	sdram_dq[11]	DRAM_DQ11	PIN_AH9
sdram_addr[2]	DRAM_ADDR2	PIN_AG15	sdram_dq[12]	DRAM_DQ12	PIN_AH8
sdram_addr[3]	DRAM_ADDR3	PIN_AE14	sdram_dq[13]	DRAM_DQ13	PIN_AH7
sdram_addr[4]	DRAM_ADDR4	PIN_AB15	sdram_dq[14]	DRAM_DQ14	PIN_AJ6
sdram_addr[5]	DRAM_ADDR5	PIN_AC14	sdram_dq[15]	DRAM_DQ15	PIN_AJ5
sdram_addr[6]	DRAM_ADDR6	PIN_AD14	sdram_dqm[0]	DRAM_LDQM	PIN_AB13
sdram_addr[7]	DRAM_ADDR7	PIN_AF15	sdram_dqm[1]	DRAM_UDQM	PIN_AK12
sdram_addr[8]	DRAM_ADDR8	PIN_AH15	sdram_ras_n	DRAM_RAS_N	PIN_AE13
sdram_addr[9]	DRAM_ADDR9	PIN_AG13	sdram_we_n	DRAM_WE_N	PIN_AA13
sdram_addr[10]	DRAM_ADDR10	PIN_AG12	pll_locked	GPIO_0[0]	PIN_AC18
sdram_addr[11]	DRAM_ADDR11	PIN_AH13	sdram_clk	DRAM_CLK	PIN_AH12

4. 软件设计

按照 11.4 节介绍的构建 Nios II 软件项目的方法，在 Quartus Prime 界面中选择 Tools → Nios II Software Build Tools for Eclipse 命令启动 Nios II SBT 软件，建立工程文件，编写流水灯控制的 C 程序代码。流水灯控制程序代码为：

```
#include <stdio.h>
#include <unistd.h>
```

```
#include "system.h"
#include "altera_avalon_pio_regs.h"

int main(void)
{
    int i;
    printf("Hello from Nios II!\n");
    while(1)
    {
        for(i=0;i<10;i++)
        {
        IOWR_ALTERA_AVALON_PIO_DATA(LED_BASE, 1<<i); //左移流水控制
        usleep(100000); //延时
        }
    }
    return 0;
}
```

11.5.2　Nios II 嵌入式处理器中断应用

1. 设计任务

设计一个可编程片上系统，硬件框图如图 11.5.7 所示。要求：通过外部硬件中断实现按键次数的计数功能，并用两位数码管显示计数结果。即每按动 1 次按键 Key1，数码管上显示的次数加 1，按照 8421 码方式计数，且最大计数值为 99。使用 DE1-SOC 开发板上的按键和数码管实现。

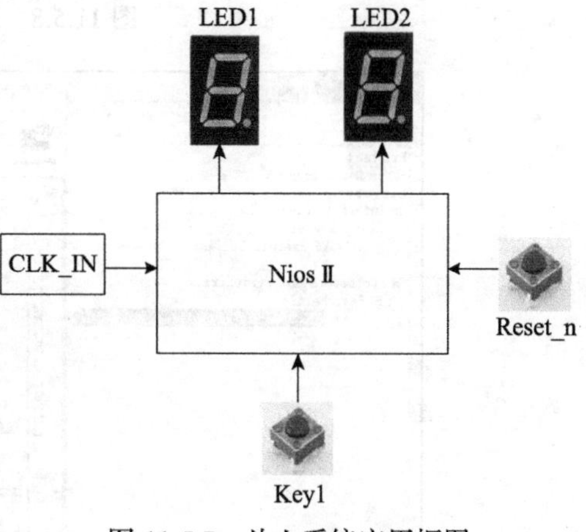

图 11.5.7　片上系统应用框图

2. 设计分析

按照设计任务要求，按键 Key1 触发外部中断，当 Nios II 处理器响应外部中断后，在中断服务程序中实现按键次数的累加，并将累加次数译码后送到 2 位共阳极数码管显示。因此，Nios II 对按键和数码管的控制可直接通过 PIO 实现。

该系统可在 11.5.1 节构建的片上系统基础上，对 PIO 的功能加以修改，系统的硬件框图如图 11.5.8 所示。

3. 硬件设计

1）可编程片上系统的构建。

启动 Quartus Prime Lite 18.1 和 Platform Designer 工具，按照 11.3 节介绍的可编程片上系统设计步骤和方法，依次添加 PLL、Nios II CPU、On-Chip Memory、JTAG UART、SDRAM 控制器和 System ID 等必要 IP 组件，并完成 Avalon 时钟和数据信号的互连。然后再分别添加按键 Key1 和两位数码管控制组件，并对其属性进行设置。具体方法和步骤如下：

①添加按键 PIO 组件，在 PIO 属性对话框中设置位宽（Width）为“1”，方向（Direction）设置为“input”，使能边沿捕获寄存器（edge capture register）选择触发方式为下降沿触发（FALLING），并使能中断，选择中断触发方式为边沿触发（EDGE），属性设置如图 11.5.9 所示。

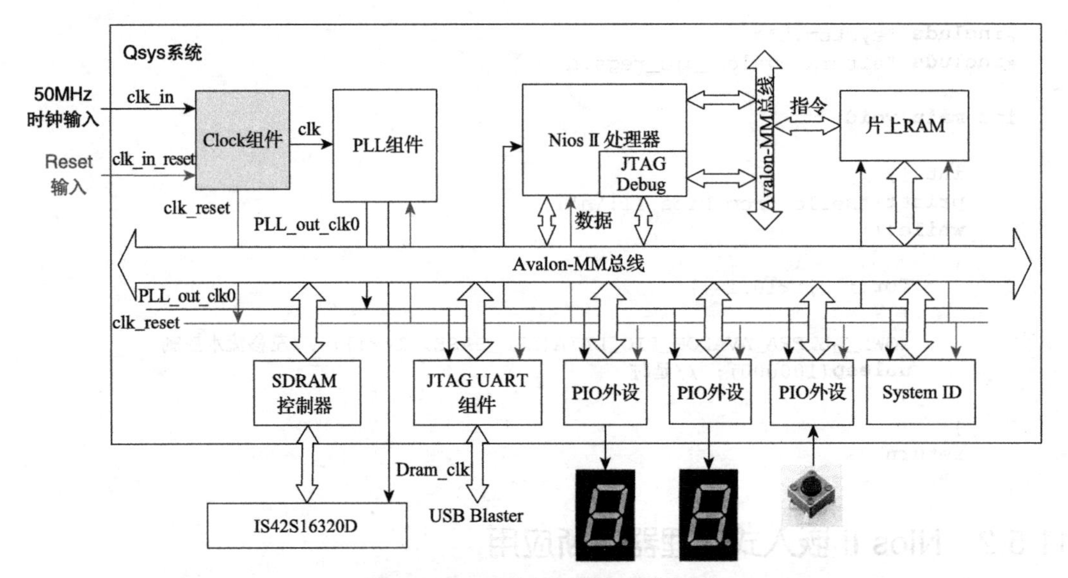

图 11.5.8　系统的硬件组成框图

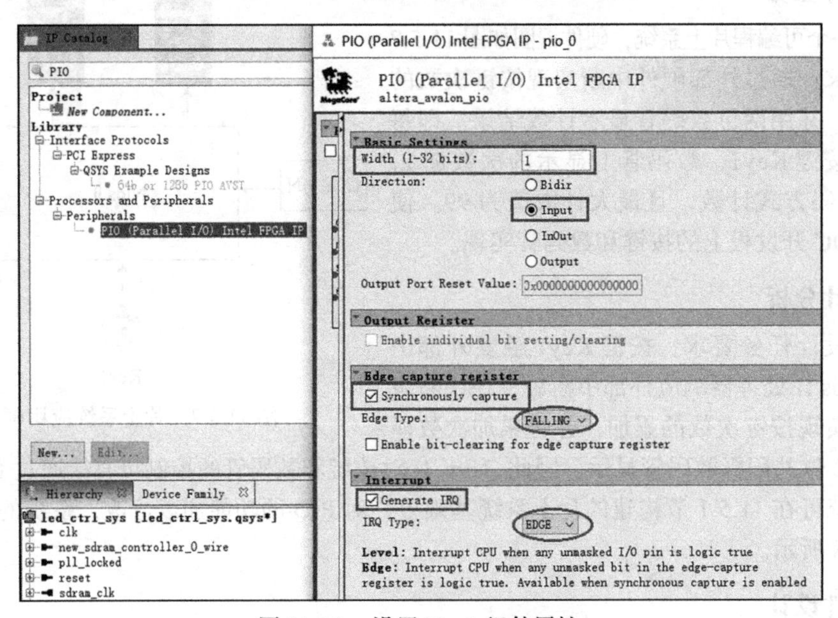

图 11.5.9　设置 Key1 组件属性

②完成图 11.5.9 所示的属性设置后，在 Platform Designer 中将 PIO 名称修改为 Key1，分别连接 clk 与系统时钟（pll 输出 outclk0）、reset 与 clk_reset、s1 与 data_master 的互连线，并设置端口（Conduit）输出和设置中断 irq 优先级，再重新分配基地址。

③添加七段数码管 PIO 组件，在 PIO 属性对话框中，设置 PIO 位宽（Width）为“7”，方向（Direction）设置为“Output”，如图 11.5.10 所示。

上述 PIO 组件添加完成后，再以相同的方法和参数设置添加另一个数码管的 PIO 组件，然后在 Platform Designer 中依次将两个 PIO 组件的名称修改为“LED1”“LED2”，并连接

clk、reset 和 s1，设置 PIO 端口输出，再重新分配基地址，最后，完成连线后的系统配置如图 11.5.11 所示。

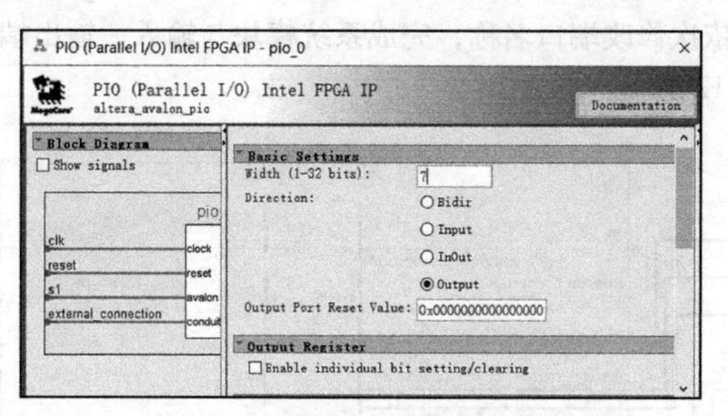

图 11.5.10　设置数码管 PIO 组件属性

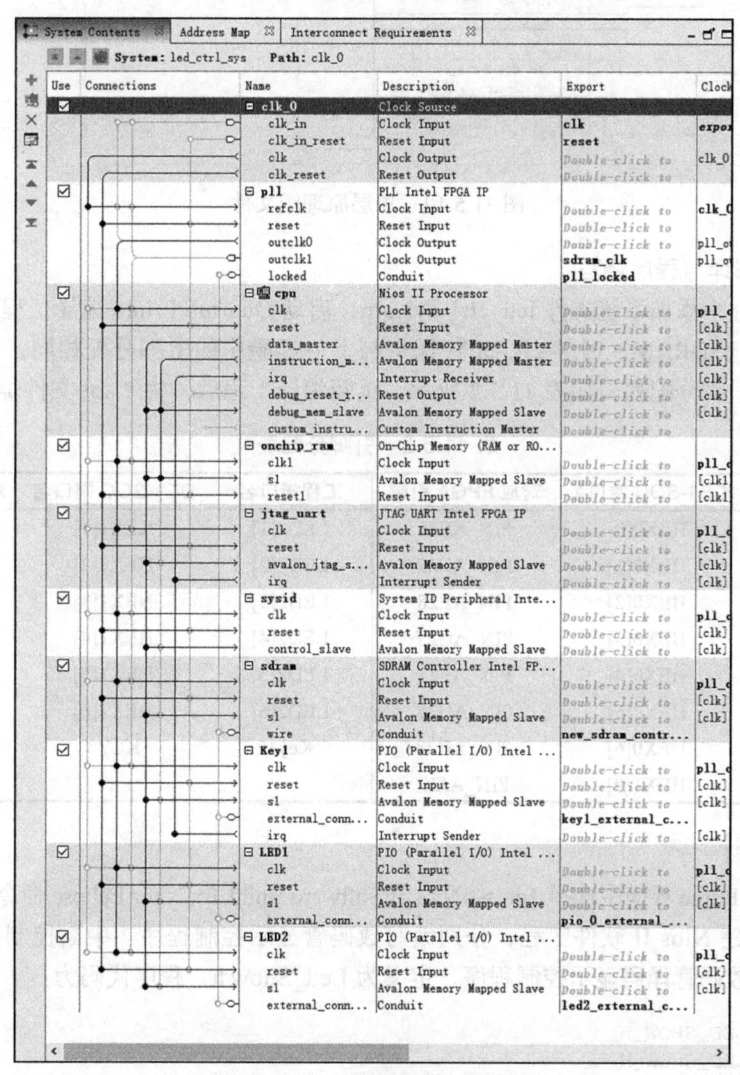

图 11.5.11　系统配置与连线图

2）顶层设计文件的创建。

在 Quartus Prime 中新建原理图设计文件，调用 Platform Designer 生成的系统模块图，添加输入、输出端口并依次修改端口名称，完成系统模块与输入、输出端口连线后的顶层原理图输入文件如图 11.5.12 所示。

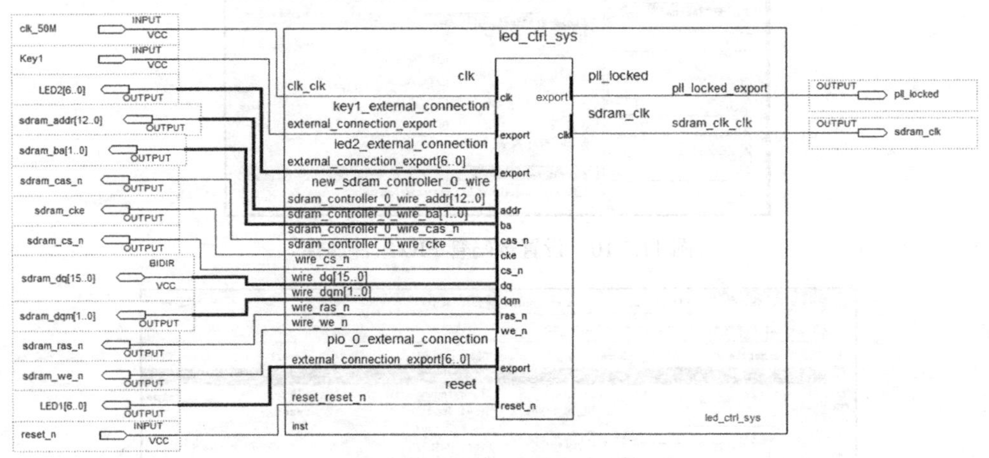

图 11.5.12　顶层原理图文件

3）工程编译与程序烧写。

在工程文件中添加系统文件 led_ctrl_sys.qip，启动 Quartus Prime 编译工程文件。然后分配 FPGA 引脚，SDRAM、时钟 clk_50M 保持与上一实验中的引脚分配相同，增加的 2 位数码管和按键的引脚分配列表如表 11.5.2 所示，重新编译工程后，将 *.sof 文件烧写至 FPGA。

表 11.5.2　引脚分配表

工程端口名	DE1-SOC 端口名	对应 FPGA 引脚	工程端口名	DE1-SOC 端口名	对应 FPGA 引脚
LED1[0]	HEX0[0]	PIN_AE26	LED2[1]	HEX1[1]	PIN_AH29
LED1[1]	HEX0[1]	PIN_AE27	LED2[2]	HEX1[2]	PIN_AH30
LED1[2]	HEX0[2]	PIN_AE28	LED2[3]	HEX1[3]	PIN_AG30
LED1[3]	HEX0[3]	PIN_AG27	LED2[4]	HEX1[4]	PIN_AF29
LED1[4]	HEX0[4]	PIN_AF28	LED2[5]	HEX1[5]	PIN_AF30
LED1[5]	HEX0[5]	PIN_AG28	LED2[6]	HEX1[6]	PIN_AD27
LED1[6]	HEX0[6]	PIN_AH28	Key1	KEY3	PIN_Y16
LED2[0]	HEX1[0]	PIN_AJ29			

4. 软件设计

在 Quartus Prime 界面中选择 Tools→Nios II Software Build Tools for Eclipse 命令，启动 Nios II SBT 软件，新建 Nios II 软件工程，分别编写数码管显示控制程序、中断控制与服务程序。

首先编写数码管译码显示控制程序，定义为 Led_Show.h，程序代码为：

```
#ifndef LED_SHOW_H_
#define LED_SHOW_H_
#include "system.h"
```

```
#include "altera_avalon_pio_regs.h"
const char Dig_Tab[] =          //共阳数码管段码表
{
    0x40, 0x79, 0x24,0x30, 0x19, 0x92, 0x02, 0x78, 0x00, 0x10  // Displays "0~9"
};
void DIG_Disp(int data){
        //个位数数码管译码显示
        IOWR_ALTERA_AVALON_PIO_DATA(LED1_BASE,~Dig_Tab[data%10]);
        //十位数数码管译码显示
        IOWR_ALTERA_AVALON_PIO_DATA(LED2_BASE,~Dig_Tab[(data/10)%10]);
}
#endif /* LED_SHOW_H_ */
```

编写主程序，代码为：

```
#include <stdio.h>
#include <unistd.h>
#include "system.h"
#include "altera_avalon_pio_regs.h"
#include "sys/alt_irq.h"
#include "Led_Show.h"
int Key1_count = 0;//初始化计数变量
int main()
{
    int i;
    printf("Hello from Nios II!\n");
    if(!Init_Key())
    {
            printf("key interrupt register successfully!\n");
    }
        DIG_Disp(0);  //调用数码管显示，初始显示为00
    return 0;
}
```

编写中断服务程序，代码为：

```
//中断服务程序
void Key_ISR(void * pContext){
    unsigned int tmp=IORD_ALTERA_AVALON_PIO_EDGE_CAP(KEY_BASE);
    if(tmp&0x1)
    {
            Key1_count++;
            DIG_Disp(Key1_count);                       //显示按键次数累加结果
    }
    IOWR_ALTERA_AVALON_PIO_EDGE_CAP(KEY1_BASE,0x7); //清中断边沿捕获寄存器
}
//中断注册
int Init_Key(void){
    IOWR_ALTERA_AVALON_PIO_IRQ_MASK(KEY1_BASE, 0x7);//使能中断
    IOWR_ALTERA_AVALON_PIO_EDGE_CAP(KEY1_BASE, 0x7);//清中断边沿捕获寄存器
    return alt_ic_isr_register(
        KEY1_IRQ_INTERRUPT_CONTROLLER_ID,                //中断控制器标号
              KEY1_IRQ,                                  //硬件中断号
              Key_ISR,                                   //中断服务子函数
              NULL, 0x0);                                //flags，保留未用
}
```

11.5.3　Nios II 实时时钟设计

1. 设计任务

设计一个可编程的片上系统，实现时钟显示功能。要求：使用 DE1-SOC 通用接口 GPIO 扩展实时时钟（RTC）电路，时钟的时、分、秒分别用两位数码管显示。由 DS1302 实时时钟芯片构成的电路如图 11.5.13 所示。

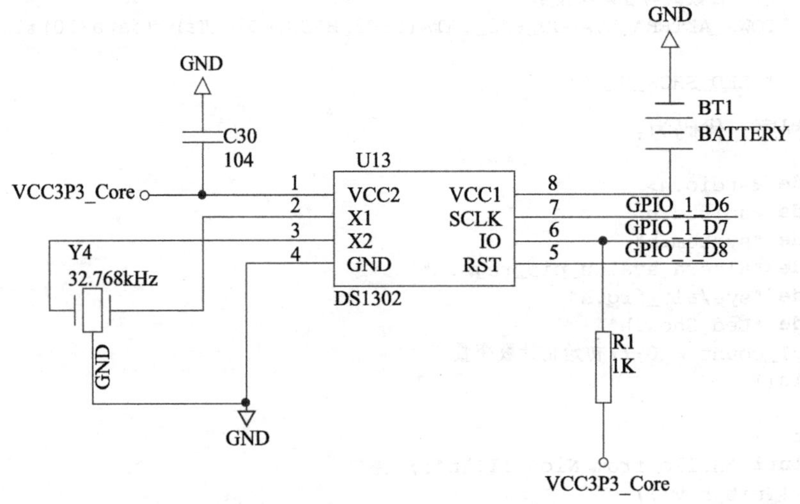

图 11.5.13　实时时钟电路图

2. 设计分析

由图 11.5.13 所示电路图可知，时钟芯片 DS1302 采用三线接口与 FPGA 进行通信，片选信号 RST、时钟信号 SCLK、双向串行数据 I/O 分别连接至 FPGA 引脚。片上系统设计中，Nios II 处理器通过 PIO 模拟三线接口通信实现对 DS1302 的控制，DS1302 通信协议由应用程序实现。在 11.5.2 节实验的基础上，分别使用 2 位数码管显示从 DS1302 读取的时、分、秒数据，片上系统的硬件框图如图 11.5.14 所示。

3. 硬件设计

1）可编程片上系统的构建。

按照上节片上系统搭建步骤，启动 Quartus Prime Lite 18.1 和 Platform Designer 工具，依次添加 PLL、Nios II CPU、On-Chip Memory、JTAG UART、SDRAM 控制器和 System ID 等必要 IP 组件，并完成 Avalon 时钟和数据信号的互连。然后添加 DS1302 的三个控制端口 PIO 组件，并对其属性进行设置。具体方法如下：

①设置 DS1302 的时钟端口（rt_clk）。在 Platform Designer 的 IP 库中选择 PIO 组件，在 PIO 属性对话框中设置位宽（Width）为“1”，方向（Direction）为“output”。

②设置 DS1302 的数据端口（rt_data）。添加 PIO 组件，在 PIO 属性对话框中设置位宽为“1”，方向为“Bidir”。

③设置 DS1302 的复位端口（rt_rst）。添加 PIO 组件，设置位宽为“1”，方向为“output”。重新分配三个控制端口基地址，连接图如图 11.5.15 所示。

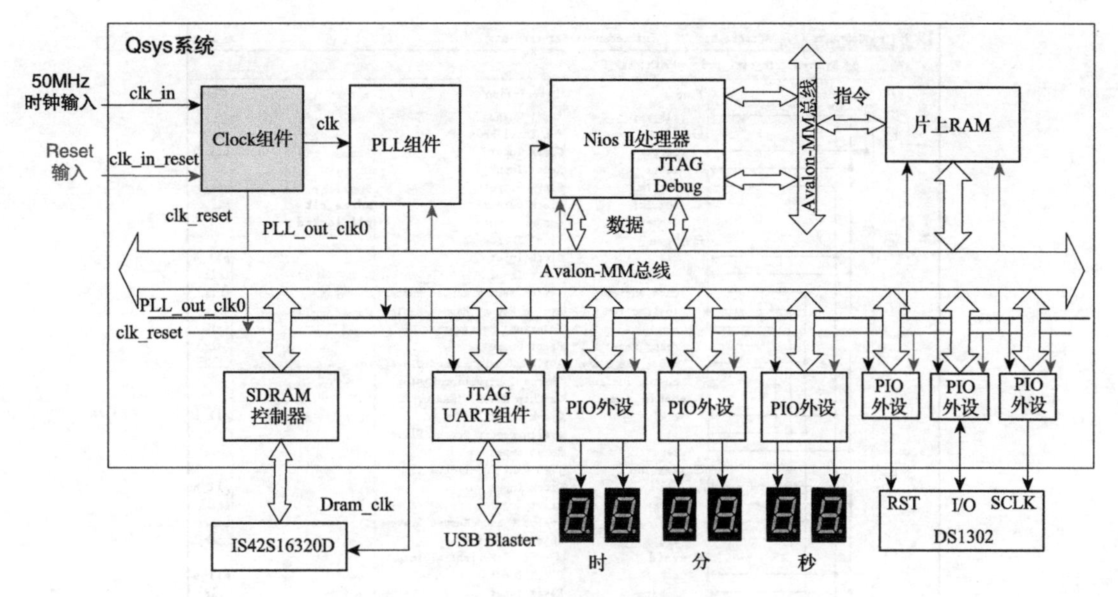

图 11.5.14　系统的硬件组成框图

Use	Name	Description	Export	Clock	Base	End
☑	⊟ RTC_CLK	PIO (Parallel I/O) Intel ...				
	clk	Clock Input	Double-click to	pll_ou...		
	reset	Reset Input	Double-click to	[clk]		
	s1	Avalon Memory Mapped Slave	Double-click to	[clk]	0x0402_1020	0x0402_102f
	external_conn...	Conduit	rtc_clk_externa...			
☑	⊟ RTC_DATA	PIO (Parallel I/O) Intel ...				
	clk	Clock Input	Double-click to	pll_ou...		
	reset	Reset Input	Double-click to	[clk]		
	s1	Avalon Memory Mapped Slave	Double-click to	[clk]	0x0402_1010	0x0402_101f
	external_conn...	Conduit	rtc_data_extern...			
☑	⊟ RTC_RST	PIO (Parallel I/O) Intel ...				
	clk	Clock Input	Double-click to	pll_ou...		
	reset	Reset Input	Double-click to	[clk]		
	s1	Avalon Memory Mapped Slave	Double-click to	[clk]	0x0402_1000	0x0402_100f
	external_conn...	Conduit	rtc_rst_externa...			

图 11.5.15　添加 DS1302 控制端口并连线

④最后分别添加 6 个 LED 显示控制器。在 Platform Designer 的 IP 库中继续选择 PIO 组件，在 PIO 属性对话框中设置位宽为“7”，方向为“ output”。然后分别命名为 DIG0～DIG5，并重新分配基地址，完成组件连线，如图 11.5.16 所示。

2）顶层设计文件的创建。

在 Quartus Prime 中新建原理图设计文件，调用 Platform Designer 生成的系统模块图，添加输入输出端口并依次修改端口名称，完成系统模块与输入输出端口连线后的顶层原理图输入文件如图 11.5.17 所示。

3）工程编译与程序烧写。

在工程文件中添加系统文件 rtc_ctrl_sys.qip，启动 Quartus Prime 编译工程文件。然后分配 FPGA 引脚，SDRAM、时钟 clk_50M、秒钟数据显示的 2 位数码管的引脚分配保持与上一实验相同，DS1302 三线通信接口引脚分配如表 11.5.3 所示，其他 4 位数码管的引脚分配可查阅 DE1-SOC 用户手册。重新编译工程后，将 *.sof 文件烧写至 FPGA。

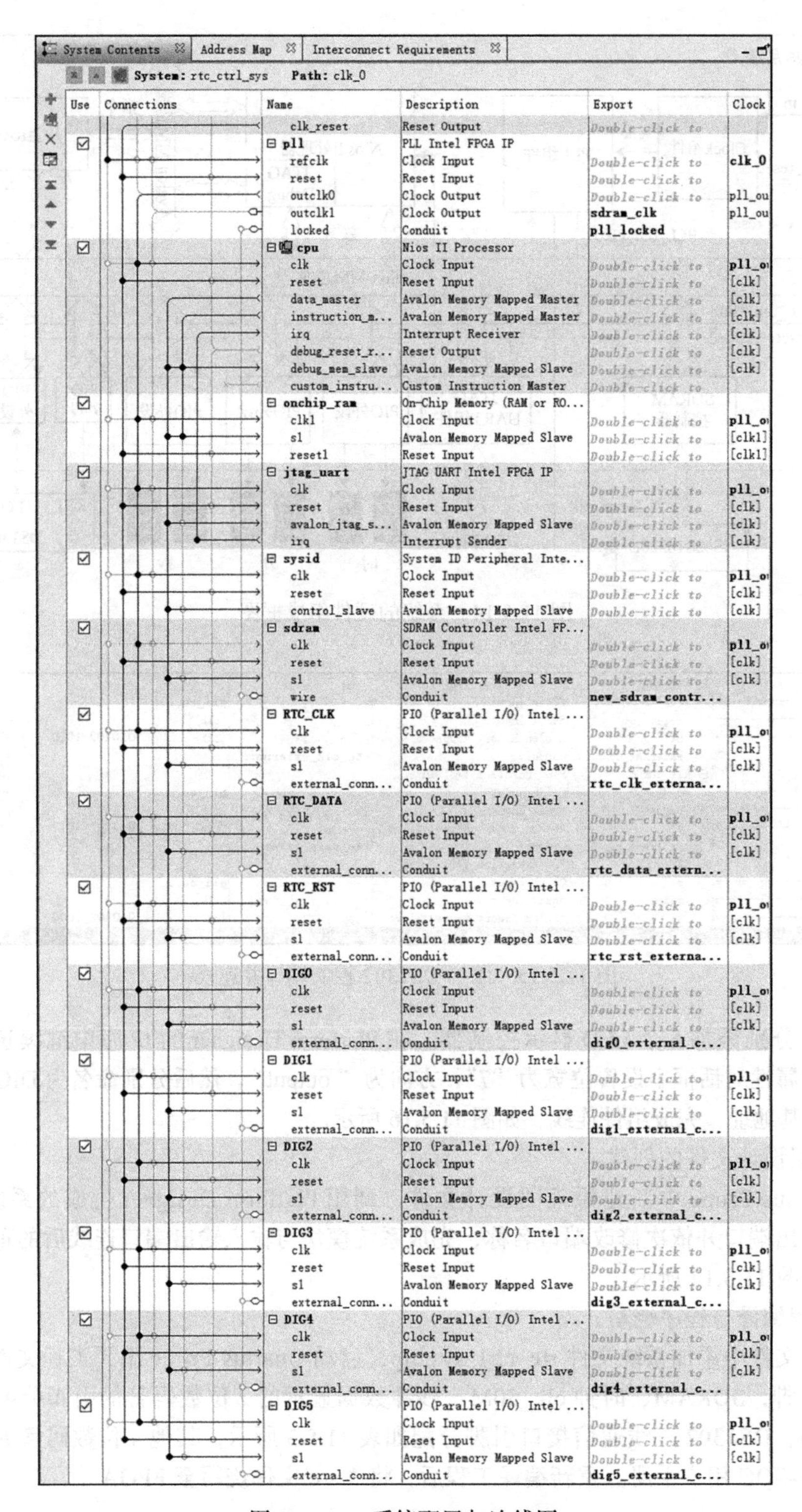

图 11.5.16　系统配置与连线图

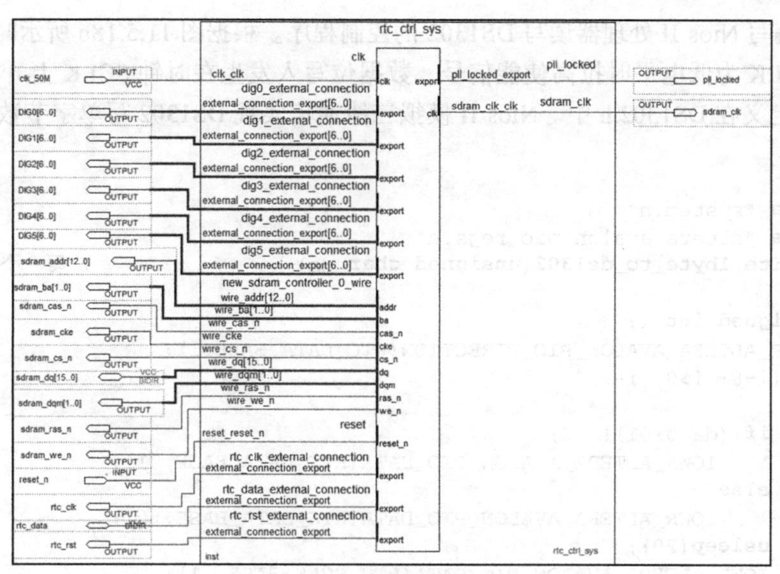

图 11.5.17　顶层原理图文件

表 11.5.3　引脚分配表

工程端口名	DE1-SOC 端口名	对应 FPGA 引脚
rtc_clk	GPIO_1[6]	PIN_AE24
rtc_data	GPIO_1[7]	PIN_AF25
rtc_rst	GPIO_1[8]	PIN_AF26

4. 软件设计

在 Quartus Prime 界面中选择 Tools → Nios II Software Build Tools for Eclipse 命令，启动 Nios II SBT 软件，新建 Nios II 软件工程，分别编写 DS1302 控制程序和主程序代码。

Nios II 处理器通过 PIO 模拟 DS1302 同步串行通信协议，按照 DS1302 数据手册提供的单字节读、写控制时序实现对时钟芯片的读写操作，单字节读、写控制时序图如图 11.5.18 所示。

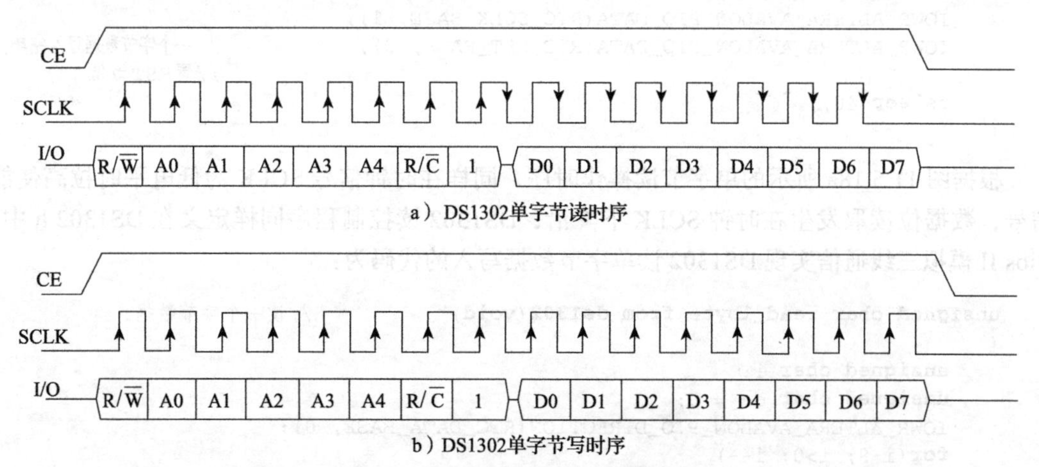

a）DS1302单字节读时序

b）DS1302单字节写时序

图 11.5.18　DS1302 读写控制时序

首先，编写 Nios II 处理器读写 DS1302 的控制程序。根据图 11.5.18b 所示时序，需要在时钟信号 SCLK 为低电平时拉高使能信号，数据位写入发生在时钟 SCLK 上升沿，DS1302 写控制程序定义在 DS1302.h 中。Nios II 模拟三线通信实现 DS1302 写单字节数据写入的代码为：

```
#include "system.h"
#include "altera_avalon_pio_regs.h"
void write_1byte_to_ds1302(unsigned char da)                    //写一个字节数据
{
    unsigned int i;
    IOWR_ALTERA_AVALON_PIO_DIRECTION(RTC_DATA_BASE,1);
    for(i=8; i>0; i--)
    {
        if((da&0x01)!= 0)
            IOWR_ALTERA_AVALON_PIO_DATA(RTC_DATA_BASE, 1);
        else
            IOWR_ALTERA_AVALON_PIO_DATA(RTC_DATA_BASE, 0);
        usleep(20);
        IOWR_ALTERA_AVALON_PIO_DATA(RTC_SCLK_BASE, 1);
        usleep(20);
        IOWR_ALTERA_AVALON_PIO_DATA(RTC_SCLK_BASE, 0);
        usleep(10);
        da >>= 1;
    }
}
//写数据
void write_data_to_ds1302(unsigned char addr, unsigned char da)
{
    IOWR_ALTERA_AVALON_PIO_DIRECTION(RTC_DATA_BASE,1);         //设置I/O端口为写入模式
    IOWR_ALTERA_AVALON_PIO_DATA(RTC_RST_BASE, 0);              //RST置低
    IOWR_ALTERA_AVALON_PIO_DATA(RTC_SCLK_BASE, 0);             //SCLK置低
    usleep(40);
    IOWR_ALTERA_AVALON_PIO_DATA(RTC_RST_BASE, 1);              //SCLK为低电平时，置
                                                               //RST为高
    write_1byte_to_ds1302(addr);                               //发送要写入数据的地址
    write_1byte_to_ds1302(da);                                 //写入一个字节数据
    IOWR_ALTERA_AVALON_PIO_DATA(RTC_SCLK_BASE, 1);
    IOWR_ALTERA_AVALON_PIO_DATA(RTC_RST_BASE, 0);              //一个字节数据写入完毕，
                                                               //置RST为低
    usleep(40);
}
```

根据图 11.5.18a 所示的单字节读操作时序，同样在时钟信号 SCLK 为低电平时拉高使能信号，数据位读取发生在时钟 SCLK 下降沿，DS1302 读控制程序同样定义在 DS1302.h 中。Nios II 模拟三线通信实现 DS1302 读单字节数据写入的代码为：

```
unsigned char read_1byte_from_ds1302(void)              //读一个字节数据
{
    unsigned char i;
    unsigned char da = 0;
    IOWR_ALTERA_AVALON_PIO_DIRECTION(RTC_DATA_BASE, 0);
    for(i=8; i>0; i--)
    {
```

```
        usleep(10);
        da >>= 1;
        if(IORD_ALTERA_AVALON_PIO_DATA(RTC_DATA_BASE)!=0 )
            da += 0x80;
        IOWR_ALTERA_AVALON_PIO_DATA(RTC_SCLK_BASE, 1);
        usleep(20);
        IOWR_ALTERA_AVALON_PIO_DATA(RTC_SCLK_BASE, 0);
        usleep(10);
    }
    IOWR_ALTERA_AVALON_PIO_DIRECTION(RTC_DATA_BASE,1);
    return(da);
}
//读数据
unsigned char read_data_from_ds1302(unsigned char addr)
{
    unsigned char da;
    IOWR_ALTERA_AVALON_PIO_DATA(RTC_RST_BASE, 0);     //RST置低
    IOWR_ALTERA_AVALON_PIO_DATA(RTC_SCLK_BASE, 0);    //SCLK置低
    usleep(40);
    IOWR_ALTERA_AVALON_PIO_DATA(RTC_RST_BASE, 1);     //SCLK为低电平时，置RST为高
    write_1byte_to_ds1302(addr);                       //发送要读出数据的内存地址
    da = read_1byte_from_ds1302();                     //读出一个字节数据
    IOWR_ALTERA_AVALON_PIO_DATA(RTC_SCLK_BASE, 1);
    IOWR_ALTERA_AVALON_PIO_DATA(RTC_RST_BASE, 0);     //一个字节数据读取完毕，置RST为低
    usleep(40);
    return(da);
}
```

然后，在实际应用中需要根据具体要求对 DS1302 的时间进行设置，以完成 DS1302 初始化。本例程中，初始化工作主要考虑设置和读取 DS1302 的时间数据，初始化程序同样定义在 DS1302.h 中，DS1302 的时间设置和读取的控制程序代码为：

```
//设置时间
void set_time(unsigned char *ti)
{
    unsigned char i;
    unsigned char addr = 0x80;
    write_data_to_ds1302(0x8e,0x00);
    for(i =7;i>0;i--)
    {
        write_data_to_ds1302(addr,*ti);          //秒分时日月星期年
        ti++;          addr +=2;
    }
    write_data_to_ds1302(0x8e,0x80);            //控制命令，WP=1，写保护
}
//读取时间
void get_time(char *ti)
{
    unsigned char i;
    unsigned char addr = 0x81;
    char time;
    for (i=0;i<7;i++)
    {
```

```
            time=read_data_from_ds1302(addr);     //读取时间为BCD码
            ti[i] = time/16*10+time%16;           //格式为秒分时日月星期年
            addr += 2;
        }
    }
```

最后，编写主程序代码。在主程序中，时间数据的显示也直接采用上一个实验程序中使用的数码管显示译码程序，将 Led_Show.h 头文件复制到当前软件工程目录中，在主程序中使用 #include“Led_Show.h”包含即可，主程序代码为：

```
#include <stdio.h>
#include <unistd.h>
#include "system.h"
#include "altera_avalon_pio_regs.h"
#include "DS1302.h"
#include "Led_Show.h"
int main(){
    int i;
    unsigned char time[7] = {0x00,0x10,0x10,0x10,0x10,0x17,0x15}; //格式为:秒分
                                                                   //时日月星期年
    printf("Hello from Nios II!\n");
    set_time(time);
    while(1){
        get_time(time);
    printf("20%d-%02d-%02d%02d:%02d:%02d\n", time[6],time[4],time[3],time[2],
        time[1],time[0]);
        DIG_Disp(time[0]);                                          //显示秒
        DIG_Disp(time[1]);                                          //显示分钟
        DIG_Disp(time[2]);                                          //显示小时
        }
    return 0;
}
```

小　　结

- SOPC 技术是一种灵活的片上系统解决方案，它充分发挥了 FPGA 逻辑资源和 IP 核可重构的优势，允许用户根据实际设计需求将处理器、存储器和 PIO 等 IP 资源集成到单片 FPGA 器件中，生成用户自定制系统。与传统的基于 ASIC 技术的 SOC 系统相比，基于软、硬件协同设计的可编程片上系统方案不仅兼顾了 FPGA 设计的灵活性、计算并行性特点，还具有设计周期短、成本低、风险小等优势。
- 本章主要介绍了基于 Intel FPGA 的可编程片上系统的设计方法，利用 Intel FPGA 提供的 Quartus Prime、Platform Designer 和 Nios II SBT 构建片上系统的设计步骤，并通过实验例程详细介绍了基于 DE1-SOC 开发板实现可编程片上系统软、硬件设计的方法。

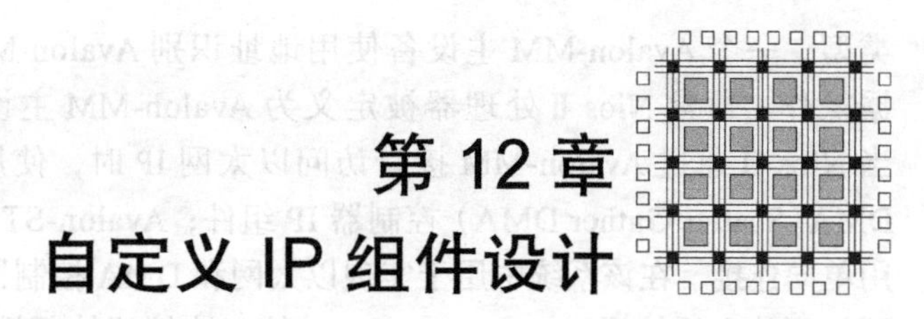

第 12 章 自定义 IP 组件设计

本章目的

本章通过 PWM 自定义 IP 组件的建立，来学习自定义 IP 组件的设计方法。主要内容包括：

- 自定义 IP 组件的 HDL 设计方法；
- Platform Designer（或称为 Qsys）平台下自定义 IP 组件的封装方法；
- 自定义 IP 组件的应用设计。

下面先介绍 Avalon 总线的基础知识，再通过实例说明如何按照 Avalon 总线的规范将 HDL 设计的模块封装成用户 IP 组件，然后添加至 Qsys 的应用中。对于 Avalon 总线的更详细介绍，可参阅 Avalon Interface Specifications 手册[⊖]。如果想先知道该怎么做，再去了解为什么，可以先跳过 12.1 节，直接学习 12.2～12.3 节。

12.1 重识 Avalon 总线

前一章使用 Platform Designer（Qsys）构建片上系统时，已经知道 Intel FPGA 的 Nios II 处理器与外设 IP 组件之间在结构上是按照 Avalon 总线规范互连的，但是用户 IP 组件如何通过 Avalon 总线与 Nios II 进行互连呢？首先我们需要对 Avalon 总线的接口规范有一定的了解，用户在设计 IP 组件时，HDL 的设计需要遵从 Avalon 总线规范。

Intel FPGA 的 Avalon 总线规范支持 7 种类型接口：存储器映射接口（Avalon-MM）、流接口（Avalon-ST）、输入输出引脚接口（Avalon Conduit）、三态接口（Avalon-TC）、时钟接口（Avalon Clock）、复位接口（Avalon Reset）和中断接口（Avalon Interrupt），Qsys 提供的 IP 组件库分属不同类型接口，构建 SOPC 时可通过 GUI 设置 IP 组件接口的属性和功能，用户自定义 IP 组件需要遵从接口规范，使用 HDL 描述其功能，并满足不同接口类型定义的时序。

在实际工程应用中，构建基于 Nios II 处理器的片上系统时可以包含一种或多种不同类型接口的 IP 组件，不同类型的 IP 组件由不同的 Avalon 接口规范定义。例如 Nios II 处理器主要通过 Avalon-MM 接口对 IP 组件的控制寄存器和状态寄存器进行访问，对需要通过 DMA 方式访问的 IP 组件，通常采用 Avalon-ST 接口发送和接收数据。

图 12.1.1 所示是一个典型的可编程片上系统组成结构示意图，分别使用了 Avalon-MM、Avalon-ST、Avalon-TC、Avalon Clock 和 Avalon Conduit 不同接口类型的 IP 组件。除时钟模块外，Avalon-MM 是一种最主要的接口类型，它定义了一种基于地址的主从连接，分为 Avalon-MM 主设备（Avalon-MM Master）和 Avalon-MM 从设备（Avalon-MM Slaver）两种

⊖ Avolon Interface Specification，https://www.intel.cn/content/www/cn/zh/programmable/documentation/nik1412467993397.html。

类型，一个 Avalon-MM 主设备使用地址识别 Avalon-MM 从设备，并对从设备进行读写数据操作。通常 Nios Ⅱ处理器被定义为 Avalon-MM 主设备，通过 Avalon 总线访问从设备。当 Nios II 通过 Avalon-MM 接口访问以太网 IP 时，使用 Avalon-ST 接口连接至分散聚集型 DMA（Scatter Gather DMA）控制器 IP 组件；Avalon-ST 流接口定义了一种两个组件之间的专用单向连接，在该系统中用于实现以太网和 DMA 控制器信源与新宿之间数据的传递。另外，可编程片上系统通过 Avalon Condiut 接口连接至外部扩展的器件，实现 FPGA I/O 引脚与外部器件的连接。当可编程片上系统同时访问片外 SSRAM 存储器和 Flash 存储器时，需要使用三态桥实现外部存储芯片的总线复用，即通过 Avalon-TC 三态总线接口访问外部存储器，并共享 FPGA I/O 引脚。而扩展的外部 SDRAM 存储数据的刷新还需要使用锁相环（PLL）产生精确的延迟时钟，其中 PLL IP 组件被定义为 Avalon Clock 接口类型，包含一路输入时钟信号和多路输出时钟信号。

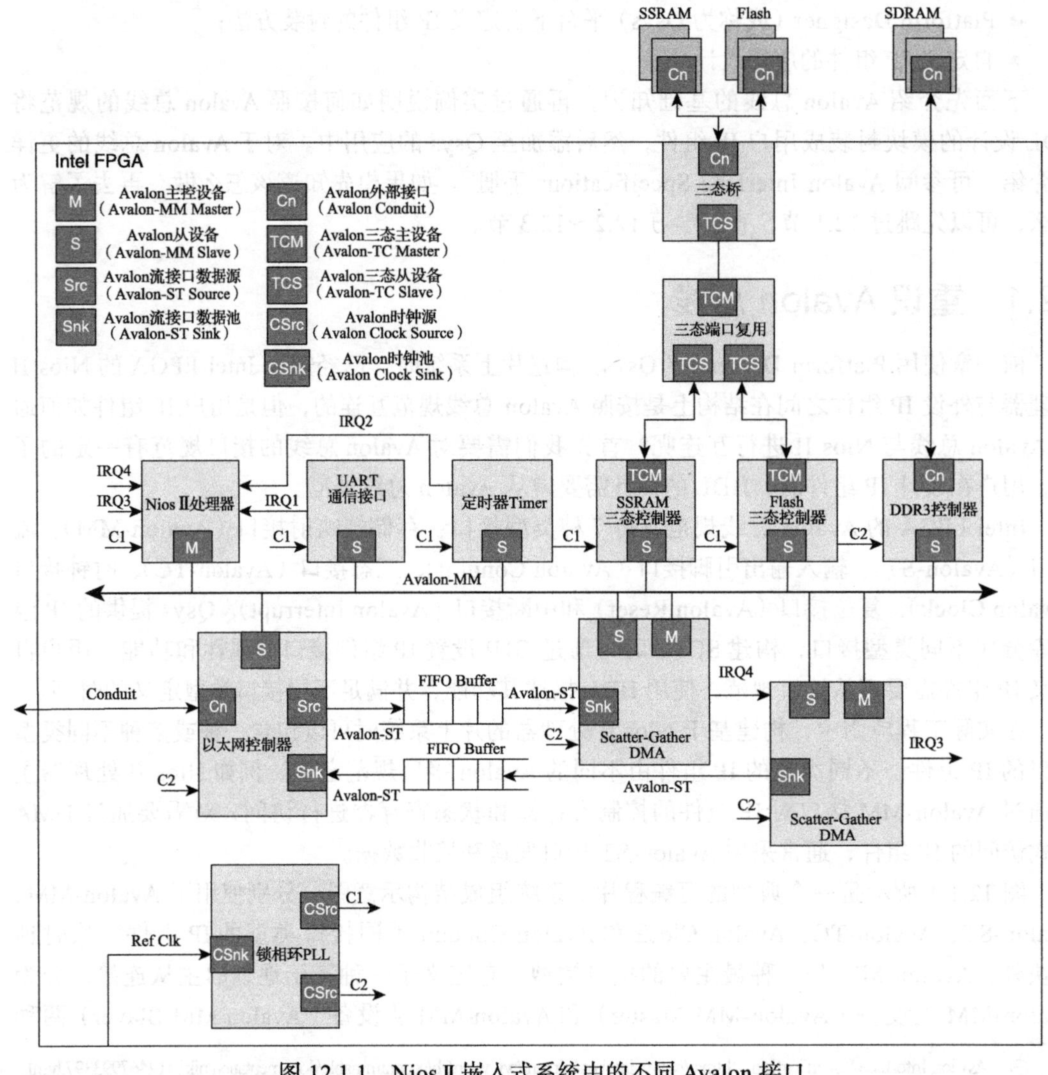

图 12.1.1 Nios Ⅱ 嵌入式系统中的不同 Avalon 接口

12.1.1　Avalon Clock 和 Avalon Reset 接口

Platform Designer（Qsys）平台下的所有 IP 组件均包含一个时钟和复位输入，Avalon Clock 和 Avalon Reset 接口主要为 IP 组件提供时钟和复位信号。Clock 接口属性主要包括时钟频率的设置，有效值为 $0\sim2^{32}-1$；Reset 接口属性可以设定为同步或异步等（具体设置方法参考 Avalon Interface Specifications 手册）。如果工程应用中的可编程片上系统需要使用不同时钟，可由 PLL 锁相环产生，在 Quartus 中采用 Qsys 设计片上系统时，通常会默认加载时钟组件（Clock）。

12.1.2　Avalon-MM 接口

Avalon Memory-Mapped（Avalon-MM）存储器映射接口用于主、从 IP 组件的数据读写，Avalon 总线规范定义的 Avalon-MM 主设备可以初始化读数据或写数据操作，而 Avalon-MM 从设备只能响应来自主设备的请求。

使用 Avalon-MM 接口的 IP 组件种类繁多，既包含 Avalon-MM Master 接口的 Nios II 处理器，也包含 Avalon-MM Slave 接口的存储器控制器、通信接口 UART 等，Avalon-MM 接口标准支持的各种 IP 组件包含许多高级的属性和选项，既能满足功能简单的 IP 组件的接口设计需要，也能满足时序功能复杂的 IP 组件的接口设计需要。比如具有固定读写周期数据传输功能的 SRAM 控制接口相对简单，而用于突发控制传输的流水线接口控制器相对复杂。总之，Avalon-MM 是最常用的接口类型，而在基于 Nios II 的可编程片上系统的设计中，绝大部分 IP 组件都属于从设备。

1. Avalon-MM 常用接口信号

Nios II 处理器作为 Avalon-MM 主设备，可以访问片上系统 IP 组件的控制寄存器和状态寄存器。Avalon 总线规范中，定义了响应 Avalon-MM 主设备请求的 Avalon-MM 从设备的接口信号。基本信号主要包括：

- read（read_n）：低电平有效。由 Avalon-MM 主设备向从设备发起的 1 位信号，当主设备向从设备发送读数据传输命令后，从设备要准备好被主设备读取的数据 readdata。
- write（write_n）：低电平有效。由 Avalon-MM 主设备向从设备发起的 1 位信号，当主设备向从设备发送写数据传输命令后，从设备要准备好接收来自主设备写入的数据 writedata。
- waitrequest（waitrequest_n）：由 Avalon-MM 从设备向主设备发起的 1 位信号，当从设备无法响应主设备发起的 read 或 write 请求时被置位，强制主设备组件等待，直到数据传输通道准备好。
- address：数据宽度从 1 位到 64 位，用于指定从设备地址空间的偏移量。默认状态下，每个值表示从设备地址空间的一个存储器位置。例如 address = 0 选择从设备的第一个字空间，address = 1 选择从设备的第二个字空间。
- readdata：从设备响应 read 信号后向主设备提供的数据，位长可以是 8，16，32，64，128，256，512 或 1024。
- writedata：从设备响应 write 信号后接收的数据，位长可以是 8，16，32，64，128，256，512 或 1024。
- byteenable（byteenable_n）：用于指定传输中的数据字节数，位长可以是 2，4，8，16，

32，64 和 128。例如一个 4 位 byteenable 信号可以用于选择一个 32 位的 writedata，值 1000，0001 分别表示选定最高字节和最低字节，值 0011 表示选择低 16 位的两个字节，值 1100 表示选择高 16 位的两个字节，而值 1111 表示选择 32 位数据的所有字节。

- response[1:0]：从设备向主设备发出的响应信号。00 表示传输成功响应，01 表示保留码，10 表示传输失败，11 表示访问未知设备。

2. Avalon-MM 常用接口属性

Avalon 接口属性主要与读写信号的时序有关。主要的特性有：

- setupTime：指定从主设备发出 read 或 write 信号有效到从设备准备 address 和 data 数据之间的时间。
- holdTime：指定从 address 和 data 信号失效到 write 信号失效之间的间隔时间。
- readLatency：固定延迟主设备读取的延迟时间。
- readWaitTime：设置 read 信号的等待时间，通过控制 read 信号的时间长度，以适应低速外设。
- writeWaitTime：设置 write read 信号的等待时间，通过控制 write 信号的时间长度，以适应低速外设。
- timingUnits：指定 setupTime、holdTime、writeWaitTime、readWaitTime 的单位。同步器件使用周期为单位，异步器件使用纳秒为单位。

其他接口属性主要针对流水线和突发式数据传输，参数的设置可参考 Avalon Interface Specifications 手册。

3. Avalon-MM 接口读写传输时序

典型的 Avalon-MM 接口读传输和写传输通过从设备组件控制的 waitrequest 信号支持，通过置位 waitrequest 信号，从设备组件能够将总线互连通道暂停所需周期。从设备组件在 clk 时钟的上升沿之后接收 address、byteenable、read、write 或 writedata，然后通过置位 waitrequest 信号暂停传输，在此期间，地址和控制信号保持不变，当从设备组件置低 waitrequest 信号后的第一个 clk 上升沿完成传输，包含 waitrequest 信号的读写控制时序如图 12.1.2 所示。

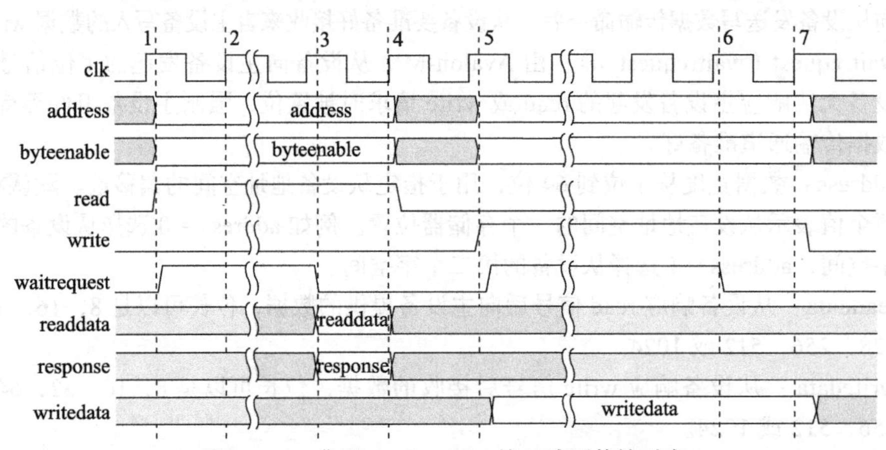

图 12.1.2　典型 Avalon-MM 接口读写传输时序

第 1 时刻：address、byteenable 在时钟上升沿后置位（有效），从设备置位 waitrequest 信号。

第 2 时刻：waitrequest 被采样（读取），由于 waitrequest 置位，可插入等待周期，address、byteenable 进入等待状态。

第 3 时刻：从设备组件在 clk 上升沿之后置低 waitrequest（无效），准备好 readdata 和 response。

第 4 时刻：主设备组件读取 readdata、response 数据。

第 5 时刻：address、byteenable、writedata 和 write 信号在 clk 上升沿后置位，从设备组件置位 waitrequest 信号，暂停数据传输。

第 6 时刻：从设备组件在 clk 上升沿之后置低 waitrequest。

第 7 时刻：从设备组件完成数据写传输。

12.1.3　Avalon 中断接口

Avalon 中断接口是由从设备组件向主设备发起事件请求的信号。例如图 12.1.1 右下角所示 DMA 控制器完成一次 DMA 传输后，可向主设备组件发送请求信号 IRQ3。中断请求信号 irq（irq_n）由从设备的中断发送器传输至主设备中断接收器，irq 是一个位长为 1～32 的可变信号，可编程片上系统设计中，从设备的中断优先级可由用户定义，Avalon-MM 主设备组件响应的优先级依次从优先级 0 至中断优先级 *n*，如图 12.1.3 所示为中断响应时序图，int0/int1 低电平表示向 CPU 发送中断请求，高电平表示 CPU 响应并处理该中断请求。

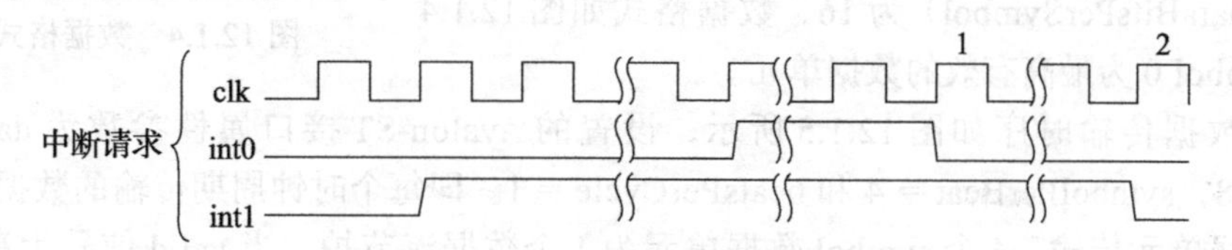

图 12.1.3　中断响应优先级时序图

在图 12.1.3 中，中断 int0 具有高优先级，当 int0 向主设备发起中断请求时，虽然中断接收器正在处理 int1 发送的中断请求，这时 int0 发起的请求会被响应，当 int0 中断处理完成后，再响应 int1 发起的中断请求。如图 12.1.3 所示，clk 时钟的时刻 1 处理 int0 中断结束后，继续处理 int1 中断，在 clk 时钟的时刻 2 处理 int1 中断完成。

12.1.4　Avalon-ST 接口

Avalon Streaming（Avalon-ST）流传输接口可用于驱动高带宽、低延迟和单向数据传输的从设备组件，流传输模式使得主设备与从设备之间的数据吞吐量达到最大，例如图 12.1.1 所示的 SOPC 结构示意图中以太网接口与 DMA 控制器中数据的传输。

1. Avalon-ST 常用接口信号

在 Avalon-ST 接口数据层，数据接收 Rx IP 组件与数据发送 Tx IP 组件之间采用流传输模式，数据由源 Src 向缓存 Snk 传输。一个 Avalon-ST 接口连接可能只包含简单的流控制信号和功能模块，可实现两个从设备组件之间的数据传输，Avalon-ST 接口主要信号包括：

- channel：数据通道数，宽度范围为1～128。
- data：从Src到Snk的数据，数据宽度范围为1～4096，数据内容和格式由参数定义。
- error：标记当前周期中正在传输的数据错误，标记范围为1～256。
- ready：Snk接收数据准备好信号，由Snk向Src发出的1位信号，高电平有效。
- valid：传输数据有效信号，由Src向Snk发送的1位信号，高电平有效。
- empty：定义空符号数量，数量范围为1～5。
- endofpacket：1位数据包结束标记信号，由Src置位。
- startofpacket：1位数据包开始标记信号，由Src置位。

2. Avalon-ST 常用接口属性

Avalon-ST接口传输数据的格式大小可由属性参数定义，主要的参数有：

- beatsPerCycle：指定在单个周期中传输的数据流节拍（beat）的数量，节拍数可设置为1，2，4，8。
- dataBitsPerSymbol：定义每个数据单元（symbol）的比特数，可设置范围为1～512。
- symbolPerBeat：每个周期上传输的数据单元数量，可设置范围为1～32。

其他接口属性参数的设置可参考Avalon Interface Specifications手册。

3. Avalon-ST 接口数据传输时序

假设一个64位数据由4个symbol组成，即每个symbol比特数（dataBitsPerSymbol）为16，数据格式如图12.1.4所示，symbol 0为最高有效的数据单元。

63　　48	47　　32	31　　16	15　　0
symbol 0	symbol 1	symbol 2	symbol 3

图 12.1.4 数据格式示例

典型数据传输时序如图12.1.5所示，设置的Avalon-ST接口属性参数为dataBitsPerSymbol = 8，symbolPerBeat = 4和beatsPerCycle = 1。即每个时钟周期传输的数据为32位，分4个数据单元传输，4个symbol数据单元为1个数据流节拍。当valid信号为高电平时，数据为有效传输。

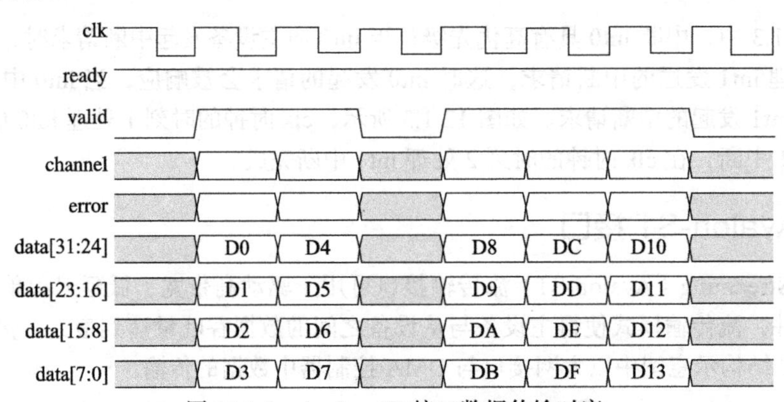

图 12.1.5 Avalon-ST 接口数据传输时序

12.1.5 Avalon Conduit 接口

Avalon Conduit接口可以定义为输入、输出或双向信号，信号直接连接至FPGA引脚，用于驱动（或连接）片外器件，如图 12.1.1 中扩展的 SSRAM 和 Flash 器件的连接。一个 Conduit 接口可由一个或任意宽度的输入、输出或双向信号组成，信号宽度取决于具体应用和 FPGA 器件的 I/O 数。

12.1.6 Avalon-TC 接口

Avalon-TC 接口主要用于实现点对点的片外设备连接，该接口支持在多个三态器件之间共享数据、地址和控制信号。大多数可编程片上系统都需要一个接口连接某种形式的片外存储器，在包含多个外部存储器的可编程片上系统中（如图 12.1.1 所示），可通过三态桥（tristate conduit bridge）实现多个存储器的连接，共享 FPGA 引脚。

Avalon-ST 接口主要包括 grant（允许）和 request（请求）信号。grant 是由从设备组件向主设备发出的响应信号，信号置位表明三态接口具有执行传输的权限。request 是由主设备组件向从设备发出的请求信号，当 request 置位并且 grant 置低时，request 请求对当前周期的访问；当 request 和 grant 同时置位时，request 请求对下一个周期的访问。因此，Avalon-ST 接口中 request 应该在访问的最后一个周期被置低。Avalon-ST 接口访问的时序图如图 12.1.6 所示。

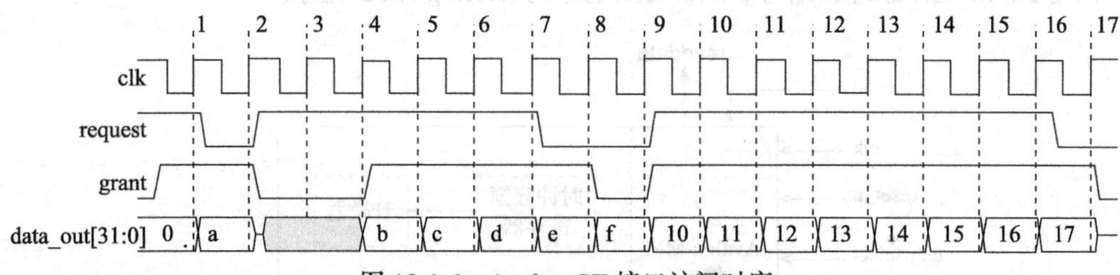

图 12.1.6 Avalon-ST 接口访问时序

12.2 自定义 IP 组件设计

在 SOPC 系统中，Nios II 处理器利用 Avalon 总线对用户自定义 IP 组件进行数据传输和控制，为了将用户自定义的电路（HDL 设计）连接到 Nios II 系统中，需要使用适当的 Avalon 接口将电路转换成 IP 核。这里以脉冲宽度调制（Pulse Width Modulation，PWM）自定义 IP 组件为例，介绍自定义 IP 组件的设计、封装和使用方法。

12.2.1 PWM 的 HDL 设计

脉冲宽度调制是指对输出脉冲信号的脉冲宽度进行调制，即在固定周期内获得占空比可调的脉冲波形，如图 12.2.1 所示，标准脉冲周期为 T_{cp}，当前输出的 PWM 波形周期为 $10T_{cp}$，占空比为 30%，即一个周期内高电平持续时间为 $3T_{cp}$。输出高电平脉冲宽度可以连续调节的 PWM 控制技术常用于电源、电机控制等应用中。

PWM 电路的 HDL 设计

PWM 的功能设计框图如图 12.2.2 所示，按照 Avalon 总线接口规范定义符合 Avalon-

MM 接口规范的标准控制信号，主要包括：32 位写数据总线 writedata、32 位读数据总线 readdata、2 位地址总线 address、1 位读使能控制信号 read、1 位写使能控制信号 write、4 位字节使能信号 byteenable、1 位片选信号 chipselect。

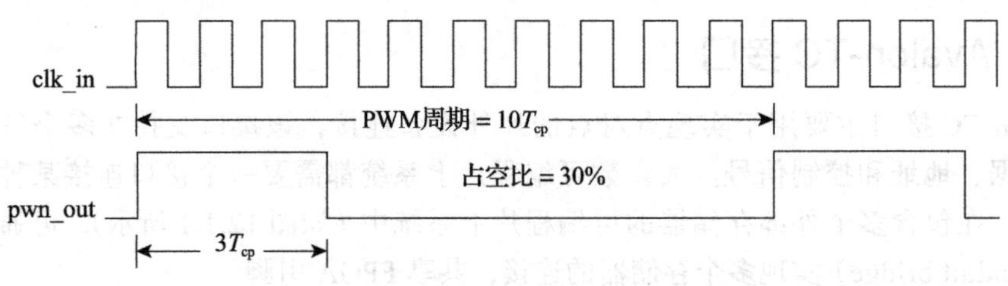

图 12.2.1 PWM 波形

考虑到 PWM IP 组件的适用性，要求输出的 PWM 波形周期和占空比可由用户设定，在写使能信号 write 有效的前提下，通过 Nios II 将设定的周期和占空比参数由写数据总线 writedata 分 4 字节依次写入该 IP 模块。另外，Nios II 处理器也可在读使能信号 read 有效时，通过 32 位读数据总线 readdata 从 IP 模块读取当前 PWM 的工作参数。

根据 PWM 工作原理，编写 PWM 功能电路的 Verilog HDL 程序。

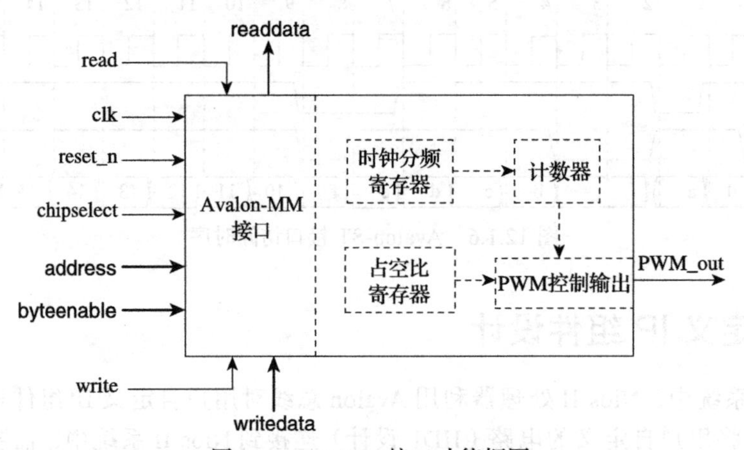

图 12.2.2 PWM 接口功能框图

```
module pwm_ip(
    input clk,                          //输入时钟
    input reset_n,                      //复位
    input chipselect,                   //片选
    input [1:0] address,                //寄存器选择
    input write,
    input [31:0] writedata,
    input read,
    input [3:0] byteenable,             //字节使能，32位数据分4次写入计数器
    output [31:0] readdata,
    output PWM_out
    );
    reg [31:0] clock_divide_reg;        //时钟分频寄存器
    reg [31:0] duty_cycle_reg;          //占空比寄存器
```

```
reg control_reg;
reg clock_divide_reg_selected;                    //时钟分频寄存器选择信号
reg duty_cycle_reg_selected;                      //占空比寄存器选择信号
reg control_reg_selected;                         //控制寄存器选择信号
reg [31:0] PWM_counter;
reg [31:0] readdata;
reg PWM_out;
wire pwm_enable;
//地址译码
always @ (address)
begin
    clock_divide_reg_selected<=0;
    duty_cycle_reg_selected<=0;
    control_reg_selected<=0;
    case(address)
        2'b00:clock_divide_reg_selected<=1;       //选择时钟分频计数器
        2'b01:duty_cycle_reg_selected<=1;         //选择占空比寄存器
        2'b10:control_reg_selected<=1;            //选择控制寄存器
        default: begin
            clock_divide_reg_selected<=0;
            duty_cycle_reg_selected<=0;
            control_reg_selected<=0;
        end
    endcase
end
//写控制寄存器
always @ (posedge clk or negedge reset_n)
begin
    if(reset_n==1'b0) control_reg=0;
    else begin
        if(write & chipselect & control_reg_selected)
        begin
            if(byteenable[0]) control_reg=writedata[0];
        end
    end
end
//写PWM输出周期的时钟数寄存器
always @ (posedge clk or negedge reset_n)
begin
    if(reset_n==1'b0) clock_divide_reg=0;
    else begin
        if(write & chipselect & clock_divide_reg_selected)
        begin
            if(byteenable[0])
                clock_divide_reg[7:0]=writedata[7:0];
            if(byteenable[1])
                clock_divide_reg[15:8]=writedata[15:8];
            if(byteenable[2])
                clock_divide_reg[23:16]=writedata[23:16];
            if(byteenable[3])
                clock_divide_reg[31:24]=writedata[31:24];
        end
    end
end
```

```
//写PWM周期占空比寄存器
always @ (posedge clk or negedge reset_n)
begin
    if(reset_n==1'b0) duty_cycle_reg=0;
    else begin
        if(write & chipselect & duty_cycle_reg_selected)
        begin
            if(byteenable[0])
                duty_cycle_reg[7:0]=writedata[7:0];
            if(byteenable[1])
                duty_cycle_reg[15:8]=writedata[15:8];
            if(byteenable[2])
                duty_cycle_reg[23:16]=writedata[23:16];
            if(byteenable[3])
                duty_cycle_reg[31:24]=writedata[31:24];
        end
    end
end
//读寄存器
always @ (address or read or clock_divide_reg or duty_cycle_reg
    or control_reg or chipselect)
begin
    if(read & chipselect)
        case(address)
            2'b00:readdata<=clock_divide_reg;
            2'b01:readdata<=duty_cycle_reg;
            2'b10:readdata<=control_reg;
            default:readdata=32'h8888;
        endcase
end
//控制寄存器
assign pwm_enable=control_reg;
//PWM功能部分
always @ (posedge clk or negedge reset_n)
begin
    if(reset_n==1'b0) PWM_counter=0;
    else begin
        if(pwm_enable) begin
            if(PWM_counter>=clock_divide_reg)
                PWM_counter<=0;
            else
                PWM_counter<=PWM_counter+1;
        end
        else
            PWM_counter<=0;
    end
end
always @ (posedge clk or negedge reset_n)
begin
    if(reset_n==1'b0) PWM_out<=1'b0;
    else begin
        if(pwm_enable) begin
```

```
                if(PWM_counter<=duty_cycle_reg) PWM_out<=1'b1;
                else    PWM_out<=1'b0;
            end
            else
                PWM_out<=1'b0;
        end
    end
endmodule
```

12.2.2 PWM 自定义 IP 组件的封装方法

首先在 Quartus 下将 PWM 功能描述的 Verilog HDL 程序保存为 pwm_ip.v 文件，并新建 Quartus 工程项目，然后按照如下步骤完成 PWM 组件的封装。

1）启动 Platform Designer（Qsys），打开自定义 IP 组件编辑对话框。在主界面的 Library 面板上选择 Project → New Component，如图 12.2.3 所示，双击鼠标左键，打开新增 IP 组件编辑对话框，如图 12.2.4 所示，在 Component Type 标签页中编辑 IP 组件的 Name（组件名）、Display name（在 Library 面板中显示的名称）、Version（版本号）、Group（在 Library 面板中的分类）、Description（组件描述）、Created by（创建者署名）等选项。

2）添加 HDL 设计文件。在如图 12.2.4 所示的对话框中选择 Files 标签页，在 Files 界面中单击 Add File…按钮，添加 pwm_ip.v 文件，然后单击对话框中的 Analyze Synthesis Files 按钮，对 pwm_ip.v 设计文件进行综合编译。

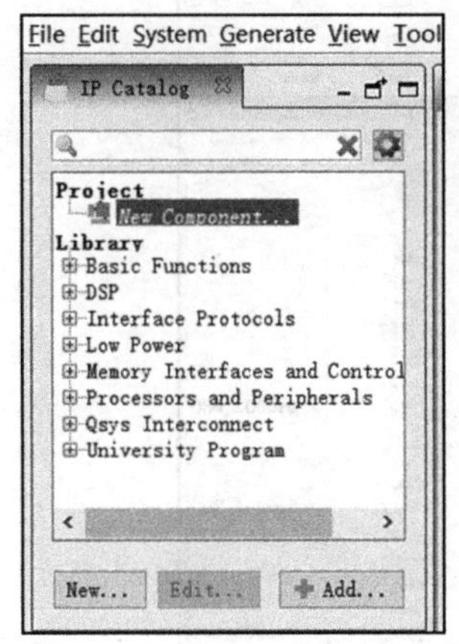

图 12.2.3 IP 组件库面板

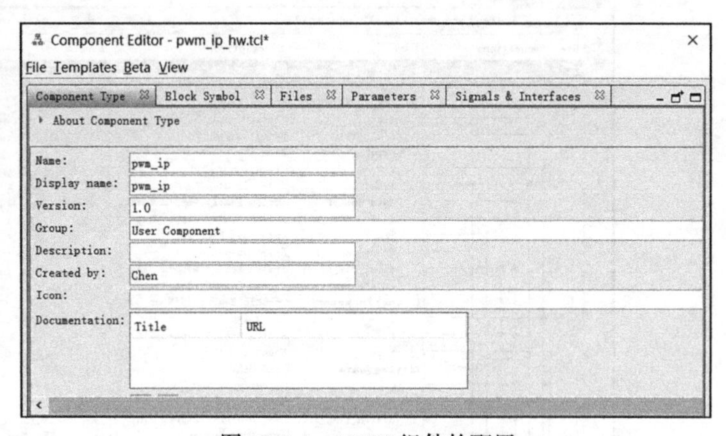

图 12.2.4 PWM 组件的配置

3）设置 Avalon 信号类型。在如图 12.2.4 所示的对话框中，选择 Signal & Interfaces 标签页，按照 Avalon 总线接口规范依次设置 PWM 的信号类型，如图 12.2.5 所示，选择 avalon_slave_0，在 Associated Reset 栏设置关联复位信号为 reset，然后选择信号 PWM_out，如图 12.2.6 所示，设置 PWM_out 的信号类型为 endofpacket。由于 PWM_out 为 Conduit 接口类型，其信号类型只要满足信号宽度和方向符合输出特性即可。

4）完成 IP 组件封装。单击对话框中的 Finish 按钮，然后保存，在 IP 组件库对话框栏中新增 pwm_ip 组件。

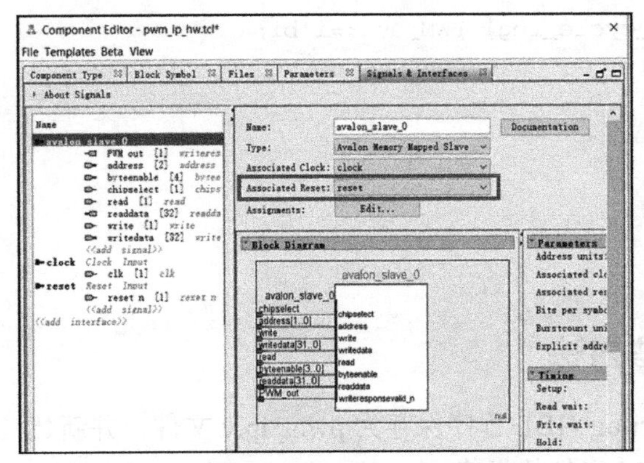

图 12.2.5 设置 alavon_slave 参数

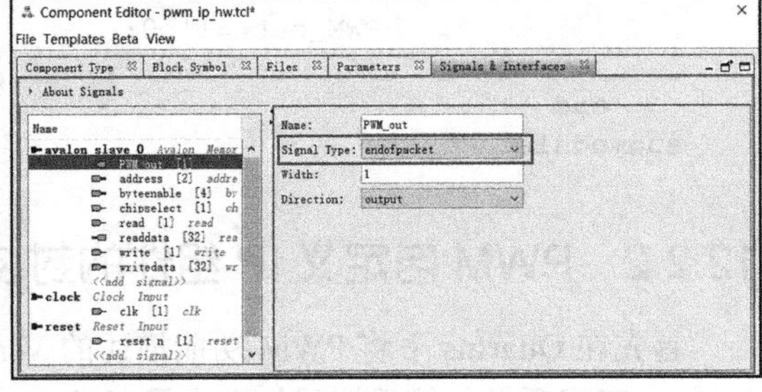

图 12.2.6 设置 PWM_out 输出信号类型

12.2.3 PWM 自定义 IP 组件的应用方法

按照上述步骤封装完成 pwm_ip 组件后，它就可以作为一个常规的 IP 组件使用了。本节将用 pwm_ip 输出控制 DE1-SOC 开发板的一个 LED，显现呼吸灯的实验效果。

1）将 PWM 组件添加至 Nios II 可编程片上系统。在 Platform Designer（Qsys）界面下，按照第 11 章介绍的搭建片上系统的方法添加 pwm_ip 组件，构建的系统连接图如图 12.2.7 所示。

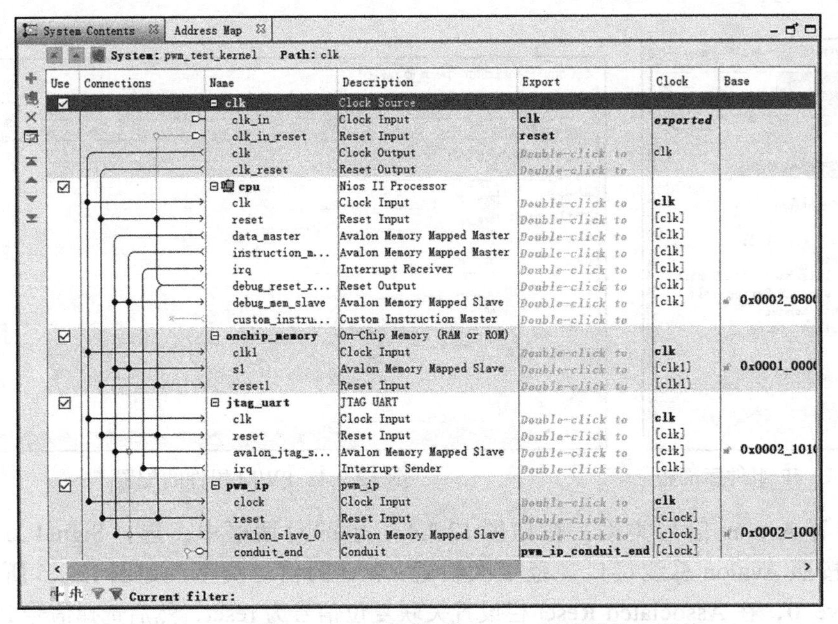

图 12.2.7 添加 pwm_ip 组件至 Nios II 可编程片上系统

2）设计顶层文件、编译工程。在 Quartus 界面下，采用原理图输入方法，设计 *.bdf 文件，如图 12.2.8 所示。接下来对 Quartus 进行编译后，按照表 12.2.1 所示分配 FPGA 引脚，重新编译后，将 *.sof 文件下载至 DE1-SOC 开发板。

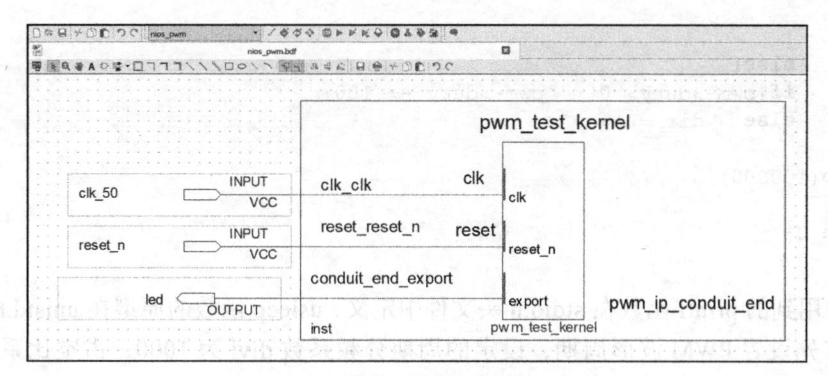

图 12.2.8　PWM 应用顶层设计文件

表 12.2.1　引脚分配表

工程端口名	DE1-SOC 端口名	对应 FPGA 引脚
clk_50	CLOCK_50	PIN_AF14
reset_n	KEY0	PIN_AA14
led	LED0	PIN_V16

3）创建 Nios II EDS 应用工程。按照第 11 章中 Nios II 应用程序的设计方法，进入 Nios II SBT 创建 Hello World 模板应用程序，编写测试程序。编译（Build）工程后，将编译后的代码下载到 DE1-SOC，运行程序后，可以看到 DE1-SOC 开放板上的 LED 不断渐变，由暗变亮。

```
#include<unistd.h>
#include"system.h"
#include<stdio.h>
//根据寄存器的偏移量，我们定义一个结构体PWM
Typedef struct{
    Volatile unsigned int divi;
    Volatile unsigned int duty;
    Volatile unsigned int enable;
}PWM;

int main()
{
    int dir = 1;
    //将pwm指向PWM_0_BASE首地址
    PWM *pwm = (PWM*)PWM_IP_0_BASE;
    //对pwm进行初始化
    pwm->divi = 1000;
    pwm->duty = 0;
    pwm->enable = 1;
printf("Hello from Nios II!\n");
//通过不断改变duty值来改变LED一个周期亮灯的时间长短
while(1){
if(dir > 0){
        if(pwm->duty< pwm->divi)   pwm->duty += 100;
        else   dir = 0;
```

```
        }
        else{
        if(pwm->duty> 0)    pwm->duty -= 100;
        else    dir = 1;
    }
usleep(100000);
    }
return 0;
}
```

程序中用到的printf函数在stdio.h头文件中定义，usleep函数的原型在unistd.h中定义。

程序首先设置PWM波形周期，设定的周期分频系数divi为1000，占空比系数duty的值从0依次累加100，即输出PWM的占空比从0%依次增加至100%，然后由100%依次减小到0%，重复该过程，可以观察到LED由暗变亮，再由亮变暗，即实现呼吸灯的实验效果。

小　结

- IP核是构成可编程片上系统的基本要素，基于Nios II的片上系统设计的灵活性主要体现在IP核的复用上。虽然Platform Desinger提供了丰富的IP核资源，但在实际工程应用中，往往会使用一些非通用的软硬件模块，此时用户自定义IP组件将派上用场。
- 自定义IP组件的定制需要符合Avalon总线规范，本章主要分析了Avalon总线及基本接口类型，并通过实例介绍了在Quartus Prime环境下如何将HDL模块封装成用户IP组件。

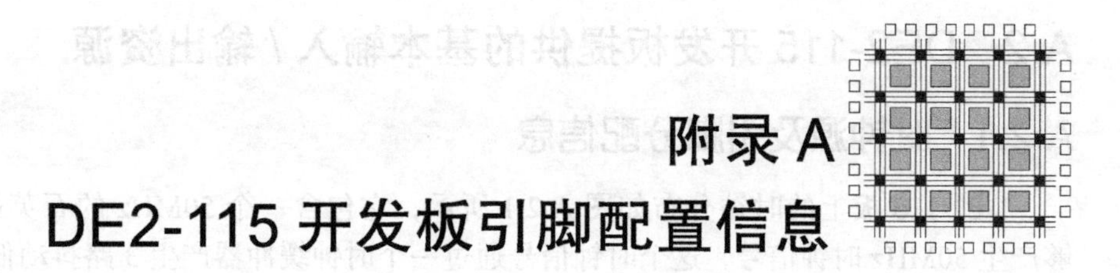

附录A DE2-115开发板引脚配置信息

A.1 开发板简介

Altera公司的合作伙伴友晶科技公司[⊖]从2005年开始推出了一系列FPGA开发板，用于进行复杂数字系统的开发和应用，其中得到广泛使用的开发板有DE2、DE2-115、DE1、DE0、DE0-Nano、DE1-SoC、DE10-Standard、DE10-Nano等。DE系列开发板包含Cyclone系列FPGA器件和丰富的外围硬件资源，将设计端口与开发板上FPGA器件的对应引脚进行绑定，就可以利用开发板上的资源快速验证用户的设计是否正确。

如图A.1.1所示是DE2-115开发板硬件组成框图，详细原理图可以参见厂家提供的文档(de2-115_mb.pdf)。FPGA芯片EP4CE115F29C7内部集成了114 480个逻辑单元(LE)、432个M9K存储器块、3888Kb的嵌入式存储器、4个锁相环。

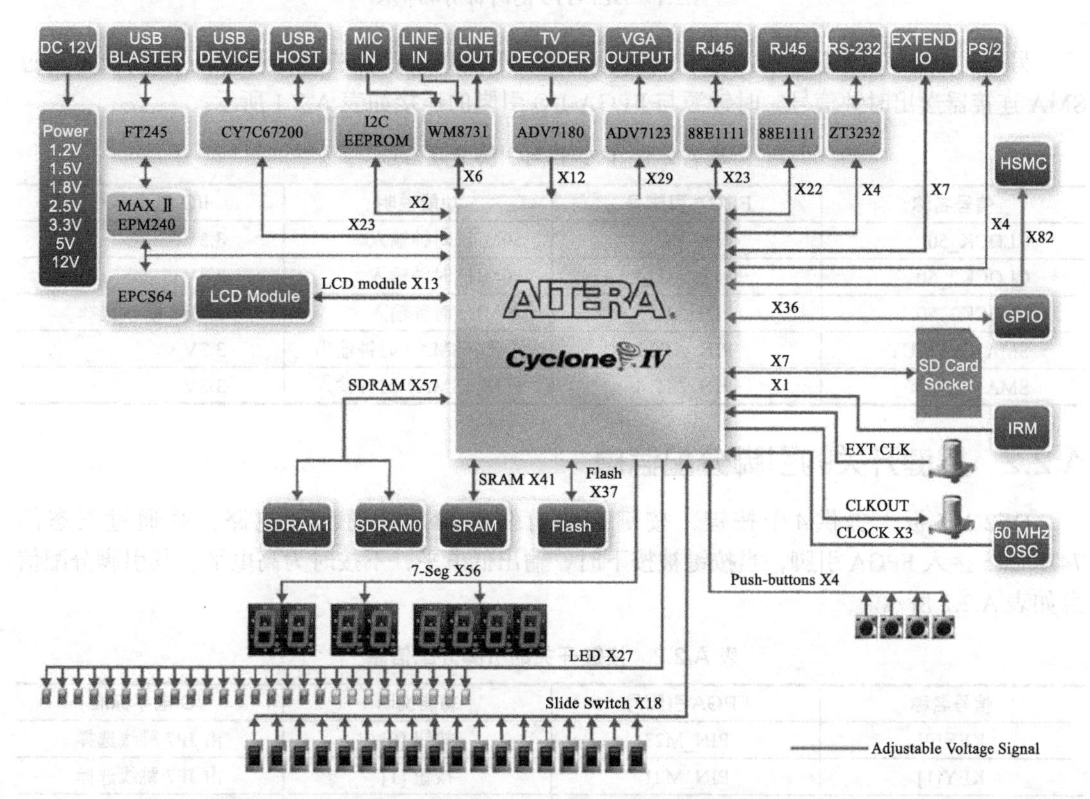

图A.1.1 DE2-115开发板硬件组成框图

⊖ 友晶科技公司主页为www.terasic.com.cn。

A.2 DE2-115 开发板提供的基本输入 / 输出资源

A.2.1 时钟源及引脚分配信息

DE2-115 板上的时钟分布如图 A.2.1 所示，它包含一个 50MHz 的石英晶体振荡器，能够产生 50MHz 时钟信号，这个时钟信号通过一个时钟缓冲器产生 3 路抖动低的 50MHz 时钟信号送到 FPGA 的时钟输入引脚，为用户的逻辑设计提供时钟信号。此外，这些时钟输入都与 FPGA 内部锁相环（PLL）的时钟输入引脚相连接，以便用户使用它们作为 PLL 电路的时钟源。

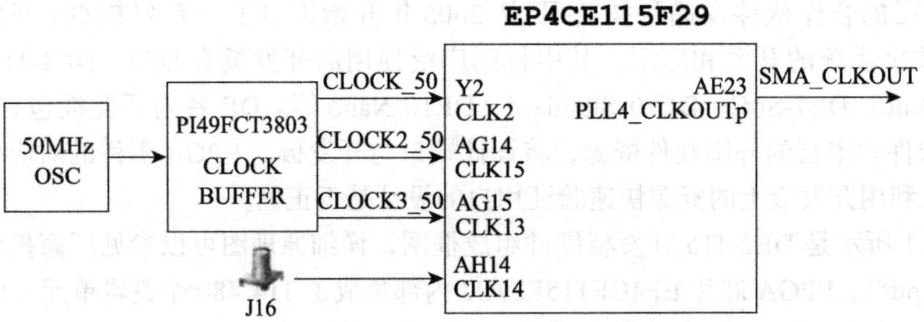

图 A.2.1 DE2-115 的时钟分布框图

另外，该开发板还包括两个 SMA 连接器，可以将外部时钟源连接到电路板或者通过 SMA 连接器送出时钟信号。时钟源与 FPGA I/O 引脚的连接如表 A.2.1 所示。

表 A.2.1 时钟信号引脚分配信息

信号名称	FPGA 引脚号	功能说明	I/O 电平标准
CLOCK_50	PIN_Y2	50MHz 时钟输入	3.3V
CLOCK2_50	PIN_AG14	50MHz 时钟输入	3.3V
CLOCK3_50	PIN_AG15	50MHz 时钟输入	由 JP6 跳线选择
SMA_CLKOUT	PIN_AE23	外部（SMA）时钟输出	3.3V
SMA_CLKIN	PIN_AH14	外部（SMA）时钟输入	3.3V

A.2.2 按键开关的引脚分配信息

DE2-115 板上提供 4 个按键，按键上接有防抖动的低通滤波电路，并通过三态门 74HC245 接入 FPGA 引脚，当按键被按下时，输出低电平，不按时为高电平。其引脚分配信息如表 A.2.2 所示。

表 A.2.2 按键开关的引脚分配信息

信号名称	FPGA 引脚号	功能说明	I/O 电平标准
KEY[0]	PIN_M23	按钮 [0]	由 JP7 跳线选择
KEY[1]	PIN_M21	按钮 [1]	由 JP7 跳线选择
KEY[2]	PIN_N21	按钮 [2]	由 JP7 跳线选择
KEY[3]	PIN_R24	按钮 [3]	由 JP7 跳线选择

A.2.3　拨动开关的引脚分配信息

DE2-115 板上的拨动开关拨到上面的位置时，输出高电平，拨到下面时输出为低电平。拨动开关时会产生抖动。其引脚分配信息如表 A.2.3 所示。

表 A.2.3　拨动开关的引脚分配信息

信号名称	FPGA 引脚号	功能说明	I/O 电平标准
SW[0]	PIN_AB28	拨动开关 [0]	由 JP7 跳线选择
SW[1]	PIN_AC28	拨动开关 [1]	由 JP7 跳线选择
SW[2]	PIN_AC27	拨动开关 [2]	由 JP7 跳线选择
SW[3]	PIN_AD27	拨动开关 [3]	由 JP7 跳线选择
SW[4]	PIN_AB27	拨动开关 [4]	由 JP7 跳线选择
SW[5]	PIN_AC26	拨动开关 [5]	由 JP7 跳线选择
SW[6]	PIN_AD26	拨动开关 [6]	由 JP7 跳线选择
SW[7]	PIN_AB26	拨动开关 [7]	由 JP7 跳线选择
SW[8]	PIN_AC25	拨动开关 [8]	由 JP7 跳线选择
SW[9]	PIN_AB25	拨动开关 [9]	由 JP7 跳线选择
SW[10]	PIN_AC24	拨动开关 [10]	由 JP7 跳线选择
SW[11]	PIN_AB24	拨动开关 [11]	由 JP7 跳线选择
SW[12]	PIN_AB23	拨动开关 [2]	由 JP7 跳线选择
SW[13]	PIN_AA24	拨动开关 [13]	由 JP7 跳线选择
SW[14]	PIN_AA23	拨动开关 [14]	由 JP7 跳线选择
SW[15]	PIN_AA22	拨动开关 [15]	由 JP7 跳线选择
SW[16]	PIN_Y24	拨动开关 [16]	由 JP7 跳线选择
SW[17]	PIN_Y23	拨动开关 [17]	由 JP7 跳线选择

A.2.4　LED 的引脚分配信息

DE2-115 板上有 27 个用户可控 LED。18 个红色 LED 位于 18 个滑动开关上方，8 个绿色 LED 位于按钮开关上方（第 9 个绿色 LED 位于七段显示器的中间）。每个 LED 由 Cyclone IV E FPGA 上的一个引脚直接驱动；当相关引脚为高电平时，LED 亮，为低电平时，LED 不亮。LED 和 FPGA 之间的连接如表 A.2.4 所示。

表 A.2.4　LED 引脚分配信息（LEDR 为红色，LEDG 为绿色）

信号名称	FPGA 引脚号	功能说明	I/O 电平标准
LEDR[0]	PIN_G19	LED Red[0]	2.5V
LEDR[1]	PIN_F19	LED Red[1]	2.5V
LEDR[2]	PIN_E19	LED Red[2]	2.5V
LEDR[3]	PIN_F21	LED Red[3]	2.5V
LEDR[4]	PIN_F18	LED Red[4]	2.5V
LEDR[5]	PIN_E18	LED Red[5]	2.5V
LEDR[6]	PIN_J19	LED Red[6]	2.5V
LEDR[7]	PIN_H19	LED Red[7]	2.5V

（续）

信号名称	FPGA 引脚号	功能说明	I/O 电平标准
LEDR[8]	PIN_J17	LED Red[8]	2.5V
LEDR[9]	PIN_G17	LED Red[9]	2.5V
LEDR[10]	PIN_J15	LED Red[10]	2.5V
LEDR[11]	PIN_H16	LED Red[11]	2.5V
LEDR[12]	PIN_J16	LED Red[12]	2.5V
LEDR[13]	PIN_H17	LED Red[13]	2.5V
LEDR[14]	PIN_F15	LED Red[14]	2.5V
LEDR[15]	PIN_G15	LED Red[15]	2.5V
LEDR[16]	PIN_G16	LED Red[16]	2.5V
LEDR[17]	PIN_H15	LED Red[17]	2.5V
LEDG[0]	PIN_E21	LED Green[0]	2.5V
LEDG[1]	PIN_E22	LED Green[1]	2.5V
LEDG[2]	PIN_E25	LED Green[2]	2.5V
LEDG[3]	PIN_E24	LED Green[3]	2.5V
LEDG[4]	PIN_H21	LED Green[4]	2.5V
LEDG[5]	PIN_G20	LED Green[5]	2.5V
LEDG[6]	PIN_G22	LED Green[6]	2.5V
LEDG[7]	PIN_G21	LED Green[7]	2.5V
LEDG[8]	PIN_F17	LED Green[8]	2.5V

A.2.5 七段共阳极数码管的引脚分配信息

DE2-115 板有 8 个共阳极七段数码管，其中七段显示器 HEX0 与 Cyclone IV E FPGA 之间的连接如图 A.2.2 所示。数码管上的每一段由 0～6 索引来标识，将低电平送到相应段则点亮它，送高电平则将其熄灭。七段数码管和 FPGA 之间的连接如表 A.2.5 所示。

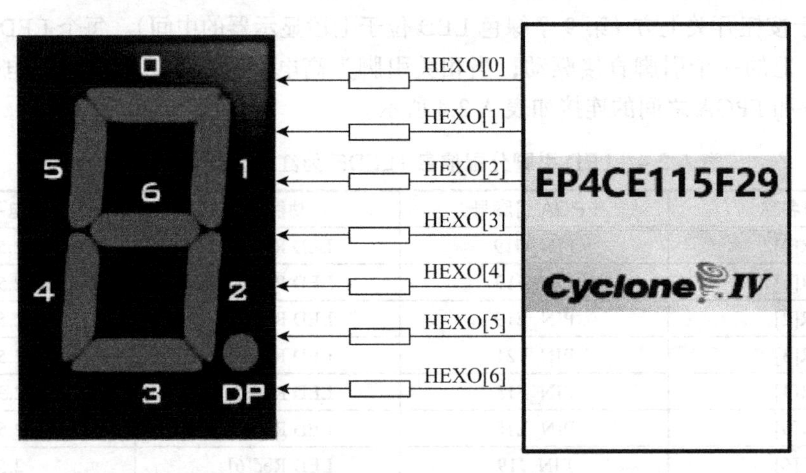

图 A.2.2 七段显示器 HEX0 与 Cyclone IV E FPGA 之间的连接

表 A.2.5　七段数码管的引脚分配信息

信号名称	FPGA 引脚号	功能说明	I/O 电平标准
HEX0[0]	PIN_G18	0 号数码管字段 [0]	2.5V
HEX0[1]	PIN_F22	0 号数码管字段 [1]	2.5V
HEX0[2]	PIN_E17	0 号数码管字段 [2]	2.5V
HEX0[3]	PIN_L26	0 号数码管字段 [3]	由 JP7 跳线选择
HEX0[4]	PIN_L25	0 号数码管字段 [4]	由 JP7 跳线选择
HEX0[5]	PIN_J22	0 号数码管字段 [5]	由 JP7 跳线选择
HEX0[6]	PIN_H22	0 号数码管字段 [6]	由 JP7 跳线选择
HEX1[0]	PIN_M24	1 号数码管字段 [0]	由 JP7 跳线选择
HEX1[1]	PIN_Y22	1 号数码管字段 [1]	由 JP7 跳线选择
HEX1[2]	PIN_W21	1 号数码管字段 [2]	由 JP7 跳线选择
HEX1[3]	PIN_W22	1 号数码管字段 [3]	由 JP7 跳线选择
HEX1[4]	PIN_W25	1 号数码管字段 [4]	由 JP7 跳线选择
HEX1[5]	PIN_U23	1 号数码管字段 [5]	由 JP7 跳线选择
HEX1[6]	PIN_U24	1 号数码管字段 [6]	由 JP7 跳线选择
HEX2[0]	PIN_AA25	2 号数码管字段 [0]	由 JP7 跳线选择
HEX2[1]	PIN_AA26	2 号数码管字段 [1]	由 JP7 跳线选择
HEX2[2]	PIN_Y25	2 号数码管字段 [2]	由 JP7 跳线选择
HEX2[3]	PIN_W26	2 号数码管字段 [3]	由 JP7 跳线选择
HEX2[4]	PIN_Y26	2 号数码管字段 [4]	由 JP7 跳线选择
HEX2[5]	PIN_W27	2 号数码管字段 [5]	由 JP7 跳线选择
HEX2[6]	PIN_W28	2 号数码管字段 [6]	由 JP7 跳线选择
HEX3[0]	PIN_V21	3 号数码管字段 [0]	由 JP7 跳线选择
HEX3[1]	PIN_U21	3 号数码管字段 [1]	由 JP7 跳线选择
HEX3[2]	PIN_AB20	3 号数码管字段 [2]	由 JP6 跳线选择
HEX3[3]	PIN_AA21	3 号数码管字段 [3]	由 JP6 跳线选择
HEX3[4]	PIN_AD24	3 号数码管字段 [4]	由 JP6 跳线选择
HEX3[5]	PIN_AF23	3 号数码管字段 [5]	由 JP6 跳线选择
HEX3[6]	PIN_Y19	3 号数码管字段 [6]	由 JP6 跳线选择
HEX4[0]	PIN_AB19	4 号数码管字段 [0]	由 JP6 跳线选择
HEX4[1]	PIN_AA19	4 号数码管字段 [1]	由 JP6 跳线选择
HEX4[2]	PIN_AG21	4 号数码管字段 [2]	由 JP6 跳线选择
HEX4[3]	PIN_AH21	4 号数码管字段 [3]	由 JP6 跳线选择
HEX4[4]	PIN_AE19	4 号数码管字段 [4]	由 JP6 跳线选择
HEX4[5]	PIN_AF19	4 号数码管字段 [5]	由 JP6 跳线选择
HEX4[6]	PIN_AE18	4 号数码管字段 [6]	由 JP6 跳线选择
HEX5[0]	PIN_AD18	5 号数码管字段 [0]	由 JP6 跳线选择
HEX5[1]	PIN_AC18	5 号数码管字段 [1]	由 JP6 跳线选择
HEX5[2]	PIN_AB18	5 号数码管字段 [2]	由 JP6 跳线选择
HEX5[3]	PIN_AH19	5 号数码管字段 [3]	由 JP6 跳线选择
HEX5[4]	PIN_AG19	5 号数码管字段 [4]	由 JP6 跳线选择

（续）

信号名称	FPGA 引脚号	功能说明	I/O 电平标准
HEX5[5]	PIN_AF18	5 号数码管字段 [5]	由 JP6 跳线选择
HEX5[6]	PIN_AH18	5 号数码管字段 [6]	由 JP6 跳线选择
HEX6[0]	PIN_AA17	6 号数码管字段 [0]	由 JP6 跳线选择
HEX6[1]	PIN_AB16	6 号数码管字段 [1]	由 JP6 跳线选择
HEX6[2]	PIN_AA16	6 号数码管字段 [2]	由 JP6 跳线选择
HEX6[3]	PIN_AB17	6 号数码管字段 [3]	由 JP6 跳线选择
HEX6[4]	PIN_AB15	6 号数码管字段 [4]	由 JP6 跳线选择
HEX6[5]	PIN_AA15	6 号数码管字段 [5]	由 JP6 跳线选择
HEX6[6]	PIN_AC17	6 号数码管字段 [6]	由 JP6 跳线选择
HEX7[0]	PIN_AD17	7 号数码管字段 [0]	由 JP6 跳线选择
HEX7[1]	PIN_AE17	7 号数码管字段 [1]	由 JP6 跳线选择
HEX7[2]	PIN_AG17	7 号数码管字段 [2]	由 JP6 跳线选择
HEX7[3]	PIN_AH17	7 号数码管字段 [3]	由 JP6 跳线选择
HEX7[4]	PIN_AF17	7 号数码管字段 [4]	由 JP6 跳线选择
HEX7[5]	PIN_AG18	7 号数码管字段 [5]	由 JP6 跳线选择
HEX7[6]	PIN_AA14	7 号数码管字段 [6]	3.3V

在基础实验中，一些不经常使用的外围硬件资源请阅读开发板的用户手册。

A.3 开发板提供的扩展接头

为了方便用户外接扩展电路，DE2-115 板提供一个 40 引脚的扩展接头，接头直接连接到 FPGA 的 36 个引脚，还提供 +5V 和 +3.3V 直流电源，以及两个接地（GND）引脚。图 A.3.1 所示为 GPIO 连接器的 I/O 分布图，GPIO[0]～GPIO[35] 表示扩展接头中的信号名称，其对应的 FPGA 的引脚号写在括号内部。

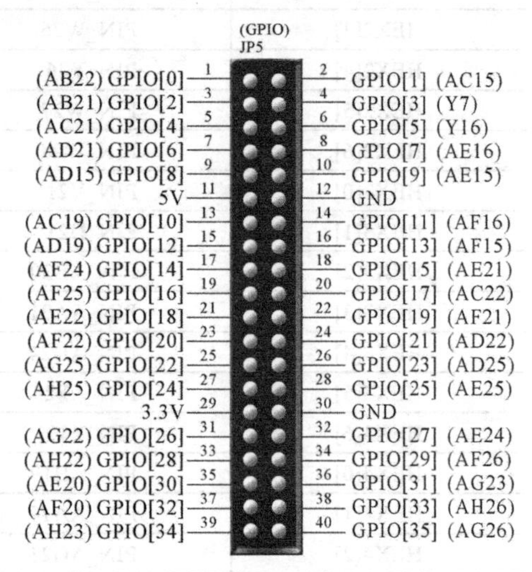

图 A.3.1 DE2-115 扩展接头

表 A.3.1 中列出了 JP6 的跳线设置。使用 JP6 可以将扩展接头上 I/O 引脚的电压电平调整为 3.3V、2.5V、1.8V 或 1.5V（默认值为 3.3 V）。由于扩展 I/O 连接到 FPGA 的 Bank 4，并且该 Bank 的 VCCIO 电压（VCCIO4）由排针 JP6 控制，因此用户可以使用跳线选择 VCCIO4 的输入电压为 3.3V、2.5 V、1.8V 和 1.5V 来控制 I/O 引脚的电压电平。

表 A.3.1 扩展槽信号名称及 FPGA 引脚号

JP6 跳线设置	提供给 VCCIO4 电压	扩展接头 I/O 电压 (JP5)
短接引脚 1 和 2	1.5V	1.5V
短接引脚 3 和 4	1.8V	1.8V
短接引脚 5 和 6	2.5V	2.5V
短接引脚 7 和 8	3.3V	3.3V（默认）

参考文献

[1] PALNITKAR S. Verilog HDL 数字设计与综合 [M]. 2 版 . 夏宇闻，胡燕祥，刁岚松，等译 . 北京：电子工业出版社，2015.

[2] THOMAS D E, MOORBY P R. The Verilog Hardware Description Language [M].5th ed. New York: Kluwer Academic Publishers, 2002.

[3] BHASKER J. Verilog HDL 入门 [M].3 版 . 夏宇闻，甘伟，译 . 北京：北京航空航天大学出版社，2008.

[4] BHASKER J. Verilog HDL Synthesis: A Practical Primer[M]. American: Star Galaxy Publishing, 1998.

[5] WAKERLY J F. 数字设计原理与实践 [M]. 5 版 . 北京：机械工业出版社，2018.

[6] IEEE Standard Hardware Description Language Based on the Verilog Hardware Description Language[S], IEEE Std 1364-1995, 1995.

[7] The Institute of Electrical and Electronics Engineers, Inc.IEEE Standard Verilog Hardware Description Language[S], 2001.

[8] MANO M M, CILETTI M D. 数字设计与 Verilog 实现 [M]. 5 版 . 徐志军，尹廷辉，等译 . 北京：电子工业出版社，2015.

[9] CILETTI M D. Verilog HDL 高级数字设计 [M]. 2 版，李广军，林水生，阎波，等译 . 北京：电子工业出版社，2019.

[10] 康华光 . 电子技术基础（数字部分）[M]. 7 版 . 北京：高等教育出版社，2021.

[11] 罗杰，彭容修 . 数字电子技术基础 [M]. 3 版 . 北京：高等教育出版社，2014.

[12] 张明 . Verilog HDL 实用教程 [M]. 成都：电子科技大学出版社，1999.

[13] 夏宇闻 . Verilog 数字系统设计教程 [M]. 北京：北京航空航天大学出版社，2003.

[14] 潘松，黄继业，潘明 . EDA 技术实用教程：Verilog HDLA 版 [M]. 4 版 . 北京：科学出版社，2010.

[15] 张志刚 . FPGA 与 SOPC 设计教程——DE2 实践 [M]. 西安：西安电子科技大学出版社，2007.

[16] 刘昌华 . EDA 技术与应用——基于 Qsys 和 VHDL [M]. 北京：清华大学出版社，2017.

[17] 任爱锋 . 基于 FPGA 的嵌入式系统设计——Altera SoC FPGA [M]. 2 版 . 西安：西安电子科技大学出版社，2014.

推荐阅读

FPGA Verilog开发实战指南：基于Intel Cyclone IV（基础篇）

作者：刘火良 杨森 张硕 编著 ISBN：978-7-111-67416 定价：199.00元

配套《FPGA Verilog开发实战指南：基于Intel Cyclone IV（基础篇）》以Verilog HDL语言为基础，循序渐进详解FPGA逻辑开发实战。

理论与实战案例结合，学习如何以硬件思维进行FPGA逻辑开发，并结合野火征途系列FPGA开发板和完整代码，极具可操作性。

Verilog HDL与FPGA数字系统设计

作者：罗杰 编著 ISBN：978-7-111-48951 定价：69.00元

本书不仅注重基础知识的介绍，而且力求向读者系统地讲解Verilog HDL在数字系统设计方面的实际应用。

FPGA基础、高级功能与工业电子应用

作者：[西] 胡安·何塞·罗德里格斯·安蒂纳 等 ISBN：978-7-111-66420 定价：89.00元

阐述FPGA基本原理和高级功能，结合不同工业应用实例解析现场可编程片上系统（FPSoC）的设计方法。

适合非硬件设计专家理解FPGA技术和基础知识，帮助读者利用嵌入式FPGA系统的新功能来满足工业设计需求。